高校数学

$+\alpha$

なっとくの線形代数

宮腰　忠　著

共立出版

始めに

‘負×負は正？’の問題に触発されて，インターネット上のホームページ『高校数学＋α：基礎と論理の物語』[1]を開設したのは 2004 年の秋のことです．その趣旨は，高校生が，数学を単なる受験科目と捉えるだけでなく，考える力，つまり論理的思考能力を養い，そして（入学後にカルチャーショックを受けるであろう）アカデミックな大学数学の備えにしてほしいというものでした．したがって，読者層としては高校生・高校の先生方が大半であろうと考えていました．

しかしながら開設の早い段階で，国立大学 1 年生から“ホームページ上のファイルを印刷して読みたい”とのメールがあり，調べてみると大学生からのアクセスもかなりの数に上るようでした．『高校数学＋α』は大学レベルの内容を一部含むので，さもありなんとは思いましたが，現状を調べてみると高校と大学の間には深い断層が走っていました．単純に大学生の能力云々の問題だけではないのです．小中高校の授業時間が減り，入試科目も減ったこともあって，大学側の予定にない‘高校内容数学の未履修者’が大量に入学したようでした．したがって，従来の大学教科書では対応できないのは尤もであり，各大学は授業に種々の工夫を行わざるをえないのが現状であったのです．

『高校数学＋α』（以下，『+α』）は，幸運にも，出版社（共立出版（株））の目に留まり，‘大学数学へのかけはし’の冠がついて，出版の日の目を見ました．1 年後，出版社から，大部な『+α』を分冊し，大学生のリメディアルを兼ねたテキストを書かないかとの申し出がありました．二つ返事で引き受け，まずは線形代数関連のものを書くこととしました．

---

1) http://www.h6.dion.ne.jp/~hsbook_a/

'楽しく自学自習ができるテキスト' という大枠はすぐ決まりました．『$+\alpha$』と同様に，数学史の話題・意味のある例題・他分野との関連問題などに配慮し，定理や公式は，式番号を用いずに，必要なら何度も書き記すことにしました．定理・公式の導出は，できるだけわかりやすくかつ短くなる方法を選び，式変形もはしょらず，慣れてきたら暗算で追えるようにと心がけました．

しかしながら，実際に書き出してみると，なかなか納得できるものにならず，全面改定も行うほどの苦戦が続きました．やっと，これで納得かなと思ったのは，波動方程式まで踏み込むことを決心したときです．線形代数をなぜ学ぶかを理解するには 'その先にある理工系の応用領域を垣間(かいま)見なければならぬ！' のです．

本書の各章の特徴と学び方のガイドは以下のようなものです：まずは，関数を第 1 章にもってきて，それが写像・線形写像と一般化される過程を明確にしました．3 角関数や逆 3 角関数，指数・対数関数もここに入れました．3 角関数の和積公式を利用してうなりの現象を，積和公式を利用して AM 放送の仕組みを議論しました．また，要素が有限な集合の写像の雛形として，置換をとりあげましたが，難しい議論にならないように阿弥陀籤(あみだくじ)を利用した楽しい話にしてあります．置換は一般次数の行列式を定義する際に必要で，ここでやっておくと後が楽です．

第 2 章は複素数に当てています．なぜに複素数かを納得してもらうよう，『$+\alpha$』のカルダノのパラドクスの話をそのまま載せ，複素変換も議論しました．大学で必須のオイラーの公式も導きましたが，これには微分方程式を利用しています．ただし，数列・極限や微分・積分については，このテキストでは高校の復習まではかなわず，使う公式を明記して勘弁してもらうことにしました．

第 3・4 章は平面・空間ベクトルを基礎から議論しました．ベクトルの導入部は丁寧な『$+\alpha$』の議論をそのまま受け継いでいます．同値類の議論は少々くどいので読み飛ばしてよいかな．斜交座標は大切な基底の議論につながります．空間上の直線や平面には重要な応用があり，回転面の方程式は君たちを鍛えるのに十分でしょう．シーソーの話から入って外積を導入しますが，これは四面体の体積公式や物理分野での応用（力のモーメント・フレミングの右手・左手の法則，その他）の他に，3 次の行列式の定義に役立ちます．また，空間ベクトルの始めの段階で，ベクトルの公理的定義と線形独立の議論をしますが，それらは次の第5章に引き継がれます．

第5章は線形代数学全体の本質が理解できる章です（飛ばして第6章に進んでも，大学の講義で困ることはありません）．（初めて読むときは，始めの数学史の部分は軽く流して）§5.1 ベクトルの公理的議論と線形空間 を一言一句噛(か)みしめて何度も精読しましょう．ベクトルとは何か，公理（系）とは何か，空間とは何か，が真に理解できるチャンスです．現代数学の'神々(こうごう)しい姿'が拝めます．§5.2 線形方程式と線形写像 は，（厳密な一般論などは行わず）具体的な例題を用いて進めていくので，決して難しくありません．空間の次元を明確に定めるものとしての基底や，線形写像を表現するものとしての行列を理解してほしいと思います．§5.3 以降の波動方程式の議論は，弦の振動の話であり，（ニュートンの運動方程式に基づく）微分方程式であることを嫌がらなければ誠に面白く，また線形代数学の真髄が満ち満ちている部分です．例えば，弦楽器で倍音が出る理由が波動方程式の線形性によって明快に説明されます．また，理論的圧巻部分は，微分演算子（微分作用素）を線形写像と見なすところ，および積分を巻き込む内積の定義をするところです．飛ばして読んでも不都合はまったくありませんが，ぜひ戻ってきて熟読してほしいと思います．

第6章で行列の詳細を議論します．我々は線形変換の表現として行列を導入します．§6.1 で2行2列の行列とその行列式で十分に練習した後，§6.2 で一般の m 行 n 列の行列に拡張します．初心者が違和感を覚える行列の積の定義方法については，その積が合成関数の表現行列になるように，定められたことがわかります．§6.3 一般の連立1次方程式 では，3次の場合で十分な訓練をした後，高次の行列式を定義し，高次の行列の逆行列の公式を導きます．§6.4 では，多元連立1次方程式を掃(は)き出し法で解き，連立1次方程式の一般的な解の構造を調べます．

第7章は固有値と固有ベクトルの議論に当てられます．それらの意味を§7.1 の2次曲線の例で例解し，基底の意味することを学びます．固有値問題に関係する事柄を一般論に基づいて議論するのはこのテキストの範囲を超えるため，代わりに多くの例題を用意しました．§7.2 ではスピン角運動量・連立漸化式や3項間漸化式・ビール業界のシェア争い（マルコフ過程）などをとりあげます．固有値が重解のときのジョルダン標準形の議論については単に結果の処方箋を適用するに留めます．最後に，§7.3 では線形微分方程式の固有値問題を例解します．バネ振動・*LCR* 電気回路や *LC* 回路の共振現象（ラジオの受信原理）・地震の共振モデルなどを議論しましょう．

以上，理工経済学部などの学生が初めて線形代数を学ぶ場合を想定して，楽しく自学自習できるテキストを目指しました．学びなおしたい社会人も OK です．テストで単位がほしい人は (授業で習う範囲に集中しても構いませんが)，まず，勉強している個々の事柄について“こういうことか”がわかるまでは（くり返して）熟読し，それができたら，例題や例解で式変形を反復練習し，その後，練習問題・演習問題で仕上げます．深い理解を望む人は，‘自分が想定しない数学がここにある’との前提のもとに，それは‘無矛盾な首尾一貫した新しい思考（概念）によって理解できる’と了解して読み進むのがよいでしょう．理解するときは一瞬にして達成でき，その瞬間は，大げさにいうと，脳裏に新しいアイデアが綺羅星の如く閃くという感じかな．

厳密な演繹に従って議論を押し進めることは，このテキストでは望むべくもなく，また大学数学に慣れてない学生はそれに拘るべきではない[2]と考えます．ただし，基本概念である (数学的) 次元の定義の首尾一貫性には拘って，章末問題でとりあげています．次元をきちんと定義してこそ，線形代数学の意味がある，という筆者の思いが強いせいでしょうか．

このテキストは TeX というフリーのコンピュータ・ソフトを用いて書かれました[3]．TeX は目次や索引なども自動的に作成できる優れものです．また，図は大熊一弘氏（ハンドルネーム tDB）の emath というフリーソフトで全て描かれています[4]．大熊氏および石原守氏には多大な便宜を図っていただきました．ここに感謝いたします．

---

2) 例えば，☞ http://www.math.tohoku.ac.jp/~kuroki/Articles/hint.html

3) 三重大学教授 奥村晴彦 先生のホームページ http://oku.edu.mie-u.ac.jp/~okumura/texwiki/ で TeX に関する多くの情報が得られます．

4) emath は tDB 氏のホームページ http://emath.s40.xrea.com/ からダウンロードできます．

目次

第1章　関数から写像へ

紀元前 2～3 千年前頃，古代バビロニアの学者は，半径 r の円の面積 S が大雑把な近似で $S = 3r^2$ であることを導き，円の面積とその半径の相互関係，つまり‘円の面積はその半径の関数である’ことを無意識のうちに確立していました[1)]．また，それより遙かに昔から使われていたであろう長方形の面積の公式（長方形の面積）=（底辺）×（高さ）は，当時の人々が，長方形の面積は底辺と高さに比例する，つまりそれらの 2 変数関数であると無意識のうちに認識していたことを示します．

17 世紀前半になって，文字や記号（$a, b, c, \cdots, x, y, z, \cdots, =, +, -$ など）の導入と普及に伴って，数学に新たな発展がありました．1637 年，フランスのデカルト（René Descartes，1596～1650）は著作『幾何学』において，平面座標の方法を説明する際に，ある線分上の点の縦座標の変化を同じ点の横座標の変化に依存させて考察し，変数や関数の概念を初めて導入しました．つまり，当時は未知数 x, y の方程式と考えられていた等式 $y = ax + b$ において，x, y を単に未知数と見なすだけではなく，等式 $y = ax + b$ そのものを「x の変化に伴って y が変化する規則を表す式」と見なしました．これは x, y を「変数」，つまり「いろいろな数値をとる文字」として導入することを意味します．変数の導入は，同時に，関数の導入を意味し，その最初のものがこの 1 次関数です．また，このとき初めて，1 次方程式 $y = ax + b$ のグラフが直線になることが示されたのでした．彼の考えは瞬く間にヨーロッパの数学界に浸透

---

1) 歴史的記述については，労作『グレイゼルの数学史 I·II·III』（保阪秀正・山崎昇 訳，大竹出版），大作『カッツ 数学の歴史』（ヴィクター J. カッツ 著，上野健爾・三浦伸夫 監訳，共立出版），『現代数学小事典』（寺阪英孝 編，講談社），『数－体系と歴史』（足立恒雄 著，朝倉書店），『岩波数学辞典（第 3 版）』（日本数学会 編，岩波書店），その他多くのインターネットのウェブサイトを参照しました．

していきました．彼の，‘数に代えて文字を用いる’「代数」によって述べられた，新しい幾何は現在「解析幾何」と呼ばれています．

デカルトの仕事を引き継いだ同時代人や17世紀の偉大な数学者ニュートン，ライプニッツは，最も重要な数学の分野「微分積分学」を創設しましたが，その中では変数と関数の概念が最も重要な意義をもっています．ニュートンは，‘りんごが木から落ちるのを見て万有引力の法則を発見した’と伝えられていますが，その原点は落下するりんごの高さを時間の関数と見ることにあったのでしょう．用語‘関数’(function)は，ライプニッツによってラテン語のfunctio（働き，機能）として初めて導入され，それは（あれこれの働きをする量の）‘役割’の意味で用いられました．

関数は，初期の頃，多項式（整式），3角関数，指数関数，対数関数などの変数を用いて具体的に表される式，つまり‘解析的な式’と見なされていました．しかし，数学理論が発展するにつれて関数のより拡張された定義が必要になりました．我々の用いている§1.1の定義がそれに当たります．その定義を満たす形で関数はまず拡張されました．

19世紀末に「集合論」が構築されると関数の概念はさらに一般化されていきました．それは‘集合 X の各要素 x に集合 Y の要素 y を1つ対応させて $y = f(x)$ のように表す’という形でなされ，この対応を X から Y への「写像」といいます．そして，写像のうちで特に‘集合 X の各要素 x にただ1つの実数（または複素数）y を対応させる場合を“関数”という’ようになりました．我々が主に扱う要素 x は，実数・平面や空間上の点・ベクトルなどですが，究極には関数なども対象になります．

写像の中で最も重要なものが「線形写像」です．それは1次関数 $f(x) = ax$ のもつ性質 $f(kx) = kf(x)$ および $f(x + x') = f(x) + f(x')$ を受け継ぐ写像であり，我々が学ぶ「線形代数学」はこの線形性をもつ数学的対象がターゲットです．まもなく学ぶ「行列」は線形代数の基本です．線形代数学の上級編では「線形微分方程式」を扱う際に「微分作用素（演算子）」と呼ばれる線形写像が現れ，そこで初めて線形代数学を学ぶ深い意味が理解できます．

ベクトルを抽象的な意味で考え，行列とベクトル空間の線形写像の基本的な関係が明確に理解されたのは，1940年代になってからのことでした．

§1.1　関数の定義

地上から 10 km までは，高度が 1 km 増すごとに気温は 6 ℃下がるといいます．地上の気温が 20 ℃のとき，地上からの高度とその高度の気温の関係を求めましょう．高度を x km，気温を y ℃とすると，x と y の間には

$$y = 20 - 6x$$

の関係が成り立ちますね．このとき，高度 x は**いろいろな値をとれる文字**であり，これを **変数** といいます．変数 x が変化するとそれに伴って文字 y も変化するので，y も変数です．一般に，（関数の定義：）

2 つの変数 x，y があり，x の値に対応して y の値がただ 1 つ定まり，
x の値の変化に伴って y の値も変化するとき，y は x の **関数** である

といいます．したがって，上の例は関数 $y = 20 - 6x$ といいますね．

さて，x の「とり得る値の範囲」を x の **変域** といい，それは地表から地上 10 km までですから，$0 \leqq x \leqq 10$．また y の変域は，$x = 0$ のとき $y = 20$，x が増加すると y は減少して，$x = 10$ のとき $y = -40$ だから，$-40 \leqq y \leqq 20$ です．一般に，y が x の関数であるとき，x の変域を関数の **定義域**，y の変域を関数の **値域** といいます．関数 $y = 20 - 6x$ は y が x の 1 次式で表され，x の変域は $0 \leqq x \leqq 10$ なので，その変域（定義域）を明示して

$$y = 20 - 6x \quad (0 \leqq x \leqq 10)$$

と表すこともあります．

関数の例をもう 1 つ挙げますので，その定義域と値域を練習問題にしましょう．高さ 333 m の東京タワーのてっぺんからボールをそっと落しました．空気の抵抗（および障害物）がなかったとしたら，x 秒後のボールの高さ y m は y が x の 2 次関数 $y = 333 - 4.9\,x^2$ となることが証明できます（それには微分・積分の知識が必要です．§§5.3.1 で導出しましょう）．さて，定義域と値域です．値域つまり y の変域は，落下できる高さの部分ですから，$0 \leqq y \leqq 333$ ですね．定義域は，ボールが地表に落下するまでの時間ですから，$0 \leqq y \leqq 333$ に $y = 333 - 4.9\,x^2$ $(x \geqq 0)$ を代入して解くと，$0 \leqq x \leqq \sqrt{\frac{333}{4.9}}$ ですね．

一般に，y が x の関数であることを，

$$y = f(x), \quad y = g(x)$$

等の記号で表すと便利です（$f(x)$ の f はもちろん function の f です）．先ほどの 2 次関数では $f(x) = 333 - 4.9\,x^2$ 等とすればよいでしょう．関数 $y = f(x)$ において，x の値 a に対応する y の値を $f(a)$ で表し，それを $x = a$ における **関数値** といいます．先ほど述べた値域は関数値の変域を意味する用語です．また，関数 $y = f(x)$ を単に関数 $f(x)$ ということもあります．

§1.2　関数のグラフ

1.2.1　実数と点の 1 対 1 対応と座標軸

関数 $y = f(x)$ の詳細を調べるには x と y の関係をグラフを描いてみるのが便利です．そのためには x や y 等の実数を直線上の点に対応させることが必要です．点は直線上で連続しており，また，『高校数学 $+\alpha$』[2] 第 1 章で議論したように，実数も連続して存在します．したがって，‘直線上の点と実数を連続的に 1 : 1 に対応させることが可能’ です．

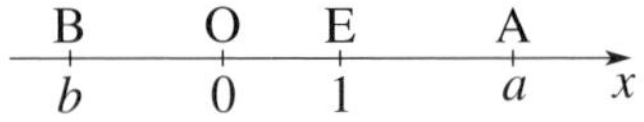

1 つの直線上に異なる 2 点 O，E をとり，線分 OE の長さを単位の長さ 1 とします．次に，直線上の任意に定めた点 A に対して，以下の 2 つの条件で実数 a を対応させます：

(1) 線分 OA の長さは実数 a の絶対値 $|a|$ の大きさに等しい： $\mathrm{OA} = |a|$.

(2) 点 A は，$a > 0$ のとき O から見て E と同じ側に，$a < 0$ のときは E と反対側にとり，$a = 0$ のときは $\mathrm{A} = \mathrm{O}$ とします．

こうすると直線上の任意の 1 点に対応して実数がただ 1 つ定まり，また逆に，任意の実数に対応して直線上の点がただ 1 つ定まります．このように実数と直線上の点が連続的に 1 対 1 に対応するとき，この直線を **数直線** といいます．

[2] 拙著『高校数学 $+\alpha$: 基礎と論理の物語』（共立出版）のことです．以下，引用するときは ‘☞『$+\alpha$』’ または ‘『$+\alpha$』’ と略記します．

基準になる点Oを **原点**，点Eを **単位点** といいます．また，点Aに対応する実数 a を点Aの **座標** と呼びます．このとき，点Aを点 $A(a)$ と表したり，また点 $A(a)$ を単に「点 a」といったりします．すなわち，‘実数を数直線上の対応する点と同一視して，実数が数直線上に並んでいる’と考えるわけです．原点と単位点があり，実数が（上のルールで）並ぶ数直線を **座標軸** と呼びます．よって，実数は座標軸上に小さいものから大きなものの順で連続的に並びます．座標軸は大きな実数の方向に向かって矢印で表すのが日本流です．また，2点 $A(a)$，$B(b)$ の距離は2点の座標の差の大きさ $|a-b|$ で表されます．

関数 $y=f(x)$ 等をグラフで表すためには，変数 x に対応する横座標軸つまり **x 軸** と，それに原点Oで垂直に交わる，変数 y に対応する縦座標軸つまり **y 軸** を考えるのが便利です．このとき，x, y の2つの座標軸が定まった平面を考えるので，その平面を **座標平面** といいます．このとき，$x=a$，$y=b$ に，つまり実数の組 $(x, y)=(a, b)$ に対応する座標平面上の点を $A(a, b)$ で表します．点 $A(a, b)$ は，原点Oと x 軸上の点 a，y 軸上の点 b を3頂点とする長方形を考えたとき，4番目の頂点に対応します．

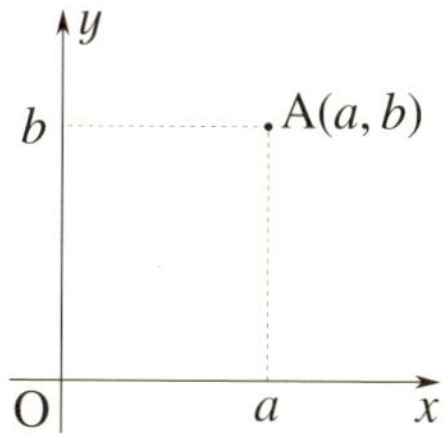

点 $A(a, b)$ に対応する実数の組 (a, b) を点Aの **座標** といいます．明らかに，任意の実数の組に対応して座標平面上の1点が定まり，逆に，座標平面上の任意の1点に対応して1組の実数が定まります．このように座標平面上では，‘実数の組と平面上の点が1対1に対応’します．よって，数直線上には実数が並ぶと見なしたように，‘座標平面上には実数の組が欠けることなく敷き詰められている’と考えることができます．

また，x, y 両座標軸が直交するので，2点 $A(a, b)$，$B(c, d)$ の距離ABは，点 $C(c, b)$ をとると，三平方の定理より

$$\begin{aligned} AB &= \sqrt{AC^2+CB^2} \\ &= \sqrt{(a-c)^2+(b-d)^2} \end{aligned}$$

と表されます．

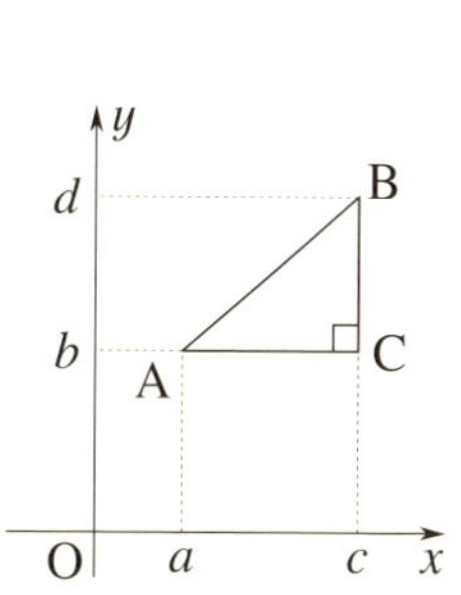

1.2.2 関数のグラフ

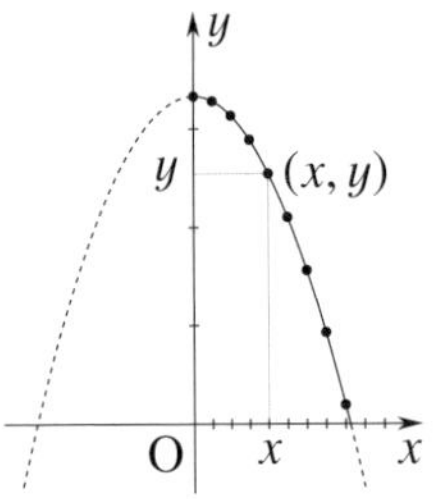

関数のグラフの例として§1.1 で議論したボール落下の 2 次関数 $y = 333 - 4.9\,x^2$ の場合を考えましょう．x は時間（秒），y はボールの高さ (m) です．右図のグラフは，ボールが落下している間 ($0 \leqq x \leqq \sqrt{\frac{333}{4.9}}$) を実線で，特に時間を $x = 0,\ 1,\ 2,\ \cdots,\ 8$ と 1 秒ごとにプロット[3] したものを黒丸で，落下とは関係ない時間の場合を破線で表しています．以下，この例を利用してグラフの概念を説明しましょう．

一般に，グラフの元となる関数などの等式を **図形の方程式** といいます．上の 2 次関数 $y = 333 - 4.9\,x^2$ のグラフに C という名をつけましょう．グラフ C の場合，その図形の方程式は

$$C\ :\ y = 333 - 4.9\,x^2$$

と表されます．どうして“方程式”と呼ぶかというと，等式 $y = 333 - 4.9\,x^2$ を未知数 x, y の方程式と見なすからです．この方程式は，実数の未知数が 2 個なのに，等式が 1 個しかないので，解の組 (x, y) は連続的に無限個あります．そして，この無限個の解の各組 (x, y) を，前の§§で議論した座標平面上の点 (x, y) と同一視します．その点 (x, y) を“方程式を満たす点”と呼ぶことにしましょう．

関数の等式 $y = 333 - 4.9\,x^2$ を図形の方程式と見なすとき，その x, y は，関数の変数というよりは，その方程式を満たす点 (x, y) の x, y のことであると，念頭においておくほうがよいでしょう．方程式 $y = 333 - 4.9\,x^2$ を満たす点の全てを xy 平面上にプロットすると，連続する点の集合，すなわち「曲線」が現れます．それが関数のグラフ C というわけです．**グラフは方程式を満たす点の集合である**という認識は決定的に重要です．

グラフ C を「集合」の記法を用いて表すとその意味がよくわかります．ものの集まりを表す **集合** は数学の基礎概念の 1 つであり，集合に属す‘もの’は **要素** または **元** と呼ばれます．集合の要素はそれに属していることが明確であ

3) プロット＝座標を点で示すこと．

り，かつ要素同士がはっきりと区別できることが必要です（したがって，美人の集合などというものはありませんね）．集合を用いた書き方は

$$\text{グラフ } C = \{C \text{ の要素} \mid \text{要素についての条件}\}$$

の形式を用い，中括弧{　}は条件を満たす全ての要素の集合を意味します．$y = 333 - 4.9x^2$ を図形の方程式とするグラフ C は，座標平面上の点 (x, y) を要素とする集合で，要素に対して条件 $y = 333 - 4.9x^2$ がつくので

$$C = \left\{(x, y) \,\middle|\, y = 333 - 4.9x^2\right\}$$

と表されます．

このような表現を用いると，グラフ C が，2 次関数の等式を方程式とする解の組 (x, y) に対応する，点 (x, y) の集合であることがよくわかりますね．‘点 (x, y) は図形の方程式を満たす1点1点である’と考えることは重要です．

先に，変数 x，y は実数で，実数は連続的に存在することに注意しました．2 次関数 $y = 333 - 4.9x^2$ は，x が連続的に変化するとき対応する y も連続的に変化します．より正確にいうと，x がごくわずかに変化するとき y もごくわずかに変化します．よって，そのグラフ上の点 (x, y) は連続していて，切れ目がありません．このことを‘2 次関数 $y = 333 - 4.9x^2$ は **連続関数** である’といいます．一般の 2 次関数も，n 次式で表される n 次関数も連続関数であり，その他の我々が扱う多くの関数も（例外的な点を除いて）連続しています．関数の連続性はきわめて重要な性質であり，「極限」や「微分・積分」を議論する際に決定的です．

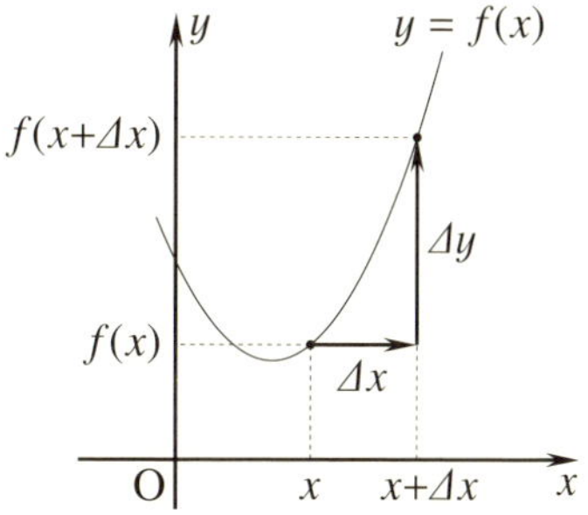

今述べた関数の連続性について，「極限」の予習を兼ねて，数式で表してみましょう．関数 $y = f(x)$ の‘ある x’における関数値 $f(x)$ とその x のごく近く $x + \Delta x$ における関数値 $f(x + \Delta x)$ を比較しましょう．x はもちろん，x の「増分」と呼ばれる Δx も（連続的に存在する）実数です（増分 Δx は正負の実数です．Δx は分数の分母である場合も多

いので「$\Delta x \neq 0$」と約束します）．Δx がごくわずかのとき関数値の差 Δy：

$$\Delta y = f(x + \Delta x) - f(x)$$

もごくわずかであるならば，より正確にいえば，ある x における関数値 $f(x)$ が有限に定まっていて，$\Delta x (\neq 0)$ を任意の方法で 0 に限りなく近づける（これを $\Delta x \to 0$ と表す）とき，差 Δy も限りなく 0 に近づくならば，つまり

$$\Delta x \to 0 \quad \text{のとき} \quad \Delta y = f(x + \Delta x) - f(x) \to 0$$

ならば，関数 $y = f(x)$ はその x で連続であるといいます．

$y = f(x) = 333 - 4.9\,x^2$ の場合に連続性を確かめましょう．

$$\begin{aligned}\Delta y &= f(x + \Delta x) - f(x) \\ &= 333 - 4.9\,(x + \Delta x)^2 - (333 - 4.9\,x^2) \\ &= -4.9\,\{(x + \Delta x)^2 - x^2\} \\ &= -4.9\,(2x + \Delta x)\Delta x\end{aligned}$$

ですから，$\Delta x \to 0$ のとき（Δx が因数となり）$\Delta y \to 0$ が成り立ちます．したがって，その x で連続，また，x は任意の値でよいから，全ての実数 x で連続です．一般の n 次関数についても同様の議論が成り立ちます．

ここで練習です．分数関数 $y = \dfrac{1}{x-1}$ に不連続な点はあるでしょうか．もしあればそれを指摘し，関数の（自然にとれる最も広い）定義域と値域を述べなさい．答：$x = 1$ のとき分母が 0 になるのでそこで $y = \pm\infty$ となって不連続ですね．よって，定義域 D は $x = 1$ を除く実数，値域は（$x \neq \pm\infty$ なので）$y = 0$ を除く実数ですね．数式を用いた議論をしたければ

$$\Delta y = f(x + \Delta x) - f(x) = \frac{1}{x + \Delta x - 1} - \frac{1}{x-1} = \frac{-\Delta x}{(x + \Delta x - 1)(x-1)}$$

と変形します．$x \neq 1$ のとき，$\Delta x \to 0$ ならば $f(x + \Delta x) - f(x) \to 0$ ですね．

ついでに，関数 $y = \dfrac{1}{x-1}$ の定義域 D と値域 T を集合で表す練習もしておきましょう．

$$D = \{x \mid -\infty < x < +\infty,\ x \neq 1\}$$

のような書き方がよいでしょう．実数の集合 $\mathbb{R}$ が $\mathbb{R} = \{x \mid -\infty < x < +\infty\}$ と表され，実数 x が $\mathbb{R}$ の要素である（x が $\mathbb{R}$ に属す）ことは「$x \in \mathbb{R}$」と表されることを用いると，$D = \{x \mid x \in \mathbb{R},\ x \neq 1\}$ のように表すこともできます．また，簡単に $D = \{1$ を除く実数$\}$ のような書き方も許されます（「1 を除く実数」を式で表したような $D = \{x \in \mathbb{R} \mid x \neq 1\}$ も OK です）．実数が $\pm\infty$ を含まない理由は『+α』の第 1 章で根本から議論されています[4]．

関数 $y = \dfrac{1}{x-1}$ の値域 T は y の変域であり，関数の分母が 0 を除く実数だから，値域は

$$T = \{y \mid y \in \mathbb{R},\ y \neq 0\}$$

と表されますね．なお，一般の関数 $y = f(x)$ の定義域を D とするとき，その値域を $f(D)$ と書く習慣があります．

$$f(D) = \{y \mid y = f(x),\ x \in D\}$$

ですね．より簡単に，$f(D) = \{f(x) \mid x \in D\}$ でも構いません．

Q1. 閉区間 $[a, b]$ を集合の記法で表しなさい．

Q2. 自然数全体の集合を $\mathbb{N} = \{1, 2, 3, \cdots\}$ で表し，また整数全体の集合を $\mathbb{Z} = \{0, \pm 1, \pm 2, \cdots\}$ と表します．このとき，有理数全体の集合 $\mathbb{Q}$ を集合の記法で表しなさい．

Q3. 関数 $y = f(x)$ のグラフが，(1) y 軸対称，(2) 原点対称であるための条件を述べなさい．

A1. $[a, b] = \{x \in \mathbb{R} \mid a \leqq x \leqq b\}$ がよいでしょう．

A2. 0 で割ってはいけないことに注意して，$\mathbb{Q} = \{x/y \mid x \in \mathbb{Z},\ y \in \mathbb{N}\}$.

A3. (1) 全ての x に対して 2 点 $(-x, f(-x))$, $(x, f(x))$ の y 座標が等しいので，$f(-x) = f(x)$.

(2) 同様に，2 点の y 座標が反対符号だから，$f(-x) = -f(x)$.

---

[4] 要約すると次の議論です．任意の実数 a に対して $a - a = 0$ ですね．一方，無限大 ∞ はその性質「$\infty + 1 = \infty$」によって特徴づけられます．もし，∞ は実数と仮定すると，性質の式で ∞ を移行し，$1 = 0$ が導かれます．これは $1 \neq 0$ に矛盾します．したがって，無限大を実数とすることはできません．

§1.3　関数概念の一般化（その 1）

関数の歴史とその概念の写像への一般化についてはこの章の始め（1 ページ）に述べました．写像への準備として，この §では変数 x，y を実数とする実関数 $y = f(x)$ に限定し，$f(x)$ の f を「関数」と見なす考え方を議論しましょう．その考え方は「合成関数」や「逆関数」を理解するときに重要であり，それに基づいて 3 角関数と逆 3 角関数，指数関数と対数関数を議論しましょう．

1.3.1　関数の拡張

今後，我々は 3 角関数・逆 3 角関数，指数・対数関数など多くの関数を議論します．それらの大半は，変数の式で表された‘滑らかに変化する’連続関数で，「解析関数」と呼ばれます．

分数関数 $y = \dfrac{a}{x-c}$ は，$x = c$ では定義できないのでそこで不連続になりますが，関数の定義域を $x = c$ を除く実数とすれば「不連続関数」と呼ばれる正当な関数になります．参考になる不連続関数はガウスの関数 $y = [\,x\,]$ です．記号 $[\,x\,]$ は，ガウス x と読み，「実数 x を超えない最大の整数」を意味します．したがって，$z \in \mathbb{Z}$，$0 \leqq q < 1$ のとき，

$$[\,z + q\,] = z$$

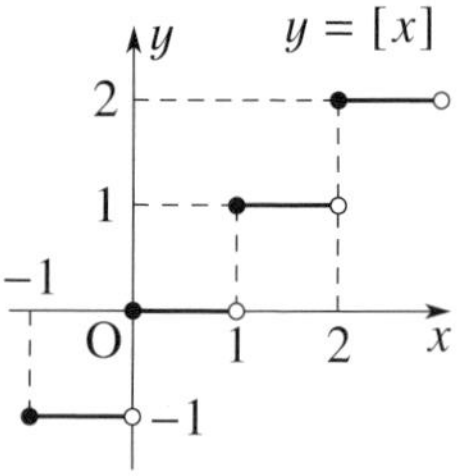

です（示しましょう）．この関数のグラフは階段状になっていることを確認しましょう．

また §1.1 の関数の定義から，関数は 1 個の式のみで表される必要はなく，定義域の異なる範囲では異なる式を用いて定義することも許されます．例えば「符号関数」と呼ばれる $\operatorname{sign} x$ は

$$\operatorname{sign} x = \begin{cases} -1 & (x < 0) \\ \ \ 0 & (x = 0) \\ +1 & (x > 0) \end{cases}$$

で定義されます．

また §1.1 の定義によると，関数は必ずしも式で表す必要はありません．「ディリクレの関数」と呼ばれるいたるところ不連続な関数

$$\overset{\text{ファイ}}{\varphi}(x) = \begin{cases} 1 & (x \text{ は有理数}) \\ 0 & (x \text{ は無理数}) \end{cases}$$

なども数学理論に重要な関数として知られています．

さらに，関数の定義についてはその定義域として実数の範囲とするとは規定していません．したがって，定義域を自然数にとることもできます．例えば n を自然数として，

$$n! = 1 \cdot 2 \cdot 3 \cdots (n-1) \cdot n$$

を n の **階乗** といいますが，$f(n) = n!$ を‘自然数の変数’n に対して定義された関数と見なすことができます．同様に，数列 $\{a_n\}$ $(n = 1, 2, \cdots)$ も自然数 $\mathbb{N}$ を定義域とする関数 $f(n) = a_n$ と見なすこともできます．

1.3.2　関数概念の一般化 1

関数 $y = f(x) = 2x + 1$ を例として考えましょう．我々は，$f(x)$ は $2x + 1$ を表す‘便利な記号’であると見なしていますね．ここで，$f(x) = 2x + 1$ に対して集合論による新しい解釈をしてみましょう．まず，変数 x はいろいろな値をとれるのでその各々の値を考え，x を実数の集合 $\mathbb{R}$ の各々の要素と見なしましょう．すると，$2x + 1$ は，変数 x の式というよりは，各々の要素 x に対応する関数値と見なされます．よって，$2x + 1$ も x と同様に実数の集合 $\mathbb{R}$ の要素と見なされます．そう考えておいて，$f(x) = 2x + 1$ の‘f’は任意に定めた実数 x を 1 つの実数 $2x + 1$ に移す役割をもつと考えてみましょう．くだけた言い方をすると，f をカメラのレンズにたとえて，‘レンズ f’は被写体の‘点’x に作用して，それをフィルム上の‘点’$2x + 1$ に写すと考えるわけです．本当ですよ．実際，数学的には，‘f は実数 x を実数 $2x + 1$ に **写像** する’といいます（事実，$2x + 1$ を x の **像** といい，x は **原像** または **逆像** といわれます）．より正確な表現をすると，‘f は実数の集合 $\mathbb{R}$ の任意の要素 x に実数の集合 $\mathbb{R}$ の 1 つの要素 $2x + 1$ を対応させる’といいます．f は x に $2x + 1$ を対応させる規則：“2 倍して 1 を加えよ”を定めているわけです．

このような'レンズ f'の役割を認めることにして，f を"関数"と呼ぶことにしましょう．すると，一般の $f(x)$ に対しては，"関数 f はその定義域の任意の実数 x を，その定める規則によって，1つの実数 $f(x)$（関数値のこと）に移す（写像する）"ということができます．このとき，'x と $f(x)$ は実数の集合 $\mathbb{R}$ の要素である'という認識が重要です．

なお，§1.7 で学びますが，x や $f(x)$ は一般の集合の要素にまで拡張され，そのとき f は"写像"と呼ばれます．特に，$f(x)$ の x がベクトルのとき，写像 f は我々が第6章で学ぶ「行列」によって表現されることを知るでしょう．さらに，x 自身が関数に拡張されると'f はある関数を別の関数に移す写像'になります．そんなものの中には，あけてビックリ玉手箱！，'微分や積分の演算を行う写像 f'があり，我々が学ぶのを待っています．それらの高度な写像は行列の奥にある「線形代数」の上級編で現れます．そのような高度な数学によって最先端の学問や技術は進歩し，現在我々は豊かな生活を享受しています．

1.3.3 逆関数

ここと次の§§において，f を関数と見る考えに基づいて，「逆関数」および「合成関数」と呼ばれる関数を議論し，関数とその逆関数に関する重要な定理を導きましょう．

関数 $y = x^2$ $(x \geqq 0)$ において，x に y を代入し同時に y に x を代入する，つまり x と y を交換してみましょう．この変換によって $x = y^2$ $(y \geqq 0)$ が得られます．y を x で表すと，$y \geqq 0$ だから，関数 $y = +\sqrt{x}$ が得られます．これは，x の値を定めると対応する y の値がただ1つ定まるので，確かに関数です．

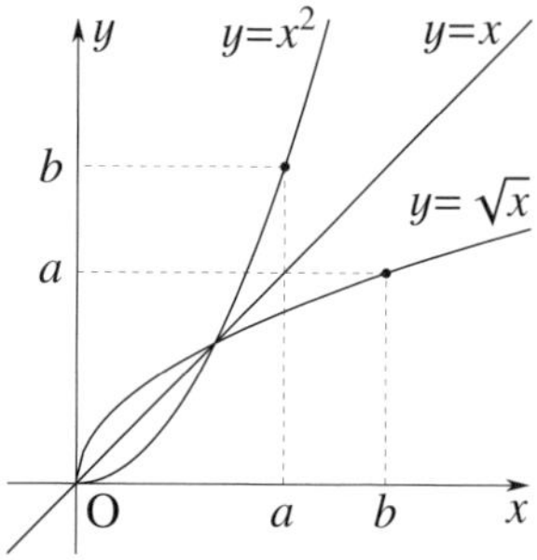

関数 $y = x^2$ $(x \geqq 0)$ と関数 $y = +\sqrt{x}$ のグラフを描いてみると，直線 $y = x$ に関して互いに対称になっていることがわかります．なぜかというと，'変数 x と y を交換することは，x の値と y の値を全ての x, y に対して交換すること'なので，グラフ上の任意の点 (a, b) が点 (b, a) に移されるからです．関数の言葉でいうと，$b = a^2$ $(a \geqq 0)$ が成り立つとき $a = \sqrt{b}$ で

すから，関数 $y = x^2$ が実数 a を実数 b に写像する（移す）とき，関数 $y = \sqrt{x}$ は，逆に，実数 b を実数 a に移します．このように関数 $y = \sqrt{x}$ は関数 $y = x^2$ $(x \geqq 0)$ と逆の働きをします．

一般の関数 $y = f(x)$ についても同様のことがいえます．x と y を交換して得られる $x = f(y)$ において y を x で表したとして，それを $y = f^{-1}(x)$ と表記しましょう（$f^{-1}(x)$ は 'f インバース (inverse) x' と読みます．この表記法は数 a の逆数 $\frac{1}{a}$ を a^{-1} のように表すのと同種のものです）．単に表し方を変えただけなので，当然ながら

$$x = f(y) \iff y = f^{-1}(x)$$

が成立します．したがって，同様に

$$y = f(x) \iff x = f^{-1}(y)$$

も成立します．$y = f^{-1}(x)$ が関数になるとき，それを関数 $y = f(x)$ の **逆関数** といいます．'関数と逆関数のグラフは直線 $y = x$ に関して互いに対称' になります．関数の言葉を用いると，$y = f(x) \iff x = f^{-1}(y)$ より，関数 f が実数 a を実数 $b = f(a)$ に移すとき，その逆関数 f^{-1} は，実数 b を実数 $a = f^{-1}(b)$ に移します．まもなく，我々は指数関数と対数関数が互いに逆関数になっていることを学ぶでしょう．

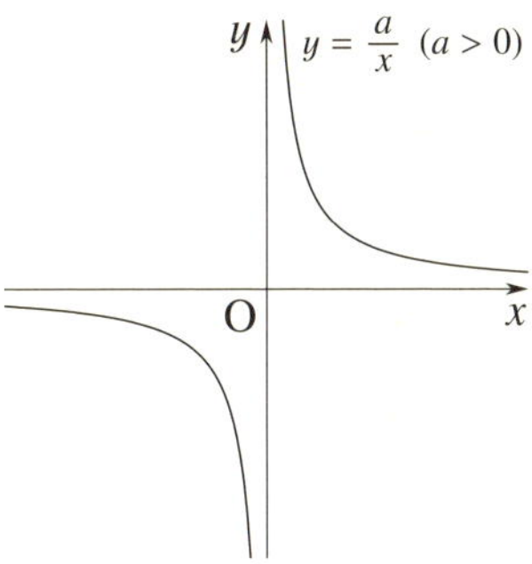

1 次関数 $y = -x + b$ や反比例の関数 $y = \frac{a}{x}$ は，x と y を取り替えてみればすぐわかるように，その逆関数に一致するので，グラフは直線 $y = x$ に関して対称になります．

なお，記号 f^{-1} は面白い記法で，数についての関係 $a^{-1} = \frac{1}{a}$，よって $a^{-1} \cdot a = 1$ を思い出させます．それは関数 f とその逆関数 f^{-1} が逆の働きをすることと密接に関係しています．そのことについては合成関数の後で議論しましょう．

最後に，逆関数はいつでも存在するとは限らないことに注意し，その存在条件を調べましょう．始めに議論した関数の例 $y = x^2$ $(x \geqq 0)$ では逆関数 $y = +\sqrt{x}$ が存在しました．その理由を考えてみましょう．$y = x^2$ $(x \geqq 0)$ を x

について解くと $x = +\sqrt{y}$ ですから，各 y の値に対してただ 1 つの x の値が対応しています．したがって，$x = +\sqrt{y}$ において x と y を取り替えた '逆関数' $y = +\sqrt{x}$ が正しい関数になったわけです．これは $y = x^2$ $(x \geqq 0)$ の定義域が $x \geqq 0$ であるためです．もし，定義域が実数全体の関数 $y = x^2$ ならば，x について解くと $x = \pm\sqrt{y}$ となり，同じ y の値（関数値）に対して 2 つの x の値が対応し，逆関数はありません．

一般の関数 $y = f(x)$ についても同様の議論ができます．$y = f(x)$ を x について解いて $x = f^{-1}(y)$ と表したとき，どの y の値（関数値）に対してもただ 1 つの x の値が対応するときのみ逆関数が存在します．つまり，逆関数が存在する条件は，定義域にある x_1，x_2 に対して「$f(x_1) = f(x_2) \Rightarrow x_1 = x_2$」が成り立つ，または，同じことですが，対偶[5)]をとって，

$$x_1 \neq x_2 \ \Rightarrow\ f(x_1) \neq f(x_2) \qquad \text{（単射）}$$

が成り立つことです．この条件は（集合論の用語で）**1 対 1 の写像** または **単射** といわれます．関数や写像の定義域を考慮したより厳密な議論は §1.7 で行いましょう．

Q1. (1) 関数 $y = \dfrac{1}{x-1}$ $(x \in \mathbb{R},\ x \neq 1)$ の逆関数を求めなさい（※：$\pm\infty \notin \mathbb{R}$）．
(2) さらにその逆関数は元の関数に戻ることを示しなさい．

Q2. 関数 $y = \sqrt{x-1}$ の逆関数を求めなさい．

A1. (1) $y = f(x)$ の逆関数 $y = f^{-1}(x)$ は $x = f(y)$ のことだから，求める逆関数は $x = \dfrac{1}{y-1}$ $(y \in \mathbb{R},\ y \neq 1)$，つまり，$y - 1 = \dfrac{1}{x}$ $(x \in \mathbb{R},\ x \neq 0)$．
(2) 逆関数の x と y を入れ換えると，$x - 1 = \dfrac{1}{y}$ $(y \in \mathbb{R},\ y \neq 0)$，つまり $y = \dfrac{1}{x-1}$ $(x \in \mathbb{R},\ x \neq 1)$ だから，元に戻りますね．

A2. 関数 $y = \sqrt{x-1}$ の（自然な）定義域は $x \geqq 1$ と考えます．x と y を入れ換えて（定義域についても同様），$x = \sqrt{y-1}$ $(y \geqq 1 \Leftrightarrow x \geqq 0)$．$y$ について解いて，答は $y = x^2 + 1$ $(x \geqq 0)$．

[5)] 「対偶」とは 命題 $p \Rightarrow q$ に対して 命題 $\bar{p} \Leftarrow \bar{q}$（つまり $\bar{q} \Rightarrow \bar{p}$）（$\bar{q}, \bar{p}$ は q, p の否定）を指し，命題とその対偶の真偽は必ず一致します（その証明は，『$+\alpha$』の第 1 章で，ベン図を用いて丁寧になされています）．

1.3.4　合成関数

関数 $y = f(x)$ の x に $x - p$ を代入して得られる関数 $y = f(x - p)$ は，関数 $y = f(x)$ のグラフを x 方向に $+p$ だけ平行移動して得られるグラフに対応していますね（☞『+α』第 3 章の一般的証明）．また，2 次関数 $y = x^2 + 2x + 3$ で x に $x^2 - 1$ を代入すると 4 次関数 $y = (x^2 - 1)^2 + 2(x^2 - 1) + 3$ が得られますね．一般に，関数 $y = f(x)$ の変数 x に関数 $g(x)$ を代入すると関数の関数

$$y = f(g(x))$$

が得られます．この新しい関数 $y = f(g(x))$ は関数 $f(x)$ と関数 $g(x)$ を合わせて 1 つの関数を作ったわけですから，それを **合成関数** といいます．実際，合成関数 $y = f(g(x))$ は，関数 g が実数 x を実数 $g(x)$ に写像し，さらに関数 f が実数 $g(x)$ を実数 $f(g(x))$ に写像しています．

合成関数 $y = f(g(x))$ は，慣習上

$$y = f \circ g(x)$$

と表して，関数 g と f の合成関数といいます（$f \circ g$ は 'f マル g' と読んでよいでしょう）．何やら f と g の積 $f \cdot g$ みたくなってきましたが，形式的には積のように考えてよいことが以下の議論で示されます．逆関数と合成関数に関する 1 つの定理を導く形で話を進めていきましょう．

関数 $y = f(x)$ の逆関数 $y = f^{-1}(x)\,(\Leftrightarrow x = f(y))$ が存在するとしましょう．x は実数，y は x を逆関数 f^{-1} で写像した実数です．$y = f^{-1}(x)$ の両辺を関数 f でさらに写像しましょう：

$$f(y) = f \circ f^{-1}(x).$$

このとき，$x = f(y)$ が成立していますから，

$$x = f \circ f^{-1}(x)$$

が成り立ちます（$x = f(y)$ の y に $y = f^{-1}(x)$ を代入しても同じ）．したがって，上式の右辺は x を x に移す恒等関数 $\mathbf{1}(x) = x$ です：

$$f \circ f^{-1}(x) = \mathbf{1}(x).$$

同様に，$x = f(y)$ の両辺を f^{-1} でさらに写像して，

$$f^{-1} \circ f(y) = y \ (= \mathbf{1}(y))$$

が得られます（確かめましょう）．上式の等号は全ての y に対して成立します．よって，上式は恒等式なので，y を x に替えても構いません：$f^{-1} \circ f(x) = x$. さらに，恒等式のときは，変数を明示しない書き方ができます：$f^{-1} \circ f = \mathbf{1}$. したがって，定理

$$f \circ f^{-1} = f^{-1} \circ f = \mathbf{1}$$

が成立します．この定理は，'写像の逆写像は何もしない' ことを表しています．逆関数のところで，関数と逆関数が逆の働きをする（f が a を b に移すとき f^{-1} は b を a に移す）ことを知りましたが，そのことを表したのがこの定理です．ちょうど，数に成立する関係 $a \cdot a^{-1} = a^{-1} \cdot a = 1$ の対応物になっています．逆関数の記号に f^{-1} を用いた理由がこれで納得できますね．

Q1．$f(x) = x - 1$，$g(x) = x^2$ とします．このとき，$g \circ f = f \circ g$ が成り立つかどうか調べなさい．

Q2．$f(x) = x^2 \ (x \geqq 0)$，$g(x) = \sqrt{x}$ のとき，
（1）合成関数 $g \circ f(x)$ を求めなさい．（2）$f^{-1}(x)$ を求めなさい．

A1．注意：$f(\bullet)$ は $\bullet$ から 1 を引く，$g(\bullet)$ は $\bullet$ を 2 乗する，という規則です．

$$g \circ f(x) = g(f(x)) = g(x - 1) = (x - 1)^2,$$
$$f \circ g(x) = f(g(x)) = f(x^2) = x^2 - 1.$$

一致しませんね．一般に，関数の合成では交換法則が成り立ちません．

A2．（1）$g \circ f(x) = g(f(x)) = g(x^2) = \sqrt{x^2} = |x| = x \ (x \geqq 0)$.
よって，答は $g \circ f(x) = x \ (x \geqq 0)$.
（2）$g \circ f(x) = x = \mathbf{1}(x)$ より，$g \circ f = \mathbf{1}$．同様にして $f \circ g = \mathbf{1}$（確かめよう）．よって，g が f の逆関数となり，答は $f^{-1}(x) = g(x) = \sqrt{x}$.
　または，$y = x^2 \ (x \geqq 0)$ で x と y を入れ換えて，$x = y^2 \ (y \geqq 0)$．これを y について解いて，逆関数 $y = \sqrt{x}$ が得られます．

§1.4　3 角関数・逆 3 角関数

3 角関数は 3 角形の辺と角の関係を表す「3 角法」として古代ギリシャに生まれました．時代が流れ，産業革命によって蒸気機関が生まれると，それは回転するものを記述する関数に進化しました．また，ガリレオ（Galileo Galilei, 1564〜1642, イタリア）は 1583 年に「振り子の等時性」を発見しましたが，その振動の様子は 3 角関数によって記述されます．また，バネの小振動も同様に 3 角関数で表されます．さらに，「ニュートンの運動方程式」(☞ §§5.3.1) から波動の方程式が導かれて，その一般的な解は 3 角関数の和の形（重ね合わせ）で表されることが明らかとなりました．同様のことは電気の振動回路についても成り立ちます．

大学では，3 角関数は波や振動の基本形を表す関数としての側面が強調されるでしょう．波や振動の特徴を表す「波長」や「振動数」は 3 角関数を用いて定められます．3 角関数は，音波や振動・光・電磁波・電気回路・量子力学・ラジオ・テレビ・通信の信号処理・地震の解析・石油探査など，大学や会社・研究所で学ぶ全ての理学・工学分野において必須になります．

この §では 3 角関数の復習を兼ねながら，大学数学で必要となる事柄を学びましょう．それらは，便利な角の測り方である「弧度法」や加法定理から直ちに導かれる定理群，および逆 3 角関数などです．

1.4.1　3 角関数

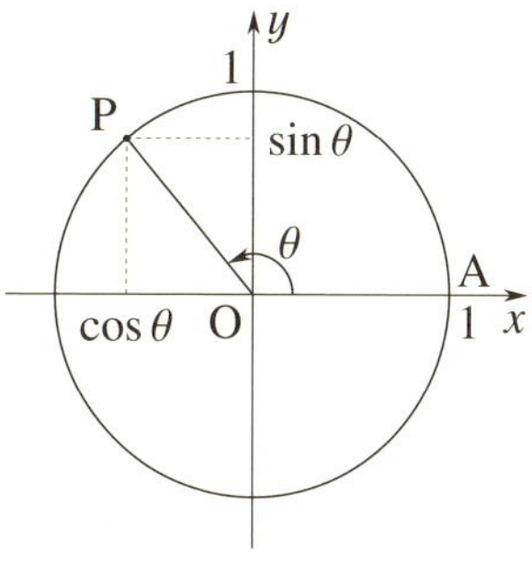

右図の円は単位円，つまり原点 O を中心とする半径が 1 の円です．円上に 1 点 A(1, 0) と任意の点 P をとります．このとき，‘θ（シータ）$= \angle$AOP は半直線 OP を半直線 OA の位置から原点 O の周りに回転して得られた **回転角** である’ と考えます．このとき，回転する半直線 OP を **動径** といい，また動径 OP の始めの位置の半直線 OA を **始線**，$\angle$AOP を **動径 OP の表す角** といいま

す．反時計回り（左回り）の角を正，また時計回り（右回り）の角を負として，上の図では θ は正の角です．このような回転角 θ は **一般角** と呼ばれ，$-\infty < \theta < \infty$ の値をとります．

さて，3 角関数の基本である余弦関数 $\cos\theta$（コサイン）と 正弦関数 $\sin\theta$（サイン）は次のように定義されます：動径 OP の表す角が θ のとき，OP と単位円の交点の座標を

$$(\cos\theta,\ \sin\theta)$$

と定めます．つまり，単位円上の点 P の x 座標を $\cos\theta$，y 座標を $\sin\theta$ とするわけです．もし，点 P が，単位円上ではなく，中心 O，半径 r の円上にあれば，点 P の座標は $(r\cos\theta,\ r\sin\theta)$ となりますね．以上の議論からわかるように，$\cos\theta$ と $\sin\theta$ は回転するものを記述するのに‘うってつけ’ですね．

ここで，変数 θ を時間 t と思ってみましょう．すると，$\cos\theta$ は，P の横方向の往復運動，つまり振動を表すように見えますね．また，$\sin\theta$ は縦の振動，または波の上下運動を表すように見えます．実際，我々はサインやコサインが振動や波の運動を表すことを理解するようになります．

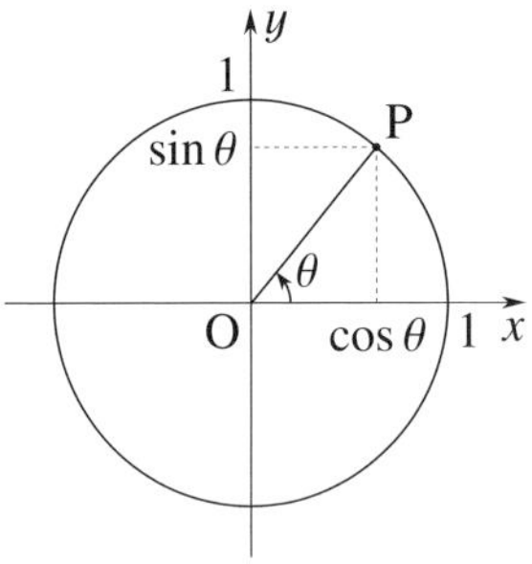

3 角関数のもう一つの仲間の正接関数 $\tan\theta$（タンジェント）は直線 OP の傾きとして定義されます：

$$\tan\theta = \frac{\sin\theta}{\cos\theta}.$$

3 角関数 $\cos\theta$，$\sin\theta$ の定義から直ちに示されるように，関係式

$$\cos^2\theta + \sin^2\theta = 1,$$

$$\cos(-\theta) = +\cos\theta, \qquad \sin(-\theta) = -\sin\theta, \qquad \tan(-\theta) = -\tan\theta$$

が得られます．これらの関係は任意の実数 θ について成り立つ恒等式です．

我々はぐるっと一周する角を 360° とする測り方「60 分法」に慣れていますが，今後は微分などの理論的な扱いをするのに便利な角の測り方，**弧度法** を用いましょう．

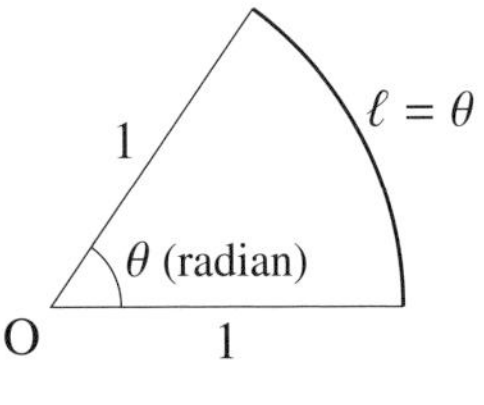

弧度法は半径 1 の円の円弧の長さ ℓ を θ とすると，中心角も同じ数値 θ になるように測る方法

で，単位はラジアン (radian) です．半径 1 の円の円周は 2π なので，

$$360^\circ = 2\pi \quad (\text{radian})$$

の関係があります．これから，$180^\circ = \pi$ (radian)，$90^\circ = \frac{\pi}{2}$ (radian) などが得られます．弧度法では，簡単のために，単位名 radian を省略するのが普通です．例えば，$60^\circ = \frac{\pi}{3}$，$-30^\circ = -\frac{\pi}{6}$ です．

3 角関数は，その定義から明らかなように，周期関数つまり関数 $f(x)$ のうち恒等的に $f(x+p) = f(x)$ を満たすものです（p は恒等式を満たす最小の正定数，つまり **周期**）．3 角関数の周期は弧度法で 2π（ときに π）で，以下の性質が成り立ちます．

$$\cos(\theta + 2n\pi) = \cos\theta, \qquad \sin(\theta + 2n\pi) = \sin\theta,$$

$$\tan(\theta + n\pi) = \tan\theta. \qquad (n \text{ は整数})$$

3 角関数はその他にも重要な関係式（恒等式）があります（☞『+α』§4.2）．ここではそれらの結果を載せておきます：

$$\cos(\theta \pm \pi) = -\cos\theta, \qquad \sin(\theta \pm \pi) = -\sin\theta,$$

$$\cos(\pi - \theta) = -\cos\theta, \qquad \sin(\pi - \theta) = +\sin\theta.$$

3 角関数を定義する単位円を利用して，これらを導きましょう．

また，実用上においても加法定理を導くためにも重要な関係

$$\cos\left(\frac{\pi}{2} - \theta\right) = \sin\theta, \qquad \sin\left(\frac{\pi}{2} - \theta\right) = \cos\theta$$

があります．証明の概略を以下に述べます．単位円上に 2 点 $\mathrm{P}(\cos\theta, \sin\theta)$，$\mathrm{Q}(\cos(\theta + \frac{\pi}{2}), \sin(\theta + \frac{\pi}{2}))$ をとると，θ の値によらずに，関係式

$$\cos\left(\theta + \frac{\pi}{2}\right) = -\sin\theta, \quad \sin\left(\theta + \frac{\pi}{2}\right) = \cos\theta$$

が成り立ちます．この関係式は θ の恒等式なので，θ を $-\theta$ と書き直し（いったん $\theta = -\theta'$ とおき，θ' を改めて θ と書く），$\sin(-\theta) = -\sin\theta$ を用いると完成です．

1.4.2　3角関数のグラフ

今まで，3角関数の基本的性質や回転運動を考える際には点 $P(\cos\theta,\ \sin\theta)$ を考えてきました．今度は，3角関数 $\cos\theta$ や $\sin\theta$ を ‘θ の関数’ と考えて ‘横軸に θ をとったグラフ’ を描いてみましょう．以下に見るように，それらのグラフは3角関数のもう一つの特質を現します．‘波’ です．グラフを見れば，3角関数が波や波動の分析に欠かせないことを実感するでしょう．

3角関数の式を表す場合には，点 P の x 座標が $\cos\theta$，y 座標が $\sin\theta$ ですから，$x=\cos\theta$，$y=\sin\theta$ としてみましょう．つまり，表式 $x=\cos\theta$ においては，x は変数 θ の関数と見なし，そのグラフは縦軸に x をとることになります．

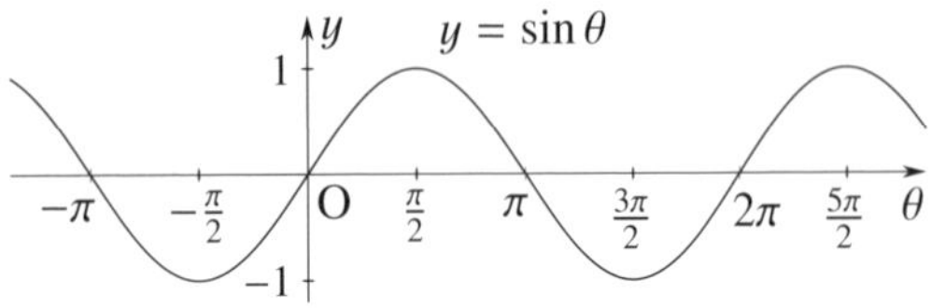

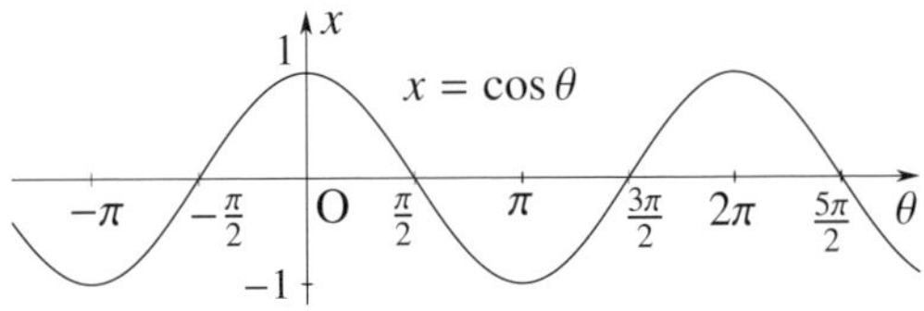

点 $P(\cos\theta, \sin\theta)$ が角 θ の変化に伴って単位円上を動くとき，その y 座標が $\sin\theta$，x 座標が $\cos\theta$ です．$\theta=0$ のとき点 P の座標は $(1, 0)$，$90°$ が $\theta=\frac{\pi}{2}$ に対応すること，負の角もあることなどに注意しましょう．

実際にプロットするのは手頃な練習問題でしょう．得られた結果が上図です．前の§§で θ を時間とすると $\cos\theta$ や $\sin\theta$ は振動や波の時間的変化を表すことを議論しましたが，θ を位置を表す変数と考えても波の形ですね．実際，$y=\sin\theta$ のグラフは**サインカーブ**といわれ，波の形を表す代名詞のように使われます．我々は，いずれ数式を用いて，3角関数がどのように波を表すかを議論しましょう．

ところで，コサインのグラフを θ 軸方向に $\frac{\pi}{2}$ だけ平行移動するとサインのグラフになりそうなことに気がつきましたか．それを確かめることを練習問題にしましょう．ヒント：関数 $y=f(x)$ のグラフを，x 方向に p，y 方向に q だけ平行移動したグラフを表す関数は $y-q=f(x-p)$ です．また，前の §§1.4.1 で議論した3角関数の関係式を利用します．

上の平行移動の公式から $\cos(\theta - \frac{\pi}{2}) = \sin\theta$ を導けば‘証明終り’ですね．これは，関係式 $\cos(\frac{\pi}{2} - \theta) = \sin\theta$，および $\cos(-\theta) = \cos\theta$ を用いると直ちに得られます．

最後に，$y = \tan\theta$ のグラフを描きましょう．$\tan\theta$ は点 $\mathrm{P}(\cos\theta, \sin\theta)$ の動径 OP の傾きなので値が無限大になる角があります．実際，そのグラフは $\theta = \frac{\pi}{2} + n\pi$（$n$ は整数）で $\pm\infty$ になります．また，その場合を除くと常に増加していますね．

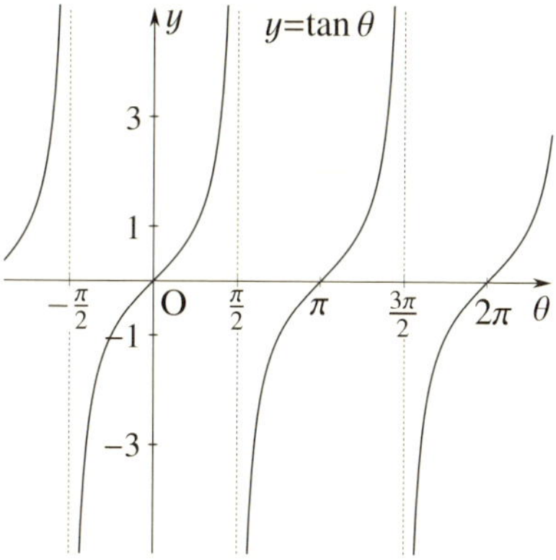

3 角関数は，積分と関連して，その逆関数も重要になり，§§1.4.5 逆 3 角関数 で議論されます．$y = \tan\theta$ の逆関数 $y = \tan^{-1}\theta$ は特に重要です．

1.4.3　加法定理とその派生公式

3 角関数の公式のうち君たちにとって今後最も重要になるなのは**加法定理**，および，それから簡単に導かれる定理群です．加法定理はすでに学んだことと思いますが

$$\cos(\alpha \pm \beta) = \cos\alpha\cos\beta \mp \sin\alpha\sin\beta,$$

$$\sin(\alpha \pm \beta) = \sin\alpha\cos\beta \pm \cos\alpha\sin\beta, \qquad \text{（加法定理）}$$

$$\tan(\alpha \pm \beta) = \frac{\tan\alpha \pm \tan\beta}{1 \mp \tan\alpha\tan\beta}$$

ですね．加法定理は一般角つまり任意の実数 α，β について成り立ちます．

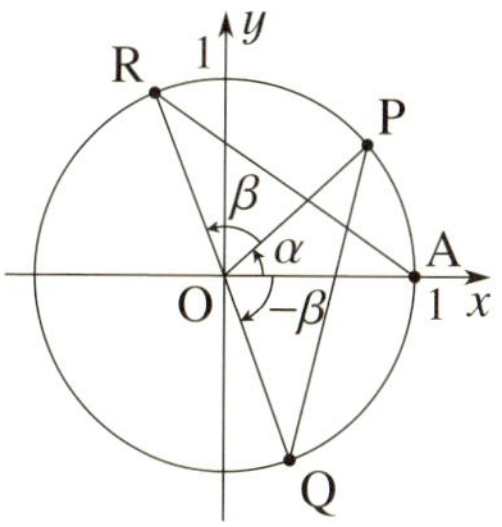

この定理は『+α』では余弦定理を用いて導出しました．ここでは別法について要点のみを述べ，導出を完成させるのは君たちの練習問題としましょう．右図のように，単位円上に 4 点 A(1, 0),

$P(\cos\alpha, \sin\alpha)$, $Q(\cos(-\beta), \sin(-\beta))$, $R(\cos(\alpha+\beta), \sin(\alpha+\beta))$ をとると, $PQ = AR$ ですね．PQ^2 と AR^2 の計算で，関係式 $\cos(-\theta) = \cos\theta$, $\sin(-\theta) = -\sin\theta$, $\cos^2\theta + \sin^2\theta = 1$ を用いると，コサインの加法定理が導出されます．それをサインの加法定理に変えるには，関係式 $\cos(\frac{\pi}{2} - \theta) = \sin\theta$, $\sin(\frac{\pi}{2} - \theta) = \cos\theta$ を利用して，$\cos(\frac{\pi}{2} - (\alpha + \beta)) = \cos((\frac{\pi}{2} - \alpha) + (-\beta))$ を計算します．以上の計算は 3 角関数に慣れ親しむにはうってつけです．

ここで簡単な練習です．$\cos 15° = \dfrac{\sqrt{6} + \sqrt{2}}{4}$ を示しなさい．

ヒント：$15° = 45° - 30°$ ですね．

加法定理から，**倍角公式** が得られます：

$$\cos 2\theta = \cos^2\theta - \sin^2\theta$$
$$= 2\cos^2\theta - 1 = 1 - 2\sin^2\theta,$$
$$\sin 2\theta = 2\sin\theta\cos\theta,$$
$$\tan 2\theta = \frac{2\tan\theta}{1 - \tan^2\theta}.$$

また，$\cos 2\theta = 2\cos^2\theta - 1 = 1 - 2\sin^2\theta$ を利用すると，**半角公式** が得られます：

$$\cos^2\theta = \frac{1 + \cos 2\theta}{2}, \qquad \sin^2\theta = \frac{1 - \cos 2\theta}{2}, \qquad \tan^2\theta = \frac{1 - \cos 2\theta}{1 + \cos 2\theta}.$$

3 角関数の微分や波の合成の際に役に立つ理論的公式を載せておきましょう．それらは必要なときに加法定理から導くことができればよい公式です．$\cos(\alpha + \beta)$ と $\cos(\alpha - \beta)$ の和・差，また，$\sin(\alpha + \beta)$ と $\sin(\alpha - \beta)$ の和・差を考えると，3 角関数の **積和公式** が得られます：

$$\cos\alpha\cos\beta = \frac{1}{2}\{\cos(\alpha + \beta) + \cos(\alpha - \beta)\},$$
$$\sin\alpha\sin\beta = -\frac{1}{2}\{\cos(\alpha + \beta) - \cos(\alpha - \beta)\},$$
$$\sin\alpha\cos\beta = \frac{1}{2}\{\sin(\alpha + \beta) + \sin(\alpha - \beta)\},$$
$$\cos\alpha\sin\beta = \frac{1}{2}\{\sin(\alpha + \beta) - \sin(\alpha - \beta)\}.$$

また，これらの積和公式で，$\alpha+\beta=A$，$\alpha-\beta=B$ とおくと**和積公式** が得られます：

$$\cos A+\cos B=2\cos\frac{A+B}{2}\cos\frac{A-B}{2},$$
$$\cos A-\cos B=-2\sin\frac{A+B}{2}\sin\frac{A-B}{2},$$
$$\sin A+\sin B=2\sin\frac{A+B}{2}\cos\frac{A-B}{2},$$
$$\sin A-\sin B=2\cos\frac{A+B}{2}\sin\frac{A-B}{2}.$$

以上の倍角・半角公式，和積・積和公式は微分・積分や大学の授業では頻繁に現れます．次の§§で波に関するその応用例を議論しましょう．

加法定理から導かれる **3 角関数の合成則** と呼ばれる公式があります：

$$a\sin\theta+b\cos\theta=r\sin(\theta+\delta),$$
$$\text{ただし，}\quad r=\sqrt{a^2+b^2},\quad \cos\delta=\frac{a}{r},\quad \sin\delta=\frac{b}{r}.$$

これは，次の§§で議論するように，波の合成に深く関係する公式ですが，とりあえず，証明しておきましょう．加法定理を巧妙に使います（右図を見て閃(ひらめ)いてほしい）．実数 a，b に対して座標平面上に点 P(a, b) をとると，線分 OP の長さ $r=\sqrt{a^2+b^2}$ が定まり，また動径 OP の表す角 δ は 2π の整数倍の不定性を除いて定まります．つまり，

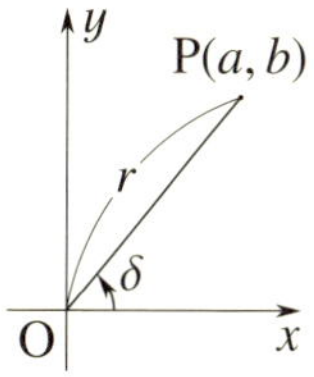

$$(a,\ b)=(r\cos\delta,\ r\sin\delta)\ \Leftrightarrow\ \cos\delta=\frac{a}{r},\quad \sin\delta=\frac{b}{r}$$

と表すことが可能です．したがって，加法定理より

$$\begin{aligned}a\sin\theta+b\cos\theta&=r\cos\delta\sin\theta+r\sin\delta\cos\theta\\&=r(\sin\theta\cos\delta+\cos\theta\sin\delta)\\&=r\sin(\theta+\delta).\qquad\text{（証明終）}\end{aligned}$$

ここで練習問題です．$\sqrt{3}\sin\theta+1\cos\theta$ を $r\sin(\theta+\delta)$ の形に表しなさい．
ヒント：$r=\sqrt{3+1}=2$ を利用して $\sqrt{3}\sin\theta+1\cos\theta=2\{\sin\theta\frac{\sqrt{3}}{2}+\cos\theta\frac{1}{2}\}$ と表し，$\cos\delta=\frac{\sqrt{3}}{2}$，$\sin\delta=\frac{1}{2}$ となる δ を求めます．

$0 \leqq \delta < 2\pi$ とすると $\delta = \frac{\pi}{6}(= 30°)$ なので，

$$\sqrt{3}\sin\theta + 1\cos\theta = 2\left\{\sin\theta\cos\frac{\pi}{6} + \cos\theta\sin\frac{\pi}{6}\right\}$$
$$= 2\sin(\theta + \frac{\pi}{6}).$$

ところで，実数の組 (a, b) の代わりに (b, a) を xy 平面上の点と考えると，今度は $(b, a) = (r\cos\delta, r\sin\delta)$ と表すことになり

$$a\sin\theta + b\cos\theta = \cos\theta(r\cos\delta) + \sin\theta(r\sin\delta)$$
$$= r\cos(\theta - \delta).$$

よって　$a\sin\theta + b\cos\theta = r\cos(\theta - \delta) \qquad (r = \sqrt{a^2 + b^2}\,)$

と表されます．ただし，今度は $\cos\delta = \frac{b}{r}$，　$\sin\delta = \frac{a}{r}$ です．

$\sqrt{3}\sin\theta + 1\cos\theta$ を $r\cos(\theta - \delta)$ の形に表してみましょう．上の議論で得られた公式は忘れやすいので，公式に頼らない方法でやりましょう．関係式

$$\sqrt{3}\sin\theta + 1\cos\theta = r\cos(\theta - \delta)$$
$$= r\{\cos\theta\cos\delta + \sin\theta\sin\delta\}$$

は θ についての恒等式なので，それを利用して r と δ についての方程式が得られます．$\sin 0 = 0$，$\cos\frac{\pi}{2} = 0$ に注意して，$\theta = 0$，$\frac{\pi}{2}$ とおくと

$$1 = r\cos\delta, \qquad \sqrt{3} = r\sin\delta$$

が得られます．これは上式の $\cos\theta$，$\sin\theta$ の係数を比較して得られる結果に一致し，関数 $\cos\theta$ と $\sin\theta$ が **独立**[6] であることを表しています．上式を 2 乗し

---

[6] 2 つの関数 $f(x)$，$g(x)$ が等式

$$kf(x) + lg(x) = 0 \qquad (k, l \text{ は定数})$$

を恒等的に満たすのは $k = l = 0$ の場合に限るとき，関数 $f(x)$ と $g(x)$ は独立であるといいます．これは，要するに，‘$f(x)$ と $g(x)$ は比例関係にない関数である’ ことを表しています．$f(x)$ と $g(x)$ が独立なとき，関係式

$$kf(x) + lg(x) = k'f(x) + l'g(x) \qquad (k, l, k', l' \text{ は定数})$$

は $k = k'$，$l = l'$ を意味し，逆も成り立ちます（導いてみましょう）．

て辺々加えると，

$$1 + 3 = r^2(\cos^2\theta + \sin^2\theta) = r^2, \quad \text{よって} \quad r = 2 \quad (r > 0)$$

が得られます．慣習上 $r > 0$ としましたが，$r < 0$ の解を選んでも構いません．$r = 2$ より

$$\cos\delta = \frac{1}{2}, \qquad \sin\delta = \frac{\sqrt{3}}{2}.$$

よって，$0 \leqq \delta < 2\pi$ とすると，$\delta = \frac{\pi}{3}$ が得られるので，答は

$$\sqrt{3}\sin\theta + 1\cos\theta = 2\cos\left(\theta - \frac{\pi}{3}\right)$$

です．この方法は 3 角関数の合成問題にいつでも使えます．

1.4.4　波の合成

波動に関するきちっとした議論はニュートンの運動方程式やマックスウェルの電磁方程式から導かれる「波動方程式」を学ぶまで待たねばなりません．そのとき，‘波動方程式の基本解は正弦関数や余弦関数によって表される’ことを明確に理解できます．その結果，3 角関数の和は「波の重ね合わせ」と呼ばれる波の合成として解釈することができます．以下，その観点で議論しましょう．

1.4.4.1　正弦波と余弦波の合成

波の基本は正弦波 $a\sin\theta$ と余弦波 $b\cos\theta$（a, b は実数）で，変数 θ は一般に時間・空間の座標に依存するので t，x，y，z などの関数です．この§§では簡単のために空間の座標を固定して考えて，θ は時間 t の関数としましょう．

波 $a\sin\theta$ や $b\cos\theta$ の係数 a，b は波の大きさを与えるので，それらの絶対値 $|a|$，$|b|$ は波の **振幅** といわれます．また，$a\sin\theta$ や $b\cos\theta$ の運動は $\theta = 2\pi$ の周期でくり返されます．したがって，θ の値は 1 周期の中における状態を定めるので変数 θ を **位相** といいます．

波 $a\sin\theta$ に波 $b\cos\theta$ を加える，つまり波の合成を行ってみましょう．3 角関数の合成則 $a\sin\theta + b\cos\theta = r\sin(\theta + \delta)$ より，合成後の波は，振幅が $r = \sqrt{a^2 + b^2}$ に変わります．また，位相 $\theta + \delta$ は元の $a\sin\theta$ の位相 θ から δ だけの‘ずれ’があり，δ を「位相のずれ」といいます．

1.4.4.2 うなり

次に，和積公式を利用してうなりの現象を例解しましょう．「うなり」とは‘振動数がわずかに異なる2つの音波が重なったとき，干渉によって音が周期的に強くなったり弱くなったりして聞こえる現象’のことです．

うなりの記述には，ある場所で音を聞くとして，波の位相 θ を時間 t の関数として‘あらわに’表すことが必要です．波 $\sin\theta$（振幅は省略）の振動の1周期は $\theta = 2\pi$ ですね．このことを利用すると，$\sin 2\pi t$ の周期は $t = 1$，よって，波

$$\sin 2\pi f t \qquad (f \text{ は正の定数})$$

の周期は $t = \dfrac{1}{f}$ です．したがって，波

$$\sin \frac{2\pi}{T} t \qquad (T = \frac{1}{f})$$

の周期は $t = T$ です．そのとき，T の逆数 f を考えると，$\sin 2\pi f t$ が $0 \leqq t \leqq 1$ の間に f 回振動することから，f は単位時間に振動する回数つまり **振動数** です．振動数 f を用いた波の表現式 $\sin 2\pi f t$ もよく用いられます．この表現は少々煩雑なので **角振動数** と呼ばれる量 ω（オメガ）$= 2\pi f$ を用いた表現式

$$\sin \omega t \qquad (\omega = 2\pi f)$$

も非常にしばしば用いられます．

さて，振幅が同じで異なる角振動数 ω，ω' の音を鳴らし，その合成音をある場所で聞くことにします．サインの和の和積公式を利用すると合成音は

$$\sin \omega t + \sin \omega' t = 2 \sin \frac{(\omega + \omega')t}{2} \cos \frac{(\omega - \omega')t}{2}$$

と表され，振動数が変化した波の積の形になりますね．このとき，$\omega' = \omega + \Delta\omega$ とおくと，上式は

$$\sin \omega t + \sin \omega' t = 2 \sin (\omega + \frac{\Delta\omega}{2}) t \cos \frac{\Delta\omega}{2} t$$

と表されます．特に，ω と ω' がほぼ同じ値のとき，つまり $\Delta\omega$ が ω に比較して小さいとき，因数 $\sin (\omega + \frac{\Delta\omega}{2}) t$ はほぼ元の振動数であるのに対し，因数 $\cos \frac{\Delta\omega}{2} t$ のほうはずっとゆっくりと振動します．

$y = \sin\omega t + \sin\omega' t$ のグラフを描いてその様子を見てみましょう．図では $\Delta\omega = \omega/10$ としてあります．図の特徴は，$\left|\sin\left(\omega + \frac{\Delta\omega}{2}\right)t\right| \leqq 1$ だから，不等式

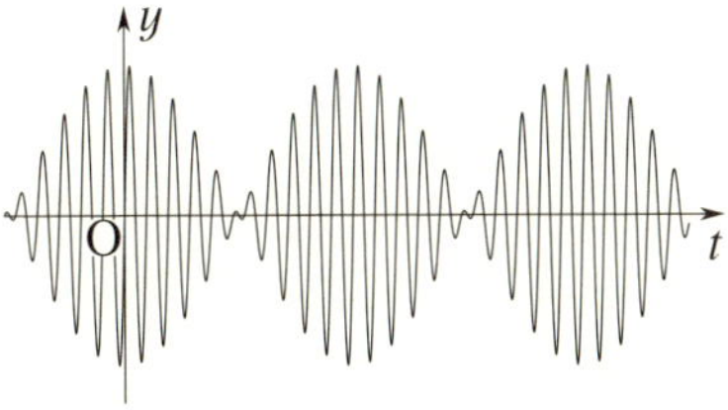

$$|\sin\omega t + \sin\omega' t| \leqq 2\left|\cos\frac{\Delta\omega}{2}t\right|$$

に現れています．このことは，グラフの各 t における関数値が $2\cos\frac{\Delta\omega}{2}t$ を $\sin\left(\omega + \frac{\Delta\omega}{2}\right)t$ 倍した値であることからわかります．したがって，$\cos\frac{\Delta\omega t}{2} = 0$ となる時間のときに振動の大きさが絞(しぼ)られます．その合成音を聞いている人は“ウオーン・ウオーン”と大きな音と小さな音が交互にやって来るうなりと感じますね．

1.4.4.3　AM 放送

3 角関数のもう 1 つの話題は AM 放送についてです．音はマイクを通して電気信号に変えられ，電気回路の電圧として表されます．電気信号に変えられた音の振動数は「周波数」と呼ばれ，1 秒間当たりの周波数の単位が Hz（ヘルツ）です．人間の耳に聞こえる音は（耳の良い人で）16 Hz～20 kHz（k(キロ) = 10^3）の範囲ですが，AM 放送では 200 Hz～7.5 kHz に制限されていて，高音も低音も共にカットされます．

さて，電気信号になった音は AM 放送の送信機を通って電波（中波）になり，AM ラジオ受信機に届きます．その仕組みは用語 AM（Amplitude Modulation; 振幅変調）の意味からわかります．音の信号などを電波に載せて送ることを変調といい，特に電波の振幅に載せる方法が AM です．数式を用いて説明しましょう．音の信号を搬送する放送局の送信回路電圧を‘搬送波(はんそうは)’

$$v_{送}(t) = V_{送}\cos\omega_{送}t, \qquad \omega_{送} = 2\pi f_{送}$$

としましょう．$f_{送}$ は AM 放送局の周波数（530 kHz～1605 kHz の範囲）で，関東地方の NHK 第一では 594 kHz です．振幅 $V_{送}$ はある正の定数です．これに載せる音信号 $v_{音}(t)$ のうち周波数が $f_{音}$ のものを

$$v_{音}(t) = V_{音}\cos\omega_{音}t, \qquad \omega_{音} = 2\pi f_{音}$$

としましょう．実際の音信号は種々の $f_{\text{音}}$（$200\,\text{Hz} \leqq f_{\text{音}} \leqq 7.5\,\text{kHz}$）のものを合成したもです．

搬送波 $v_{\text{送}}(t)$ の振幅 $V_{\text{送}}$ に音信号波 $v_{\text{音}}(t)$ を載せて変調するとは‘変調波’

$$v_{\text{変}}(t) = (V_{\text{送}} + v_{\text{音}}(t))\cos\omega_{\text{送}}t = (V_{\text{送}} + V_{\text{音}}\cos\omega_{\text{音}}t)\cos\omega_{\text{送}}t$$

を作ることです．変調波 $v_{\text{変}}(t)$ は搬送波で，振動部分 $\cos\omega_{\text{送}}t$ は変えずに，振幅部分 $V_{\text{送}}$ を $V_{\text{送}} + v_{\text{音}}(t)\ (> 0)$ で置き換えたものです．これは簡単な電気回路で作ることができ，安価な AM 無線機にも利用されています．

変調と受信による復調の様子を右図を用いて解説しましょう．音信号 $v_{\text{音}}(t)$ は放送局の高周波に乗って変調波 $v_{\text{変}}(t)$ になります．このとき $v_{\text{音}}(t)$ の形は，$\cos\omega_{\text{送}}t \leqq 1$ より，$v_{\text{変}}(t)$ に上から接する曲線 $V_{\text{送}} + v_{\text{音}}(t)$ として保持されます：

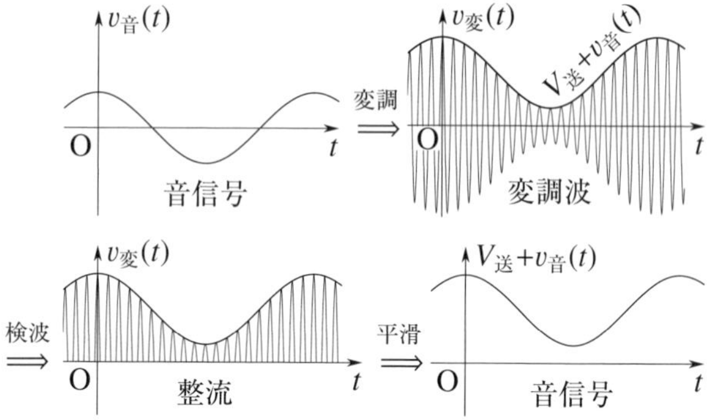

$$v_{\text{変}}(t) = (V_{\text{送}} + v_{\text{音}}(t))\cos\omega_{\text{送}}t \leqq V_{\text{送}} + v_{\text{音}}(t).$$

変調波 $v_{\text{変}}(t)$ は電波として送信され，AM ラジオで同調されて復調されます（☞§§7.3.2.2）．受信波は AM 放送の高周波を取り除くために整流されて正電圧（正電流）部分だけが取り出され，平滑化して変調波の高周波部分を取り除きます．このように送信波から元の信号を取り出すことを検波といいます．変調波を復調する電気回路は実に簡単で，鉱石ラジオの回路そのものです．

では，変調波からの問題です．変調波 $v_{\text{変}}(t) = (V_{\text{送}} + V_{\text{音}}\cos\omega_{\text{音}}t)\cos\omega_{\text{送}}t$ は，搬送波の周波数 $f_{\text{送}} = \omega_{\text{送}}/2\pi$ の波と音信号に由来する波の合成になっています．変調波はどんな周波数の波の合成であるか調べなさい．

ヒント：3 角関数の積和公式を使います．

解答：積和公式 $\cos\alpha\cos\beta = \dfrac{1}{2}\{\cos(\alpha+\beta) + \cos(\alpha-\beta)\}$ より，

$$\begin{aligned} v_{変}(t) &= (V_{送} + V_{音}\cos\omega_{音}t)\cos\omega_{送}t \\ &= V_{送}\cos\omega_{送}t + \frac{V_{音}}{2}\{\cos(\omega_{送}+\omega_{音})t + \cos(\omega_{送}-\omega_{音})t\}. \end{aligned}$$

したがって，周波数 $f_{送}$ および $f_{送}+f_{音}$，$f_{送}-f_{音}$（$f_{音}=\omega_{音}/2\pi$）の波の合成となっていますね．

実際に放送局から送信される波は，200 Hz≦ $f_{音}$ ≦ 7.5 kHz の範囲の種々の周波数の波を含むので，1 つの放送局は周波数が $f_{送}-7.5$ kHz から $f_{送}+7.5$ kHz の合成電波を送信しています．

なお，FM 放送の仕組みも用語 FM（Frequency Modulation; 周波数変調）からわかります．今度は搬送波 $v_{送}(t)=V_{送}\cos\omega_{送}t$ の角周波数 $\omega_{送}$ を音信号波 $v_{音}(t)=V_{音}\cos\omega_{音}t$ で変調します．変調波は

$$v_{変}(t) = V_{送}\cos(\omega_{送} + m\sin\omega_{音})t \qquad (m \text{ は定数})$$

の形です．周波数の変調は雑音の影響が少ないので，高品質な復調ができます．

1.4.5　逆 3 角関数

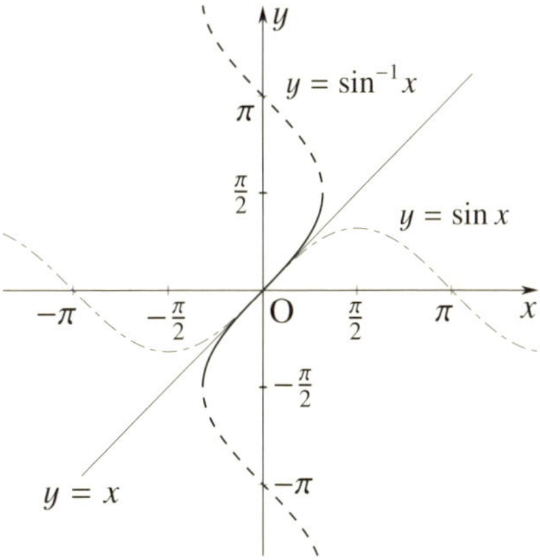

§§1.3.3 で逆関数の一般的な議論をしました．3 角関数の逆関数を求めてみましょう．正弦関数 $y=\sin x$ の逆関数を求めるには，まず $y=\sin x$ の x と y を入れ換えます．この操作によって $x=\sin y$ が得られますが，それは $y=\sin x$ 上の全ての点 (x, y) を $y=x$ に対称な点 (y, x) に移したものです．$x=\sin y$ を y について解いたのが $y=\sin^{-1}x$ ですから，$y=\sin x$ の逆関数が事実上得られました．ただし，‘関数’ というためには，どの x に対してもただ 1 つの関数値が対応することが必要です．そのためには，$y=\sin x$ が単射の条件 $x_1 \neq x_2 \Rightarrow \sin x_1 \neq \sin x_2$ を満たすように，$y=\sin x$ の定義域を $\frac{-\pi}{2} \leqq x \leqq \frac{\pi}{2}$ などと制限しておきます．

したがって，逆関数 $y = \sin^{-1} x$ の値域は $\frac{-\pi}{2} \leqq y \leqq \frac{\pi}{2}$ となります．

余弦関数 $y = \cos x$（$0 \leqq x \leqq \pi$）の逆関数 $y = \cos^{-1} x$ および正接関数 $y = \tan x$ $(-\frac{\pi}{2} < x < \frac{\pi}{2})$ の逆関数 $y = \tan^{-1} x$ を求めてグラフを描くことは君たちの演習問題としましょう．

3 角関数の逆関数の意味を考えてみましょう．3 角関数は角 θ の関数，例えば $y = \sin\theta$ ですが，これを θ について解くと $\theta = \sin^{-1} y$ $(\Leftrightarrow y = \sin\theta)$ です $(\sin^{-1} \circ \sin = \mathbf{1}$ に注意）．表式 $\theta = \sin^{-1} y$ は角 θ を変数 y の関数として表したものです．つまり，$y = \sin x$ の逆関数 $y = \sin^{-1} x$ $(\Leftrightarrow x = \sin y)$ の変数 y は‘角度’という意味をもっています．逆関数 $y = \cos^{-1} x$ や $y = \tan^{-1} x$ の y も角度です．このように角度が関数として現れるのは珍しいことではなく，君たちが積分を教わると，すぐに「原始関数」としてお目にかかります．

Q1. 弧度法の 1 (radian) は何度 (°) か．

Q2. △ABC において，∠A, ∠B, ∠C を A, B, C で表し，対辺 BC, CA, AB の長さをそれぞれ a，b，c で表します．△ABC の面積 S は

$$S = \frac{1}{2}bc\sin A = \frac{1}{2}ca\sin B = \frac{1}{2}ab\sin C$$

で表されることを示しなさい．

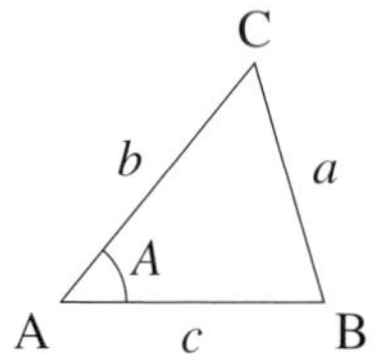

Q3. $y = \sin^2 x$ $(0 \leqq x \leqq \frac{\pi}{2})$ の逆関数を求めなさい．

A1. 2π (radian) = 360° だから，両辺を 2π で割って

$$1\ (\text{radian}) = \frac{360^\circ}{2\pi} \fallingdotseq 57.30^\circ.$$

A2. $S = \frac{1}{2}$ 底辺 × 高さ で，底辺 = AB = c とすると，高さ = $b\sin A$．よって，$S = \frac{1}{2}cb\sin A$．他の場合も同様．

A3. $0 \leqq x \leqq \frac{\pi}{2}$ で単調増加するから単射．よって，逆関数は存在します．また，そこで $\sin x \geqq 0$ だから $y = \sin^2 x \Leftrightarrow \sqrt{y} = \sin x$ に注意．x と y を入れ換えて，$\sqrt{x} = \sin y \Leftrightarrow \sin^{-1}\sqrt{x} = y$ $(0 \leqq y \leqq \frac{\pi}{2} \Leftrightarrow 0 \leqq x \leqq 1)$．よって，答は $y = \sin^{-1}\sqrt{x}$ $(0 \leqq x \leqq 1)$．

§1.5　指数関数

同じ数を何度か掛けて得られる数，つまり **累乗**（冪）は，おそらく正方形の面積や立方体の体積を求めることに起源があります．古代ギリシャ時代に方程式の議論が盛んになると，累乗は，定数 a のべき a^n というよりは，方程式の未知数のべき x^n として議論され，それは 16 世紀まで続きました．「指数」つまり掛ける回数 n に関する基本的な演算の法則（指数法則）も，$x^m x^n = x^{m+n}$ や $(x^m)^n = x^{mn}$ のように，方程式と関連づけて議論されました．15 世紀頃から，累乗 a^n の指数 n が自然数から分数・整数・有理数・実数へと一般化されたとき，'一般化された累乗関数' つまり指数関数 $y = a^x$ が生まれました．そんな累乗をどう定義するかは指数法則によって完全に規定されています．我々は，指数法則を一般化する際に潜んでいる極限操作に注意を払って，累乗の一般化を議論しましょう．有理数の指数までは簡単です．実数の指数の場合は極限操作の部分が難しいので，きっちりした証明は『+α』を参照してください．

指数関数は微積分学の発展と共にさらに拡張されました．大学では，指数が複素変数 z の複素指数関数 $y = a^z$，さらには指数が行列 A である指数関数 e^{Ax}（e は「自然対数の底」と呼ばれる定数）を習います．行列の指数関数 e^{Ax} は我々が学ぶ線形代数学の上級編で現れます．

1.5.1　指数法則と累乗の一般化

1.5.1.1　自然数の指数の場合

数 a を n 回掛けたものを a の n 乗といい，a^n と書きます．このとき，a を累乗 a^n の **底**，n を **指数** (exponent) といいます．累乗 a^n の演算に関する性質は，自然数の指数のときに簡単に示される，以下の 3 つの性質として表すことができます．m, n を自然数，a, b を実数としましょう．a^m と a^n の積は a を $m+n$ 回掛けた a^{m+n} になりますね．また，a^m を n 回掛けることは a を $m \times n$ 回掛けることと同じですね．また，ab を n 回掛けることは，a を n 回掛けたものにさらに b を n 回掛けたものになりますね．これらは

$$a^m a^n = a^{m+n}, \qquad (a^m)^n = a^{mn}, \qquad (ab)^n = a^n b^n \tag{$*$}$$

と表され，累乗に関する性質は上の 3 つの性質（定理）によって完全に規定されます．

さて，累乗 a^n の指数 n を自然数から整数・有理数・実数と拡張していき，一般化された累乗 a^p（p は実数）を考えましょう．その際に，a^p をどのように定義し，どのような演算の性質を付与するかが肝要です（この段階では，例えば，$a^{-0.5}$ は意味不明です）．そのための唯一の自然な案内役は上の 3 つの性質でしょう．代数（すなわち，文字）によって表された上の表式 (∗) をそのまま一般化していき，それらの 3 性質は指数が実数のときにも守るべき掟(おきて)つまり‘法則’であると仮定するのです．これ以外の一般化の方法は不可能でしょう．そのように一般化されたとき，それらは総称して **指数法則**

$$a^p a^q = a^{p+q}, \qquad (a^p)^q = a^{pq}, \qquad (ab)^p = a^p b^p \qquad (p, q \text{ は実数})$$

といわれます．

このように，数の一般化に伴い，元来は自然数において成り立つ（代数の）定理を一部として含み，その表式を保った形で一般的な法則を設定する原理は「普遍性の原理」（保存の原理）といわれます．この原理は代数学にとってきわめて重要な原理であり，§§2.1.1 の「計算法則」や第 5 章ベクトルの公理的議論 でも再論されるでしょう．

1.5.1.2　整数の指数への拡張

指数法則に従って累乗を一般化していきましょう．まずは a^0 から．m, n を自然数として，$a^m a^0 = a^{m+0} = a^m$ より $a^0 = \dfrac{a^m}{a^m} = 1$．よって

$$a^0 = 1$$

と定まります．このとき，$(a^m)^0 = 1$，$a^{m\times 0} = 1$，$(a^0)^n = 1^n = 1$，$a^{0\times n} = 1$．よって，

$$(a^m)^0 = a^{m\times 0}, \qquad (a^0)^n = a^{0\times n}$$

が成り立ちます．同様にして，$(ab)^0 = a^0 b^0$ も成り立ちます．

ここで，ちょっと意地悪な質問をしましょう．仮定した 3 つの指数法則のうちの 1 つ $a^m a^0 = a^{m+0} = a^m$ だけから $a^0 = 1$ が定まりました．そのとき，残り 2 つの法則が成り立つことを証明しています．なぜでしょう．わかりますね．

矛盾した仮定をしても意味がありません．3 つの仮定に対して，$a^0 = 1$ が内部矛盾を引き起こさないかどうかを検証しているのです．

負の整数の指数 $-n$ のとき，$a^n a^{-n} = a^{n-n} = 1$ だから，

$$a^{-n} = \frac{1}{a^n}$$

と定義されます．このとき，

$$(a^{\pm m})^{\mp n} = a^{-mn}, \qquad (a^{-m})^{-n} = a^{mn}, \qquad (ab)^{-n} = a^{-n}b^{-n}$$

を示すのは練習問題としましょう．

1.5.1.3　有理数の指数への拡張

先に，累乗根について復習しましょう．n 乗すれば a になる数，つまり n 次方程式 $x^n = a$ の解 x を a の n 乗根といい，$\sqrt[n]{a}$ で表します：

$$x^n = a \ \Leftrightarrow \ x = \sqrt[n]{a} \qquad (n = 2, 3, 4, \cdots).$$

ただし，n が偶数のときは，$a > 0$ の条件で，正の実数解 $x = \sqrt[n]{a}$ と負の実数解 $x = -\sqrt[n]{a}$ とします．n が奇数のときは，a の正負によらずに 1 つの実数解 $\sqrt[n]{a}$（$a > 0$ のとき正，$a < 0$ のときは負）とします．また，$a = 0$ のときには，解は $\sqrt[n]{0} = 0$（n 重解）です．もし，方程式 $x^n = a$ の複素数解まで考えるときは，解は（k 重解を k 個と数えて）n 個あります．我々の当面の関心は実数の累乗根です．$a < 0$ のときは偶数累乗根は実数にならないので，この§では今後 $a > 0$ に限定しましょう．

さて，有理数 $p = \frac{m}{n}$（m, n は整数，$n > 0$）の指数を考えるときは，指数法則 $(a^{\frac{1}{n}})^n = a^{\frac{1}{n}n}$ $(= a^1 = a)$ から出発すればよいでしょう．これから，

$$a^{\frac{1}{n}} = \sqrt[n]{a} \qquad (a > 0,\ n \text{ は自然数})$$

と定めることになります．また，累乗根の定義より

$$(\sqrt[n]{a})^{mn} = (\sqrt[n]{a^m})^n \ \Leftrightarrow \ (\sqrt[n]{a})^m = \sqrt[n]{a^m}$$

が成り立つので，$a^{\frac{m}{n}} = (\sqrt[n]{a})^m = \sqrt[n]{a^m}$ となります．

有理数指数 $p = \frac{m}{n}$, $q = \frac{m'}{n'}$ （m, n, m', n' は整数，$n, n' > 0$）の指数法則

$$a^{\frac{m}{n}} a^{\frac{m'}{n'}} = a^{\frac{m}{n}+\frac{m'}{n'}}, \qquad (a^{\frac{m}{n}})^{\frac{m'}{n'}} = a^{\frac{m}{n}\frac{m'}{n'}}, \qquad (ab)^{\frac{m}{n}} = a^{\frac{m}{n}} b^{\frac{m}{n}}$$

を示すには，指数が整数となるように累乗したもの

$$(a^{\frac{m}{n}} a^{\frac{m'}{n'}})^{nn'} = (a^{\frac{m}{n}+\frac{m'}{n'}})^{nn'}, \quad ((a^{\frac{m}{n}})^{\frac{m'}{n'}})^{nn'} = (a^{\frac{m}{n}\frac{m'}{n'}})^{nn'}, \quad ((ab)^{\frac{m}{n}})^{n} = (a^{\frac{m}{n}} b^{\frac{m}{n}})^{n}$$

が成り立つことを確認すればよいでしょう．それは簡単な練習問題ですね．

1.5.1.4　実数指数への拡張

指数を実数に拡張すれば指数関数 a^x を定義することができます．その議論の例解として，指数が無理数 $\pi = 3.141592653589793\cdots$ の場合をとりあげましょう．無理数は循環しない無限小数で表されます．π の小数第 n 位までの近似（第 $n+1$ 位以下切り捨て）を π_n，つまり，$\pi_1 = 3.1$，$\pi_2 = 3.14$，$\pi_3 = 3.141, \cdots$ としましょう．このとき π_n は有理数であり，したがって，π_n が指数の累乗 a^{π_n} $(a > 0)$ は指数法則を満たします．

さて，a^{π_n} は，簡単のために $a = 2$ とすると，n と共に $2^{3.1} = 8.57418\cdots$，$2^{3.14} = 8.81524\cdots$，$2^{3.141} = 8.82135\cdots$，$2^{3.1415} = 8.82441\cdots$，$2^{3.14159} = 8.82496\cdots$，$2^{3.141592} = 8.824973\cdots$，$2^{3.1415926} = 8.824977\cdots$，$\cdots$ のように変化します．このことから，2^{π_n} は n と共に単調に増加し，あっという間にある一定値（図の白丸）に近づきます．実際，$2^{\pi_n} < 2^{\pi_{n+1}}$ より 2^{π_n} は常に増加し，かつ $\pi_n = 3.1\cdots < 4$ より $2^{\pi_n} < 2^4 = 16$ が全ての n に対して成り立ちます．したがって，2^{π_n} は 16 を超えて増加することは決してできず，n が限りなく大きくなるとき，16 以下のある一定値に限りなく近づかざるを得ません．その一定値を無理数 π を指数とする累乗 2^π と定めましょう．

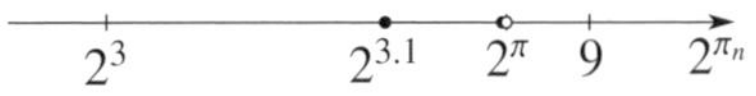

$a = 2$ の場合で例解しましたが，底 a が正の範囲にある場合は，n が限りなく大きくなるとき，同様にして，累乗 a^{π_n} $(n = 1, 2, 3, \cdots)$ はある一定の値に限りなく近づくことがわかります．ただし，$a = 1$ のときは n によらずに $1^{\pi_n} = 1$ となります．また，$a < 0$ のときは，負数の偶数累乗根は存在しないので，a^{π_n} そのものが定義されません．

累乗 a^{π_n} $(n = 1, 2, 3, \cdots)$ のように，数を順序づけて並べたものを **数列** といい，問題の累乗は数列 $\{a^{\pi_n}\}$ などと表されます．無限に続く数列 $\{a_n\}$ があり，n が限りなく大きくなるとき，ある有限の一定値 c に限りなく近づくとしましょう．そのとき，"数列 $\{a_n\}$ は **収束**して **極限値** c をもつ" といい，そのことは

$$n \to \infty \text{ のとき } a_n \to c \quad \text{または} \quad a_n \to c \quad (n \to \infty)$$

などと表されます．

数列 $\{a^{\pi_n}\}$ が収束することは，その極限値を無理数 π を指数とする累乗 a^{π} $(a > 0)$ として定義できることを意味します．任意の無理数 α に対しても，π のときと同様に，α を近似する有理数指数の数列 $\{\alpha_n\}$ を考えれば，累乗数列 $\{a^{\alpha_n}\}$ の極限値 a^{α} が定義できます．

これらのことから，任意の実数 x に対して（拡張された）累乗 a^x を正の実数 a に対して定義することが可能になります．これで，全実数を定義域（x の変域）とする指数関数

$$y = a^x$$

を考えることができます．このとき，a $(a > 0)$ を指数関数 a^x の **底** といいます．ただし，$a = 1$ のときは，x によらずに $y = 1^x = 1$ となるので指数関数らしくなく，また，次の§の対数関数で示すように，対応する対数関数が関数にならないので，$a = 1$ を底としない約束です．

指数法則についても，任意の無理数 α, β の近似有理数列を $\{\alpha_n\}$, $\{\beta_n\}$ とすると

$$a^{\alpha_n} a^{\beta_n} = a^{\alpha_n + \beta_n}, \qquad (a^{\alpha_n})^{\beta_n} = a^{\alpha_n \beta_n}, \qquad (ab)^{\alpha_n} = a^{\alpha_n} b^{\alpha_n}$$

が全ての自然数 n に対して成立するので，n を無限に大きくしていった極限においても成立することは直感的には明らかでしょう．ただし，その厳密な証明を行うには数列の極限についてかなりの知識が必要で，それは『+α』の数列の章と微分の章にまたがってなされています．その結果はもちろん無理数の指数の場合でも肯定的です：

底 $a (> 0)$ の累乗に対して，指数 x, y が実数のとき，指数法則

$$a^x a^y = a^{x+y}, \qquad (a^x)^y = a^{xy}, \qquad (ab)^x = a^x b^x$$

が成り立つ．

1.5.2 指数関数とそのグラフ

指数関数 $y = f(x) = a^x$ $(a > 0,\ a \neq 1)$ の特徴を調べてグラフを描いてみましょう．まず，定義域は全実数で，$f(0) = a^0 = 1$ だから，グラフは，a に無関係に，定点 $(0,\ 1)$ を通ります．また，$f(1) = a$ より，点 $(1,\ a)$ を通ります．

任意の関数 $f(x)$ に対して，その定義域にある任意の x_1, x_2 について，

$x_1 < x_2 \Rightarrow f(x_1) < f(x_2)$ となるとき，$f(x)$ は**単調増加**である

といい，

$x_1 < x_2 \Rightarrow f(x_1) > f(x_2)$ となるとき，$f(x)$ は**単調減少**である

といいます．単調に増加もしくは減少する関数は **単調関数** といわれます．

指数関数 $y = a^x$ について調べると，$x_1 < x_2$ のとき

$$\frac{f(x_2)}{f(x_1)} = \frac{a^{x_2}}{a^{x_1}} = a^{x_2 - x_1} \begin{cases} > 1 & (a > 1) \\ < 1 & (0 < a < 1) \end{cases}$$

が成り立ちます．よって，$a > 1$ のとき $x_1 < x_2 \Rightarrow f(x_1) < f(x_2)$ だから，$y = a^x$ $(a > 1)$ は単調増加関数になります．また，$0 < a < 1$ のとき $x_1 < x_2 \Rightarrow f(x_1) > f(x_2)$ だから，$y = a^x$ $(0 < a < 1)$ は単調減少関数です．なお，指数関数が連続関数であることはほとんど自明ですが，その厳密な証明には微分の知識が必要です．

変数 x が実数 c に限りなく近づくとき，関数 $f(x)$ が実数 α に限りなく近づくことを

$$x \to c \text{ のとき } f(x) \to \alpha \quad \text{または} \quad f(x) \to \alpha\ (x \to c)$$

と表しましょう（便宜上，c や α が $\pm\infty$ となることも可とします）．すると，$a > 1$ の場合ならば，$x \to +\infty$ のとき $a^x \to +\infty$，また，$x \to -\infty$ のとき $a^x \to 0$ と簡単に表され，$0 < a^x < +\infty$ $(a > 1)$ と関数の値域（y の変域）がわかります．また，$0 < a < 1$ の場合なら，$a^x \to 0$ $(x \to +\infty)$，$a^x \to +\infty$ $(x \to -\infty)$ だから，値域 $0 < a^x < +\infty$ $(0 < a < 1)$ がわかります．

これらのことをもとに，指数関数 $y = a^x$ のグラフを描いたのが右図です．実際には，$a > 1$ および $0 < a < 1$ の具体例として $a = 2$ と $a = \frac{1}{2}$ としていますが，指数関数の性質はよく表れています．$a > 1$ のとき，グラフは x の増加と共に急激に増加しますね．

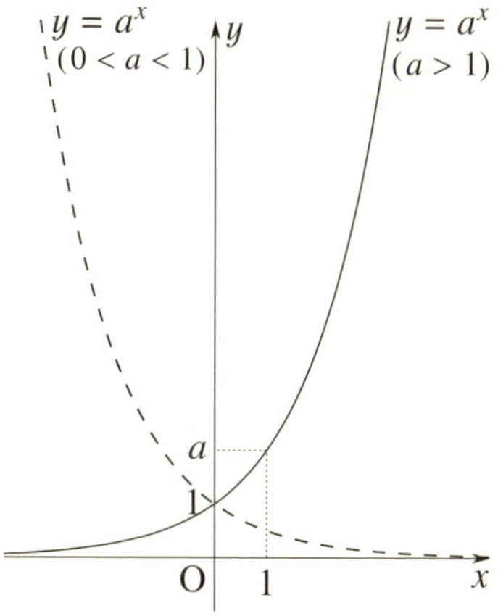

1 時間に 1 回分裂するバクテリアは，1 日経つと，$2^{24} \fallingdotseq 1700$ 万倍に増殖します．‘指数関数的に増加’ とはうまく言ったものです．たとえ $a = 1.1$ であったとしても，$1.1^{100} \fallingdotseq 13780$ ですから，例えば年利 10 %で借りたお金の 100 年後の元利合計は約 1 万 4 千倍近くにもなります．$0 < a < 1$ のときは，反対に，たちどころに減少し，限りなく 0 に近づきます．

図の 2 つのグラフは y 軸対称になっていますが，これは $a = 2, \frac{1}{2}$ としてあるからで，一般に，$y = \left(\frac{1}{a}\right)^x = a^{-x}$ ですから，$y = \left(\frac{1}{a}\right)^x$ のグラフが $y = a^x$ のグラフに y 軸対称となることは，関数 $y = f(x)$ の y 軸対称の条件 $f(-x) = f(x)$（全ての x について，x と $-x$ でグラフの高さが等しい）から了解されるでしょう．

なお，定理

$$x_1 = x_2 \Leftrightarrow a^{x_1} = a^{x_2},$$

および

$$x_1 < x_2 \Leftrightarrow \begin{cases} a^{x_1} < a^{x_2} & (a > 1) \\ a^{x_1} > a^{x_2} & (0 < a < 1) \end{cases}$$

が成立することは，グラフを見れば自明でしょう（同値記号 $\Leftrightarrow$ は記号 $\Leftarrow$ も含むので，右から左に向かって読むことも忘れないでネ）．

Q1. 不等式 $9^x - 8 \cdot 3^x - 9 \leqq 0$ を解きなさい．

A1. $9^x = 3^{2x} = (3^x)^2$ に注意して，$X = 3^x$ とおくと，与式は $X^2 - 8X - 9 \leqq 0$ $\Leftrightarrow (X + 1)(X - 9) \leqq 0$．$X > 0$ に注意して，$X - 9 \leqq 0 \Leftrightarrow X = 3^x \leqq 3^2$．よって，答は $x \leqq 2$．

§1.6　対数関数

歴史的には，指数関数がより有用な役割を果たしたのは，指数関数 $y = a^x$ を x について解いた（x を y で表した）として，それを「対数関数」

$$x = \log_a y \qquad (a > 0,\ a \neq 1)$$

としたときでした．対数関数では，後ほど示されるように，y が積 pq や商 $\frac{p}{q}$ の形のとき，その関数は和や差の形で表すことができます：

$$\log_a(pq) = \log_a p + \log_a q\,, \qquad \log_a \frac{p}{q} = \log_a p - \log_a q\,.$$

17 世紀の初め，天文学や航海術，生産の発展によって，大きな数値に対する精度の高い計算が要求されるようになり，数学者や技術者の大きな負担となっていました．積や商の計算よりは和や差の計算のほうが明らかに簡単ですね．惑星は太陽を 1 つの焦点とする楕円軌道上を動くことを発見した偉大な天文学者ケプラー（Johannes Kepler，1571〜1630，ドイツ）は，彼の弟子の作った y と $\log_a y$ の関係を表す「対数表」（当時は $a = 10$ の「常用対数表」）を利用して，膨大な計算を軽減していました．例えば，大きな数 p と q の積 pq を計算するには，$\log_a(pq) = \log_a p + \log_a q$ と対数表を利用して，$\log_a p$ と $\log_a q$ を求めます．それらの和は $\log_a(pq)$ に等しいので，また対数表を利用して pq が求められます．

対数 (logarithm) の用語を導入し，より精度の高い対数表を 20 年以上も費やして完成したネイピア（John Napier，1550〜1617，イギリス）や，彼に続く人々の対数表が科学技術の発展に果たした貢献は計り知れません．大都市の電話帳ほども分厚い対数表を用いずに済むようになったのは 20 世紀後半にコンピュータが発明されてからです．それからまだ 1 世紀も経っていません．

1.6.1　対数関数の導出とそのグラフ

指数関数から対数関数を導きましょう．指数関数は単調関数なので，§§1.3.3 逆関数で議論した単射（1 対 1 対応）の条件「$x_1 \neq x_2 \;\Rightarrow\; f(x_1) \neq f(x_2)$」を満たし，その逆関数が存在します．つまり，指数関数 $y = f(x) = a^x$ を x について解いたものを $x = f^{-1}(y) = \log_a y$ と表すと，それは（y の値に対応して x の値がただ 1 つ定まる）関数です．表現 $x = f^{-1}(y)$ は $y = f(x)$ を単に書き換えたものに過ぎないので，同値関係

$$x = \log_a y \ \Leftrightarrow\ y = a^x$$

が成り立ちますね．この式で x と y を入れ換えると指数関数の逆関数，つまり **対数関数** が得られます：

$$y = \log_a x \quad (\Leftrightarrow x = a^y).$$

このとき，a を対数 $\log_a x$ の **底** といい，x を，歴史的いきさつから，対数 $\log_a x$ の **真数** と呼びます．表式 $x = a^y$ より，y が全実数を動くと x は正の全実数を動くので，対数関数 $y = \log_a x$ の定義域は $x > 0$，値域は全実数となります．

なお，底が 1 の対数関数？ $y = \log_1 x$ を考えると，$y = \log_1 x \Leftrightarrow x = 1^y = 1$ ですから，そのグラフは直線 $x = 1$ となり，$y = \log_1 x$ は関数になりません（なぜでしょう）．これが対数の底 $a \neq 1$ の理由で，対応する $y = 1^x$ を指数関数に含めなかったのもこのためです．§§1.3.3 の逆関数の議論から，対数関数 $y = \log_a x$ のグラフとその逆関数 $y = a^x$ のグラフは直線 $y = x$ に関して対称であることがわかります．

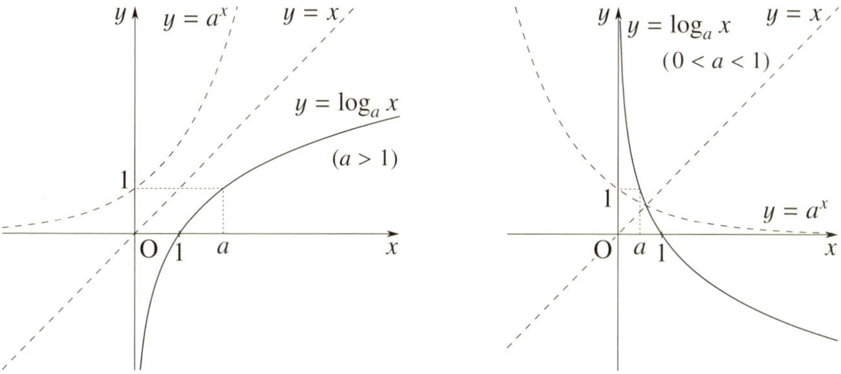

対数関数のグラフの特徴を見てみましょう．$y = \log_a x$ のグラフは，$y = a^x$ のグラフを直線 $y = x$ に関して折り返したものなので，$a > 1$ のときは単調に

増加し，$0 < a < 1$ のときは単調に減少します．よって，定理

$$x_1 = x_2 \iff \log_a x_1 = \log_a x_2,$$

$$x_1 < x_2 \iff \begin{cases} \log_a x_1 < \log_a x_2 & (a > 1) \\ \log_a x_1 > \log_a x_2 & (0 < a < 1) \end{cases}$$

が成立します．次に，どちらの場合も，$y = \log_a x$ の x 切片が $x = 1$ ですが，これは $a^0 = 1 \iff \log_a 1 = 0$ の結果です．また，$a = a^1 \iff \log_a a = 1$ より，$x = a$ のとき $y = 1$ です．指数関数 $y = a^x$ が x 軸を漸近線にもつために，対数関数 $y = \log_a x$ は x が 0 に近づくとき y は $\pm\infty$ に近づきます．また，図は原点から遠くない部分を示したので気がつかないと思いますが，x が非常に大きいところでは，対数関数はきわめてゆっくりと増加（減少）します．このことは，例えば，$a = 2$ のとき $y = 100$ となる x は $\log_2 x = 100 \iff x = 2^{100}$ より $x \fallingdotseq 1.27 \times 10^{30}$ にもなることからわかります．これは $y = 2^x$ がきわめて急激に増加することからくる結果です．

なお，指数関数が連続関数なので，その逆関数の対数関数も連続関数です．

1.6.2　対数の性質

対数には，その定義と指数法則から得られる有用な 3 つの基本性質があります：

$$\log_a MN = \log_a M + \log_a N, \tag{1}$$

$$\log_a \frac{M}{N} = \log_a M - \log_a N, \tag{2}$$

$$\log_a M^p = p \log_a M. \tag{3}$$

上式で底の条件や 真数＞ 0 の条件は守られているとします．

以下，これらを指数法則から導きましょう．まず，

$$\log_a M = q\ (\iff M = a^q), \qquad \log_a N = p\ (\iff N = a^p)$$

とおきます．すると，指数法則 $a^q a^p = a^{q+p}$ と対数の定義より

$$MN = a^{q+p} \iff \log_a MN = q + p.$$

よって，$\log_a MN = \log_a M + \log_a N$．これが (1) です．同様に，負の累乗の定義 $\frac{a^q}{a^p} = a^{q-p}$ より (2) が得られます．これは君たちの練習問題としましょう．また，指数法則 $(a^q)^p = a^{qp}$ において，$a^q = M$，$q = \log_a M$ を代入すると，$M^p = a^{p\log_a M}$．これは $p\log_a M = \log_a M^p$ と同値，よって，(3) が示されました．性質 (1)，(2) を記憶するときは，“積の対数は対数の和”，“商の対数は対数の差” とつぶやくとよいでしょう．性質 (3) は “真数の指数は降ろせる” がよいでしょうか．

コンピュータのない時代にはこれらの性質のために対数関数がありがたがられました．対数関数は単調関数なので，x と $\log_a x$ は 1 : 1 に対応します．よって，x が天文学的数 M, N などの場合に積 MN を精度よく計算するには，「対数表」と呼ばれる x と $\log_a x$ の値を換算する表を用いて，$\log_a M$，$\log_a N$ の値を調べ，和 $\log_a M + \log_a N$ を計算します．それが $\log_a MN$ に等しいことから，また対数表を用いると積 MN が得られます．x を $\log_a x$ に換(か)えることを x の “対数をとる” といいますが，数学史の対数のところを読みますと，その用語は苦労して膨大な計算をした先人たちを偲(しの)ばせます．

Q1．不等式 $\log_2 x < 2$ を解きなさい．

A1．真数条件：$x > 0$ に注意．$2 = 2\log_2 2 = \log_2 2^2 = \log_2 4$ だから，与式は $\log_2 x < \log_2 4$．底 $2 > 1$ と真数条件に注意して，答は $0 < x < 4$．

1.6.2.1　浮動小数点表示

前の§で，バクテリアは 1 日経つと $2^{24} \fallingdotseq 1700$ 万倍に増殖する話をしましたが，それよりはるかに大きな数になると，$2^{100} \fallingdotseq 1.27 \times 10^7$ などと表すしかありませんね．同様に，体の 70 %を占める水を構成する水素原子 H の直径の測定結果は約 6.0×10^{-9} cm などと表します．このように，非常に大きな数や小さな数を $a \times 10^n$ という形で表したものを **浮動小数点表示** といいます．また，水素原子の直径の測定結果を約 6.0×10^{-9}cm と表したときに，6.0 などと小数第 1 位の数をわざわざ 0 と記しています．これは小数第 2 位を 4 捨 5 入して小数第 1 位が 0 になったことを意味し，6 と 0 の数字は信用できます．このことを **有効数字** が 2 桁の測定などといいます．

さて，9 以下の自然数のうち 2, 3, 7 の近似の対数

$$\log_{10} 2 \fallingdotseq 0.3010, \quad \log_{10} 3 \fallingdotseq 0.4771, \quad \log_{10} 7 \fallingdotseq 0.8451$$

の知識を利用すると，3^{100} のような大きな数を，関数電卓に頼らずに，（有効数字 4 桁以内の）浮動小数点表示で表すことができます．

まず，3^{100} が何桁の数か調べましょう．$\log_{10} 3 \fallingdotseq 0.4771$ より $3 \fallingdotseq 10^{0.4771}$．よって，

$$3^{100} \fallingdotseq (10^{0.4771})^{100} = 10^{47.71} = 10^{47+0.71} = 10^{47} \cdot 10^{0.71},$$

$$\text{よって} \quad 3^{100} \fallingdotseq 10^{47} \cdot 10^{0.71}.$$

このとき，$0 < 0.71 < 1$ より $10^0 < 10^{0.71} < 10^1$，つまり，$1 < 10^{0.71} < 10$．よって，

$$10^{47} < 3^{100} < 10^{48}$$

が得られます．ここで，$1 = 10^0, 10 = 10^1, 100 = 10^2, \cdots$，したがって，$10^1 < 23 < 10^2$ などに注意すると，3^{100} は 48 桁の数であることがわかります．

次に，3^{100} の最高位の数字を調べてみましょう．$3^{100} \fallingdotseq 10^{0.71} \cdot 10^{47}$ ですが $1 < 10^{0.71} < 10$ でしたね．ここで，$\log_{10} 2 \fallingdotseq 0.3010$，$\log_{10} 3 \fallingdotseq 0.4771$，$\log_{10} 7 \fallingdotseq 0.8451$ を利用しましょう．まず，$1 = 10^0$．次に，$\log_{10} 2 \fallingdotseq 0.3010$ より $2 \fallingdotseq 10^{0.3010}$．同様に，$3 \fallingdotseq 10^{0.4771}$．4 については $4 = 2^2$ を用いて，$4 \fallingdotseq (10^{0.3010})^2 \fallingdotseq 10^{0.6020}$ [7]．5 については $5 = \dfrac{10}{2}$ を利用して

$$5 = 10 \cdot 2^{-1} \fallingdotseq 10 \cdot (10^{0.3010})^{-1} = 10^{1-0.3010} = 10^{0.6990}$$

より $5 \fallingdotseq 10^{0.699}$．同様に，$6 = 2 \cdot 3 \fallingdotseq 10^{0.778}$，$7 \fallingdotseq 10^{0.8451}$，$8 = 2^3 \fallingdotseq 10^{0.903}$，$9 = 3^2 \fallingdotseq 10^{0.954}$ が得られます．よって，

$$5 \fallingdotseq 10^{0.699} < 10^{0.71} < 10^{0.778} \fallingdotseq 6.$$

つまり，$5 < 10^{0.71} < 6$ が得られるので，$10^{0.71} = 5.\cdots$．したがって，3^{100} の最高位の数字は 5 であることがわかります．

---

7) 一般に，計算をすると有効数字は桁落ちします．例えば，$\log_{10} 2 = 0.30102999\cdots$ より $2 = 10^{0.30102999\cdots}$．よって，$4 = 2^2 = (10^{0.30102999\cdots})^2 = 10^{0.6020599\cdots} \fallingdotseq 10^{0.6021}$，よって，$4 \fallingdotseq 10^{0.6021}$ が正しいのです．ただし，計算のたびに有効数字の桁落ちを考慮するのは大変なので，最後の結果が出てから計算の回数だけ桁落ちさせれば十分です．

§1.7　関数概念の一般化（その2）

1.7.1　写像

1.7.1.1　関数から写像へ

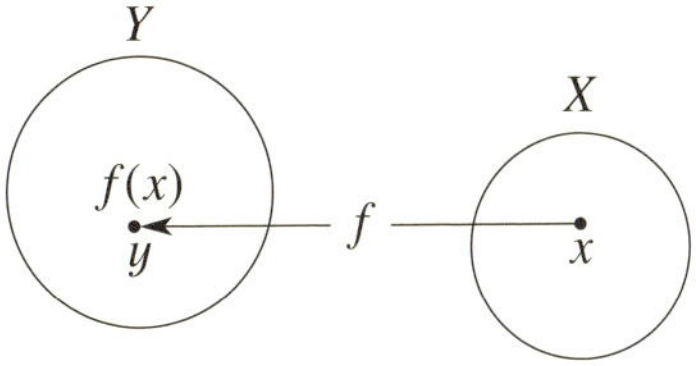

§§1.3.2 において，関数 $y = f(x)$ の新しい解釈のために集合の考え方を用いました．つまり，$f(x)$ の‘f’は実数の集合 $\mathbb{R}$ の要素 x を同じ集合 $\mathbb{R}$ の要素 $f(x)$ に写すレンズのような役割をもつと考えることができ，そこで f を改めて‘関数’と呼ぶことにしたわけです．このように考えると，関数の概念をさらに一般化することができます．すなわち，

‘関数は集合の要素を（一般には別の）集合の要素に写す’，
または‘関数は集合の要素に集合の要素を対応させる’

というより広い解釈が可能になります．そこで，関数を集合と関連づけるときは関数という代わりに **写像** という用語を用いることにしましょう（特に同じ集合の間の写像は **変換** と呼ばれます）．我々がとり扱う集合は，多くの場合，自然数や実数・平面や空間上の点・ベクトル等ですが，12 の約数・7 の倍数・3 年 B 組の生徒など，その集合が明確なもの，つまり，その要素がその集合に属すことが明確で，要素同士が互いに区別がつくものなら何でも構いません．例えば，20 才で決闘に散った天才ガロア（Evariste Galois，1811〜1832，フランス）は代数方程式の根号による可解性を調べる際に根の置換 (☞ §§1.7.2) を用いましたが，それは方程式の解の集合から同じ集合への「全単射」の写像です（全単射は次の§§逆写像 で解説します）．

写像 f が，集合 X の各要素 x に，f の定める規則で，（一般には，集合 X とは異なる）集合 Y のただ 1 つの要素 y を対応させるとき，y を f による x の **像** といい，そのことを $y = f(x)$ と表し（または，$f : x \mapsto y$，ときに $x \mapsto f(x)$ と表し）ます．そのとき，集合 X を写像 f の **定義域** といい，集合 Y を写像 f の **終域** といいます．この写像 f を“X から Y への写像”といい，$f : X \to Y$ と表します．

1.7.1.2　逆写像

X の全ての要素に対する像全体の集合を $f(X)$ と書き，f による X の像または f の **値域** といいます．集合の記法 { 集合の要素|要素に対する条件 } を用いると，値域 $f(X)$ は

$$f(X) = \{y \mid y = f(x),\ x \in X\}\ \ (= \{f(x) \mid x \in X\})$$

と表されます．一般に，写像 $f : X \to Y$ に対して値域 $f(X)$ は終域 Y の部分集合ですが，特に $f(X) = Y$（値域が終域に一致）が成り立つとき，f は **全射** であるといいます．

用語「全射」は，X の'点' x から発射された光線が'レンズ' f を通って Y の'点' y に照射されるとき，x が X 上を隈(くま)無く動けば y も Y 上を隈無く動く，つまり Y は全て照射されることを表します．例えば，関数 $y = f(x) = 2x + 1$ は全実数 $\mathbb{R}$ から $\mathbb{R}$ への写像で，$f(x)$ の値域は全実数（x が全実数を動くとき，$2x + 1$ も全実数を動く）だから f は全射ですね．全射でない例としては，$\mathbb{R}$ から $\mathbb{R}$ への写像 $y = f(x) = x^2\ (\geqq 0)$ などがありますね．

§§1.3.3 で議論した逆関数の概念を一般化し，**逆写像** を考えましょう．写像 $f : X \to Y$ において要素 $x \in X$ の像を $y\ (= f(x) \in Y)$ としましょう．このとき，$y = f(x)$ を像としてもつ X の要素（つまり $f(x) = y$ を満たす全ての $x \in X$）を y の **逆像**（または **原像** ）といいます．すると，逆像は 1 つの要素とは必ずしも限らず，一般に集合 $\{x \in X \mid f(x) = y \in Y\}$ になりますね．その逆像を

$$f^{-1}(y)\ (= \{x \in X \mid f(x) = y \in Y\})$$

と表します．記号 $f^{-1}(y)$ は X の要素の集合ですが，それは写像 f の逆写像 f^{-1} の存在の有無とは直接の関係がないことに注意しましょう．

そのことに関するレッスンです．$f : \mathbb{R} \to \mathbb{R}$ で $f(x) = \sin x$ のとき，逆像 $f^{-1}(0) = \{x \in X \mid f(x) = 0\}$ を求めなさい．答は，何のことはない，$\sin x = 0$ となる全ての実数 x ですから，$f^{-1}(0) = \{n\pi \mid n \in \mathbb{Z}\}$ ですね．

写像 $f : X \to Y$ の逆写像 f^{-1} が存在する条件は「Y の各要素 y に対して $f(x) = y$ を満たす X の要素 x がただ 1 つ定まること」です．よって，（i）単射の条件：$x_1, x_2 \in X$，$f(x_1), f(x_2) \in Y$ のとき「$f(x_1) = f(x_2) \Rightarrow x_1 = x_2$」

（または対偶をとって「$x_1 \neq x_2 \Rightarrow f(x_1) \neq f(x_2)$」）が必須です．さらに，$Y$ のどの要素 y に対しても $f(x) = y$ を満たす $x \in X$ が存在する必要があるから，x が X を残らず動くとき y も Y 上を残らず動くこと，つまり（ii）全射の条件：'値域 $f(X)$ が Y に一致すること' も必要です．単射と全射を合わせて **全単射** といい，これが '逆写像が存在するための必要十分条件' になります．

1.7.1.3 合成写像と逆写像に関する定理

§§1.3.4 で議論した合成関数の概念を一般化して「合成写像」を考えましょう．写像 $f : X \to Y$ に続けて写像 $g : Y \to Z$ を行うと，X の要素 x は $x \mapsto f(x) \mapsto g(f(x))$ の順で $X \to Y \to Z$ の要素に移されます．このような写像を f と g の **合成写像** $g \circ f : X \to Z$ といい，

$$g \circ f(x) = g(f(x))$$

によって定義されます．

特に，f の逆写像 $f^{-1} : Y \to X$，$f^{-1}(f(x)) = x$ が存在するときは，任意の集合 A に対して **恒等写像** を $\mathbf{1} : A \to A$，$\mathbf{1}(x) = x$ として，

$$f^{-1} \circ f(x) = \mathbf{1}(x)$$

が成り立ちます．このとき，x は X の任意の要素でよいので上式は恒等式であり，要素を明示しないで写像の性質として表します：

$$f^{-1} \circ f = \mathbf{1}.$$

さらに，写像 $f : X \to Y$ において，$X = Y$ ならば（つまり，f が X 上の変換ならば）f^{-1} も X 上の変換で，

$$f^{-1} \circ f = f \circ f^{-1} = \mathbf{1}$$

が成り立ちますね．この定理は行列の章でも役立ちます．

行列の章で重要な定理をもう 1 つ．3 つの写像 $f : X \to Y$，$g : Y \to Z$，$h : Z \to W$ の合成：$h \circ (g \circ f)$ と $(h \circ g) \circ f$ を考えましょう．前者は合成写像 $g \circ f : X \to Z$ を行って（つまり f の後に g を行って）その後に h を行う合成写像です．後者は $f : X \to Y$ の後に合成写像 $h \circ g : Y \to W$ を行い（つまり g

の後に h を行い）ます．したがって，両者共に f, g, h の順で写像を行うのでそれらは一致し，そのことは合成写像の **結合法則** といわれます：

$$h \circ (g \circ f) = (h \circ g) \circ f.$$

実際，X の任意の要素 x を用いて示すと

$$h \circ (g \circ f)(x) = h \circ (g(f(x))) = h(g(f(x)))$$
$$(h \circ g) \circ f(x) = (h \circ g)(f(x)) = h(g(f(x)))$$

となって確かに一致しますね．

1.7.2　置換

要素が有限な集合に対する写像の代表例として「置換」を議論しましょう．ここでは全単射写像の雛(ひな)形としてとりあげますが，置換はそれ自身で重要な役割をもち，まもなく学ぶ「行列式」や上級学年で学ぶ「群論」の議論に不可欠です．我々は写像の範疇(はんちゅう)に囚われないで議論しましょう．後半の部分では，阿弥陀籤(あみだくじ)を利用して置換を楽しみましょう．

1.7.2.1　置換とは

自然数の集合 $\{1, 2, 3, \cdots, n\}$ や n 次方程式の解の集合のように，有限個の要素からなる集合（**有限集合**）を考えます．要素が n 個の集合から自分自身への写像（つまり，変換）で全射かつ単射なものを n 文字の **置換**（n 次の置換）といい，記号 σ(シグマ) や τ(タウ)（関数でいえば，f や g に対応）などで表されます．n 文字の置換全体の集合は記号 S_n で表されます．

以下，我々は集合 $\{1, 2, 3, \cdots, n\}$ の置換 σ を考えましょう．置換 σ が全射であるとは，i $(i = 1, 2, 3, \cdots, n)$ の像 $\sigma(i)$（関数値 $f(x_i)$ に対応）を考えたとき，$\sigma(i)$ の集合 $\{\sigma(i) \mid i = 1, 2, 3, \cdots, n\}$ が原像 $\{1, 2, 3, \cdots, n\}$ に一致することですね．また，単射であるとは，$i \neq j$ のとき $\sigma(i) \neq \sigma(j)$ となることですね．よって，$\sigma(i)$ $(i = 1, 2, 3, \cdots, n)$ を順に 1 列に並べると，それは文字 $1, 2, 3, \cdots, n$ の「順列」（n 文字を 1 列に並べる並べ方の 1 つ）になります．例えば，$i = 1, 2, 3, 4$ のとき，$\sigma(i) = 2, 4, 1, 3$ など．

置換を表現する際には，像と原像の対応関係が全ての要素に対して明確になるように，次のような書き方があります：

$$\sigma = \begin{pmatrix} 1 & 2 & \cdots & n \\ \sigma(1) & \sigma(2) & \cdots & \sigma(n) \end{pmatrix}.$$

先ほどの例 $\sigma(i) = 2, 4, 1, 3$ なら，$\sigma = \begin{pmatrix} 1 & 2 & 3 & 4 \\ 2 & 4 & 1 & 3 \end{pmatrix}$ です．対応関係さえ明確ならばよいので，並べ方の順番を変えてもよく，例えば

$$\sigma = \begin{pmatrix} 1 & 2 & 3 & 4 \\ 2 & 4 & 1 & 3 \end{pmatrix} = \begin{pmatrix} 3 & 1 & 4 & 2 \\ 1 & 2 & 3 & 4 \end{pmatrix} = \begin{pmatrix} 4 & 3 & 2 & 1 \\ 3 & 1 & 4 & 2 \end{pmatrix}$$

などが成り立つとします．

特に，n 文字のうちの 2 文字（i, j としよう）のみを交換するような置換を **互換** といい，記号 $(i\ \ j)$ で表します：

$$(i\ \ j) = \begin{pmatrix} 1 & \cdots & i & \cdots & j & \cdots & n \\ 1 & \cdots & j & \cdots & i & \cdots & n \end{pmatrix}.$$

恒等写像 $\mathbf{1}(x) = x$ に対応して，$\{1, 2, 3, \cdots, n\}$ のどの要素 i に対してもそれ自身を対応させる S_n における置換を **恒等置換** といい，記号 ι（イオタ）で表しましょう：

$$\iota = \begin{pmatrix} 1 & 2 & \cdots & n \\ 1 & 2 & \cdots & n \end{pmatrix}.$$

ここで練習問題です．問：3 文字 $\{1, 2, 3\}$ の置換は何通りあるか．また，そのうち互換を全て書き並べなさい．

答：置換の総数，つまり 3 文字の順列の総数は ${}_3\mathrm{P}_3 = 3! = 6$ 通りありますね．また，互換は $(1\ \ 2), (1\ \ 3), (2\ \ 3)$ ですね（こちらは組み合せで ${}_3\mathrm{C}_2 = 3$ 通り）．

1.7.2.2　置換の積

合成写像 $g \circ f(x) = g(f(x))$ に対応して，S_n に属する 2 つの置換 σ, τ の積 $\tau\sigma(i) = \tau \circ \sigma(i) = \tau(\sigma(i))$ $(i = 1, 2, \cdots, n)$ を考えることもできます：

$$\begin{aligned} \tau\sigma &= \begin{pmatrix} 1 & 2 & \cdots & n \\ \tau(1) & \tau(2) & \cdots & \tau(n) \end{pmatrix} \begin{pmatrix} 1 & 2 & \cdots & n \\ \sigma(1) & \sigma(2) & \cdots & \sigma(n) \end{pmatrix} \\ &= \begin{pmatrix} 1 & 2 & \cdots & n \\ \tau(\sigma(1)) & \tau(\sigma(2)) & \cdots & \tau(\sigma(n)) \end{pmatrix}. \end{aligned}$$

2 行目が積の正しい定義で，1 行目の積の計算ルールは次の通りです．3 文字の置換 $\sigma = \begin{pmatrix} 1 & 2 & 3 \\ 2 & 3 & 1 \end{pmatrix}$，$\tau = \begin{pmatrix} 1 & 2 & 3 \\ 3 & 2 & 1 \end{pmatrix}$ を例にとって説明しましょう．左側の τ の書き方を変更します：

$$\tau\sigma = \begin{pmatrix} 1 & 2 & 3 \\ 3 & 2 & 1 \end{pmatrix}\begin{pmatrix} 1 & 2 & 3 \\ 2 & 3 & 1 \end{pmatrix} = \begin{pmatrix} 2 & 3 & 1 \\ 2 & 1 & 3 \end{pmatrix}\begin{pmatrix} 1 & 2 & 3 \\ 2 & 3 & 1 \end{pmatrix}$$
$$= \begin{pmatrix} 1 & 2 & 3 \\ 2 & 1 & 3 \end{pmatrix}.$$

一般の場合も同様です．

上の例で，積の順序を変えた $\sigma\tau$ は $\tau\sigma$ に一致するでしょうか．

$$\sigma\tau = \begin{pmatrix} 1 & 2 & 3 \\ 2 & 3 & 1 \end{pmatrix}\begin{pmatrix} 1 & 2 & 3 \\ 3 & 2 & 1 \end{pmatrix} = \begin{pmatrix} 3 & 2 & 1 \\ 1 & 3 & 2 \end{pmatrix}\begin{pmatrix} 1 & 2 & 3 \\ 3 & 2 & 1 \end{pmatrix} = \begin{pmatrix} 1 & 2 & 3 \\ 1 & 3 & 2 \end{pmatrix} \neq \tau\sigma$$

ですから，一致しませんね．したがって，一般の n 文字の置換 σ, τ の積は交換法則を満たしません：

$$\sigma\tau \neq \tau\sigma.$$

練習問題です．問：4 文字の置換 $\sigma = \begin{pmatrix} 1 & 2 & 3 & 4 \\ 2 & 3 & 4 & 1 \end{pmatrix}$ と $\tau = \begin{pmatrix} 1 & 2 & 3 & 4 \\ 4 & 3 & 2 & 1 \end{pmatrix}$ の積 $\tau\sigma$ を求めなさい．ヒントは不要でしょう．答：$\begin{pmatrix} 1 & 2 & 3 & 4 \\ 3 & 2 & 1 & 4 \end{pmatrix}$ ですね．

置換 $\sigma = \begin{pmatrix} 1 & 2 & 3 \\ 3 & 1 & 2 \end{pmatrix}$ に対して，$\tau\sigma = \iota$ かつ $\sigma\tau = \iota$ を満たす置換 τ はあるでしょうか．その条件は，写像 f でいうと $f^{-1} \circ f = f \circ f^{-1} = \mathbf{1}$ に当たります．よって，τ は σ の逆置換 σ^{-1} と表します．$\tau = \sigma^{-1} = \begin{pmatrix} 3 & 1 & 2 \\ 1 & 2 & 3 \end{pmatrix} = \begin{pmatrix} 1 & 2 & 3 \\ 2 & 3 & 1 \end{pmatrix}$ を見いだすのに時間はかからないでしょう．条件 $\tau\sigma = \sigma\tau = \iota$：

$$\begin{pmatrix} 3 & 1 & 2 \\ 1 & 2 & 3 \end{pmatrix}\begin{pmatrix} 1 & 2 & 3 \\ 3 & 1 & 2 \end{pmatrix} = \begin{pmatrix} 1 & 2 & 3 \\ 3 & 1 & 2 \end{pmatrix}\begin{pmatrix} 3 & 1 & 2 \\ 1 & 2 & 3 \end{pmatrix} = \begin{pmatrix} 1 & 2 & 3 \\ 1 & 2 & 3 \end{pmatrix} = \iota$$

が成り立つことを確かめましょう．

一般の S_n の置換 $\sigma = \begin{pmatrix} 1 & 2 & \cdots & n \\ \sigma(1) & \sigma(2) & \cdots & \sigma(n) \end{pmatrix}$ の逆置換 σ^{-1} は，上の例からわかるように，$\sigma^{-1} = \begin{pmatrix} \sigma(1) & \sigma(2) & \cdots & \sigma(n) \\ 1 & 2 & \cdots & n \end{pmatrix}$ ですね．それは，もちろん，σ^{-1} の定義式

$$\sigma^{-1}\sigma = \sigma\sigma^{-1} = \iota$$

を満たしますね．

1.7.2.3 あみだくじ

置換の理論は一般にそう易しくはありません．置換を理解するために，我々は日本独特の阿弥陀籤（あみだくじ）を活用しましょう．あみだくじは置換を視覚化し，置換の積の理解を助け，また置換が互換の積で表されることの理解に役立ちます．以下，置換とあみだくじの関係を議論しましょう．

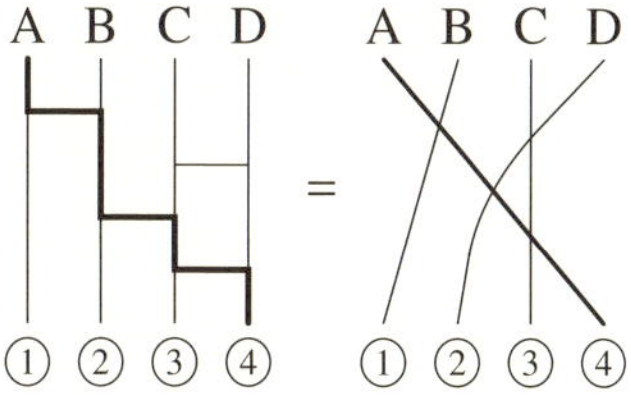

右図のあみだくじでは A, B, C, D の 4 人がそれぞれ ④, ①, ③, ② 等の景品を引きました．4 人全員が異なる景品を引いてますね．

あみだくじの線の交わり方は必ず├または┤字路の形であり，┼字路はありませんね．これが‘出発点が違えば終着点も違う’全単射の写像，つまり置換をもたらします．そのために，図中の任意の H 路を考えましょう．その横路─では縦路||が入れ替わると考えて─の長さを 0 にしてしまうと，H 路は立体交差する X 路と考えることができます．上図は直線や簡単な曲線で X 交差に直した例です．図の間の等号＝は両図が同じ置換を与えるという意味で用います．どんな複雑なあみだくじも X 交差の図にできます．逆に，1 つの置換に対応する X 交差図を描いておき，X 交差を H 路に替えると，あみだくじに直すことができます．

上の考察に基づいて，置換 $\sigma = \begin{pmatrix} 1 & 2 & 3 & 4 \\ 3 & 1 & 4 & 2 \end{pmatrix}$ をあみだくじで表してみましょう：

$$\sigma = \begin{pmatrix} 1 & 2 & 3 & 4 \\ 3 & 1 & 4 & 2 \end{pmatrix} =$$

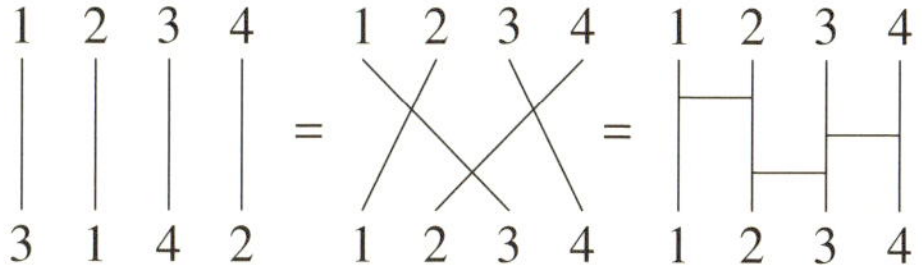

まず，置換の上下で対応する文字 i と $\sigma(i)$ を線で結んだ図を描ます．その‘線’を以下‘置換線’と呼ぶことにしましょう．次に，下側の文字の順列 3 1 4 2 を上側の順列 1 2 3 4 に並べ替えます．その結果，**順列の変更**は置換線の間の**交わりに変換**され，X 交差の図を与えます．X 交差を H 路に直すと置換 σ を表すあみだくじが完成します．途中の図でも置換線は i と $\sigma(i)$ を結ぶので，それらは同じ置換を表していると見なせます．X 交差の図を正しく導くために，置換線は i から $\sigma(i)$ に常に‘下降する’路としなければなりません．

上下の数字の並びを 2, 1, 4, 3 の順などにしても，同じ置換に対応します．交差の数，または横路の数が 3 で変化がないことに注意しましょう．一般に，元のあみだくじの横路の数が奇数（偶数）ならば，同じ置換を与えるあみだくじはどれも奇数（偶数）になります（☞§§1.7.2.6 偶置換・奇置換）．

$\begin{pmatrix}1 & 2 & 3 & 4\\ 3 & 1 & 4 & 2\end{pmatrix} =$

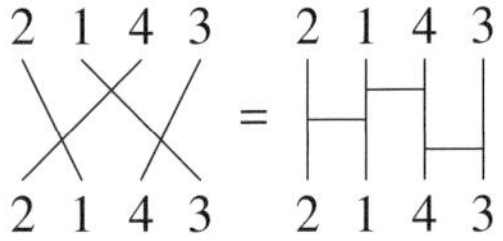

ここで練習問題です．問：右の 3 つのあみだくじが定めるのはどんな置換でしょうか．ヒントは不要でしょう．

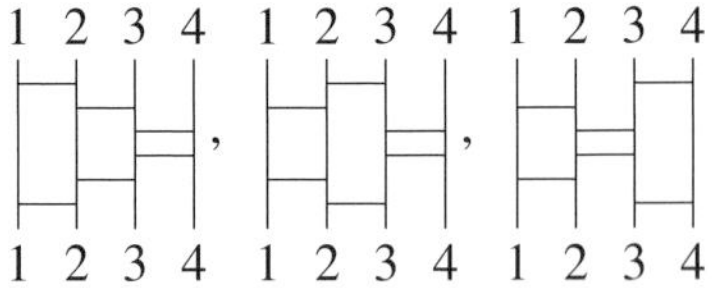

答：線をなぞってみるとわかりますね．どれも 4 文字の恒等置換 $\iota = \begin{pmatrix}1 & 2 & 3 & 4\\ 1 & 2 & 3 & 4\end{pmatrix}$ ですね．これで，同じ置換を与えるあみだくじはたくさんあることが納得できるでしょう．どのくじの図も，上下の真ん中で横線を引いてみると，横線について上下対称になっていることに注意しましょう．

1.7.2.4　あみだくじによる置換の積

置換 $\sigma = \begin{pmatrix}1 & 2 & 3 & 4\\ 2 & 3 & 1 & 4\end{pmatrix}$ と $\tau = \begin{pmatrix}1 & 2 & 3 & 4\\ 2 & 1 & 4 & 3\end{pmatrix}$ の積 $\tau\sigma$ の計算をあみだくじでやってみましょう．まず，答が $\tau\sigma = \begin{pmatrix}1 & 2 & 3 & 4\\ 1 & 4 & 2 & 3\end{pmatrix}$ であることを確認しておきましょう．右図の左側が σ と τ のあみだくじです．両者共，くじの上下の数が 1, 2, 3, 4 の順です．このために‘積 $\tau\sigma$ の計算は σ のあみだくじの下に τ のものをつなぐと積 $\tau\sigma$ のあみだくじになる’わけです．したがって，右図の右側のあみだくじを用いて，先に計算した $\tau\sigma$ の値が確認されますね．

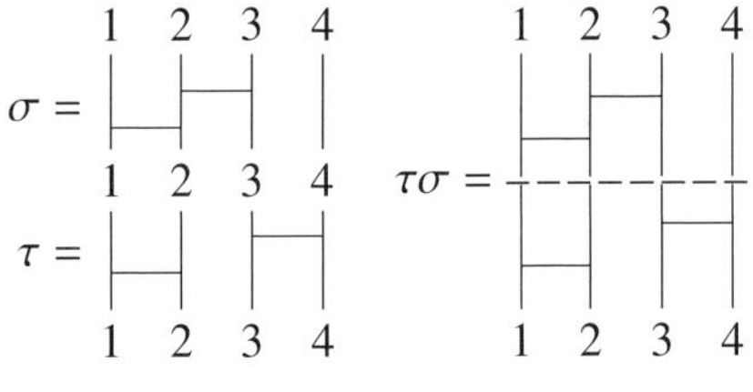

練習問題です．問：上で与えられた σ と τ の積 $\sigma\tau$ を求めなさい．ただし，あみだくじを用いること．ヒント：τ のあみだくじの下に σ のものをつなぎます．答：$\sigma\tau = \begin{pmatrix}1 & 2 & 3 & 4\\ 3 & 2 & 4 & 1\end{pmatrix}$ ですね．

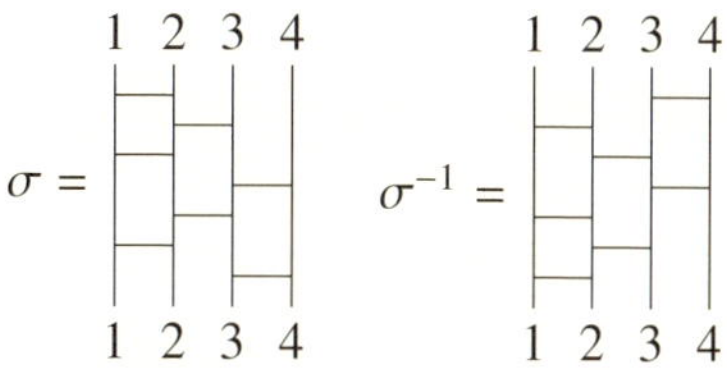

さて，逆置換のあみだくじを考えましょう．図の左側のあみだくじに対応する置換は $\sigma = \begin{pmatrix} 1 & 2 & 3 & 4 \\ 3 & 4 & 2 & 1 \end{pmatrix}$ ですから，その逆置換は $\sigma^{-1} = \begin{pmatrix} 3 & 4 & 2 & 1 \\ 1 & 2 & 3 & 4 \end{pmatrix} = \begin{pmatrix} 1 & 2 & 3 & 4 \\ 4 & 3 & 1 & 2 \end{pmatrix}$ です．σ^{-1} を表すあみだくじを描きましょう．もちろん，先に議論した X 交差を H 路に直す方法もありますが，ここでは σ のあみだくじを利用する方法を考えましょう．例えば，$\sigma : 1 \mapsto 3$ だから $\sigma^{-1} : 3 \mapsto 1$ です．これは σ のあみだくじでいうと，下の 3 からくじを上にたどって上の 1 に着くことを意味します．つまり，σ があみだくじを上から下にたどるのに対して，σ^{-1} は（時間を逆転して）下から上にたどると解釈できます．したがって，σ^{-1} のあみだくじは σ のものを上下逆転してやれば得られますね．σ と σ^{-1} のあみだくじをつなげると恒等置換 ι を与える複雑なあみだくじになることを確かめましょう．

1.7.2.5 置換は互換の積で表される

置換は必ずあみだくじで表すことができました．また，置換の積はそれらを表すあみだくじをつないだあみだくじを作ることに対応しました．ということは，あみだくじを利用すると‘1 つの置換を分解して他の置換の積で表すことができる’ということを意味します．

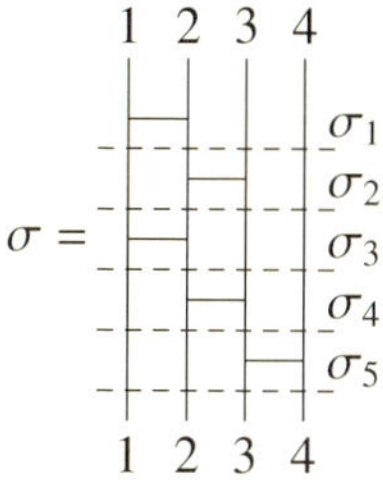

右の置換 $\sigma = \begin{pmatrix} 1 & 2 & 3 & 4 \\ 2 & 4 & 1 & 3 \end{pmatrix}$ を表すあみだくじで例解しましょう．あみだくじを破線で部分に切り分け，各部分 $\sigma_1 \sim \sigma_5$ は 1 つの H 路だけを含むようにします．すると，各部分は隣り合う文字の互換を表していますね：

$$\sigma_1 = \sigma_3 = (1 \ \ 2), \quad \sigma_2 = \sigma_4 = (2 \ \ 3), \quad \sigma_5 = (3 \ \ 4).$$

したがって，置換 σ は隣り合う文字の互換の積で表されます：

$$\begin{aligned} \sigma = \begin{pmatrix} 1 & 2 & 3 & 4 \\ 2 & 4 & 1 & 3 \end{pmatrix} &= \sigma_5 \sigma_4 \sigma_3 \sigma_2 \sigma_1 \\ &= (3 \ \ 4)(2 \ \ 3)(1 \ \ 2)(2 \ \ 3)(1 \ \ 2). \end{aligned}$$

このように切り分けることはどんなあみだくじに対してもできますから，全ての置換は隣り合う文字の互換の積に分解できますね．以後，隣り合う文字の互換を‘隣接互換’と呼ぶことにしましょう．

ここで練習問題です．問：3 文字の置換 $\begin{pmatrix}1 & 2 & 3\\ 2 & 3 & 1\end{pmatrix}$ を隣接互換の積に分解しなさい．ヒント：置換を最も簡単なあみだくじで表すには，上下に 1，2，3 を並べておいて，上の 1 と下の 2，上の 2 と下の 3，上の 3 と下の 1 を直線で結んでできる X 交差を H 路に直します．すると右図のあみだくじができます．したがって，答：$\begin{pmatrix}1 & 2 & 3\\ 2 & 3 & 1\end{pmatrix} = (1\ \ 2)(2\ \ 3)$ です．上側の H 路に対応する互換 $(2\ \ 3)$ が積の右側にあることに注意．同じ置換を与えるあみだくじはいくらでもあります．

置換を隣接互換の積で表しましたが，一般の互換を同様に表すとどうなるでしょうか．右図は 3 文字の置換の互換 $(1\ \ 3)$ を表す交差の図とあみだくじです．X 交差を H 路に直すとあみだくじです．互換 $(1\ \ 3)$ は 3 個の隣接互換の積 $(1\ \ 2)(2\ \ 3)(1\ \ 2)$ で表されました．

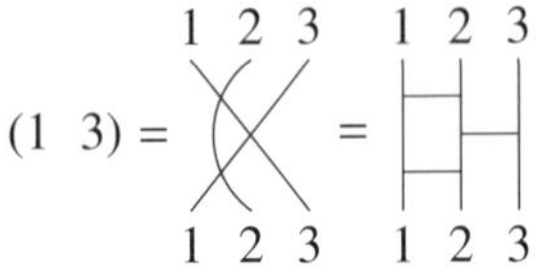

一般の互換と隣接互換の関係を見るために，n 文字の置換の場合の互換 $(i\ \ i+3)$ で調べてみましょう．右の X 交差の図をあみだくじの図に直すと，2 通りのあみだくじが得られますね．それは X 交差図の置換線のちょっとした描き方の違いによります．上の図の置換線を連続的に変形して下の図のようにするとき，X 交差の数は変化しません．よって，どちらの場合も互換 $(i\ \ i+3)$ は 5 個の隣接互換の積で表されますね．一般の互換 $(i\ \ j)$ $(i<j)$ に拡張するには図の下側のものを利用するほうがよさそうです．下側のあみだ

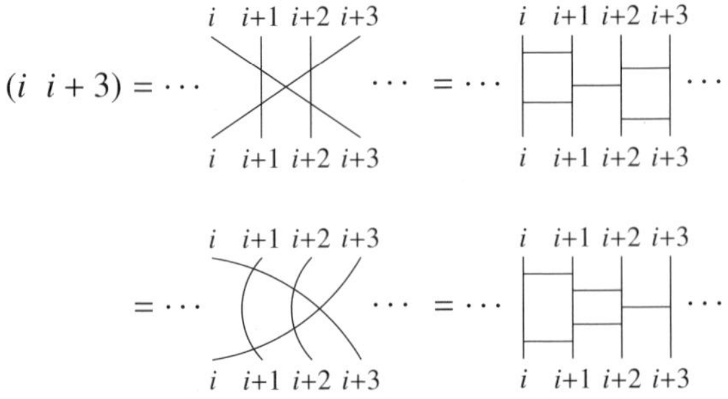

くじから類推して

$$(i\ \ j) = \{(i\ \ i+1)(i+1\ \ i+2)\cdots(j-2\ \ j-1)\}(j-1\ \ j) \\ \times\{(j-2\ \ j-1)\cdots(i+1\ \ i+2)(i\ \ i+1)\}$$

が得られます (確かめましょう). ただし, $\times\{\cdots\}$ は右側から掛けるものとします. 重要な結果:

一般の互換は奇数個の隣接互換の積で表すことができる

に注意しましょう.

練習です. 互換 (2 5) を隣接互換で表そう. 答は

$$(2\ \ 5) = (2\ \ 3)(3\ \ 4)(4\ \ 5)(3\ \ 4)(2\ \ 3).$$

1.7.2.6 偶置換・奇置換

我々は X 交差の図をあみだくじに直すことによって, 任意の置換は互換の積で表されることを理解しました. そのとき, その置換を表すのに, 互換を組み合わせて積を作る方法はいくらでもあります. よって, 置換を互換に分解しても意味のある議論はできないと思われるでしょう. が, しかし, 掛け合わせる互換の数が偶数か奇数かについては重要な定理があります:

置換を 1 つ定めて互換の積で表すとき, 掛け合わせる互換の数は, 互換の選び方によらずに, 偶数か奇数に定まる.

この定理はしばしば「置換の偶奇性の定理」と呼ばれ, いずれ学ぶ「行列式」の一般的な定義の際に重要な役割をもちます. 我々は X 交差の図を利用して偶奇が定まるメカニズムを議論しましょう.

まず, X 交差の図においては, 置換線は途中で上がり下がりしてはいけないので, 自分と交わることはありません. 次に, 1 つの X 交差は必ず 2 本の置換線によって引き起こされるので, 我々は 2 本の置換線についての関係を調べれば十分です (3 本以上の置換線が 1 点で交差しないように, 必要ならわずかに曲げておきます). 置換線を 2 本選んで直線にすると, それらは交わらないか交わるかのどちらかです. 以下, この 2 通りの場合を調べましょう.

（ア）直線で引いた 2 本の置換線が交わらない場合．右図のように文字 i, j を $\sigma(i), \sigma(j)$ に移す置換を考えます．置換線を連続的に曲げて交わるようにするとき，置換線の両端は固定されているために，2 箇所で，一般には偶数箇所で交わります．したがって，X 交差に対応する隣接互換は偶数個だけ変化します．

（ア）
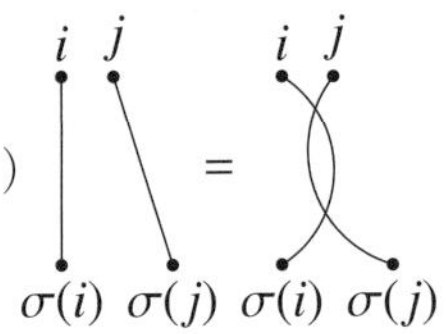

（イ）直線で引いた 2 本の置換線が交わる場合．（ア）の場合と同様に置換線を連続的に曲げて交わるようにするとき，置換線の両端は固定されているために，3 箇所で，一般には奇数箇所で交わります．したがって，X 交差に対応する隣接互換の変化は，（ア）の場合と同様，偶数個です．

（イ）
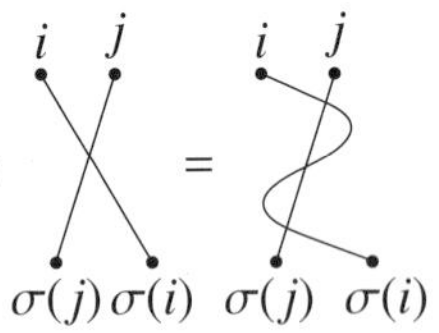

以上のことから，一般の n 文字の置換において，全ての置換線を描いたときも同様の議論が成り立ちます．n 個全ての置換線を引いたとき，X 交差が全部で偶数個（奇数個）ならば，置換線を連続的に変形しても X 交差の個数の偶奇は変わりません．したがって，1 つの置換が与えられたとき，それを表すあみだくじの H 路の個数の偶奇は定まります．H 路は隣接互換に対応し，また一般の互換 $(i\ \ j)$ は奇数個の隣接互換で表されました．したがって，1 つの置換を互換の積で表すとその掛け合わされる個数は偶数か奇数かのどちらかに定まります．

1 つの置換が偶数個（奇数個）の互換の積で表されるとき，それは「偶置換」（「奇置換」）と呼ばれます．その偶奇性が行列式に現れる項の符号を決定するのに用いられます（☞§§6.3.3.1）．

行列式に応用する際に，置換の偶奇性の代わりに，順列の偶奇性という言い方をする場合もあります．どちらも同じことを言っているので，簡単な例で翻訳しておきます．4 文字の置換 $\begin{pmatrix} 1 & 2 & 3 & 4 \\ 3 & 1 & 4 & 2 \end{pmatrix}$ の下側の文字の並び $(3\ \ 1\ \ 4\ \ 2)$ は 4 文字の順列の 1 つになっています．このとき，数の大きさが逆転している並び方があります．3 と 1，3 と 2，4 と 2 の 3 組です．このような逆転を「転位」（転倒）といい，転位の個数 3 はこの順列の「転位数」（転倒数）といわれます．

この転位数は X 交差図の交差数，つまりあみだくじの H 路数に一致することがわかります．順列に対応する置換の図で説明しましょう．まず，3 と 1，4 と 2 の転位を解消しようとしてそれらを交換すると，置換線が交わって 2 個の X 交差が現れます．残っている 3 と 2 の転位を解消するとまた X 交差ができますね．結局，3 つの転位を解消すると 3 つの X 交差が現れます．一般の場合には，k 個の転位を解消すると k 個（厳密には k + 偶数個）の X 交差ができることがわかります．よって，転位数の偶奇は X 交差数の偶奇に一致します．

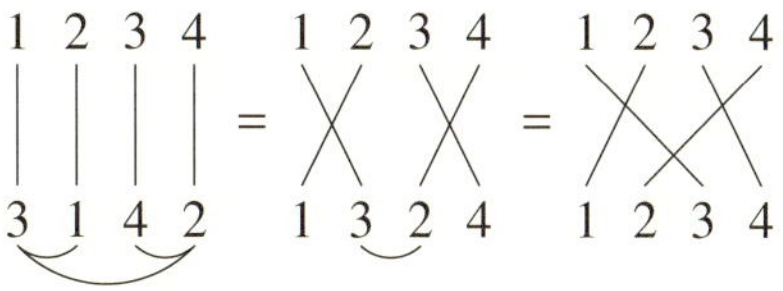

順列 $(i\ \ j\ \ \cdots\ \ k)$ の転位数が r のとき，$(-1)^r$ をこの「順列の符号」といい，$\varepsilon_{ij\cdots k}$（イプシロン）で表します．例えば，$\varepsilon_{3142} = (-1)^3 = -1$ です．

練習問題です．問：ε_{24153} を求めなさい．ヒント：2 と 1，4 と 1，4 と 3，5 と 3 の間に転位があります．よって，転位数は 4 だから，答：$\varepsilon_{24153} = (-1)^4 = +1$.

1.7.2.7　置換と群

n 文字の置換は集合 $\{1, 2, \cdots, n\}$ から自分自身への全単射写像ですね．その置換全体の集合 S_n は $n!$ 個の要素からなります．置換の満たす 3 つの基本的性質を見てみましょう．

（1）置換の積はまた置換であり，積についての結合法則が成り立つ．つまり S_n の任意の要素 σ, τ に対して $\tau \circ \sigma = \tau\sigma \in S_n$ が成り立ち，また，ρ（ロウ）も S_n の要素のとき，

$$\rho(\tau\sigma) = (\rho\tau)\sigma$$

が成り立ちます．

（2）恒等置換 ι（イオタ）がある．つまり S_n の任意の要素 σ に対して

$$\sigma\iota = \iota\sigma = \sigma$$

を満たす置換 ι が存在します．

（3）どの置換にも逆置換がある．つまり S_n の任意の要素 σ に対して

$$\sigma\sigma^{-1} = \sigma^{-1}\sigma = \iota$$

を満たす置換 σ^{-1} が存在します．

(1) の証明は合成写像の結合法則（☞§§1.7.1.3）で形式的になされていますが，置換の積はあみだくじの継ぎ足しと考えると納得しやすいでしょう．(2) と (3) は明らかですね．これら 3 つの性質を満たすような集合は群をなすといい，S_n は特に「置換群」(n 次の対称群) といわれます．

置換群はガロアが一般の n 次方程式が四則演算とべき根を用いて解けることの意味を説明するために用いられ，それが「群論」の誕生になりました．その後 1 世紀の間に，群の概念は著しい発展を遂げ，現代数学の最も基本的な概念の 1 つとして，その影響するところは数学のほとんどの分野に及び，物理学や工学への応用も著しいものがあります．第 6 章で学ぶ「行列」は群を表現するのに適しています．

最後に，群の一般的な定義を述べておきましょう．要素の数が有限または無限の集合 G があるとしましょう．G は，置換のような写像の集合でも，数の集合でも，その他集合と名のつくものは何でもよいとしましょう．G の要素（元）に一般的な演算 $\circ$ を定義します．演算 $\circ$ は，合成関数 $g \circ f$ の合成を表すとは限らず，数の間の和 $+$ や積 $\times$ などでも差し支えありません．演算 $\circ$ は，一般には，G の任意の要素 a, b に対して $b \circ a$ が G の要素 c を一意に定めることを意味し，これを $c = b \circ a$ と表します．例えば，実数の集合 $\mathbb{R}$ の要素に対して，$\circ$ が和 $+$ のとき $3 = 2 \circ 1$ です．

演算 $\circ$ が次の 3 条件を満たすとき，集合 G は演算 $\circ$ に関して群をなすといいます．

(1) 結合法則：G の任意の要素 a, b, c に対して

$$c \circ (b \circ a) = (c \circ b) \circ a$$

が成り立つ．

(2) 単位元の存在：G の全ての要素 a に対して

$$a \circ e = e \circ a = a$$

が成り立つ G の 1 つの要素 e が存在する．e を G の「単位元」といいます．

(3) 逆元の存在：G の各要素 a に対して

$$a \circ a^{-1} = a^{-1} \circ a = e$$

を満たす G の要素 a^{-1} が存在する．a^{-1} を a の「逆元」といいます．

練習問題をやっておきましょう．実数全体の集合 $\mathbb{R}$ は和 $+$ に関して群を作ります．例えば，$1, 2 \in \mathbb{R}$ で $1 + 2 = 3 \in \mathbb{R}$，また，$(1 + 2) + 3 = 1 + (2 + 3)$ などが成り立ちますね．では，和 $+$ に関する $\mathbb{R}$ の単位元と 4 の逆元は何かな．

$a + e = e + a = a$ から考えて，単位元は 0 ですね．また，4 の逆元については，$4 + 4^{-1} = 4^{-1} + 4 = 0$ より $4^{-1} = -4$ ね．

1.7.3　線形写像

写像の議論に戻りましょう．

1.7.3.1　線形写像とは

線形写像は写像のなかで最も簡単，かつ現在最も役に立っている写像であり，君たちが学ぼうとしている「線形代数」の核心をなす部分です．詳細は後の章で学ぶことにして，ざっと概観しておきましょう．

形式的ですが，最も簡単な例から線形写像を始めます．定数項のない 1 次関数 $y = f(x) = ax$（a は 0 でない定数）を考えましょう．この 1 次関数は，$f(x + x') = a(x + x') = ax + ax' = f(x) + f(x')$ と $f(kx) = a(kx) = k(ax) = kf(x)$（$k$ は定数）より，2 つの性質

$$1)\quad f(x + x') = f(x) + f(x')$$

$$2)\quad f(kx) = kf(x) \quad (k \text{ は定数})$$

を満たします．この単純な性質は上述の比例を表す関数 $f(x) = ax$ に特徴的なものであり，2 次以上の関数の場合や 1 次関数でも定数項のある場合 $f(x) = ax + b$ ではその性質は失われます（確かめましょう）．

歴史的に長い期間を要しましたが，比例の関数 $f(x) = ax$ を一般化した写像理論によって，多くの重要な物理的問題が統一的に議論でき，またそれらが完全に解けたり近似解が得られることがわかってきました．その強力な理論の適用範囲が，以下で議論されるように，上述の 2 性質を一般化した形で満たす対象というわけです．

§§5.1.2 できちんと議論しますが，ベクトル（の性質をもつもの）を要素とする集合（つまり，「ベクトル空間」または「線形空間」）を考えます．このとき，1 次関数 $f(x) = ax$ で得られた 2 性質の一般化をすることができます：

線形写像：ベクトル空間 V からベクトル空間 W への写像 $f: V \to W$ において，$\boldsymbol{x}, \boldsymbol{y}$ を V の要素，k を定数として，

$$1)\quad f(\boldsymbol{x} + \boldsymbol{y}) = f(\boldsymbol{x}) + f(\boldsymbol{y})$$

$$2)\quad f(k\boldsymbol{x}) = kf(\boldsymbol{x})$$

を満たすとき，f は **線形写像** であるといいます．

どうです．形式的には 1 次関数の場合とまったく同じですね．この 2 つの性質は 1 つにまとめて

$$f(k\boldsymbol{x} + l\boldsymbol{y}) = kf(\boldsymbol{x}) + lf(\boldsymbol{y}) \qquad (k, l \text{ は定数})$$

のように表すこともできます．

1.7.3.2 線形写像の例

詳細は後の章の議論に任せることにして，線形写像の例を挙げておきましょう．まず，平面や空間のベクトル $\vec{x}$ についての変換 f が，1 次関数 $f(x) = ax$ に似て

$$f(\vec{x}) = A\vec{x}$$

と表される場合を考えましょう．ここで，A は変換 f の「表現行列」と呼ばれるもので，行列の章で詳しく議論されます．このとき，ベクトル $\vec{x}$, $\vec{y}$，定数 k, l に対して

$$A(k\vec{x} + l\vec{y}) = k(A\vec{x}) + l(A\vec{y})$$

が成り立ち，それは f が線形変換であることを意味します．

変換 $f(\vec{x}) = A\vec{x}$ において理論的に最も重要なものは，条件 $A\vec{u} = c\vec{u}$（c は定数）を満たすベクトル $\vec{u}$ です．それは「固有ベクトル」と呼ばれ，問題を解くための重要な役割を担っています．

さて，§§5.1.3.3 で議論するように，連続関数 $p(x)$ も一般化されたベクトルと見なすことができます．$p(x)$ は導関数 $p'(x)$ をもつとしましょう．§§5.3.2.2 で議論するように，形式的に微分記号 $\dfrac{d}{dx}$ を D と書く，つまり

$$Dp(x) = \frac{d}{dx}p(x) = p'(x)$$

となるようにとれば，D は関数をその導関数にする働きをすると考えられます．したがって，それは関数を導関数に移す‘写像’と見なすことができ，D は「微分作用素」または「微分演算子」と呼ばれます．連続関数 $p(x), q(x)$ が導関数をもつとき，線形性

$$D(kp(x) + lq(x)) = kDp(x) + lDq(x) \qquad (k, l \text{ は定数})$$

は満たされ，したがって微分作用素 D は線形写像です．

同様に，積分可能な関数 $p(x)$ に対して，定積分 $\int_a^b p(x)dx$ や不定積分 $\int p(x)dx$ なども $p(x)$ から写された像と考えることができます．そのとき「積分作用素」（または「積分演算子」）$\int_a^b dx$（または $\int dx$）は線形性

$$\int_a^b dx(kp(x) + lq(x)) = k\int_a^b dxp(x) + l\int_a^b dxq(x) \qquad (k, l \text{ は定数})$$

を満たすので線形写像です．

線形写像の重要性は，§5.2 および§5.3 で議論されるように，一般化されたベクトル（関数の場合を含む）の方程式を扱うときに現れます．一般化されたベクトル $\boldsymbol{x}$ についての（一般には微分作用素を含む）写像 L が関係する方程式

$$L\boldsymbol{x} = b \qquad (b \text{ は定数，または，与えられた関数})$$

を考えます．このとき，L が線形写像である，つまり，ベクトル $\boldsymbol{x}, \boldsymbol{y}$ に対して

$$L(k\boldsymbol{x} + l\boldsymbol{y}) = kL\boldsymbol{x} + lL\boldsymbol{y} \qquad (k, l \text{ は定数})$$

が成り立つならば，$L\boldsymbol{x} = b$ は線形方程式といわれます．微分作用素を含む線形方程式は多くの重要な物理現象を研究する際に現れ，線形代数学という数学の一分野を構築する基になりました．

n 元の連立 1 次方程式は，n 個の未知数を要素とするベクトルを $\vec{x}$ として，

$$A\vec{x} = \vec{b} \qquad (A \text{ は行列，} \vec{b} \text{ は定ベクトル})$$

の形に書かれます．このとき，A の線形性 $A(k\vec{x} + l\vec{y}) = kA\vec{x} + lA\vec{y}$ が成り立つので，行列 A に対応する写像 $f : \vec{x} \mapsto A\vec{x}$ は線形です．連立 1 次方程式については行列の章でたっぷりやりましょう．

章末問題

【1.1】 2つの集合 A, B において，それらの要素が完全に一致するとき A と B は互いに **等しい** といい，$A = B$ で表します．また，共通の要素でないものがあるときは **相異なる** といい，$A \neq B$ と表します．

2つの集合 A, B において，A の全ての要素が B に属するとき，A は B の **部分集合** であるといい，$A \subseteq B$ と表します．特に，$A \subseteq B$ かつ $A \neq B$ のとき，A は B の **真部分集合** であるといい，$A \subset B$ で表します．例えば，有理数全体の集合 $\mathbb{Q}$ と実数全体の集合 $\mathbb{R}$ の関係は $\mathbb{Q} \subset \mathbb{R}$ ですね．

2つの集合 A, B において

$$A = B \Leftrightarrow A \subseteq B \text{ かつ } B \subseteq A$$

が成り立つことを示しなさい．

【1.2】 2つの集合 A, B において，それらの要素を全て合わせて得られる集合を A と B の **和集合**（**結び**，合併集合）といい，$A \cup B$ で表します．また，2つの集合 A, B において，それらの両方に共通な要素を合わせて得られる集合を A と B の **共通集合**（**交わり**，積集合）といい，$A \cap B$ で表します．

(1) 開区間 $(0, 2) = \{x \mid 0 < x < 2\}$ と $(1, 3) = \{x \mid 1 < x < 3\}$ の和集合と共通集合を求めなさい．

(2) 要素がない集合を **空集合** といい，記号 $\emptyset$ で表します．
開区間 $(0, 1)$ と $(1, 2)$ の和集合と共通集合を求めなさい．

【1.3】 全体集合 U を定め，その部分集合を考えているとします．U の部分集合 A に対して，その **補集合** $\overline{A}$ は，A に属さない U の要素全部からなる集合です．それらの集合の様子は右の **ベン図** で表すのが便利です．例えば，U を整数全体の集合とするとき，A を偶数全体とすると，$\overline{A}$ は奇数全体ですね．

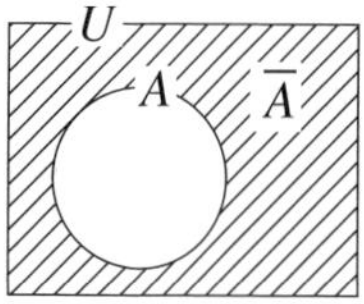

(1) 全体集合を実数全体 $\mathbb{R}$ とするとき，開区間 $(0, 1)$ の補集合 $\overline{(0, 1)}$ を求めなさい．

(2) **【ド・モルガンの法則】**

$\overline{A \cup B} = \overline{A} \cap \overline{B}$ および $\overline{A \cap B} = \overline{A} \cup \overline{B}$ を示しなさい．

【1.4】 **命題** は真偽の判定ができる文や式のことですね．命題の中には集合 U の要素 x を含む命題があります．集合や要素，命題などは自由に選べますが，以下，集合 $U = \mathbb{R}$ を例にとって，命題 $p : |x| \leqq 1$（または，x が要素であることを強調して，$p : x \in [-1, 1]$）または 命題 $q : a \leqq x \leqq b$ とか 命題 $p \Rightarrow q$ などを考えます[8]．

命題の x に U の要素 x を代入して真偽を判定するとき，上の命題 $p : |x| \leqq 1$ のように，どんな x についても判定できるならば，その命題を集合 U 上の **条件命題** といいます．命題 p が U 上の条件命題であるとき，p が U の要素 x を含むことを明示して $p(x)$（つまり $|x| \leqq 1$ のこと）と書きます．

集合 U 上の条件命題 $p(x)$ に対して，それを真にする U の要素 x の集合を $p(x)$ の **真理集合** といい，p の大文字 P で表します：$P = \{x \mid p(x)\}$．今の場合，$P = [-1, 1]$ ですね．

(1) 上の条件命題 $q(x) : a \leqq x \leqq b$ の真理集合 Q を求めなさい．

(2) 命題 $p(x) \Rightarrow q(x)$ が成り立つとき，$p(x)$ は $q(x)$ の十分条件であるといい，またこのとき，$q(x)$ は $p(x)$ の必要条件であるといいますね．$p(x) \Rightarrow q(x)$ が成り立つ a, b の範囲を求めなさい．

(3) $p(x) \Rightarrow q(x)$ が成り立つことは真理集合の条件 $P \subseteq Q$ が成り立つことに同値です．これを示しなさい．

(4) $p(x) \Leftrightarrow q(x)$ つまり $p(x)$ は $q(x)$ の必要十分条件であることは真理集合の条件 $P = Q$ に同値であることを示しなさい．

(5) 命題 p の否定を $\overline{p}$ で表しましょう．否定 $\overline{p(x)}$，$\overline{q(x)}$ を求めなさい．また，$\overline{p(x)} \Leftarrow \overline{q(x)}$ が成り立つための a, b の条件を求めなさい．

(6)「$p(x) \Rightarrow q(x)$ が真」$\Leftrightarrow$「$\overline{p(x)} \Leftarrow \overline{q(x)}$ が真」を示しなさい．

(7)「$p(x) \Rightarrow q(x)$ の真偽」$\Leftrightarrow$「$\overline{p(x)} \Leftarrow \overline{q(x)}$ の真偽」を示しなさい．

これは，「命題の真偽と対偶の真偽は一致する」ことの例証に当たります．ベン図を利用した一般的な証明が『+α』の§§1.6.2 にあります：一般の真理集合 P, Q に対して，「$P \subseteq Q$ の真偽」$\Leftrightarrow$「$\overline{P} \supseteq \overline{Q}$ の真偽」．

---

8) 命題 $p \Rightarrow q$ に対して，$p \Leftarrow q$ $(q \Rightarrow p)$ を **逆**，$\overline{p} \Rightarrow \overline{q}$ を **裏**，$\overline{p} \Leftarrow \overline{q}$ $(\overline{q} \Rightarrow \overline{p})$ を **対偶** といいます．命題とその対偶は真偽が一致します．命題が真のとき，逆と裏は真とは限りません．

【1.5】(1) ‘全ての x’ とか ‘任意の x’ という言い方は数学ではよく使われますね．これは，Any の A をひっくり返した記号 ∀ を用いて，$\forall x$ と表されます．∀ は，例えば $\forall x \in \mathbb{R}\,(x^2 > 0)$（全ての実数 x に対して $x^2 > 0$ −− 偽ですね）のような形の命題に用いられ，それは **全称命題** といわれます（全称 = (命題の) 主語が指し示すものの全体).

全称命題 $\forall x \in \mathbb{R}\,(\log_2(|x|+1) \geqq 0)$ の真偽を調べなさい．

(2) Exist の E をひっくり返した記号 ∃ は存在を表す記号で，例えば $\exists x \in \mathbb{R}\,(x^2 - x = 0)$（ある実数 x に対して $x^2 - x = 0$ または $x^2 - x = 0$ となる実数 x が存在する −− 真です ($x = 0, 1$)）の形の命題に用いられ，それは **特称命題**（**存在命題**）といわれます（特称 = (命題の) 主語が指し示すもののある一部).

特称命題 $\exists x \in \mathbb{R}\,(\sin x = 0.1)$ の真偽を調べなさい．（計算で解を求めることはできません).

(3)（i）「全ての美人は薄命である」の否定命題を述べなさい．

（ii）「真面目に勉強しない学生がいる」の否定命題を述べなさい．

(4) 命題は真か偽のどちらかです．したがって，命題 p の否定命題 $\overline{p}$ を作るとき，$\overline{p}$ の真・偽は p の偽・真を表しますね．

$\forall x \in \mathbb{R}\,(\sin^2 x - \sin x + \frac{1}{4} > 0)$ は真であるか．

(5) 論理記号で表された命題 $\forall x \in \mathbb{R}\,(\exists y \in \mathbb{R}\,(xy = 1))$ を日常の文章で言いなさい．また，その否定命題を日常の文章および論理記号で表しなさい．

【1.6】**【線形計画法】** ある会社では，2 種類の原料 G_1 と G_2 から 2 種類の製品 A と B を製造しています．製品 A，B を 1 個造るのに，原料 G_1 はそれぞれ 2，3 (kg) 必要で，原料 G_2 はそれぞれ 2，1 (kg) 必要です．このとき，製品 A，B の 1 個当たりの利益はそれぞれ 8，5（千円）です．原料 G_1，G_2 を確保可能な量が，1 日当たり，それぞれ 240，150 (kg) のとき，会社が得る最大の利益は 1 日当たりいくらであろうか．

ヒント: 1 日当たりの製造個数は？

【1.7】【正領域・負領域】例として，2 変数関数 $f(x, y) = (x-y)(x^2+y^2-4)$ をとりあげます．不等式 $f(x, y) > 0$ ($f(x, y) < 0$) を満たす領域を $f(x, y)$

の「正領域」(「負領域」) といいます (☞『+α』の§§5.2.3). 正領域と負領域の境目を表す曲線を「境界」といいましょう. $f(x, y)$ は, 2 つの因数 $x-y$ と x^2+y^2-4 の積なので, その正・負領域は因数の正負によって決まります. したがって, $f(x, y)$ の境界は因数が 0 となる直線 $x-y=0$ および円 $x^2+y^2-4=0$ です.

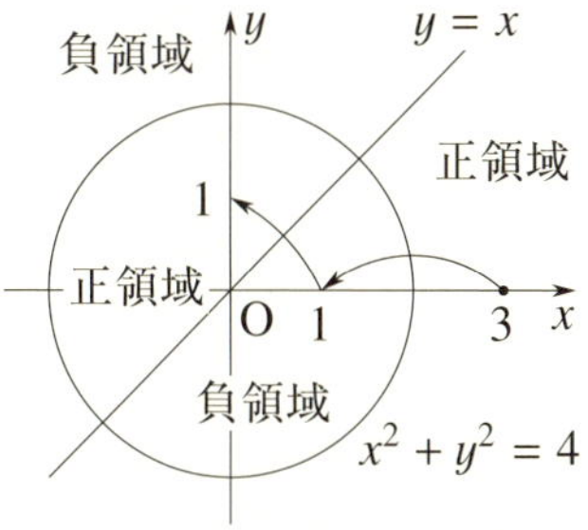

$f(x, y)$ の正・負領域は境界上にない 1 点で調べれば十分であることを見ましょう. 動点 (x, y) が xy 平面上を動くとき, $f(x, y)$ の正負の変化を調べます. $(x, y)=(3, 0)$ のとき, 因数 $x-y$, x^2+y^2-4 は共に正ですから点 $(3, 0)$ は $f(x, y)$ の正領域にあります. そこから点 $(1, 0)$ に移動するとき境界 $x^2+y^2-4=0$ を通過しますが, 通過するときに因数 x^2+y^2-4 の符号が正から負に変わります. よって, 点 $(1, 0)$ を含む領域は負領域です. 次に, 点 $(1, 0)$ から境界 $x-y=0$ を超えて点 $(0, 1)$ に移動すると, 今度は因数 $x-y$ の符号が正から負に変わり, そこはまた正領域です. よって, 境界を 1 つ越える度に領域の正負が変わりますね. したがって, $f(x, y)$ の境界と境界上にない 1 点での正負がわかれば不等式 $f(x, y)>0$ ($f(x, y)<0$) が表す正領域 (負領域) が求められます.

$-2\pi<x<2\pi$, $-2\pi<y<2\pi$ のとき, $\cos x<\cos y$ を満たす点 (x, y) の領域を図示しなさい. ヒント: 加法定理から得られる公式を用います.

第2章　複素数

2 次方程式の解の公式からわかるように，複素数 $x+iy$ (x, y は実数，$i^2 = -1$) は，2 次方程式の判別式が負の場合に，解が虚数になることにその起源があります．そのことが知られたのは負数でさえ数と認めない時代ですから，複素数を数と認めるには長い長い期間が必要でした．例えば，9 世紀のアラビアの数学者アル・ファリズミ（Al-Khwarizmi，780 頃〜850 頃）は虚数はもちろん負数の解をもつ 2 次方程式もわざと扱いませんでした．それらを数と考えなかったからです．他の国々の数学者も 16 世紀までは同様でした．複素数が実数と同様の数とはっきり認められるのは 19 世紀になってからです[1)]．

イタリアの数学者カルダノ（Girolamo Cardano，1501〜1576）が 1545 年に出版した著作には 3 次方程式の解の公式が載っていました．その公式によると，§§2.1.3 で見るように，実数解をもつ場合であっても，計算の途中の段階で解の式がいったん虚数の 3 乗根の和の形になり，その和が実数になるとはとうてい思われませんでした．このことは多くの数学者の興味を複素数へ向かわせ，その後 300 年もの間，虚数と格闘させることになりました．

ほとんど全ての数学者が負数解や虚数解を認めない中，オランダの数学者 A. ジラールは，1629 年の著書の中で，それらに大きな注意を払っています．ようやく複素数を受け入れる小さな流れができたのです．

『$+\alpha$』の第 1 章で見たように，デカルトは 1637 年の著作『幾何学』において実数と数直線上の線分の対応を考え，それによって正数と共に負数も数直線

1) 複素数の歴史およびトピックスはポール・J・ナーイン著『虚数の話』（好田順治 訳，青土社）に詳しく載っています．

上の点として表すことができました．複素数についても，それがある意味で自然な存在として受け入れられるためには，'複素数の幾何学的解釈' が必要であったと思われます．2 つの複素数 $p+iq$，$r+is$（p, q, r, s は実数）の和

$$(p+iq)+(r+is)=(p+r)+i(q+s)$$

は 2 つのベクトル $\begin{pmatrix} p \\ q \end{pmatrix}$（☞右図の矢線），$\begin{pmatrix} r \\ s \end{pmatrix}$ の和

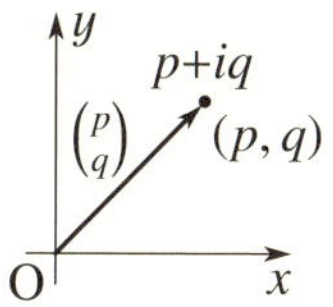

$$\begin{pmatrix} p \\ q \end{pmatrix}+\begin{pmatrix} r \\ s \end{pmatrix}=\begin{pmatrix} p+r \\ q+s \end{pmatrix}$$

と同様の規則に従います．したがって，複素数を平面上に表す試みは自然な発想でした．

複素数を平面上に点として表してそれらの和をベクトルの和のように扱い，さらに，3 角関数のところで学んだ極座標のように，その点を長さと角を用いて表す，いわゆる「極形式」を導入し，複素数の積を平面上で表すことに成功したのは，デンマークの地図制作者・測量技術者のウェッセル（Caspar Wessel, 1745～1818）でした．その研究は 1797 年に発表されました．極形式には上述したカルダノの虚数のパラドックスを解く鍵が潜んでいたのです．残念ながら，彼の仕事はデンマーク語で出版されたために，100 年もの間日の目を見ることなく，歴史に埋もれてしまいました．

やや遅れて 1806 年にフランスの数学者アルガン（Jean Robert Argand, 1768～1822）もウェッセルと同様の複素数演算の幾何学的解釈を試みましたが，それを多くの学者が知り活発な議論が起こったのは 1813 年以後になってからのことでした．複素数はその計算規則が実数のものと同じであり，それを使うと一連の問題が解きやすくなり，内部矛盾をまったく含まないので，次第に複素数の理論的基礎付けを待つ雰囲気になっていったようです．

数学の王者ガウス（Karl Friedrich Gauss, 1777～1855, ドイツ）は，早くから複素数演算の幾何学的解釈が身近なものになっていましたが，彼は自分の研究の発表には慎重で，虚数認知派の勢いが強まったタイミングを計ったかのように，1831 年になってから数全般に関する研究を公表しました．彼は，その研究の中で初めて「複素数」(complex number) の用語を用い，それまでの呼び名「架空の数」を精算しました．正・負の実数を特別な場合として含む数，

すなわち複素数を一般的・形式的に完全に基礎づける理論が得られたのです．ガウスによって，複素数は，これまで実数に対して成立していた全ての計算規則を満たす最も一般的な数として，「複素平面」と呼ばれる平面上の点と 1 : 1 の対応がなされました．また，i は‘数’ $\sqrt{-1}$ というよりは複素数を表すための‘単位記号’と見なされました．この究極的考察によって，19 世紀の中頃には，複素数の意味付けとその公認は事実上終わりました．

大学の数学では，多くの場合，変数は複素数に拡張され，「複素指数関数」などが幅を利かせます．複素数は，内部矛盾を含まず，使えば便利な道具となります．そして，複素数は，極微の世界を研究する「量子力学」において，必要不可欠な存在になりました．

§2.1　虚数

この§および次の§において，虚数したがって複素数が必要とされるに至った経緯（いきさつ）を議論しましょう．

2.1.1　実数の基本性質

複素数は実数の基本性質を満たす最も拡張された‘数（すう）’です．その基本性質はベクトルの基本性質とも共通しています．したがって，我々は実数の基本性質を復習することから始めましょう．

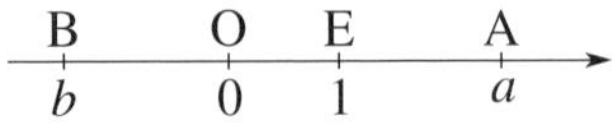

まずは数直線上の点と実数の 1 : 1 対応から．直線上に原点 O と単位点 E をとって線分 OE の長さを 1 とし，それらの点にそれぞれ実数 0, 1 を対応させてます．長さ a の線分を OA とするとき，点 A に数 a を対応させましょう．負の数 b を考えるときは，数 b の大きさに等しい長さの線分 OB を考え，点 B を点 O から見て点 E と反対の側にとって，点 B に数 b を対応させます．このように直線上の点と実数を 1 : 1 に対応させることができます．このような直線のことを **数直線** といい，点は連続しているのでそれに対応する **実数は連続量** です．

次に，実数の演算に関する基本性質を整理しましょう．それらの基本性質は，証明なしに（正しいと）仮定する数学理論の出発点で，**公理** と呼ばれています．以下，a, b, c などを実数として公理を列挙しておきましょう：

$$a = a \qquad (\text{反射律})$$

$$a = b \;\Rightarrow\; b = a, \qquad (\text{対称律})$$

$$a = b \text{ かつ } b = c \;\Rightarrow\; a = c. \qquad (\text{推移律})$$

これら 3 つの公理を疑う人はいないでしょう．これらは，計算のための公理というよりは論理を展開するための公理であり，実数や複素数だけではなく，ベクトルを含む多くの数学的対象に適用されます．「推移律」という公理はいわゆる「三段論法」のことです．これら 3 公理で等号＝の意味“同じである”を一般化した意味で用いると，1 つの集合をその部分集合に類別することができます．我々はベクトルの章でそのことに触れ，ベクトルを正しく理解します．

次の交換法則・結合法則・分配法則という 3 つの公理は，中学数学以来，総称して「計算法則」と呼ばれています：

$$a + b = b + a, \qquad ab = ba, \qquad (\text{交換法則})$$

$$(a + b) + c = a + (b + c), \qquad (ab)c = a(bc), \qquad (\text{結合法則})$$

$$a(b + c) = ab + ac, \qquad (a + b)c = ac + bc. \qquad (\text{分配法則})$$

君たちの計算にも毎回出てくるこれらの法則に疑いを差し挟む人はいませんね．ただし，『$+\alpha$』の第 1 章で丁寧に証明したように，負数がこれらの公理に従って計算されると仮定した瞬間に，‘負 × 負’ の運命は ‘正’ と定まったことは記憶に留めておきましょう．

ここで，0，加法の逆数，1，乗法の逆数などの定義を明確にしましょう：

任意の実数 a に対して

$$a + 0 = a, \qquad a + (-a) = 0, \qquad a \cdot 1 = a, \qquad a \cdot (1/a) = 1 \; (a \neq 0).$$

以後，このテキストを通じて我々は公理を出発点として議論を進めますが，公理は我々が想像する以上に重要な役割を演じます．例えば，計算法則および 0 と 1 の定義は，空間ベクトルの章で，ベクトルを抽象的・形式的に定義する一連の公理群と比較されますが，それによると，実数は ‘1 次元ベクトル’，複素数は ‘2 次元ベクトル’ であることが示されます．

2.1.2　判別式が負の解

2 次方程式の一般形は，a, b, c を実数の定数として，

$$ax^2 + bx + c = 0 \quad (a \neq 0)$$

です．その解は，$D = b^2 - 4ac$ とおくと，因数分解

$$ax^2 + bx + c = a\left(x - \frac{-b + \sqrt{D}}{2a}\right)\left(x - \frac{-b - \sqrt{D}}{2a}\right)$$

より

$$x = \frac{-b \pm \sqrt{D}}{2a} \qquad (D = b^2 - 4ac)$$

と表され，D は 2 次方程式の判別式といわれましたね．$ax^2 + bx + c$ が因数 $(x - \text{解})$ の積の形に因数分解されたことに注意しましょう．

さて，変な 2 次方程式 $x^2 + 1 = 0$ を考えましょう．こんな方程式が実生活で現れることはありませんが，理論的には興味があるものです．まず，判別式 D については，$D = 0^2 - 4 = -4 < 0$ より判別式は負です．このとき，解の公式より $x = \frac{\pm\sqrt{-4}}{2} = \pm\sqrt{-1}$ です． $\sqrt{-1}$ ですって？ これは数？ これが実数とはどうしても考えられませんね．よって，$D < 0$ のときは実数の解をもたないことになります．どうしてこんな変な解が現れたのか，因数分解をして調べてみましょう．そのとき，$a = (\sqrt{a})^2$ つまり $\sqrt{a}$ は 2 乗して a になる数として定義されましたから，$\sqrt{-1}$ は 2 乗して -1 になる数として扱わねばなりません：$(\sqrt{-1})^2 = -1$．よって

$$x^2 + 1 = x^2 - (-1) = x^2 - (\sqrt{-1})^2 = (x - \sqrt{-1})(x + \sqrt{-1}) = 0.$$

これはとんでもない因数分解です．しかしながら，悪い点は因数分解をするために $-1 = (\sqrt{-1})^2$ と変形した点だけのようです．

$\sqrt{-1}$ を i と表すと，i が満たすべき条件は $i^2 = -1$ です．i を用いてもう一度因数分解してみましょう．

$$\begin{aligned} x^2 + 1 &= x^2 - (-1) = x^2 - i^2 \\ &= x^2 - ix + ix - i^2 = x(x - i) + i(x - i) \\ &= (x - i)(x + i) = 0. \end{aligned}$$

こうやってみると，変な数 $i = \sqrt{-1}$ が‘生成される’ときには，計算法則，つまり交換・結合・分配の 3 法則に従っていることがわかります．それでは，その変な数 $i = \sqrt{-1}$ ($i^2 = -1$) を用いて計算したとき，その数 i が計算法則に従っているかどうか見てみましょう．$\pm i$ は方程式 $x^2 + 1 = 0$ の解ですから，それらは方程式を満たすはずです．左辺に代入して

$$x^2 + 1 = (\pm i)^2 + 1 = i^2 + 1 = -1 + 1 = 0$$

が成り立ちます．よって，$\pm i$ は方程式を確かに満たし，それらは解に違いありません．記号 i は imaginary number（想像上の数＝虚の数）の頭文字です．

ここで，$i^2 = (\sqrt{-1})^2 = \sqrt{-1}\sqrt{-1} = -1$ と計算したことに注意しましょう．もし $\sqrt{-1}\sqrt{-1} = \sqrt{(-1)(-1)} = \sqrt{+1} = +1$ とやったら，$x^2+1 = +1+1 = 2 \neq 0$ となって，$i = \sqrt{-1}$ は解でなくなってしまいますね．このことを解決するために，‘公式 $\sqrt{a}\sqrt{b} = \sqrt{ab}$ は a, b が正または 0 の実数のときにのみ成立する’と約束し直しましょう．

もう 1 題，$x^2 - 2x + 3 = 0$ ($D = -8 < 0$) でやってみましょう．

$$\begin{aligned}x^2 - 2x + 3 &= (x-1)^2 - 1 + 3 = (x-1)^2 + 2\\ &= (x-1)^2 - (-2) = (x-1)^2 - 2i^2 = (x-1)^2 - (\sqrt{2}\,i)^2\\ &= (x - 1 - \sqrt{2}\,i)(x - 1 + \sqrt{2}\,i) = 0.\end{aligned}$$

よって，この問題の解は $x = 1 \pm \sqrt{2}\,i$ ですね．やはり，-1 を i^2 に置き換えさえすれば，この解が生成されるときには計算法則に従っていますね．逆に，この解が方程式を満たすことを見るために，解を方程式の左辺に代入して，計算法則に従って計算してみましょう：

$$\begin{aligned}x^2 - 2x + 3 &= (1 \pm \sqrt{2}\,i)^2 - 2(1 \pm \sqrt{2}\,i) + 3\\ &= (1 \pm \sqrt{2}\,i)\cdot(1 \pm \sqrt{2}\,i) - 2(1 \pm \sqrt{2}\,i) + 3\\ &= 1 \pm 2\sqrt{2}\,i + (\pm\sqrt{2}\,i)^2 - 2 - 2(\pm\sqrt{2}\,i) + 3\\ &= 1 \pm 2\sqrt{2}\,i - (\sqrt{2})^2 - 2 \mp 2\sqrt{2}\,i + 3\\ &= 1 \pm 2\sqrt{2}\,i - 2 - 2 \mp 2\sqrt{2}\,i + 3\\ &= 0.\end{aligned}$$

したがって，確かにこの i を含む奇妙な数 $x = 1 \pm \sqrt{2}i$ は計算法則に従うときに方程式を満たします．逆にいうと，方程式を満たすためには，奇妙な数 i は計算法則に従う必要があります．

一般の 2 次方程式 $ax^2 + bx + c = 0$ の判別式 D が負の解についても，その解は計算法則に従うとき方程式を満たすことが確かめられます．

一般に，2 次方程式の解の公式から，D が負の解は $i = \sqrt{-1}$ $(i^2 = -1)$ として

$$a + bi \qquad (a,\ b \text{ は実数 } (b \neq 0))$$

の形をしていることがわかります．そして，これらの数は計算法則に従っているとしたときに正しい結果を与えます．我々にとって計算法則は絶対ですが，'変な解は計算法則に刃向かってはいません'．今のところ，変な方程式を考えたために，たまたま変な解が現れたという程度です．そこで，それらの i を含む数を **虚数** と名づけて，一応，数として認める立場に立ってみましょう．ただし，虚数そのものに $1 + 2i$ 個とか $3 - 4i$ kg とかの現実的な意味付けをするわけではありません．理論的には，虚数を認めると都合がよい点があります：

- 虚数は計算法則を満たすので，単に数の種類が増えただけと見なすことができる．
- 重解を 2 解と見なすと 2 次方程式は必ず 2 解をもつ．
- 2 次式は必ず 1 次式の積に因数分解できる．

こう考えると，数学理論にとっては，虚数はあながち無用な邪魔物ではないようですね．事実，虚数を認めると，§§2.2.3 で議論するように，n 次方程式は n 個の解をもち，n 次式は 1 次式の積に因数分解できます．

2.1.3 カルダノの公式と虚数のパラドックス

虚数は 3 次以上の高次方程式でも表れます．虚数が問題になったのは実は 3 次方程式のほうでした (2 次方程式では虚数は無視されていました)．以下，数学者が虚数を受け入れざるを得なくなった経緯を見てみましょう．そのトピックスは君にとっても当(まさ)にパラドックスでしょう．

まずは 3 次方程式のレッスンから．方程式 $x^3 - x^2 + x - 1 = 0$ を考えましょう．左辺の 3 次式を $P(x)$ とおくと

$$P(x) = x^3 - x^2 + x - 1 = x^2(x-1) + (x-1) = (x-1)(x^2+1)$$
$$= (x-1)(x^2 - i^2) = (x-1)(x-i)(x+i)$$

と因数分解できます．3 次式 $P(x)$ の x に $x = 1,\ i,\ -i$ を代入してみると，$P(1) = P(i) = P(-i) = 0$ が確かめられるので，それらは方程式 $P(x) = 0$ の解です（確かめましょう）．この因数分解から，3 次方程式は虚数解を含めると 3 解をもち，$P(x)$ は因数 (x − 解) の積の形に表されると予想されます．

簡単にいってしまいましたが，虚数を受け入れるのは大変なことです．参考のために，物議を醸（かも）した 3 次方程式の解の公式に言及しておきましょう．

一般の 3 次方程式は

$$ax^3 + bx^2 + cx + d = 0 \qquad (a \neq 0)$$

の形ですが，扱いやすくするために，これと同値な方程式に直しておきます．$x = X - t$ とおいて $t = \dfrac{b}{3a}$ ととると，X についての，2 次の項のない，3 次方程式が得られます（確かめましょう）．よって，2 次の項なしの 3 次方程式は一般の 3 次方程式に同値です．

そこで，一般の 3 次方程式に同値な方程式

$$x^3 + 3px + 2q = 0 \qquad (p,\ q \text{ は実数})$$

を考えましょう．16 世紀の前半，カルダノ（Girolamo Cardano，1501～1576，イタリア）はこの 3 次方程式の解の公式を得ていました：

解を $x = u + v$ と和の形に表すと

$$u = \sqrt[3]{-q + \sqrt{\Delta}}, \qquad v = \sqrt[3]{-q - \sqrt{\Delta}} \qquad (\overset{\text{デルタ}}{\Delta} = q^2 + p^3).$$

ホントかな．$x = u + v$ が $x^3 + 3px + 2q = 0$ の解であることを確かめましょう．要領よく行うために，まず $uv = -p$ を導きます：

$$(uv)^3 = (-q + \sqrt{\Delta})(-q - \sqrt{\Delta}) = q^2 - \Delta = -p^3 = (-p)^3.$$

よって，$uv = \sqrt[3]{(uv)^3} = \sqrt[3]{(-p)^3} = -p$. これから

$$\begin{aligned} x^3 + 3px + 2q &= (u+v)^3 + 3p(u+v) + 2q \\ &= u^3 + 3u^2v + 3uv^2 + v^3 + 3p(u+v) + 2q \\ &= u^3 + v^3 - 3p(u+v) + 3p(u+v) + 2q \\ &= -q + \sqrt{\Delta} - q - \sqrt{\Delta} + 2q = 0 \end{aligned}$$

となるので，確かに $x = u + v$ は方程式を満たしますね．

$\Delta \geqq 0$ の場合は何の問題も起こりませんでした．問題は $\Delta < 0$ の場合に起こりました．例えば，方程式

$$(x-1)(x-4)(x+5) = x^3 - 21x + 20 = 0$$

の解 1, 4, -5 は全て実数です．ところが，このとき，方程式 $x^3 + 3px + 2q = 0$ と比較すると，$p = -7$, $q = 10$ なので，$\Delta = 10^2 + (-7)^3 = -243$. よって，解 $x = u + v$ の u, v は

$$u = \sqrt[3]{-10 + \sqrt{-243}}, \qquad v = \sqrt[3]{-10 - \sqrt{-243}}$$

と虚数の 3 乗根で表されます．この和 $u + v$ を方程式 $(x-1)(x-4)(x+5) = 0$ の x に代入して，左辺を展開してみると，左辺はちゃんと 0 になり，方程式は満たされます．よって，$u + v$ が解であることは疑いようもありません．しかしながら，

$$u + v = \sqrt[3]{-10 + \sqrt{-243}} + \sqrt[3]{-10 - \sqrt{-243}} = 1,\ 4,\ -5$$

が成り立つとはどうしても信じられません．$u + v$ は 1, 4, -5 のどれでもないようですが，カルダノの公式は $u + v$ がそれらのどれにでもなることを要求しています．もしそれが本当なら，**虚数には重大な意味が隠されている**のに違いありません．

この虚数のパラドックスは，多くの数学者に強い興味を抱かせ虚数の研究に駆り立てました．以後，数学者は **300** 年間も虚数と格闘し続けました．その結果，18 世紀の終りには，虚数は代数学や微積分学およびそれらと関連した自然科学の問題の重要な研究手段の 1 つとなりました．これらの長い研究の間に，

‘計算法則を満たす数は実数と虚数だけである’ ことが示され，実数と虚数を合わせて **複素数** と呼ぶことになりました.

19 世紀中頃に，複素数の演算を幾何学的に解釈することが確立しました. ようやく最終決着が得られたのです. 複素数は無矛盾な数学体系をなすことが示され，数学者は複素数を自在に使いこなして多くの成果を上げました. 遂に虚数の 3 乗根が計算できるようになり，そのパラドックスは肯定的に解決されたのです. 虚数の 3 乗根は，3 次方程式が 3 個の解をもつのと同様に，3 個の虚数を与え，先の $u+v$ は 1，4，-5 のいずれにもなりました. 我々はそのことを§§2.5.2 で実際に確かめましょう.

虚数がよくわからないうちは，虚数に対して ‘何か深遠な意味を付与しなければならない’ という哲学的な議論が強かったのですが，虚数を自在に使いこなせるようになると，人はそんな議論をすっかり忘れてしまうようです. 君たちも，実数の計算に慣れた今となっては，“負数は存在しない” なんて議論に乗る人は少ないでしょう. 数学にとっては「無矛盾なもの（できれば，役に立つもの）が存在するもの」のようです.

§2.2　因数定理と代数学の基本定理

一般の n 次式 $(n = 0,\ 1,\ 2,\ \cdots)$：$P(x) = a_n x^n + a_{n-1}x^{n-1} + \cdots + a_1 x + a_0$ を総称して **整式**（**多項式**）といいます（係数 $a_0, a_1, \cdots, a_n$ は虚数でも構いません）. 2 次・3 次のとき，整式 $P(x)$ は，方程式 $P(x) = 0$ の解を用いて，因数 $(x - \text{解})$ の積の形で表されました. 一般の整式に対してはどうでしょうか.

2.2.1　整式の割り算

割り算 $135 \div 11$ の求め方を知らない人はいないでしょう. 10 進法なので正しくは

$$(1 \cdot 10^2 + 3 \cdot 10 + 5) \div (1 \cdot 10 + 1)$$

です. これを ‘x 進法？’ にすると

$$(1x^2 + 3x + 5) \div (1x + 1)$$

$$\begin{array}{r|rrr}
 & & 1x & +2 \\ \hline
1x+1 & 1x^2 & +3x & +5 \\
 & 1x^2 & +1x & \\ \cline{2-4}
 & & 2x & +5 \\
 & & 2x & +2 \\ \cline{3-4}
 & & & 3
\end{array}$$

と化けて，x^2+3x+5 を $x+1$ で割ることを表します．計算方法も $135 \div 11$ のやり方と同じです．右の計算式から読みとれるように，高次の項を順々に消していけばよいわけです．（x と + を隠せば，今の場合，まさに $135 \div 11$ に当たりますね）．この計算式を等式を用いて表すと

$$x^2+3x+5-(x+1)x = 2x+5$$
$$\Leftrightarrow x^2+3x+5-(x+1)(x+2) = 3$$
$$\Leftrightarrow x^2+3x+5 = (x+1)(x+2)+3$$

となります．実際，最後の式の右辺を展開すると左辺 x^2+3x+5 に一致することが確められますね．よって，‘割り算の等式は全ての x について成立する恒等式’ です．任意の整式で割るときも高次の項を順々に消していけばよく，整式の割り算の一般形は

$$(\text{割られる整式}) = (\text{割る整式})\cdot(\text{商}) + (\text{余り})$$

となります．この等式もやはり恒等式です．割る整式が 2 次以上のときは余りは一般に整式になり，（余りの次数）$<$（割る整式の次数）です．例えば，x^3 を x^2+2x+3 で割ると $x^3 = (x^2+2x+3)(x-2)+x+6$ です．

上で行った割り算の縦書き計算法は，高次の項を順番に消していく方法なので，商と余りをただ 1 通りに定め，さらに，それらの求め方の手順をも与えます．一般に，計算や問題を解くための明確な手順や手続きを「アルゴリズム」と呼んでいます．

2.2.2　剰余定理・因数定理

100 次の整式 $P(x)$ を具体的に

$$P(x) = 2x^{100} + 3x^{50}$$

とでもしましょう．このとき，$P(x)$ を 1 次式 $x-\alpha$ で割った余り R を求めてみましょう．α は虚数でも構いません．とてもじゃないけど実際に割ってみる気は起こりませんね．以下の議論から得られる定理を用いると，あっと言う間に求まります．

1 次式で割るから余りは定数であり，商を $Q(x)$ とすると $P(x)$ は必ず

$$P(x) = (x-\alpha)Q(x) + R \qquad (R \text{ は定数})$$

の形で表されますね．商 $Q(x)$ を具体的に求める必要はありません．割り算の等式は恒等式であったことを思い出して，両辺の x に α を代入してみましょう．商の項は消えて，$P(\alpha) = R$．よって，余り $R = P(\alpha) = 2\alpha^{100} + 3\alpha^{50}$ です．一丁上り！ このように $x-\alpha$ で割った式を考えておいて，商の項が消える x の値 α を代入すればよいのです．一般の場合も同じです．任意の整式 $P(x)$ を 1 次式 $x-\alpha$ で割った余りを R とするとき $R = P(\alpha)$，つまり

$$P(x) = (x-\alpha)Q(x) + R \quad \text{のとき} \quad R = P(\alpha). \qquad \text{(剰余定理)}$$

これを **剰余定理** といいます（剰余＝余り）．

さて，本題の **因数定理** に入りましょう．任意の n 次の整式 $P(x)$ を 1 次式 $x-\alpha$（α は虚数でも構いません）で割ったら割り切れた場合を考えましょう．この場合，商を $Q(x)$ とすると

$$P(x) = (x-\alpha)\,Q(x)$$

が成り立ちます．このとき，x に α を代入すると

$$P(\alpha) = 0.$$

よって，因数定理の半分を得ます：

$$\text{整式 } P(x) \text{ が 1 次式 } x-\alpha \text{ で割り切れる} \Rightarrow P(\alpha) = 0. \qquad (*)$$

このとき，$P(\alpha) = 0$ が成立しますが，それは α が n 次方程式 $P(x) = 0$ の解であることを意味します：

$$P(\alpha) = 0 \Leftrightarrow \alpha \text{ は } P(x) = 0 \text{ の解}.$$

因数定理の残り半分は $(*)$ の逆が成立することです：

$$P(\alpha) = 0 \Rightarrow P(x) \text{ は } x-\alpha \text{ で割り切れる}.$$

これを示すために，$P(x)$ を $x-\alpha$ で割った式をまた用いましょう：

$$P(x) = (x-\alpha)Q(x) + R.$$

今の場合，余り R が 0 とは限りません．x に α を代入して $P(\alpha) = R$．しかし，今の場合 $P(\alpha) = 0$ と仮定してあるので $R = 0$．よって，$P(x) = (x - \alpha)Q(x)$．つまり，$P(x)$ が $x - \alpha$ で割り切れます．

したがって，因数定理をまとめると次のようになります：
任意の整式 $P(x)$ に対して

$$P(\alpha) = 0 \Leftrightarrow P(x) = (x - \alpha)\,Q(x). \qquad \text{（因数定理）}$$

この定理は，“方程式 $P(x) = 0$ の解に対して，$P(x)$ は $(x - \text{解})$ の形の因数をもち，またその逆も成り立つ” と述べています．

では，問題です．3 次方程式 $P(x) = x^3 + 6x^2 + 11x + 6 = 0$ を解きなさい．ヒント：因数定理ですね．解答：x に -1 を代入すると方程式を満たすので $x = -1$ は解．$P(x)$ を $x+1$ で割ると $P(x) = (x+1)(x^2+5x+6)$．$x^2+5x+6 = 0$ を解いて残りの解 $x = -2, -3$ が得られます．

2.2.3　n 次方程式と代数学の基本定理

複素数 α が任意の n 次方程式 $P(x) = 0$ の解ならば 1 次式 $x - \alpha$ は $P(x)$ の因数になることがわかりました．さらに，もし $\beta, \gamma, \cdots, \delta$ も方程式 $P(x) = 0$ の解ならば，$x - \alpha$ と同様に，$x - \beta, x - \gamma, \cdots, x - \delta$ も $P(x)$ の因数になります．したがって，n 次式 $P(x)$ は，解 $\alpha, \beta, \gamma, \cdots, \delta$ が全て異なれば，

$$P(x) = (x - \alpha)\,(x - \beta)\,(x - \gamma) \cdots (x - \delta)\,Q(x)$$

の形になるはずです．ただし，$Q(x)$ は $P(x)$ を $(x - \alpha)\,(x - \beta)\,(x - \gamma) \cdots (x - \delta)$ で割ったときの商です．このとき，$Q(x)$ の次数は，両辺の次数が等しいから，$P(x)$ の次数 n から $(x - \alpha)(x - \beta)(x - \gamma) \cdots (x - \delta)$ の次数を引いたものです．

この議論を完成する，つまり n 次方程式 $P(x) = 0$ の全ての解を用いて，$P(x)$ を因数 $(x - \text{解})$ の積の形に表し尽くす，よって $Q(x)$ が定数になるためには，あと 2 つの事柄が明確になる必要があります．1 つは重解について，もう 1 つは n 次方程式の解の個数についてです．

方程式 $P(x) = 0$ が重解 α をもつ場合を考えましょう．2 次方程式の場合は，§§2.1.2 の $ax^2 + bx + c$ の因数分解の式で判別式 D が 0 の場合だから，2 次式 $(x - \alpha)^2$ が $P(x) = ax^2 + bx + c$ の因数になることがわかります．

高次方程式の場合を考慮して別の方法でも示しましょう．$P(x) = 0$ が解 α をもつとき，因数定理より $P(x) = (x-\alpha)Q(x)$ で，商 $Q(x)$ は 1 次式です．$P(x) = 0$ が重解 α をもつとき，‘残りの解’ α は 1 次方程式 $Q(x) = 0$ の解ですから，$Q(x) = (x-\alpha)a$ （a は $P(x)$ の 2 次の係数）．よって，$P(x) = a(x-\alpha)^2$．高次方程式の場合も同様にして因数 $(x-\alpha)^2$ が現れます．高次方程式の場合には，重解（2 重解）以外に 3 重解，4 重解なども一般には現れます．そのような場合も同様の手順をくり返して，α が k 重解 $(k = 2, 3, \cdots)$ ならば k 次式 $(x-\alpha)^k$ が $P(x)$ の因数になります．

次に，方程式の解の個数について考えましょう．以下，k 重解は k 個の解と数えることにします．すると，2 次方程式は必ず 2 個の解をもちます．3 次方程式 $P(x) = 0$ の場合は，解を 1 つ見つけると，$P(x) = (x-\text{解})Q(x)$ と表されて $Q(x)$ は 2 次の整式になります．よって，$P(x) = 0$ の残りの解は 2 次方程式 $Q(x) = 0$ の解で，それは 2 個あることがわかっています．よって，3 次方程式は，少なくとも 1 個の解の存在を前提にして，3 個の解をもちます．

一般の高次方程式においても 3 次方程式の場合と同様の議論ができます．つまり，高次方程式が，その次数によらずに，少なくとも 1 個の解をもつことを仮定すれば，解の個数は方程式の次数に一致することが示されます．以下，そのことを議論しましょう．

一般の n 次方程式 $P(x) = 0$ が 1 つの複素数解 α_1 をもつとしましょう．すると，因数定理より

$$P(x) = (x-\alpha_1)Q_{n-1}(x)$$

と因数分解できます．このとき，$Q_{n-1}(x)$ は $n-1$ 次の整式ですが，方程式は次数によらずに 1 個は解をもつと仮定したので，方程式 $Q_{n-1}(x) = 0$ は解をもちます．それを α_2 とすると

$$Q_{n-1}(x) = (x-\alpha_2)Q_{n-2}(x)$$

と因数分解されます．よって，

$$P(x) = (x-\alpha_1)(x-\alpha_2)Q_{n-2}(x)$$

と方程式 $P(x) = 0$ は 2 解をもちます．以下同様に続けていって，最後に 1 次方程式 $Q_1(x) = 0$ から

$$Q_1(x) = (x - \alpha_n)a$$

が得られます．ここで，a は整式 $P(x)$ の最高次数の係数です．よって，n 次式 $P(x)$ は，$P(x) = 0$ の解を α_k $(k = 1,\ 2,\ \cdots,\ n)$ とするとき，最終的に

$$P(x) = a(x - \alpha_1)(x - \alpha_2)\cdots(x - \alpha_n)$$

となり，$(x -$ 解$)$ の形の1次式の積に完全に因数分解されます．このとき，解 α_k $(k = 1, 2, \cdots, n)$ のいくつかまたは全部が一致しても構いません．したがって，k 重解は k 個の解と数えて

n 次方程式　$P(x) = 0$　は n 個の複素数解をもつ

ことがわかります．この事実は **代数学の基本定理** と呼ばれ，数学における最も重要な定理の1つになりました．

以上の議論で，‘任意の次数の方程式は少なくとも1個の解をもつ’という部分だけが，我々の最後の難問として残りました．その証明は『$+\alpha$』の§§10.3.3に任せましょう．

§2.3　複素数

我々は，これまでの議論を通じて，虚数の受け入れを躊躇すべき理由はあまり無く，むしろ実数と対(つい)にした形の複素数として認知するほうが数学の発展に実り多いと判断するに至りました．以下，複素数の基本性質を改めて整理し，その数を積極的に利用しましょう．

2.3.1　複素数の計算規則

今まで漠然としていた複素数の概念と計算規則を明確にし，その計算法則を書き下すところから始めましょう．

$$a + ib \qquad (a,\ b\ \text{は実数},\ i^2 = -1)$$

の形で表される数を **複素数** といい，特に $b = 0$ の場合は実数を表します．$b \neq 0$ のときは **虚数** といい，特に $a = 0,\ b \neq 0$ の場合の ib を **純虚数** といいます．記号 i を **虚数単位** といいましょう．複素数を表すのに文字 z やギリシャ

文字などがしばしば用いられます．複素数 $z = a + ib$ の a を z の **実部**，b を **虚部** といい，それを表すのに便利な記号

$$a = \mathrm{Re}\, z, \quad b = \mathrm{Im}\, z \qquad (z = a + ib)$$

を用いることもあります．

2 つの複素数 $a + ib$，$c + id$ が等しいことは

$$a + ib = c + id \iff a = c,\ b = d \qquad (a, b, c, d \text{ は実数})$$

と定義しなければなりません．なぜならば，$a - c = i(d - b)$ と移行して両辺を 2 乗すると $(a - c)^2 = -(d - b)^2$ （左辺 $\geqq 0$，右辺 $\leqq 0$）となるからです．これから複素数 $a + ib$，$c + id$ の和・差は

$$(a + ib) \pm (c + id) = (a \pm c) + i(b \pm d)$$

と定義され，複素数の和・差はまた複素数になります．複素数 $a + ib$，$c + id$ の積は $i^2 = -1$ より

$$(a + ib)(c + id) = (ac - bd) + i(ad + bc)$$

と定義されます．この式は複素数の積がまた複素数になることを意味します．複素数 $a + ib$，$c + id$ の商 $\dfrac{a + ib}{c + id}$ は

$$\frac{1}{c + id} = \frac{c - id}{(c + id)(c - id)} = \frac{c - id}{c^2 + d^2}$$

に注意すると

$$\frac{a + ib}{c + id} = \frac{ac + bd}{c^2 + d^2} + i\,\frac{bc - ad}{c^2 + d^2} \qquad (\text{ただし } c^2 + d^2 \neq 0)$$

と定義すべきことになります．よって複素数の商もまた複素数です．

これらの四則演算の定義を理論の出発点とすると，もはや虚数単位 i は複素数を表すための単なる記号になり，$i^2 = -1$ を使うことなく議論を進めることができます．これが公式に認められた複素数の理論です．とはいっても，$i^2 = -1$ を使うほうが簡単なので，我々は公式の理論を念頭におきつつ，$i^2 = -1$ を用いて議論を進めていきましょう．

上の四則演算の定義から，任意の複素数 z_1，z_2，z_3 に対して，

$$z_1 + z_2 = z_2 + z_1, \qquad z_1 z_2 = z_2 z_1, \qquad \text{（交換法則）}$$

$$z_1 + (z_2 + z_3) = (z_1 + z_2) + z_3, \qquad z_1(z_2 z_3) = (z_1 z_2) z_3, \qquad \text{（結合法則）}$$

$$z_1(z_2 + z_3) = z_1 z_2 + z_1 z_3, \qquad (z_1 + z_2) z_3 = z_1 z_3 + z_2 z_3 \qquad \text{（分配法則）}$$

が成り立ちますね．これらの法則と§§2.1.1 で実数について仮定された対称律・推移律から導かれる基本性質：

$$z_1 = z_2 \;\Rightarrow\; z_2 = z_1, \qquad \text{（対称律）}$$

$$z_1 = z_2 \;\text{かつ}\; z_2 = z_3 \;\Rightarrow\; z_1 = z_3 \qquad \text{（推移律）}$$

によって複素数の計算が実行されます．

ここで，§§2.1.1 の実数の対称律から複素数のそれを導くことを練習問題としましょう．ヒント：2 つの複素数が等しいとは？
解答：$z_1 = a + ib$，$z_2 = c + id$（a, b, c, d は実数）とおくと，

$$z_1 = z_2 \Leftrightarrow a = c, b = d \Rightarrow c = a, d = b \Leftrightarrow z_2 = z_1.$$

よって，$z_1 = z_2 \Rightarrow z_2 = z_1$ が成り立ちますね．

複素数はその四則演算によって（0 で割ることを除いて）また複素数になりますね．このような性質は，複素数全体の集合を $\mathbb{C}$ と書くとき，“複素数 $\mathbb{C}$ は四則演算について**閉じている**”といわれます．この性質によって，後に，空間ベクトルの章で一般化されたベクトルを考えるとき，複素数はベクトルの一種であると見なすことができます．その議論のためには，0，1 および，差の定義に必要な「逆元」が複素数 $\mathbb{C}$ 上に存在することを述べておく必要があります：任意の複素数 z に対して，

$$z + 0 = z, \quad 0z = 0, \quad 1z = z, \quad z + (-z) = 0.$$

$-z$ が和に関する z の逆元です．

なお，複素数の商のところで，複素数 $z = a + ib$ に対して複素数

$$z = a - ib = a + i(-b)$$

を考えましたが，これは z の**共役複素数** $\bar{z}$ と呼ばれる重要なものです：

$$z = a + ib \;\text{に対して}\; \bar{z} = a + i(-b) \qquad (z + \bar{z} = 2\,\mathrm{Re}\, z, \quad z - \bar{z} = 2i\,\mathrm{Im}\, z).$$

2.3.2　複素数と平面上の点の対応

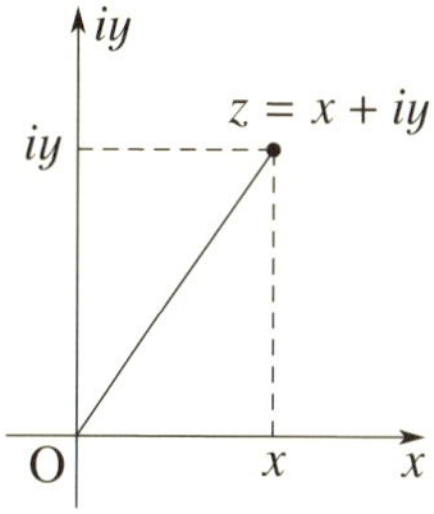

実数 x, y の組 (x, y) に対して座標平面上の点 $\mathrm{P}(x, y)$ を 1 : 1 に対応させることができました．同様に，複素数 $z = x + iy$ を表すのに架空の座標平面を考えて，座標が (x, y) である点 $\mathrm{P}(x, y)$ を複素数 $z = x + iy$ に対応させれば，平面上の点と複素数は 1 : 1 に対応します．このような平面を **複素平面** といいましょう．複素数 z を表す点 P を点 $\mathrm{P}(z)$ と表したり，その点を単に‘点 z’ということもあります．実平面を複素平面に置き換えるには，点 (x, y) を点 $z = x + iy$ に替えるだけで済みます．

ここでは，座標 (x, y) を‘座標 (x, iy)’と表してより複素数の座標らしくしましょう．実数に対応する点 $(x, i\,0)$ がその上にある座標軸を **実軸** と呼び x で表しましょう．また，純虚数に対応する点 $(0, iy)$ がその上にある座標軸を **虚軸** と呼び iy で表しましょう．

複素数を平面上の点として表すと，‘複素数の四則演算を目で見る’ことができ，この忌まわしい数？の理解の大きな助けになります．

2.3.3　複素数の和・差

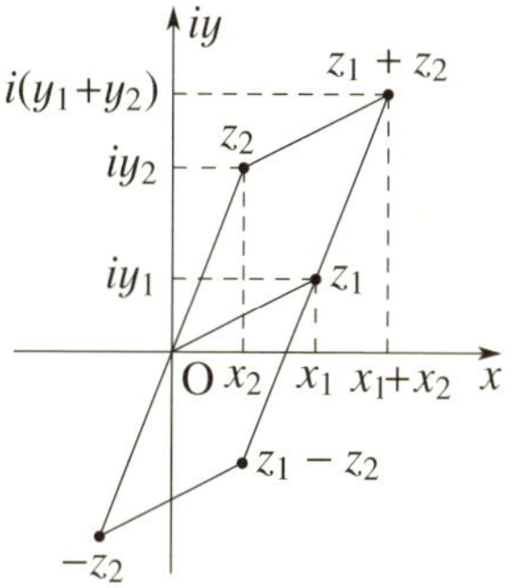

2 つの複素数 $z_1 = x_1 + iy_1$，$z_2 = x_2 + iy_2$ の和と差は，

$$z_1 \pm z_2 = (x_1 \pm x_2) + i(y_1 \pm y_2)$$

ですから，z_1，z_2 の実部と虚部の和・差で表されます．よって，力を表す矢線（ベクトル）の和・差と同じように‘力の平行四辺形の法則’を用いて考えれば済みます．このことから，まだベクトルがなかった時代に，複素数で代用したことがうなずけます．

それらの共役複素数 $\overline{z_1} = x_1 - iy_1$，$\overline{z_2} = x_2 - iy_2$ の和・差は

$$\overline{z_1} \pm \overline{z_2} = (x_1 - iy_1) \pm (x_2 - iy_2) = (x_1 \pm x_2) - i(y_1 \pm y_2) = \overline{z_1 \pm z_2},$$

$$\text{よって}\quad \overline{z_1 \pm z_2} = \overline{z_1} \pm \overline{z_2}.$$

複素平面上の 2 点 z_A, z_B を $m:n$ に内分，外分する点 z_P, z_Q を求めましょう．図からわかるように，内分点・外分点は x 座標，y 座標の両方を内分・外分します．したがって，$z_A = x_A + iy_A$, $z_B = x_B + iy_B$, $z_P = x_P + iy_P$, $z_Q = x_Q + iy_Q$ とすると，

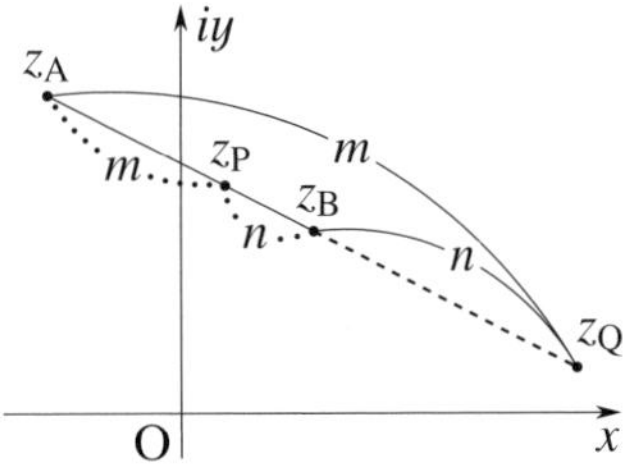

$$\begin{cases} x_P = x_A + \dfrac{m}{m+n}(x_B - x_A) \\ y_P = y_A + \dfrac{m}{m+n}(y_B - y_A) \end{cases}, \qquad \begin{cases} x_Q = x_A + \dfrac{m}{m-n}(x_B - x_A) \\ y_Q = y_A + \dfrac{m}{m-n}(y_B - y_A) \end{cases}$$

が成り立ちます．それらを整理すると

$$z_P = \frac{mz_B + nz_A}{m+n}, \qquad z_Q = \frac{mz_B - nz_A}{m-n}$$

が得られます．

2.3.4　極形式

複素数 $z = x + iy$ に対して，複素平面上の点 z と原点 O の距離を複素数 z の **絶対値** といい，$|z|$ で表します：

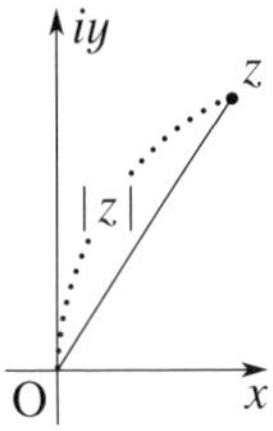

$$z = x + iy \text{ のとき } \quad |z| = \sqrt{x^2 + y^2}.$$

このとき，z の共役複素数 $\bar{z} = x - iy$ を考えると

$$z\bar{z} = |z|^2, \qquad |z| = \sqrt{z\bar{z}}, \qquad |\bar{z}| = |z|$$

であることに注意しましょう．

2 つの複素数 $z_1 = x_1 + iy_1$, $z_2 = x_2 + iy_2$ の差の絶対値 $|z_1 - z_2|$ を考えます．$z_1 - z_2 = (x_1 - x_2) + i(y_1 - y_2)$ だから，$|z_1 - z_2| = \sqrt{(x_1 - x_2)^2 + (y_1 - y_2)^2}$．したがって，

$$|z_1 - z_2| \text{ は 2 点 } z_1, z_2 \text{ の距離}$$

を表すことがわかります．

では，ここで問題．$z = x + iy$ を複素数の変数として，方程式 $|z - z_0| = r$ $(r > 0)$ は複素平面上でどんな図形を表すかな？ ヒント：2 点 z, z_0 の距離が一定値 r です．答は，中心が z_0，半径が r の円です．$z_0 = x_0 + iy_0$（x_0, y_0 は実数）とおいて確かめてみましょう．$z - z_0 = (x + iy) - (x_0 + iy_0) = (x - x_0) + i(y - y_0)$ と実部・虚部に分けると

$$|z - z_0| = r \iff |(x - x_0) + i(y - y_0)|^2 = r^2 \iff (x - x_0)^2 + (y - y_0)^2 = r^2$$

ですから，確かに中心 $z_0 = x_0 + iy_0$，半径が r の円ですね．一般に，複素平面上の図形の方程式は，実変数 x, y を用いて表すと，実平面上の方程式に一致します．

複素平面上で，複素数 $z = x + iy$ を表す点を P(z) とするとき，$r = \mathrm{OP} = |z|$ とし，動径 OP の表す一般角（つまり，回転角）を θ $(-\infty < \theta < \infty)$ とすると，3 角関数を用いて

$$x = r\cos\theta, \quad y = r\sin\theta$$

と表されるので，

$$z = r(\cos\theta + i\sin\theta) \qquad \text{（極形式）}$$

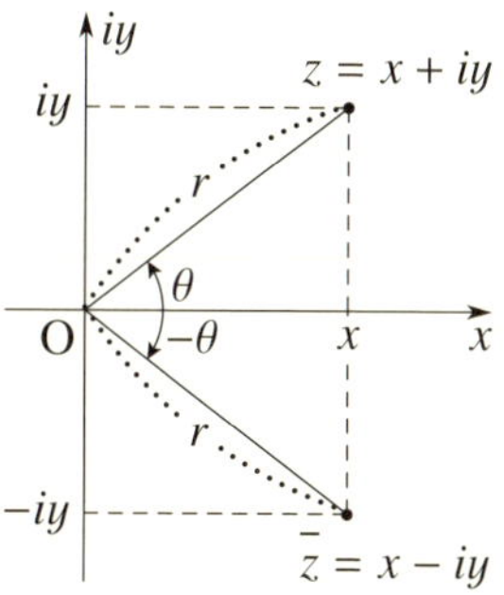

と表すことができ，複素数 $z = x + iy$ の **極形式** といいます．r は z の絶対値で，θ は z の **偏角** (argument) と呼ばれ，$\arg z$ で表します：

$$\theta = \arg z.$$

複素数 $z = x + iy$ の極形式に対して，その共役複素数 $\bar{z} = x + i(-y)$ の極形式は

$$\bar{z} = r(\cos(-\theta) + i\sin(-\theta))$$

と表されます．よって，

$$|\bar{z}| = |z|, \quad \arg\bar{z} = -\arg z$$

が成り立ちます．

$z = x + iy$ の絶対値 r は $r = \sqrt{x^2 + y^2}$ ですから，z の偏角 θ は

$$\cos\theta = \frac{x}{r}, \quad \sin\theta = \frac{y}{r}$$

を満たす角 θ として求められます．このとき，θ に対して，通常は $0 \leqq \theta < 2\pi$，または，$-\pi < \theta \leqq \pi$ の範囲で考えても問題はないのですが，累乗根を求めるときなどには $-\infty < \theta < \infty$ の範囲で考える必要が出てきます．偏角の重要性は追々理解していくでしょう．

ここで練習問題をやりましょう．$z = \sqrt{3} + i$ を極形式で表しなさい．ただし，偏角については $-\infty < \arg z < \infty$ とする（可能な偏角を全て書き下せということです）．ヒント：$r = \left| \sqrt{3} + i1 \right| = \sqrt{3+1} = 2$ より，$\cos\theta = \dfrac{\sqrt{3}}{2}$，$\sin\theta = \dfrac{1}{2}$ ですね．よって，$\theta = \dfrac{\pi}{6} + 2n\pi$（$n$ は整数）と表されます．これらより，答は

$$\sqrt{3} + i = 2\left\{\cos\left(\frac{\pi}{6} + 2n\pi\right) + i\sin\left(\frac{\pi}{6} + 2n\pi\right)\right\} \qquad (n \text{ は整数}).$$

もう 1 題．絶対値が 1 で，動径の傾きが 1 の複素数を極形式で表しなさい．ヒント：答は 2 つありますね．答：$\alpha = \dfrac{\pi}{4}$ または $\dfrac{-3\pi}{4}$ として

$$\cos(\alpha + 2n\pi) + i\sin(\alpha + 2n\pi) \qquad (n \text{ は整数}).$$

2.3.5　極形式を用いた複素数の積・商

2.3.5.1　複素数の積

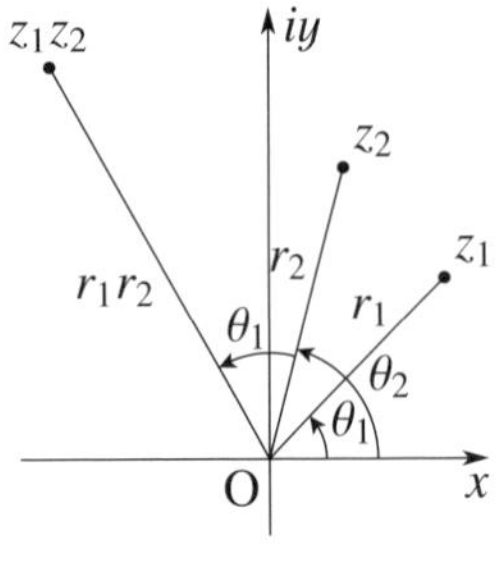

複素数の積を極形式で計算してみましょう．2 つの複素数 z_1，z_2 を

$$z_1 = r_1(\cos\theta_1 + i\sin\theta_1), \quad z_2 = r_2(\cos\theta_2 + i\sin\theta_2)$$

とすると，加法定理をうまく使うことができ

$$\begin{aligned} z_1z_2 &= r_1r_2(\cos\theta_1 + i\sin\theta_1)(\cos\theta_2 + i\sin\theta_2) \\ &= r_1r_2\{(\cos\theta_1\cos\theta_2 - \sin\theta_1\sin\theta_2) \\ &\qquad + i(\sin\theta_1\cos\theta_2 + \cos\theta_1\sin\theta_2)\}, \end{aligned}$$

$$\text{よって}\quad z_1z_2 = r_1r_2\{\cos(\theta_1 + \theta_2) + i\sin(\theta_1 + \theta_2)\}$$

が得られます．これから積 z_1z_2 は絶対値が r_1r_2，偏角が $\theta_1 + \theta_2$ の複素数であることがわかります（複素数認知の大きな原動力となった，神秘的な性質です）．よって，2 つの複素数 z_1，z_2 の積 z_1z_2 について

$$|z_1 z_2| = |z_1||z_2|, \qquad \arg(z_1 z_2) = \arg z_1 + \arg z_2$$

が成り立ちます．雑な表現をすると，‘複素数 z_1 に複素数 z_2 を掛けることは，点 z_1 を原点の周りに $\arg z_2$ だけ回転して $|z_2|$ 倍すること’といってもよいでしょう．

z の共役複素数 $\bar{z}$ が $|\bar{z}| = |z|$,　$\arg \bar{z} = -\arg z$ を満たすことに注意すると，z_1，z_2 の共役複素数 $\overline{z_1}$，$\overline{z_2}$ の積については

$$\left|\overline{z_1}\,\overline{z_2}\right| = \left|\overline{z_1}\right|\left|\overline{z_2}\right| = |z_1||z_2| = |z_1 z_2|,$$

$$\text{よって}\quad \left|\overline{z_1}\,\overline{z_2}\right| = |z_1 z_2|,$$

$$\arg\left(\overline{z_1}\,\overline{z_2}\right) = \arg\overline{z_1} + \arg\overline{z_2} = -\arg z_1 - \arg z_2 = -(\arg z_1 + \arg z_2) = -\arg(z_1 z_2),$$

$$\text{よって}\quad \arg\left(\overline{z_1}\,\overline{z_2}\right) = -\arg(z_1 z_2)$$

が成り立ちます．これは

$$\overline{z_1}\,\overline{z_2} = \overline{(z_1 z_2)}$$

であることを示しています．

ここで練習です．$i = r(\cos\theta + i\sin\theta)$ $(0 \leqq \theta < 2\pi)$ とおいて i^2 を求め，r と θ を決定しなさい．ヒント：$i^2 = r^2(\cos 2\theta + i\sin 2\theta)$ ですね．答:これを $i^2 = -1$ と比較すると $r^2\cos 2\theta = -1$，$r^2\sin 2\theta = 0$ ですから，$\cos^2 2\theta + \sin^2 2\theta = 1$ を用いて $r = 1$ が決まります．よって，$\cos 2\theta = -1$，$\sin 2\theta = 0$ より $2\theta = \pi$，よって $\theta = \frac{\pi}{2}$ となります．この問題の意図は，$\arg i = \frac{\pi}{2}$ であるのを確かめることで，純虚数がその上にある‘虚軸は実軸に直交する’ことを確認してもらうことです．なお，$i = \cos\frac{\pi}{2} + i\sin\frac{\pi}{2}$ より，z に i を掛けることは点 z を原点の周りに 90° だけ回転した点に移すことを意味します．

2.3.5.2　複素数の商

複素数 $z_1 = r_1(\cos\theta_1 + i\sin\theta_1)$,　$z_2 = r_2(\cos\theta_2 + i\sin\theta_2)$ の商 $\frac{z_1}{z_2}$ $(z_2 \neq 0)$ を求めましょう．$z_2\overline{z_2} = |z_2|^2 = r_2^2$ に注意して，

$$\begin{aligned}\frac{z_1}{z_2} = \frac{z_1\overline{z_2}}{z_2\overline{z_2}} &= \frac{r_1(\cos\theta_1 + i\sin\theta_1)r_2(\cos(-\theta_2) + i\sin(-\theta_2))}{|z_2|^2}\\ &= \frac{r_1}{r_2}\left(\cos(\theta_1 - \theta_2) + i\sin(\theta_1 - \theta_2)\right)\end{aligned}$$

が得られます．よって，複素数 z_1，z_2 の商 $\dfrac{z_1}{z_2}$ $(z_2 \neq 0)$ について，

$$\left|\frac{z_1}{z_2}\right| = \frac{|z_1|}{|z_2|}, \qquad \arg\left(\frac{z_1}{z_2}\right) = \arg z_1 - \arg z_2$$

が成り立ちます．商 $\dfrac{z_1}{z_2}$ が表す点は，点 z_1 を原点の周りに角 $-\arg z_2$ だけ回転して $\dfrac{1}{|z_2|}$ 倍したところにあります．

z_1，z_2 の共役複素数 $\overline{z_1}$，$\overline{z_2}$ の商 $\dfrac{\overline{z_1}}{\overline{z_2}}$ に対して，

$$\frac{\overline{z_1}}{\overline{z_2}} = \overline{\left(\frac{z_1}{z_2}\right)} \qquad (z_2 \neq 0)$$

が成り立ちます．これを示すのは君たちの練習問題にしましょう．

2.3.6　複素平面上の角

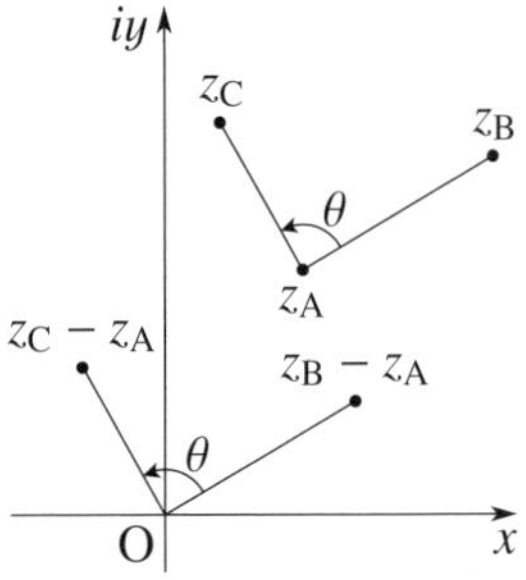

複素平面上に 3 点 $A(z_A)$，$B(z_B)$，$C(z_C)$ をとり，$\angle BAC = \theta$ を求めましょう．そのために△ABC を平行移動して点 A が原点 O に重なるようにします．そのとき，複素数 z_B，z_C は $z_B - z_A$，$z_C - z_A$ に移されるので，それらが表す点を B′, C′ とすると，$\angle BAC = \angle B'OC'$ ですね．このとき

$$\angle B'OC' = \arg(z_C - z_A) - \arg(z_B - z_A)$$
$$= \arg\left(\frac{z_C - z_A}{z_B - z_A}\right)$$

に注意すると

$$\angle BAC = \theta = \arg\left(\frac{z_C - z_A}{z_B - z_A}\right)$$

が得られます．ただし，角 θ については，半直線 AB を点 A の周りに回転して半直線 AC に重ねるときの回転角と見なすので $-\pi < \theta \leqq \pi$ とします．

では，偏角に関する問題をやってみましょう．複素平面上に 2 定点 $A(z_A)$，$B(z_B)$ をとる．このとき，$\arg\left(\dfrac{z - z_A}{z - z_B}\right) = \theta$（＝一定）を満たす点 $P(z)$ はどのよ

うな図形を描くでしょうか．ここでは，簡単のために $z_A = a > 0$，$z_B = -a$，$\theta = +90°$ とします．出題のねらいは，表式

$$\arg\left(\frac{+a-z}{-a-z}\right) = +90°$$

を眺めて，答が見えるようになることです．

複素数 $\frac{z-a}{z+a}$ の偏角が与えられているので，偏角が定義できるための条件 $z \neq \pm a$ に注意すると，偏角の条件は複素数 $\frac{z-a}{z+a}$ の極表示を用いて

$$\frac{z-a}{z+a} = \left|\frac{z-a}{z+a}\right|(\cos 90° + i\sin 90°)$$
$$= i\left|\frac{z-a}{z+a}\right| \qquad (z \neq \pm a)$$

のように表すことができます．

ここで両辺の実部・虚部を比較すればよいのですが，そのままやるとグジャグジャになります．今の場合は

$$\frac{z-a}{z+a} = X + iY \qquad (X,\ Y \text{ は実数})$$

とおいて，実部・虚部についての条件を求めるとスッキリします．

$$\frac{z-a}{z+a} = i\left|\frac{z-a}{z+a}\right| \Leftrightarrow X + iY = i|X+iY| \Leftrightarrow X = 0,\ Y = |Y|$$
$$\Leftrightarrow X = 0,\ Y \geqq 0$$

ですから（確かめましょう），求める条件は

$$\frac{z-a}{z+a} = X + iY,\ X = 0,\ Y \geqq 0 \qquad (z \neq \pm a)$$

に同値です．$(z+a)\overline{(z+a)} = |z+a|^2$，および

$$(z-a)\overline{(z+a)} = z\bar{z} - a^2 + a(z-\bar{z}) = |z|^2 - a^2 + 2aiy \qquad (y = \mathrm{Im}\, z)$$

に注意すると，

$$\frac{z-a}{z+a} = \frac{(z-a)\overline{(z+a)}}{(z+a)\overline{(z+a)}} = \frac{|z|^2 - a^2 + 2aiy}{|z+a|^2}$$

なので

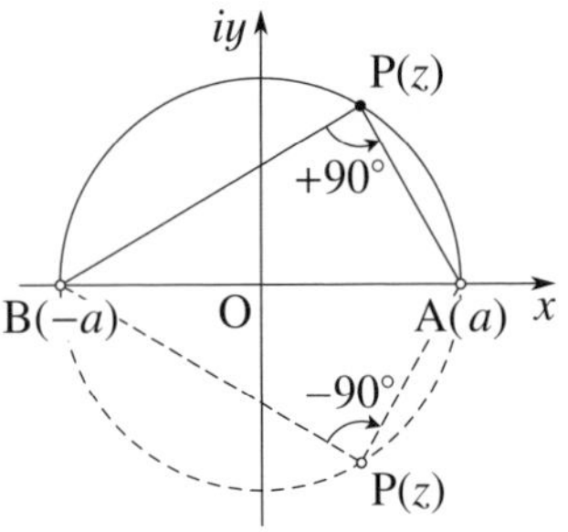

$$X = 0,\ Y \geqq 0 \ \Leftrightarrow\ |z|^2 - a^2 = 0,\ 2ay \geqq 0,$$

$$\text{よって}\quad |z| = a,\ y \geqq 0 \qquad (z \neq \pm a)$$

を得ます．よって，答は線分 AB を直径とする半円です．半円となったのは

$$\arg\left(\frac{+a-z}{-a-z}\right) = \angle\mathrm{BPA} = +90^\circ$$

を複素数の偏角，つまり回転角としたためです．この結果は，2 定点 A，B と動点 P に対して，

3 点 A，B，P が同一円周上にある $\Leftrightarrow$ $\angle\mathrm{BPA} =$ 一定

という，いわゆる「円周角の定理」の一例になっています．

この例にならって，A(a)，B($-a$)，$\theta =$ 一定 の場合を試みるとよいでしょう．今度は，半円でなく円弧になります．

§2.4　ド・モアブルの定理とオイラーの公式

ド・モアブルの定理は極形式で表された複素数の累乗に関する定理です．累乗の指数は自然数から有理数までは容易に拡張されます．実数まで拡張するときは有名な「オイラーの公式」を用いて議論するのが便利です．その公式は通常「テイラー級数」を用いて導出されますが，それはこのテキストの範囲を超えます．ここでは高校レベルの微分積分の知識を利用して議論しましょう．

2.4.1　ド・モアブルの定理

複素数における重要な定理を証明しましょう．$z = \cos\theta + i\sin\theta$ とすると，複素数の積の性質から，

$$z^2 = zz = \cos(\theta+\theta) + i\sin(\theta+\theta) = \cos 2\theta + i\sin 2\theta,$$

$$z^3 = z^2 z = \cos(2\theta+\theta) + i\sin(2\theta+\theta) = \cos 3\theta + i\sin 3\theta.$$

これをくり返すと，任意の自然数 n に対して，**ド・モアブルの定理**

$$(\cos\theta + i\sin\theta)^n = \cos n\theta + i\sin n\theta \qquad (n\ \text{は自然数})$$

が成り立ちます．

この定理は容易に一般化できます．$z = \cos\theta + i\sin\theta$ のとき，$|z| = 1$ なので，

$$z^{-n} = \frac{1}{z^n} = \frac{\bar{z}^n}{(z\bar{z})^n} = \frac{\bar{z}^n}{|z|^{2n}} = \bar{z}^n, \qquad \text{よって} \quad z^{-n} = \bar{z}^n$$

となり，したがって

$$(\cos\theta + i\sin\theta)^{-n} = (\cos(-\theta) + i\sin(-\theta))^n$$
$$= \cos(-n\theta) + i\sin(-n\theta) \qquad (n \text{ は自然数})$$

が成り立ちます．これはド・モアブルの定理の指数が整数に拡張できることを意味します．

一般に，複素数 z と自然数 n に対して，方程式

$$w^n = z$$

を満たす**複素数** w を z の n 乗根といい，$z^{\frac{1}{n}}$ で表します：

$$w = z^{\frac{1}{n}}.$$

この記法は $\sqrt[n]{a}$ が一般に実数を表すのと区別するために用いられ，$a^{\frac{1}{n}}$ は複素数になります．

例えば，$w = 1^{\frac{1}{n}}$ つまり n 次方程式 $w^n = 1$ の解は，

$$\cos 2k\pi + i\sin 2k\pi = 1 \qquad (k \text{ は整数})$$

に注意すると，ド・モアブルの定理を用いて確かめられるように，

$$w = 1^{\frac{1}{n}} = \cos\frac{2k\pi}{n} + i\sin\frac{2k\pi}{n} \qquad (k = 0, 1, 2, \cdots, n-1)$$

です（詳細は次の§§で議論します）．この結果は $(\cos\theta + i\sin\theta)^{\frac{1}{n}}$ を求める際に利用できます．$\left\{\left(\cos\frac{\theta}{n} + i\sin\frac{\theta}{n}\right)\cdot 1^{\frac{1}{n}}\right\}^n = \cos\theta + i\sin\theta$ に注意すると，

$$(\cos\theta + i\sin\theta)^{\frac{1}{n}} = \cos\frac{\theta + 2k\pi}{n} + i\sin\frac{\theta + 2k\pi}{n}$$

$(k = 0, 1, 2, \cdots, n-1)$ となることがわかります．このことは，ド・モアブルの定理は，正負の整数乗については成り立つが，累乗根までは（したがって，有理数乗・実数乗には）拡張できないことを意味します．

2.4.2　1 の n 乗根

1 の n 乗根（n は自然数）を求めましょう．この問題は複素数の偏角にまつわる微妙な問題を含んでいるので，2 通りの解法をしましょう．1 の n 乗根は n 個の異なる複素数を解にもつことがわかります．

$z = 1^{\frac{1}{n}} = r(\cos\theta + i\sin\theta)$ とおきましょう．このとき $1^{\frac{1}{n}}$ の偏角 θ については，$0 \leqq \theta < 2\pi$ と制限しても構いません．よって

$$z^n = r^n(\cos\theta + i\sin\theta)^n = r^n(\cos n\theta + i\sin n\theta) = 1$$

より，実部・虚部を比較して $r^n\cos n\theta = 1$，$r^n\sin n\theta = 0$ を得ます．これより $r = 1$，および $0 \leqq \theta < 2\pi$ とすると，$n\theta = 2k\pi$ $(k = 0, 1, 2, \cdots, n-1)$，よって $\theta = \dfrac{2k\pi}{n}$ となるので，

$$1^{\frac{1}{n}} = \cos\frac{2k\pi}{n} + i\sin\frac{2k\pi}{n} \qquad (k = 0, 1, 2, \cdots, n-1)$$

が得られます．このとき，$\cos\theta$，$\sin\theta$ の周期性から，$k < 0$，または，$k \geqq n$ の場合の解は $k = 0, 1, 2, \cdots, n-1$ のものどれかに一致することに注意しましょう．例えば，$k = n$ のとき $\cos\dfrac{2n\pi}{n} = \cos 0$，$\sin\dfrac{2n\pi}{n} = \sin 0$ ですから，その場合は $k = 0$ の場合に一致します．

もう 1 つの解法は前の§§のド・モアブルの定理を使う方法です．$|1| = 1$，また，1 の偏角については一般に‘$\arg 1 = 2k\pi$（k は整数）である’ことに注意すると，

$$1 = \cos 2k\pi + i\sin 2k\pi \qquad (k \text{ は整数})$$

と表されます．よって，下式の両辺を n 乗するとわかるように

$$1^{\frac{1}{n}} = \cos\frac{2k\pi}{n} + i\sin\frac{2k\pi}{n} \qquad (k \text{ は整数})$$

です．このとき，3 角関数の周期性より，$k = 0, 1, 2, \cdots, n-1$ と制限することができます．

以上の議論から，1 の n 乗根は n 個の異なる解をもちますね．一般の複素数 α の n 乗根 $z = \alpha^{\frac{1}{n}}$ についても同様のことがいえます．というのは z は n 次方程式 $z^n = \alpha$ の解として得られるからです．

1 の 3 乗根 $1^{\frac{1}{3}} = \cos\dfrac{2k\pi}{3} + i\sin\dfrac{2k\pi}{3}$ $(k = 0, 1, 2)$ の各々を z_k と記して具体的に書き下すと，

$$\begin{cases} z_0 = \cos 0 + i\sin 0 = 1 \\ z_1 = \cos\dfrac{2\pi}{3} + i\sin\dfrac{2\pi}{3} = \dfrac{-1+i\sqrt{3}}{2} \\ z_2 = \cos\dfrac{4\pi}{3} + i\sin\dfrac{4\pi}{3} = \dfrac{-1-i\sqrt{3}}{2} \end{cases}$$

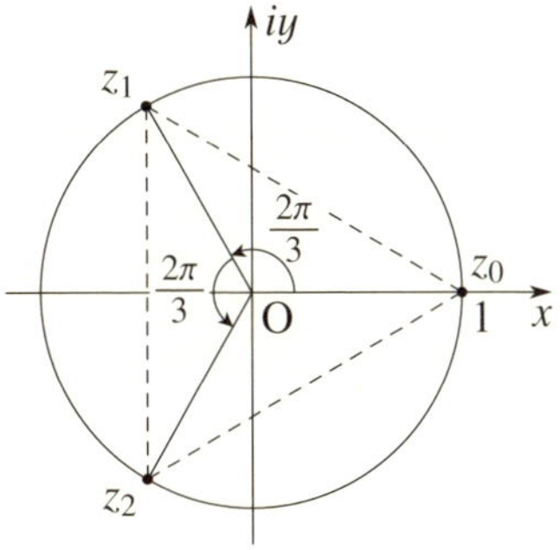

です．z_0，z_1，z_2 は複素平面上の単位円の円周を 3 等分する点で，正 3 角形の頂点になります．同様に，1 の n 乗根が表す点は単位円周を n 等分し，正 n 角形の頂点になります．

1 の 3 乗根については，もちろん，3 次方程式 $z^3 - 1 = 0$ を解いても得られますね．$z^3 - 1 = 0 \Leftrightarrow (z-1)(z^2+z+1) = 0$ より，再び解 $z = 1, \dfrac{-1 \pm i\sqrt{3}}{2}$ が得られます．

では，ここで問題をやりましょう．原点を中心とする半径 r の円周上に正 n 角形 $A_0A_1 \cdots A_{n-1}$ を描きます．ただし，$A_0(r, 0)$ とします．ここで，x 軸上に点 $P(a, 0)$ $(a > 0)$ をとり，P と各頂点 A_k との距離 PA_k を考えるとき，それらの積について

$$PA_0PA_1 \cdots PA_{n-1} = |OP^n - r^n|$$

が成り立つことを示しなさい．

これはコーツの定理と呼ばれる有名なものです．超難問のように感じませんか？ すぐピーンときた人は 1 の n 乗根をよ〜く理解した人です．ヒント：複素平面上で考えます．正 n 角形の各頂点 A_k は r^n の n 乗根 z_k：

$$z_k = (r^n)^{\frac{1}{n}} = r\left(\cos\frac{2k\pi}{n} + i\sin\frac{2k\pi}{n}\right) \qquad (k = 0, 1, \cdots, n-1)$$

が表す点です．ここで

$$\begin{aligned} PA_0PA_1 \cdots PA_{n-1} &= |a - z_0||a - z_1| \cdots |a - z_{n-1}| \\ &= |(a - z_0)(a - z_1) \cdots (a - z_{n-1})| \end{aligned}$$

および $|OP^n - r^n| = |a^n - r^n|$ に注意するとそろそろ見えてくるでしょう．

n 次式 $z^n - r^n$ は，方程式 $z^n - r^n = 0$ の解 $z_0, z_1, \cdots, z_{n-1}$ を用いて

$$z^n - r^n = (z - z_0)(z - z_1) \cdots (z - z_{n-1})$$

と因数分解できますね．因数分解の等式は恒等式なので，$z = a$ とおいて両辺の絶対値をとればほぼできあがりです．仕上げは君たちの仕事です．

2.4.3　オイラーの公式

複素数の極形式に現れた 3 角関数の複素式 $\cos\theta + i\sin\theta$ について，スイス生まれの天才数学者オイラー（Leonhard Euler，1707〜1783）は，1748 年の著書の中で，その式は θ の値に依らずに純虚数指数の指数関数 $e^{i\theta}$ に一致することを示しました（$e = 2.7182818\cdots$ は少し後で解説する重要な超越数）：

$$e^{i\theta} = \cos\theta + i\sin\theta.$$

この神秘的な恒等式は今では **オイラーの公式** と呼ばれ，特に $\theta = \pi$ のときは，しばしば数学における最も美しい定理と称される，**オイラーの等式** $e^{i\pi} = -1$ に導きます．

彼は，この公式の証明に関数の無限級数表示である「テイラー展開」を用い，3 角関数の展開と指数関数のそれを比較する方法で示しています（☞『$+\alpha$』の §13.4）．この方法は，厳密だが無限個の関数を扱うという，初心者にはいささか敷居が高いものです．そこで，我々は，高校レベルの微積分や指数法則の知識を用いる方法を模索し，実数 x の関数 $f(x) = \cos x + i\sin x$ が指数関数 e^{ix} と認定できるかどうかを探りましょう．この議論は複素指数関数 e^{z} を理解するための最初のステップになります．

我々は，実数領域で微分可能な実数関数について，以下の微分公式などを利用します：

$$\text{関数の商の導関数の公式：}\left\{\frac{f(x)}{g(x)}\right\}' = \frac{f'(x)g(x) - f(x)g'(x)}{g(x)^2},$$
$$\text{合成関数の導関数の公式の一種：}\frac{d}{dx}f(ax) = a\frac{df(ax)}{d(ax)} = af'(ax),$$
$$\text{3 角関数の導関数の公式：}\{\cos x\}' = -\sin x,\quad \{\sin x\}' = \cos x.$$

導関数の等式 $f'(x) = g(x)$ は全ての x について成り立つ恒等式であることに注意します．したがって，$f'(x) = 0$ は $f(x) = C$（定数）を意味します．

さて，指数関数 a^x $(a > 0, a \neq 1)$ はその導関数が自分に比例するという特徴：

$$\{a^x\}' = a^x \log_e a$$

があります．ここで，$e = 2.7182818\cdots$ は **自然対数の底** と呼ばれる重要な定数です．指数の底 a が e に等しいときは導関数が自分自身に等しいという著しい特徴：

$$\{e^x\}' = e^x$$

があります．以上のことを踏まえて問題に当たりましょう．

さて，指数関数 e^{ax}（a は定数）の導関数は $\{e^{ax}\}' = \dfrac{de^{ax}}{dx} = ae^{ax}$ に注意しておいて，関数

$$f(x) = \cos x + i \sin x$$

を考えましょう．その導関数は

$$f'(x) = -\sin x + i \cos x = i(\cos x + i \sin x) = if(x)$$

だから

$$f'(x) = if(x) \quad \text{つまり} \quad \{\cos x + i \sin x\}' = i(\cos x + i \sin x)$$

が成り立ちます．この結果を $\{e^{ax}\}' = ae^{ax}$ で形式的に $a = i$ とおいたもの

$$\{e^{ix}\}' = ie^{ix}$$

と比較すると，$\cos x + i \sin x$ と e^{ix} の導関数はそれぞれ自分自身の i 倍であり，かつ $x = 0$ のときは共に 1 になるから，両者は一致する—$\cos x + i \sin x = e^{ix}$—ということになります．つまり，$\cos x + i \sin x$ は純虚数の指数をもつ指数関数であることを意味します．念のために，

$$F(x) = \frac{\cos x + i \sin x}{e^{ix}}$$

とおいて確かめましょう．$F'(x) = 0$ はすぐ導かれて，$F(x) = C$．また $F(0) = 1$ だから，$F(x) = 1$．よって，再び $\cos x + i \sin x = e^{ix}$ が得られます．

しかしながら，$\cos x + i \sin x$ は e^{ix} である（指数関数と区別がつかない）と断定するにはまだためらいが残るでしょう．そこで，我々は**もう少し慎重に**議論しましょう．指数関数は指数法則を満たします．したがって，実数の場合の指数法則

$$a^x a^y = a^{x+y}, \quad (a^x)^y = a^{xy}, \quad (ab)^x = a^x b^x \quad (x, y \text{ は実数})$$

を拡張し，底が e で純虚数指数の指数関数が満たすと期待される指数法則を考えてみましょう．実数指数の場合と比較すると，形式的には

$$e^{ix} e^{iy} = e^{i(x+y)}, \qquad (e^{ix})^y = e^{ixy}, \qquad (e^{ic} e^{id})^x = e^{icx} e^{idx} \quad (c, d \text{ は実数})$$

または，$f(x)$ で表すと，

$$f(x)f(y) = f(x+y), \quad f(x)^y = f(xy), \quad \{f(c)f(d)\}^x = f(cx)f(dx)$$

が‘期待される’指数法則です．これらの条件を精査し，$f(x) = \cos x + i \sin x$ が e^{ix} と同一視できるかどうかを調べましょう．

まず，第1の指数法則 $f(x)f(y) = f(x+y)$ は

$$(\cos x + i \sin x)(\cos y + i \sin y) = \cos(x+y) + i \sin(x+y)$$

ですが，これは加法定理より容易に示されます．

次に，$f(x)^y = f(xy)$ です．注意すべきことは，複素数の累乗 $(複素数)^{指数}$ は，その定義が実数の累乗 $(実数)^{指数}$ のものと異なるために，指数が整数でないときは（多くの値をもつ）多価になることです．我々は累乗が関係する指数法則を少しばかり修正して実数の場合の指数法則を一般化し，複素数の場合でも指数法則が成り立つようにしましょう．

$f(x)^y$ が累乗根の場合 $(y = 1/n)$ について解説すれば事情がわかります．実数の累乗根 $a^{\frac{1}{n}}$ $(a > 0)$ は1つの正数 $\sqrt[n]{a}$ を意味します．しかしながら，複素数の累乗根 $z^{\frac{1}{n}}$ $(= w$ とおく）は n 次方程式 $w^n = z$ の解と定義され，異なる解が n 個現れます．実際，$z^{\frac{1}{n}}$ は，極形式 $z = r(\cos\theta + i\sin\theta)$ $(r = |z|, \theta = \arg z)$ および1の n 乗根 $1^{\frac{1}{n}} = \cos\frac{2k\pi}{n} + i \sin\frac{2k\pi}{n}$ $(k = 0, 1, 2, \cdots, n-1)$ を用いると，

$$z^{\frac{1}{n}} = \sqrt[n]{r}\left(\cos\frac{\theta}{n} + i\sin\frac{\theta}{n}\right)\cdot 1^{\frac{1}{n}} = \sqrt[n]{r}\left(\cos\frac{\theta + 2k\pi}{n} + i\sin\frac{\theta + 2k\pi}{n}\right)$$

と表されます（n 乗して確かめよう）．このように，累乗根 $z^{\frac{1}{n}}$ では余分な偏角 $\frac{2k\pi}{n}$ が現れます．同様に，有理数乗 $z^{\frac{m}{n}}$ では付加的偏角 $2k\pi\frac{m}{n}$ が現れ，また，一般の実数乗 z^a では，a を有理数列 $\{a_n\}$ の極限と考えると（☞『$+\alpha$』の §§6.1.1.3），偏角 $2k\pi a$ $(k = 0, 1, 2, \cdots)$ が現れます．

我々は，指数法則に現れる累乗は付加的偏角が付かない‘準実数的累乗’$\lfloor z^a \rfloor$（a は実数）：

$$\lfloor z^a \rfloor = r^a(\cos a\theta + i \sin a\theta) \qquad (r^a = |z^a|)$$

と定めましょう．すると，

$$\lfloor f(x)^y \rfloor = \lfloor(\cos x + i\sin x)^y\rfloor = \cos xy + i \sin xy = f(xy)$$

となって，$\lfloor f(x)^y \rfloor = f(xy)$ が成り立ちます．同様に，第 1 の指数法則に注意すると，$\lfloor \{f(c)f(d)\}^x \rfloor = f(cx)f(dx)$ も成り立ちます．

以上の議論から，$\cos x + i \sin x$ は‘準実数的指数法則’：

$$e^{ix}e^{iy} = e^{i(x+y)}, \quad \lfloor (e^{ix})^y \rfloor = e^{ixy}, \quad \lfloor (e^{ic}e^{id})^x \rfloor = e^{icx}e^{idx}$$

を満たす指数関数 e^{ix} と同一視できるでしょう：$\cos x + i \sin x = e^{ix}$.

Q1. 複素数 $z = x + iy$ に対して，関数 $e^z = e^x e^{iy} = e^x(\cos y + i \sin y)$ を考えます．このとき，e^z は，z, w を複素数，a を実数として，指数法則

$$e^z e^w = e^{z+w}, \quad \lfloor (e^z)^a \rfloor = e^{az}, \quad \lfloor (e^z e^w)^a \rfloor = e^{az}e^{aw}$$

を満たすことを示しなさい．e^z を複素指数関数といいます．

Q2. $e^{2n\pi i} = \cos 2n\pi + i \sin 2n\pi = 1$（$n$ は整数）に注意して，複素指数関数の逆関数として複素対数関数を定義しましょう：

$$w = \log z \iff z = e^w \qquad (\text{対数の底は } e).$$

z の極形式を $z = re^{i\theta}$ とするとき，$w = \log z$ を r, θ で表しなさい．

ヒント：$w = u + iv$（u, v は実数）とおいて $z = e^w$ の両辺を比較します．

A1. $w = u + iv$（u, v は実数）とすると，

$$e^z e^w = e^x e^{iy} e^u e^{iv} = e^{x+u} e^{i(y+v)} = e^{x+u+i(y+v)} = e^{z+w}.$$

よって，$e^z e^w = e^{z+w}$．また，

$$\lfloor (e^z)^a \rfloor = \lfloor (e^x e^{iy})^a \rfloor = e^{ax} e^{iay} = e^{a(x+iy)} = e^{az}.$$

よって，$\lfloor (e^z)^a \rfloor = e^{az}$．同様にして，$\lfloor (e^z e^w)^a \rfloor = e^{az}e^{aw}$ も成り立ちますね．

A2.

$$e^w = z \iff e^{u+iv} = e^u e^{iv} = re^{i\theta} \iff e^u = r, \quad e^{iv} = e^{i\theta}.$$

したがって，$u = \log r$，および $e^{i\theta} = e^{i(\theta+2n\pi)}$ に注意して，$v = \theta + 2n\pi$ が得られます（虚部は不定性が残ります）．したがって，

$$\log z = \log re^{i\theta} = \log r + i(\theta + 2n\pi)$$

です．なお，このことを利用して，複素数の複素累乗関数は $z^\alpha = e^{\alpha \log z}$（$\alpha$ は複素数）によって定義されます．

§2.5 方程式の複素数解とカルダノのパラドックス

2.5.1 複素係数の 2 次方程式

まず，方程式 $z^2 - 2iz - 2 - i\sqrt{3} = 0$ を解いて練習しましょう．因数分解は簡単にはできそうもありませんね．複素数は，実数と同じ計算法則を満たすので，2 次方程式の解の公式はそのまま使えます．よって，

$$z = i \pm \sqrt{D'}, \quad \text{ただし} \quad D' = (-i)^2 + 2 + i\sqrt{3} = 1 + i\sqrt{3}.$$

この解が複素数であることを示しましょう．$(\pm\sqrt{D'})^2 = D'$ だから $\pm\sqrt{D'}$ は $(D')^{\frac{1}{2}}$ のことです．$\arg(1 + i\sqrt{3}) = \frac{\pi}{3} + 2k\pi$（$k$ は整数）に注意すると

$$D' = 1 + i\sqrt{3} = 2\left\{\cos\left(\frac{\pi}{3} + 2k\pi\right) + i\sin\left(\frac{\pi}{3} + 2k\pi\right)\right\} \qquad (k \text{ は整数})$$

と表されます．議論をスッキリさせるためには複素数の積の性質を逆に使い

$$D' = 2\left(\cos\frac{\pi}{3} + i\sin\frac{\pi}{3}\right)(\cos 2k\pi + i\sin 2k\pi) \qquad (k \text{ は整数})$$

としておくほうがよいでしょう．すると，拡張されたド・モアブルの定理より

$$(D')^{\frac{1}{2}} = \sqrt{2}\left(\cos\frac{\pi}{6} + i\sin\frac{\pi}{6}\right)(\cos k\pi + i\sin k\pi) = \sqrt{2}\left(\cos\frac{\pi}{6} + i\sin\frac{\pi}{6}\right)\cdot 1^{\frac{1}{2}}$$

が得られます．ここで k の偶数，奇数に対応して

$$1^{\frac{1}{2}} = \cos k\pi + i\sin k\pi = \pm 1$$

となるので，

$$(D')^{\frac{1}{2}} = \pm\sqrt{2}\left(\cos\frac{\pi}{6} + i\sin\frac{\pi}{6}\right) = \pm\sqrt{2}\left(\frac{\sqrt{3}}{2} + i\frac{1}{2}\right)$$

が得られます．よって，最終的に

$$\begin{aligned} z &= i \pm \sqrt{D'} = i \pm \sqrt{2}\left(\frac{\sqrt{3}}{2} + i\frac{1}{2}\right) \\ &= \pm\frac{\sqrt{6}}{2} + i\frac{2 \pm \sqrt{2}}{2} \qquad (\text{複号同順}) \end{aligned}$$

となります．確かに複素数になりましたね．

もう 1 題やってみましょう．方程式は $z^2-(3+i4)z-1+i5=0$ です．解の公式より

$$z=\frac{3+i4\pm\sqrt{D}}{2},\qquad D=-3+i4$$

を得ます．ここで判別式 D については

$$\begin{aligned}D=-3+i4&=5\{\cos(\theta+2k\pi)+i\sin(\theta+2k\pi)\}\\&=5(\cos\theta+i\sin\theta)(\cos 2k\pi+i\sin 2k\pi),\end{aligned}$$

$$\text{ただし}\quad \cos\theta=\frac{-3}{5},\ \sin\theta=\frac{4}{5}\qquad(-\pi<\theta\leqq\pi,\ k\text{ は整数})$$

と表すことができます．

今度は θ をすぐには求められませんね．先の問題と同様にして

$$\pm\sqrt{D}=D^{\frac{1}{2}}=\pm\sqrt{5}\left(\cos\frac{\theta}{2}+i\sin\frac{\theta}{2}\right)$$

が得られます．ここで§§1.4.3 で得られた 3 角関数の半角公式

$$\cos^2\frac{\theta}{2}=\frac{1+\cos\theta}{2},\qquad \sin^2\frac{\theta}{2}=\frac{1-\cos\theta}{2}$$

を用います．今の場合，$0<\theta<\pi$ に制限できるので，$\cos\frac{\theta}{2}>0$，$\sin\frac{\theta}{2}>0$ に注意して

$$\begin{aligned}D^{\frac{1}{2}}&=\pm\sqrt{5}\left(\sqrt{\frac{1+\cos\theta}{2}}+i\sqrt{\frac{1-\cos\theta}{2}}\right)\\&=\pm\sqrt{5}\left(\sqrt{\frac{1}{2}\left(1-\frac{3}{5}\right)}+i\sqrt{\frac{1}{2}\left(1+\frac{3}{5}\right)}\right)\\&=\pm(1+i2)\end{aligned}$$

が得られます．よって，最終的に

$$\begin{aligned}z&=\frac{1}{2}\left(3+i4+D^{\frac{1}{2}}\right)=\frac{1}{2}(3+i4\pm(1+i2))\\&=2+i3,\quad 1+i\end{aligned}$$

を得ます．元の方程式 $z^2-(3+i4)z-1+i5=0$ が $(z-2-i3)(z-1-i)=0$ と因数分解できることを確かめましょう．

以上の例から，一般の複素係数2次方程式の解法が明らかになったでしょう．まず，解の公式を用いて解き，判別式 $D = a + ib$ (a, b は実数）を極表示します：

$$\begin{aligned} D &= a + ib \\ &= r(\cos(\theta + 2k\pi) + i\sin(\theta + 2k\pi)) \\ &= r(\cos\theta + i\sin\theta)(\cos 2k\pi + i\sin 2k\pi), \qquad (-\pi < \theta \leqq \pi,\ k \text{ は整数}) \end{aligned}$$

$$\text{ただし} \quad r = \sqrt{a^2 + b^2}, \quad \cos\theta = \frac{a}{r}, \quad \sin\theta = \frac{b}{r}.$$

次に，

$$\pm\sqrt{D} = D^{\frac{1}{2}} = \pm\sqrt{r}\left(\cos\frac{\theta}{2} + i\sin\frac{\theta}{2}\right)$$

を半角公式を用いて計算し，解の公式に代入して整理すればできあがりです．

2.5.2 3次方程式とカルダノのパラドックス

§§2.1.3 カルダノの公式と虚数のパラドックス で議論したことを検証しましょう．一般の実数係数3次方程式 $ax^3 + bx^2 + cx + d = 0$ から得られるそれに同値な3次方程式

$$x^3 + 3px + 2q = 0 \qquad (p, q \text{ は実数})$$

を考えます．カルダノが得たこの方程式の解の公式は，解を $x = u + v$ とすると

$$u = \sqrt[3]{-q + \sqrt{\varDelta}}, \quad v = \sqrt[3]{-q - \sqrt{\varDelta}}, \quad \text{ただし} \quad \varDelta = q^2 + p^3$$

と表されます（この3乗根は複素数と見なします）．この公式が‘正しい解’を与えることはそれが方程式を満たすことから確かめられましたね．

物議をかもす問題は $\varDelta < 0$ の場合に起こりました．例えば，方程式

$$(x-1)(x-4)(x+5) = x^3 - 21x + 20 = 0$$

の解 1, 4, −5 は全て実数です．ところが，このとき，$p = -7, q = 10$ なので，$\varDelta = -243$．よって，解 $x = u + v$ の u, v は

$$u = \sqrt[3]{-10 + \sqrt{-243}}, \quad v = \sqrt[3]{-10 - \sqrt{-243}}$$

と表されます．和 $u+v$ が 1, 4, −5 であることは上の方程式から一目瞭然です．しかし，u, v は虚数の 3 乗根です．その和が実数 1, 4, −5（のどれか，または，全部）になるとはその当時は信じられませんでした．

以下，電卓の助けも借りながら，$x=u+v=1, 4, -5$ となることを示しましょう．まず，$D=-10+\sqrt{-243}$ とすると $-10-\sqrt{-243}$ はその共役複素数 $\overline{D}$ ですね．よって，偏角の不定性に注意すると

$$
\begin{aligned}
D, \overline{D} &= -10 \pm i\sqrt{243} \\
&= \sqrt{343}\{\cos(\pm\theta \pm 2k\pi) + i\sin(\pm\theta \pm 2k\pi)\} \\
&= \sqrt{343}\{\cos(\pm\theta) + i\sin(\pm\theta)\}\{\cos(\pm 2k\pi) + i\sin(\pm 2k\pi)\},
\end{aligned}
$$

$$
\cos\theta = \frac{-10}{\sqrt{343}}, \quad \sin\theta = \frac{\sqrt{243}}{\sqrt{343}} \qquad (-\pi < \theta \leqq \pi,\ k \text{ は整数})
$$

と表すことができます．これから

$$
\begin{aligned}
u, v &= D^{\frac{1}{3}}, \overline{D}^{\frac{1}{3}} \\
&= \sqrt[6]{343}\left\{\cos\left(\pm\frac{\theta}{3}\right) + i\sin\left(\pm\frac{\theta}{3}\right)\right\}\left\{\cos\left(\pm\frac{2k\pi}{3}\right) + i\sin\left(\pm\frac{2k\pi}{3}\right)\right\}
\end{aligned}
$$

となります．したがって，どの k についても $v=\overline{u}$ が成り立ち

$$
x = u + v = u + \overline{u} = 2\,\mathrm{Re}\,u = \text{実数}
$$

であることがわかります（$\mathrm{Re}\,(a+ib)=a$（a, b は実数））．

ここで

$$
\begin{aligned}
u &= \sqrt[6]{343}\left(\cos\frac{\theta}{3} + i\sin\frac{\theta}{3}\right)\left(\cos\frac{2k\pi}{3} + i\sin\frac{2k\pi}{3}\right) \\
&= \sqrt[6]{343}\left(\cos\frac{\theta}{3} + i\sin\frac{\theta}{3}\right)\cdot 1^{\frac{1}{3}}
\end{aligned}
$$

です．

ここで関数電卓を利用しましょう．$\cos\theta = \dfrac{-10}{\sqrt{343}}$ だから，$\theta = 122.6801839°$．よって，$\dfrac{\theta}{3} = 40.89339465°$ が得られます（数値はもちろん近似値です）．

この値から $\cos\frac{\theta}{3} = 0.755928946$, $\sin\frac{\theta}{3} = 0.65465367$ となりますが，$\sqrt[6]{343} = 2.645751311$ を用いて

$$\sqrt[6]{343}\cos\frac{\theta}{3} = 2, \qquad \sqrt[6]{343}\sin\frac{\theta}{3} = 1.732050808 = \sqrt{3}$$

に注意し，また，すでに得た結果 $1^{\frac{1}{3}} = 1, \dfrac{-1 \pm i\sqrt{3}}{2}$ を用いると，最終結果

$$x = 2\,\mathrm{Re}\,u = \begin{cases} 2\,\mathrm{Re}\left(\sqrt[6]{343}\left(\cos\frac{\theta}{3} + i\sin\frac{\theta}{3}\right)\cdot 1\right) = 4 \\ 2\,\mathrm{Re}\left(\sqrt[6]{343}\left(\cos\frac{\theta}{3} + i\sin\frac{\theta}{3}\right)\cdot\frac{-1 \pm i\sqrt{3}}{2}\right) = -5,\ 1 \end{cases}$$

が得られ，カルダノの公式は‘正しい解を全て与える’ことがわかります．

以上の議論から，複素数の不思議で面白い性質が読みとれたと思います．その性質は一見無用とも思える偏角の不定性に起因していますね．複素数 $a + ib$ は，本当は，$(a + ib)(\cos 2k\pi + i\sin 2k\pi)$（$k$ は整数）のことであると考えているほうがよいでしょう．

Q1. 2次方程式 $z^2 - 2iz - 1 - i = 0$ を解きなさい．

A1. 解の公式より，$z = i \pm \sqrt{i}$．ここで，$i = \cos(\frac{\pi}{2} + 2k\pi) + i\sin(\frac{\pi}{2} + 2k\pi)$（$k$ は整数）を利用すると，

$$\begin{aligned} \pm\sqrt{i} &= \left(\cos(\frac{\pi}{2} + 2k\pi) + i\sin(\frac{\pi}{2} + 2k\pi)\right)^{\frac{1}{2}} \\ &= \cos(\frac{\pi}{4} + k\pi) + i\sin(\frac{\pi}{4} + k\pi) \\ &= \left(\cos\frac{\pi}{4} + i\sin\frac{\pi}{4}\right)(\cos k\pi + i\sin k\pi) \\ &= \left(\frac{1}{\sqrt{2}} + i\frac{1}{\sqrt{2}}\right)(\pm 1) \end{aligned}$$

よって，

$$z = i \pm \sqrt{i} = \pm\frac{1}{\sqrt{2}} + i\left(1 \pm \frac{1}{\sqrt{2}}\right).$$

§2.6 複素平面上の図形と複素変換

複素数 $z = x + iy$ の方程式は，2 つの実変数 x, y についての方程式となるので，図形を表します．また，複素数の関数は，関数値がまた複素数になるので，複素平面上の変換を表します．この複素変換は科学・技術の両分野で重要です．

2.6.1 複素平面上の図形

2.6.1.1 円

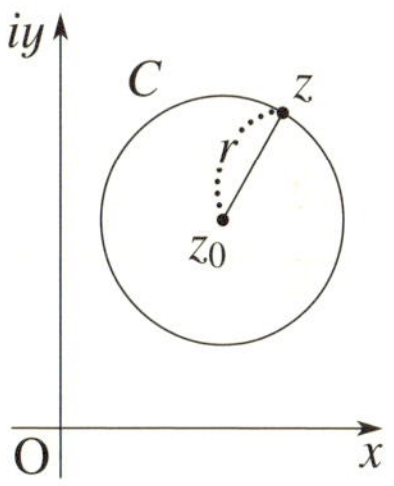

方程式を用いて円，つまり，定点からの距離が一定な点の軌跡を表してみましょう．方程式

$$C : |z - z_0| = r$$

は複素平面上の 2 点 z, z_0 の距離が常に一定値 r であることを表しますから，C は中心が z_0，半径が r の円を表します．

$$z = x + iy, \quad z_0 = x_0 + iy_0$$

と実数で表すと，$z - z_0 = (x - x_0) + i(y - y_0)$ ですから，

$$C : (x - x_0)^2 + (y - y_0)^2 = r^2$$

のように表され，実平面上の方程式と同じ形になります．

上の円 C の方程式は，パラメータ θ を用いて，

$$x - x_0 = r\cos\theta, \quad y - y_0 = r\sin\theta$$

とおくと満たされます．したがって，円 C の方程式は

$$C : z = z_0 + r(\cos\theta + i\sin\theta)$$

のようにパラメータ表示ができます．点 z は点 z_0 を実軸方向に $r\cos\theta$，虚軸方向に $ir\sin\theta$ だけ移動した点になっていますね．

ここで練習問題です．方程式 $z\bar{z}-(2+i)\bar{z}-(2-i)z=0$ は複素平面上でどんな図形を表すか，調べなさい．ヒント：$2-i=\overline{2+i}$ に注意します．

$$
\begin{aligned}
z\bar{z}-(2+i)\bar{z}-(2-i)z &= z\bar{z}-(2+i)\bar{z}-\overline{(2+i)}z \\
&= (z-(2+i))(\bar{z}-\overline{(2+i)})-(2+i)\overline{(2+i)} \\
&= |z-(2+i)|^2-|2+i|^2=0
\end{aligned}
$$

のように変形されます．したがって，$|z-(2+i)|=|2+i|$ が得られるので，答は，中心 $2+i$，半径 $|2+i|=\sqrt{5}$ の円ですね．

2.6.1.2　直線

実平面上で，点 (x_0, y_0) を通り傾きが $\dfrac{m}{l}$ の直線 ℓ の方程式は

$$\ell : y-y_0=\frac{m}{l}(x-x_0)$$

ですが，パラメータ t を用いて方程式を満たすことができ，

$$\ell : \begin{cases} x=x_0+tl, \\ y=y_0+tm \end{cases} \qquad (t \text{ は実数})$$

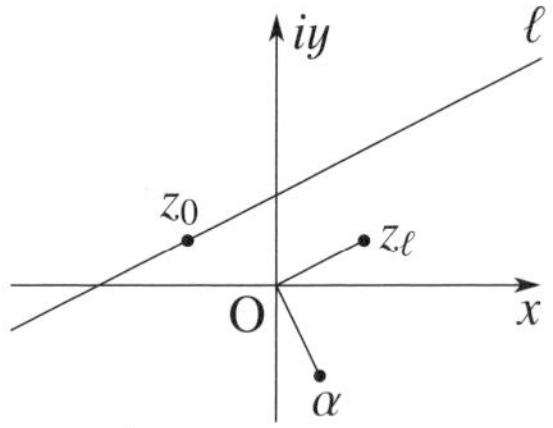

とパラメータ表示できます．ここで

$$z_0=x_0+iy_0, \quad z_\ell=l+im$$

とおくと，複素平面上の直線 ℓ のパラメータ表示

$$\ell : z=z_0+tz_\ell$$

が得られます．z_ℓ は直線 ℓ の方向と同じ向きにある複素数です．

パラメータ t を消去した ℓ の方程式を求めましょう（これは直線の方程式の「内積表示」に当たります）．z_ℓ を原点の周りに $-90°$ 回転して得られる複素数 $\alpha=-iz_\ell$ は直線 ℓ の法線方向を向いています．そこで，α の共役複素数 $\bar{\alpha}$ と tz_ℓ の積を作ると，

$$t\bar{\alpha}z_\ell=ti\overline{z_\ell}z_\ell=ti|z_\ell|^2$$

のように純虚数になり，その実部 $\mathrm{Re}\,(t\bar{\alpha}z_\ell)$ はありません．したがって，直線 ℓ のパラメータ表示に $\bar{\alpha}$ を掛けて実部をとると，直線 ℓ の方程式が得られます：

$$\ell : \mathrm{Re}\,(\bar{\alpha}z)=\mathrm{Re}\,(\bar{\alpha}z_0).$$

積を計算して実部をとると，元の直線の方程式

$$\ell : m(x - x_0) - l(y - y_0) = 0 \iff y - y_0 = \frac{m}{l}(x - x_0)$$

が得られます．

ここで練習問題です．複素平面上で方程式 $|z - \alpha| = |z - \beta|$ $(\alpha \neq \beta)$ を満たす点 z はどのような図形を描くかな．ヒント：z と α の距離が z と β の距離に等しいですね．答は 2 点 α，β を結ぶ線分の垂直 2 等分線です．

2.6.2　複素平面上の変換

複素平面上の点を複素平面上の点に移すことを「複素変換」といいます．複素平面上の点 z が変換 f によって複素平面上の点 w に移されるとき，これを

$$w = f(z)$$

と表し，これを複素関数といいます．このとき点 z がある図形 D 上を動くならば，一般に点 w はある図形 D' 上を動きます．このことを変換 f は D を D' に移すといい，D は原像，D' は D の像といわれます．

2.6.2.1　複素変換の例

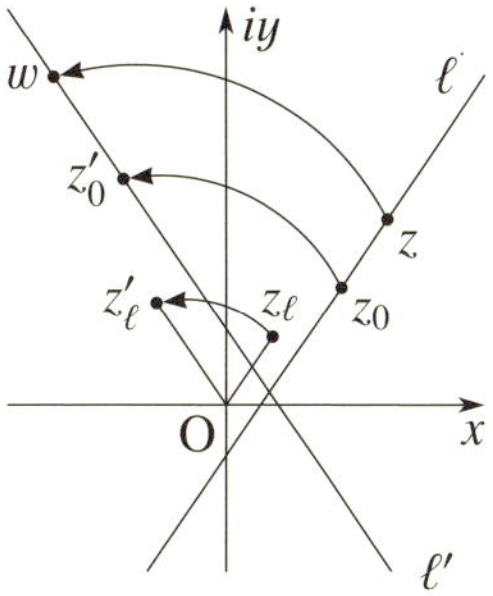

複素平面上の点 z が直線

$$\ell : z = z_0 + tz_\ell \quad (z_0 = x_0 + iy_0,\ z_\ell = l + im)$$

上を動くとき，関数

$$w = f(z) = r(\cos\alpha + i\sin\alpha)z$$

によって得られる点 w はどのような図形上を動くでしょうか．

点 z が直線 ℓ 上にある条件 $z = z_0 + tz_\ell$ を関数に代入すると，w についての方程式，つまり ℓ が変換 f によって移った像

$$\ell' : w = r(\cos\alpha + i\sin\alpha)z_0 + tr(\cos\alpha + i\sin\alpha)z_\ell$$

が得られますから，点 w は，点 $z'_0 = r(\cos\alpha + i\sin\alpha)z_0$ を通り，方向を表す複素数が $z'_\ell = r(\cos\alpha + i\sin\alpha)z_\ell$ である直線上を動きますね．これは関数 $f(z)$

が点 z を原点の周りに角 α だけ回転し，r 倍した点に移すことを考えれば当然のことですね.

同じ変換によって，円 $C: z = z_0 + R(\cos\theta + i\sin\theta)$ はどんな図形に移されるか調べましょう.

$$\begin{aligned} w &= r(\cos\alpha + i\sin\alpha)\, z_0 + r(\cos\alpha + i\sin\alpha)\, R(\cos\theta + i\sin\theta) \\ &= r(\cos\alpha + i\sin\alpha)\, z_0 + rR(\cos(\alpha+\theta) + i\sin(\alpha+\theta)) \end{aligned}$$

とするまでもなく，中心 $z_0' = r(\cos\alpha + i\sin\alpha)\, z_0$，半径 rR の円に変換されることがわかりますね.

今度は円 C の方程式を

$$C : |z - z_0| = R$$

とパラメータを用いないで表し，同じ変換 $w = f(z) = r(\cos\alpha + i\sin\alpha)\, z$ によって，円 C が移される図形 C' を考えましょう.

円 C はその方程式 $|z - z_0| = R$ を満たす点 z の集合ですね．同様に，図形 C' は C' の方程式を満たす点 w の集合です．よって，C' の方程式，つまり変数 w が関係する方程式を導けばよいわけです．w と z は変換の式 $w = r(\cos\alpha + i\sin\alpha)\, z$ によって結びつけられ，また z の方程式 $|z - z_0| = R$ は用意されています．そこで，$w = r(\cos\alpha + i\sin\alpha)\, z$ を z について解き，w で表された z を方程式 $|z - z_0| = R$ に代入すれば w の方程式が得られますね.

$$w = r(\cos\alpha + i\sin\alpha)\, z \iff z = \frac{1}{r}\{\cos(-\alpha) + i\sin(-\alpha)\}\, w$$

と $|z - z_0| = R$ より，w の方程式

$$\left| \frac{1}{r}\{\cos(-\alpha) + i\sin(-\alpha)\}\, w - z_0 \right| = R$$

が得られます．後はこれを整理するだけです．$|\cos(-\alpha) + i\sin(-\alpha)| = 1$ に注意すれば簡単な練習でしょう.

$$C' : |w - r(\cos\alpha + i\sin\alpha)\, z_0| = rR$$

を導くのは君たちに任せます．これは先ほど円 C のパラメータ表示を用いて得られた結果に一致します.

2.6.2.2 平行移動

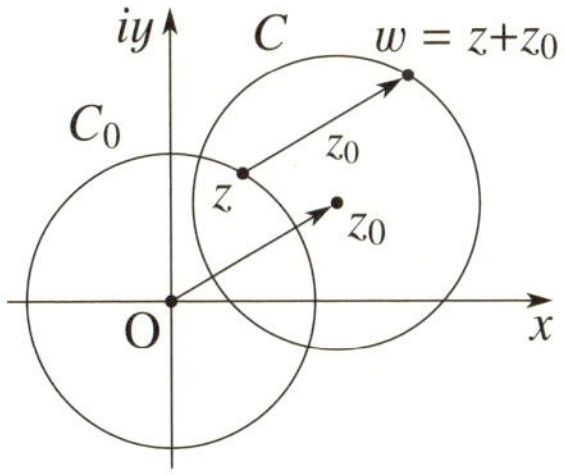

まず，円の方程式で例解しましょう．中心 z_0，半径 r の円 C の方程式は $C : |z - z_0| = r$ ですが，これは中心が原点で半径が r の円 $C_0 : |z| = r$ を z_0 だけ平行移動したものですね．以下，円 C_0 を平行移動して，円 C の方程式を導きましょう．

点 z を z_0 だけ移動する変換 $w = f(z) = z + z_0$ を考えます．このとき，円 $C_0 : |z| = r$ は z_0 だけ平行移動して，C_0 上の点 z は C 上の点 w に移ります．したがって，z が方程式 $|z| = r$ を満たすとき，w が満たす方程式を求めるとそれが C の方程式になります．したがって，$w = z + z_0$ だから，$z = w - z_0$ を方程式 $|z| = r$ に代入して，C の方程式 $|w - z_0| = r$ が得られます．変数 w を z に書き換えて $C : |z - z_0| = r$ を得ます．

上の議論は図形が方程式で表されている場合の平行移動の議論の雛形です．ここで，実平面上の図形の平行移動の一般論をしておきましょう．点 (x, y) を (a, b) だけ移動して点 (u, v) に移す変換を考えます．そのとき，方程式 $F(x, y) = 0$ で表される図形 C は (a, b) だけ平行移動されて図形 C' になったとすると，C 上の点 (x, y) は C' 上の点 (u, v) に移されます．その場合，図形 C' の方程式は変数 u, v で表されるから，$x = u - a$，$y = v - b$ を方程式 $F(x, y) = 0$ に代入して，C' の方程式 $F(u - a, v - b) = 0$ を得ます．u, v を変数 x, y に置き換えると，通常の書き方 $C' : F(x - a, y - b) = 0$ になります．

練習問題です．楕円

$$E : \frac{x^2}{a^2} + \frac{y^2}{b^2} = 1$$

を (p, q) だけ平行移動して得られる楕円 E' の方程式を求めなさい．

答：もちろん $E' : \dfrac{(x-p)^2}{a^2} + \dfrac{(y-q)^2}{b^2} = 1$ ですね．

応用問題です．xy 平面上の点 (x, y) を x 方向に a 倍，y 方向に b 倍する変換を考えます．このとき，単位円 $C_1 : x^2 + y^2 = 1$ が移される図形 E の方程式を求めなさい．ヒント：考え方は平行移動の場合と同じです．

解答：この変換によって C_1 上の点 (x, y) が E 上の点 (u, v) に移されたとすると，$u = ax$, $v = by$, よって，$x = \dfrac{u}{a}$, $y = \dfrac{v}{b}$ です．これを C_1 の方程式に代入すれば E を表す u, v の方程式が得られます：$E : \dfrac{u^2}{a^2} + \dfrac{v^2}{b^2} = 1$. 変数 u, v を x, y に書き直すと，先の練習問題の楕円 E になりますね．

2.6.2.3　1 次分数変換

複素平面上の変換で重要なものは 1 次分数変換です．ここでは，複素平面上の円 $C : |z - a| = 1$ が変換

$$w = f(z) = \frac{1}{z-2}$$

によって移される図形 C' を調べます．簡単のために，$a = 2, 1$ の場合を考えましょう．

先に議論したように，変数 z で書かれている方程式 $|z - a| = 1$ を w で表せば図形 C' の方程式になります．$w = \dfrac{1}{z-2}$ より，$z = \dfrac{2w+1}{w}$, よって

$$C' : \left| \frac{2w+1}{w} - a \right| = 1 \iff \left| \frac{(2-a)w+1}{w} \right| = 1$$

が得られるので，後はこれを整理するだけです．

$a = 2$ のとき，直ちに $C' : |w| = 1$ となるので，C' は単位円ですね．もし，元の図形が，円 $C : |z - 2| = 1$ の代わりに，円 C の**外側** $|z - 2| > 1$ ならば，移される図形は不等式

$$\left| \frac{1}{w} \right| > 1 \iff |w| < 1$$

で表されるので，単位円の**内側**になりますね．

$a = 1$ のときは，

$$C' : \left| \frac{w+1}{w} \right| = 1 \iff |w+1| = |w|$$

だから，C' は 2 点 -1, 0 から等距離にある点の軌跡，つまり直線 $\mathrm{Re}\, w = -\dfrac{1}{2}$ になります．

では，ここで問題です．上の問題で $a = 0$ の場合には C' はどんな図形となるか，調べなさい．ヒント：$C' : \left| \dfrac{2w+1}{w} \right| = 1$ となります．

解答：今の場合 $w = u + iv$ (u, v は実数) とおいて，u, v の方程式を求めるのが確実な方法です．C' の方程式に代入して整理すると

$$C' : \left(u + \frac{2}{3}\right)^2 + v^2 = \frac{1}{9}$$

が得られるので，C' は中心 $-\frac{2}{3}$，半径 $\frac{1}{3}$ の円です．C' の方程式を w で表すには，

$$\left(u + \frac{2}{3}\right)^2 + v^2 = \left|u + \frac{2}{3} + iv\right|^2 = \left|w + \frac{2}{3}\right|^2$$

より，$C' : \left|w + \frac{2}{3}\right| = \frac{1}{3}$ と表すことができます．

最後に興味ある問題をやってみましょう．変換

$$w = f(z) = \frac{z - i}{z + i}$$

によって複素平面の上半面 $D : \mathrm{Im}\, z > 0$ はどのような領域に移るか調べましょう．まず，変換式 $w = \frac{z-i}{z+i}$ を z について解いて，不等式 $\mathrm{Im}\, z > 0$ を w で表すのは今までと同じです．

$$\mathrm{Im}\, z = \mathrm{Im}\left(-i\,\frac{w+1}{w-1}\right) > 0 \qquad (w \neq 1)$$

となるので，後はこれをうまく整理すればよいですね．分母を実数にするために，分母・分子に $\overline{w-1}$ を掛けると

$$\mathrm{Im}\left(-\,i\,\frac{(w+1)\overline{(w-1)}}{|w-1|^2}\right) > 0$$

となりますが，分母の $|w-1|^2 > 0$ より，この条件式は

$$\mathrm{Im}\left(-i(w+1)\overline{(w-1)}\right) > 0$$

と簡単になります．ここで

$$\mathrm{Im}\,(-i(a+ib)) = -a = -\mathrm{Re}\,(a+ib) \qquad (a, b \text{ は実数})$$

ですから，さらに簡単になり，

$$-\mathrm{Re}\left((w+1)\overline{(w-1)}\right) > 0 \iff \mathrm{Re}\left(|w|^2 - (w - \overline{w}) - 1\right) < 0$$

となります．ここで，$w - \overline{w} = 2i\,\mathrm{Im}\, w$ より，最終的に

$$|w|^2 - 1 < 0 \iff |w| < 1$$

が得られます．したがって，変換 $w = f(z) = \dfrac{z-i}{z+i}$ によって，‘複素平面の上半面が単位円の内部に移されます’．このような変換は理論的に重要なものです．なお，この変換によって無限遠 $|z| = \infty$ は 1 点 $w = 1$ に移されることを確認しましょう．

章末問題

【2.1】 2 つの複素数の積が 0 ならば，それらの複素数のうちの少なくともどちらかは 0 であることを示しなさい．

ヒント：問題文を数式で表してみることが大切です．

【2.2】 次の式

$$\frac{1+i}{1-i} - \frac{1-i}{1+i}$$

を明確な複素数の形で表しなさい．

【2.3】 $\pm\sqrt{1+i\sqrt{3}}$（正しくは $(1+i\sqrt{3})^{\frac{1}{2}}$）は複素数ですか？

【2.4】 実数係数の n 次の方程式

$$P_n(z) = az^n + bz^{n-1} + \cdots + cz + d = 0 \qquad (a,\ b,\ \cdots,\ c,\ d \text{は実数})$$

が虚数解をもてば，その共役複素数も解であることを示しなさい．

【2.5】 複素平面において方程式

$$|z+3| = 3|z-1|$$

を満たす点はどのような曲線を描くでしょうか．

【2.6】 複素平面において不等式

$$|z-i| \leqq \mathrm{Im}\, z$$

で表される領域を求めなさい．

第3章　平面ベクトル

君たちが中学校の理科の授業で目にした‘矢線’↗を数学的に洗練させたものを「ベクトル」といいます．ベクトルは初め物理学者によって利用され，測地学者によって数学的に研究されました．数学者がベクトルの研究に本格的に乗り出したのはそれからかなり後の時代になってからのことです．

16 世紀の終り頃から，イタリアのレオナルド・ダ・ヴィンチ（Leonardo da Vinci, 1452〜1519）やガリレオ・ガリレイ（Galileo Galilei, 1564〜1642），その他の物理学者が力を直感的に表すために矢線↗を利用し始め，彼らはすでに「力の平行四辺形の法則」を知っていました．18 世紀末にデンマークの測地学者ウェッセル（Caspar Wessel, 1745〜1818）は，測量技術の仕事を軽減する目的で複素数を研究し，平面ベクトルの計算を今日の教科書に述べられているものとほとんど同じように述べています．残念なことに彼の研究はデンマーク語で書かれたために，丸々 100 年もの間注目されませんでした．19 世紀の初めにはフランスの数学者 L. カルノーがベクトルを用いた計算を行っています．1827 年，ドイツの数学者メビウスはその著書『重心の計算』でカルノーの考え方を体系化しています．スイスの数学者アルガンは 1806 年に『幾何学的作図における虚数量の表示法試論』を書き，ベクトルを幾何や代数や力学の様々な問題を解決するのに用いています．

ベクトル研究のその後の発展も複素数と関連していました．神童の誉れ高いイギリスの数学者ハミルトン（William Rowan Hamilton, 1808〜1865）は 1853 年の『四元数についての講義』の中で“ベクトル”の用語を初めて採用し，ベクトル代数とベクトル解析の基礎を与えています．彼とは独立にドイツの数学者グラスマン（Hermann Güenther Grassmann，1809〜1877）もベクトルの概念に到達し，1844 年の著書『長さについての研究』でベクトル計算の基礎を説明しています．その中で，2 次元の平面と 3 次元空間の理論を特別な場合として含む「n 次元ユークリッド空間」についての研究が初めて説明されています．

ベクトルの基礎理論の確立に伴い，ベクトル計算は自然科学にますます採用されていきました．電磁場理論の創始者マックスウェル（James Clerk Maxwell，1831〜1879，イギリス）はその著『電気と磁気の研究』においてベクトル計算を体系的に適用しました．ベクトル計算に今日の形を与えたのは化学的熱力学と統計力学の創始者ギッブス（Josiah Willard Gibbs，1839〜1903，アメリカ）で，彼は 1881〜1884 年の著書『ベクトル解析の基礎』にグラスマンの考えを適用しました．19 世紀の終りにはベクトルは数学の独立した分野になるほど発展を遂げました．

§3.1　矢線からベクトルへ

3.1.1　矢線とその和

物の移動や力・速度などを表すのに **矢線**↗を用いると雰囲気がよく出ますね．これらの矢線↗を数学的に統一して扱うことを試みましょう．

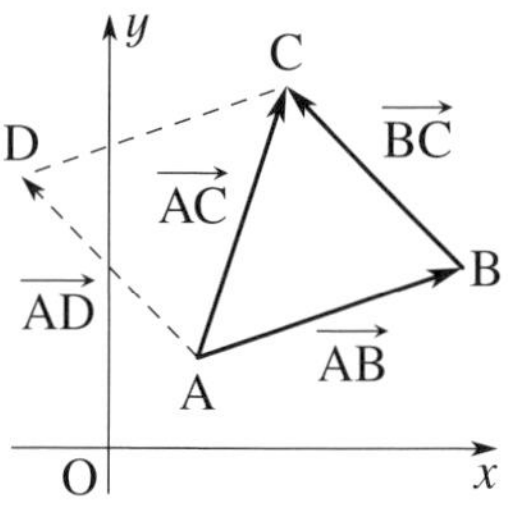

サッカーの試合で，位置 A の N 君はボールを位置 B の Y 君にパスしました．物体が運動によって位置を変えること，またはその変化を表す量を **変位** といいます．この用語を用いると，ボールは位置 A から位置 B に変位し，この変位を矢線 $\overrightarrow{AB}$ で表して，変位 $\overrightarrow{AB}$ といいましょう．変位にはその始めの位置と終りの位置があるので，変位を表す矢線 $\overrightarrow{AB}$ の A をその **始点**，B を **終点** といいます．

さて，位置 B の Y 君はボールをすかさず位置 C の I 君にパスしました．この変位は変位 $\overrightarrow{BC}$ です．結果として，ボールは始めの位置 A から位置 C に変位したことになり，これを変位 $\overrightarrow{\mathrm{AC}}$ としましょう．ここで，変位は，その途中の経路に無関係で，その始点と終点のみによって決まる量としましょう．すると，変位 $\overrightarrow{\mathrm{AC}}$ は変位 $\overrightarrow{\mathrm{AB}}$ と変位 $\overrightarrow{\mathrm{BC}}$ の合成，つまり変位の和であり，このことを

$$\overrightarrow{\mathrm{AC}} = \overrightarrow{\mathrm{AB}} + \overrightarrow{\mathrm{BC}} \tag{H}$$

と表しましょう．なお，図の D は，後の議論のために，四辺形 ABCD が平行四辺形になるようにとった点です．

ところで，位置 A の N 君は，ボールを蹴った直後に，相手方の選手 P と K から同時に押されました．彼らの力を表すには，力の大きさと方向の他に，力が作用する点が必要です．今の場合，力の作用点は位置 A なので，A から力を表す矢線を描き，その長さが力の大きさを，その方向が力の方向を表すことにしましょう．力の矢線はもちろん抽象的な平面上に描かれます．

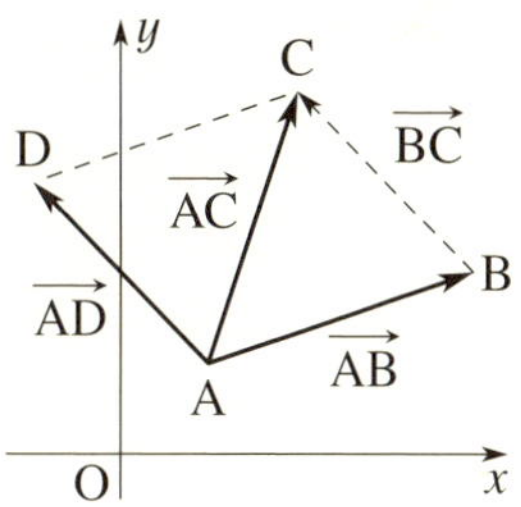

選手 P の力を具体的に表すために，先ほどの変位の図の矢線 $\overrightarrow{\mathrm{AB}}$ を借用しましょう．そのとき，力の作用点 A を明示するには，選手 P の力を力 $\overrightarrow{\mathrm{AB}}$ と表し，‘矢線の始点 A に作用点 A を対応させる’と便利です．ただし，‘矢線の終点 B は抽象的な平面上の点’で，Y 君の位置 B とは無関係です．同様に，選手 K の力は，矢線 $\overrightarrow{\mathrm{AD}}$ を借用して，力 $\overrightarrow{\mathrm{AD}}$ と表示しましょう．点 D は，力の矢線を描いた抽象的な平面上で，四辺形 ABCD が平行四辺形になるようにとった点とします．

ここで，力 $\overrightarrow{\mathrm{AB}}$ と力 $\overrightarrow{\mathrm{AD}}$ の和，つまり合力は，「力の平行四辺形の法則」と呼ばれる実験事実によって，矢線 $\overrightarrow{\mathrm{AC}}$ で表される 1 つの力 $\overrightarrow{\mathrm{AC}}$ が働くことに等しいことが知られています（3 人綱引きのことを思い出しましょう）．つまり，二人の選手 P と K が押した力の合力は一人の仮想的な選手が押した力 $\overrightarrow{\mathrm{AC}}$ によって完全に表されるということです．このことを

$$\overrightarrow{\mathrm{AC}} = \overrightarrow{\mathrm{AB}} + \overrightarrow{\mathrm{AD}} \tag{F}$$

で表しましょう．

変位や力に対して矢線の表現を同一の形式にしたのは，変位であれ力であれ，矢線の演算を統一的に扱おうという理由からです．表式 (H) と表式 (F) の

どちらも，矢線という数学的観点で見てみると，矢線$\overrightarrow{\mathrm{AC}}$を2つの矢線の和で表しています．表式(F)を仮に変位の式と考えると，変位$\overrightarrow{\mathrm{AB}}$に引き続いて変位$\overrightarrow{\mathrm{AD}}$を行うと変位$\overrightarrow{\mathrm{AC}}$になるという意味不明なものになります．また，表式(H) : $\overrightarrow{\mathrm{AC}} = \overrightarrow{\mathrm{AB}} + \overrightarrow{\mathrm{BC}}$ を仮に力の式と考えると，力$\overrightarrow{\mathrm{AB}}$と力$\overrightarrow{\mathrm{BC}}$を加えると力$\overrightarrow{\mathrm{AC}}$になるという意味になりますが，これらの力の作用点は異なる位置A，Bと解釈されるので，それらの合力は力$\overrightarrow{\mathrm{AC}}$にはなりません．よって，変位については表式(H)が正しいのであって表式(F)は誤りであり，また，力については表式(F)が正しく，表式(H)で代用することはできません．このことは，2つの矢線$\overrightarrow{\mathrm{BC}}$と矢線$\overrightarrow{\mathrm{AD}}$は共に同じ長さと向きをもちますが，それらの始点の位置が異なることに起因しています．

3.1.2 ベクトルの導入

矢線の始点を問題にする限り，変位や力の和については表式(H)と(F)のどちらか一方しか成り立ちません．(H) : $\overrightarrow{\mathrm{AC}} = \overrightarrow{\mathrm{AB}} + \overrightarrow{\mathrm{BC}}$ と (F) : $\overrightarrow{\mathrm{AC}} = \overrightarrow{\mathrm{AB}} + \overrightarrow{\mathrm{AD}}$ で異なる部分は$\overrightarrow{\mathrm{BC}}$と$\overrightarrow{\mathrm{AD}}$です．それらは始点は異なりますが，大きさと向きは一致しています．そこで，仮に矢線の始点は適当に考えるとして，大きさと向きが一致するものは同じものであると見なしてみましょう．つまり

$$\overrightarrow{\mathrm{BC}} = \overrightarrow{\mathrm{AD}}$$

と考えてしまうわけです．すると変位については表式(F)は表式(H)のことであると解釈でき，表式(F)も正当化できます．力についてはどうでしょうか．物体の運動は‘物体の重心の運動’と‘重心の周りの回転運動’に分けることができます（2つの重りを棒でつないで回転させ，それが落下する様子を考えてみましょう）．重心の運動については，全ての力が重心に働いたとして合力を求め，その合力も重心に働くとした場合に，その重心運動が正しく記述できることが知られています．よって，力の場合には重心の運動を考えているとして，その作用点は全て重心だと見なして$\overrightarrow{\mathrm{BC}} = \overrightarrow{\mathrm{AD}}$を認めれば，表式(H)も正当化できます．

そこで，矢線の始点は無視することにして，矢線の長さと向きのみを考え，それを矢線の類似物として，**ベクトル**と呼ぶことにしましょう．例えば，矢線

$\overrightarrow{\mathrm{BC}}$ の長さと向きのみを考えてベクトル $\overrightarrow{\mathrm{BC}}$ というわけです[1]．すると，$\overrightarrow{\mathrm{BC}}$ と $\overrightarrow{\mathrm{AD}}$ をベクトルと見なす場合には，両者は，長さと向きが一致するので，同じものになり，

$$\overrightarrow{\mathrm{BC}} = \overrightarrow{\mathrm{AD}}$$

が成立します．この等式は，両辺のベクトルが変位のベクトルであっても力のベクトルであっても，成立し，その結果 (H) と (F) をベクトルの表式と見なした場合にはそれらは同じことを表します．つまり，変位を考えているときは (F) を (H) と見直し，力を考えているときは (H) を (F) と見直すことができるわけです．このように考えると，矢線を用いて表される量を統一的に扱うことができますね．

長さと向きのみをもつベクトルなる量を考えたわけですが，それが実体のない幽霊みたいなものでは困るので，いったいどんな存在なのか考えてみましょう．1 つの矢線を考えてそれを平行移動するとわかるように，始点は異なっても大きさと向きは一致する矢線は無数に存在します．そこで，平行移動によって互いに重なり合う全ての‘矢線の集合’を考えたとすると，その集合にはもはや位置を考えることはできません．そこで，同じ長さと向きをもつ矢線の集合をベクトルと考えればよいわけです．したがって，ベクトルは‘矢線の集合に対する呼び名’であると見なすことができます．

そのような集合については，多くの例が，身近な所においても見いだせます．例えば，自然数を考えたとき，偶数は $2, 4, 6, \cdots$ の集合を，奇数は $1, 3, 5, \cdots$ の集合を表しますね (偶数 + 奇数 = 奇数 などの和も定義できます)．日曜日も，ワールドカップ・サッカーの代表も，日本人だって集合を表す言葉ですね．というわけで，ベクトルは集合を表すごくありふれた存在の 1 つと考えられます．一般に，集合の要素のある性質に着目し，それと同じ性質をもつ要素の集合をその要素が属する **同値類** といいます．そのとき，元の集合は各同値類によって完全に分類されます (例えば，自然数は偶数と奇数に分類されますね)．同じ同値類に属する要素は‘同値である’といわれます．例えば，整数に対す

[1] 記号 $\overrightarrow{\mathrm{BC}}$ そのものには 2 重の意味をもたせていることに注意しましょう．つまり，$\overrightarrow{\mathrm{BC}}$ を矢線 $\overrightarrow{\mathrm{BC}}$ といえばそれは (始点と終点がある) 矢線であり，ベクトル $\overrightarrow{\mathrm{BC}}$ といえばそれはベクトルです．変位や力についても，それらをベクトルとして扱うときは，変位のベクトル・力のベクトルと考えます．

る合同関係 $2 \equiv 4 \pmod 2$ は，自然数2と4が共に偶数であるという意味で，同値であることを表しています（☞『+α』§§1.10.2.2 合同式）.

矢線の集合についていえば，矢線 $\overrightarrow{\mathrm{BC}}$ の長さと向きのみに着目して得られた同値類は $[\overrightarrow{\mathrm{BC}}]$ と表され，これがベクトル $\overrightarrow{\mathrm{BC}}$ の正しい表現になります．ベクトル $\overrightarrow{\mathrm{BC}}$ は同値類 $[\overrightarrow{\mathrm{BC}}]$ を矢線 $\overrightarrow{\mathrm{BC}}$ で代表した同値類の表現というわけです．矢線の集合をその同値類つまりベクトルで分類する議論は後で行います．

ここで，ベクトルの抽象的な定義とその記号について述べておきましょう．今まで，ベクトルを考えるのに矢線[2]から出発しましたね．ここでいったん矢線を忘れて，‘長さと向きのみの性質をもつ量’を（抽象的に）ベクトルと（新たに）定義して，それを $\vec{a}$ などの（始点や終点の位置とは無関係であることを強調する）記号で表しましょう．すると，ベクトル $\vec{a}$ は矢線の同値類と同じものであり，その同値類で表されることになります．例えば，ベクトル $\vec{a}$ を矢線 $\overrightarrow{\mathrm{BC}}$ の同値類とすると，$\vec{a} = [\overrightarrow{\mathrm{BC}}]$ と表すのが正しい表現ですが，通常は同値類 $[\overrightarrow{\mathrm{BC}}]$ を矢線 $\overrightarrow{\mathrm{BC}}$ で代表して

$$\vec{a} = \overrightarrow{\mathrm{BC}}$$

と簡略します．なお，大学では記号 $\vec{a}$ を $\boldsymbol{a}$ のように太字で書きます．

矢線 $\overrightarrow{\mathrm{BC}}$ の始点B，終点Cを，実用上，ベクトル $\overrightarrow{\mathrm{BC}}$ の始点，終点ということがあります．ベクトルを矢線で表すときはそのベクトルの同値類に属する適当な矢線を選んで描くことになります．

最後に，（すでにベクトルを習い）将来本格的に数学を学びたいという人のために，矢線の同値類別のきちんとした議論をしておきましょう．矢線 $\overrightarrow{\mathrm{BC}}$ は矢線 $\overrightarrow{\mathrm{AD}}$ に同値である，つまりそれらは平行移動によって重ね合わせられることを $\overrightarrow{\mathrm{BC}} = \overrightarrow{\mathrm{AD}}\ (/\!/\!\mapsto)$ と表すことにしましょう．すると，平面上の全ての矢線の集合を **矢** として，矢線 $\overrightarrow{\mathrm{BC}}$ の同値類 $[\overrightarrow{\mathrm{BC}}]$ は

$$[\overrightarrow{\mathrm{BC}}] = \{x \in \textbf{矢} \mid x = \overrightarrow{\mathrm{BC}}\ (/\!/\!\mapsto)\}$$

のように表すことができます．

[2] 矢線は数学用語「有向線分」に当たります．ただし，有向線分はその長さと向きだけを考えたとき，それをベクトルという場合があります．その場合，有向線分は矢線とベクトルの2重の意味をもつことになります．そんな紛らわしさを避けて，このテキストではその用語を使わないことにしました．

次に，矢線の類別のために§§2.1.1 で仮定した反射・対称・推移の 3 律（公理）を設定しましょう：集合 **矢** の要素を代表して矢線 $\overrightarrow{\mathrm{BC}}, \overrightarrow{\mathrm{AD}}$ などで表すと

$$\overrightarrow{\mathrm{BC}} = \overrightarrow{\mathrm{BC}}\ (/\!/\!\!\to), \qquad \text{（反射律）}$$

$$\overrightarrow{\mathrm{BC}} = \overrightarrow{\mathrm{AD}}\ (/\!/\!\!\to) \ \Rightarrow\ \overrightarrow{\mathrm{AD}} = \overrightarrow{\mathrm{BC}}\ (/\!/\!\!\to), \qquad \text{（対称律）}$$

$$\overrightarrow{\mathrm{BC}} = \overrightarrow{\mathrm{AD}}\ (/\!/\!\!\to)\ \text{かつ}\ \overrightarrow{\mathrm{AD}} = \overrightarrow{\mathrm{PQ}}\ (/\!/\!\!\to) \ \Rightarrow\ \overrightarrow{\mathrm{BC}} = \overrightarrow{\mathrm{PQ}}\ (/\!/\!\!\to). \qquad \text{（推移律）}$$

これら 3 公理はまったく当然な仮定ですね．

まず，同値類 $[\overrightarrow{\mathrm{BC}}]$ $(= \{x \in$ **矢** $\mid x = \overrightarrow{\mathrm{BC}}\ (/\!/\!\!\to)\})$ は矢線 $\overrightarrow{\mathrm{BC}}$ 自身を含むはずです．これを保証しているのが反射律で，このあまりにも当たり前な公理は当にそのために仮定されています．同様に，各矢線 $y \in$ **矢** についても同値類 $[y]$ $(= \{x \in$ **矢** $\mid x = y\ (/\!/\!\!\to)\})$ を設定します．すると，同じ矢線を共通の要素にもつ同値類が生じます．例えば，矢線 y_1 が同値類 $[\overrightarrow{\mathrm{BC}}]$ と $[\overrightarrow{\mathrm{AD}}]$ に共通であるとしましょう．このとき，$\overrightarrow{\mathrm{BC}} = y_1 (/\!/\!\!\to)$，$\overrightarrow{\mathrm{AD}} = y_1 (/\!/\!\!\to)$ だから，後者の式に対称律を使うと，$\overrightarrow{\mathrm{BC}} = y_1 (/\!/\!\!\to)$，$y_1 = \overrightarrow{\mathrm{AD}}\ (/\!/\!\!\to)$ となります．そこで，推移律を当てはめると，$\overrightarrow{\mathrm{BC}} = \overrightarrow{\mathrm{AD}}\ (/\!/\!\!\to)$ が得られるので，

$$[\overrightarrow{\mathrm{BC}}] = [\overrightarrow{\mathrm{AD}}]$$

となります．つまり，共通の矢線を含む同値類は全て同じものと見なされ，したがって，矢線の集合 **矢** は共通の矢線を含まない同値類（つまり，異なるベクトル）によって完全に類別できることになります．

上の議論で仮定した 3 つの公理は，類別の証明のために必要かつ十分であることに注意しておきましょう．

3.1.3 ベクトルの成分表示

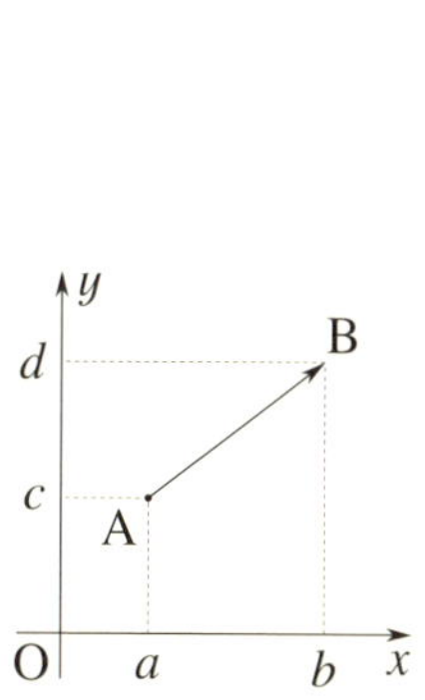

矢線 $\overrightarrow{\mathrm{AB}}$ が表すベクトル $\overrightarrow{\mathrm{AB}}$ を表現してみましょう．それは座標をもち込めば意外に簡単にできます．2 点 A(a, c)，B(b, d) をとると，ベクトル $\overrightarrow{\mathrm{AB}}$ の長さと向きは，点 A から点 B までの移動を表す場合と同様に，2 点 A，B の x, y 座標の差 $b-a$, $d-c$ を用いて，例えば，

$$\overrightarrow{\mathrm{AB}} = \begin{pmatrix} b-a \\ d-c \end{pmatrix} \qquad \text{または} \qquad \overrightarrow{\mathrm{AB}} = (b-a,\ d-c)$$

のように表現できます．このような表現をベクトル $\overrightarrow{\mathrm{AB}}$ の **成分表示** といい，$b-a$ を $\overrightarrow{\mathrm{AB}}$ の **x 成分**，$d-c$ を **y 成分** といいます．

ベクトル $\overrightarrow{\mathrm{AB}}$ の成分表示が矢線 $\overrightarrow{\mathrm{AB}}$ の位置によらないことは，差 $b-a$, $d-c$ の値が p, q のとき，

$$\overrightarrow{\mathrm{AB}} = \begin{pmatrix} p \\ q \end{pmatrix} \quad \text{または} \quad \overrightarrow{\mathrm{AB}} = (p,\ q)$$

と表されるので明らかでしょう．ベクトルは，長さと向きという2つの性質を表すために，ベクトルの表現を1つの実数で表すことは不可能です．したがって，必然的に，平面上の点の表現に1組の数を用いるのと似たものになります．

$\begin{pmatrix} p \\ q \end{pmatrix}$ は数の組を縦に並べたベクトルなので **列ベクトル** とか「縦ベクトル」といい，一方 $(p,\ q)$ は横に並べたので **行ベクトル** とか「横ベクトル」といい，それらを総称して **数ベクトル** といいます．一方，最初に議論した，矢線から出発して，座標に無関係に定義したベクトルは **幾何ベクトル** と呼ばれます．

列ベクトルは行列の章で習う「行列」と関連づける際に便利なので，以後，我々はベクトルの成分表示を列ベクトルで統一しましょう．ベクトルは行列と関連してこそ大きな意味をもってきます．

ベクトル $\vec{a}$ の長さ（大きさ）は，$\vec{a} = \overrightarrow{\mathrm{AB}} = \begin{pmatrix} p \\ q \end{pmatrix}$ のとき，矢線 $\overrightarrow{\mathrm{AB}}$ の長さを，つまり線分 AB の長さを意味し，数式を用いると

$$\left|\vec{a}\right| = \left|\overrightarrow{\mathrm{AB}}\right| = \left|\begin{pmatrix} p \\ q \end{pmatrix}\right|,$$

$$\text{よって} \quad \left|\vec{a}\right| = \mathrm{AB} = \sqrt{p^2 + q^2}$$

と定められます．

2つのベクトル $\vec{a} = \begin{pmatrix} p \\ q \end{pmatrix}$ と $\vec{b} = \begin{pmatrix} r \\ s \end{pmatrix}$ が等しいことは，$\vec{a}$ と $\vec{b}$ の長さと向きが一致することですから，それらの成分表示の各成分が一致すること，つまり，$p = r$ かつ $q = s$ が成り立つことと同じです：

$$\vec{a} = \begin{pmatrix} p \\ q \end{pmatrix},\ \vec{b} = \begin{pmatrix} r \\ s \end{pmatrix} \quad \text{のとき，} \quad \vec{a} = \vec{b} \ \Leftrightarrow\ p = r,\ q = s.$$

§3.2　ベクトルの演算

矢線を用いた場合のベクトルの和についてはすでに議論しました．ここではベクトルの成分表示を利用してベクトルの和・差・実数倍などの演算を議論しましょう．

3.2.1　ベクトルの和

ベクトル $\vec{a}=\begin{pmatrix}p\\q\end{pmatrix}$，$\vec{b}=\begin{pmatrix}r\\s\end{pmatrix}$ のとき，$\vec{a},\vec{b}$ を表す矢線の位置は自由なので，両者の始点を原点 O にとると終点の座標は $(p,\ q)$，$(r,\ s)$ です．よって，ベクトル $\vec{a},\vec{b}$ の和は，平行四辺形の法則または変位の和に合致するように，

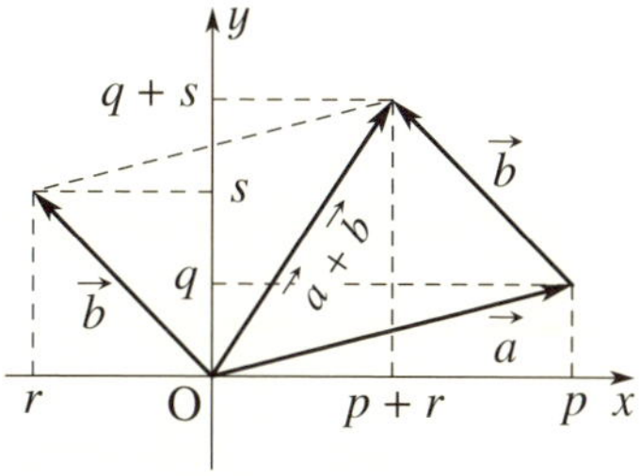

$$\vec{a}+\vec{b}=\begin{pmatrix}p\\q\end{pmatrix}+\begin{pmatrix}r\\s\end{pmatrix}=\begin{pmatrix}p+r\\q+s\end{pmatrix},$$

よって，

$$\vec{a}=\begin{pmatrix}p\\q\end{pmatrix},\quad \vec{b}=\begin{pmatrix}r\\s\end{pmatrix}\quad \text{のとき}\quad \vec{a}+\vec{b}=\begin{pmatrix}p+r\\q+s\end{pmatrix}$$

と定めるべきことがわかります[3)]．さらにベクトル $\vec{c}=\begin{pmatrix}s\\t\end{pmatrix}$ を加えたときには

$$(\vec{a}+\vec{b})+\vec{c}=\begin{pmatrix}p+r\\q+s\end{pmatrix}+\begin{pmatrix}s\\t\end{pmatrix}=\begin{pmatrix}p+r+s\\q+s+t\end{pmatrix}=\begin{pmatrix}p\\q\end{pmatrix}+\begin{pmatrix}r+s\\s+t\end{pmatrix}$$

が成り立ちますね．また，$\begin{pmatrix}p+r\\q+s\end{pmatrix}=\begin{pmatrix}r+p\\s+q\end{pmatrix}$ などの性質も成り立ちます．

---

3) ベクトルが複素数の研究と共に発展したことは，複素数の和を見れば，ある程度納得できるでしょう．2 つの複素数を $p+iq$，$r+is$（$i^2=-1$；$p,\ q,\ r,\ s$ は実数）とすると，

$$(p+iq)+(r+is)=(p+r)+i(q+s)$$

です．複素数と平面ベクトルの関係については，§§4.1.1.2 ベクトルの演算法則 のところでさらに議論しましょう．

したがって，ベクトルの和についての基本法則

$$\vec{a}+\vec{b}=\vec{b}+\vec{a}, \qquad \text{(交換法則)}$$

$$(\vec{a}+\vec{b})+\vec{c}=\vec{a}+(\vec{b}+\vec{c}) \qquad \text{(結合法則)}$$

が成り立つことは明らかでしょう．

3.2.2　ベクトルの差

実数の差 $a-b$ は和 $a+(-b)$ によって定義されましたね．ベクトルの差も同様にして定義されます．

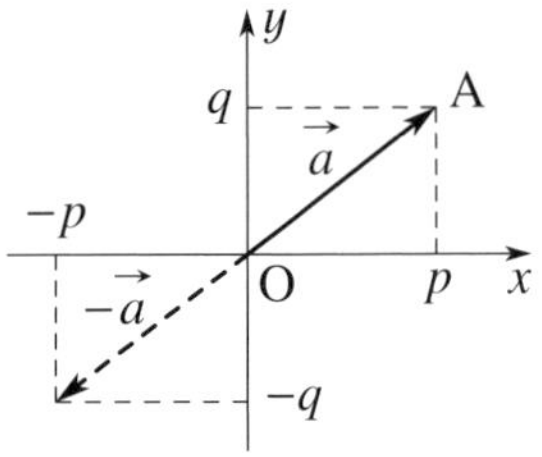

ベクトル $\vec{a}$ と大きさ（長さ）が等しく，向きが反対のベクトルを $-\vec{a}$ で表し，$\vec{a}$ の **逆ベクトル** といいます．よって，ベクトル $\vec{a}=\overrightarrow{\mathrm{OA}}=\begin{pmatrix}p\\q\end{pmatrix}$ のとき，

$$-\vec{a}=-\overrightarrow{\mathrm{OA}}=\overrightarrow{\mathrm{AO}}=-\begin{pmatrix}p\\q\end{pmatrix}=\begin{pmatrix}-p\\-q\end{pmatrix}.$$

$$\text{よって}\quad \vec{a}=\begin{pmatrix}p\\q\end{pmatrix}\quad\text{のとき}\quad -\vec{a}=\begin{pmatrix}-p\\-q\end{pmatrix}$$

となります．

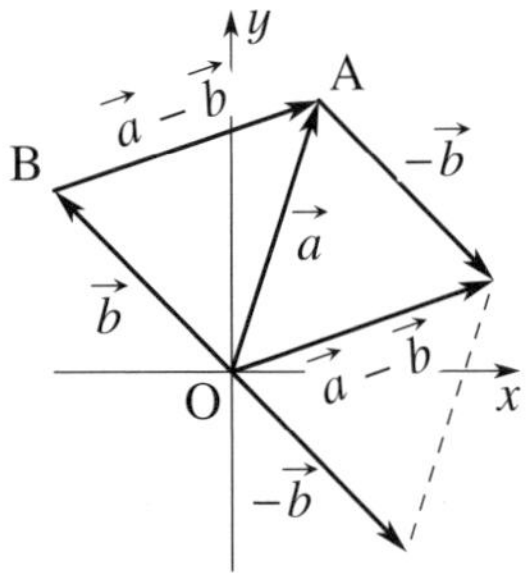

ベクトル $\vec{a}$ と $\vec{b}$ の差 $\vec{a}-\vec{b}$ を和 $\vec{a}+(-\vec{b})$ によって定義しましょう．$\vec{a}=\overrightarrow{\mathrm{OA}}=\begin{pmatrix}a\\c\end{pmatrix}$，$\vec{b}=\overrightarrow{\mathrm{OB}}=\begin{pmatrix}b\\d\end{pmatrix}$ とすると，

$$\vec{a}-\vec{b}=\overrightarrow{\mathrm{OA}}-\overrightarrow{\mathrm{OB}}=\overrightarrow{\mathrm{OA}}+\overrightarrow{\mathrm{BO}}=\overrightarrow{\mathrm{BO}}+\overrightarrow{\mathrm{OA}}=\overrightarrow{\mathrm{BA}}$$

だから

$$\vec{a}-\vec{b}=\begin{pmatrix}a\\c\end{pmatrix}-\begin{pmatrix}b\\d\end{pmatrix}=\begin{pmatrix}a\\c\end{pmatrix}+\begin{pmatrix}-b\\-d\end{pmatrix}=\begin{pmatrix}a-b\\c-d\end{pmatrix}.$$

したがって，

$$\vec{a}=\begin{pmatrix}a\\c\end{pmatrix},\quad \vec{b}=\begin{pmatrix}b\\d\end{pmatrix}\quad\text{のとき}\quad \vec{a}-\vec{b}=\begin{pmatrix}a-b\\c-d\end{pmatrix}$$

となります．よって，差のベクトル $\vec{a}-\vec{b}$ は，ベクトル $\vec{a}$ と $\vec{b}$（を表す矢線）の始点が一致するように描いたとき，'$\vec{b}$ の終点から $\vec{a}$ の終点に向かう矢線の表すベクトル' になりますね．

特に，ベクトル $\vec{a}=\vec{b}=\overrightarrow{\mathrm{AB}}=\begin{pmatrix}p\\q\end{pmatrix}$ のときは

$$\vec{a}-\vec{b}=\overrightarrow{\mathrm{AB}}+\overrightarrow{\mathrm{BA}}=\overrightarrow{\mathrm{AA}}=\begin{pmatrix}0\\0\end{pmatrix}$$

となり，始点と終点が一致した長さが 0 のベクトル $\overrightarrow{\mathrm{AA}}=\begin{pmatrix}0\\0\end{pmatrix}$ が現れます．これは実数でいえば 0 に当たるので，**零**（れい）**ベクトル**（または **ゼロベクトル**）と呼び，$\vec{0}$ で表します．零ベクトル $\vec{0}$ については向きは考えません．

3.2.3　ベクトルの実数倍

ベクトルの積については，ベクトルに実数を掛ける場合とベクトルにベクトルを掛ける場合が考えられます．ここでは前者の場合を議論しましょう．後者のような積はいずれ現れます．

ベクトル $\vec{a}=\begin{pmatrix}p\\q\end{pmatrix}$ のとき，ベクトル $\vec{a}$ に実数 k を掛けた $k\vec{a}$ は，$k>0$ のときは $\vec{a}$ を k 倍に伸縮したもの，$k<0$ のときは反対向きに $|k|$ 倍に伸縮したものと考えます．このとき，$k\vec{a}$ は $\vec{a}$ の x, y 成分を k 倍したものなので

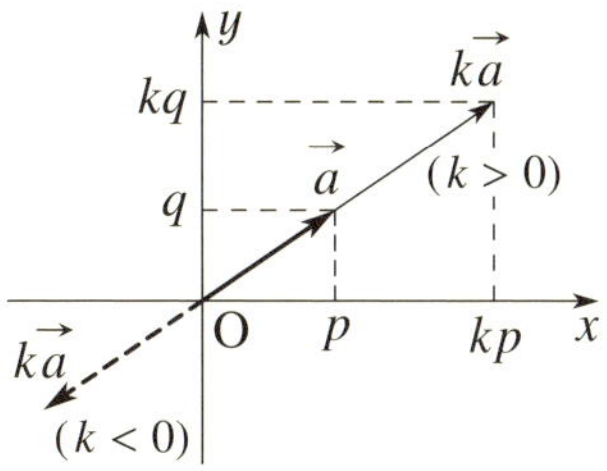

$$\vec{a}=\begin{pmatrix}p\\q\end{pmatrix}\quad のとき\quad k\vec{a}=k\begin{pmatrix}p\\q\end{pmatrix}=\begin{pmatrix}kp\\kq\end{pmatrix}$$

（k は実数）と定めましょう．特に $k=0$ のときは，$0\vec{a}=\vec{0}$ です．

ベクトルの実数倍については，次の基本性質が成り立ちますね：

$$k(l\vec{a})=(kl)\vec{a},$$

$$(k+l)\vec{a}=k\vec{a}+l\vec{a},$$

$$k(\vec{a}+\vec{b})=k\vec{a}+k\vec{b}\qquad (k,\ l\ は実数).$$

証明は君たちに任せますが，矢線を用いても成分表示を用いても構いません．

長さが1のベクトルを **単位ベクトル** といいます．ベクトル $\vec{a}$ と同じ向きの単位ベクトルは $\vec{a}$ をその長さ $\left|\vec{a}\right|$ で割ったものですね：

$$\frac{1}{\left|\vec{a}\right|}\vec{a}.$$

零ベクトル $\vec{0}$ でない2つのベクトル $\vec{a}, \vec{b}$ が，同じ向き**または**反対向きのとき，ベクトル $\vec{a}, \vec{b}$ は‘平行である’といい，$\vec{a} /\!/ \vec{b}$ と表します．$\vec{a} /\!/ \vec{b}$ は，$\vec{0}$ でない $\vec{a}, \vec{b}$ に対して，$\vec{a} = k\vec{b}$ を満たす実数 $k\ (\neq 0)$ が存在することを意味します．

$\vec{a} /\!/ \vec{b}$ を成分表示で表すと，$\vec{a} = \begin{pmatrix} a \\ c \end{pmatrix}$, $\vec{b} = \begin{pmatrix} b \\ d \end{pmatrix}$ のとき，

$$\begin{pmatrix} a \\ c \end{pmatrix} /\!/ \begin{pmatrix} b \\ d \end{pmatrix} \Rightarrow a : c = b : d \Leftrightarrow ad - bc = 0,$$

したがって，

$$\vec{a} = \begin{pmatrix} a \\ c \end{pmatrix},\ \vec{b} = \begin{pmatrix} b \\ d \end{pmatrix} \text{ が平行 } \Rightarrow\ ad - bc = 0$$

が成り立ちます．条件 $ad - bc = 0$ は $\vec{a} = \vec{0}$ または $\vec{b} = \vec{0}$ の場合を含むことに注意しましょう．なお，平行でないときは，$\vec{a} = k\vec{b}$ を満たす実数 $k\ (\neq 0)$ は存在せず，

$$\vec{a} = \begin{pmatrix} a \\ c \end{pmatrix},\ \vec{b} = \begin{pmatrix} b \\ d \end{pmatrix} \text{ のとき，} \quad \vec{a} \not\parallel \vec{b}\ \Leftrightarrow\ ad - bc \neq 0$$

となります．いずれ，絶対値 $|ad - bc|$ は2ベクトル $\vec{a}, \vec{b}$ のなす平行四辺形の面積であることがわかります．

3.2.4　幾何ベクトルと数ベクトル

成分表示を考えず，矢線との関連だけで議論するベクトルを幾何ベクトルといいましたね．我々は幾何ベクトルから出発し，その中でベクトルの相等・和・差・実数倍を定義し，それをベクトルの成分表示，つまり数ベクトルの表

現に翻訳してベクトル演算の基本法則を導きました．高校の多くの教科書ではそのような進め方をしています．

ところで，幾何ベクトルだけを用いて‘完結した理論体系’つまり「公理系」を構成することができます（ユークリッド幾何は座標に無関係なことを思い出すとよいでしょう）．一方，数ベクトルだけを用いても幾何ベクトルと同等の公理系を導くことができます．その意味で幾何ベクトルと数ベクトルは本来は別物と見なされています（ユークリッド幾何とデカルトの解析幾何の違いのようなものと考えるとわかりやすいでしょう）．実際，数ベクトルをベクトルの定義として出発し，ベクトルの相等・和・差・実数倍を成分表示によって定義したとしましょう．すると，成分表示に矢線を対応させて幾何ベクトルを導くことができます．

ベクトルのイメージとしては幾何ベクトルのほうが優れていますが，扱いやすさや一般化のしやすさを考慮すると，数ベクトルをベクトルの定義として出発するのもすっきりした方法と思われます．また，大学で習う n 次元ベクトルは数ベクトルです．したがって，このテキストでは，矢線はベクトルのイメージと考え，それから成分表示を導いた段階で，数ベクトルを改めてベクトルの定義と見なすことにしましょう．

Q1. ベクトル $\overrightarrow{\mathrm{OA}}=\begin{pmatrix}\sqrt{3}\\1\end{pmatrix}$ を考えます．

(1) 長さ $\left|\overrightarrow{\mathrm{OA}}\right|$ を求めなさい．

(2) 直線 OA と x 軸のなす角を求めなさい．

(3) 点 A を原点の周りに 90° 回転した点を A′ とします．ベクトル $\overrightarrow{\mathrm{OA'}}$ を求めなさい．

(4) $\overrightarrow{\mathrm{OA}}+k\overrightarrow{\mathrm{OA'}}$ が y 軸に平行なベクトルのとき k の値を求めなさい．

A1. (1) $\left|\overrightarrow{\mathrm{OA}}\right| = \sqrt{(\sqrt{3}\,)^2+1^2}=2.$

(2) 点 A の座標は $(\sqrt{3}, 1)$ だから，なす角は 30°，または $\frac{\pi}{6}$.

(3) $\overrightarrow{\mathrm{OA}}=\begin{pmatrix}2\cos 30^\circ\\2\sin 30^\circ\end{pmatrix}$ と書けるので，$\overrightarrow{\mathrm{OA'}}=\begin{pmatrix}2\cos 120^\circ\\2\sin 120^\circ\end{pmatrix}=\begin{pmatrix}-1\\\sqrt{3}\end{pmatrix}$.

(4) 和の x 成分が 0 になる．$\begin{pmatrix}\sqrt{3}\\1\end{pmatrix}+k\begin{pmatrix}-1\\\sqrt{3}\end{pmatrix}=\begin{pmatrix}\sqrt{3}-k\\1+k\sqrt{3}\end{pmatrix}$ より，$\sqrt{3}-k=0$.
よって，$k=\sqrt{3}$.

§3.3　位置ベクトルの基本

図形の方程式は点の座標を用いて表されます．ベクトルを用いて図形の方程式を表すことはできないものでしょうか．そのためには，‘ベクトルを点のように扱う’必要があります．

3.3.1　位置ベクトル

ベクトルは，長さと向きしか考えないので，平面上の点を直接表すことはできません．しかしながら，原点を O として，任意のベクトル $\overrightarrow{p}$ に対してベクトル

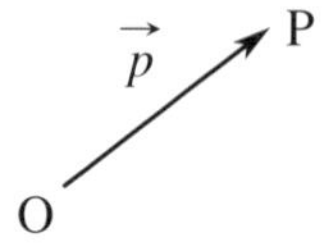

$$\overrightarrow{\mathrm{OP}} = \overrightarrow{p}$$

を考えると，点 P の位置はベクトル $\overrightarrow{p}$ によってただ 1 つ定まり，逆に，点 P に対して $\overrightarrow{p} = \overrightarrow{\mathrm{OP}}$ となるベクトル $\overrightarrow{p}$ はただ 1 つ定まります．このように原点を始点とする矢線が表すベクトル $\overrightarrow{\mathrm{OP}}$ を考えると，点 P とベクトル $\overrightarrow{p}$ が 1 : 1 に対応します．この $\overrightarrow{p}$ を点 P の **位置ベクトル** と名づけましょう．

3.3.2　内分点・外分点

ベクトルを用いて，**内分点・外分点** の公式を導いてみましょう．

線分 AB を $m : n$ の比に内分する点 P の位置ベクトル $\overrightarrow{p} = \overrightarrow{\mathrm{OP}}$ は

$$\begin{aligned}\overrightarrow{p} &= \overrightarrow{\mathrm{OP}} = \overrightarrow{\mathrm{OA}} + \overrightarrow{\mathrm{AP}} = \overrightarrow{\mathrm{OA}} + \frac{m}{m+n}\overrightarrow{\mathrm{AB}} \\ &= \overrightarrow{\mathrm{OA}} + \frac{m}{m+n}(\overrightarrow{\mathrm{OB}} - \overrightarrow{\mathrm{OA}}),\end{aligned}$$

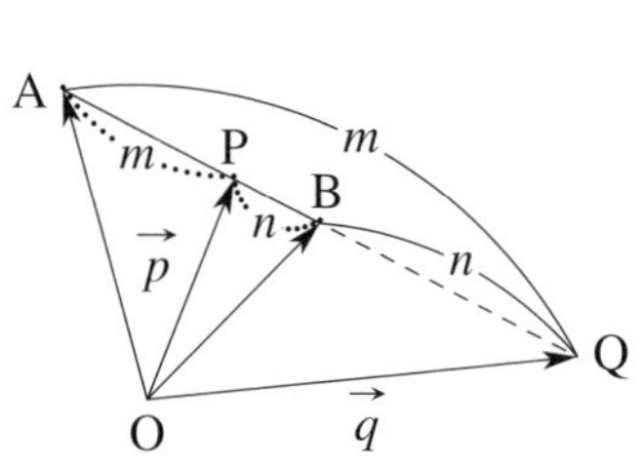

$$\text{よって}\quad \overrightarrow{p} = \overrightarrow{\mathrm{OP}} = \frac{m\,\overrightarrow{\mathrm{OB}} + n\,\overrightarrow{\mathrm{OA}}}{m+n}$$

と表されます．特に，線分 AB の中点 M については

$$\overrightarrow{\mathrm{OM}} = \frac{\overrightarrow{\mathrm{OA}} + \overrightarrow{\mathrm{OB}}}{2}.$$

同様に，線分 AB を $m:n$ の比に外分する点 Q の位置ベクトル $\vec{q}=\overrightarrow{\mathrm{OQ}}$ は

$$\vec{q}=\overrightarrow{\mathrm{OQ}}=\overrightarrow{\mathrm{OA}}+\overrightarrow{\mathrm{AQ}}=\overrightarrow{\mathrm{OA}}+\frac{m}{m-n}\overrightarrow{\mathrm{AB}}$$

$$=\overrightarrow{\mathrm{OA}}+\frac{m}{m-n}(\overrightarrow{\mathrm{OB}}-\overrightarrow{\mathrm{OA}}),$$

よって　$\vec{q}=\overrightarrow{\mathrm{OQ}}=\dfrac{m\overrightarrow{\mathrm{OB}}-n\overrightarrow{\mathrm{OA}}}{m-n}$　　（ただし，$m \neq n$）

と表されます．上の外分点の表式は m，n の大小に関係なく成立することを示しましょう．

3.3.3 直線のベクトル方程式

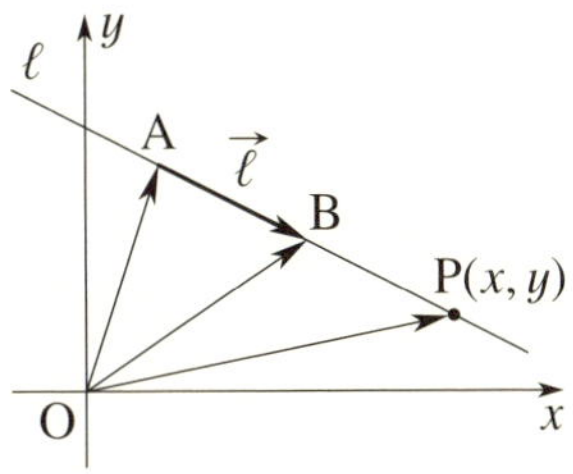

ベクトルを利用して直線の方程式を導いてみましょう．動点 P$(x,\ y)$ は等速度で直線 ℓ 上を動き，時刻 $t=0$ で点 A を，時刻 $t=1$ で点 B を通過しました．位置ベクトル $\begin{pmatrix}x\\y\end{pmatrix}=\overrightarrow{\mathrm{OP}}$ を用いて時刻 t における点 P の位置を表しましょう．$\overrightarrow{\mathrm{AP}}=t\overrightarrow{\mathrm{AB}}$ に注意すると

$$\begin{pmatrix}x\\y\end{pmatrix}=\overrightarrow{\mathrm{OP}}=\overrightarrow{\mathrm{OA}}+\overrightarrow{\mathrm{AP}}$$

$$=\overrightarrow{\mathrm{OA}}+t\,\overrightarrow{\mathrm{AB}}$$

となりますね．この等式は，3 点 A，B，P が同一直線上にある条件，つまり点 $(x,\ y)$ が直線 ℓ 上にあるための条件を表し，$-\infty<t<\infty$ の間に点 $(x,\ y)$ は直線 ℓ 上の全ての点を通過します．よって，この等式は直線 ℓ を表す方程式になります．このとき，動点 P の速度を表すベクトル $\overrightarrow{\mathrm{AB}}$ は直線 ℓ の方向を表すので，それを直線 ℓ の **方向ベクトル** と呼び，記号 $\vec{\ell}$ で表しましょう．よって，直線 ℓ の方程式は

$$\ell:\begin{pmatrix}x\\y\end{pmatrix}=\overrightarrow{\mathrm{OA}}+t\vec{\ell}$$

となります．これを直線 ℓ の **ベクトル方程式** といいます．

直線 ℓ の方程式を具体的に表すために，通る1点を $\mathrm{A}(x_0,\ y_0)$ とし，方向ベクトルを $\overrightarrow{\ell} = \begin{pmatrix} a \\ b \end{pmatrix}$（つまり，傾きが $\frac{b}{a}$）とすると

$$\ell : \begin{pmatrix} x \\ y \end{pmatrix} = \begin{pmatrix} x_0 \\ y_0 \end{pmatrix} + t \begin{pmatrix} a \\ b \end{pmatrix}$$

と表されます．これを x, y 成分に分けて表すと，連立方程式の形

$$\ell : \begin{cases} x = x_0 + at \\ y = y_0 + bt \end{cases}$$

に表されます．これを直線 ℓ のパラメータ表示といいます．t がパラメータ（媒介変数）です．

これからパラメータ t を消去すると，各時刻 t における x と y の直接の関係を表す式，つまり直線の方程式

$$\ell : bx - ay - bx_0 + ay_0 = 0$$

が得られます．

§3.4　ベクトルの線形独立と線形結合

3.4.1　基本ベクトル

任意の位置ベクトル $\overrightarrow{p} = \begin{pmatrix} x \\ y \end{pmatrix}$ に対して

$$\begin{pmatrix} x \\ y \end{pmatrix} = \begin{pmatrix} x \\ 0 \end{pmatrix} + \begin{pmatrix} 0 \\ y \end{pmatrix} = x \begin{pmatrix} 1 \\ 0 \end{pmatrix} + y \begin{pmatrix} 0 \\ 1 \end{pmatrix}$$

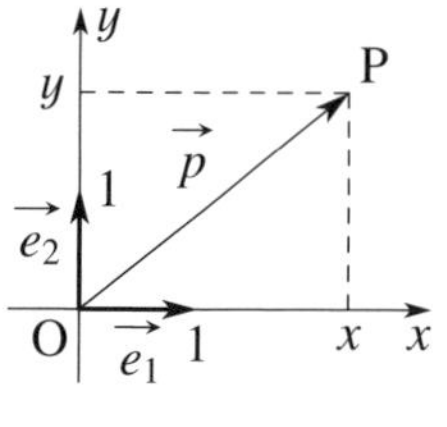

が成り立つので，2つのベクトル $\overrightarrow{e_1} = \begin{pmatrix} 1 \\ 0 \end{pmatrix}$，$\overrightarrow{e_2} = \begin{pmatrix} 0 \\ 1 \end{pmatrix}$ を用いて，

$$\overrightarrow{p} = x\overrightarrow{e_1} + y\overrightarrow{e_2} \qquad \text{（線形結合表示 ①）}$$

と表すことができます．$\overrightarrow{e_1}$，$\overrightarrow{e_2}$ は，共に長さが1でそれぞれ x 軸，y 軸の正の方向を向くベクトルであり，**基本ベクトル** と呼ばれます．

$x\overrightarrow{e_1} + y\overrightarrow{e_2}$（$x$, y は実数）の形のベクトルを，ベクトル $\overrightarrow{e_1}$，$\overrightarrow{e_2}$ の **線形結合**（または **1次結合**）といいます．上の線形結合表示 ① において，実数 x, y を定め

るとベクトル $\vec{p}$ がただ 1 つ定まり，逆に $\vec{p}$（の長さと向き）を定めると実数 x, y の組がただ 1 通りに定まりますね．このことを，ベクトル $\vec{p}$ の線形結合表示 ① は“ただ 1 通りである”または“一意的である”といいましょう．このことは，一般に，2 つのベクトルの線形結合を用いて任意のベクトルを表す可能性を示唆しています．

3.4.2　ベクトルの線形結合

$\vec{a}, \vec{b}$ を与えられた $\vec{0}$ でないベクトルとします．$\vec{a}, \vec{b}$ の線形結合を用いて，任意のベクトル $\vec{p}$ をただ 1 通りに表すことができるかどうか調べましょう．

$\vec{p} = s\vec{a} + t\vec{b}$　（s, t は実数）　（線形結合表示 ②）

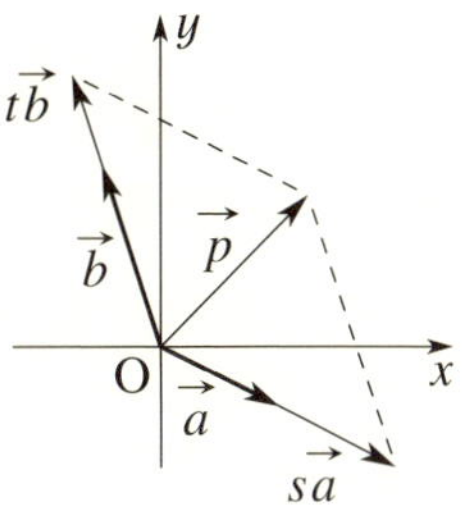

において，s, t を定めると $\vec{p}$ がただ 1 つ定まることはベクトルの和の定義から明らかですね．逆に，$\vec{p}$ を任意に定めたとき，s, t はただ 1 通りに定まるのでしょうか．その答はベクトル $\vec{a}, \vec{b}$ がどのように与えられたか（定められたか）によります．

$\vec{a}$ と $\vec{b}$ が平行でない場合は，$\vec{p}$ を定めると，平行四辺形の法則から，ベクトル $s\vec{a}$，$t\vec{b}$ が，つまり s, t がただ 1 通りに定まりますね．$\vec{a}, \vec{b}$ が平行になる場合，つまり $\vec{b} = k\vec{a}$ の場合はどうでしょうか．この場合は $s\vec{a} + t\vec{b} = (s + tk)\vec{a}$ となり，一般に $\vec{p}$ は $\vec{a}$ と異なる方向なので，$\vec{p}$ を定めたとき線形結合表示 ② を満たす s, t はありませんね[4]．

上の議論より，‘$\vec{a} \neq \vec{0}$，$\vec{b} \neq \vec{0}$ で $\vec{a} \nparallel \vec{b}$ の場合に限り，任意のベクトル $\vec{p}$

---

[4] 式を用いて示すときは，成分表示を用いて $\vec{p} = \begin{pmatrix} p \\ q \end{pmatrix}$，$\vec{a} = \begin{pmatrix} a \\ c \end{pmatrix}$，$\vec{b} = \begin{pmatrix} b \\ d \end{pmatrix}$ などと表しておきます．$\vec{p}$ を定めたとき，

$$\begin{pmatrix} p \\ q \end{pmatrix} = s\begin{pmatrix} a \\ c \end{pmatrix} + t\begin{pmatrix} b \\ d \end{pmatrix} = \begin{pmatrix} sa + tb \\ sc + td \end{pmatrix}$$

より，連立方程式 $as + bt = p$，$cs + dt = q$ が得られ，これを解いて，

$$s = \frac{dp - bq}{ad - bc}, \quad t = \frac{aq - cp}{ad - bc}$$

となります．これがただ 1 組の解をもつ条件は $ad - bc \neq 0$ ですね．よって，この条件は $\vec{a} \nparallel \vec{b}$ および $\vec{a} \neq \vec{0}$，$\vec{b} \neq \vec{0}$ の 3 条件を意味します．

は，2ベクトル $\vec{a}, \vec{b}$ の線形結合の形 $\vec{p} = s\vec{a} + t\vec{b}$ に，ただ1通りに表される' ことがわかりました．この定理はベクトルの幅広い応用をもたらしますが，それは追々理解されるでしょう．

3.4.3 ベクトルの線形独立と空間の次元

上の定理に現れた $\vec{a} \nparallel \vec{b}$ の条件を一般化してみましょう．まず，線形結合の式を利用して $\vec{a}, \vec{b}$ に対する条件

$$s\vec{a} + t\vec{b} = \vec{0} \Rightarrow s = t = 0 \qquad (\text{線形独立 } V^2)$$

を考えます．$\vec{a} = \vec{0}$ または $\vec{b} = \vec{0}$ の場合や，$\vec{a} \parallel \vec{b}$ の場合には $s\vec{a} + t\vec{b} = \vec{0}$ を満たす0でない s，t の組がいくらでもあります．しかし，$\vec{a} \nparallel \vec{b}$ の場合にはそれを満たす解は $s = t = 0$ のみですね．よって，（線形独立 V^2）の条件は $\vec{a} \nparallel \vec{b}$ を表し，これを満たすベクトル $\vec{a}, \vec{b}$ は **線形独立** または **1次独立** であるといわれます．

これから直ちに得られる定理は，$\vec{a} \nparallel \vec{b}$ のとき，

$$p\vec{a} + q\vec{b} = p'\vec{a} + q'\vec{b} \Rightarrow p = p',\ q = q'$$

が成り立つことです．それを確かめるのは簡単な練習問題です．

次に，3つのベクトル $\vec{a}, \vec{b}, \vec{c}$ について，条件

$$s\vec{a} + t\vec{b} + u\vec{c} = \vec{0} \Rightarrow s = t = u = 0 \qquad (\text{線形独立 } V^3)$$

を考えてみましょう．今の場合，3つのベクトルがどれも $\vec{0}$ でなく，どの2つも平行でなくとも，2つのベクトルの線形結合を用いて残りのベクトルを表すことができ，例えば，$\vec{c} = p\vec{a} + q\vec{b}$ です．このとき $s = t = u = 0$ 以外の解がありますね．よって，この条件は意味がありませんね．平面のベクトルを考えている限りは．

$\vec{a} \nparallel \vec{b}$，かつ，$\vec{c}$ が $\vec{a}, \vec{b}$ の両方に直交する場合を考えてみましょう．そんなベクトル $\vec{a}, \vec{b}, \vec{c}$ は同一平面上に描けませんね．しかしながら，3本の鉛筆をベクトルに見立ててみればわかるように，空間上には描けます．そこで，これらのベクトルを空間のベクトルとしたときには，線形独立 V^3 の条件は意味が

あり，それを満たす‘ベクトル $\vec{a}, \vec{b}, \vec{c}$ は線形独立である’といいます．そして，線形独立な 3 つのベクトルの線形結合を用いて，空間上の任意のベクトルをただ 1 通りに表すことができます（空間ベクトルのところで示しましょう）．このように線形独立なベクトルの個数は「空間の次元」と密接に関連しています．平面を「2 次元空間」，我々が住む空間を「3 次元空間」というのはその理由からです．その意味において，数学的には，4 次元空間，5 次元空間，$\cdots$，一般に，n 次元空間が存在します．そして我々はやがて「n 次元線形空間」に深く関わり，n 個の線形独立なベクトルはその空間のベクトルを表す「基底」として議論されることになります．

Q1. (1) 2 つのベクトル $\vec{a} = \begin{pmatrix} 1 \\ 1 \end{pmatrix}$, $\vec{b} = \begin{pmatrix} 2 \\ -1 \end{pmatrix}$ は線形独立であることを示しなさい．

(2) ベクトル $\begin{pmatrix} 1 \\ 2 \end{pmatrix}$ を $\vec{a}, \vec{b}$ の線形結合で表しなさい．

(3) 任意の平面ベクトル $\vec{x} = \begin{pmatrix} x \\ y \end{pmatrix}$ は $\vec{a}, \vec{b}$ の線形結合で表されることを示しなさい．

A1. (1) $\vec{a} \not\parallel \vec{b}$ だから線形独立は明らかですが，きちんとやってみよう．方程式 $s\vec{a} + t\vec{b} = \vec{0}$ を考えると，

$$s\begin{pmatrix} 1 \\ 1 \end{pmatrix} + t\begin{pmatrix} 2 \\ -1 \end{pmatrix} = \begin{pmatrix} s+2t \\ s-t \end{pmatrix} = \begin{pmatrix} 0 \\ 0 \end{pmatrix}$$

より，$s + 2t = 0, s - t = 0$．よって，$s = t = 0$．したがって，線形独立です．

(2) $\begin{pmatrix} 1 \\ 2 \end{pmatrix} = s\vec{a} + t\vec{b}$ とすると，$\begin{pmatrix} 1 \\ 2 \end{pmatrix} = s\begin{pmatrix} 1 \\ 1 \end{pmatrix} + t\begin{pmatrix} 2 \\ -1 \end{pmatrix} = \begin{pmatrix} s+2t \\ s-t \end{pmatrix}$．よって，$1 = s + 2t$, $2 = s - t$．これを解いて，$s = \frac{5}{3}$, $t = \frac{-1}{3}$．したがって，$\begin{pmatrix} 1 \\ 2 \end{pmatrix} = \frac{5}{3}\vec{a} - \frac{1}{3}\vec{b}$.

(3) (2) と同様に $\begin{pmatrix} x \\ y \end{pmatrix} = s\vec{a} + t\vec{b}$ とおくと，任意の x, y に対して，解の組 $s = \frac{x+2y}{3}$, $t = \frac{x-y}{3}$ を得ます．したがって，任意のベクトル $\vec{x}$ に対して，$\vec{x} = s\vec{a} + t\vec{b}$ と表すことができます．

§3.5　ベクトルと図形 (I)

ベクトルを用いて，図形の解析にとりかかりましょう．ベクトルがその威力を発揮し始めるのはこの辺りからです．

3.5.1　直線の分点表示

2 点 A, B を通る直線 ℓ のベクトル方程式は，直線上の点を $P(x, y)$ とすると，$\overrightarrow{AP} = t\overrightarrow{AB}$（$t$ は実数）として

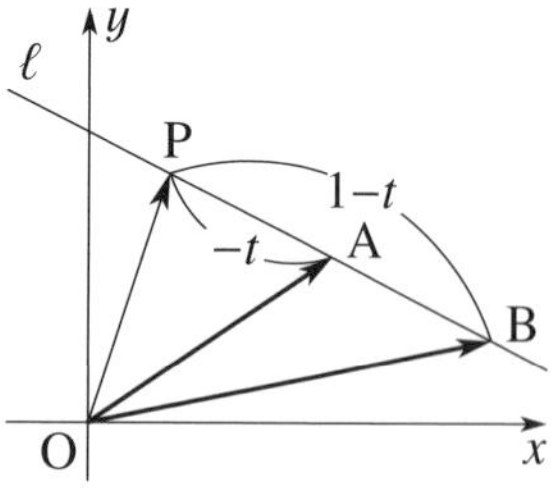

$$\begin{pmatrix} x \\ y \end{pmatrix} = \overrightarrow{OP} = \overrightarrow{OA} + t\overrightarrow{AB}$$

でしたね．この式が内分点・外分点の式と同じであることを示しましょう：

$$\overrightarrow{OP} = \overrightarrow{OA} + t(\overrightarrow{OB} - \overrightarrow{OA}) = t\overrightarrow{OB} + (1-t)\overrightarrow{OA} = \frac{t\overrightarrow{OB} + (1-t)\overrightarrow{OA}}{t + (1-t)}.$$

この式は，§§3.3.2 の内分点・外分点の公式と比較すると，点 $P(x, y)$ が線分 AB を，$0 \leqq t \leqq 1$ のとき $t : 1-t$ の比に内分し，$t > 1$ または $t < 0$ のときは $|t| : |1-t|$ の比に外分することを表していますね．実は，ちょっと考えれば，大して驚くことではなく

直線の方程式 = 2 定点と点 (x, y) が同一直線上にあるための条件式
　　　　　　= 点 (x, y) が 2 定点を結ぶ線分の内分点または外分点

ということでした．

今の議論によると，内分点と外分点を分けて考える必要はなく，また，比を正に制限しないほうが都合がよいようです．そこで，内分点や外分点をまとめて **分点** と呼び，t を実数としておいて

$$\overrightarrow{OP} = t\overrightarrow{OB} + (1-t)\overrightarrow{OA}$$

と表したとき，P を線分 AB を ‘$t : 1-t$ の比に分ける分点’ ということにしましょう．

なお，上の方程式で，$0 \leqq t \leqq 1$ と制限したとき，

$$\begin{pmatrix} x \\ y \end{pmatrix} = \overrightarrow{\mathrm{OA}} + t\,\overrightarrow{\mathrm{AB}} = t\,\overrightarrow{\mathrm{OB}} + (1-t)\,\overrightarrow{\mathrm{OA}} \quad (0 \leqq t \leqq 1)$$

は線分 AB の方程式を表します．

3.5.2　直線上の 3 点

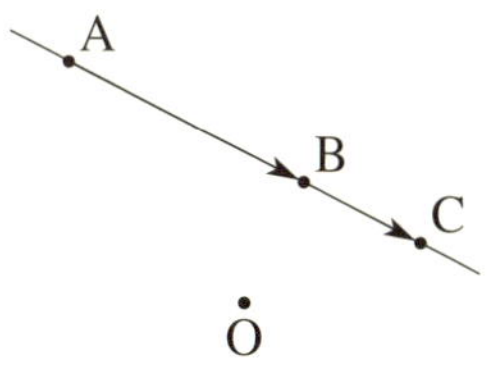

3 点 A, B, C が同一直線上にあるための最も簡単な条件を求めてみましょう．点 C が線分 AB を $t : 1-t$（t は実数）の比に分けるとすると

$$\overrightarrow{\mathrm{OC}} = t\,\overrightarrow{\mathrm{OB}} + (1-t)\,\overrightarrow{\mathrm{OA}} = \overrightarrow{\mathrm{OA}} + t\,\overrightarrow{\mathrm{AB}}$$

を満たす実数 t が存在します．ここで，$\overrightarrow{\mathrm{OC}} - \overrightarrow{\mathrm{OA}} = \overrightarrow{\mathrm{AC}}$ だから，

$$\overrightarrow{\mathrm{AC}} = t\,\overrightarrow{\mathrm{AB}} \text{ を満たす実数 } t \text{ が存在する}$$

ことが 3 点 A, B, C が同一直線上にあるための条件です．ベクトル $\overrightarrow{\mathrm{AB}}$，$\overrightarrow{\mathrm{AC}}$ の始点が一致することに注意しましょう．

3.5.3　3 角形の重心

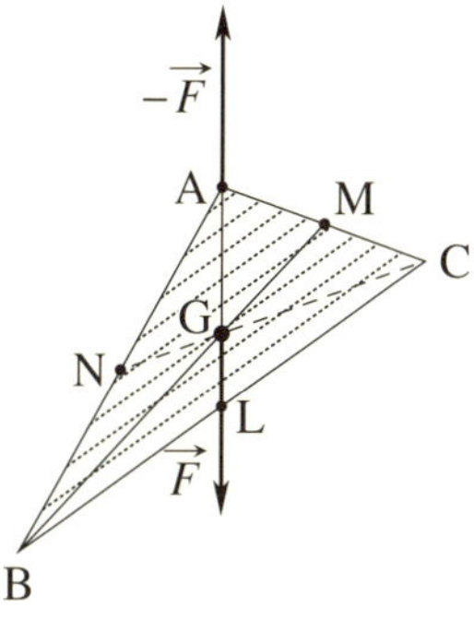

まず，均質な厚紙で△ABC を作ってちょっとした実験をしてみましょう．△ABC のあちこちに小さな穴を開け，片方の端を玉結びした糸を穴に通して吊り上げます．どの穴に通して吊り上げても糸が作る鉛直線は△ABC の‘ど真ん中’の 1 点を通ることに注意しましょう．図は頂点 A で吊り上げた場合で，鉛直線は図の直線 AL になります．頂点 B で吊り上げたときは鉛直線は BM になり，問題の 1 点は 2 直線 BM と AL の交点 G で，それは **重心** と呼ばれます．重心 G に糸を通してそっと吊り上げると，他の場合と違って，△ABC は水平に上がってきますね．

重力の働きを考えて，重心 G の意味を調べてみましょう．重力は△ABC の全ての部分に働きます．各部分に働く重力の総和の合力は，△ABC を吊り上げる力（図の $-\vec{F}$）と釣り合っているので，図の下向きの力 $\vec{F}$ で表されます．どの点で吊り上げても $\vec{F}$ は鉛直線上にあり，また重心 G も必ずその線上にあるので，△ABC に働く総重力 $\vec{F}$ の作用点は重心 G であると断定できます．したがって，その 1 点 G に△ABC の全ての重さ（正確には質量）が集まって，それに重力が働くかのように考えてよいことになります．

重心 G の位置を求めましょう．図の点線で表されたように辺 BC に平行な直線で△ABC を‘極細の帯’に切り分けます．極細帯は実質的に長方形と見なせるので，各細帯の重心は明らかにその帯の中点で，そこにその細帯の重さが全て集まったと見なせます．よって，辺 BC の中点を L とすると，各細帯の重心は全て中線 AL 上にあり，重力の働きだけを考えたときには，△ABC は重さをもつ線分 AL と同一視できます．よって，△ABC の重心 G は中線 AL 上にあることがわかります．同様に線分 AC に平行な直線で△ABC を極細の帯に切り分けると，同様の議論によって，△ABC は重さをもつ中線 BM と同一視でき，重心 G は中線 BM 上にあります．よって，重心 G は 2 中線 AL と BM の交点であることがわかります．

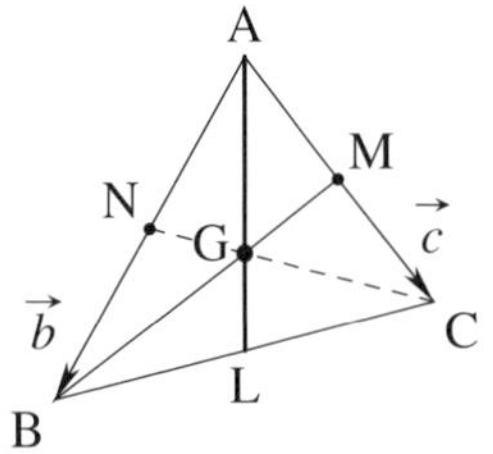

重心 G を求める最後の仕上げには，△ABC のどの 2 辺も平行でないので，例えば，ベクトル $\vec{b}=\overrightarrow{AB}$ と $\vec{c}=\overrightarrow{AC}$ が線形独立であることから導かれた定理を用います：

$$s\vec{b}+t\vec{c}=s'\vec{b}+t'\vec{c} \Leftrightarrow s=s' \text{ かつ } t=t'.$$

さて，重心 G は中線 AL 上にあるので，

$$\overrightarrow{AG}=s\,\overrightarrow{AL}=s\frac{1}{2}(\vec{b}+\vec{c}).$$

また，重心 G は中線 BM 上にあるので，G が線分 BM を $t:1-t$ の比に分ける点とすると

$$\overrightarrow{AG}=t\,\overrightarrow{AM}+(1-t)\,\overrightarrow{AB}=(1-t)\vec{b}+t\,\frac{\vec{c}}{2}.$$

両式を比較して，ベクトル $\vec{b}$ と $\vec{c}$ が線形独立であることから（係数を比較して）

$$\frac{s}{2} = 1 - t, \quad \frac{s}{2} = \frac{t}{2}.$$

これを解いて，$s = t = \frac{2}{3}$．したがって，

$$\overrightarrow{\mathrm{AG}} = \frac{2}{3}\overrightarrow{\mathrm{AL}}.$$

つまり，重心 G は中線 AL を 2 : 1 の比に内分する点であることがわかります．

また，容易にわかるように，重心 G は中線 BM や中線 CN を 2 : 1 の比に内分する点でもあり，そこで 3 つの中線は交わります．

表式 $\overrightarrow{\mathrm{AG}} = \frac{2}{3}\overrightarrow{\mathrm{AL}}$ は，適当なところに原点 O をとると，位置ベクトルを用いて

$$\overrightarrow{\mathrm{OG}} - \overrightarrow{\mathrm{OA}} = \frac{2}{3}(\overrightarrow{\mathrm{OL}} - \overrightarrow{\mathrm{OA}})$$

と表され，$\overrightarrow{\mathrm{OL}} = \frac{1}{2}(\overrightarrow{\mathrm{OB}} + \overrightarrow{\mathrm{OC}})$ より，重心 G は

$$\overrightarrow{\mathrm{OG}} = \frac{1}{3}(\overrightarrow{\mathrm{OA}} + \overrightarrow{\mathrm{OB}} + \overrightarrow{\mathrm{OC}})$$

と表すことができます．この表式は，△ABC の重さを 3 頂点に $\frac{1}{3}$ ずつ均等に振り分けたと考えて，重心 G の位置を計算した場合に一致します．ただし，これは単なる偶然であって，四角形以上の場合では，重さを頂点に等分して重心を計算するのは誤りです．

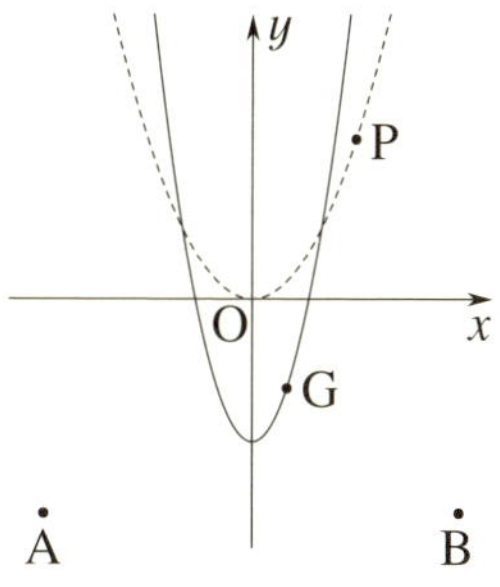

Q1. 2 定点 A(−3, −3)，B(3, −3) と動点 $\mathrm{P}(t, t^2)$（t は時間）がある．△ABP の重心 G の軌跡を求めなさい．

A1. G(x, y) の位置ベクトルは

$$\overrightarrow{\mathrm{OG}} = \frac{1}{3}\left\{\begin{pmatrix}-3\\-3\end{pmatrix} + \begin{pmatrix}3\\-3\end{pmatrix} + \begin{pmatrix}t\\t^2\end{pmatrix}\right\} = \frac{1}{3}\begin{pmatrix}t\\t^2-6\end{pmatrix}.$$

よって，$x = t/3$，$y = (t^2 - 6)/3$ より，軌跡の方程式は

$$y = 3x^2 - 2.$$

§3.6　斜交座標

§3.5 で，ベクトルを図形問題に応用する際に，線形独立なベクトルが重要な役割を演じました．線形独立なベクトルの代表は基本ベクトル $\overrightarrow{e_1}$, $\overrightarrow{e_2}$ であり，それらは直行する xy 座標軸を導きます．この§では，一般の線形独立なベクトルは‘斜交する’座標軸をもたらすことを議論しましょう．

3.6.1　線形結合と図形

点 $\mathrm{P}(x, y)$ を位置ベクトル $\overrightarrow{\mathrm{OP}}$ で表すと，基本ベクトル $\overrightarrow{e_1} = \begin{pmatrix}1\\0\end{pmatrix}$, $\overrightarrow{e_2} = \begin{pmatrix}0\\1\end{pmatrix}$ の線形結合として

$$\overrightarrow{\mathrm{OP}} = x\overrightarrow{e_1} + y\overrightarrow{e_2}$$

と表されます．以下，基本ベクトルを線形独立な右図のベクトル $\vec{a} = \overrightarrow{\mathrm{OA}}$, $\vec{b} = \overrightarrow{\mathrm{OB}}$ で置き換え，位置ベクトル $\overrightarrow{\mathrm{OP}}$ がそれらの線形結合で表されるとしましょう：

$$\overrightarrow{\mathrm{OP}} = s\vec{a} + t\vec{b}.$$

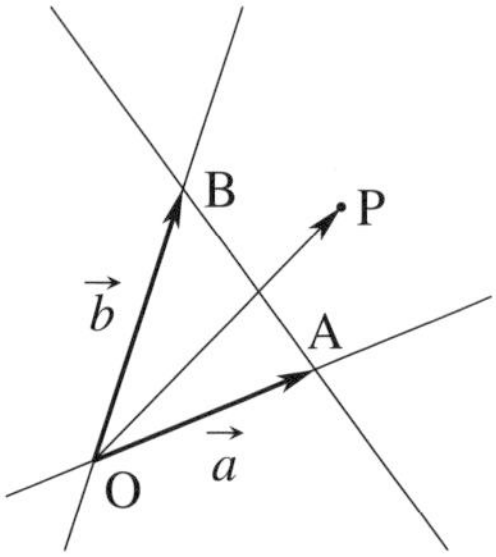

ここで，変数 s, t は，$\vec{a} = \begin{pmatrix}a\\c\end{pmatrix}$, $\vec{b} = \begin{pmatrix}b\\d\end{pmatrix}$ と表されるときには，125 ページの脚注と同様に，$s = \dfrac{dx - by}{ad - bc}$, $t = \dfrac{ay - cx}{ad - bc}$ $(ad - bc \neq 0)$ となります．特に $\vec{a}, \vec{b}$ が基本ベクトル $\overrightarrow{e_1}$, $\overrightarrow{e_2}$ のときは $s = x$, $t = y$ に戻ります（確かめよう）．

さて，実数 s, t に条件をつけると，点 P はある図形上にあり，それを線形結合 $\overrightarrow{\mathrm{OP}} = s\vec{a} + t\vec{b}$ が表す図形といいましょう．例えば，$(s, t) = (0, 0)$ のとき図形は 1 点 $\mathrm{P} = \mathrm{O}$ ですね．逆に，この線形結合 $\overrightarrow{\mathrm{OP}} = s\vec{a} + t\vec{b}$ がある図形を表すとき，実数 s, t はある条件を満たすことになります．例えば，$\mathrm{P} = \mathrm{O}$ なら $(s, t) = (0, 0)$ ですね．この種の議論が斜交座標の導入に役立ちます．

以下，線形結合 $\overrightarrow{\mathrm{OP}} = s\vec{a} + t\vec{b}$ が与えられた図形を表すとき，実数 s, t が満たすべき条件を考えましょう．以下の A)∼F) の上の段で問題の図形を述べ，下の段は s, t が満たすべき条件の解説に当てましょう．

A)　$s\vec{a}+t\vec{b}$ が $\overrightarrow{OA}$ を表す：

P = A だから，$\overrightarrow{OP}=\vec{a}=1\vec{a}+0\vec{b}$．よって，$(s,t)=(1,0)$ ですね．

B)　$s\vec{a}+t\vec{b}$ が直線 OB を表す：

点 P が直線 OB 上にある条件だから，$\overrightarrow{OP}=0\vec{a}+t\vec{b}$（$t$ は任意の実数）．よって，求める条件は $s=0$ ですね．

C)　$s\vec{a}+t\vec{b}$ が直線 AB を表す：

点 P は線分 AB の内分点または外分点になるから，$\overrightarrow{OP}=u\vec{b}+(1-u)\vec{a}$（$u$ は実数）と表されます．よって，$s=1-u, t=u$ だから，求める条件は，パラメータ u を消去して，$s+t=1$ になります．もし $\vec{a},\vec{b}$ が特に基本ベクトル $\vec{e_1}$，$\vec{e_2}$ ならば，この条件 $s+t=1$ は 2 点 A(1, 0)，B(0, 1) を通る直線の方程式 $x+y=1$ そのものですね．このように $\vec{a}=\overrightarrow{OA}$ と $\vec{b}=\overrightarrow{OB}$ が直交するしないにかかわらず，2 点 A，B を通る直線の方程式は同じ形になります．この点に留意(りゅうい)しておくことは以下の議論の理解に決定的に重要です．

D)　$s\vec{a}+t\vec{b}$ が線分 AB を表す：

今度は P は線分 AB の内分点です．$\overrightarrow{OP}=u\vec{b}+(1-u)\vec{a}$ $(0\leqq u\leqq 1)$ と表されるので，$s=1-u$，$t=u$，$0\leqq u\leqq 1$．よって，条件は $s+t=1$ $(0\leqq t\leqq 1)$ です．この条件は $s+t=1$　$(0\leqq s,\ 0\leqq t)$ と表すこともできますね．

E)　$s\vec{a}+t\vec{b}$ が半直線 OA, OB に挟まれた領域 $Q1$（境界を除く）を表す：

線形結合 $s\vec{a}+t\vec{b}$ を変位と見なして，点 P が原点 O から領域 $Q1$ 上の 1 点に移動すると考えてみましょう．まず，原点 O から変位 $s\vec{a}$ だけ直線 OA 上を移動しますが，それが点 A に向かう方向であるためには $s>0$．次に，そこから $t\vec{b}$ だけ移動しますが，この移動は直線 OB に平行な移動なので，点 P が領域 $Q1$ 上にある移動になるためには $t>0$．よって，求める条件は $s>0, t>0$ です．もし $\vec{a},\vec{b}$ が特に基本ベクトル $\vec{e_1}$，$\vec{e_2}$

ならばこの領域は第1象限$(x > 0, y > 0)$なので，条件 $s > 0, t > 0$ は第1象限に対応する領域を表すと考えてよいでしょう．この‘象限’という考え方は以下の議論においても重要です．

F) $s\vec{a} + t\vec{b}$ が△OAB の内部を表す：

まず，点Pが半直線OA，OBに挟まれた領域 $Q1$ 上にあると考えて，条件 $s > 0$，$t > 0$ の下で考えます．次に，$s\vec{a} + t\vec{b}$ を変位と考えて，もし点Pが原点から線分ABの内分点に移動したとしたら条件 $s + t = 1$ が付加されますが，実際には，PはABの内分点には届かず△OABの内部に留まるのだから，付加条件は $s + t < 1$．したがって，求める条件は $s > 0, t > 0, s + t < 1$ です[5]．この問題も，$\vec{a}, \vec{b}$ が基本ベクトル $\vec{e_1}$，$\vec{e_2}$ であるかのように考えて，△OABの内部は，‘第1象限’ $s > 0, t > 0$ のうち，2点A，Bを通る直線 $t = -s + 1$ より下の領域 $t < -s + 1$ と考えることができますね．

以上，議論したように，線形独立なベクトル $\vec{a}, \vec{b}$ の線形結合 $s\vec{a} + t\vec{b}$ の性質は基本ベクトルの線形結合 $x\vec{e_1} + y\vec{e_2}$ の性質にきわめてよく似ていますね．次の§§でその類似性をさらに議論しましょう．

3.6.2 斜交座標系

一般の線形独立なベクトルによる線形結合 $s\vec{a} + t\vec{b}$ $(\vec{a} \neq \vec{0}$，$\vec{b} \neq \vec{0}$，$\vec{a} \not\parallel \vec{b})$ と，その特別な場合の基本ベクトルの線形結合 $x\vec{e_1} + y\vec{e_2}$ の間に，強い類似性が見られました．この§§では，$x\vec{e_1} + y\vec{e_2}$ が xy 座標系を導くように，一般の線形結合 $s\vec{a} + t\vec{b}$ は斜めに交わる座標系を導くことを議論しましょう．

以下の議論のために $\vec{a}, \vec{b}$ は位置ベクトル $\overrightarrow{OA}, \overrightarrow{OB}$ を表すとします．前の§§

---

[5] きちっと導出するには以下のようにします．点Pは線分ABの内分点と原点を結ぶ線分上にあると考えると，$\overrightarrow{OP} = k\{u\vec{b} + (1-u)\vec{a}\}$ $(0 < u < 1, 0 < k < 1)$ と表すことができます．よって，$s = k(1-u)$，$t = ku$．u を消去して $s + t = k$ が得られます．また，k を消去すると $(s + t)u = t$ です．ここで，$0 < k = s + t < 1$ だから $0 < s + t < 1$，また，$0 < u = \dfrac{t}{s+t} < 1$ より，$0 < t < s + t$．これは $0 < t$ かつ $t < s + t$ のことだから，$0 < t$，$0 < s$ を得ます．以上をまとめると，$s > 0, t > 0, s + t < 1$ です．

で一般の線形結合 $s\vec{a}+t\vec{b}=s\overrightarrow{\mathrm{OA}}+t\overrightarrow{\mathrm{OB}}$ を議論しましたが，直線 OB は方程式 $s=0$，また直線 AB は方程式 $s+t=1$ などで表されました．s, t の方程式をもっと考えてみましょう．

方程式 $s=1$ は $s\vec{a}+t\vec{b}=1\,\overrightarrow{\mathrm{OA}}+t\,\overrightarrow{\mathrm{OB}}$（$t$ は任意の実数）のことですから，$s=1$ は点 A を通り線分 OB に平行な直線を表しますね．同様に，方程式 $s=p$ は $p\overrightarrow{\mathrm{OA}}$ の終点を通り線分 OB に平行な直線です．また，方程式 $t=0$ は直線 OA で，$t=q$ は $q\overrightarrow{\mathrm{OB}}$ の終点を通り線分 OA に平行な直線ですね．これらの直線は，s, t を x, y に直すと，xy 直交座標系で A(1, 0), B(0, 1) とした場合の直線に当たりますね．

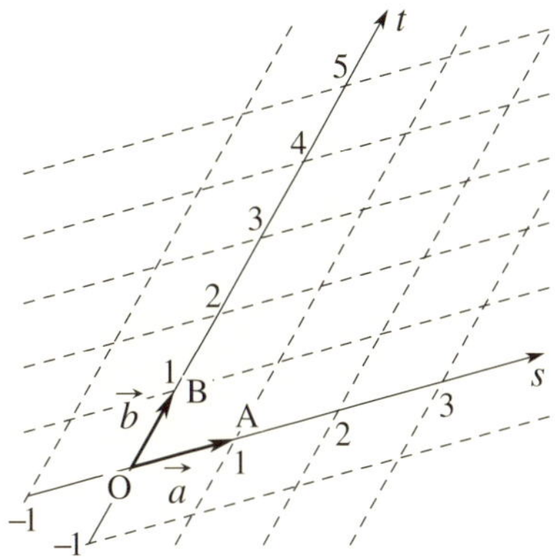

上の議論をふまえて考え方をもっと徹底しましょう．右図にあるように，位置ベクトル $\vec{a}=\overrightarrow{\mathrm{OA}}$，$\vec{b}=\overrightarrow{\mathrm{OB}}$ に沿って新しい座標軸 s 軸，t 軸をとり，点 A, B の座標を (1, 0), (0, 1) としてしまいましょう．このことによって先に議論した直線の方程式は xy 直交座標系のものとの対応が完全になります．

このように座標軸が斜めに交わるような座標系を **斜交座標系** といい，その座標を **斜交座標** と呼びます．すると，位置ベクトル $\overrightarrow{\mathrm{OA}}+\overrightarrow{\mathrm{OB}}$ に対応する点の斜交座標は (1, 1) であり，線形結合 $\overrightarrow{\mathrm{OP}}=s\vec{a}+t\vec{b}$ に対応する点 P の斜交座標は (s, t) となりますね．$s\vec{a}+t\vec{b}$ が斜交座標 (s, t) を表すことになったので，xy 座標系の位置ベクトルの表示 $\begin{pmatrix}x\\y\end{pmatrix}=x\vec{e_1}+y\vec{e_2}$ にならって，ベクトル $\vec{a}, \vec{b}$ の線形結合を

$$\begin{pmatrix}s\\t\end{pmatrix}=s\vec{a}+t\vec{b}$$

と表し，それによって表される斜交座標 (s, t) を斜交座標系の‘点 (s, t)’と呼びましょう．直交座標系の基本ベクトル $\vec{e_1}, \vec{e_2}$ と同様に，座標の向きを決める $\vec{a}, \vec{b}$ はまた斜交座標系における基本となるベクトルです．線形独立な 2 ベクトル $\vec{a}, \vec{b}$ は，その線形結合が平面上の任意のベクトルを表すことができ，数学理論においては平面の「基底」と呼ばれます．

直交座標系の直線の方程式 $y = mx + k$ に当たる斜交座標系の方程式 $t = ms + k$ が直線を表すかどうか調べてみましょう．このとき，線形結合が表す位置ベクトルは

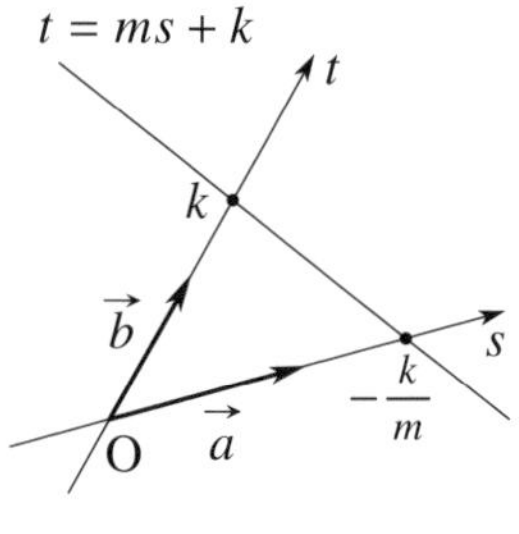

$$\begin{pmatrix} s \\ t \end{pmatrix} = s\vec{a} + t\vec{b} = s\vec{a} + (ms + k)\vec{b}$$
$$= k\vec{b} + s(\vec{a} + m\vec{b})$$

となるので，$k\vec{b}$ が表す点 $(0, k)$ を通り，方向ベクトルが $\vec{a} + m\vec{b}$ の直線を表します．また，s 軸との交点は，$(ms + k)\vec{b} = \vec{0}$ より，$(s, t) = (-\frac{k}{m}, 0)$ です．直線 $y = mx + k$ も xy 座標系の 2 点 $(0, k)$，$(-\frac{k}{m}, 0)$ を通りますね．したがって，$y = mx + k$ と $t = ms + k$ は直交座標系と斜交座標系の‘座標が同じ点’を通る直線になりますね．

斜交座標は多くの分野で応用されています．例えば，アインシュタインの相対性理論のことを聞いたことがあるでしょう．そう，ほとんど光速で飛んでいるロケットから見ると，物体が縮んだり時間が遅れたりするという理論です．この興味をチョーそそる理論では長さや時間の尺度が変わるので，斜交座標はごく普通に利用されています．

以上，議論してきたように，ベクトルの本質はベクトルの線形結合と線形独立性にすでに現れています．それらを用いて直線や多角形に関する問題を十分に扱うことができます（以下に斜交座標を用いて面積比を求める問題を出しましょう）．ただし，一般の線形結合のを用いた場合には距離や角度を扱うことが難しくなります．それらを扱うには基本ベクトルを用い，次の§で議論するように，「内積」を導入することになります．

Q1．3 点 O, A, B は同一直線上にないとします．実数 k, l, m が条件 $k \geqq 0$，$l \geqq 0$，$k + l = 1$，$1 \leqq m$ を満たして変化するとき

$$k\overrightarrow{\mathrm{PA}} + l\overrightarrow{\mathrm{PB}} + m\overrightarrow{\mathrm{PO}} = \vec{0}$$

を満たす点 P の存在する領域の面積 S と△OAB の面積の比を求めなさい．ヒント：ベクトルの始点を揃（そろ）えましょう．

A1.　3 点 O，A，B は定点なので，位置ベクトル $\overrightarrow{\mathrm{OP}}$ を位置ベクトル $\overrightarrow{\mathrm{OA}}$，$\overrightarrow{\mathrm{OB}}$ で表すと，問題の意味がわかるでしょう．与式より

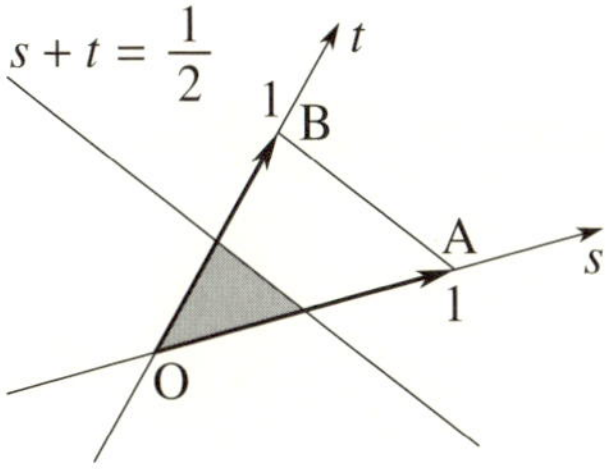

$$k(\overrightarrow{\mathrm{OA}}-\overrightarrow{\mathrm{OP}})+l(\overrightarrow{\mathrm{OB}}-\overrightarrow{\mathrm{OP}})+m(-\overrightarrow{\mathrm{OP}})=\vec{0}.$$

したがって，

$$(k+l+m)\overrightarrow{\mathrm{OP}}=k\overrightarrow{\mathrm{OA}}+l\overrightarrow{\mathrm{OB}},$$

$$\overrightarrow{\mathrm{OP}}=\frac{k}{k+l+m}\overrightarrow{\mathrm{OA}}+\frac{l}{k+l+m}\overrightarrow{\mathrm{OB}}.$$

ここで

$$s=\frac{k}{k+l+m},\qquad t=\frac{l}{k+l+m}$$

とおくと，

$$\overrightarrow{\mathrm{OP}}=s\overrightarrow{\mathrm{OA}}+t\overrightarrow{\mathrm{OB}}$$

と表されます（ここがポイントです）．そこで，条件 $k \geqq 0$，$l \geqq 0$，$k+l=1$，$1 \leqq m$ より

$$s \geqq 0,\quad t \geqq 0,\quad s+t=\frac{k+l}{k+l+m}=\frac{1}{1+m} \leqq \frac{1}{2}.$$

これを整理すると

$$\overrightarrow{\mathrm{OP}}=s\overrightarrow{\mathrm{OA}}+t\overrightarrow{\mathrm{OB}}\qquad \left(s \geqq 0,\ t \geqq 0,\ s+t \leqq \frac{1}{2}\right)$$

です．したがって，点 P の存在範囲は，‘第 1 象限’（半直線 OA，OB で挟まれた領域）のうち，直線 $t=-s+\frac{1}{2}$（線分 OA の中点と線分 OB の中点を結ぶ直線）以下の部分ですね．よって，求める面積比は

$$S : \triangle\mathrm{OAB}=1:4$$

となりますね．

§3.7 ベクトルの内積

ベクトルとベクトルの積である「内積」を学びましょう．内積は，距離の概念に結びつき，やがて一般化される重要な量です．

3.7.1 力がなした仕事

物体に力を加えると物体は一般に動きますね．力を加えたのと同じ向きに物体が動いたとき，力の大きさと動いた距離の積，いわゆる（力）×（距離）を力が物体になした「仕事」といいます．この意味での仕事を，君たちは中学校の理科の授業で習ったことでしょう．仕事は重要な量です．なぜかというと，それは物体の‘エネルギーの変化’を直接表すからです．

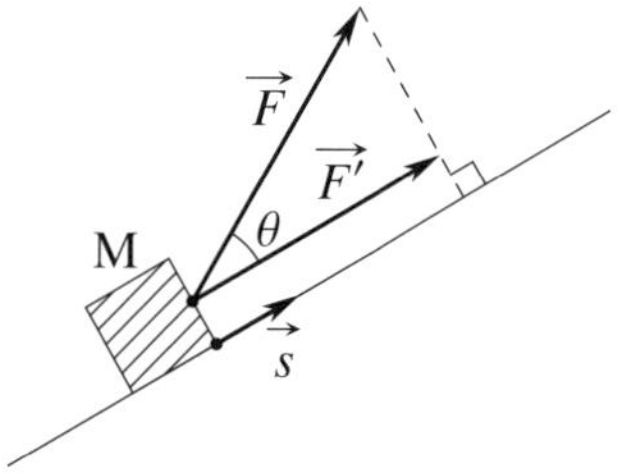

力を加えた方向と物体の動いた方向は，一般には，一致しません．例えば，右図は坂道で物体Mを力 $\overrightarrow{F}$ で引っ張ったときに，物体が変位 $\overrightarrow{s}$ だけ移動することを表しています．そこで，力 $\overrightarrow{F}$ のなす仕事（の量）W を考えるときに，力のベクトル $\overrightarrow{F}$ と変位のベクトル $\overrightarrow{s}$ に関するある‘一般化された積’を定義し，それによって仕事 W を表したいと思うのはごく自然な発想です．そこで，そのような積を $\overrightarrow{F}\cdot\overrightarrow{s}$ と表して[6)]

$$W = \overrightarrow{F}\cdot\overrightarrow{s}$$

が成り立つように，その積の正しい定義を考えましょう．

図の $\overrightarrow{F'}$ は，力のベクトル $\overrightarrow{F}$ の $\overrightarrow{s}$ に平行（斜面に平行）な部分を表すベクトルで，$\overrightarrow{F}$ の $\overrightarrow{s}$ 方向への **正射影ベクトル** と呼ばれます．このとき，力 $\overrightarrow{F'}$ で引っ張ったときに物体Mの変位が $\overrightarrow{s}$ であれば，積 $\overrightarrow{F}\cdot\overrightarrow{s}$ は $\overrightarrow{F'}\cdot\overrightarrow{s}$ と同量の仕事になることを要請しましょう：

6) 積の記号は ・（ドット）を用います．記号 × を用いた積 $\overrightarrow{a}\times\overrightarrow{b}$ は空間ベクトル $\overrightarrow{a}, \overrightarrow{b}$ の両者に直交するベクトルを表すために用意されています．

$$W = \vec{F} \cdot \vec{s} = \vec{F'} \cdot \vec{s}\,.$$

このとき，$\vec{F'} \mathbin{/\!/} \vec{s}$ だから，いわゆる（力）×（距離）は $\left|\vec{F'}\right| \times \left|\vec{s}\right|$ のことです．よって，$\vec{F}$ と $\vec{F'}$ のなす角が $\theta\ (0^\circ \leqq \theta \leqq 90^\circ)$ のときは $\left|\vec{F}\right| \cos\theta = \left|\vec{F'}\right|$ ですから，問題の積を

$$\vec{F} \cdot \vec{s} = \left|\vec{F}\right| \left|\vec{s}\right| \cos\theta$$

と定義すればよいことがわかります．この積はベクトル $\vec{F}$ と $\vec{s}$ の **内積** といわれます．内積の結果は実数ですね．ベクトルに対して実数などのベクトルではない量を強調するとき，それを **スカラー** といいます．したがって，内積は「スカラー積」ともいわれます．

なお，$90^\circ < \theta \leqq 180^\circ$ のときは $\cos\theta < 0$ なので，$\vec{F} \cdot \vec{s} < 0$ となり，引っ張る力 $\vec{F}$ だけによる仕事は負になります（このようなことは，上側に引っ張ったのにもかかわらず（力が弱くて）物体がずり落ちる場合，つまり変位 $\vec{s}$ が坂の下向き方向になった場合に起こります）．しかし，この場合に内積を拡張しても仕事の理論に不都合はなく，理論は首尾一貫しています．したがって，以後は内積の角 θ については $0^\circ \leqq \theta \leqq 180^\circ$ と定めましょう．

3.7.2　内積の基本性質

前の§§の議論によって，ベクトル $\vec{a}, \vec{b}$ のなす角を $\theta\,(\,0^\circ \leqq \theta \leqq 180^\circ\,)$ とすると，それらの内積 $\vec{a} \cdot \vec{b}$ は

$$\vec{a} \cdot \vec{b} = \left|\vec{a}\right| \left|\vec{b}\right| \cos\theta$$

によって定義されました．両ベクトルが $\vec{0}$ でないとき，内積の値は $\cos\theta$ に比例するので，その値は角 θ が鋭角のとき正，直角のとき 0，鈍角のとき負です．

$\vec{a} \cdot \vec{b} = 0$ のときはベクトル $\vec{a}, \vec{b}$ が直交するか，少なくとも片方が $\vec{0}$ であることを意味します．

ベクトル $\vec{a}$ の自分自身との内積は

$$\vec{a} \cdot \vec{a} = \left|\vec{a}\right|^2 \geqq 0, \quad \text{よって，} \quad \left|\vec{a}\right| = \sqrt{\vec{a} \cdot \vec{a}}$$

が成り立ちます．また，$\vec{a} \cdot \vec{a} \geqq 0$ ですが，

$$\vec{a} \cdot \vec{a} = 0 \Leftrightarrow \vec{a} = 0$$

に注意しましょう．なお，大学では $\vec{a}\cdot\vec{a}$ は $\vec{a}^{\,2}$ と略記されます．

いずれ我々はベクトルやその内積を一般化します．そのとき $\sqrt{\vec{a}\cdot\vec{a}}$ を $\|\vec{a}\|$ と表して，$\vec{a}$ の「ノルム」といいます．

内積の定義より，明らかに内積の交換法則

$$\vec{a}\cdot\vec{b}=\vec{b}\cdot\vec{a}$$

が成り立つことに注意しましょう．

内積は 2 つのベクトルの長さとなす角にのみ依存するので，両者の相対的位置関係を保ったまま移動して，片方のベクトルを x 軸に平行にしても内積の値は変わりません．よって，$\vec{a}=\begin{pmatrix}a\\0\end{pmatrix}$，$\vec{b}=\begin{pmatrix}b\\d\end{pmatrix}$ のとき，$\vec{b}$ の $\vec{a}$ 方向への正射影ベクトルを $\vec{b'}$ とすると，

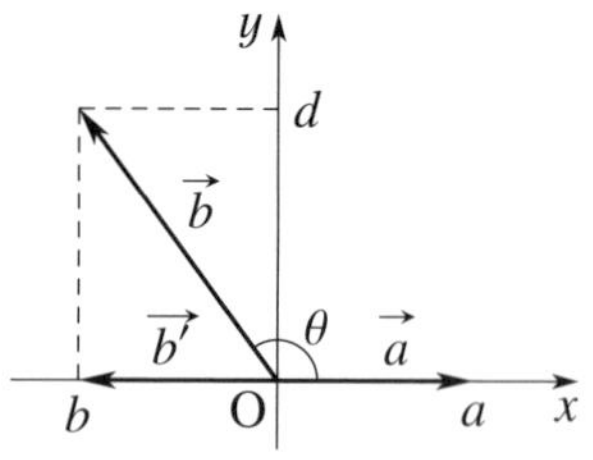

$$\begin{aligned}\vec{a}\cdot\vec{b}&=|\vec{a}||\vec{b}|\cos\theta\\&=\vec{a}\cdot\vec{b'}=\pm|\vec{a}||\vec{b'}|\\&=ab\end{aligned}$$

が成り立ち，内積は両ベクトルの x 成分の積で表されます（上式の ± で，$\vec{a}$ と $\vec{b'}$ が同じ向きのときは +，反対向きのときは − です）．

内積についても分配法則

$$\vec{a}\cdot(\vec{b}+\vec{c})=\vec{a}\cdot\vec{b}+\vec{a}\cdot\vec{c}$$

が成り立ちます．それを導きましょう．$\vec{a}=\begin{pmatrix}a\\0\end{pmatrix}$，$\vec{b}=\begin{pmatrix}b\\d\end{pmatrix}$，$\vec{c}=\begin{pmatrix}c\\e\end{pmatrix}$ とすると，

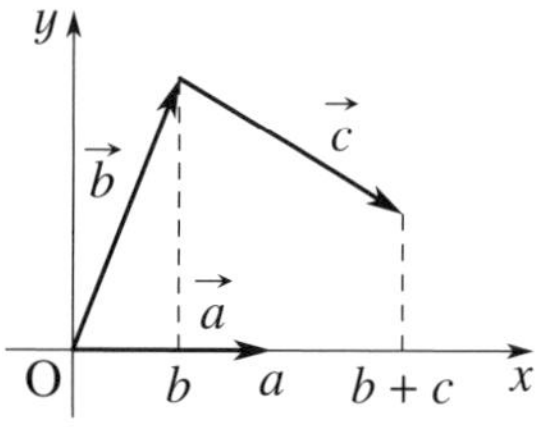

$$\begin{aligned}\vec{a}\cdot(\vec{b}+\vec{c})&=\begin{pmatrix}a\\0\end{pmatrix}\cdot\left(\begin{pmatrix}b\\d\end{pmatrix}+\begin{pmatrix}c\\e\end{pmatrix}\right)=\begin{pmatrix}a\\0\end{pmatrix}\cdot\begin{pmatrix}b+c\\d+e\end{pmatrix}\\&=a(b+c)=ab+ac\\&=\vec{a}\cdot\vec{b}+\vec{a}\cdot\vec{c}.\end{aligned}$$

同様にして，$(\vec{a}+\vec{b})\cdot\vec{c}=\vec{a}\cdot\vec{c}+\vec{b}\cdot\vec{c}$ も成り立ちます．

実数倍したベクトルの内積 $(k\vec{a})\cdot\vec{b}$ について $(k\vec{a})\cdot\vec{b}=\vec{a}\cdot(k\vec{b})=k(\vec{a}\cdot\vec{b})$ が成り立つことは明らかでしょう．

以上の結果をまとめておきましょう：

$$\vec{a}\cdot\vec{b}=0 \Leftrightarrow \vec{a}\perp\vec{b} \quad \text{または} \quad \vec{a}=\vec{0} \quad \text{または} \quad \vec{b}=\vec{0}$$

はよく利用される公式です．

以下のものは内積の基本性質と呼ばれます：

$$\vec{a}\cdot\vec{a}=\left|\vec{a}\right|^2 \geqq 0,$$

$$\vec{a}\cdot\vec{a}=0 \Leftrightarrow \vec{a}=0,$$

$$\vec{a}\cdot\vec{b}=\vec{b}\cdot\vec{a}, \qquad \text{(交換法則)}$$

$$\vec{a}\cdot(\vec{b}+\vec{c})=\vec{a}\cdot\vec{b}+\vec{a}\cdot\vec{c}, \quad (\vec{a}+\vec{b})\cdot\vec{c}=\vec{a}\cdot\vec{c}+\vec{b}\cdot\vec{c}, \qquad \text{(分配法則)}$$

$$(k\vec{a})\cdot\vec{b}=\vec{a}\cdot(k\vec{b})=k(\vec{a}\cdot\vec{b}) \quad (k\text{ は実数}). \tag{3.1}$$

大学の数学ではベクトルや内積は一般化されます．そのとき，上の基本性質は決定的に重要になります．

3.7.3 内積の成分表示

基本ベクトル $\vec{e_1}=\begin{pmatrix}1\\0\end{pmatrix}$, $\vec{e_2}=\begin{pmatrix}0\\1\end{pmatrix}$ の特徴は $\left|\vec{e_1}\right|=\left|\vec{e_2}\right|=1$，$\vec{e_1}\perp\vec{e_2}$ ですから，

$$\vec{e_1}\cdot\vec{e_1}=\vec{e_2}\cdot\vec{e_2}=1, \quad \vec{e_1}\cdot\vec{e_2}=\vec{e_2}\cdot\vec{e_1}=0$$

が成り立ちます．これらの性質と内積の分配法則を組み合わせると，任意のベクトル $\vec{a}=\begin{pmatrix}a\\c\end{pmatrix}$, $\vec{b}=\begin{pmatrix}b\\d\end{pmatrix}$ の内積を成分で表すことができます．

$$\begin{aligned}\vec{a}\cdot\vec{b}&=\begin{pmatrix}a\\c\end{pmatrix}\cdot\begin{pmatrix}b\\d\end{pmatrix}=\left(a\begin{pmatrix}1\\0\end{pmatrix}+c\begin{pmatrix}0\\1\end{pmatrix}\right)\cdot\left(b\begin{pmatrix}1\\0\end{pmatrix}+d\begin{pmatrix}0\\1\end{pmatrix}\right)\\&=ab+cd.\end{aligned}$$

よって，

$$\vec{a} = \begin{pmatrix} a \\ c \end{pmatrix}, \quad \vec{b} = \begin{pmatrix} b \\ d \end{pmatrix} \quad \text{のとき} \quad \vec{a} \cdot \vec{b} = ab + cd$$

が成立して，内積が x 成分の積と y 成分の積の和で表されます．これはとても便利な公式で，2つのベクトルが成分表示されていれば，$ab + cd$ の値からそれらのなす角の鋭角・直角・鈍角が容易にわかります．例えば，$\vec{a}$ と $\vec{b}$ が $\vec{0}$ でないとき，

$$\vec{a} \perp \vec{b} \iff \vec{a} \cdot \vec{b} = ab + cd = 0$$

ですね．なお，今の場合，$\vec{a}$ と $\vec{b}$ が平行であれば $ad - bc = 0$ でしたね．

さらに，ベクトルが成分表示されているときには，$\vec{a}$ と $\vec{b}$ のなす角の余弦 $\cos\theta$ は，内積の成分表示と内積の定義式 $\vec{a} \cdot \vec{b} = |\vec{a}||\vec{b}|\cos\theta$ を組み合わせて表すことができます：

$$\vec{a} = \begin{pmatrix} a \\ c \end{pmatrix}, \quad \vec{b} = \begin{pmatrix} b \\ d \end{pmatrix} \quad \text{のとき} \quad \cos\theta = \frac{\vec{a} \cdot \vec{b}}{|\vec{a}||\vec{b}|} = \frac{ab + cd}{\sqrt{a^2 + c^2}\sqrt{b^2 + d^2}}.$$

Q1. 2直線の方向ベクトルが $\begin{pmatrix} 1 \\ 1 \end{pmatrix}$ と $\begin{pmatrix} 1 - \sqrt{3} \\ 1 + \sqrt{3} \end{pmatrix}$ であるとき，2直線のなす角 θ を求めなさい．

Q2. ベクトル $\vec{b}$ のベクトル $\vec{a}$ 方向への正射影ベクトルを $\vec{b'}$ とするとき，

$$\vec{b'} = \frac{(\vec{a} \cdot \vec{b})}{|\vec{a}|} \frac{\vec{a}}{|\vec{a}|}$$

と表されることを示しなさい．(図は自分で描きましょう)．

A1.

$$\cos\theta = \frac{\begin{pmatrix} 1 \\ 1 \end{pmatrix} \cdot \begin{pmatrix} 1 - \sqrt{3} \\ 1 + \sqrt{3} \end{pmatrix}}{\left|\begin{pmatrix} 1 \\ 1 \end{pmatrix}\right| \left|\begin{pmatrix} 1 - \sqrt{3} \\ 1 + \sqrt{3} \end{pmatrix}\right|} = \frac{2}{\sqrt{2}\sqrt{8}} = \frac{1}{2}$$

より，$\cos\theta = \frac{1}{2}$．よって，$\theta = 60^\circ$．

A2. $\vec{a}$ と $\vec{b}$ のなす角を θ とします．正射影ベクトル $\vec{b'}$ は $\vec{a}$ に平行で，長さは $|\vec{b'}| = \left||\vec{b}|\cos\theta\right|$．よって，$\vec{a}$ 方向の単位ベクトル $\frac{\vec{a}}{|\vec{a}|}$ を用いて $\vec{b'} = |\vec{b}|\cos\theta \frac{\vec{a}}{|\vec{a}|}$ と表されます．最後に，$\cos\theta = \frac{\vec{a} \cdot \vec{b}}{|\vec{a}||\vec{b}|}$ を用いると，

$$\vec{b'} = |\vec{b}| \frac{(\vec{a} \cdot \vec{b})}{|\vec{a}||\vec{b}|} \frac{\vec{a}}{|\vec{a}|} = \frac{(\vec{a} \cdot \vec{b})}{|\vec{a}|} \frac{\vec{a}}{|\vec{a}|}.$$

§3.8　ベクトルと図形 (II)

ベクトルを図形の問題にさらに応用してみましょう．

3.8.1　余弦定理

ベクトル計算を用いると余弦定理が簡単に導かれます．△ABC において

$$\mathrm{BC}^2 = \left|\overrightarrow{\mathrm{BC}}\right|^2 = \overrightarrow{\mathrm{BC}} \cdot \overrightarrow{\mathrm{BC}}$$

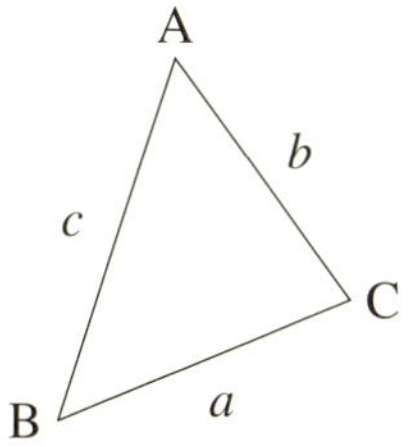

などと，辺の長さが内積を用いて表されることに注意しましょう．上式に $\overrightarrow{\mathrm{BC}} = \overrightarrow{\mathrm{AC}} - \overrightarrow{\mathrm{AB}}$ を代入して整理すると

$$\begin{aligned} \mathrm{BC}^2 &= \mathrm{AC}^2 + \mathrm{AB}^2 - 2\overrightarrow{\mathrm{AC}} \cdot \overrightarrow{\mathrm{AB}} \\ &= \mathrm{AC}^2 + \mathrm{AB}^2 - 2\mathrm{AC} \cdot \mathrm{AB} \cos A \\ \Leftrightarrow\ a^2 &= b^2 + c^2 - 2bc \cos A \end{aligned}$$

となって，確かに余弦定理が得られます．

なお，余弦定理を用いると内積を成分の積の和によって定義できます[7)]．

---

7) ベクトルを成分表示で定義した場合は，ベクトル $\vec{a} = \begin{pmatrix} a \\ c \end{pmatrix}$, $\vec{b} = \begin{pmatrix} b \\ d \end{pmatrix}$ の内積は，$\vec{a} \cdot \vec{b} = ab + cd$ と，各成分の積の和で定義することになります．これを正当化するには，その内積の定義から内積の角表示 $\vec{a} \cdot \vec{b} = |\vec{a}||\vec{b}| \cos\theta$（$\theta$ は $\vec{a}$ と $\vec{b}$ のなす角）を導く必要があります．そのためには余弦定理が必要です．△ABC において，$\overrightarrow{\mathrm{AB}} = \begin{pmatrix} a \\ c \end{pmatrix}$, $\overrightarrow{\mathrm{AC}} = \begin{pmatrix} b \\ d \end{pmatrix}$ とおいて，$ab + cd = \mathrm{AB} \cdot \mathrm{AC} \cos A$ を示せばよいでしょう．$\overrightarrow{\mathrm{AB}} = \begin{pmatrix} a \\ c \end{pmatrix}$ より $\overrightarrow{\mathrm{AB}} \cdot \overrightarrow{\mathrm{AB}} = a^2 + c^2 = \mathrm{AB}^2$, よって，$\overrightarrow{\mathrm{AB}} \cdot \overrightarrow{\mathrm{AB}} = \mathrm{AB}^2$ などが成り立ちます．また，$\overrightarrow{\mathrm{BC}} = \overrightarrow{\mathrm{AC}} - \overrightarrow{\mathrm{AB}} = \begin{pmatrix} b - a \\ d - c \end{pmatrix}$ です．よって，余弦定理から

$$\begin{aligned} 2\mathrm{AB} \cdot \mathrm{AC} \cos A &= \mathrm{AB}^2 + \mathrm{AC}^2 - \mathrm{BC}^2 \\ &= a^2 + c^2 + b^2 + d^2 - (b - a)^2 - (d - c)^2 \\ &= 2(ab + cd). \end{aligned}$$

したがって，$ab + cd = \mathrm{AB} \cdot \mathrm{AC} \cos A$，つまり $\overrightarrow{\mathrm{AB}} \cdot \overrightarrow{\mathrm{AC}} = \left|\overrightarrow{\mathrm{AB}}\right|\left|\overrightarrow{\mathrm{AC}}\right| \cos A$ が導かれます．

空間ベクトルについてもまったく同様の議論ができます．

3.8.2 3 角形の面積

内積を用いて△ABC の面積 S を求めましょう.

$$S = \frac{1}{2}\mathrm{AB}\cdot\mathrm{AC}\sin A = \frac{1}{2}\mathrm{AB}\cdot\mathrm{AC}\sqrt{1-\cos^2 A}$$
$$= \frac{1}{2}\sqrt{\mathrm{AB}^2\cdot\mathrm{AC}^2 - (\mathrm{AB}\cdot\mathrm{AC}\cos A)^2}$$
$$= \frac{1}{2}\sqrt{\left|\overrightarrow{\mathrm{AB}}\right|^2\left|\overrightarrow{\mathrm{AC}}\right|^2 - \left(\overrightarrow{\mathrm{AB}}\cdot\overrightarrow{\mathrm{AC}}\right)^2}$$

となりますね. これで 3 角形の面積を辺に対応するベクトルを用いて表すことができました.

さらに, ベクトルを成分表示して, $\overrightarrow{\mathrm{AB}} = \begin{pmatrix} a \\ c \end{pmatrix}$, $\overrightarrow{\mathrm{AC}} = \begin{pmatrix} b \\ d \end{pmatrix}$ とすると

$$S = \frac{1}{2}\sqrt{(a^2+c^2)(b^2+d^2)-(ab+cd)^2} = \frac{1}{2}\sqrt{(ad-bc)^2}$$
$$= \frac{1}{2}|ad-bc|$$

と非常に簡単な式で表されます. $S = 0$ のとき $ad - bc = 0$ となりますが, この条件は $\overrightarrow{\mathrm{AB}} \mathbin{/\!/} \overrightarrow{\mathrm{AC}}$ と同じです.

3.8.3 直線の法線ベクトル

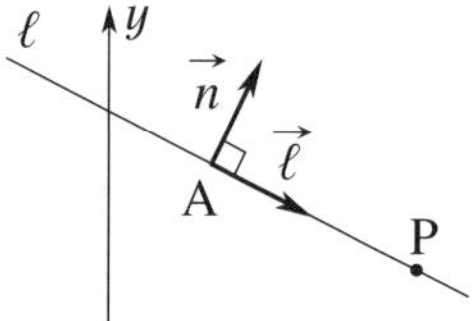

直線 ℓ を定めるには ℓ が通る 1 点 A と ℓ の方向ベクトル $\vec{\ell}$ を与えればよいですね. 方向ベクトル $\vec{\ell}$ にはそれに直交するベクトル $\vec{n}$ があり, それを直線 ℓ の **法線ベクトル** といいます. よって, 直線 ℓ はそれが通る 1 点 A と法線ベクトル $\vec{n}$ によって定めることもできます. このことを確かめてみましょう.

点 A の座標を (x_0, y_0), 法線ベクトル $\vec{n}$ を $\begin{pmatrix} a \\ b \end{pmatrix}$ としましょう. 直線 ℓ 上の任意の点を $\mathrm{P}(x, y)$ とすると, ベクトル $\overrightarrow{\mathrm{AP}} = \begin{pmatrix} x-x_0 \\ y-y_0 \end{pmatrix}$ は方向ベクトル $\vec{\ell}$ に平行なので, 法線ベクトル $\vec{n}$ に直交します. よって

$$\vec{n}\cdot\overrightarrow{\mathrm{AP}} = 0$$

が成立します．これを成分で表すと

$$\begin{pmatrix} a \\ b \end{pmatrix} \cdot \begin{pmatrix} x - x_0 \\ y - y_0 \end{pmatrix} = 0 \quad \text{つまり} \quad a(x - x_0) + b(y - y_0) = 0$$

です．これは明らかに直線の方程式を表し，したがって，直線 ℓ の方程式は上式，または，

$$\ell : ax + by = ax_0 + by_0, \qquad \text{または,} \qquad \ell : \begin{pmatrix} a \\ b \end{pmatrix} \cdot \begin{pmatrix} x \\ y \end{pmatrix} = \begin{pmatrix} a \\ b \end{pmatrix} \cdot \begin{pmatrix} x_0 \\ y_0 \end{pmatrix}$$

などのように表すことができます．法線ベクトルが $\begin{pmatrix} a \\ b \end{pmatrix}$ の直線 ℓ の方程式は，x, y の係数が a, b であることに注意しましょう．法線ベクトル $\begin{pmatrix} a \\ b \end{pmatrix}$ を用いて表された直線の方程式 $\begin{pmatrix} a \\ b \end{pmatrix} \cdot \begin{pmatrix} x \\ y \end{pmatrix} =$ 一定 を **直線の内積表示** といいます．

3.8.4　点と直線の距離

点と直線の距離の公式は点から直線に下ろした垂線の長さですから，通常は，垂線の足の座標を求める方法がとられます．しかしながら，この方法は相当の計算力を必要とします．直線の法線ベクトル $\vec{n}$ を用いるとその座標を求めずに済む方法がありますので，ここではあっさりと導きましょう．

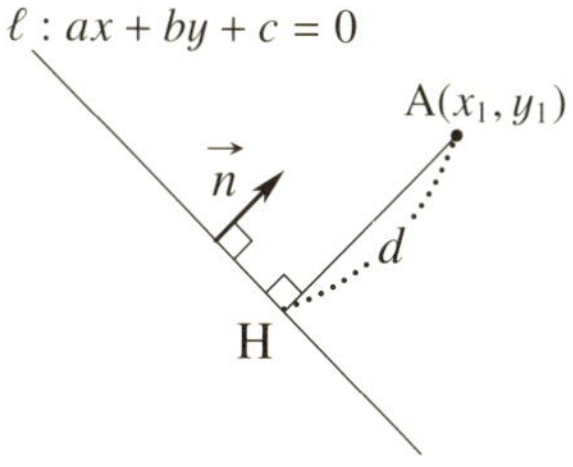

1 点 $\mathrm{A}(x_1, y_1)$ から直線 $\ell : ax + by + c = 0$ に下ろした垂線の足を $\mathrm{H}(p, q)$ としたとき，点 A と直線 ℓ の距離 d は線分 AH の長さでしたね．導出のポイントは，$d = \left|\overrightarrow{\mathrm{HA}}\right|$，$\overrightarrow{\mathrm{HA}} \,/\!/\, \vec{n} = \begin{pmatrix} a \\ b \end{pmatrix}$，および，点 $\mathrm{H}(p, q)$ が直線 ℓ 上にある（つまり，$ap + bq + c = 0$ が満たされている）ことの 3 点です．

内積 $\vec{n} \cdot \overrightarrow{\mathrm{HA}}$ を 2 通りの方法で計算しましょう．$\vec{n}$ と $\overrightarrow{\mathrm{HA}}$ が同じ向きであるか，反対向きかに注意して

$$\vec{n} \cdot \overrightarrow{\mathrm{HA}} = |\vec{n}|\left|\overrightarrow{\mathrm{HA}}\right|(\pm 1) = \pm\sqrt{a^2 + b^2}\, d.$$

また，
$$\vec{n}\cdot\overrightarrow{\mathrm{HA}}=\begin{pmatrix}a\\b\end{pmatrix}\cdot\begin{pmatrix}x_1-p\\y_1-q\end{pmatrix}$$
$$=a(x_1-p)+b(y_1-q)=ax_1+by_1-(ap+bq)$$
$$=ax_1+by_1-(-c).$$

両者を比較して
$$\pm\sqrt{a^2+b^2}\,d=ax_1+by_1+c,$$

よって，
$$d=\frac{|ax_1+by_1+c|}{\sqrt{a^2+b^2}}.$$

垂線の足 H の座標を求めないで AH の長さが得られましたね．この結果は垂線の足の座標を求める方法に当然ながら一致します．

Q1. 3 点 A(−1, 3), B(1, 2), C(3, 5) のなす△ABC の面積を求めなさい．

Q2. 直線 $\ell:\begin{pmatrix}x\\y\end{pmatrix}=\begin{pmatrix}1\\0\end{pmatrix}+t\begin{pmatrix}\sqrt{3}\\1\end{pmatrix}$ 上に長さ 2 の線分 AB がある．点 C の座標を $(1,\sqrt{3})$ とするとき，△ABC の面積を求めなさい．（図は各自で描きましょう）．

A1. $\overrightarrow{\mathrm{AB}}=\begin{pmatrix}2\\-1\end{pmatrix}$, $\overrightarrow{\mathrm{AC}}=\begin{pmatrix}4\\2\end{pmatrix}$ だから，成分表示を用いた 3 角形の面積公式が利用できます．$\triangle\mathrm{ABC}=\frac{1}{2}|2\cdot2-(-1)\cdot4|=4$.

A2. 点と直線の距離の公式を利用するために，直線 ℓ の方程式を求めます．問題の ℓ のパラメータ表示の両辺に法線ベクトル $\begin{pmatrix}1\\-\sqrt{3}\end{pmatrix}$ を内積すると
$$\ell:\begin{pmatrix}1\\-\sqrt{3}\end{pmatrix}\cdot\begin{pmatrix}x\\y\end{pmatrix}=\begin{pmatrix}1\\0\end{pmatrix}\cdot\begin{pmatrix}1\\-\sqrt{3}\end{pmatrix}+t\begin{pmatrix}\sqrt{3}\\1\end{pmatrix}\cdot\begin{pmatrix}1\\-\sqrt{3}\end{pmatrix}$$
$$=1.$$

したがって，$\ell: x-\sqrt{3}y-1=0$ が得られます．よって，$C(1,\sqrt{3})$ から ℓ に下ろした垂線の長さ d は
$$d=\frac{|1-\sqrt{3}\sqrt{3}-1|}{\sqrt{1+3}}=\frac{3}{2}.$$

したがって，$\triangle\mathrm{ABC}=\frac{1}{2}\mathrm{AB}\cdot d=\frac{1}{2}2\frac{3}{2}=\frac{3}{2}$ となります．

第4章　空間ベクトル

第 3 章の始めに述べたように，ベクトル計算に今日の形を与えたのはギッブスです．内積や外積の今日の記号法 $\vec{a}\cdot\vec{b}$，$\vec{a}\times\vec{b}$ は彼に依っています．

空間ベクトルを表す記号は平面ベクトルと同じです．実際，両者は基本的にはよく似た性質をもちます．

19 世紀末になると，ペアノ（Giuseppe Peano，1652～1717，イタリア）がベクトルの抽象的な定義を定式化させました．20 世紀に入ると ヒルベルトによって数学の公理化が始まり，1920 年代には「ベクトル空間」（「線形空間」）の概念が広く認められていきました．

§4.1　空間座標

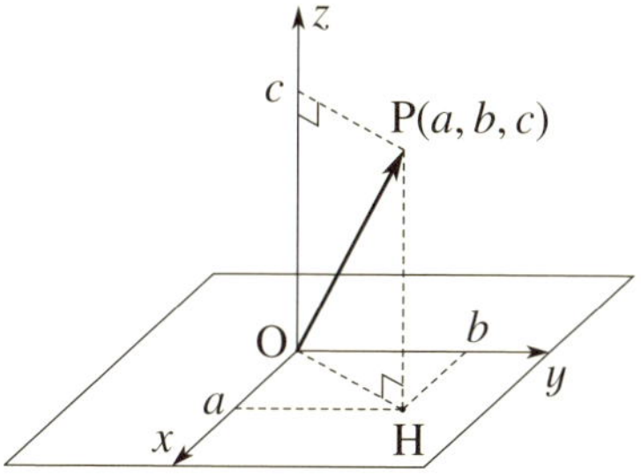

我々は空間の中に住んでいます．空間上の位置を指定する方法を考えましょう．空間上に 1 つの平面を考え，その平面上に原点 O および互いに直交する x 軸，y 軸をとります．この x 軸，y 軸を含む平面を ***xy* 平面** といいます．xy 平面上の各点でその平面に垂直な直線があり，その中で原点 O を通るものを z 軸とします．x，y，z 座標の尺度はもちろん共通とします．y 軸，z 軸を含む平面を ***yz* 平面**，z 軸，x 軸を含む平面を ***zx* 平面**といいます．

図の x, y, z 軸の正の向きは，それぞれ，右手の親指，人差し指，中指を広げたときにそれらの指の指す向きになっているので，**右手系** と呼ばれます．もし，図の z 軸を下向きに正にとるならば **左手系** です．

空間上の点 P の座標を定めるには，まず P から xy 平面に下ろした垂線の足を H として，点 H の x, y 座標が a, b のとき H の空間座標を $(a, b, 0)$ とします．次に，P から z 軸に下ろした垂線の足の z 座標が c のとき，点 P の空間座標を (a, b, c) とします．このように x, y, z 軸を定めたとき，点の座標はただ 1 通りに定まります．

点 P と原点 O の距離 OP は，△OPH が直角 3 角形なので，

$$\begin{aligned} \mathrm{OP} &= \sqrt{\mathrm{OH}^2 + \mathrm{HP}^2} \\ &= \sqrt{a^2 + b^2 + c^2} \end{aligned}$$

と，平面の場合に似た式で表されます．

4.1.1 空間ベクトルと演算法則

ベクトルの演算法則は平面ベクトル・空間ベクトルに共通であり，このことから，ベクトルは次元に関係せずに定義できることがわかります．

4.1.1.1 空間ベクトルの定義

空間上においても，平面の場合と同様に，向きと長さをもつ量が定義できるので，それを **空間ベクトル** といいましょう．空間ベクトルも矢線で表すことができ，その矢線の長さをベクトルの長さ（大きさ）というのは平面ベクトルの場合と同じです．例えば，前の§§の点 $\mathrm{P}(a, b, c)$ について，位置ベクトル $\overrightarrow{\mathrm{OP}}$ の長さは

$$\left|\overrightarrow{\mathrm{OP}}\right| = \mathrm{OP} = \sqrt{a^2 + b^2 + c^2}$$

と定められます．

ベクトル $\overrightarrow{\mathrm{OP}}$ の成分表示は，原点 O から点 $\mathrm{P}(a, b, c)$ への変位と考えて，

$$\overrightarrow{\mathrm{OP}} = \begin{pmatrix} a \\ b \\ c \end{pmatrix}$$

のように列ベクトルで表すことができます．また，

$$\overrightarrow{\mathrm{OP}} = (a,\ b,\ c)$$

のように，行ベクトルで表しても構いません．

空間ベクトルの相等や・和・差・実数倍の定義は，関係する 2 つのベクトルを表す矢線の始点を一致させれば適当な平面上で議論できるので，平面ベクトルの場合と同様です．ベクトルの成分表示で表すと，

$$\vec{a} = \begin{pmatrix} a \\ b \\ c \end{pmatrix}, \quad \vec{b} = \begin{pmatrix} d \\ e \\ f \end{pmatrix}$$

のとき

$$\vec{a} = \vec{b} \iff a = d,\ b = e,\ c = f,$$

$$\vec{a} + \vec{b} = \begin{pmatrix} a+d \\ b+e \\ c+f \end{pmatrix}, \qquad \vec{a} - \vec{b} = \begin{pmatrix} a-d \\ b-e \\ c-f \end{pmatrix},$$

$$k\vec{a} = \begin{pmatrix} ka \\ kb \\ kc \end{pmatrix} \qquad (k \text{ は実数})$$

などが成り立ちますね[1]．

4.1.1.2 ベクトルの演算法則

空間ベクトルについても，容易に確かめられるように，平面ベクトルの場合と同じ演算法則が成り立ちます：

$$\vec{a} + \vec{b} = \vec{b} + \vec{a}, \qquad \text{(交換法則)}$$

$$(\vec{a} + \vec{b}) + \vec{c} = \vec{a} + (\vec{b} + \vec{c}). \qquad \text{(結合法則)}$$

実数 k, l に対して

$$k(l\vec{a}) = (kl)\vec{a}, \qquad \text{(積の結合法則)}$$

$$(k+l)\vec{a} = k\vec{a} + l\vec{a}, \qquad k(\vec{a} + \vec{b}) = k\vec{a} + k\vec{b}. \qquad \text{(分配法則)}$$

これらの演算法則が成り立つことは，平面ベクトルも空間ベクトルも似たような性質をもっていることを意味します．実際，ほとんどの場合に両者は同じように扱うことができます．

---

[1] 我々は，空間ベクトルについても，成分表示をベクトルの定義とする立場をとり，上述のベクトルの相等や，和，差，実数倍の成分表示についても定義と見なしましょう．

このように‘ベクトルの基本性質は空間の次元によらない’ことが示唆されたので，もう少し議論しましょう．‘1次元ベクトル’を考えます．これは直線上の，例えば，x 軸上のベクトルです．そんなベクトルが上の演算法則を満たすことは容易に確かめられます．1次元ベクトルとは何でしょう．1次元では向きは同じ向きか反対向きかのどちらかなので，大きさと合わせて考えると，1次元ベクトルは実数そのものと見なされます．実際，上の演算法則で，記号に惑わされないように，$\vec{a}, \vec{b}, \vec{c}$ を a, b, c と書き直してみましょう：

$$a + b = b + a, \qquad \text{（交換法則）}$$

$$(a + b) + c = a + (b + c), \qquad \text{（結合法則）}$$

$$k(la) = (kl)a, \qquad \text{（積の結合法則）}$$

$$(k + l)a = ka + la, \qquad k(a + b) = ka + kb. \qquad \text{（分配法則）}$$

これらはまさに実数の計算法則そのものですね．これで，実数は1次元ベクトルである（つまり，実数は1次元ベクトルと区別がつかない）ことが納得されるでしょう．

さらに，ベクトルの演算法則において $\vec{a}, \vec{b}, \vec{c}$ を複素数 z_1, z_2, z_3 に置き換え，また実数 k, l を改めて複素数と見直しましょう：

$$z_1 + z_2 = z_2 + z_1\,, \qquad \text{（交換法則）}$$

$$(z_1 + z_2) + z_3 = z_1 + (z_2 + z_3)\,. \qquad \text{（結合法則）}$$

複素数 k, l に対して

$$k(lz_1) = (kl)z_1\,, \qquad \text{（積の結合法則）}$$

$$(k + l)z_1 = kz_1 + lz_1\,, \quad k(z_1 + z_2) = kz_1 + kz_2\,. \qquad \text{（分配法則）}$$

これらは当に複素数の交換・結合・分配の計算法則になりますね．この事実は‘複素数もまたベクトルである’ことを示しています．実際，複素数の内・外分点の公式はベクトルのそれと同じですね．ベクトル計算の発展が複素数計算の発展と同時になされた理由は，両者に対して演算法則が実質的に同じであるためでした．

理解をより深めるために，次の§§でさらに‘ベクトル’の議論をしましょう．

4.1.1.3 ベクトルの公理的定義

我々は，ベクトルの導入に当たって，まず矢線で表す幾何ベクトルから入り次に成分で表す数ベクトルを用いました．矢線↗と数の並び $\begin{pmatrix} * \\ * \end{pmatrix}$ は外見はまったく違いますが，両者は共に同じ演算法則を満たします．それ故に，その一方から他方を導くことができ，両者は同じものに対する異なる表現と結論されます．演算法則は‘演算の対象が満たす基本性質’つまり‘基本的な振る舞い’です．したがって，‘振る舞い’が同じものは，外見がまったく違っていても，同じものと見なされます．動植物の分類などにおいても，似ても似つかないものが同じ種に分けられることはよくありますね．

ベクトルの演算法則はベクトルの次元を規定しないので，平面ベクトルと空間ベクトルを区別するには他の付加的な議論つまり線形独立性が必要です．また，演算法則は，平面ベクトルと複素数を区別しませんが，それらが同じように振る舞うことを示し，したがって，それらが“ベクトル属”とでもいうべき範疇（はんちゅう）（カテゴリー）に分類されることを示しています．

上述のような過程を経て，数学者はベクトルの演算法則の重要性を認識し，19 世紀末の頃‘ベクトルの定義そのものに対して演算法則を公理（基本仮定）として利用する’ことを企てました．その詳細は第 5 章で議論しますが，それらの公理は，先に述べた演算法則

$$\vec{a}+\vec{b}=\vec{b}+\vec{a}, \qquad (\vec{a}+\vec{b})+\vec{c}=\vec{a}+(\vec{b}+\vec{c}), \qquad k(l\vec{a})=(kl)\vec{a},$$

$$(k+l)\vec{a}=k\vec{a}+l\vec{a}, \qquad k(\vec{a}+\vec{b})=k\vec{a}+k\vec{b} \qquad (k,\ l \text{ はスカラー})$$

が成立すること，および，‘これらの演算の結果はまたベクトルになる’ことを要請し，また，零ベクトル $\vec{0}$，および，ベクトル $\vec{a}$ の逆ベクトル $-\vec{a}$ が存在すること，つまり任意のベクトル $\vec{a}$ に対して

$$\vec{a}+\vec{0}=\vec{a}, \qquad \vec{a}+(-\vec{a})=\vec{0}$$

を満たすベクトル $\vec{0}$ および $-\vec{a}$ の存在を仮定します．なお，係数 k, l はベクトルと区別する意味で **スカラー** と呼ばれ，その実体は実数（場合により複素数）です．なお，スカラーには単位の大きさ 1 が含まれるとします：

$$\text{任意のベクトル } \vec{a} \text{ に対して} \qquad 1\vec{a}=\vec{a}.$$

これら一連の公理はベクトルを定義する**公理系**（公理群）といわれます．それらはベクトルが満たすべき計算規則として‘しごくもっとも’であり，また，ベクトルの計算に必要な道具は全て盛られています．数学者達が考えたのは，話を逆転させて，‘これらの公理系を満たす量 $\overrightarrow{a}$, $\overrightarrow{b}$, $\overrightarrow{c}$（なら何であっても，それら）をベクトルと定義する’ということです．つまり，“これこれの基本的計算規則に従う（立居振舞をする）のがベクトルである”と定めようというわけです．つまり，その外見についてはまったく問わないのです．

そのためか，この公理系が定める‘ベクトル’は非常に大雑把（おおざっぱ）なものであり，§§5.1.3 で出会うように，“これがベクトル？！”というような‘ベクトル’も出現します．現代数学は高度に抽象的な数学的概念を用いて対象をできるだけ統一的に扱い，同一の理論を適用することを目指します．その典型的対象が‘ベクトル’です．これら現代数学の議論は集合の概念を伴って行われるので，上述の公理系の中で述べた‘これらの演算の結果はまたベクトルになる’という件（くだり）は記憶に留めておいてください．

4.1.2　空間ベクトルの線形結合と線形独立

4.1.2.1　線形結合の意味と線形独立の条件

§3.4 で平面ベクトルの線形結合と線形独立を議論しました．空間ベクトルでも同様の議論ができます．

空間の基本ベクトル

$$\overrightarrow{e_1} = \begin{pmatrix} 1 \\ 0 \\ 0 \end{pmatrix}, \quad \overrightarrow{e_2} = \begin{pmatrix} 0 \\ 1 \\ 0 \end{pmatrix}, \quad \overrightarrow{e_3} = \begin{pmatrix} 0 \\ 0 \\ 1 \end{pmatrix}$$

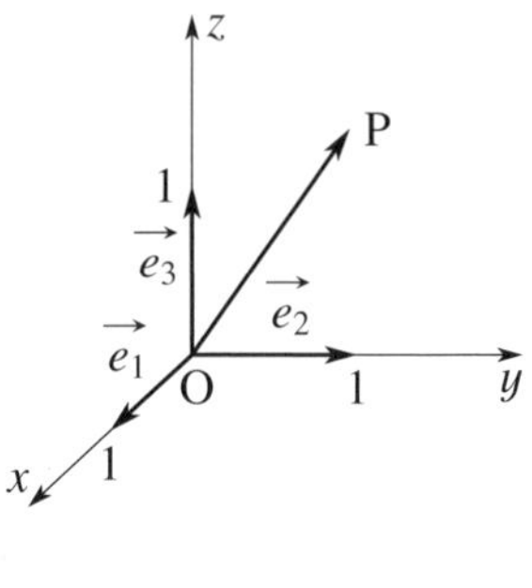

を用いると，任意の位置ベクトル $\overrightarrow{\mathrm{OP}} = \begin{pmatrix} x \\ y \\ z \end{pmatrix}$ は

$$\begin{pmatrix} x \\ y \\ z \end{pmatrix} = x\begin{pmatrix} 1 \\ 0 \\ 0 \end{pmatrix} + y\begin{pmatrix} 0 \\ 1 \\ 0 \end{pmatrix} + z\begin{pmatrix} 0 \\ 0 \\ 1 \end{pmatrix} = x\overrightarrow{e_1} + y\overrightarrow{e_2} + z\overrightarrow{e_3}$$

だから

$$\overrightarrow{\mathrm{OP}} = \begin{pmatrix} x \\ y \\ z \end{pmatrix} = x\overrightarrow{e_1} + y\overrightarrow{e_2} + z\overrightarrow{e_3}$$

と基本ベクトルの線形結合で表すことができます．この線形結合による表示は‘ただ 1 通り’です（一意的です）．つまり，$\overrightarrow{\mathrm{OP}}$ の長さと向きを定めると基本ベクトルの係数 x, y, z がただ 1 通りに定まります．

さて，任意の空間ベクトル $\vec{p}$ を 3 つのベクトル $\vec{a}, \vec{b}, \vec{c}$ の線形結合でただ 1 通りに表すことができるための条件を調べましょう．まず必要条件を求めます．$\vec{p}$ を任意に定めたとき

$$\vec{p} = s\vec{a} + t\vec{b} + u\vec{c} \quad (s,\ t,\ u \text{ は実数})$$

と表されたとしましょう．ただ 1 通りに表されるということは，仮に

$$\vec{p} = s'\vec{a} + t'\vec{b} + u'\vec{c} \quad (s',\ t',\ u' \text{ は実数})$$

と表されたとしても，$s = s', t = t', u = u'$ が成立することを意味します．この条件は

$$(s - s')\vec{a} + (t - t')\vec{b} + (u - u')\vec{c} = \vec{0} \ \Rightarrow\ s = s',\ t = t',\ u = u'$$

あるいは，より簡潔に $s,\ t,\ u$ を変数として

$$s\vec{a} + t\vec{b} + u\vec{c} = \vec{0} \ \Rightarrow\ s = t = u = 0 \qquad (\text{線形独立 } \mathrm{V}^3)$$

と表されます．この条件は，$\vec{a}, \vec{b}, \vec{c}$ のどれも $\vec{0}$ でなく，かつ，どの 1 つも他の 2 つの線形結合で表すことができないことを意味します（例えば，$\vec{c} = p\vec{a} + q\vec{b}$ の場合を調べてみましょう）．これを一言でいうと，‘$\vec{a}, \vec{b}, \vec{c}$ は同一平面上に描けない’ということです．これが‘ただ 1 通りに表される’ための必要条件です．

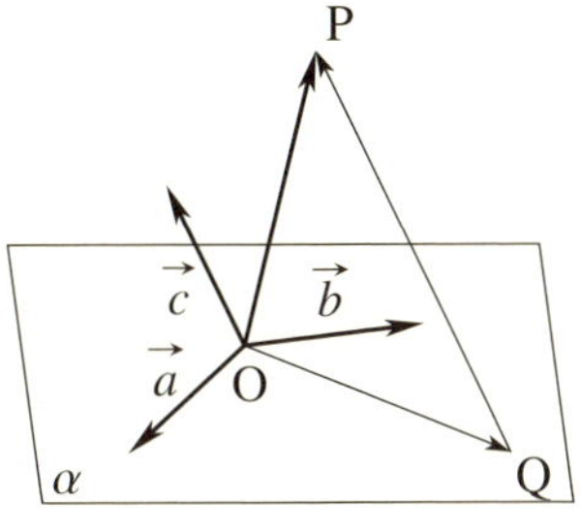

上の条件は十分条件でもあります．それを示すには，同一平面上に描けない $\vec{a}, \vec{b}, \vec{c}$ の線形結合が任意のベクトル $\vec{p}$ を表すことができることを示せばよいわけです．$\vec{p}$ を任意の位置ベクトル $\overrightarrow{\mathrm{OP}}$ として

$$\overrightarrow{\mathrm{OP}} = s\vec{a} + t\vec{b} + u\vec{c}$$

のように表示できるかどうか調べましょう．

$\vec{a}, \vec{b}$ $(\vec{a} \not\parallel \vec{b})$ を位置ベクトルとすると，両ベクトルがその上にある平面 α が

定まります．このときベクトル $\vec{c}$ は平面 α 上に描けないので，点 P を通り方向ベクトルが $\vec{c}$ の直線は平面 α と交わります．その交点を Q とすると

$$\overrightarrow{\mathrm{OP}} = \overrightarrow{\mathrm{OQ}} + \overrightarrow{\mathrm{QP}}$$

と表すことができます．$\overrightarrow{\mathrm{OQ}}$ は，平面 α 上にあるので，$\vec{a}, \vec{b}$ の線形結合で表されます．$\overrightarrow{\mathrm{QP}}$ は，$\vec{c}$ に平行なので，$\vec{c}$ の定数倍です．よって，任意のベクトル $\overrightarrow{\mathrm{OP}}$ は $\vec{a}, \vec{b}, \vec{c}$ の線形結合で表すことができます．これで証明は完了です．

線形独立 V^3 の条件を満たすこれら 3 つのベクトルは **線形独立** である，または **1 次独立** であるといいます．

4.1.2.2　ベクトルの線形独立とその応用

3 ベクトル $\vec{a}, \vec{b}, \vec{c}$ が線形独立，つまり「$s\vec{a}+t\vec{b}+u\vec{c} = \vec{0} \;\Rightarrow\; s = t = u = 0$」が成立するとき，直ちに，定理

$$s\vec{a} + t\vec{b} + u\vec{c} = s'\vec{a} + t'\vec{b} + u'\vec{c} \;\Rightarrow\; s = s',\ t = t',\ u = u'$$

が得られます（示しましょう）．これを応用して問題を解いてみましょう．

四面体 OABC の辺 AB, AC の中点をそれぞれ M, N とします．$\triangle$OMN の重心を G として，直線 AG と平面 OBC の交点を P とします．$\overrightarrow{\mathrm{OP}}$ を $\vec{a} = \overrightarrow{\mathrm{OA}}$，$\vec{b} = \overrightarrow{\mathrm{OB}}$，$\vec{c} = \overrightarrow{\mathrm{OC}}$ の線形結合で表しなさい．

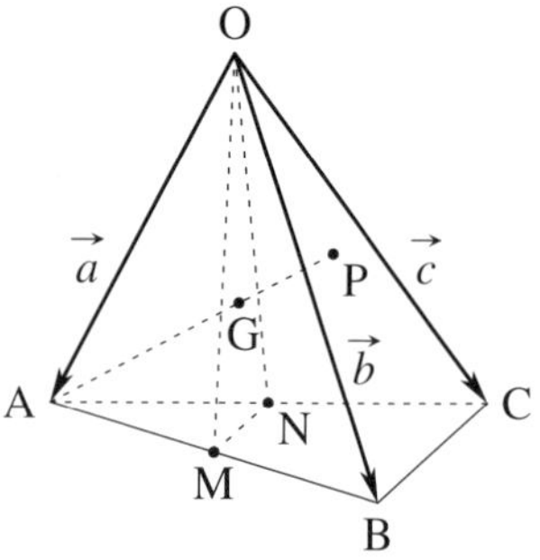

一見して難しそうですが，P は直線と平面の交点であるから，P は直線上にあり，かつ，平面上にあります．そのことを 2 つの式で表して‘連立すればよい’わけです．

まず，$\triangle$OMN の重心 G は平面 OMN 上にあるので，平面ベクトルで導いた重心の公式が使えます：

$$\overrightarrow{\mathrm{OG}} = \frac{1}{3}(\overrightarrow{\mathrm{OO}} + \overrightarrow{\mathrm{OM}} + \overrightarrow{\mathrm{ON}}).$$

同様に，辺 AB，AC の中点 M，N はそれぞれ平面 OAB，OAC 上にあるので

$$\overrightarrow{\mathrm{OM}} = \frac{1}{2}(\vec{a} + \vec{b}), \quad \overrightarrow{\mathrm{ON}} = \frac{1}{2}(\vec{a} + \vec{c}).$$

よって，

$$\overrightarrow{\mathrm{OG}} = \frac{1}{6}(2\vec{a} + \vec{b} + \vec{c}).$$

点 P は直線 AG 上にあるので，$\overrightarrow{\mathrm{AP}} = t\overrightarrow{\mathrm{AG}}$ として

$$\begin{aligned}\overrightarrow{\mathrm{OP}} &= \overrightarrow{\mathrm{OA}} + t\overrightarrow{\mathrm{AG}} = \vec{a} + t\left(\frac{1}{6}(2\vec{a} + \vec{b} + \vec{c}) - \vec{a}\right)\\ &= \left(1 - \frac{2}{3}t\right)\vec{a} + \frac{t}{6}(\vec{b} + \vec{c}).\end{aligned}$$

一方，点 P は平面 OBC 上にあるので，$\overrightarrow{\mathrm{OP}}$ は $\vec{b}$, $\vec{c}$ の線形結合で表されます：

$$\overrightarrow{\mathrm{OP}} = k\vec{b} + l\vec{c}.$$

よって，$\overrightarrow{\mathrm{OP}}$ は線形独立なベクトル $\vec{a}$，$\vec{b}$，$\vec{c}$ によって 2 通りに表されたので，それらの表式を比較して

$$1 - \frac{2}{3}t = 0, \quad \frac{t}{6} = k = l.$$

よって，$t = \frac{3}{2}$ が得られるので，答は $\overrightarrow{\mathrm{OP}} = \frac{1}{4}(\vec{b} + \vec{c})$ ですね.

4.1.3 空間ベクトルの内積

空間ベクトルの内積は，その成分表示を除いて，平面ベクトルの内積に一致します：ベクトル $\vec{a}$，$\vec{b}$ のなす角を θ とすると，それらの内積は

$$\vec{a} \cdot \vec{b} = |\vec{a}||\vec{b}|\cos\theta$$

と定められます．特に，

$$\vec{a} \cdot \vec{b} = 0 \Leftrightarrow \vec{a} \perp \vec{b} \quad \text{または} \quad \vec{a} = \vec{0} \quad \text{または} \quad \vec{b} = \vec{0}.$$

空間ベクトルの内積は§§3.7.2 で議論した平面ベクトルの場合と同じ基本性質を満たします：

(i) $\vec{a} \cdot \vec{b} = \vec{b} \cdot \vec{a}$ （交換法則）

(ii) $\vec{a} \cdot (\vec{b} + \vec{c}) = \vec{a} \cdot \vec{b} + \vec{a} \cdot \vec{c}$ （分配法則）

(iii) $(k\vec{a}) \cdot \vec{b} = k(\vec{a} \cdot \vec{b})$ （k は実数）

(iv) $\vec{a} \cdot \vec{a} = |\vec{a}|^2 \geqq 0, \quad \vec{a} \cdot \vec{a} = 0 \Leftrightarrow \vec{a} = \vec{0}$ （正値性）

これらの性質の示し方は平面ベクトルの場合と同様です[2)]．

内積の成分表示を求めるには，基本ベクトル $\overrightarrow{e_1}, \overrightarrow{e_2}, \overrightarrow{e_3}$ を用いて

$$\begin{pmatrix} a_1 \\ a_2 \\ a_3 \end{pmatrix} = a_1\overrightarrow{e_1} + a_2\overrightarrow{e_2} + a_3\overrightarrow{e_3}, \qquad \begin{pmatrix} b_1 \\ b_2 \\ b_3 \end{pmatrix} = b_1\overrightarrow{e_1} + b_2\overrightarrow{e_2} + b_3\overrightarrow{e_3}$$

と表して，内積 $\overrightarrow{a} \cdot \overrightarrow{b} = \begin{pmatrix} a_1 \\ a_2 \\ a_3 \end{pmatrix} \cdot \begin{pmatrix} b_1 \\ b_2 \\ b_3 \end{pmatrix}$ に代入するか，もしくは，$\overrightarrow{a} = \overrightarrow{\mathrm{OA}}$，$\overrightarrow{b} = \overrightarrow{\mathrm{OB}}$ として，$\triangle$OAB に余弦定理を適用します．結果は

$$\overrightarrow{a} \cdot \overrightarrow{b} = \begin{pmatrix} a_1 \\ a_2 \\ a_3 \end{pmatrix} \cdot \begin{pmatrix} b_1 \\ b_2 \\ b_3 \end{pmatrix} = a_1b_1 + a_2b_2 + a_3b_3$$

となり，平面ベクトルの場合と同様に，各成分の積の和で表されます[3)]．

よって，空間ベクトル $\overrightarrow{a}, \overrightarrow{b}$ のなす角 θ は

$$\cos\theta = \frac{\overrightarrow{a} \cdot \overrightarrow{b}}{|\overrightarrow{a}||\overrightarrow{b}|} = \frac{a_1b_1 + a_2b_2 + a_3b_3}{\sqrt{a_1^2 + a_2^2 + a_3^2}\sqrt{b_1^2 + b_2^2 + b_3^2}}$$

を用いて求めることができます．

ベクトルが一般化されるとき，内積もまた一般化されます．そのとき §§5.4.1 で議論するように，内積の基本性質（i）～（iv）は内積の公理的定義とされます．一般化された内積の例をそこで議論しましょう．

---

2) 分配法則以外のものは $\overrightarrow{a} \cdot \overrightarrow{b} = |\overrightarrow{a}||\overrightarrow{b}|\cos\theta$ を用いると容易に示されます．

分配法則については，内積の性質から $\overrightarrow{a} = \begin{pmatrix} a \\ 0 \\ 0 \end{pmatrix}$ としても一般性を失わないので，ベクトル $\overrightarrow{b}$，$\overrightarrow{c}$ のベクトル $\overrightarrow{a}$ 方向への正射影ベクトルを $\overrightarrow{b'} = \begin{pmatrix} b \\ 0 \\ 0 \end{pmatrix}$，$\overrightarrow{c'} = \begin{pmatrix} c \\ 0 \\ 0 \end{pmatrix}$ とすると，平面ベクトルの内積の場合と同様にして

$$\overrightarrow{a} \cdot \overrightarrow{b} = \overrightarrow{a} \cdot \overrightarrow{b'} = ab, \qquad \overrightarrow{a} \cdot \overrightarrow{c} = \overrightarrow{a} \cdot \overrightarrow{c'} = ac$$

が成り立ちますね．これを示すこと，およびこの続きは君たちに任せましょう．

3) 平面ベクトルの内積のところで注意したように，ベクトルを成分表示で定義すると空間ベクトルの内積も各成分の積の和で定義されます．その定義から内積の基本性質や内積の角表示が導かれます．

Q1. (1) 空間ベクトルの基本ベクトル $\overrightarrow{e_1}, \overrightarrow{e_2}, \overrightarrow{e_3}$ は線形独立であることを示しなさい.

(2) $\overrightarrow{e_1}, \overrightarrow{e_2}, \overrightarrow{e_3}$ は互いに直交することを示しなさい.

(3) どれも $\overrightarrow{0}$ でない互いに直交する 3 ベクトル $\overrightarrow{a}, \overrightarrow{b}, \overrightarrow{c}$ があります. それらは線形独立であることを示しなさい.

(4) 複数のベクトルが線形独立でないとき, それらは **線形従属** または **1 次従属** であるといいます. $\overrightarrow{a} = \begin{pmatrix} 1 \\ 2 \\ 1 \end{pmatrix}$, $\overrightarrow{b} = \begin{pmatrix} 1 \\ 3 \\ 3 \end{pmatrix}$, $\overrightarrow{c} = \begin{pmatrix} 1 \\ 6 \\ 9 \end{pmatrix}$ は線形従属であることを示しなさい.

A1. (1) 線形独立性を調べる方程式 $s\overrightarrow{e_1} + t\overrightarrow{e_2} + u\overrightarrow{e_3} = \overrightarrow{0}$ より

$$s\begin{pmatrix} 1 \\ 0 \\ 0 \end{pmatrix} + t\begin{pmatrix} 0 \\ 1 \\ 0 \end{pmatrix} + u\begin{pmatrix} 0 \\ 0 \\ 1 \end{pmatrix} = \begin{pmatrix} s \\ t \\ u \end{pmatrix} = \begin{pmatrix} 0 \\ 0 \\ 0 \end{pmatrix}.$$

よって, $s = t = u = 0$ だから基本ベクトル $\overrightarrow{e_1}, \overrightarrow{e_2}, \overrightarrow{e_3}$ は線形独立です.

(2)

$$\overrightarrow{e_1} \cdot \overrightarrow{e_2} = \begin{pmatrix} 1 \\ 0 \\ 0 \end{pmatrix} \cdot \begin{pmatrix} 0 \\ 1 \\ 0 \end{pmatrix} = 1 \cdot 0 + 0 \cdot 1 + 0 \cdot 0 = 0.$$

同様にして, $\overrightarrow{e_1} \cdot \overrightarrow{e_3} = 0$, $\overrightarrow{e_2} \cdot \overrightarrow{e_3} = 0$. よって, $\overrightarrow{e_1}, \overrightarrow{e_2}, \overrightarrow{e_3}$ は互いに直交します.

(3) 方程式 $s\overrightarrow{a} + t\overrightarrow{b} + u\overrightarrow{c} = \overrightarrow{0}$ の両辺に $\overrightarrow{a}$ を内積すると, $s\left|\overrightarrow{a}\right|^2 = 0$. よって, $s = 0$. 同様に, $\overrightarrow{b}$ や $\overrightarrow{c}$ を内積して, $t = 0$, $u = 0$ が得られます. したがって, 互いに直交する 3 つのベクトルは線形独立です.

(4) 方程式 $s\overrightarrow{a} + t\overrightarrow{b} + u\overrightarrow{c} = \overrightarrow{0}$ より

$$\begin{cases} s + t + u = 0 & \cdots\cdots\cdots ① \\ 2s + 3t + 6u = 0 & \cdots\cdots\cdots ② \\ s + 3t + 9u = 0. & \cdots\cdots\cdots ③ \end{cases}$$

よって, ③ − ① より $t = -4u$ となり, これを ① に代入して, $s = 3u$. このとき, ②は成立します. したがって, $3\overrightarrow{a} - 4\overrightarrow{b} + \overrightarrow{c} = \overrightarrow{0}$ が成り立つので $\overrightarrow{a}, \overrightarrow{b}, \overrightarrow{c}$ は線形従属です.

§4.2　空間図形の方程式

4.2.1　直線の方程式

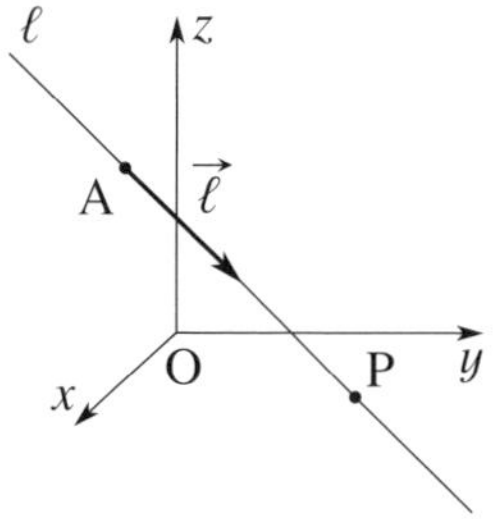

空間上の直線 ℓ も，平面の場合と同様，通る1点Aと ℓ の方向ベクトル $\vec{\ell}$ で特徴づけられます．ℓ 上の点を $\mathrm{P}(x, y, z)$ とすると，$\overrightarrow{\mathrm{AP}} = t\vec{\ell}$ として

$$\ell : \begin{pmatrix} x \\ y \\ z \end{pmatrix} = \overrightarrow{\mathrm{OA}} + t\vec{\ell}$$

と表されます．これが直線 ℓ のベクトル方程式です．

$\mathrm{A}(a, b, c)$，$\vec{\ell} = \begin{pmatrix} l \\ m \\ n \end{pmatrix}$ とすると，ℓ のベクトル方程式から直線 ℓ のパラメータ表示

$$\ell : \begin{cases} x = a + lt \\ y = b + mt \\ z = c + nt \end{cases}$$

が得られます．これからパラメータ t を消去すると，直線 ℓ の方程式（つまり，x, y, z の方程式）

$$\ell : \frac{x-a}{l} = \frac{y-b}{m} = \frac{z-c}{n} \ (= t)$$

が得られます．もし，方向ベクトル $\vec{\ell}$ の成分 l, m, n のどれかが0，例えば $l = 0$ ならば $x = a + lt = a$ だから

$$\ell : x = a, \ \ \frac{y-b}{m} = \frac{z-c}{n}$$

などと変更します．通常は，（直線の方程式では）分母が0ならば分子も0と約束して，その煩わしさを避けます．

直線 ℓ の方程式には，等号＝が2個現れましたね．これは，‘空間上の直線’の方程式は，3変数 x, y, z に対して，2つの方程式が付加されたことを意味します．このことを説明するために，よりわかりやすい例 z 軸を考えましょう．点 $\mathrm{P}(x, y, z)$ が z 軸上にあるための条件は $x = 0, \ y = 0$ （z は任意）です．したがって，z 軸を表す方程式は

$$z\text{ 軸}:\ x = y = 0$$

となりますね．このことは，空間上の点Pに3つの方程式を付加するとPは固定されるけれども，3つの方程式のうち1つを外すとPは‘線上を動く自由が得られる’と解釈できます．それは直線のパラメータ表示のパラメータが1個であることに起因しています．

空間図形においては，このように，その方程式の等号＝の個数やパラメータの個数が図形の基本的性質を決定します．平面や球面の方程式を次の§§で議論します．それらの方程式の等号の個数はいくつでしょうか．ちょっと考えればわかりますね．

4.2.2　平面の方程式

空間上に異なる3点A, B, Cを定めるとそれらを通る平面 α はただ1つ定まりますね．この平面上の任意の点を $P(x, y, z)$ として平面 α の方程式を求めましょう．

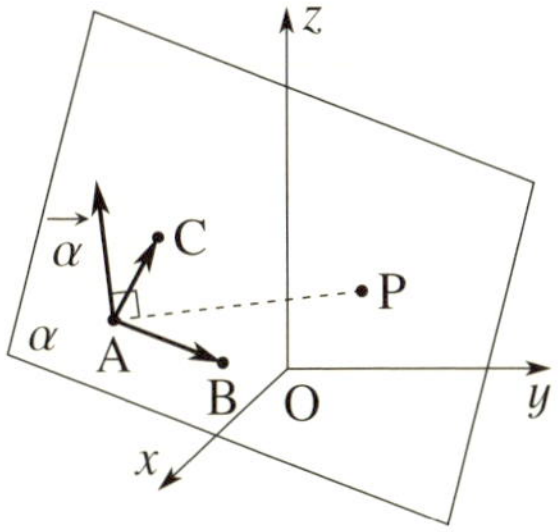

位置ベクトル

$$\overrightarrow{OP} = \overrightarrow{OA} + \overrightarrow{AP}$$

において，点Pが平面 α 上にあるとき，$\overrightarrow{AP}$ は線形独立な2ベクトル $\overrightarrow{AB}$，$\overrightarrow{AC}$ の線形結合で表されます：

$$\overrightarrow{AP} = s\overrightarrow{AB} + t\overrightarrow{AC} \qquad (s,\ t\ \text{は実数}).$$

したがって，平面 α のベクトル方程式は

$$\alpha : \begin{pmatrix} x \\ y \\ z \end{pmatrix} = \overrightarrow{OA} + s\overrightarrow{AB} + t\overrightarrow{AC}$$

と表すことができます．

上の平面 α のベクトル方程式は，2つのパラメータ s, t を含み，平面のパラメータ表示と実質的に同じものです．パラメータ s, t を消去して平面の方程式を導くには，$\overrightarrow{OA}$，$\overrightarrow{AB}$，$\overrightarrow{AC}$ を成分で表して s と t の連立方程式を立てれば可能ですが，誤らずに行うにはかなりの計算力を要します．

平面の方程式を求めるもう 1 つの方法は，2 つのベクトルが直交するときそれらの内積は 0 になることを利用するものです．平面にはそれに垂直なベクトルがありますね．それを平面の **法線ベクトル** といいます．法線ベクトルは平面上のベクトルに直交するので，平面 α の法線ベクトルを $\vec{\alpha}$ とすると

$$\vec{\alpha}\cdot\overrightarrow{\mathrm{AB}}=0,\quad \vec{\alpha}\cdot\overrightarrow{\mathrm{AC}}=0$$

が成立します．したがって，平面 α のベクトル方程式の両辺に法線ベクトル $\vec{\alpha}$ を内積すると，方程式

$$\alpha:\ \vec{\alpha}\cdot\begin{pmatrix}x\\y\\z\end{pmatrix}=\vec{\alpha}\cdot\overrightarrow{\mathrm{OA}}$$

が得られます．これは平面 α の **内積表示** と呼ばれます．法線ベクトルの求め方は後で学ぶことにしましょう．

平面の内積表示の意味を考えましょう．参考のために，通常の解説とは逆の道をたどります．$\begin{pmatrix}x\\y\\z\end{pmatrix}=\overrightarrow{\mathrm{OP}}$ ですから，上式より $\vec{\alpha}\cdot\overrightarrow{\mathrm{OP}}=\vec{\alpha}\cdot\overrightarrow{\mathrm{OA}}$．これより

$$\vec{\alpha}\cdot(\overrightarrow{\mathrm{OP}}-\overrightarrow{\mathrm{OA}})=\vec{\alpha}\cdot\overrightarrow{\mathrm{AP}}=0$$

が得られます．これは $\vec{\alpha}\perp\overrightarrow{\mathrm{AP}}$ を意味し，点 P が平面 α 上にあるための条件です．この条件 $\vec{\alpha}\cdot\overrightarrow{\mathrm{AP}}=0$ は，平面 α を定めるには，その法線ベクトル $\vec{\alpha}$ と α 上の 1 点 A を定めれば十分であることを表しています．

平面 α の内積表示は，法線ベクトルを $\vec{\alpha}=\begin{pmatrix}a\\b\\c\end{pmatrix}$ として，$\vec{\alpha}\cdot\overrightarrow{\mathrm{OA}}=-d$ とおくと

$$\begin{pmatrix}a\\b\\c\end{pmatrix}\cdot\begin{pmatrix}x\\y\\z\end{pmatrix}=-d\quad \text{つまり}\quad ax+by+cz+d=0$$

が得られます．これが **平面の方程式** の一般形です．

この一般形から平面の方程式を決定するには，平面上の 3 点の座標を方程式に代入して，a, b, c, d についての連立方程式を解き，それらの比を求めます．練習問題として，3 点が $(p, 0, 0)$，$(0, q, 0)$，$(0, 0, r)$ $(p, q, r\neq 0)$ のとき，平面の方程式が

$$\frac{x}{p}+\frac{y}{q}+\frac{z}{r}=1$$

となることを確かめましょう．

もう 1 題．点 A(1, 1, 1) を通り，法線ベクトルが $\overrightarrow{\alpha} = \begin{pmatrix} 1 \\ 2 \\ 3 \end{pmatrix}$ の平面 α を求めなさい．解答：平面上の任意の点を $\mathrm{P}(x, y, z)$ とすると，$\overrightarrow{\alpha} \cdot \overrightarrow{\mathrm{AP}} = 0$．よって，

$$\begin{pmatrix} 1 \\ 2 \\ 3 \end{pmatrix} \cdot \begin{pmatrix} x-1 \\ y-1 \\ z-1 \end{pmatrix} = 0$$

より，$x + 2y + 3z = 6$．

平面の方程式 $ax + by + cz + d = 0$ は 3 変数 x, y, z に対して，1 つの方程式を付加していますね．これは空間上の直線の方程式より弱い条件なので，平面の方程式は平面上の点 $\mathrm{P}(x, y, z)$ が前後・左右に動き回る自由を与えています．このことは平面のベクトル方程式のパラメータが 2 個であることからもわかります．

変数の個数（次元の数）から図形上の点に付加された方程式の個数を引いた数を **自由度** といいます．自由度は，平面上では $3 - 1 = 2$，直線上では $3 - 2 = 1$，定点では $3 - 3 = 0$ ですね．

4.2.3　球面の方程式

球面は球の表面のことです．中心が $\mathrm{C}(a, b, c)$，半径が r の球面 S の方程式を求めましょう．点 $\mathrm{P}(x, y, z)$ が S 上にあるための条件は $\mathrm{CP} = r$ または $\left|\overrightarrow{\mathrm{CP}}\right| = r$ です．よって，直ちに **球面 S の方程式**

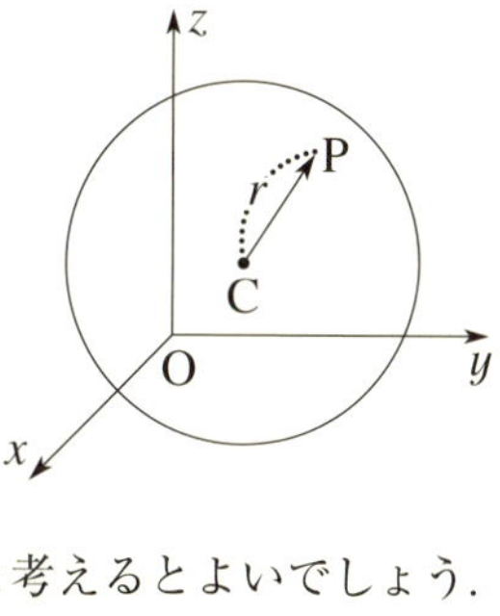

$$S : (x-a)^2 + (y-b)^2 + (z-c)^2 = r^2$$

が得られます．この方程式も等号が 1 個ですから自由度 2 を与えます．球面上では前後・左右に動けると考えるとよいでしょう．

なお，この球面 S にその内部を加えたものは **球 S_0** になりますが，それはそのための条件 $\mathrm{CP} \leqq r$ より，不等式

$$S_0 : (x-a)^2 + (y-b)^2 + (z-c)^2 \leqq r^2$$

で表されます．球の内部では前後・左右に加えて上下にも動けるので，不等式は自由度に影響しないと見なされ，自由度は $3 - 0 = 3$ です．

4.2.4 円柱面と円の方程式

4.2.4.1 円柱面の方程式

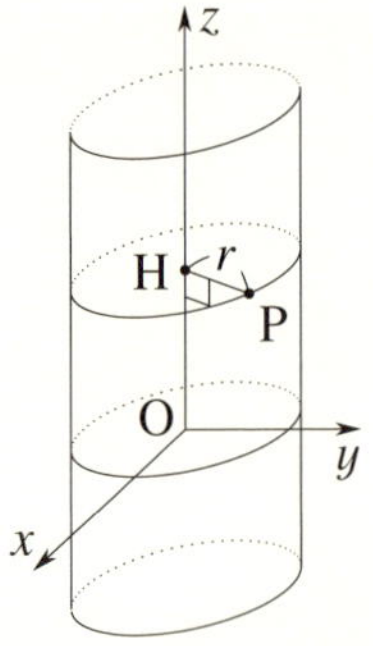

平面（2 次元空間）上では，原点を中心とする半径 r の円の方程式は $x^2+y^2=r^2$ でした．空間上で，この方程式はどんな図形を表すでしょうか．きちっと考えてみましょう．等号が 1 個なので，何らかの面を表すことは確かで，円を表すことはありませんね．球面だとすると，変数 z を巻き込むはずなので，それも違いますね．方程式 $x^2+y^2=r^2$ を変形して，その意味を考えてみましょう．

その図形上の点を $\mathrm{P}(x, y, z)$ として，P についての方程式に直せばよいですね．$x^2+y^2=r^2$ は z を含まないので，

$$(x-0)^2+(y-0)^2+(z-z)^2=r^2$$

と変形して，点 $\mathrm{H}(0, 0, z)$ を導入しましょう．すると，条件 $x^2+y^2=r^2$ は，点 P の座標が (x, y, z) だから

$$\begin{aligned} x^2+y^2+(z-z)^2=r^2 &\Leftrightarrow \mathrm{HP}^2=r^2 \\ &\Leftrightarrow \mathrm{HP}=r \end{aligned}$$

と解釈されます．$\mathrm{H}(0, 0, z)$ は点 $\mathrm{P}(x, y, z)$ から z 軸に下ろした垂線の足なので，$\mathrm{HP}=r$ はその垂線の長さ HP が一定値 r であることを意味します．このとき，z には何の制約もないので，この条件は点 P の z 座標には無関係に成り立ちます．よって，$\mathrm{HP}=r$ を満たす点 P は z 軸を対称軸とし半径 r の（無限に長い）円柱の面上にあるので，$x^2+y^2=r^2$ は **円柱面** の方程式であることがわかります．

ここで練習です．円柱面 $x^2+y^2=r^2$ の対称軸は z 軸ですね．それでは対称軸が x 軸で同じ半径の円柱面の方程式はどうなるでしょうか．ヒント：円柱面上の点から x 軸に下ろした垂線の長さが r です．答：$y^2+z^2=r^2$ ですね．

4.2.4.2 空間上の円の方程式

それでは，空間上の xy 平面で，中心が原点で半径 r の円 C の方程式はどのように表せばよいでしょうか．答を聞けば，ああそうかで済んでしまいますが，理解を深めるために，先に空間上の直線の方程式で議論しておきましょう．

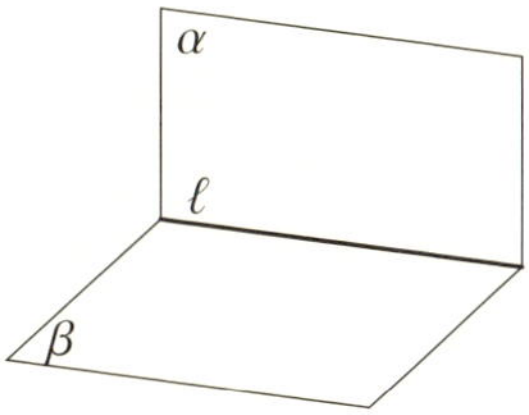

点 (a, b, c) を通り，方向ベクトルが $\begin{pmatrix} l \\ m \\ n \end{pmatrix}$ である直線 ℓ の方程式は

$$\ell : \frac{x-a}{l} = \frac{y-b}{m} = \frac{z-c}{n}$$

でしたね．これを明白な連立方程式として，

$$\ell : \begin{cases} \alpha : \dfrac{x-a}{l} = \dfrac{y-b}{m} \\ \beta : \dfrac{y-b}{m} = \dfrac{z-c}{n} \end{cases}$$

などと表しましょう．α, β は方程式が表す図形です．$\alpha : mx - ly - ma + lb = 0$ などと書き直すと明らかなように，この 2 つの方程式が表す図形 α と β は平面です．このことは，直線 ℓ が平面 α と β の両方程式を共に満たす点の集合，つまり，直線 ℓ は 2 平面 α と β の交わり（共通部分）として表されたことを意味します．平面を平面で‘切る’とその切り口は確かに直線ですね．この直線の例は，空間図形における連立方程式の意味を理解するための雛型になっています．‘線を求めるときは，2 つの面の方程式を連立させればよい’わけです．

これで，中心が原点で半径 r の xy 平面上にある円 C の方程式の求め方が理解できたと思います．まず，円柱面 $C_z : x^2 + y^2 = r^2$ を求め，それを xy 平面 $z = 0$ と連立させる，つまり，円柱面 C_z を xy 平面で切ればよいですね．したがって，求める円 C は

$$C : \begin{cases} x^2 + y^2 = r^2 \\ z = 0 \end{cases}$$

と表されます．

なお，円 C は球面 $x^2 + y^2 + z^2 = r^2$ と xy 平面 $z = 0$ の交わりとしても表すこともできます．

では，ここで練習問題．原点 O を 3 平面の交わりとして表しなさい．難しく考える必要はありません．例えば，$x = 0$, $y = 0$, $z = 0$ です．

中心が $(a, b, 0)$，半径が r の xy 平面上の円はどう表されるかな．ヒント：上の円 C を平行移動すればよいですね．答は

$$(x-a)^2 + (y-b)^2 = r^2 \quad \text{かつ} \quad z = 0.$$

4.2.5 回転面の方程式

4.2.5.1 回転面

曲面の中には，平面上の曲線を同じ平面上にある直線の周りに回転させて作られるものがあり，それを **回転面** といいます．例えば，前の§§で議論した円柱面 $x^2+y^2=r^2$ は yz 平面上の直線 $y=r,\ x=0$ を z 軸の周りに回転して得られますね．また，球面 $x^2+y^2+z^2=r^2$ も xy 平面上の円 $x^2+y^2=r^2,\ z=0$ を x 軸または y 軸の周りに回転して得られた回転面と見なすこともできます．

回転の中心となる直線を **回転軸** といいます．以下，回転軸を z 軸として議論しましょう．回転面上の任意の点を $P(x,y,z)$ として，P から z 軸に下ろした垂線の足を $H(0,0,z)$ とします．このとき

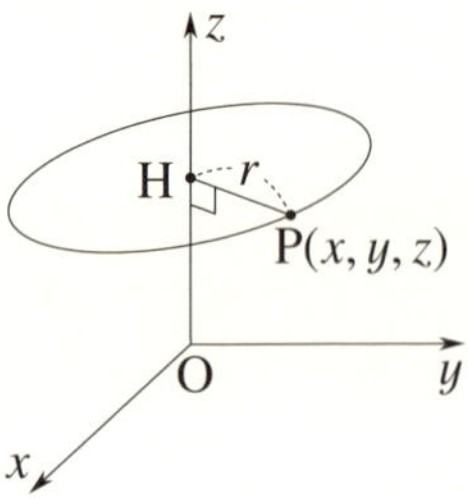

$$r=PH=\sqrt{x^2+y^2}$$

とすると，r は点 P の z 座標のみに依存し，一般に，その z 座標と共に変化しますね．この r と z の関係の仕方によって種々の回転面があります．最も簡単なものが $r=$ 一定の円柱面ですね．

4.2.5.2 回転放物面・回転楕円面・回転双曲面

yz 平面上の放物線 $z=ay^2+c,\ x=0$ を z 軸の周りに回転して得られる回転面は **回転放物面** と呼ばれます．放物線上の点 $Q(0,y_0,z_0)$ $(z_0=ay_0^2+c)$ を z 軸の周りに回転して得られる円上に点 $P(x,y,z)$ があるとすると，$z=z_0$ で，$r=PH$ とすると，

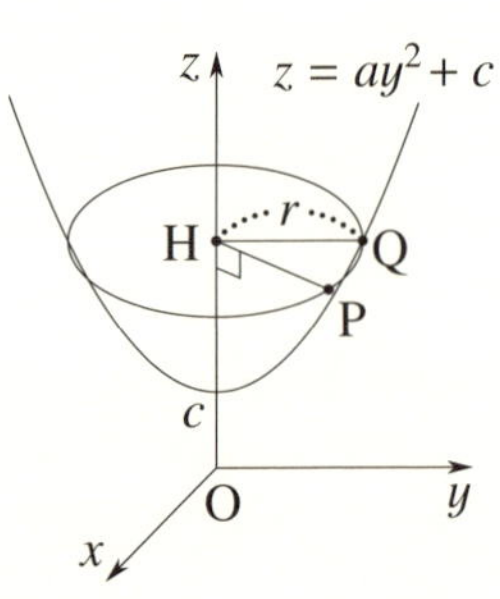

$$r=\sqrt{x^2+y^2},\quad QH=|y_0|=r$$

が成り立ちます．よって，r と z の関係は $z=ar^2+c$ で与えられ，その回転放物面の方程式は，$r^2=x^2+y^2$ より

$$z=a(x^2+y^2)+c$$

で表されます．平面 $z=t\ (t>c)$ で切ったときの切り口 $x^2+y^2=\dfrac{t-c}{a},\ z=t$ が t の増加と共に大きな円になっていくことを理解しましょう．

yz 平面上の楕円 $\dfrac{y^2}{a^2}+\dfrac{z^2}{b^2}=1,\ x=0$ を z 軸の周りに回転して得られる図形が **回転楕円面** です．そのとき r と z の関係は，回転放物面の場合と同様にして，$\dfrac{r^2}{a^2}+\dfrac{z^2}{b^2}=1$ となるので，その方程式は

$$\frac{x^2+y^2}{a^2}+\frac{z^2}{b^2}=1$$

となります（確かめましょう）．

同様に，yz 平面上の双曲線 $\dfrac{y^2}{a^2}-\dfrac{z^2}{b^2}=1,\ x=0$ を z 軸の周りに回転したものが **回転双曲面** です．r と z の関係は $\dfrac{r^2}{a^2}-\dfrac{z^2}{b^2}=1$ で，方程式は

$$\frac{x^2+y^2}{a^2}-\frac{z^2}{b^2}=1.$$

4.2.5.3 円錐面

交わる 2 直線の一方を回転軸とし，その周りに **母線** と呼ばれる他方の直線を，2 直線がなす角を一定に保ったまま，回転します．そのとき得られる回転面を **円錐面** といいます．

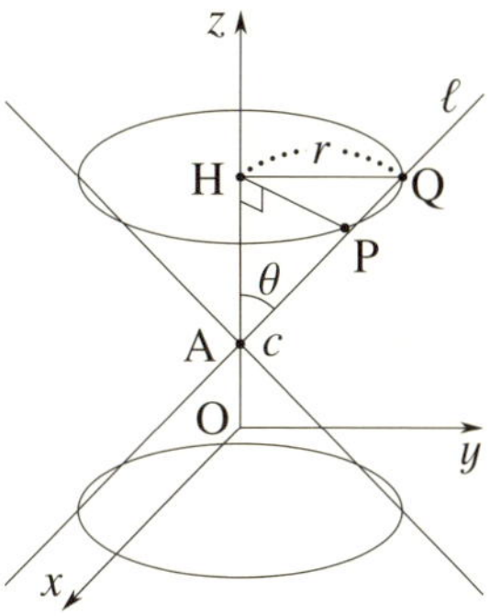

z 軸を回転軸とし，それと点 $A(0,0,c)$ で交わる yz 平面上の直線 ℓ を母線としましょう．母線 ℓ を z 軸の周りに回転して円錐面を作ります．母線 ℓ の方向ベクトルを $\vec{\ell}$ として

$$\ell:\begin{pmatrix}x\\y\\z\end{pmatrix}=\overrightarrow{OA}+t\vec{\ell}$$

と表し，z 軸と母線 ℓ のなす角を θ とすると，$\vec{e_3}\cdot\vec{\ell}=\left|\vec{\ell}\right|\cos\theta$ なので，$\vec{\ell}=\begin{pmatrix}0\\\sin\theta\\\cos\theta\end{pmatrix}$ のようにとると好都合でしょう（なぜかな？）．このとき

$$\ell:\begin{cases}x=0\\y=t\sin\theta\\z=c+t\cos\theta\end{cases}$$

となります．よって，母線 ℓ 上に点 $Q(0,t\sin\theta,z_\theta)$ $(z_\theta=c+t\cos\theta)$ をとると，Q を z 軸の周りに回転して得られる円上の任意の点を $P(x,y,z)$，P から z 軸に

下ろした垂線の足を $\mathrm{H}(0,0,z)$ とすると，$z = z_\theta$ で，$r = \mathrm{PH}$ とすると

$$r^2 = \mathrm{PH}^2 = x^2 + y^2, \qquad \mathrm{QH} = r = |t\sin\theta| = |(z-c)\tan\theta|$$

となるので，円錐面の方程式

$$x^2 + y^2 = (z-c)^2\tan^2\theta$$

が得られます．

なお，母線 ℓ を直接には用いず，ℓ と z 軸のなす角が θ であることだけを用いて

$$\overrightarrow{e_3}\cdot\overrightarrow{\mathrm{AP}} = \pm\mathrm{AP}\cos\theta$$

から導く方法もあります（$\overrightarrow{e_3}$ と $\overrightarrow{\mathrm{AP}}$ のなす角は θ または $\pi-\theta$ です）．これが先に求めた円錐面の方程式を導くことを確かめるのは簡単な練習問題です．

この方法は回転軸が任意の方向であっても適用できます．新しい回転軸 m の方向ベクトルを $\overrightarrow{m}$，回転軸と母線のなす角を θ，A を回転軸と母線の交点，$\mathrm{P}(x, y, z)$ を円錐面上の点とすると，円錐面の方程式は

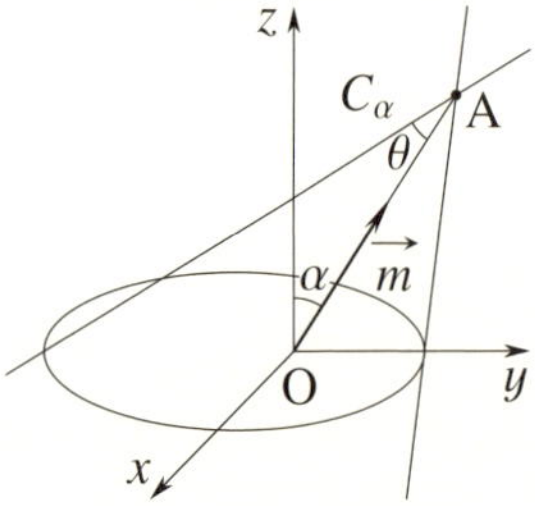

$$\overrightarrow{m}\cdot\overrightarrow{\mathrm{AP}} = \pm\left|\overrightarrow{m}\right|\mathrm{AP}\cos\theta$$

から導かれます．

新しい回転軸 m と元の回転軸 z 軸のなす角を α とすると，新たに得られる円錐面 C_α は元の円錐面を角 α だけ傾けたものになりますね．このとき円錐面 C_α と xy 平面との交わりは，C_α の回転軸から角 α だけ傾けた法線をもつ平面で C_α を切った切り口の曲線を表します．アレクサンドリア時代の優れた幾何学者アポロニウス（Apollonius，前 262〜190 頃，ギリシャ）は，定規とコンパスだけを用いて，この切り口が円や楕円，放物線，双曲線であることを示しました．右上の図は切り口が楕円の場合です．

かなりの発展問題になりますが，興味をもった人はこのことを確かめることによって，偉大な先人を偲（しの）びましょう．それを行うには，

$$\overrightarrow{m} = \begin{pmatrix} 0 \\ \sin\alpha \\ \cos\alpha \end{pmatrix}, \qquad \mathrm{A}(0,\ c\sin\alpha,\ c\cos\alpha) \quad (c > 0)$$

として，回転軸を $m: \begin{pmatrix} x \\ y \\ z \end{pmatrix} = \overrightarrow{\mathrm{OA}} + t\,\overrightarrow{m}$ とするのがわかりやすいでしょう．円錐面 C_α の方程式を $\overrightarrow{m} \cdot \overrightarrow{\mathrm{AP}} = \pm\left|\overrightarrow{m}\right|\mathrm{AP}\cos\theta$ から求め，$z = 0$ とおくと xy 平面による切り口の方程式になります．$0 < \theta < 90°$ とすると，円錐面 C_α を yz 平面で切った切り口の 2 直線が y 軸に平行になるのは $\alpha = 90° - \theta,\ 90° + \theta$ のときなので，$\alpha = 0$ のとき円，$0 < \alpha < 90° - \theta$ のとき楕円，$\alpha = 90° - \theta$ のとき放物線，$90° - \theta < \alpha < 90° + \theta$ のとき双曲線であることが確かめられるでしょう．

Q1.（1）前のページの円錐面の方程式 C_α : $\overrightarrow{m} \cdot \overrightarrow{\mathrm{AP}} = \pm\left|\overrightarrow{m}\right|\mathrm{AP}\cos\theta$ で，$\overrightarrow{m} = \begin{pmatrix} 0 \\ \sin\alpha \\ \cos\alpha \end{pmatrix}$，$\mathrm{A}(0, \sin\alpha, \cos\alpha)$ のとき，C_α を具体的に書き下しなさい．（2 乗して整理する必要はありません）．

（2）$\alpha = \theta = 30°$ のとき，C_α を xy 平面で切ったときの切り口は楕円となることを示し，その方程式を求めなさい．

A1.（1）$\mathrm{P}(x, y, z)$ だから，$\overrightarrow{\mathrm{AP}} = \begin{pmatrix} x \\ y - \sin\alpha \\ z - \cos\alpha \end{pmatrix}$．よって，$C_\alpha$ は，

$$\overrightarrow{m} \cdot \overrightarrow{\mathrm{AP}} = \sin\alpha(y - \sin\alpha) + \cos\alpha(z - \cos\alpha),$$

$$\left|\overrightarrow{m}\right| = \sqrt{\sin^2\alpha + \cos^2\alpha} = 1,$$

$$\mathrm{AP} = \sqrt{x^2 + (y - \sin\alpha)^2 + (z - \cos\alpha)^2}$$

より，

$$y\sin\alpha + z\cos\alpha - 1 = \pm\sqrt{x^2 + y^2 + z^2 - 2(y\sin\alpha + z\cos\alpha) + 1}\,\cos\theta.$$

（2）切り口の方程式は C_α と xy 平面 $z = 0$ を連立したものだから，C_α で $z = 0$ とおいたもの：$y\sin\alpha - 1 = \pm\sqrt{x^2 + y^2 - 2y\sin\alpha + 1}\,\cos\theta$ を調べれば済みます．両辺を 2 乗して整理すると，

$$x^2\cos^2\theta + y^2(\cos^2\theta - \sin^2\alpha) + 2y\sin\alpha\sin^2\theta = \sin^2\theta.$$

$\alpha = \theta = 30°$ のとき，$\frac{3}{4}x^2 + \frac{2}{4}y^2 + \frac{2}{8}y = \frac{1}{4}$．したがって，切り口は

$$\frac{1}{2}x^2 + \frac{1}{3}\left(y + \frac{1}{4}\right)^2 = \frac{3}{16}, \quad z = 0.$$

これは xy 平面上の楕円の方程式ですね．

§4.3　空間ベクトルの技術

空間図形に関係する応用が広い技術をいくつか紹介しましょう．中でも，「外積」は大学理系の物理・数学などで大いに役立ちます．

4.3.1　図形と直線との交点

ある図形 A（直線，平面，球面など）と直線 ℓ の交点を求めるときは，A と ℓ の方程式を連立しますね．このとき直線 ℓ の方程式として

$$\ell : \frac{x-a}{l} = \frac{y-b}{m} = \frac{z-c}{n}$$

の形のものを直接使うのは多くの場合手間がかかります．このような場合には，直線のパラメータ表示

$$\ell : \begin{cases} x = a + lt \\ y = b + mt \\ z = c + nt \end{cases}$$

に直してから代入し，‘時間’ t の方程式にするとよいでしょう．すると，ℓ 上の動点 (x, y, z) が A に衝突する時間 $t = t_1$ が求まります．この t_1 を ℓ のパラメータ表示の t に代入すると，衝突した場所（交点）の (x, y, z) が求まります．このとき，交点が存在しない場合があることに注意しましょう．そのときは t の実数解はありません．

では，練習問題です．点 A(2, 3, 4) から平面 $\alpha : x + y + z = 6$ に下ろした垂線の足 H を求めなさい．ヒント：垂線の方向ベクトルは平面 α の法線ベクトルにできますね．

法線ベクトルは $\overrightarrow{\alpha} = \begin{pmatrix} 1 \\ 1 \\ 1 \end{pmatrix}$ だから，垂線のパラメータ表示は

$$\begin{cases} x = 2 + t \\ y = 3 + t \\ z = 4 + t. \end{cases}$$

これを $\alpha : x+y+z = 6$ に代入して，$t = -1$．したがって，垂線の足は H(1, 2, 3) です．

4.3.2 点と平面の距離

空間上の 1 点 A から平面 α に下ろした垂線の足を H とします．垂線の長さ AH を求める問題で H の座標に無関係に求める解法があります．それは，§§ 3.8.4 で，平面上における点と直線の距離の公式を求めた方法と実質的に同じです．導き方も同じです．

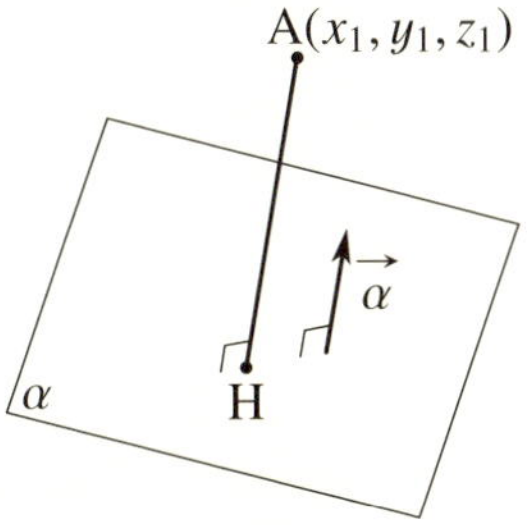

1 点を A(x_1, y_1, z_1)，平面を

$$\alpha : ax + by + cz + d = 0,$$

垂線の足を H(p, q, r) とすると，§§ 3.8.4 の導き方がほとんどそのまま使えます．

$$\mathrm{AH} = \frac{|ax_1 + by_1 + cz_1 + d|}{\sqrt{a^2 + b^2 + c^2}}$$

であることを確かめるのは練習問題にしましょう．

なお，平面 α の法線ベクトルを $\vec{\alpha} = \begin{pmatrix} a \\ b \\ c \end{pmatrix}$ として，

$$\vec{\alpha} \cdot \overrightarrow{\mathrm{HA}} = \left|\vec{\alpha}\right|\left|\overrightarrow{\mathrm{HA}}\right|(\pm 1) = \left|\vec{\alpha}\right| h$$

とおくと，

$$h = \frac{ax_1 + by_1 + cz_1 + d}{\sqrt{a^2 + b^2 + c^2}} \qquad (|h| = \mathrm{AH})$$

と表されます．このとき，点 A が平面 α から $\vec{\alpha}$ が向く側にあるときは $h > 0$，反対側にあるときは $h < 0$ となります．h は「平面 α から見た点 A の高さ」と呼ばれ，垂線の足 H の座標や点 A の平面 α に関する対称点などを求めるときに役立ちます．

4.3.3 直線を含む平面

平面を決定する問題で，平面が直線を含む場合があります．直線上の適当な 2 点を求めて，それらが平面上にあるとするのがこの問題の正攻法ですが，それではかなり手間がかかります．今の場合，直線の方程式が連立方程式であることを利用すると，巧妙な方法を見いだします．

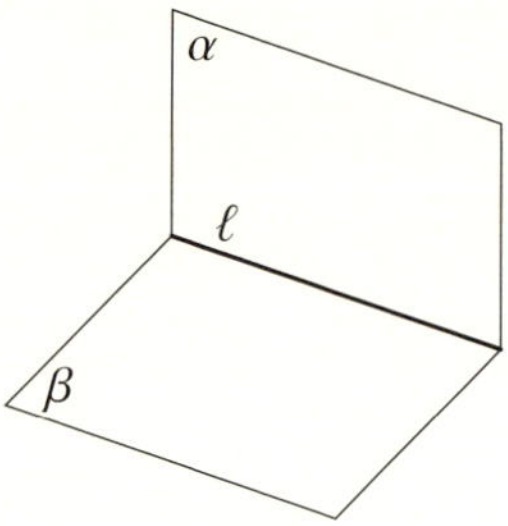

一般の直線 ℓ : $\frac{x-a}{l}=\frac{y-b}{m}=\frac{z-c}{n}$ で議論しましょう．直線 ℓ がどのような平面に含まれるかは，それを連立方程式の形

$$\ell:\begin{cases}\alpha: \dfrac{x-a}{l}-\dfrac{y-b}{m}=0\\ \beta: \dfrac{y-b}{m}-\dfrac{z-c}{n}=0\end{cases}$$

に表せばわかります．

こんなふうに表すと，直線 ℓ は α と β の方程式を同時に満たす点 (x, y, z) の集合として表されたことになります（☞§§1.2.2 関数のグラフ）：

$$\ell=\left\{(x, y, z)\,\middle|\,\alpha: \frac{x-a}{l}-\frac{y-b}{m}=0,\quad \beta: \frac{y-b}{m}-\frac{z-c}{n}=0\right\}.$$

このとき，直線 ℓ 上の全ての点 (x, y, z) は，ℓ の方程式を満たすので，α と β の方程式も満たしますね．α と β は明らかに平面です．よって，‘直線 ℓ 上の全ての点は平面 α 上にも β 上にもある’，つまり，‘直線 ℓ は平面 α にも β にも含まれる’ ことになります．逆の言い方をすると，‘α と β は直線 ℓ を含む2平面であり，それらの交わり（共通部分）として直線 ℓ を定めている’ ということです．2つの曲面の交わりを **交線** というので，直線を表す連立方程式は直線を2つの平面の交線として表したことになります．

上の連立方程式にはそれと同値な連立方程式が無数に存在します．そのことはちょっとした細工をすればわかります：

$$\ell:\begin{cases}\alpha: \dfrac{x-a}{l}-\dfrac{y-b}{m}=0\\ B: p\left(\dfrac{x-a}{l}-\dfrac{y-b}{m}\right)+q\left(\dfrac{y-b}{m}-\dfrac{z-c}{n}\right)=0 \qquad (p,\ q\neq 0 \text{ は実数})\end{cases}$$

平面 B の方程式の p の項は，α の方程式より $\frac{x-a}{l}-\frac{y-b}{m}=0$ だから，無いのと同じです．よって，B の方程式は，α の方程式と連立する場合には，β の方程式に同値です．したがって，平面 α と平面 B の交線は直線 ℓ であり，平面 B は直線 ℓ を含むことになります．このように直線を連立方程式を用いて表す方法は1通りではありません．

この 1 通りでないことを逆手にとります．平面 B は（共には 0 でない）実数 p, q の‘任意の値に対して’直線 ℓ を含みます．実際，直線 ℓ 上の全ての点は，任意の実数 p, q に対して，B の方程式を満たします．その意味で，‘B は直線 ℓ を含む平面の集団’を表しています．そして，その集団は直線 ℓ を回転軸として平面 α や β を回転すると得られます．実数 p, q（の比）を定めて直線 ℓ を含む平面を決定するには，例えば，（ℓ 上にない）任意の 1 点を通るという条件を付け加えればよいでしょう．

最後に練習問題をやりましょう．直線 $x = y = z$ を含み点 (1, 0, 0) を通る平面を求めなさい．ヒント：B の方程式を利用します．

解答：直線 $x = y = z$ を含む平面 B の方程式は

$$B : p(x - y) + q(y - z) = 0 \quad (p^2 + q^2 \neq 0)$$

と表すことができ，点 (1, 0, 0) を通るから，$p = 0$．したがって，$q \neq 0$ だから，答は $y - z = 0$ ですね．

4.3.4　外積

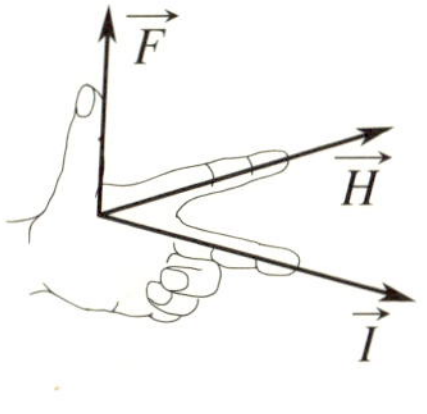

2 つの空間ベクトルの積が，内積の場合と異なり，再び空間ベクトルになるような積の定義があり，それを「外積」といいます．外積は科学・技術の発展に不可欠なものでした．以下，シーソーの例から始まる「力のモーメント」（物体を回転させる力）で外積を解説しますが，外積はモーターの原理である「フレミングの左手の法則」（図に示すように，電流 $\vec{I}$ が磁場 $\vec{H}$ の中で受ける力 $\vec{F}$ は $\vec{I}$ と $\vec{H}$ の外積 $\vec{I} \times \vec{H}$ に比例します），また発電機の原理である「フレミングの右手の法則」など多くの重要な例があります．フレミングの法則は磁力の不思議な性質を表しており，電磁現象を正しく記述するには外積は絶対です．

2 つのベクトル $\vec{a}, \vec{b}$ の外積 $\vec{a} \times \vec{b}$ は $\vec{a}, \vec{b}$ の両方に直交するように定義されます．これを利用すると，平面の法線ベクトルは平面上の 2 つのベクトルの外積を用いて求めることができます．例えば，§§4.2.2 で議論した 3 点 A, B, C を通る平面 α の法線ベクトル $\vec{\alpha}$ は $\vec{\alpha} = \overrightarrow{\mathrm{AB}} \times \overrightarrow{\mathrm{AC}}$ とできます．

4.3.4.1 シーソー

我々は，§§3.5.3 で，物体の各部に働く重力の合力は全てその重心に働くかのように扱ってよいことを見ました．その力は物体を回転させるものではありませんね．今度は‘物体を回転させる力’を調べましょう．

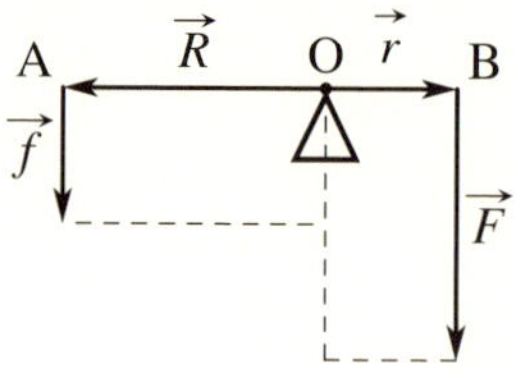

右図のシーソーの例で考えてみましょう．シーソーの端 A に子供が座りました．子供には重力 $\vec{f}$ が働くので，シーソーには中心 O の周りに左回り（反時計回り）に回転させる力が働きます．A と反対側の位置 B に大人が座りました．大人は重力 $\vec{F}$ を受け，シーソーには右回りに回転させる力が働きます．両者の回転させる力が釣り合うのはどんな場合でしょうか．君たちは，日常の経験から，「てこの原理」と呼ばれるその答を知っていますね．位置ベクトル $\vec{R} = \overrightarrow{\mathrm{OA}}$, $\vec{r} = \overrightarrow{\mathrm{OB}}$ を用いると，釣り合うのは

$$\left|\vec{R}\right|\left|\vec{f}\right| = \left|\vec{r}\right|\left|\vec{F}\right|$$

が成り立つ場合ですね．これを図形的にいうと，$\vec{R}$ と $\vec{f}$ が作る長方形の面積が $\vec{r}$ と $\vec{F}$ が作る長方形の面積に等しい場合です．ただし，この条件は回転の向きについては触れていません．正しい釣り合いの条件は回転の向きも考慮した場合に得られます．

今の場合，（大人の例でいうと）位置ベクトル $\vec{r}$ と力ベクトル $\vec{F}$ は直交しており，それらの長さの積 $\left|\vec{r}\right|\left|\vec{F}\right|$ は **力のモーメント** と呼ばれます．力のモーメントは‘回転を引き起こす力に直接関係する量’として定義されました．残念ながら，この定義では，回転の向きを表すことができず，またそれらのベクトルが直交しない場合には適用できません．これらの事柄を考慮して，力のモーメントを一般化しましょう．

4.3.4.2 回転の向きを表す力のモーメント

回転の向きを考慮し，また，位置ベクトル $\vec{r}$ と力ベクトル $\vec{F}$ が直交しない場合も想定して，力のモーメントを一般化することを考えましょう．それは $\vec{r}$ と $\vec{F}$ の‘ある種の積’を力のモーメントと考えれば可能です．簡単な場合から始めましょう．

力が働いて物体が回転するとき，‘回転の中心’となるのは，(ア)(シーソーのように固定された)回転軸か，(イ)物体の重心です．回転の中心を原点 O として，xy 平面上の点 A を作用点とする xy 平面上の力 $\vec{F}$ が働いて回転を引き起こす場合を考えましょう(回転と関係のないことは無視します)．

一般には位置ベクトル $\vec{r} = \overrightarrow{\mathrm{OA}}$ と力 $\vec{F}$ は直交しません．その場合，$\vec{r}$ の $\vec{F}$ に直交する成分を $\vec{r}\,'$ とすると，力のモーメントの大きさは，てこの原理より，$|\vec{r}\,'||\vec{F}|$ で与えられます．この大きさは‘$\vec{r}$ と $\vec{F}$ が作る平行四辺形の面積 S’に等しくなりますね：

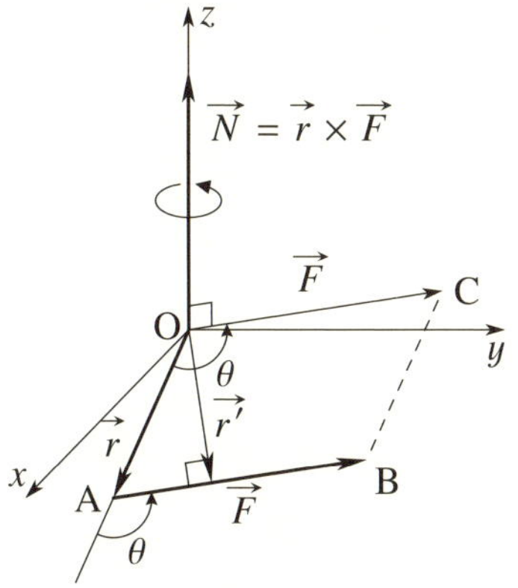

$$S = |\vec{r}||\vec{F}|\sin\theta = |\vec{r}\,'||\vec{F}|.$$

さて，力 $\vec{F}$ による回転の向きを考えましょう．回転中心は原点 O で，$\vec{r}$ と $\vec{F}$ は共に xy 平面上にあるとしているので，物体の回転軸は z 軸です．したがって，‘回転軸は $\vec{r}$ と $\vec{F}$ の両方に直交’しています．このとき，回転の向きは(z 軸の正の方向から見て)右回りか左回りの 2 通りあります．どちらであるかは位置ベクトル $\vec{r}$ と力ベクトル $\vec{F}$ の相対的な向きの関係で決まります．$\vec{r}$ を(180° 以内で)回転してその向きが $\vec{F}$ の向きと同じになるようにしましょう．その回転の向きは回転軸周りの回転の向きと同じですね．図の例は，その回転角を θ で表し，左回りを表すために回転角を表す弧に矢印をつけています．

この回転軸と回転の向きの情報を力のモーメントにとり入れましょう．それを行うにはネジの回転を考えるとよいでしょう．ネジを板に刺して‘右回りに回す’とネジは進みますね．ネジを回転軸上においてみましょう．ただし，ネジの先は，$\vec{r}$ を $\vec{F}$ と同じ向きになるように回転したときに，ネジが進む向きにとります．このようにおかれたネジはベクトルの向きの性質をもちます．そこで，力のモーメントを一般化してベクトルに昇格させ，そのベクトルの向きを回転軸におかれたネジの向きにとりましょう．こうすることによって，力 $\vec{F}$ が引き起こす回転の向きを‘ベクトルとしての力のモーメント $\vec{N}$’の向きに対応させることができるわけです．

$\overrightarrow{N}$ は，その大きさが $\overrightarrow{r}$ と $\overrightarrow{F}$ が作る平行四辺形の面積なので，今の向きの議論とあわせると，ベクトルとして完全に定義されたことになります．そこで，一般の位置ベクトル $\overrightarrow{r}$ と力のベクトル $\overrightarrow{F}$ に対して力のモーメント $\overrightarrow{N}$ を定義することができます．$\overrightarrow{N}$ は $\overrightarrow{r}$ と $\overrightarrow{F}$ から作られたので

$$\overrightarrow{N} = \overrightarrow{r} \times \overrightarrow{F}$$

と表し，$\overrightarrow{r} \times \overrightarrow{F}$ を $\overrightarrow{r}$ と $\overrightarrow{F}$ の **外積** と呼ぶことにしましょう．

> 外積 $\overrightarrow{r} \times \overrightarrow{F}$ は，その大きさが $\overrightarrow{r}$ と $\overrightarrow{F}$ が作る平行四辺形の面積に等しく，その向きは，$\overrightarrow{r}$ と $\overrightarrow{F}$ の両方に直交し，かつ $\overrightarrow{r}$ を回転 $(\leqq 180^\circ)$ して $\overrightarrow{F}$ に重なるようにネジを回転させたときに，ネジが進む方向と定めます．

先にシーソーのところで，子供と大人に働く重力による回転の働きの釣り合いを議論しました．力のモーメントの外積表現を用いると，外積 $\overrightarrow{R} \times \overrightarrow{f}$ と $\overrightarrow{r} \times \overrightarrow{F}$ は大きさが等しく，向きは反対のベクトルになるので，シーソーの釣り合いは

$$\overrightarrow{R} \times \overrightarrow{f} + \overrightarrow{r} \times \overrightarrow{F} = \overrightarrow{0}$$

のように表現できます．左辺の外積の和は全体の力のモーメントが各モーメントの和として表されることを意味します．

なお，力のモーメント $\overrightarrow{N} = \overrightarrow{r} \times \overrightarrow{F}$ の議論において，力 $\overrightarrow{F}$ が k 倍になった，または座る位置 $\overrightarrow{r}$ が k 倍になったとすると力のモーメントも k 倍になりますね．このことは，外積が実数倍について

$$\overrightarrow{r} \times (k\overrightarrow{F}) = (k\overrightarrow{r}) \times \overrightarrow{F} = k(\overrightarrow{r} \times \overrightarrow{F})$$

の性質をもつことを意味します．これは k が負のときも成立します．

また，力 $\overrightarrow{F}$ に加えて力 $\overrightarrow{F'}$ が同じ点に働いた場合の全体の力のモーメントは，$\overrightarrow{r} \times \overrightarrow{F} + \overrightarrow{r} \times \overrightarrow{F'}$，または $\overrightarrow{F}$ と $\overrightarrow{F'}$ の合力を先に求めて，$\overrightarrow{r} \times (\overrightarrow{F} + \overrightarrow{F'})$ によって求められます．このことは，外積に対して，分配法則

$$\overrightarrow{r} \times (\overrightarrow{F} + \overrightarrow{F'}) = \overrightarrow{r} \times \overrightarrow{F} + \overrightarrow{r} \times \overrightarrow{F'}$$

が成り立つことを要請しています．

4.3.4.3 外積の演算法則

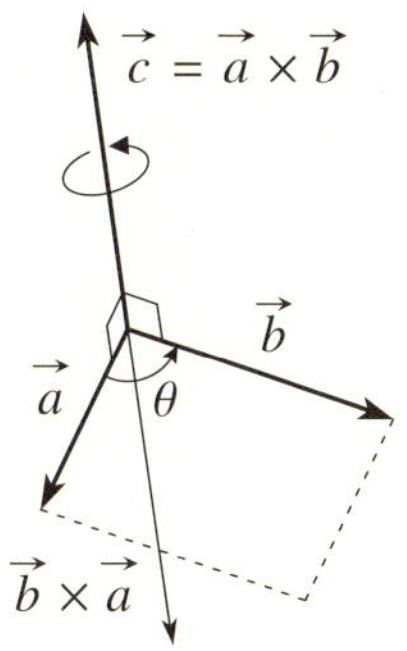

力のモーメント $\vec{N} = \vec{r} \times \vec{F}$ の話はひとまず終えて，一般のベクトル $\vec{a}$ と $\vec{b}$ の外積 $\vec{c} = \vec{a} \times \vec{b}$ の演算法則を確認しましょう．それがわかると外積の表現，つまり成分表示ができるようになります．

外積 $\vec{a} \times \vec{b}$ は，(i) その大きさが2ベクトル $\vec{a}$ と $\vec{b}$（なす角 θ）が作る平行四辺形の面積に等しく：

$$\left|\vec{a} \times \vec{b}\right| = \left|\vec{a}\right|\left|\vec{b}\right| \sin\theta,$$

(ii) その向きは $\vec{a}$ を $\vec{b}$ と同じ向きになるように（180° 以内で）回転したときにネジが進む方向であると定めましょう．この定義は外積 $\vec{a} \times \vec{b}$ が $\vec{a}$ と $\vec{b}$ の両方に直交することを含みます．

外積は，力のモーメントのところで触れたように，実数倍について

$$\vec{a} \times (k\vec{b}) = (k\vec{a}) \times \vec{b} = k(\vec{a} \times \vec{b})$$

の性質をもち，また，分配法則

$$\vec{a} \times (\vec{b} + \vec{c}) = \vec{a} \times \vec{b} + \vec{a} \times \vec{c}$$

を満たします．これらの性質は外積の定義から直接導くこともできます．

外積 $\vec{a} \times \vec{b}$ と $\vec{b} \times \vec{a}$ は同じものでしょうか．両ベクトルは，同じ長さで，共に $\vec{a}$ と $\vec{b}$ の両方に直交します．しかしながら，$\vec{a}$ を $\vec{b}$ と同じ向きにする回転角を $+\theta$ とすると，$\vec{b}$ を $\vec{a}$ と同じ向きにする回転角は $-\theta$ です．よって，両者は向きが反対になり，外積は

$$\vec{a} \times \vec{b} = -(\vec{b} \times \vec{a})$$

という奇妙な性質をもつことがわかります．この性質は，君たちが初めて体験する‘交換法則が成り立たない例’でしょう．

この性質を上述の外積の基本性質に適用すると，（ベクトルの記号を適当に変えて）

$$(\vec{a} + \vec{b}) \times \vec{c} = \vec{a} \times \vec{c} + \vec{b} \times \vec{c}$$

が得られ，外積が関係する演算法則が完成します．

4.3.4.4　外積の成分表示

準備が整ったので，ベクトル $\vec{a}, \vec{b}$ の成分表示からそれらの外積 $\vec{a}\times\vec{b}$ の成分表示を求めましょう．

$$\vec{a} = \begin{pmatrix} a_1 \\ a_2 \\ a_3 \end{pmatrix}, \quad \vec{b} = \begin{pmatrix} b_1 \\ b_2 \\ b_3 \end{pmatrix}$$

とすると，それらは，基本ベクトル $\vec{e_1}, \vec{e_2}, \vec{e_3}$ を用いて

$$\vec{a} = a_1\vec{e_1} + a_2\vec{e_2} + a_3\vec{e_3}, \quad \vec{b} = b_1\vec{e_1} + b_2\vec{e_2} + b_3\vec{e_3}$$

と表されます．よって，$\vec{a}\times\vec{b}$ の計算は，外積の演算法則を用いて展開すると，基本ベクトルの外積計算に還元されますね．

例えば，基本ベクトル $\vec{e_1}, \vec{e_2}$ は，それぞれ，x 軸，y 軸の正の方向を向く長さ 1 のベクトルなので，外積 $\vec{e_1}\times\vec{e_2}$ は z 軸の正の方向を向く長さ 1 のベクトル，つまり $\vec{e_3}$ になりますね：$\vec{e_1}\times\vec{e_2} = \vec{e_3}$．他の基本ベクトルの外積も同様に考えて，

$$\vec{e_1}\times\vec{e_2} = \vec{e_3}, \quad \vec{e_2}\times\vec{e_1} = -\vec{e_3},$$

$$\vec{e_2}\times\vec{e_3} = \vec{e_1}, \quad \vec{e_3}\times\vec{e_2} = -\vec{e_1},$$

$$\vec{e_3}\times\vec{e_1} = \vec{e_2}, \quad \vec{e_1}\times\vec{e_3} = -\vec{e_2},$$

$$\vec{e_1}\times\vec{e_1} = \vec{0}, \quad \vec{e_2}\times\vec{e_2} = \vec{0}, \quad \vec{e_3}\times\vec{e_3} = \vec{0}$$

が得られます．

これらの結果を用いると，多少の単純な計算の後

$$\begin{aligned} \vec{a}\times\vec{b} &= (a_1\vec{e_1} + a_2\vec{e_2} + a_3\vec{e_3})\times(b_1\vec{e_1} + b_2\vec{e_2} + b_3\vec{e_3}) \\ &= (a_2b_3 - a_3b_2)\vec{e_1} + (a_3b_1 - a_1b_3)\vec{e_2} + (a_1b_2 - a_2b_1)\vec{e_3} \end{aligned}$$

が得られ，したがって，外積の成分表示

$$\vec{a}\times\vec{b} = \begin{pmatrix} a_1 \\ a_2 \\ a_3 \end{pmatrix} \times \begin{pmatrix} b_1 \\ b_2 \\ b_3 \end{pmatrix} = \begin{pmatrix} a_2b_3 - a_3b_2 \\ a_3b_1 - a_1b_3 \\ a_1b_2 - a_2b_1 \end{pmatrix}$$

が得られます（確かめましょう）．

この成分表示を用いて外積 $\vec{a}\times\vec{b}$ が $\vec{a},\vec{b}$ の両方に直交することを確かめることは内積を用いると簡単にできます．外積の大きさ $\left|\vec{a}\times\vec{b}\right|$ が $\vec{a},\vec{b}$ の作る平行四辺形の面積に等しいことを確かめるには，$\vec{a},\vec{b}$ の作る平行四辺形の面積 S が公式

$$S=\sqrt{\left|\vec{a}\right|^2\left|\vec{b}\right|^2-(\vec{a}\cdot\vec{b})^2}$$

で与えられることを用います．こちらのほうは結構大変ですが，確かめることを勧めます．

4.3.4.5　外積の応用

外積の成分表示は覚えにくいので，まず，$\vec{a}=\begin{pmatrix}a_1\\a_2\\a_3\end{pmatrix}$，$\vec{b}=\begin{pmatrix}b_1\\b_2\\b_3\end{pmatrix}$ の外積を簡単に計算する方法から始めましょう．右表にあるように，$\vec{a},\vec{b}$ の成分を縦に並べます．ただし，y,z,x,y 成分の順で y 成分は二度書きます．次に y,z 成分の積を表の実線や破線の組合せで計算します．実線の積 a_2b_3 から破線の積 a_3b_2 を引いた数が $\vec{a}\times\vec{b}$ の x 成分 $a_2b_3-a_3b_2$ になります．このように一見奇妙な計算になったことは $\vec{e_2}\times\vec{e_3}=\vec{e_1}$，$\vec{e_3}\times\vec{e_2}=-\vec{e_1}$ に起因します．他の成分についても同様にして外積の成分表示が得られます．

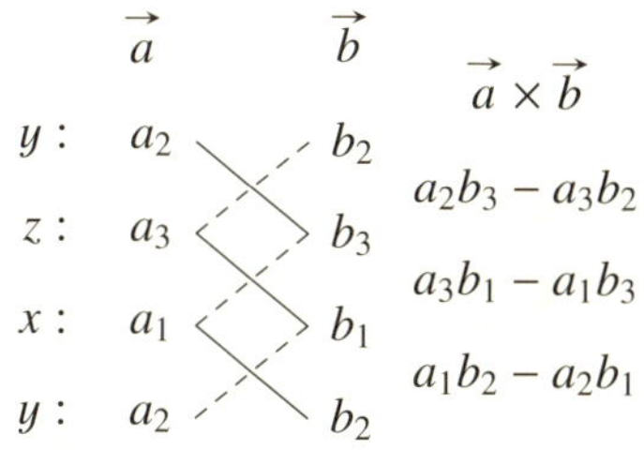

$\vec{a}$
$\vec{b}$
$\vec{a}\times\vec{b}$
y: a_2 b_2
$a_2b_3-a_3b_2$
z: a_3 b_3
$a_3b_1-a_1b_3$
x: a_1 b_1
$a_1b_2-a_2b_1$
y: a_2 b_2

では，練習です．$\begin{pmatrix}1\\2\\3\end{pmatrix}\times\begin{pmatrix}4\\3\\2\end{pmatrix}$ を求めなさい．答：$\begin{pmatrix}-5\\10\\-5\end{pmatrix}=-5\begin{pmatrix}1\\-2\\1\end{pmatrix}$ ですね．$\begin{pmatrix}1\\-2\\1\end{pmatrix}$ が $\begin{pmatrix}1\\2\\3\end{pmatrix}$ と $\begin{pmatrix}4\\3\\2\end{pmatrix}$ の両方に直交することを確かめましょう．

もう 1 題．3 点 A(1, 2, 3), B(4, −2, 4), C(−1, 1, 3) を通る平面 α の方程式を求めなさい．

解答：平面 α のベクトル方程式は $\alpha:\begin{pmatrix}x\\y\\z\end{pmatrix}=\overrightarrow{\mathrm{OA}}+s\overrightarrow{\mathrm{AB}}+t\overrightarrow{\mathrm{AC}}$ と表され，その法線ベクトル $\vec{\alpha}$ は $\overrightarrow{\mathrm{AB}},\overrightarrow{\mathrm{AC}}$ の両方に直交します．よって，外積を用いて，

$$\vec{\alpha}=\overrightarrow{\mathrm{AB}}\times\overrightarrow{\mathrm{AC}}=\begin{pmatrix}3\\-4\\1\end{pmatrix}\times\begin{pmatrix}-2\\-1\\0\end{pmatrix}=\begin{pmatrix}1\\-2\\-11\end{pmatrix}$$

と $\vec{\alpha}$ が求まります．この $\vec{\alpha}$ を α のベクトル方程式に内積して，$\alpha\cdot\begin{pmatrix}x\\y\\z\end{pmatrix}=\alpha\cdot\overrightarrow{\mathrm{OA}}$.

よって，平面 α の方程式 $x-2y-11z+36=0$ が得られます．

外積 $\vec{a}\times\vec{b}$ の大きさが $\vec{a},\vec{b}$ の作る平行四辺形の面積に等しいことから，空間の 3 角形の面積の公式が得られます．$\triangle\mathrm{ABC}$ の面積は

$$\triangle\mathrm{ABC}=\frac{1}{2}\left|\overrightarrow{\mathrm{AB}}\times\overrightarrow{\mathrm{AC}}\right|$$

で表されます．特に，$\overrightarrow{\mathrm{AB}}=\begin{pmatrix}a\\c\\0\end{pmatrix}$, $\overrightarrow{\mathrm{AC}}=\begin{pmatrix}b\\d\\0\end{pmatrix}$ のように z 成分が 0 のときは，

$$\triangle\mathrm{ABC}=\frac{1}{2}\left|\begin{pmatrix}a\\c\\0\end{pmatrix}\times\begin{pmatrix}b\\d\\0\end{pmatrix}\right|=\frac{1}{2}|ad-bc|\ \left(=\left|\frac{1}{2}\begin{vmatrix}a&b\\c&d\end{vmatrix}\right|\text{と表す}\right)$$

となって，平面ベクトルの場合に §§3.8.2 で得られた公式に一致します．上の式に現れた $\begin{vmatrix}a&b\\c&d\end{vmatrix}(=ad-bc)$ が 2 次の「行列式」です．

最後に挑戦問題です．四面体 ABCD の体積 V は，外積と内積を用いて

$$V=\frac{1}{6}\left|(\overrightarrow{\mathrm{AB}}\times\overrightarrow{\mathrm{AC}})\cdot\overrightarrow{\mathrm{AD}}\right|$$

と表されることを示しなさい．ヒント：右図.

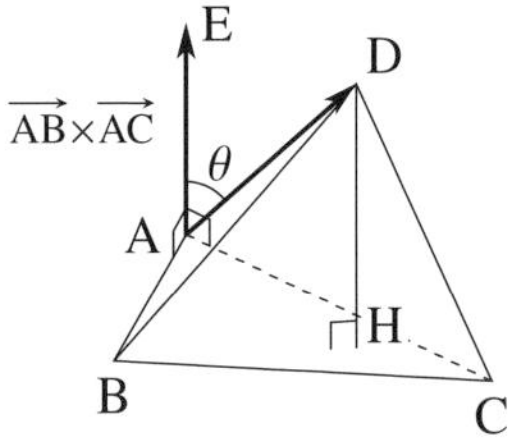

解答：頂点 D から平面 ABC に下ろした垂線の足を H とすると，体積は $V=\frac{1}{3}\triangle\mathrm{ABC}\cdot\mathrm{DH}$ で与えられますね．ここで，$\overrightarrow{\mathrm{AE}}=\overrightarrow{\mathrm{AB}}\times\overrightarrow{\mathrm{AC}}$ とおくと，$\triangle\mathrm{ABC}=\frac{1}{2}\left|\overrightarrow{\mathrm{AE}}\right|$，また DH は $\overrightarrow{\mathrm{AD}}$ の $\overrightarrow{\mathrm{AE}}$ 方向成分の大きさです：$\mathrm{DH}=\mathrm{AD}\,|\cos\theta|$（$\theta$ は $\overrightarrow{\mathrm{AD}}$ と $\overrightarrow{\mathrm{AE}}$ のなす角）．したがって，四面体 ABCD の体積は

$$\begin{aligned}V&=\frac{1}{3}\triangle\mathrm{ABC}\cdot\mathrm{DH}=\frac{1}{3}\cdot\frac{1}{2}\mathrm{AE}\cdot\mathrm{AD}\,|\cos\theta|\\&=\frac{1}{6}\left|\overrightarrow{\mathrm{AE}}\cdot\overrightarrow{\mathrm{AD}}\right|=\frac{1}{6}\left|(\overrightarrow{\mathrm{AB}}\times\overrightarrow{\mathrm{AC}})\cdot\overrightarrow{\mathrm{AD}}\right|.\end{aligned}$$

行列の章で学ぶように，ベクトルの成分表示を用いて，この公式は 3 次の行列式で表すこともできます．また，外積の成分表示も 3 次の行列式で表現できます．

4.3.4.6　ローレンツ力

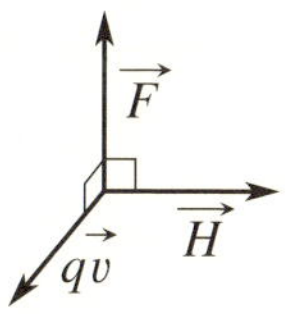

この§§の始め（171 ページ）で言及したように，フレミングの左手の法則は，電流 $\vec{I}$ が磁場 $\vec{H}$ の中で受ける力 $\vec{F}$ は $\vec{I}$ と $\vec{H}$ の外積 $\vec{I}\times\vec{H}$ に比例することを表します．電流 $\vec{I}$ は文字通り電荷の流れですから，$\vec{I}$ は電荷の量 q と電荷の速度 $\vec{v}$ の積 $q\vec{v}$ に比例します：$\vec{I} \propto q\vec{v}$．したがって，フレミングの左手の法則は‘磁場 $\vec{H}$ の中で速度 $\vec{v}$ で運動する電荷 q が受ける力’

$$\vec{F} = kq\vec{v}\times\vec{H} \qquad (k \text{ は正の比例定数})$$

のように表現できます．このような力は「ローレンツ力」と呼ばれ，磁気現象の基本的な力となっています．右上の図からわかるように，電荷はその‘速度 $\vec{v}$ に垂直な力’を受けます．

ではここで，君のセンスを問う問題です．電荷 q を空中にそっと置きます(電気的な力を利用すれば可能です)．そのとき，電荷に強力な磁場 $\vec{H}$ をかけました．電荷はどのような動きをするでしょうか．

答：電荷は速度がないのだから，磁気力は働きませんね．したがって，電荷は静止したままです．

Q1.　3 ベクトル $\vec{a}, \vec{b}, \vec{c}$ が線形独立である必要十分条件は $(\vec{a}\times\vec{b})\cdot\vec{c}$ がゼロでないことを示しなさい．

A1.　$\vec{a}, \vec{b}, \vec{c}$ が線形独立の条件「$s\vec{a}+t\vec{b}+u\vec{c}=\vec{0} \;\Rightarrow\; s=t=u=0$」は，$\vec{a}, \vec{b}, \vec{c}$ がどれも $\vec{0}$ でなく，またそれらを同一平面上に描けないことを意味します．一方，条件 $(\vec{a}\times\vec{b})\cdot\vec{c}\neq 0$ は $\left|(\vec{a}\times\vec{b})\cdot\vec{c}\right|\neq 0$ と同じです．$\left|(\vec{a}\times\vec{b})\cdot\vec{c}\right|$ は $\vec{a}, \vec{b}, \vec{c}$ を 3 辺とする平行六面体の体積を表し，それが 0 でないことは 3 辺がどれも 0 でなく，またその 3 辺を同一平面上に描けないことを意味します．したがって，条件 $(\vec{a}\times\vec{b})\cdot\vec{c}\neq 0$ は $\vec{a}, \vec{b}, \vec{c}$ が線形独立であるための必要十分条件です．

なお，2 ベクトル $\vec{a}, \vec{b}$ が線形独立である必要十分条件は $\vec{a}\times\vec{b}$ がゼロでないことです．これを示すのは宿題としましょう．

章末問題

【4.1】 基底と次元

平面ベクトル（空間ベクトル）は 2 個（3 個）の実数成分がある数ベクトルで表され，2 次元数ベクトル（3 次元数ベクトル）と呼ばれます．一般に，n 個の実数成分がある数ベクトル（下のものは列ベクトル）

$$\begin{pmatrix} x_1 \\ x_2 \\ \vdots \\ x_n \end{pmatrix} \quad (=(x_1,\ x_2,\ \cdots,\ x_n)^T \text{ とも表す})$$

は「n 次元数ベクトル」ということになるわけです．ベクトルの抽象化に備えて，次元の明確な定義を学んでおきましょう．

平面ベクトル（空間ベクトル）の集合は（それが記述する‘空間’を念頭において）「2 次元（3 次元）数ベクトル空間」といい，$\mathbb{R}^2$（$\mathbb{R}^3$）で表します．一般の n 次元数ベクトルの集合は **n 次元数ベクトル空間** $\mathbb{R}^n$ ですね．§§4.1.1.3 のベクトルの公理的定義を満たす一般のベクトルの集合は **ベクトル空間**（**線形空間**）と呼ばれ，記号 V などで表されます．一般のベクトル空間の例は§§5.1.3 であげますが，大半はとてもベクトルとは思えないようなものです．

一般のベクトル空間の次元を定めるには 基底 についての議論が必要です：ベクトル空間 V において n 個のベクトル $\overrightarrow{a_1}, \overrightarrow{a_2}, \cdots, \overrightarrow{a_n}$ があり，

（i）$\overrightarrow{a_1}, \overrightarrow{a_2}, \cdots, \overrightarrow{a_n}$ の線形結合によって空間 V の任意のベクトル $\overrightarrow{p}$ は表される：$\overrightarrow{p} = c_1\overrightarrow{a_1} + c_2\overrightarrow{a_2} + \cdots + c_n\overrightarrow{a_n}$.

（ii）$\overrightarrow{a_1}, \overrightarrow{a_2}, \cdots, \overrightarrow{a_n}$ は線形独立である．

（（ii）の条件は，もし $\overrightarrow{p} = c'_1\overrightarrow{a_1} + c'_2\overrightarrow{a_2} + \cdots + c'_n\overrightarrow{a_n}$ と表されたとしても，$c_1 = c'_1, c_2 = c'_2, \cdots, c_n = c'_n$ が成り立ち，$\overrightarrow{p}$ の線形結合表示はただ 1 通り（一意的）であることを保証します）

この 2 条件が成り立つとき，ベクトル空間 V の **次元** は n であるといい，$\overrightarrow{a_1}, \overrightarrow{a_2}, \cdots, \overrightarrow{a_n}$ を V の **基底** といいます．

このとき，厳密には，‘V の基底をなすベクトルの個数は V に含まれる線形独立なベクトルの最大個数である’ことを示す必要があります．

ここでは，V の基底が n 個の線形独立なベクトルからなるとき，他の基底を選んでもそのベクトルの個数は n である，つまり，線形独立なベクトルの最大個数は同じで V の次元は n に確定することを，V が $\mathbb{R}^3$ の場合に，示しましょう．他のベクトル空間でも類似の議論ができます．以下，出題形式で行います．

(1) ベクトル空間 $\mathbb{R}^3$ は $\mathbb{R}^3 = \{(x, y, z)^T \mid x, y, z$ は実数$\}$ と表されます．このとき，$\mathbb{R}^3$ の基底として基本ベクトル $\overrightarrow{e_1}, \overrightarrow{e_2}, \overrightarrow{e_3}$ をとることができ，$\mathbb{R}^3$ の任意のベクトル $\overrightarrow{p} = \begin{pmatrix} x \\ y \\ z \end{pmatrix}$ は，$\overrightarrow{p} = x\overrightarrow{e_1} + y\overrightarrow{e_2} + z\overrightarrow{e_3}$ と，ただ 1 通り（一意的）に表すことができますね（自信のない人は確かめよう）．

ここで最初の問題です．基本ベクトルの線形結合として，3 つのベクトル $\overrightarrow{a_1} = \overrightarrow{e_1}$，$\overrightarrow{a_2} = \overrightarrow{e_1} + \overrightarrow{e_2}$，$\overrightarrow{a_3} = \overrightarrow{e_1} + \overrightarrow{e_2} + \overrightarrow{e_3}$ をとると，それらは $\mathbb{R}^3$ の基底であることを示しなさい．（一般のベクトル空間においても，ある基底のベクトルの数が n のとき，それと同数の線形独立なベクトルを用いると他の基底を作ることができます）

(2) 次に，ベクトル空間 $\mathbb{R}^3$ の基底は 3 個未満のベクトルにとることはできないことを示しましょう．例えば，2 つの線形独立なベクトル $\overrightarrow{a_1}, \overrightarrow{a_2}$（(1) のものとは限らない）が $\mathbb{R}^3$ の基底だったとしましょう．すると，基本ベクトル $\overrightarrow{e_1}, \overrightarrow{e_2}, \overrightarrow{e_3}$ は $\overrightarrow{a_1}, \overrightarrow{a_2}$ の線形結合で表すことができます：

$$\begin{cases} \overrightarrow{e_1} = a\overrightarrow{a_1} + b\overrightarrow{a_2} \\ \overrightarrow{e_2} = c\overrightarrow{a_1} + d\overrightarrow{a_2} \\ \overrightarrow{e_3} = e\overrightarrow{a_1} + f\overrightarrow{a_2}. \end{cases} \tag{$*$}$$

このとき，$\overrightarrow{e_1}, \overrightarrow{e_2}, \overrightarrow{e_3}$ も $\mathbb{R}^3$ の基底であることに注意して次の問題に答えよう．上式の係数 a, b のどちらかは 0 でない理由を述べ，例えば $a \neq 0$ として $\overrightarrow{a_1}$ を $\overrightarrow{e_1}, \overrightarrow{a_2}$ の線形結合として表しなさい．

(3) (2) の結果を用いて $(*)$ から $\overrightarrow{a_1}$ を消去すると，$\overrightarrow{e_2}, \overrightarrow{e_3}$ は

$$\begin{cases} \overrightarrow{e_2} = c_1\overrightarrow{e_1} + d_1\overrightarrow{a_2} \\ \overrightarrow{e_3} = e_1\overrightarrow{e_1} + f_1\overrightarrow{a_2} \end{cases} \tag{$*_1$}$$

の形に表せます．問題です．$(*_1)$ の1行目で，d_1 が0となることはなく，よって，$\overrightarrow{a_2}$ は $\overrightarrow{e_1}, \overrightarrow{e_2}$ の線形結合で表されます．それを $(*_1)$ に代入して，$\overrightarrow{e_3}$ は

$$\overrightarrow{e_3} = e_2\overrightarrow{e_1} + f_2\overrightarrow{e_2} \qquad (*_2)$$

の形に表すことができます．$d_1 \neq 0$ である理由を述べ，$(*_2)$ から得られる結論を述べなさい．

(4) 次に，$\mathbb{R}^3$ の基底が4個以上のベクトルからなることはないことを示しましょう．$\mathbb{R}^3$ の基底 $\overrightarrow{e_1}, \overrightarrow{e_2}, \overrightarrow{e_3}$ の線形結合として4つのベクトル $\overrightarrow{a_1}, \overrightarrow{a_2}, \overrightarrow{a_3}, \overrightarrow{a_4}$ を考えます：

$$\begin{cases} \overrightarrow{a_1} = a\overrightarrow{e_1} + b\overrightarrow{e_2} + c\overrightarrow{e_3} \\ \overrightarrow{a_2} = d\overrightarrow{e_1} + e\overrightarrow{e_2} + f\overrightarrow{e_3} \\ \overrightarrow{a_3} = g\overrightarrow{e_1} + h\overrightarrow{e_2} + i\overrightarrow{e_3} \\ \overrightarrow{a_4} = j\overrightarrow{e_1} + k\overrightarrow{e_2} + l\overrightarrow{e_3}. \end{cases} \qquad (*_3)$$

ここで，3ベクトル $\overrightarrow{a_1}, \overrightarrow{a_2}, \overrightarrow{a_3}$ は線形独立なものに限定できます．我々の目的は，これら3ベクトルに $\overrightarrow{a_4}$ を加えた4ベクトルは必ず線形従属であり，したがって，それら4ベクトルは $\mathbb{R}^3$ の基底にはなり得ないことを示すことです．これが問題です．(2)，(3) の議論をふまえて示しなさい．

【4.2】正規直交基底

平面ベクトル（空間ベクトル）の基本ベクトル $\overrightarrow{e_1}, \overrightarrow{e_2}$（$\overrightarrow{e_1}, \overrightarrow{e_2}, \overrightarrow{e_3}$）はベクトル空間 $\mathbb{R}^2$ $(\mathbb{R}^3)$ の基底であり，特に，各基本ベクトルの長さは1：$\left|\overrightarrow{e_i}\right| = 1$，また異なる基本ベクトル同士は直交する：$\overrightarrow{e_i} \cdot \overrightarrow{e_j} = 0$ $(i \neq j)$，という特徴があります．この特徴をもつ基底を **正規直交基底** といいます．§5.4 で議論するように，一般のベクトル空間 V においても内積，したがって，ベクトルの長さが定義されます．例えば，n 次元数ベクトル空間 $\mathbb{R}^n$ における内積は，ベクトル $\overrightarrow{a} = (a_1, a_2, \cdots, a_n)^T$, $\overrightarrow{b} = (b_1, b_2, \cdots, b_n)^T$ に対して，

$$\overrightarrow{a} \cdot \overrightarrow{b} = a_1b_1 + a_2b_2 + \cdots + a_nb_n$$

と定められます．それでは問題です．

(1) 平面ベクトルの正規直交基底のうち，ベクトル $\begin{pmatrix}\cos\theta \\ \sin\theta\end{pmatrix}$ をその一員として含むものを全て求めなさい．

(2) $\mathbb{R}^3$ の正規直交基底を $\vec{a} = \begin{pmatrix}\cos\theta \\ \sin\theta \\ 0\end{pmatrix}$, $\vec{b} = \begin{pmatrix}-\sin\theta \\ \cos\theta \\ 0\end{pmatrix}$ および $\vec{c}$ がこの順で右手系をなす（基底が定める座標軸が右手系をなす）ように定めたい．$\vec{c}$ を求めなさい．

【4.3】 3 次元の極座標

平面上の点 $P(x, y)$ は，$x = r\cos\theta$, $y = r\sin\theta$ とおいて，動径 r と偏角（回転角）θ $(0 \leqq \theta < 2\pi)$ によって点 $P(r, \theta)$ と表すことができます．このとき，(r, θ) を P の（平面）極座標といいましたね．

空間上の点 $P(x, y, z)$ もまた動径 r と 2 個の偏角 θ, ϕ（ファイ）を用いて極座標で表すことができます．$r = \mathrm{OP}$ (> 0) として，$\overrightarrow{\mathrm{OP}}$ の z 軸からの偏角を θ $(0 \leqq \theta \leqq \pi)$，また，P から xy 平面に下ろした垂線の足を $H(x, y, 0)$ として，$\overrightarrow{\mathrm{OH}}$ の x 軸からの偏角を ϕ $(0 \leqq \phi < 2\pi)$ とします．すると，r および θ, ϕ が定まると点 P は定まる，

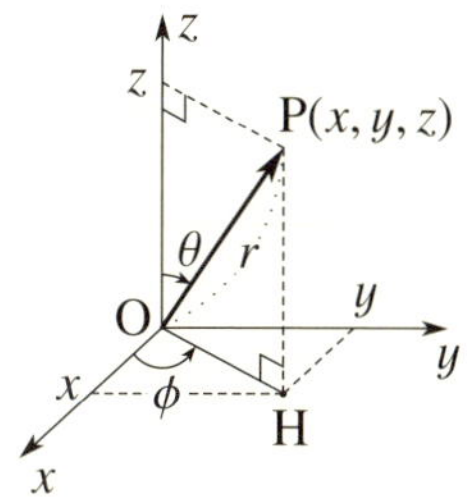

つまり P は 3 変数の組 (r, θ, ϕ) によって記述できます．(r, θ, ϕ) を P の（空間）**極座標** といい，点 P を $P(r, \theta, \phi)$ と極座標表示できます．

それでは問題です．

(1) $P(x, y, z)$ の座標を r, θ, ϕ で表しなさい．

(2) 極座標の原点 O を地球の中心にとり，北極が z 軸の正の方向に，イギリスのグリニッジ天文台が xz 平面上にあるようにとります（グリニッジ子午線を東経 0 度にとる）．

(2_a) 地球は半径が 6380 km の球としましょう．極座標を用いて赤道を表しなさい．

(2_b) 東経 135 度の日本標準時子午線の真上に立つ明石市立天文科学館は北緯 34 度 38 分 46 秒にあります．天文科学館を極座標で表しなさい（角度は 10 進法で）．

第5章　ベクトルの公理的議論

ベクトルの数学的基礎は，第 3 章の始めに述べたように，19 世紀の中頃ハミルトンやグラスマンらによって確立しました．グラスマンはすでに「n 次元ユークリッド空間」について研究しています．

また，第 4 章の始めに述べたように，19 世紀末にはペアノがベクトルの抽象的な定義（☞§§4.1.1.3）を与えました．彼は，1888 年に刊行した『幾何学的算術』で，多項式からなる 1 変数関数はベクトルの定義を満たし，線形独立な多項式は無数にあるからその関数の集合の要素は無限にある，つまりその集合は無限次元であるとも記しています．これは，ベクトルの定義を満たす無数の関数の集合が‘無限次元のベクトル空間[1]’であることを意味します．ただし，それが広く認められるにはその後 30 年以上を要しました．

物理現象は「微分方程式」の形で定式化されます[2]．例えば，弦や膜の振動，音波や電磁波の振る舞いは（境界条件・初期条件付の）「波動方程式」を解いて得られますが，その一般解は各々の振動数（固有値）に対応する「固有関数」の線形結合つまり「重ね合わせ」によって表すことができます．一般に，境界条件・初期条件のある「線形微分方程式」は「積分方程式」の形に書き直すことができ，固有値や固有関数も調べやすくなります．20 世紀の初頭に，フレッ

---

1) 馴れないうちは集合を‘空間’と呼ぶことに抵抗があるでしょう．空間ベクトルの終点は 3 次元空間の‘点’と同一視できるので，空間ベクトルの集合は 3 次元空間 $\mathbb{R}^3$ と見なすことができます．その類似性から，集合に何らかの構造が与えられ，幾何学的イメージを伴って語られるとき‘空間’と呼ばれます．特に，関数がベクトルの定義を満たす集合であるとき「関数空間」といいます．そのとき，各関数は空間上の‘点’と見なされます．

2) この後の数学史の記述は‘現在学んでいる線形代数の奥に控えている広大な数学理論’をあえて名前だけ紹介します．以下読むとわかるように，それらは，深い霧の中に‘何とかベクトル’，‘何とか空間’，‘行列何とか’，‘何とか方程式’，‘作用素’，‘固有値’，‘固有関数’などと記した道標（みちしるべ）が立っている程度でしょう．当面は“そんな数学があるからいま線形代数を学ぶのか”と理解すれば十分です．君たちがこの章全体を学んだ後は，線形代数学の奥深さを嗅ぎとり，数学を勉強する意欲が沸いてくることを期待しています．

ドホルム（Erik Ivar Fredholm, 1866～1927, スウェーデン）は，彼の名前を冠する積分方程式を有限次元の連立 1 次方程式で近似するというアイデアから出発し，「行列式」を用いて 1 次方程式を解く通常の方法を巧みに応用して積分方程式の解を調べました．この方法は当時の数学者達の関心を呼び，数学の公理化を打ち立てた数学界の巨匠ヒルベルト（David Hilbert, 1862～1943, ドイツ）も積分方程式を論じています．関数を関数に移す写像を「作用素」といいますが，ヒルベルトは方程式の「積分作用素」がその固有関数で展開できることを用いて問題を整理しました．方程式の解がベクトルの条件を満たすとき解の集合はベクトル空間となり，'固有関数の集合がその空間の正規直交基底になります'．積分方程式を研究する際に，ヒルベルトが解の関数空間に課した '2 乗可積分' の条件は後にその関数空間を「ヒルベルト空間」と呼ぶ所以(ゆえん)になりました．

1922 年，ポーランドの若き数学者バナッハ（Stefan Banach, 1892～1945）は学位論文『抽象集合における作用素とその積分方程式への応用』を出版しました．彼の方法は，性質のよい特殊な関数を用いて積分方程式の解を表そうというものではなく，ある条件を満たす関数の集合を考えて作用素についての一般的定理を導こうというものです．その条件とは，集合の要素（関数）がベクトルの公理的定義を満たすこと，および，それによって得られるベクトル空間（関数空間）上でベクトル（関数）の（一般化された）ノルムによる「距離」を設定し，距離に関して「完備」と呼ばれる条件（空間上の収束する関数列 $\{f_n(x)\}$ の極限値 $f_\infty(x)$ が同じ空間の要素になること）を満たすというもので，そのような関数空間は「バナッハ空間」と呼ばれます．個別の関数の特殊性に頼らない彼の方法は，作用素を研究する強力な武器「関数解析学」を与え，数学界に大きな影響がありました．1932 年，彼の記念碑的著述『線形作用素論』が出版されたときには，ベクトル空間の抽象的概念はもはや数学用語の一部になっていました．

1925 年，23 才の神童ハイゼンベルグ（Werner Karl Heisenberg, 1901～1976, ドイツ）は原子の振る舞いを説明する量子の力学「行列力学」を生み出しました．これに対して，オーストリアのシュレーディンガー（Erwin Schrödinger, 1887～1961）は波動方程式による「波動力学」を定式化しました．ヒルベルト

は，“悪魔がまちがって人間の姿をしている”とまで評された，当時23才の天才フォン・ノイマン（John von Neumann, 1903〜1957，ハンガリー）に量子力学の解説を求めました．ハイゼンベルグの講義を聴いたフォン・ノイマンは，‘ハイゼンベルグの行列理論もシュレーディンガーの波動理論も無限次元の複素ヒルベルト空間におけるベクトルを指し示している’というノートをまとめて，ヒルベルトに手渡しました．これをきっかけに，彼らは量子力学の数学的に厳密な表現の仕事に向かい，それは1932年に出版された『量子力学の数学的基礎』に集大成されました：ヒルベルト空間は，ベクトルの公理的定義を満たし，（一般化された）内積が定義され，それから導かれる距離に関して完備なバナッハ空間です．量子力学系の運動状態はヒルベルト空間のベクトル（「状態ベクトル」）によって表され，観測可能な量つまり物理量はその空間の「線形自己共役作用素」（「線形エルミート演算子」）によって表され，また運動状態 A において運動状態 B を見いだす確率は状態ベクトル ψ_A（プサイ）と ψ_B の内積の絶対値の2乗 $|(\psi_B, \psi_A)|^2$ で表されます．物理量 F は，ハイゼンベルグの理論においては，2つの固有ベクトル ψ_k, ψ_l で F を挟む形の内積を成分とする行列 $(F)_{kl} = (\psi_k, F\psi_l)$ で表現されます．また，シュレーディンガー理論では，F は「微分演算子」を巻き込むような形の作用素で表現されます．

§5.1 ベクトルの公理的議論と線形空間

5.1.1 ‘公理系’の意味すること

公理は‘証明なしに（正しいと見なして）採用される根本命題’ですね．数学では（内部矛盾を引き起こさない）いくつかの公理をまとめて**公理系**とし，それを理論の出発点として関係する全ての定理を導きます．その雛形は平面幾何学におけるユークリッドの公理系で，それは君たちのよく知っている平面幾何の定理を全て導きだします．『+α』の§§1.4.2で議論したように，実数の公理系においては，分配法則などから，‘負×負＝正’であることも証明できました．また，『+α』の§§1.5.3では，「ペアノの公理系」によって，自然数をその全体の集合として明確に定義しました．その公理系を満たす対象が自然数であるというわけです．

§§4.1.1.3 のベクトルの公理的定義では，平面および空間の幾何ベクトルや数ベクトルに共通する一連の演算法則を選びだし，ベクトルの公理系を考えました．それらはベクトルの計算に必要最小限な演算法則であり，ベクトルとしての性質を規定するのに必要十分な条件であると考えられます．それは“ベクトルにはこれこれの性質がある”というのではなく，“これこれの性質があるものがベクトルである”という考えに根ざしており，

‘ベクトルと呼ぶにふさわしい対象には，それが従うべき計算規則があり，
その規則に従うものは，見かけに関係なく，全てベクトルと定める’

というわけです．その考えによると，§§4.1.1.2 のベクトルの演算法則で議論したように，実数や複素数はその条件を満たし，したがって両者共にベクトルと見なされます．実際，複素数は平面ベクトルに似た振る舞いをします（両者を区別するには，さらに付加される演算法則，例えば積についての両者の違いを見ます）．

数学的対象を公理系によって定義し，理論を公理系のみから完全に演繹的に展開することを確立したのはヒルベルトであり，それは 1899 年の『幾何学基礎論』に著(あらわ)されました．『+α』の§§1.5.3.2 公理主義 でも議論したように，彼が“点・直線・平面という代わりに，テーブル・椅子・ビールジョッキということができる”と言ったことは有名です．

対象の名称はどうでもよく，
対象間の関係や計算を定めるルールがすべてを決定する

というわけです．彼の理論は幾何学を超えて数学全般に多大な影響を与えました．これに匹敵する貢献は，数字の代わりに文字を用いる数学つまり代数学を確立したデカルト（René Descartes, 1596～1650, フランス）の 1637 年の著作『幾何学』でしょうか．20 世紀に入り，すべての数学理論は公理系の上に構築されていきました．

ベクトルの公理的定義（☞§§4.1.1.3）で議論したことは，‘8 つの条件を満たす量 $\vec{a}$, $\vec{b}$, $\vec{c}$（なら何であっても，それら）をベクトルと定義しよう’ということです．これらの条件は非常に緩い条件であり，ベクトルの次元は ∞ でもよく，また，ベクトルが $f(x)$ などと書かれていてもいっこうに構いません．以下，そんな定義方法について具体的に議論しましょう．

5.1.2　ベクトルの公理的定義

ベクトルの公理系によって定義されるベクトル（の候補）を今後は太字 $\boldsymbol{x}, \boldsymbol{y}$ とか $\boldsymbol{a}, \boldsymbol{b}$ などで表し，§§4.1.1.3 の 8 条件を正しく書き下しましょう．

空でない集合 V の任意の要素 $\boldsymbol{x}, \boldsymbol{y}$ に対して和 $\boldsymbol{x}+\boldsymbol{y} \in V$ が定義され，また，V の任意の要素 $\boldsymbol{x}$ に対してスカラー倍 $\lambda\boldsymbol{x} \in V$（ラムダ）が定義されるとします（スカラー λ はベクトルでない量を指し，実数または複素数です）．このとき，以下の条件 1°）～8°）が満たされるとき，V の要素を **ベクトル** といい，集合 V を **ベクトル空間** または **線形空間** といいます：

1°）任意の $\boldsymbol{x}, \boldsymbol{y} \in V$ に対して

$$\boldsymbol{x}+\boldsymbol{y} = \boldsymbol{y}+\boldsymbol{x} \qquad \text{（交換法則）}$$

2°）任意の $\boldsymbol{x}, \boldsymbol{y}, \boldsymbol{z} \in V$ に対して

$$(\boldsymbol{x}+\boldsymbol{y})+\boldsymbol{z} = \boldsymbol{x}+(\boldsymbol{y}+\boldsymbol{z}) \qquad \text{（結合法則）}$$

3°）**零元** と呼ばれる要素 $\boldsymbol{0} \in V$ が存在し，任意の $\boldsymbol{x} \in V$ に対して

$$\boldsymbol{x}+\boldsymbol{0} = \boldsymbol{x} \qquad \text{（零元の存在）}$$

4°）任意の $\boldsymbol{x} \in V$ に対してその **逆元** $-\boldsymbol{x} \in V$ が存在する：

$$\boldsymbol{x}+(-\boldsymbol{x}) = \boldsymbol{0} \qquad \text{（逆元の存在）}$$

5°）任意の $\boldsymbol{x}, \boldsymbol{y} \in V$ と任意のスカラー λ に対して

$$\lambda(\boldsymbol{x}+\boldsymbol{y}) = \lambda\boldsymbol{x}+\lambda\boldsymbol{y}$$

6°）任意の $\boldsymbol{x} \in V$ と任意のスカラー λ, μ（ミュー）に対して

$$(\lambda+\mu)\boldsymbol{x} = \lambda\boldsymbol{x}+\mu\boldsymbol{x}$$

7°）任意の $\boldsymbol{x} \in V$ と任意のスカラー λ, μ に対して

$$(\lambda\mu)\boldsymbol{x} = \lambda(\mu\boldsymbol{x})$$

8°）任意の $\boldsymbol{x} \in V$ に対して単位のスカラー 1 が存在する：

$$1\boldsymbol{x} = \boldsymbol{x}$$

以上の 8 条件を満たすのが‘ベクトル’というわけです（もちろん，より根源的な公理系をなす反射律：$\boldsymbol{x}=\boldsymbol{x}$，対称律：$\boldsymbol{x}=\boldsymbol{y} \Rightarrow \boldsymbol{y}=\boldsymbol{x}$，推移律：$\boldsymbol{x}=\boldsymbol{y}, \boldsymbol{y}=\boldsymbol{z} \Rightarrow \boldsymbol{x}=\boldsymbol{z}$ は成り立つとします（☞§§2.1.1））．これら 8 条件はごく普通の計算規則であり，ベクトルならこれらを満たすのは納得できますね．ただし，この 8 条件で十分だと納得するには多くの経験が必要でしょう．

注意すべきは，条件 1°)〜8°) のどれもがベクトルの和またはスカラー倍を含みますが，もしそれらが元のベクトル空間 V に属さなくなると 8 条件は意味をなしません．したがって，公理系の始めに述べられている‘前提条件 $\boldsymbol{x}+\boldsymbol{y} \in V$ と $\lambda\boldsymbol{x} \in V$ が実は最も肝要な条件’です．これは，我々が出会う方程式の解の集合がベクトル空間かどうかという場合に，現実の問題として浮上してきます．

5.1.3 ベクトル空間と基底

5.1.3.1 n 次元数ベクトル空間

まず，条件 1°)〜8°) は，平面ベクトル・空間ベクトルに共通する性質を抽出しているので，次元を定める条件を含みません．したがって，この 8 条件が通常の連立方程式のようにベクトル $\boldsymbol{x}$ の解を定めるとは考えにくいですね．そこで，次元を外からもち込んでみましょう．n 個の実数 $x_1, x_2, \cdots, x_n$ を成分とする **n 次元数ベクトル**（ここでは列ベクトルとします）

$$\begin{pmatrix} x_1 \\ x_2 \\ \vdots \\ x_n \end{pmatrix} \quad (=(x_1,\ x_2,\ \cdots,\ x_n)^T \text{ とも表す})$$

が条件 1°)〜8°) を満たすかどうかを確認しましょう（右辺の行ベクトルの右肩の記号 T は行列に出てくる「転置行列」を表す記号です）．全ての実数の集合を $\mathbb{R}$ で表し，この数ベクトル全体の集合を $\mathbb{R}^n$ とします．任意の 2 つの n 次元列ベクトルを

$$\boldsymbol{x}=(x_1,\ x_2,\ \cdots,\ x_n)^T \in \mathbb{R}^n, \quad \boldsymbol{y}=(y_1,\ y_2,\ \cdots,\ y_n)^T \in \mathbb{R}^n$$

として，ベクトルの相等，和，スカラー倍を以下のように定義します：

$$\boldsymbol{x}=\boldsymbol{y} \iff x_1=y_1,\ x_2=y_2,\ \cdots,\ x_n=y_n,$$

$$\boldsymbol{x}+\boldsymbol{y}=(x_1+y_1,\ x_2+y_2,\ \cdots,\ x_n+y_n)^T,$$

$$\lambda\boldsymbol{x}=(\lambda x_1,\ \lambda x_2,\ \cdots,\ \lambda x_n)^T \qquad (\lambda \text{は実数}).$$

このとき，ベクトルの和やスカラー倍は各成分で実数の和や実数の積で定義されるので，$\boldsymbol{x}+\boldsymbol{y} \in \mathbb{R}^n$，$\lambda\boldsymbol{x} \in \mathbb{R}^n$ が成り立つのは明らかですね．成分で考えれ

ばよいので，公理的定義の条件は事実上§§2.1.1 で議論した実数の交換・結合・分配の 3 法則などに還元できます．例えば，1°）の交換法則 $\boldsymbol{x}+\boldsymbol{y}=\boldsymbol{y}+\boldsymbol{x}$ は実数のそれ $x_i+y_i=y_i+x_i$ $(i=1,2,\cdots,n)$ に還元され，成り立つことがわかります．したがって，n 次元数ベクトルが条件 1°）～8°）を満たすことを示すのは簡単な練習問題です．（解説：2°）は $(x_i+y_i)+z_i=x_i+(y_i+z_i)$ と同じだから成立．3°）は $x_i+0=x_i$ と同じです．4°）は $x_i+(-x_i)=0$ と同じね．5°）は $\lambda(x_i+y_i)=\lambda x_i+\lambda y_i$ と同じ．6°）は $(\lambda+\mu)x_i=\lambda x_i+\mu x_i$ と同じ．7°）は $(\lambda\mu)x_i=\lambda(\mu x_i)$ と同じ，8°）は $1x_i=x_i$ と同じです）．以上のことから，n 次元数ベクトル全体の集合 $\mathbb{R}^n$ はベクトル空間（線形空間）であることが示されました．$\mathbb{R}^n$ を **n 次元数ベクトル空間** といいましょう．

上の例は公理的にベクトルを定める方法の雛形になっています：集合 V を設定し，その任意の要素 $\boldsymbol{x}$，$\boldsymbol{y}$ に和やスカラー倍などの必須な演算を定めます．このとき，条件 $\boldsymbol{x}+\boldsymbol{y}\in\boldsymbol{V}$，$\lambda\boldsymbol{x}\in\boldsymbol{V}$ が満たされていることが絶対であり，このことを‘集合 V は加法とスカラー倍に関して **閉じている**’といいます．そして，条件 1°）～ 8°）を満たすことが示されたならば，集合 V はベクトル空間であることが確定します．したがって，ベクトルの公理的定義によって定まるのは，V の個々の要素のベクトルというよりは，その全体の集合 V のほうであるといえるでしょう．

5.1.3.2　基底と次元

n 次元ベクトル空間 $\mathbb{R}^n$ を議論しましたが，n 次元ベクトルの n は任意の自然数で差し支えなく，1 次元ベクトルは実数，2・3 次元なら平面・空間ベクトルですね．もし $n\geqq 4$ のときは対応する現実の空間はありません．しかしながら，‘数学における次元’は本来‘この世’の空間の次元とはまったく無関係で，数学では単に演算ができればよく，次元は変数や未知数などの個数などとすることができます．したがって，次元 n はしばしば非常に大きくなり，ときとして $n=\infty$ の場合もあります．

まもなく学ぶように，§§5.1.2 における‘公理が許すベクトル’には関数も含まれます．そんなベクトルに対して，次元はどう考えればよいでしょうか．我々はベクトルの線形独立性を頼りにして‘数学的次元’を考えます．そのために，我々は「基底」という概念が必要です．

基底：ベクトル空間 V において，次の 2 条件を満たすベクトルの組 $\{\boldsymbol{a}_k\}$ $(k = 1, 2, \cdots, n)$ が存在するとき，$\{\boldsymbol{a}_k\}$ を V の **基底** といいます．

（i）$\{\boldsymbol{a}_k\}$ の線形結合によって V の任意のベクトルを表すことができる．

（ii）n 個の $\{\boldsymbol{a}_k\}$ は線形独立である（$\{\boldsymbol{a}_k\}$ の線形結合は V のベクトルをただ 1 通りに（一意的に）表す）．このとき，V は n 次元であるといいます（V の基底はその選び方に依(よ)らずに n 個のベクトルからなります）．

まずは数ベクトル空間 $\mathbb{R}^n$ で基底を例解しましょう．$\mathbb{R}^n$ には n 個の基本ベクトルがあり，それらは

$$\boldsymbol{e}_1 = (1, 0, \cdots, 0)^T, \quad \boldsymbol{e}_2 = (0, 1, \cdots, 0)^T, \quad \cdots, \quad \boldsymbol{e}_n = (0, 0, \cdots, 1)^T$$

ですね．基本ベクトル $\boldsymbol{e}_1$，$\boldsymbol{e}_2$，$\cdots$，$\boldsymbol{e}_n$ をそれぞれ実数倍したものの和，つまりそれらの線形結合 $x_1\boldsymbol{e}_1 + x_2\boldsymbol{e}_2 + \cdots + x_n\boldsymbol{e}_n$ は，$\mathbb{R}^n$ の定義より

$$(x_1, x_2, \cdots, x_n)^T = x_1\boldsymbol{e}_1 + x_2\boldsymbol{e}_2 + \cdots + x_n\boldsymbol{e}_n$$

だから，条件（i）を満たし，$\mathbb{R}^n$ の任意のベクトルは基本ベクトルの線形結合によって表されます．このとき，基本ベクトル $\{\boldsymbol{e}_k\}$ $(k = 1, 2, \cdots, n)$ は空間 $\mathbb{R}^n$ を **張る** または **生成する** といいます．条件（ii）が成り立つことは

$$(x_1, x_2, \cdots, x_n)^T = \boldsymbol{0} \ \Rightarrow \ x_1 = x_2 = \cdots = x_n = 0$$

からわかりますね．

以上の議論から，$\{\boldsymbol{e}_k\}$ $(k = 1, 2, \cdots, n)$ は $\mathbb{R}^n$ の基底であり，特に，それらは基本ベクトルなので **標準基底** と呼ばれます．これから，空間 $\mathbb{R}^n$ の次元は n であることがわかります（次元の定義の厳密な検証については，演習問題【4.1】(180 ページ)，および 演習問題【6.6】(300 ページ) を参照しましょう）．

5.1.3.3　連続関数の空間

さて，連続関数も線形空間のベクトルと見なせることを示します．線形空間の概念が如何(いか)に広大で深遠であるかを凝視しましょう．簡単のために，区間 $I = (a, b)$（または $[a, b]$）で定義された実数値連続関数を考えます．§§1.7.1 で議論した一般化された関数つまり写像の記法を用います．写像の考え方に慣れていない人は，以下の議論は非常に重要なので，今一度読み返しましょう．

区間 I で定義された任意の実数値連続関数 f, g に対して，和 $f+g$ とスカラー倍 λf を

$$(f+g)(x) = f(x) + g(x),$$

$$(\lambda f)(x) = \lambda f(x) \qquad (\lambda \text{は実数})$$

で定義します．まず，この定義が何を意味するか，関数という観点から調べましょう．（解説しようかと思いましたが，やめて）練習問題にします．

ヒント：§§1.3.2 関数概念の一般化1を読み直せば簡単です．

答：関数 f はその定義域の各要素 x を関数値 $f(x)$ に移しますね．したがって，上の定義は‘和 $f+g$ は要素 x を関数値 $f(x)+g(x)$ に移し，スカラー倍 λf は要素 x を関数値 $\lambda f(x)$ に移す’と定めています．実数値連続関数の和とスカラー倍は同じく実数値連続関数になることに注意しておきます．

さて，第3の連続関数 h，および常に0になる「零関数」O ($O(x)=0$) を用意すると，先に与えた関数の和とスカラー倍の定義に注意して，条件1°)〜8°) は以下のように書き表されます：

1°) $f(x)+g(x) = g(x)+f(x)$, 2°) $(f(x)+g(x))+h(x) = f(x)+(g(x)+h(x))$, 3°) $f(x)+O(x) = f(x)$（零元の存在），4°) $f(x)+(-f(x)) = O(x) = 0$（逆元の存在），5°) $\lambda(f(x)+g(x)) = \lambda f(x)+\lambda g(x)$, 6°) $(\lambda+\mu)f(x) = \lambda f(x)+\mu f(x)$, 7°) $(\lambda\mu)f(x) = \lambda(\mu f(x))$, 8°) $1f(x) = f(x)$. 実数の和は実数，連続関数の和は連続関数であることに注意すると，1°)〜8°) は全て満たされていますね．したがって，実数値連続関数の全体はベクトル空間であり，実数値連続関数はそのベクトルになります．ベクトルの条件なんて，ホント緩(ゆる)いんです．

5.1.3.4 多項式の空間と関数空間の基底

この章の始めにペアノが議論した多項式の作るベクトル空間とその基底の線形独立性を議論しましょう．定義域が全実数で実係数の n 次以下の多項式

$$a_n x^n + a_{n-1} x^{n-1} + \cdots + a_1 x + a_0$$

全体の集合を $\boldsymbol{P}_n$ としましょう．$\boldsymbol{P}_n$ の任意の多項式 P, Q は全実数で定義される実数値連続関数ですから，和 $P+Q$ は $(P+Q)(x) = P(x)+Q(x)$ で，スカラー倍 λP は $(\lambda P)(x) = \lambda P(x)$ によって定義されます．すると，多項式の和は多項式，多項式の定数倍も多項式ですから，$\boldsymbol{P}_n$ はベクトル空間となり，各多項式はそのベクトルとなりますね．

さて，$\boldsymbol{P}_n$ の基底は，直ぐわかるように，$\{1, x, x^2, \cdots, x^n\}$ の $n+1$ 個の単項式にとればよいでしょう．すると，それらの線形結合

$$t_n x^n + t_{n-1}x^{n-1} + \cdots + t_1 x + t_0 1$$

は基底の条件（ i ）（上の線形結合は $\boldsymbol{P}_n$ の任意のベクトルを表すことができる）を満たすのは自明ですね．

基底の条件（ii）（$1, x, x^2, \cdots, x^n$ は線形独立である）のほうはどうでしょうか．そのためには‘関数の線形独立’の定義から述べないとなりません：

関数の線形独立：定義域が D の 2 つの関数 f, g が，D で

$$\text{恒等的に } sf(x) + tg(x) = 0 \ \Rightarrow\ s = t = 0$$

が成り立つとき，f と g は **線形独立** であるといいます．
3 個以上の関数についても同様に定義します．

我々の扱う関数は，多項式がそうであるように，何回でも微分可能なものがほとんどです．そのような場合，‘恒等的’の意味はきわめて大きく，微分した $sf'(x)+tg'(x) = 0$ も恒等的に成り立ちます：ある x について $sf(x)+tg(x) = 0$ が成り立つとき，$x + \Delta x$ でも成り立つために（$sf(x+\Delta x) + tg(x+\Delta x) = 0$），導関数の定義 $f'(x) = \lim_{\Delta x \to 0} \dfrac{f(x+\Delta x) - f(x)}{\Delta x}$ に適用すると

$$\lim_{\Delta x \to 0} \frac{sf(x+\Delta x) - sf(x) + tg(x+\Delta x) - tg(x)}{\Delta x} = 0 \ \Leftrightarrow\ sf'(x) + tg'(x) = 0.$$

この技術を $\{1, x, x^2, \cdots, x^n\}$ が $\boldsymbol{P}_n$ の基底となるための条件（ii）：

$$\text{恒等的に } t_0 1 + t_1 x + \cdots + t_n x^n = 0 \ \Rightarrow\ t_0 = t_1 = \cdots = t_n = 0$$

に応用しましょう．まず，左辺で $x = 0$ とおくと $t_0 = 0$ ですね．微分すると，$t_1 + 2t_2 x + \cdots + nt_n x^{n-1} = 0$ だから，$x = 0$ とおくと $t_1 = 0$．以下，微分しては $x = 0$ とおく作業を続けて，$t_0 = t_1 = \cdots = t_n = 0$ が得られます．したがって，基底の条件（ i ），（ii）が満たされ，$\{1, x, x^2, \cdots, x^n\}$ は $\boldsymbol{P}_n$ の基底です．

多項式 $P(x) = a_n x^n + a_{n-1}x^{n-1} + \cdots + a_1 x + a_0 1$ をベクトルとして眺めるには，数ベクトル空間 $\mathbb{R}^n$ のベクトル $\boldsymbol{p}$ を（ちょっと気取った記号の）基底 $\{\boldsymbol{x}_k\}$ の線形結合で表した，$\boldsymbol{p} = t_n\boldsymbol{x}_n + t_{n-1}\boldsymbol{x}_{n-1} + \cdots + t_2\boldsymbol{x}_2 + t_1\boldsymbol{x}_1$ と比較するのがよいでしょ

う．§§3.6.2 からわかるように，基底ベクトル $\boldsymbol{x}_k$ は $\mathbb{R}^n$ の座標軸を定め，ベクトル $\boldsymbol{p}$ は $\boldsymbol{x}_k$ の係数つまり座標を用いて $\boldsymbol{p} = (t_1, t_2, \cdots, t_{n-1}, t_n)^T$ と表されます．多項式 $P(x)$ についても，ベクトル空間 $\boldsymbol{P}_n$ の基底 $\{x^k\}$ $(k = 0, 1, \cdots, n)$ が空間の x^k 軸を定めると考えます．すると，$P(x) = a_n x^n + a_{n-1}x^{n-1} + \cdots + a_1 x + a_0 1$ は‘座標’を用いて

$$P(x) = (a_0, a_1, \cdots, a_n)^T$$

のように表してもよいでしょう．

最後に，「関数空間」つまりベクトルの定義を満たす一般の関数の集合の基底についてコメントしておきましょう．例えば，ある区間 $I = (a, b)$ で定義された関数の空間 V_I を考えます．V_I の任意の関数 f は I の任意の x で関数値 $f(x)$ をもつので，関数空間 V_I は I で連続的な値に対して様々な値になる関数が集まった広大な空間です．したがって，そんな関数空間については，有限個の基底で済む多項式の空間 $\boldsymbol{P}_n$ とは異なり，一般には，その空間の関数を表すには無限個の基底を必要とするでしょう．実際にそうであり，そんな関数空間は‘無限次元空間’と呼ばれます．

そんな一例を紹介しましょう．両端が固定された弦，例えば，ピアノやギターの振動の様子は，「ニュートンの運動方程式」から導かれる「波動方程式」という微分方程式（両端固定の境界条件付）を解いて得られます．君たちもまもなくその方程式を解くことになるはずですが，その解は振動数が f_0 のいわゆる基本音とその倍音 kf_0 の波の「重ね合わせ」で表されます．具体的には，ある位置 x で計った弦の変位を $u(t)$ とすると，§§1.4.4 波の合成 で学んだように，振動数が明示された波の表式（☞§§1.4.4.2）を用いて，「フーリエ級数」といわれる

$$u(t) = \sum_{k=1}^{\infty} (a_k \cos 2\pi k f_0 t + b_k \sin 2\pi k f_0 t)$$

の形になります．この例は，この方程式の解全体の集合がベクトル空間をなし，任意の解は無限個の基底 $\{\cos 2\pi k f_0 t,\ \sin 2\pi k f_0 t\}$ $(k = 1, 2, 3, \cdots)$ の線形結合（重ね合わせ）で表されることを示しています．$\cos 2\pi k f_0 t$ や $\sin 2\pi k f_0 t$ は振動数が kf_0 の‘固有な波’を表すので，「固有関数」とか，ベクトル空間の基底として「固有ベクトル」といわれます．それらの線形独立性を示すのは

§§5.4.3.1 の内積の議論まで待つのが得策でしょう．一般の音や光，例えばテレビの音声や映像は連続する振動数の波の和，つまりそれらの波の振動数についての積分（「フーリエ積分」），として表すことができます．

Q1. n 次以下の多項式全体が作るベクトル空間 $\boldsymbol{P}_n$ の基底は

$$\{\,p_k(x) \mid p_0(x) = 1,\ p_k(x) = 1 + x + x^2 + \cdots + x^k;\ k = 0,\ 1,\ 2,\ \cdots,\ n\}$$

のように選べることを示しなさい．

Q2. $\{\cos x,\ \cos 2x,\ \sin x,\ \sin 2x\}$ は線形独立であることを示しなさい．

A1. 集合の記号に惑わされないこと．$p_k(x)$ の線形結合を $\ell(x)$ と書くと

$$\begin{aligned}\ell(x) =& t_0 p_0(x) + t_1 p_1(x) + \cdots + t_{n-1} p_{n-1}(x) + t_n p_n(x)\\ =& (t_0 + t_1 + \cdots + t_{n-1} + t_n)1 + (t_1 + t_2 + \cdots + t_{n-1} + t_n)x\\ &+ \cdots + (t_{n-1} + t_n)x^{n-1} + t_n x^n\end{aligned}$$

のように表され，$\ell(x)$ は $\boldsymbol{P}_n$ の任意の多項式を表せます．これらの $p_k(x)$ が線形独立の条件

$$\text{恒等的に } \ell(x) = 0 \ \Rightarrow\ t_0 = t_1 = \cdots = t_n = 0$$

を満たすのを見るには，まず，$\ell(x)$ を n 回微分して，$\ell^{(n)}(x) = t_n n! = 0$ より $t_n = 0$ を得ます．$t_n = 0$ を利用すると，$\ell^{(n-1)}(x) = t_{n-1}(n-1)! = 0$ より $t_{n-1} = 0$. 以下同様に続けると全ての $t_k = 0$ が得られます．したがって，$\{p_k(x)\}$ は $\boldsymbol{P}_n$ の基底です．

A2. 線形結合を $\ell(x) = a\cos x + b\cos 2x + c\sin x + d\sin 2x$ と書くと，線形独立の条件は

$$\text{恒等的に } \ell(x) = 0 \ \Rightarrow\ a = b = c = d = 0$$

ですね．$\ell(x)$ を 3 回まで微分して $x = 0$ とおくと，

$$\ell(0) = a + b = 0, \qquad \ell'(0) = c + 2d = 0,$$
$$\ell^{(2)}(0) = -a - 4b = 0, \qquad \ell^{(3)}(0) = -c - 8d = 0.$$

これらから，$a = b = c = d = 0$ を得るので，$\{\cos x,\ \cos 2x,\ \sin x,\ \sin 2x\}$ は線形独立です．

§5.2 線形方程式と線形写像

方程式と写像は大いに関係があるといったら，初めて聞いた人はびっくりするでしょう．次の§§以下で例解するように，線形代数学が大発展を遂げた第 1 の理由は線形 (微分) 方程式と線形写像の密接な関係にありました．

まず，重要事項を復習しておきましょう．§§5.1.2 のベクトルを公理的に定義する条件 1°)～8°) では，ベクトル空間となる集合 V の任意の要素 $\boldsymbol{x}, \boldsymbol{y}$ について，和とスカラー倍が定義される（和とスカラー倍も V の要素である）ことが必須条件です：$\boldsymbol{x} \in V,\ \boldsymbol{y} \in V \ \Rightarrow\ \boldsymbol{x} + \boldsymbol{y} \in V,\ \lambda \boldsymbol{x} \in V$．したがって，$\boldsymbol{x}$ と $\boldsymbol{y}$ の線形結合 $\lambda \boldsymbol{x} + \mu \boldsymbol{y}$ もまた V の要素です：$\boldsymbol{x} \in V,\ \boldsymbol{y} \in V \ \Rightarrow\ \lambda \boldsymbol{x} + \mu \boldsymbol{y} \in V$．これは当然な条件ですが非常にきつい場合があります．それは，以下の例で見るように，方程式の解の集合がベクトル空間かどうかを考える場合です．

5.2.1 非同次線形方程式

簡単な 3 元 1 次方程式[3)]

$$x + y - z = 1 \qquad (x,\ y,\ z \text{ は実数})$$

を考えましょう．この方程式は，3 個の未知数に対して方程式が 1 個なので，連続的に無数の解があります．解 $\boldsymbol{x} = (x,\ y,\ z)^T$ については，方程式 $x + y - z = 1$ を満たすものなら何でもよく，例えば，任意の解を

$$\begin{aligned} \boldsymbol{x} &= (s,\ t,\ s + t - 1)^T \\ &= s(1,\ 0,\ 1)^T + t(0,\ 1,\ 1)^T + (0,\ 0,\ -1)^T \qquad (s,\ t \text{ は任意定数}) \end{aligned}$$

の形に表せます（もちろん，$\boldsymbol{x} = (s + 1,\ -s + t,\ t)^T$ などでも構いません)．

この方程式では，解のスカラー倍がまた解になることは期待できません．実際，

$$k\boldsymbol{x} = k(x,\ y,\ z)^T = (ks,\ kt,\ k(s + t - 1))^T \quad (k \text{ は実数})$$

---

3) 1 次以下の項からなる方程式を「1 次方程式」または **線形方程式** といいます．その中で，1 次の項のみの場合を **同次** である または ‘斉次(せいじ)’ であるといい，0 次の定数項がある場合を **非同次** である または ‘非斉次’ であるといいます．同次と非同次の違いは線形性の議論に影響します．

を方程式に代入すると

$$ks + kt - k(s + t - 1) = k \neq 1$$

だから，解にはなりません．したがって，解全体の集合を V とすると，

$$\boldsymbol{x} \in V \quad \text{だが} \quad k\boldsymbol{x} = (ks,\ kt,\ k(s + t - 1))^T \notin V$$

ですね．解の和が解でないこともすぐ確かめられます（練習問題とします）．

この例からわかるように，V が方程式の解の集合の場合には，一般に V はベクトル空間になりません．方程式が x, y, z の 2 次以上の項を含む場合も解の線形結合は解にならず，解の集合はベクトル空間ではありません．これを示すのを練習問題としましょう．

問題：非線形方程式 $x^2 + y - z = 0$ の解のスカラー倍は解でないことを示しなさい．ヒントは不要ですね．

解答：任意の解 $\boldsymbol{x} = (x, y, z)^T$ は $\boldsymbol{x} = (s,\ t,\ s^2 + t)^T$（$s, t$ は任意定数）の形に表すことができます．このとき，解のスカラー倍 $k\boldsymbol{x} = (ks,\ kt,\ k(s^2 + t))^T$（$k$ は実数）を方程式に代入すると，

$$(ks)^2 + kt - k(s^2 + t) = (k^2 - k)s^2 \neq 0.$$

したがって，解のスカラー倍は解ではありません．

しかし，先の方程式 $x + y - z = 1$ で定数項 1 を除いた‘同次線形方程式’ $x + y - z = 0$ ではどうでしょう．次の§§で調べましょう．

5.2.2　同次線形方程式と重ね合わせの原理

1 次のみの項からなる **同次線形方程式**

$$x + y - z = 0$$

を考えます．その任意の解 $\boldsymbol{x} = (x, y, z)^T$ は，s, t を任意定数として，

$$\begin{aligned} \boldsymbol{x} &= (s,\ t,\ s + t)^T \\ &= s(1,\ 0,\ 1)^T + t(0,\ 1,\ 1)^T \end{aligned}$$

と表すことができます（もちろん，$\boldsymbol{x} = (s + t,\ -t,\ s)^T$ などでも構いません）．

この方程式の場合，解のスカラー倍 $k\boldsymbol{x} = (ks, kt, k(s+t))^T$（$k$ は実数）を方程式に代入すると，

$$ks + kt - k(s+t) = 0$$

だから，解のスカラー倍もまた解になります．つまり，解全体の集合を W とすると，同次線形方程式の解 $\boldsymbol{x} \in W$ ならば $k\boldsymbol{x} \in W$ です．

また，他の任意の解を $\boldsymbol{y} = (u, v, u+v)^T$（$u, v$ は任意定数）とすると，解の和

$$\begin{aligned}\boldsymbol{x} + \boldsymbol{y} &= (s, t, s+t)^T + (u, v, u+v)^T \\ &= (s+u, t+v, s+u+t+v)^T\end{aligned}$$

も方程式を満たします：

$$(s+u) + (t+v) - (s+u+t+v) = 0.$$

よって，解の和もまた解です（$\boldsymbol{y} = (u+v, -v, u)^T$ などとしても同じです）．

以上の議論から，上の同次線形方程式の解の線形結合 $k\boldsymbol{x} + l\boldsymbol{y}$（$k, l$ は任意定数）もまた解になりますね．これを（解の）**重ね合わせの原理**といいます：

$$\boldsymbol{x}, \boldsymbol{y} \text{ が解} \Rightarrow k\boldsymbol{x} + l\boldsymbol{y} \text{ も解}\quad (k, l \text{ は任意定数}).$$

この結果を解全体の集合 W の用語でいうと，

$$\boldsymbol{x} \in W, \boldsymbol{y} \in W \Rightarrow k\boldsymbol{x} + l\boldsymbol{y} \in W \qquad \text{（重ね合わせの原理）}$$

ですね．ここで練習問題です．

問題：3元の同次線形方程式の一般形は $ax + by + cz = 0$（$a, b, c \neq 0$）です．この方程式の2つの解の線形結合はまた解になります．それを示しなさい．

解答：2つの任意の解を $\boldsymbol{x}, \boldsymbol{y}$ としましょう．それらは

$$\boldsymbol{x} = (s, t, -(as+bt)/c)^T, \qquad \boldsymbol{y} = (u, v, -(au+bv)/c)^T$$

と表すことができます．それらの線形結合

$$\begin{aligned}k\boldsymbol{x} + l\boldsymbol{y} &= k(s, t, -(as+bt)/c)^T + l(u, v, -(au+bv)/c)^T \\ &= (ks+lu, kt+lv, -\{k(as+bt) + l(au+bv)\}/c)^T\end{aligned}$$

を方程式に代入すると，

$$\begin{aligned}ax + by + cz &= a(ks+lu) + b(kt+lv) - (k(as+bt) + l(au+bv)) \\ &= 0\end{aligned}$$

となり，同次線形方程式 $ax + by + cz = 0$ の解の線形結合はまた解になりましたね．

5.2.3 同次線形方程式の解空間

前の§§で議論したように，3 元の同次線形方程式 $x+y-z=0$ やその一般形 $ax+by+cz=0$ は，その解全体の集合を W とすると，任意の解 $\boldsymbol{x}$, $\boldsymbol{y}$ の線形結合 $k\boldsymbol{x}+l\boldsymbol{y}$ がまた解になる，つまり，線形性「$\boldsymbol{x} \in W,\ \boldsymbol{y} \in W \Rightarrow k\boldsymbol{x}+l\boldsymbol{y} \in W$」が成り立ちました．この性質は W がベクトル空間であるための前提条件であり，§§5.1.2 の条件 1°)～8°) も明らかに満たされます．したがって，解全体の集合 W はベクトル空間です．一般に，方程式の解の全体を幾何学的に捉(とら)えるとき，それを **解空間** といいますが，同次線形方程式の解空間はベクトル空間になります．

解空間の例として，同次線形方程式 $x+y-z=0$ の解空間を調べてみましょう．任意の解を

$$\boldsymbol{x} = \begin{pmatrix} x \\ y \\ z \end{pmatrix} = \begin{pmatrix} s \\ t \\ s+t \end{pmatrix} = s\begin{pmatrix} 1 \\ 0 \\ 1 \end{pmatrix} + t\begin{pmatrix} 0 \\ 1 \\ 1 \end{pmatrix}$$

と表してみればわかります．つまり，$x+y-z=0$ は 3 次元空間上の平面の方程式を表し，上の解 $\boldsymbol{x}$ はそのパラメータ表示になっていますね（☞§§4.2.2）．実際，平面 $x+y-z=0$ の法線ベクトルは $(1,1,-1)^T$ であり，それは平面上の 2 ベクトル $(1,0,1)^T$ と $(0,1,1)^T$ に直交します．§§5.1.3.2 でベクトル空間の基底を議論しましたが，$(1,0,1)^T$ と $(0,1,1)^T$ は線形独立なベクトルであり，それらの線形結合は，係数 s, t を 2 つの任意定数として，任意の解を表すことができます．したがって，その 2 ベクトルは線形方程式 $x+y-z=0$ の解空間の基底です．以上の議論から，方程式 $x+y-z=0$ の解空間 W は 3 次元空間上の平面，つまり $\mathbb{R}^3$ の **部分空間**，として表されます：

$$W = \left\{ (x, y, z)^T \in \mathbb{R}^3 \;\middle|\; x+y-z=0 \right\} = \left\{ s\begin{pmatrix} 1 \\ 0 \\ 1 \end{pmatrix} + t\begin{pmatrix} 0 \\ 1 \\ 1 \end{pmatrix} \;\middle|\; s, t \in \mathbb{R} \right\}.$$

（ベクトル空間 V の部分集合 W が線形条件「$\boldsymbol{x} \in W,\ \boldsymbol{y} \in W \Rightarrow \lambda\boldsymbol{x}+\mu\boldsymbol{y} \in W$」を満たすとき，$W$ は V の「部分空間」であるといいます）．

解空間の基底はまた方程式の解であり，そんな解は特に **基本解** と呼ばれます．今の場合，解空間は 2 次元なので，基本解は 2 個あり，任意の解は基本解の係数として 2 つの‘任意定数を含む形’で表されていますね．一般に，任意

定数を含む形で表される解は方程式の **一般解** と呼ばれます．線形方程式は，後で議論する「線形微分方程式」（☞§§5.3.2）も含めて，一般解で全ての解が尽きています（ある種の非線形微分方程式は一般解でない解ももちます）．

ここで，ちょっとした注意です：一般解の表し方は一通りではありません．例えば，上の方程式の一般解は，異なる基本解（基底）を用いて，$\boldsymbol{x} = (s+t,\ -t,\ s)^T$ などのように表すこともできます．

最後に練習問題です．同次線形方程式 $x - y = 0$ の解空間 W およびその基底（基本解）を求めなさい．ヒント：専門用語に惑わされないこと．
解答：2 変数の方程式なので一般解は $\boldsymbol{x} = (x,\ y)^T = (t,\ t)^T$（$t$ は任意の実数）などと表されます．解空間 W は

$$W = \left\{ (x,\ y)^T \in \mathbb{R}^2 \,\middle|\, x - y = 0 \right\} \quad \text{または} \quad W = \left\{ t\begin{pmatrix} 1 \\ 1 \end{pmatrix} \,\middle|\, t \in \mathbb{R} \right\}$$

などの表現でよいでしょう．解空間の基底は，平面上の直線 $x - y = 0$ の方向ベクトル，$\begin{pmatrix} 1 \\ 1 \end{pmatrix}$ ですね．

5.2.4　同次線形方程式の一般解と非同次線形方程式

同次線形方程式の一般解は一般の線形方程式，つまり **非同次線形方程式** の一般解を議論するときに必須です．例として，3 元 1 次方程式

$$x + y - z = b \qquad (b \neq 0)$$

の一般解を調べましょう．

この非同次線形方程式の解を $\boldsymbol{x} = (x,\ y,\ z)^T$ と書くと，1 つの解 $\boldsymbol{x} = \boldsymbol{x}_0$ は

$$\boldsymbol{x}_0 = (b,\ 0,\ 0)^T$$

とできます．このとき，$b = 0$ とおいて得られる同次線形方程式 $x + y - z = 0$ の 1 つの解 $(s_0,\ t_0,\ s_0 + t_0)^T$ を上の解に付け加えたものも解ですね：

$$\begin{aligned} \boldsymbol{x} &= (b,\ 0,\ 0)^T + (s_0,\ t_0,\ s_0 + t_0)^T \\ &= (b + s_0,\ t_0,\ s_0 + t_0)^T. \end{aligned}$$

実際，$x+y-z = (b+s_0)+t_0-(s_0+t_0) = b$ が成り立ちます．ここで，$p = b+s_0$，$q = t_0$，$r = s_0 + t_0$ とおくと，非同次線形方程式の 1 つの解 $\boldsymbol{x}_0$ は一般に

$$\boldsymbol{x}_0 = (p,\ q,\ r)^T \qquad (p + q - r = b)$$

のように表されます．

このとき注意すべきことは，解 $\boldsymbol{x}_0 = (p,\ q,\ r)^T$ に同次線形方程式 $x+y-z=0$ の一般解 $\boldsymbol{u} = (s,\ t,\ s+t)^T$ を付け加えたものも解となることです：

$$\boldsymbol{x} = \boldsymbol{x}_0 + \boldsymbol{u} = (p,\ q,\ r)^T + (s,\ t,\ s+t)^T$$
$$= \begin{pmatrix} p \\ q \\ r \end{pmatrix} + s\begin{pmatrix} 1 \\ 0 \\ 1 \end{pmatrix} + t\begin{pmatrix} 0 \\ 1 \\ 1 \end{pmatrix}.$$

この 3 元 1 次方程式 $x+y-z=b$ は 3 次元空間上の平面の方程式であり，上の解 $\boldsymbol{x} = \begin{pmatrix} p \\ q \\ r \end{pmatrix} + s\begin{pmatrix} 1 \\ 0 \\ 1 \end{pmatrix} + t\begin{pmatrix} 0 \\ 1 \\ 1 \end{pmatrix}$ は，その平面のパラメータ表示になっており，方程式のどんな解でも表すことができます．今の場合，非同次方程式 $x+y-z=b$ の 1 つの解 $(p,\ q,\ r)^T$ は平面上の 1 点であり，また，同次線形方程式 $x+y-z=0$ の基本解 $\begin{pmatrix} 1 \\ 0 \\ 1 \end{pmatrix}$ と $\begin{pmatrix} 0 \\ 1 \\ 1 \end{pmatrix}$ は平面の向きを指定する 2 つのベクトルになっています．

非同次線形方程式の（任意定数を含まない）1 つの解 $\boldsymbol{x}_0$ は **特解**（**特殊解**）といわれます．特解 $\boldsymbol{x}_0$ にその同次線形方程式の一般解 $\boldsymbol{u}$ つまり基本解の線形結合を加えたもの $\boldsymbol{x}_0 + \boldsymbol{u}$ を非同次線形方程式の **一般解** といいます．非同次線形方程式の解は線形性がないので，その解の全体つまり解空間 W はベクトル空間ではありません．非同次線形方程式の解空間 W は，同次線形方程式の一般解のなすベクトル空間 $\{\boldsymbol{u} \mid \boldsymbol{u}\text{は同次線形方程式の解}\}$ を非同次線形方程式の特解 $\boldsymbol{x}_0$ だけ平行移動した空間 $\{\boldsymbol{u} + \boldsymbol{x}_0\}$ であり，「アフィン空間」と呼ばれます．

最後に，2 元 1 次方程式の一般解の練習問題です．

問題：1 次方程式 $x-y=1$ の一般解を求めなさい．

ヒント：上の例題を易しくした問題ですね．

解答：$x-y=1$ の解を $\boldsymbol{x} = (x,\ y)^T$ として，1 つの特解は $\boldsymbol{x}_0 = (1,\ 0)^T$ ですね（注意：$(p,\ q)^T$ で $p-q=1$ を満たすものなら何でも特解です）．また，その同次方程式 $x-y=0$ の一般解は $\boldsymbol{u} = (s,\ s)^T$（$s$ は任意定数）と表されます．よって，$x-y=1$ の一般解は

$$\boldsymbol{x} = \begin{pmatrix} 1 \\ 0 \end{pmatrix} + s\begin{pmatrix} 1 \\ 1 \end{pmatrix} \qquad (s\ \text{は任意定数})$$

と表されます．この一般解 $\boldsymbol{x}$ は 1 次方程式 $x-y=1$ の任意の解を表します．また $x-y=1$ は 2 次元空間上の直線の方程式ですから，この一般解 $\boldsymbol{x}$ はその直線のパラメータ表示にもなっています．したがって，解空間 W は 2 次元空間上の直線 $\{(x,y)^T \mid x-y=1\}=\left\{ s\begin{pmatrix}1\\1\end{pmatrix}+\begin{pmatrix}1\\0\end{pmatrix} \middle| \ s\in\mathbb{R}\right\}$ ですね．

5.2.5　1 次方程式と線形写像

連立 1 次方程式の解法の研究から「線形写像」の概念が生まれ，それは数学の広い分野に適用されていきました．また，物理学などに現れる応用上重要な「線形微分方程式」にも応用されました．線形写像の詳しい議論は第 6 章 行列と線形変換 で行います．以下，線形写像へのイントロダクションです．

5.2.5.1　3 元 1 次方程式（非連立）と線形写像

まず，3 元 1 次方程式（非同次線形方程式）

$$x+y-z=b \qquad (b\neq 0)$$

から議論します．この方程式の 3 変数を成分とするベクトル $\boldsymbol{x}=(x,y,z)^T$ に対して，それを左辺の同次 1 次式 $x+y-z$ に導く $\mathbb{R}^3$ から $\mathbb{R}$ への写像 f：

$$f(\boldsymbol{x})=f((x,y,z)^T)=x+y-z$$

を考えましょう．このとき，元の非同次方程式は $f(\boldsymbol{x})=b$ で与えられ，$\boldsymbol{x}$ が未知のベクトルになります．その一般解 $\boldsymbol{x}$ は，前の§§で調べたように，1 つの特解，例えば $\boldsymbol{x}_0=(b,0,0)^T$ と，対応する同次方程式 $f(\boldsymbol{x})=0$ の一般解，例えば $\boldsymbol{u}=(s,t,s+t)^T$ の和で与えられます．実際，解であることは容易にわかります：

$$\begin{aligned} f(\boldsymbol{x}) &= f(\boldsymbol{x}_0+\boldsymbol{u})=f((s+b,t,s+t)^T) \\ &= (s+b)+t-(s+t) \\ &= b. \end{aligned}$$

さて，方程式から離れて，この写像の特徴を調べましょう．$\mathbb{R}^3$ の任意の 2 ベクトル $\boldsymbol{x}=(x,y,z)^T$，$\boldsymbol{y}=(u,v,w)^T$ を考えると，和 $\boldsymbol{x}+\boldsymbol{y}$ の写像について，

$$\begin{aligned} f(\boldsymbol{x}+\boldsymbol{y}) &= f((x+u,y+v,z+w)^T)=(x+u)+(y+v)-(z+w) \\ &= (x+y-z)+(u+v-w) \\ &= f(\boldsymbol{x})+f(\boldsymbol{y}) \end{aligned}$$

が成り立ちます．また，$\boldsymbol{x}$ の実数倍 $k\boldsymbol{x}$ の写像について，

$$\begin{aligned} f(k\boldsymbol{x}) &= f(k(x, y, z)^T) = f((kx, ky, kz)^T) \\ &= kx + ky - kz = k(x + y - z) \\ &= kf(\boldsymbol{x}) \end{aligned}$$

も成り立ちます．

この 2 つの性質は写像 f が $\boldsymbol{x} = (x, y, z)^T$ を同次 1 次式に移す場合に得られます．それを確かめるのを練習問題にしましょう．ヒント：写像を具体的に

$$f(\boldsymbol{x}) = f((x, y, z)^T) = ax + by + cz \qquad (a, b, c \text{ は定数})$$

と書くとよいでしょう．

解答：ベクトル $\boldsymbol{y} = (u, v, w)^T$ を用意すると，ベクトルの和に対して

$$\begin{aligned} f(\boldsymbol{x} + \boldsymbol{y}) &= f((x + u, y + v, z + w)^T) = a(x + u) + b(y + v) + c(z + w) \\ &= (ax + by + cz) + (au + bv + cw) \\ &= f((x, y, z)^T) + f((u, v, w)^T) \\ &= f(\boldsymbol{x}) + f(\boldsymbol{y}) \end{aligned}$$

が成り立ちます．また，ベクトルのスカラー倍に対して

$$\begin{aligned} f(k\boldsymbol{x}) &= f((kx, ky, kz)^T) = akx + bky + ckz \\ &= k(ax + by + cz) \\ &= kf(\boldsymbol{x}) \end{aligned}$$

も成り立ちます．

ただし，写像が $\boldsymbol{x}$ を非同次 1 次式に移す場合にはこの性質は得られません．そのことを示す練習問題として，写像

$$f(\boldsymbol{x}) = x + y - z + c \qquad (\text{定数 } c \neq 0)$$

でスカラー倍の場合 $f(k\boldsymbol{x})$ を調べなさい．ヒントは不要ですね．

解答：

$$\begin{aligned} f(k\boldsymbol{x}) &= f((kx, ky, kz)^T) = kx + ky - kz + c \\ &= k(x + y - z + c) - kc + c \\ &= kf(\boldsymbol{x}) + c(1 - k) \\ &\neq kf(\boldsymbol{x}) \end{aligned}$$

ですから成り立ちませんね．

また，写像 f が

$$f(\boldsymbol{x}) = x^2 + y - z$$

のように，2 次以上の項を含む場合も上の 2 つの性質は得られません．これを示すことも練習問題にします．

解答：

$$\begin{aligned} f(k\boldsymbol{x}) &= f((kx,\ ky,\ kz)^T) = (kx)^2 + ky - kz \\ &= k(x^2 + y - z) + k(k-1)x^2 \\ &= kf(\boldsymbol{x}) + k(k-1)x^2 \\ &\neq kf(\boldsymbol{x}) \end{aligned}$$

ですから成り立ちませんね．

というわけで，写像に対して上の 2 つの性質が成り立つ条件はかなり厳しいといえます．しかしながら，これらの性質は非常に重要で，これを一般化して得られる

$$\begin{cases} f(\boldsymbol{x} + \boldsymbol{y}) = f(\boldsymbol{x}) + f(\boldsymbol{y}) \\ \quad f(\lambda\boldsymbol{x}) = \lambda f(\boldsymbol{x}) \quad (\lambda \text{はスカラー}) \end{cases} \qquad \text{(線形性)}$$

を満たす写像 f を一般に **線形写像** といい，両性質はあわせて f の **線形性** と呼ばれます．

線形性は「行列」や「同次線形微分方程式」に現れます．ここでは，行列に関係する部分にちょっと触れておきましょう．先ほどの線形写像 $f(\boldsymbol{x}) = x + y - z$ は，ベクトルの内積を用いて，

$$f(\boldsymbol{x}) = x + y - z = \begin{pmatrix} 1 \\ 1 \\ -1 \end{pmatrix} \cdot \begin{pmatrix} x \\ y \\ z \end{pmatrix} = \begin{pmatrix} 1 \\ 1 \\ -1 \end{pmatrix} \cdot \boldsymbol{x}$$

のように表されます．この表式 $f(\boldsymbol{x}) = \begin{pmatrix} 1 \\ 1 \\ -1 \end{pmatrix} \cdot \boldsymbol{x}$ をじっと眺めると，$\begin{pmatrix} 1 \\ 1 \\ -1 \end{pmatrix} \cdot$ は写像 f を具体的に表現しているかのように見えます．より応用が広くなるように，行ベクトル $(a\ b\ c)$ を導入して，列ベクトルとの積を

$$(a\ b\ c)\begin{pmatrix} x \\ y \\ z \end{pmatrix} = ax + by + cz$$

のように定めます．すると，$f(\boldsymbol{x}) = x + y - z$ は

$$f(\boldsymbol{x}) = (1\ 1\ \ -1)\begin{pmatrix} x \\ y \\ z \end{pmatrix} = x + y - z$$

と表され，'f は行ベクトル $(1\ 1\ \ -1)$ で表現された' と考えられますね．

5.2.5.2　3 元連立 1 次方程式と線形写像

3 元連立 1 次方程式，例えば，

$$\begin{cases} x + y - z = 1 \\ x - y - z = 1 \end{cases}$$

をベクトル方程式

$$\begin{pmatrix} x + y - z \\ x - y - z \end{pmatrix} = \begin{pmatrix} 1 \\ 1 \end{pmatrix}$$

として表すと，左辺のベクトルは写像 $f : \mathbb{R}^3 \to \mathbb{R}^2$ が

$$f(\boldsymbol{x}) = f((x,\ y,\ z)^T) = \begin{pmatrix} x + y - z \\ x - y - z \end{pmatrix}$$

の場合であると解釈できます．

この写像が線形写像であることは，$\boldsymbol{y} = (u,\ v,\ w)^T$ とすると，

$$\begin{aligned} f(\lambda\boldsymbol{x} + \mu\boldsymbol{y}) &= f((\lambda x + \mu u,\ \lambda y + \mu v,\ \lambda z + \mu w)^T) \\ &= \begin{pmatrix} (\lambda x + \mu u) + (\lambda y + \mu v) - (\lambda z + \mu w) \\ (\lambda x + \mu u) - (\lambda y + \mu v) - (\lambda z + \mu w) \end{pmatrix} \\ &= \lambda\begin{pmatrix} x + y - z \\ x - y - z \end{pmatrix} + \mu\begin{pmatrix} u + v - w \\ u - v - w \end{pmatrix} \\ &= \lambda f(\boldsymbol{x}) + \mu f(\boldsymbol{y}) \end{aligned}$$

が成り立つことからわかります．線形写像となる理由は，君たちも読めていると思いますが，上の写像がベクトルを '同次 1 次式を成分とするベクトル' に移す写像だからですね．

非同次方程式 $f(\boldsymbol{x}) = \begin{pmatrix} x + y - z \\ x - y - z \end{pmatrix} = \begin{pmatrix} 1 \\ 1 \end{pmatrix}$ の特解 $\boldsymbol{x}_0$ は $(1,\ 0,\ 0)^T$ でよいでしょう．その同次方程式 $f(\boldsymbol{x}) = \boldsymbol{0}$ の一般解 $\boldsymbol{u}$ は，$x + y - z = 0$，$x - y - z = 0$ だから，$\boldsymbol{u} = (s,\ 0,\ s)^T$ となり，したがって，$f(\boldsymbol{x}) = \begin{pmatrix} 1 \\ 1 \end{pmatrix}$ の一般解 $\boldsymbol{x}$ は

$$\boldsymbol{x} = \boldsymbol{x}_0 + \boldsymbol{u} = \begin{pmatrix} 1 \\ 0 \\ 0 \end{pmatrix} + s \begin{pmatrix} 1 \\ 0 \\ 1 \end{pmatrix}$$

と表されます．これは3次元空間の直線であり，その全体集合が $f(\boldsymbol{x}) = \begin{pmatrix} 1 \\ 1 \end{pmatrix}$ の解空間です．この解空間は1次元で，その基底（基本解）は $(1, 0, 1)^T$ ですね．

なお，一般の同次線形方程式 $f(\boldsymbol{x}) = \boldsymbol{0}$ については，その解空間 $\{\boldsymbol{x} \mid f(\boldsymbol{x}) = \boldsymbol{0}\}$ はベクトル空間であり，その基底は方程式の線形独立な解からなります．このとき，$f(\boldsymbol{x}) = \boldsymbol{0}$ の解空間は線形写像 f の「核」（カーネル）といわれます．

さて，この線形写像 $f(\boldsymbol{x}) = \begin{pmatrix} x + y - z \\ x - y - z \end{pmatrix}$ をうまく表現することを考えましょう．右辺を $\boldsymbol{x} = \begin{pmatrix} x \\ y \\ z \end{pmatrix}$ との積の形に表せたら成功です．実際，

$$\begin{pmatrix} a & b & c \\ d & e & f \end{pmatrix} \begin{pmatrix} x \\ y \\ z \end{pmatrix} = \begin{pmatrix} ax + by + cz \\ dx + ey + fz \end{pmatrix}$$

のように，積を定義する形で2行3列の **行列** $\begin{pmatrix} a & b & c \\ d & e & f \end{pmatrix}$ を導入できます（上式と同類の積表現を，1855年の論文で，ケーリー（Arthur Cayley，1821～1895，イギリス）がすでに用いています）．すると，

$$f(\boldsymbol{x}) = \begin{pmatrix} 1 & 1 & -1 \\ 1 & -1 & -1 \end{pmatrix} \begin{pmatrix} x \\ y \\ z \end{pmatrix} = \begin{pmatrix} x + y - z \\ x - y - z \end{pmatrix}$$

のように表すことができ，線形写像 f は行列 $\begin{pmatrix} 1 & 1 & -1 \\ 1 & -1 & -1 \end{pmatrix}$ によって表現されます．その表現を

$$f : \begin{pmatrix} 1 & 1 & -1 \\ 1 & -1 & -1 \end{pmatrix}$$

と書き，この行列を線形写像 f の **表現行列** といいます．

以上の例からわかるように，連立1次方程式が n 元で，m 個の方程式からなるときは線形写像を表現する m 行 n 列の行列を定義することができ，行列の一般的理論を展開することができます．それを行うのが第6章であり，そこでは行列を用いて線形写像（特に，同じ集合に写像する 線形変換）に関する多くの知識を学びます．

ただし，第6章の行列の議論に先だって，我々は，次の§5.3の線形微分方程式（波動方程式）を眺めておきましょう[4)]．そこで，我々は，写像の概念がいかに広大であるかを学び，線形という概念がいかに奥深いものかを垣間見る（かいま）ことができます．またそこで，線形変換の「固有値」や「固有ベクトル」と呼ばれるものにお目にかかります．それらは第7章で詳しく論じられますが，その決定的重要性は§5.3の議論ですでに開示されるでしょう．

Q1. (1) 2元連立1次方程式

$$\begin{pmatrix} x-y \\ x+y \end{pmatrix} = \begin{pmatrix} 0 \\ 2 \end{pmatrix}$$

の特解を1つ求めなさい．

(2) (1) の同次方程式の一般解および解空間を求めなさい．

(3) (1) の方程式の一般解を求め，その特徴を示しなさい．

A1. (1) $x-y=0$, $x+y=2$ だから，特解はこの場合 $x=y=1$ のみです．

(2) 同次方程式は

$$\begin{pmatrix} x-y \\ x+y \end{pmatrix} = \begin{pmatrix} 0 \\ 0 \end{pmatrix}$$

だから，$x-y=0$, $x+y=0$ より，解は $x=y=0$ のみです（これを「自明解」といいます）．したがって，同次方程式の解空間は $\mathbb{R}^2$ のゼロベクトル $\mathbf{0} = \begin{pmatrix} 0 \\ 0 \end{pmatrix}$ のみからなる集合 $\{\mathbf{0} \in \mathbb{R}^2\}$ ですね．

(3) (1) の方程式の一般解 $\boldsymbol{x}$ は (1) の特解 $\boldsymbol{x}_0 = \begin{pmatrix} 1 \\ 1 \end{pmatrix}$ と (2) の自明解 $\boldsymbol{u} = \mathbf{0}$ の和だから，一般解？は

$$\boldsymbol{x} = \boldsymbol{x}_0 + \boldsymbol{u} = \begin{pmatrix} 1 \\ 1 \end{pmatrix} + \mathbf{0} = \begin{pmatrix} 1 \\ 1 \end{pmatrix}$$

となり，(ただ1つしかない) 特解に一致します．つまり，今の場合，元の2元連立1次方程式は，任意定数を含む本当の一般解ではなく，ただ1通りの解をもつ場合ですね．

[4)] 非常に面白く，線形代数とその先の数学の全体像が概観できます．ただし，§§2.4.3 オイラーの公式 で用いた微積分の知識レベル程度が要求されます．今無理して読まずに後回しにして，第6章に入っても構いません．

§5.3　線形微分方程式と線形演算子

線形写像の概念は線形微分方程式においても見いだすことができます．それは関数を関数に移すような写像であり，我々はその議論の材料に 1 次元の波動方程式を用いましょう．

5.3.1　微分方程式の起源

5.3.1.1　ニュートンの運動方程式

微分方程式の起源は，詳しくは『+α』の§14.9 で解説したように，天才ニュートン（Isaac Newton，1642〜1727，イギリス）が発見した**運動方程式**にあります．質量 m，位置 $\vec{r}(t)$（t は時刻）の物体に力 $\vec{F}$ が働くと，その結果，物体の速度 $\vec{v}(t) = \dfrac{d\vec{r}(t)}{dt}$（＝位置の変化率）が変化し，**加速度**（＝速度の変化率）：

$$\vec{a} = \frac{d\vec{v}(t)}{dt} = \frac{d^2\vec{r}(t)}{dt^2}$$

が生じます．この関係は原因と結果の結びつき，つまり‘因果関係’を表していて，それを等号＝を用いて量的な関係として表したのが運動方程式です：

$$m\vec{a} = \vec{F}. \qquad \text{(運動方程式)}$$

この方程式は微分を含む方程式であり，物体に働く力 $\vec{F}$ を知れば，原理的には物体の速度 $\vec{v}(t)$ や位置 $\vec{r}(t)$ を t の関数として表すことができます．

ニュートンの運動方程式は自然現象を記述する基礎方程式ですが，その後の自然科学の発展によって，小は原子・分子から大は全宇宙まで，**自然現象を記述する基礎方程式は全て微分方程式の形で表される**ことが知られています．我々は，微分方程式の具体例として，運動方程式から弦の振動の方程式を導くことから始めましょう．

5.3.1.2　弦の振動方程式

単位長さ当たりの質量（「線密度」という）が ρ（ロー）の弦の振動を考えましょう．弦は，静止状態では x 軸上に大きさ T の張力でぴんと張られているとし，弦の各点は y 軸方向に微小振動するとします．弦は自由に曲げられるとすると，弦の各点に働く張力 $\vec{T}$ はそこでの弦の接線方向を向きます．弦の各点の y 軸方向の変位を u と書くと，u は，弦の各点の位置 x および時刻 t に依存するから，2 変数関数 $u(x,\ t)$ になります．

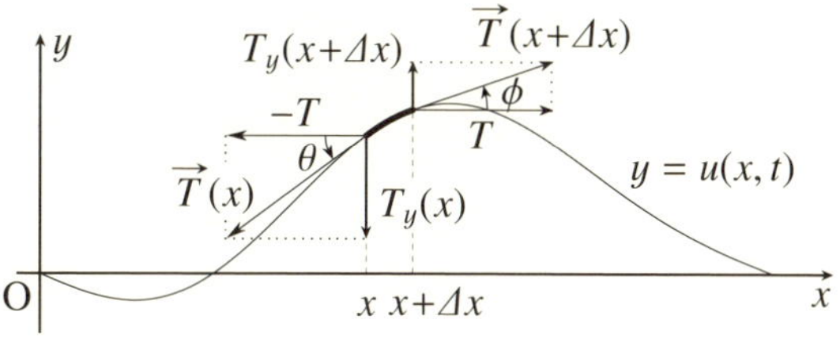

運動方程式 $m\vec{a} = \vec{F}$ を弦の振動に適用するために，微小区間 $[x,\ x + \Delta x]$ にある横幅 Δx の微小部分（図の━部分）に着目しましょう（x は任意なので，弦の全ての部分を考えていることになります！）．重力や空気の摩擦力を無視すると，微小部分 Δx に働く力は━の端点 x における張力 $\vec{T}(x)$ と端点 $x + \Delta x$ における張力 $\vec{T}(x+\Delta x)$ の 2 つで，それらは静止状態の張力 T と振動による弦の伸縮に起因します．微小部分━が y 軸方向にのみ微小な振動をするときは，$\vec{T}(x)$ と $\vec{T}(x + \Delta x)$ の x 成分は，静止状態の張力 $-T$ と T になって，打ち消し合います．また，両張力ベクトルの y 成分は小さいので，それらの大きさは T にほとんど等しくなります（図の弦の変位は見やすくするために非常にデフォルメされています）．したがって，運動方程式 $m\vec{a} = \vec{F}$ をこの問題に適用するときは方程式の y 成分

$$ma_y = F_y$$

を考えれば十分です．

まず，質量 m から．微小区間 $[x,\ x + \Delta x]$ にある微小部分━は，静止状態では長さが Δx で，弦の線密度が ρ だから，その質量は $m = \rho\Delta x$ です．

加速度の y 成分 a_y は微小部分━の y 成分 $u(x,\ t)$ の t に関する 2 階導関数です：$a_y = \dfrac{d^2u(x,\ t)}{dt^2}$．ただし，今の t 微分の際には，2 変数関数 $u(x,\ t)$ の微小部分の位置を示す変数 x の値は固定されています．一般に，多変数関数について，特定の 1 変数以外の変数の値を固定しておいて，その 1 変数で微分することを **偏微分** するといいます．その際には，微分記号は d の代わりに ∂（ラウンド）を用い，例えば，微小部分━の速度の y 成分 $v_y(x,\ t)$ は

$$v_y(x,\ t) = \frac{\partial u(x,\ t)}{\partial t} = \lim_{\Delta t \to 0} \frac{u(x,\ t + \Delta t) - u(x,\ t)}{\Delta t}$$

のように定義されます．したがって，加速度 a_y は，正しくは，

$$a_y = \frac{\partial v_y(x,\, t)}{\partial t} = \frac{\partial^2 u(x,\, t)}{\partial t^2}$$

と書かれます.

(微分記号 d はどういう場合に使われるのでしょうか. それについては脚注でコメントしておきましょう[5]).

さて, 最後に y 軸方向に働く力 F_y です. それを与えるのは 2 つの張力 $\overrightarrow{T}(x)$ と $\overrightarrow{T}(x+\Delta x)$ の y 成分です. 図からわかるように, 弦の座標 x, $x+\Delta x$ において, x 軸方向と弦の接線方向のなす角を θ (図はその対頂角), ϕ とすると,

$$F_y = -T \tan\theta + T \tan\phi$$

となります. ここで, $\tan\theta$ は座標 x (時刻 t) における弦の傾きだから,

$$\tan\theta = \lim_{h\to 0} \frac{u(x+h,\, t) - u(x,\, t)}{h} = \frac{\partial u(x,\, t)}{\partial x}.$$

同様に, $\tan\phi = \dfrac{\partial u(x+\Delta x,\, t)}{\partial x}$. したがって,

$$F_y = -T\frac{\partial u(x,\, t)}{\partial x} + T\frac{\partial u(x+\Delta x,\, t)}{\partial x} = T\left(\frac{\partial u(x+\Delta x,\, t)}{\partial x} - \frac{\partial u(x,\, t)}{\partial x}\right).$$

---

[5] 1 変数関数 $y = f(x)$ の導関数

$$\frac{dy}{dx} = \lim_{\Delta x\to 0}\frac{\Delta y}{\Delta x} = \lim_{\Delta x\to 0}\frac{\Delta f(x)}{\Delta x} = f'(x)$$

からわかるように, 増分 Δx に対応する増分 $\Delta y = \Delta f(x) = f(x+\Delta x) - f(x)$ が微小なとき, 近似式 $\Delta y = \Delta f(x) \fallingdotseq f'(x)\Delta x$ が成り立ちます. このとき, 『$+\alpha$』の§§12.4.1.1 で議論したように, 形式的な増分

$$dy = df(x) = f'(x)dx$$

を考え, それを $y = f(x)$ の **微分** といいました. 微分 dx や dy は実質的には「無限小増分」の場合を想定しています. また, $dy = df(x)$ は, f が多変数関数である場合も考慮して, $y = f(x)$ の **全微分** ともいわれます. 実際, 2 変数関数 $z = f(x, y)$ において, 増分 $\Delta x, \Delta y$ の両方に対応する増分

$$\begin{aligned}\Delta z &= \Delta f(x,\, y) = f(x+\Delta x,\, y+\Delta y) - f(x,\, y)\\ &= \frac{f(x+\Delta x,\, y+\Delta y) - f(x,\, y+\Delta y)}{\Delta x}\Delta x + \frac{f(x,\, y+\Delta y) - f(x,\, y)}{\Delta y}\Delta y\end{aligned}$$

を考える場合もあります. そんなとき, $z = f(x, y)$ の形式的増分

$$dz = df(x,\, y) = \frac{\partial f(x,\, y)}{\partial x}dx + \frac{\partial f(x,\, y)}{\partial y}dy$$

は $z = f(x, y)$ の全微分といわれ, dx, dy が無限小増分のときに役立ちます.

ここで，$\varDelta x$ は十分に小さい（実質的に無限小）と考えると，

$$F_y = T\frac{\dfrac{\partial u(x+\varDelta x, t)}{\partial x} - \dfrac{\partial u(x, t)}{\partial x}}{\varDelta x}\varDelta x \fallingdotseq T\frac{\partial}{\partial x}\frac{\partial u(x, t)}{\partial x}\varDelta x$$
$$= T\frac{\partial^2 u(x, t)}{\partial x^2}\varDelta x$$

となります．

以上の議論から，運動方程式 $ma_y = F_y$ は

$$\rho\varDelta x\frac{\partial^2 u(x, t)}{\partial t^2} \fallingdotseq T\frac{\partial^2 u(x, t)}{\partial x^2}\varDelta x$$

となり，微小部分 $\varDelta x$ を限りなく小さくしていくと，弦の振動方程式

$$\rho\frac{\partial^2 u(x, t)}{\partial t^2} = T\frac{\partial^2 u(x, t)}{\partial x^2}$$

が得られます．

上の方程式で $v = \sqrt{\dfrac{T}{\rho}}$ とおくと，1 次元の**波動方程式**

$$\frac{\partial^2 u(x, t)}{\partial t^2} = v^2\frac{\partial^2 u(x, t)}{\partial x^2}$$

が得られます．いずれ学ぶことと思いますが，これは，$u(x, t)$ を適宜解釈し直すと，音波でも電磁波でも，1 方向に伝搬する波の方程式になります．

5.3.1.3 ダランベールの解法

フランスの偉大な数学者ダランベール（Jean le D'Alembert，1717〜1783）は，1747 年，波動方程式 $\dfrac{\partial^2 u(x, t)}{\partial t^2} = v^2\dfrac{\partial^2 u(x, t)}{\partial x^2}$ の特別な解法を見いだしました：$f(x)$ を任意の 2 回微分可能な関数として，

$$u(x, t) = f(\omega t - kx) \qquad (\omega, k \text{ は定数})$$

の形の解が存在します．実際，方程式に代入すると，

$$\omega^2 f''(\omega t - kx) = v^2(-k)^2 f''(\omega t - kx)$$

だから（注意：$f''(\omega t - kx) = \dfrac{d^2 f(\omega t - kx)}{d(\omega t - kx)^2}$），$k = \pm\dfrac{\omega}{v}$ を満たすとき解になりますね．特に，この条件で，特に f が 3 角関数となる解もあります：

$$u(x, t) = A\sin(\omega t - kx + \delta).$$

これは，§§1.4.4.2 うなりで見たように，典型的な波の形をしています：$\omega = 2\pi\nu$ は角振動数（ν（ニュー）は波の振動数．§§1.4.4.2 などでは f で表しました）で，δ は位相のずれ．ここで，時間 t を止めてみると，波は x 軸方向のサインカーブの形で，$|k|x = 2\pi$ の周期でくり返します．くり返すまでの x の長さ λ：

$$\lambda = \frac{2\pi}{|k|} = \frac{2\pi v}{\omega} = \frac{v}{\nu}$$

を波の **波長** といいます．また，$v = \lambda\nu$ は，長さ λ が単位時間当たり ν 回くり返される，つまり波は $\lambda\nu$ だけ進むことを表すので，波の速度です．

5.3.2 線形微分方程式と重ね合わせの原理

波動方程式を「変数分離法」で解き，重ね合わせの原理を学びましょう．

5.3.2.1 変数分離法

波動方程式 $\dfrac{\partial^2 u(x,t)}{\partial t^2} = v^2 \dfrac{\partial^2 u(x,t)}{\partial x^2}$ の解が，

$$u(x,t) = X(x)T(t)$$

のように，x のみの関数と t のみの関数の積に分離できると仮定して，解を求める方法を **変数分離法** といいます．微分方程式に代入して，

$$X(x)T''(t) = v^2 X''(x)T(t) \iff \frac{T''(t)}{T(t)} = v^2 \frac{X''(x)}{X(x)}$$

が得られます．すると，上の第2式からわかるように，t のみの関数が x のみの関数に恒等的に等しいためにはそれらは定数です．それは負の値（それを $-\omega^2$ と書こう）のとき波を表す解になり（後で確かめよう），方程式は

$$\frac{T''(t)}{T(t)} = v^2 \frac{X''(x)}{X(x)} = -\omega^2 \iff \begin{cases} T''(t) + \omega^2 T(t) = 0 \\ X''(x) + \dfrac{\omega^2}{v^2} X(x) = 0 \end{cases}$$

となります．

さて，1変数の未知関数 $y = y(x)$ とその導関数 y', y'' について，1次の項からなる微分方程式

$$y'' + P(x)y' + Q(x)y = R(x)$$

（P, Q, R は与えられた関数）を2階の**線形微分方程式** といいます．特に，右辺 $R(x)$（y の0次の項）がない，つまり，y, y', y'' の1次の項のみからなる

$$y'' + P(x)y' + Q(x)y = 0$$

を 2 階の**同次線形微分方程式**といいます．上で得られた波動方程式の変数分離形は 2 階線形微分方程式の雛形ですね．

2 階の微分方程式は，荒っぽくいえば 2 回積分して解を得るので，2 個の任意定数（積分定数）を含む解が一般解になります（正しくは，任意の $x = x_0$ で与えられた 2 つの初期条件 $y(x_0) = y_0$，$y'(x_0) = y_1$ を満たす，ただ 1 つの解をもつために 2 つの任意定数が必要です）．したがって，同次線形微分方程式 $T''(t) + \omega^2 T(t) = 0$ については，公式 $\dfrac{d^2}{dx^2}\{A\sin(\omega x + \theta)\} = -\omega^2 A\sin(\omega x + \theta)$（$A$, θ は任意定数）に注意すると，$T(t) = A\sin(\omega t + \theta)$ が一般解です．その解は加法定理を用いると

$$T(t) = a\cos\omega t + b\sin\omega t \quad (a,\ b \text{ は任意定数})$$

のようにも表されます．$X''(x) + \dfrac{\omega^2}{v^2}X(x) = 0$ の一般解も同様にして，変数分離形の一般解が得られます：a, b, c, d を任意定数として

$$\begin{aligned} u(x,\ t) &= T(t)X(x) \\ &= (a\cos\omega t + b\sin\omega t)(c\cos\frac{\omega}{v}x + d\sin\frac{\omega}{v}x). \end{aligned}$$

問：この解が波動方程式 $\dfrac{\partial^2 u(x,\ t)}{\partial t^2} = v^2\dfrac{\partial^2 u(x,\ t)}{\partial x^2}$ を満たすのを確かめなさい．

略解：

$$\frac{\partial^2 u(x,\ t)}{\partial t^2} = (-a\omega^2\cos\omega t - b\omega^2\sin\omega t)(c\cos\frac{\omega}{v}x + d\sin\frac{\omega}{v}x),$$

$$v^2\frac{\partial^2 u(x,\ t)}{\partial x^2} = v^2(a\cos\omega t + b\sin\omega t)(-c(\frac{\omega}{v})^2\cos\frac{\omega}{v}x - d(\frac{\omega}{v})^2\sin\frac{\omega}{v}x).$$

5.3.2.2 同次線形微分方程式と重ね合わせの原理

同次線形微分方程式 $T''(t) + \omega^2 T(t) = 0$ の一般解は $T(t) = a\cos\omega t + b\sin\omega t$ ですが，$\cos\omega t$ と $\sin\omega t$ も解ですね．逆にいえば，$\cos\omega t$ と $\sin\omega t$ が解のとき，それらの線形結合 $a\cos\omega t + b\sin\omega t$ が解になっています．これは§§5.2.2 で学んだ重ね合わせの原理ですね．$X''(x) + \dfrac{\omega^2}{v^2}X(x) = 0$ でも同様です．

ここで，重ね合わせの原理が成り立つことの意味を確認しておきましょう．微分方程式の解全体の集合つまり解空間を W とすると，重ね合わせの原理は「$u \in W,\ v \in W \Rightarrow ku + lv \in W$」（$k$, l は定数）と集合の言葉で言い表されます．

そのとき，任意の解は§§5.1.2の8条件を満たすので，解空間 W は関数を要素とするベクトル空間つまり「関数空間」になります．つまり，解の重ね合わせの原理が成り立つことは，事実上，その解空間がベクトル空間であることを意味します．

さて，同次線形微分方程式の解の重ね合わせの原理を線形写像の観点から議論しましょう．関数 $y = f(x)$ の導関数 y' は微分記号 $\frac{d}{dx}$ を用いて

$$y' = \frac{dy}{dx} = \frac{d}{dx}y$$

などと書かれますね．このとき，$\frac{d}{dx}$ を文字 D で表すと，関数 y を微分して導関数 y' を作ることは‘関数 y に対して関数 $Dy = y'$ を対応させる’ことと見なすことができます．このような対応は§§1.7.1で議論した‘写像 f’と同質であり，‘D は関数 y を別の関数 Dy に写す写像’と解釈されます．この写像が上で議論した関数空間における写像であるとき，それを **作用素**，または物理学の分野では，**演算子** といいます．特に D のように，微分に関係する作用素は **微分作用素**（**微分演算子**）といわれます．もし D を含む微分演算子 L（例えば，$L = D + P(x)$ など）が関数 u, v の線形結合 $ku + lv$ に対して，性質

$$L(ku + lv) = kLu + lLv \qquad \text{（線形性）}$$

が成り立つならば，L を **線形微分演算子** といい，その性質を L の **線形性** といいます．

微分方程式 $Ly = 0$ の微分演算子 L が線形性をもつことはその微分方程式において重ね合わせの原理が成り立つことを意味します．それを2階の同次線形微分方程式

$$y'' + P(x)y' + Q(x)y = 0$$

で例解しましょう．2階微分を表す微分演算子 D^2 を

$$D^2y = D(Dy)\,(= Dy' = y'')$$

によって定義すると，上の微分方程式 $D^2y + P(x)Dy + Q(x)y = 0$ は微分演算子 $L = D^2 + P(x)D + Q(x)$ を用いて

$$Ly = (D^2 + P(x)D + Q(x))y = 0$$

と表されます．この方程式の任意の 2 解を u, v とすると，$Lu = 0$，$Lv = 0$ が成り立ち，そのとき，u, v の線形結合 $ku + lv$ に対して

$$\begin{aligned} L(ku + lv) &= (D^2 + P(x)D + Q(x))(ku + lv) \\ &= D^2(ku + lv) + P(x)D(ku + lv) + Q(x)(ku + lv) \\ &= (ku'' + lv'') + (kP(x)u' + lP(x)v') + (kQ(x)u + lQ(x)v) \\ &= k(u'' + P(x)u' + Q(x)u) + l(v'' + P(x)v' + Q(x)v) \\ &= kLu + lLv \\ &= 0 \end{aligned}$$

が成り立ちます．したがって，同次線形微分方程式 $Ly = 0$ の解について重ね合わせの原理が成り立ちます．その結果，$Ly = 0$ の解空間はベクトル空間つまり関数空間になります（§§5.1.2 ベクトルの公理的定義 の 8 条件はもちろん満たします）．

重ね合わせの原理または微分演算子 L の線形性は線形微分方程式の一般解の求め方を教えます．2 階の同次線形微分方程式 $Ly = 0$ で例解しましょう．先に述べたように，2 階の微分方程式の一般解は，積分を 2 回行って得られるので，2 個の任意定数（積分定数）を含みます．一方，$Ly = 0$ の 2 つの解を $u(x), v(x)$ とすると，その線形結合 $ku(x) + lv(x)$（k, l は任意定数）も解です．このとき，解 $u(x), v(x)$ が線形独立（☞§§5.1.3.4）ならば，$u(x), v(x)$ は比例関係になく，したがって，線形結合 $ku(x) + lv(x)$ は正しく 2 個の任意定数 k, l を含む一般解です．（同様の議論によって，n 階の同次線形微分方程式の一般解は n 個の線形独立な解の線形結合として表すことができます）．

上の議論を先に求めた波動方程式の変数分離形 $T''(t) + \omega^2 T(t) = 0$ の一般解 $T(t) = a\cos\omega t + b\sin\omega t$（$a, b$ は任意定数）で確かめてみましょう．$\sin\omega t$ と $\cos\omega t$ が線形独立であることを示すのは練習問題ですね．

ヒント：(a, b を未知数として)「恒等的に $a\cos\omega t + b\sin\omega t = 0 \Rightarrow a = b = 0$」を示します．

答：恒等的に $a\cos\omega t + b\sin\omega t = 0$ のとき，$t = 0$ とおくと $\sin 0 = 0$，$\cos 0 = 1$ だから $a = 0$．また，$t = \dfrac{\pi}{2\omega}$ とおくと同様にして $b = 0$ を得ます．したがって，一般解は確かに $\cos\omega t$ と $\sin\omega t$ の線形結合で表されますね．

5.3.2.3　波動方程式の固有値

波動方程式 $\dfrac{\partial^2 u(x,t)}{\partial t^2} = v^2 \dfrac{\partial^2 u(x,t)}{\partial x^2}$ の解を $u(x,t) = X(x)T(t)$ と変数分離し，元の方程式を $T''(t) + \omega^2 T(t) = 0$，$X''(x) + \dfrac{\omega^2}{v^2} X(x) = 0$ と分離して，それらの一般解 $T(t) = a\cos\omega t + b\sin\omega t$，$X(x) = c\cos\dfrac{\omega}{v}x + d\sin\dfrac{\omega}{v}x$ を得ました．

波動方程式が実際の弦の振動を表す場合などを考えればわかるように，上の解で，ω や定数 a, b, c, d の値を任意に選ぶことはできませんね．実際には，弦の振動方程式でいえば，方程式それ自身のほかに，弦の最初の形や初速度を定める「初期条件」や弦の長さや端点の状態（固定または自由）を定める時間によらない「境界条件」があり，それらを付け加えると弦の振動が完全に定まります．ピアノやギターの各弦の振動は，基本振動とその倍振動からなることから推測できるように，ω の値は飛び飛びの値 ω_k $(k = 1, 2, 3, \cdots)$ のみが許されます．この飛び飛びの値は線形微分演算子の「固有値」に対応しています．以下，このことを議論しましょう．

1例を考えれば議論には十分なので，弦の振動を考えます．変数分離の方程式 $X''(x) + \dfrac{\omega^2}{v^2} X(x) = 0$ の一般解 $X(x) = c\cos\dfrac{\omega}{v}x + d\sin\dfrac{\omega}{v}x$ に境界条件を付加します：弦の長さを l とし，端点 $x = 0, l$ で固定するつまり $X(0) = X(l) = 0$．すると，上の一般解より $X(0) = c = 0$，よって，

$$X(x) = d\sin\frac{\omega}{v}x,\quad \text{かつ}\quad X(l) = d\sin\frac{\omega}{v}l = 0$$

と制限されます．よって，$\sin k\pi = 0\ (k = 1, 2, 3, \cdots)$ に注意すると，

$$\frac{\omega}{v}l = k\pi \iff \omega = \frac{k\pi v}{l}\,(= \omega_k \text{とおく})\quad (k = 1, 2, 3, \cdots).$$

したがって，

$$X(x) = X_k(x) = d_k \sin\frac{\omega_k}{v}x,\qquad T(t) = T_k(t) = a_k\cos\omega_k t + b_k \sin\omega_k t$$

と制限され，この結果は，ピアノやギターの音が基本振動数 $\nu_1 = \dfrac{\omega_1}{2\pi} = \dfrac{v}{2l}$ とその倍振動 $\nu_k = \dfrac{kv}{2l}$ $(k = 2, 3, \cdots)$ からなることを説明しますね．

上の例からわかるように，波動方程式（一般に，偏微分方程式）は，境界条件の下で解いたときにだけ，意味のある解を得ます．微分方程式をこのように解く問題を「境界値問題」といいます．以後，我々は偏微分方程式を境界値問題として扱いましょう．

さて，微分方程式 $X''(x) + \dfrac{\omega^2}{v^2}X(x) = 0$ は境界条件 $X(0) = X(l) = 0$ の下では，$X''(x) + \dfrac{\omega_k^2}{v^2}X(x) = 0$（ただし，$\omega_k = \dfrac{k\pi v}{l}$ $(k = 1, 2, 3, \cdots)$）となりました．これを，パラメータ $\lambda_k = -\dfrac{\omega_k^2}{v^2}$ と微分演算子 $D = \dfrac{d}{dx}$ を用いて

$$D^2X(x) = \lambda_k X(x) \quad \left(\Leftrightarrow\ X''(x) = -\frac{\omega_k^2}{v^2}X(x)\right) \qquad \text{（固有値方程式）}$$

と書き直しましょう（D^2 は線形微分演算子です）．すると，この微分方程式の‘解 $X(x)$ は，D^2 によって，自分が λ_k 倍されるもの’になります．λ_k を D^2 の **固有値** といい，それを与える境界条件の下で解 $X(x) = X_k(x) = d_k \sin\dfrac{\omega_k}{v}x$ が得られましたが，$X_k(x)$ を固有値 λ_k の **固有関数** といいます．その意味で，我々は上の方程式を **固有値方程式**[6] と呼びましょう．

固有値や固有関数は線形代数学において最も重要なものです．事実，この手の方程式は，量子力学において，最も重要な固有値方程式 $\mathscr{H}\varphi = E\varphi$（$\varphi$（ファイ）は波動関数，$\mathscr{H}$ はハミルトン演算子，E はエネルギー）として現れます．行列の章では，線形写像を行列で表すと，固有値方程式 $A\vec{x} = \lambda\vec{x}$ が現れます．それは固有値・固有ベクトルの手頃な練習問題を与えるでしょう．

5.3.2.4 波動方程式の解の固有関数展開

ピアノやギターの音は基本振動とその倍振動が重なり合っています．つまり，波動方程式 $\dfrac{\partial^2 u(x,t)}{\partial t^2} = v^2\dfrac{\partial^2 u(x,t)}{\partial x^2}$ の解は，境界条件の下で，重ね合わせの原理を満たすはずです．以下，そのことを確かめましょう．

波動方程式は，変数分離 $u(x,t) = X(x)T(t)$ によって，$X''(x) + \dfrac{\omega^2}{v^2}X(x) = 0$，$T''(t) + \omega^2 T(t) = 0$ と分離します．さらに境界条件 $X(0) = X(l) = 0$ を付加すると，ω が飛び飛びの値 $\omega_k = \dfrac{k\pi v}{l}$ $(k = 1, 2, 3, \cdots)$ に制限されました（ω_k は「固有角振動数」といわれます）．その結果，前の§§で得られた固有関数と呼ばれる $X_k(x)$，$T_k(t)$ に対応する波動方程式の解

$$\begin{aligned} u(x,t) = u_k(x,t) &= T_k(t)X_k(x) \\ &= (a_k\cos\omega_k t + b_k\sin\omega_k t)\sin\frac{\omega_k}{v}x \end{aligned}$$

が得られます（定数 d_k は a_k と b_k に吸収しました）．

---

[6] 一般に，ベクトル空間 V をそれ自身に移す線形写像 T に対して，方程式 $T\boldsymbol{x} = \lambda\boldsymbol{x}$ が成り立つとき，スカラー λ を T の固有値といい，$\boldsymbol{x} \neq 0$ を固有値 λ の固有ベクトルといいます．$T\boldsymbol{x} = \lambda\boldsymbol{x}$ はときに（物理用語として）固有値方程式 と呼ばれます．

波の重ね合わせが起こるとすると，波動方程式の最終的な解は $u_k(x, t)$ の和で表されるはずです：

$$u(x, t) = \sum_{k=1}^{\infty} u_k(x, t) = \sum_{k=1}^{\infty} T_k(t)X_k(x)$$
$$= \sum_{k=1}^{\infty} (a_k \cos \omega_k t + b_k \sin \omega_k t) \sin \frac{\omega_k}{v} x.$$

このことを保証するのはやはり微分演算子の線形性です．それを見るために，偏微分演算子 $L_{波} = \frac{\partial^2}{\partial t^2} - v^2 \frac{\partial^2}{\partial x^2}$ を導入すると，波動方程式は

$$L_{波}\, u(x, t) = \left(\frac{\partial^2}{\partial t^2} - v^2 \frac{\partial^2}{\partial x^2} \right) u(x, t) = 0$$

と書けます．このとき，$L_{波}$ が線形演算子であることは

$$L_{波}\,(u_k(x, t) + u_l(x, t)) = L_{波}\, u_k(x, t) + L_{波}\, u_l(x, t)$$

からわかります（スカラー倍は省略）．それを確かめるのは練習問題です．ヒント：$\left(\frac{\partial^2}{\partial t^2} - v^2 \frac{\partial^2}{\partial x^2} \right)(u_k(x, t) + u_l(x, t))$ を展開する順序に注意．

答：
$$
\begin{aligned}
& L_{波}\,(u_k(x, t) + u_l(x, t)) \\
&= \left(\frac{\partial^2}{\partial t^2} - v^2 \frac{\partial^2}{\partial x^2} \right)(u_k(x, t) + u_l(x, t)) \\
&= \frac{\partial^2}{\partial t^2}(u_k(x, t) + u_l(x, t)) - v^2 \frac{\partial^2}{\partial x^2}(u_k(x, t) + u_l(x, t)) \\
&= \frac{\partial^2}{\partial t^2} u_k(x, t) + \frac{\partial^2}{\partial t^2} u_l(x, t) - v^2 \frac{\partial^2}{\partial x^2} u_k(x, t) - v^2 \frac{\partial^2}{\partial x^2} u_l(x, t) \\
&= \left(\frac{\partial^2}{\partial t^2} - v^2 \frac{\partial^2}{\partial x^2} \right) u_k(x, t) + \left(\frac{\partial^2}{\partial t^2} - v^2 \frac{\partial^2}{\partial x^2} \right) u_l(x, t) \\
&= L_{波}\, u_k(x, t) + L_{波}\, u_l(x, t).
\end{aligned}
$$

したがって，偏微分演算子 $L_{波}$ は線形演算子であり，上式で $L_{波}\, u_k(x, t) = 0$, $L_{波}\, u_l(x, t) = 0$ だから重ね合わせの原理が成り立ちます．

各 $u_k(x, t)$ $(k = 1, 2, \cdots)$ は固有値方程式

$$\frac{\partial^2}{\partial x^2} u_k(x, t) = -\frac{\omega_k^2}{v^2} u_k(x, t)$$

を満たすので，$u_k(x, t)$ は線形微分演算子 $\dfrac{\partial^2}{\partial x^2}$ の固有関数です．したがって，無限級数 $u(x, t) = \sum_{k=1}^{\infty} u_k(x, t)$ は波動方程式の解 $u(x, t)$ を固有関数によって展開した形になっています．

§§5.4.2 一般的ベクトルの内積 で 3 角関数の内積（☞§§5.4.2.3）を学ぶと固有関数の線形独立性が議論でき，波動方程式の解をベクトル空間の基底と考えることができます．我々の最終目的はそこにあります．

なお，弦の振動などで強制振動が加わると，波動方程式は，運動方程式の議論を経た後，

$$\frac{\partial^2 u(x, t)}{\partial t^2} = v^2 \frac{\partial^2 u(x, t)}{\partial x^2} + f_{\text{強}}(x, t)$$

の形の非同次線形偏微分方程式になります．この方程式の解は，§§5.2.4 における議論とまったく同様に，非同次方程式の 1 つの特解と上で求めた同次方程式の一般解の和になります．

§5.4　内積の公理的議論

ベクトルを公理的に定義するとき，関数さえもベクトルの仲間に入ることがわかりました．ベクトルの内積も公理的に考えることができます．その結果，関数の内積や，関数の間の距離なども定義できるようになります．また，ベクトル（関数）の線形独立性や基底の議論が容易になります．

5.4.1　内積の公理的定義

我々はベクトルのイメージとして矢線，つまり，長さと向きをもつ量を考えています．しかし，§§5.1.2 で議論したベクトルの公理的定義 1°）～ 8°）を見ると，それには長さを規定するような条件は含まれていないようです．実際，そこで公理的ベクトルの例とされた連続関数や数列・方程式の解には必ずしも長さの性質は必要なく，広い意味でベクトルを考えるときにはベクトルに長さの属性をもたせないほうが自然なのでしょう．しかしながら，長さや角の概念は面積や体積など計量の問題を考えるときに重要であり，平面や空間のベクトルに対しては内積 $\vec{a} \cdot \vec{b} = |\vec{a}||\vec{b}| \cos\theta$ は必須な演算です．我々は一般化されたベクトル $\boldsymbol{a}, \boldsymbol{b}$ についても，‘内積’ を公理的に定義することを試みましょ

う．それは‘§§4.1.3 の内積の 4 つの基本性質を内積の公理と見なす’方法です．それらはまったく自然な性質なのですが，後で見るように，我々がまったく予測しなかった‘関数の内積’さえも可能にします．

内積：実ベクトル空間 V の任意のベクトル $\boldsymbol{a}, \boldsymbol{b}$ に対して実数値となる積 $(\boldsymbol{a}, \boldsymbol{b})$ が定義でき，以下の 4 条件を満たすとき，$(\boldsymbol{a}, \boldsymbol{b})$ を $\boldsymbol{a}$ と $\boldsymbol{b}$ の **内積** といいます[7)]：

（i） $(\boldsymbol{a}, \boldsymbol{b}) = (\boldsymbol{b}, \boldsymbol{a})$ （対称性）

（ii） $(\boldsymbol{a}, \boldsymbol{b}+\boldsymbol{c}) = (\boldsymbol{a}, \boldsymbol{b}) + (\boldsymbol{a}, \boldsymbol{c})$ （分配法則）

（iii） $(k\boldsymbol{a}, \boldsymbol{b}) = k(\boldsymbol{a}, \boldsymbol{b})$ （k は実数）

（ii），（iii）：（線形性）

（iv） $(\boldsymbol{a}, \boldsymbol{a}) \geqq 0, \quad (\boldsymbol{a}, \boldsymbol{a}) = 0 \Leftrightarrow \boldsymbol{a} = \boldsymbol{0}$ （正値性）

内積が定義されたベクトル空間は **内積空間** または **計量ベクトル空間** と呼ばれます．ベクトル $\vec{a}$ の長さ $|\vec{a}|$ に当たる $\sqrt{(\boldsymbol{a}, \boldsymbol{a})}$ はベクトル $\boldsymbol{a}$ の ***ノルム*** といわれ，$\|\boldsymbol{a}\|$ または $|\boldsymbol{a}|$ で表します：

$$\|\boldsymbol{a}\| = |\boldsymbol{a}| = \sqrt{(\boldsymbol{a}, \boldsymbol{a})}.$$

上の内積の公理的定義から，一般化されたベクトルについても幾何ベクトルの内積と同等な表現 $(\boldsymbol{a}, \boldsymbol{b}) = |\boldsymbol{a}||\boldsymbol{b}|\cos\theta$ を導くことができます．そのために，「シュワルツの不等式」

$$|(\boldsymbol{a}, \boldsymbol{b})| \leqq |\boldsymbol{a}||\boldsymbol{b}|$$

を導いておきましょう．まず，実数 x に対して

$$|x\boldsymbol{a}|^2 = (x\boldsymbol{a}, x\boldsymbol{a}) = x^2(\boldsymbol{a}, \boldsymbol{a}) = x^2|\boldsymbol{a}|^2, \qquad \text{よって} \quad |x\boldsymbol{a}| = |x||\boldsymbol{a}|$$

が成り立つことに注意して，x の 2 次式 $|\boldsymbol{a}x+\boldsymbol{b}|^2$ $(\geqq 0)$ を考えます．

$$\begin{aligned} 0 \leqq |\boldsymbol{a}x+\boldsymbol{b}|^2 &= (\boldsymbol{a}x+\boldsymbol{b}, \boldsymbol{a}x+\boldsymbol{b}) \\ &= (\boldsymbol{a}, \boldsymbol{a})x^2 + 2(\boldsymbol{a}, \boldsymbol{b})x + (\boldsymbol{b}, \boldsymbol{b}) \\ &= |\boldsymbol{a}|^2x^2 + 2(\boldsymbol{a}, \boldsymbol{b})x + |\boldsymbol{b}|^2. \end{aligned}$$

---

7) 量子力学などで現れる 複素ベクトル の場合は内積の定義は少々変更されます（☞§§7.2.1.1）：内積 $(\boldsymbol{a}, \boldsymbol{b})$ は複素数．（i） $(\boldsymbol{a}, \boldsymbol{b}) = \overline{(\boldsymbol{b}, \boldsymbol{a})}$ （エルミート対称性）．（iii） $(\boldsymbol{a}, k\boldsymbol{b}) = k(\boldsymbol{a}, \boldsymbol{b})$ （k は複素数）．

よって，上の 2 次式の判別式 D について $\frac{D}{4} = (\boldsymbol{a},\ \boldsymbol{b})^2 - |\boldsymbol{a}|^2|\boldsymbol{b}|^2 \leqq 0$ が成り立ちます．したがって，シュワルツの不等式が成り立ちます．これから，2 ベクトル $\boldsymbol{a}, \boldsymbol{b}$ が共に $\boldsymbol{0}$ でないとき，

$$-|\boldsymbol{a}||\boldsymbol{b}| \leqq (\boldsymbol{a},\ \boldsymbol{b}) \leqq |\boldsymbol{a}||\boldsymbol{b}| \ \Leftrightarrow\ -1 \leqq \frac{(\boldsymbol{a},\ \boldsymbol{b})}{|\boldsymbol{a}||\boldsymbol{b}|} \leqq 1$$

が成り立ちます．よって，$\cos\theta\ (0 \leqq \theta \leqq \pi)$ が単調減少することに注意すると，

$$\cos\theta = \frac{(\boldsymbol{a},\ \boldsymbol{b})}{|\boldsymbol{a}||\boldsymbol{b}|} \qquad (0 \leqq \theta \leqq \pi)$$

を満たす実数 θ がただ 1 つ定まります．この θ を一般化されたベクトル $\boldsymbol{a}, \boldsymbol{b}$ の **なす角** といいましょう．上の等式は一般化されたベクトルの内積 $(\boldsymbol{a},\ \boldsymbol{b})$ が幾何ベクトルの内積表現を用いて表されることを意味します：

$$(\boldsymbol{a},\ \boldsymbol{b}) = |\boldsymbol{a}||\boldsymbol{b}|\cos\theta \qquad (0 \leqq \theta \leqq \pi). \tag{$*$}$$

内積の公理的定義（i）～（iv）は幾何ベクトルの内積 $\vec{a}\cdot\vec{b} = |\vec{a}||\vec{b}|\cos\theta$ の 4 つの基本性質を抽象化して内積を定める 4 条件としたものですね．そして，その 4 条件から，幾何ベクトルの内積に一致する内積表現 $(*)$ が得られたわけです．ということは，内積の公理的定義（i）～（iv）は確かに内積であるための必要十分な条件であることを意味しますね．一般に，ある対象のもつ性質を抽象化して得られる公理的定義は，その性質を表すための必要十分な条件になっています．

ここで練習問題．「3 角不等式」

$$|\boldsymbol{a}+\boldsymbol{b}| \leqq |\boldsymbol{a}| + |\boldsymbol{b}|$$

を示しなさい．ヒント：シュワルツの不等式 $|(\boldsymbol{a},\ \boldsymbol{b})| \leqq |\boldsymbol{a}||\boldsymbol{b}|$ を用います．

答：

$$\begin{aligned} |\boldsymbol{a}+\boldsymbol{b}|^2 &= (\boldsymbol{a}+\boldsymbol{b},\ \boldsymbol{a}+\boldsymbol{b}) \\ &= |\boldsymbol{a}|^2 + 2(\boldsymbol{a},\ \boldsymbol{b}) + |\boldsymbol{b}|^2 \\ &\leqq |\boldsymbol{a}|^2 + 2|\boldsymbol{a}||\boldsymbol{b}| + |\boldsymbol{b}|^2 \\ &= (|\boldsymbol{a}| + |\boldsymbol{b}|)^2 \end{aligned}$$

より直ちに得られますね．(宿題．$||\boldsymbol{a}| - |\boldsymbol{b}|| \leqq |\boldsymbol{a}-\boldsymbol{b}|$ を示しなさい)．

内積が定義されたベクトル空間において，2 つのベクトル $\boldsymbol{a}, \boldsymbol{b}$ の距離 d は

$$d(\boldsymbol{a}, \boldsymbol{b}) = |\boldsymbol{a} - \boldsymbol{b}|$$

によって定義されます．これから，距離の基本性質（1）〜（3）が導かれます：

$$(1)\quad d(\boldsymbol{a}, \boldsymbol{b}) \geqq 0, \qquad d(\boldsymbol{a}, \boldsymbol{b}) = 0 \Leftrightarrow \boldsymbol{a} = \boldsymbol{b} \qquad \text{（正値性，同一性）}$$

$$(2)\quad d(\boldsymbol{a}, \boldsymbol{b}) = d(\boldsymbol{b}, \boldsymbol{a}) \qquad \text{（対称性）}$$

$$(3)\quad d(\boldsymbol{a}, \boldsymbol{c}) \leqq d(\boldsymbol{a}, \boldsymbol{b}) + d(\boldsymbol{b}, \boldsymbol{c}) \qquad \text{（3 角不等式）}$$

（1）は 距離の定義と内積の性質 $(\boldsymbol{a} - \boldsymbol{b}, \boldsymbol{a} - \boldsymbol{b}) = 0 \Leftrightarrow \boldsymbol{a} - \boldsymbol{b} = \boldsymbol{0}$ から明らか．第 2 式の同一性については，ベクトル（多くの場合，実は関数）の‘酷似性’ $\boldsymbol{a}_n \fallingdotseq \boldsymbol{a}$ は空間上の点の‘至近性’ $d(\boldsymbol{a}_n, \boldsymbol{a}) \fallingdotseq 0$ で表されると了解するのがよいでしょう．（2）は $|k(\boldsymbol{a} - \boldsymbol{b})| = |k||(\boldsymbol{a} - \boldsymbol{b})|$ で $k = -1$ とすれば得られます．（3）は‘2 点間の距離は 直線距離 が最短である’ことを述べています．証明には 3 角不等式の公式をうまく使います：

$$\begin{aligned} d(\boldsymbol{a}, \boldsymbol{c}) &= |\boldsymbol{a} - \boldsymbol{c}| = |(\boldsymbol{a} - \boldsymbol{b}) + (\boldsymbol{b} - \boldsymbol{c})| \\ &\leqq |\boldsymbol{a} - \boldsymbol{b}| + |\boldsymbol{b} - \boldsymbol{c}| = d(\boldsymbol{a}, \boldsymbol{b}) + d(\boldsymbol{b}, \boldsymbol{c}). \end{aligned}$$

距離の基本性質（1）〜（3）は理論的に重要で，距離の概念を用いて数列の収束や関数の連続性を議論することができます．内積を定義しなくても，距離を定義することは可能で，そのとき基本性質（1）〜（3）は距離の公理とされます．

5.4.2　一般的ベクトルの内積

前の§§5.4.1 の内積の公理（i）〜（iv）を満たせば，ベクトルの内積それ自身はまったく自由に定義できます．その代表的な例を見てみましょう．

5.4.2.1　*n* 次元数ベクトルの内積

n 次元数ベクトル空間 $\mathbb{R}^n$ の内積は平面・空間ベクトルの内積を単に一般化したものです．列ベクトル $\boldsymbol{a} = (a_1, a_2, \cdots, a_n)^T$ と $\boldsymbol{b} = (b_1, b_2, \cdots, b_n)^T$ に対して

$$(\boldsymbol{a}, \boldsymbol{b}) = a_1 b_1 + a_2 b_2 + \cdots + a_n b_n$$

と定めます．このとき，$(\boldsymbol{a}, \boldsymbol{b})$ が内積であることはそれが 4 条件（i）〜（iv）

を満たすことからわかります：（ i ）$(\boldsymbol{a}, \boldsymbol{b}) = (\boldsymbol{b}, \boldsymbol{a})$ は

$$a_1b_1 + a_2b_2 + \cdots + a_nb_n = b_1a_1 + b_2a_2 + \cdots + b_na_n$$

より明らか．（ii）$(\boldsymbol{a}, \boldsymbol{b}+\boldsymbol{c}) = (\boldsymbol{a}, \boldsymbol{b}) + (\boldsymbol{a}, \boldsymbol{c})$ は $\boldsymbol{c} = (c_1, c_2, \cdots, c_n)^T \in \mathbb{R}^n$ として

$$\begin{aligned}&a_1(b_1 + c_1) + a_2(b_2 + c_2) + \cdots + a_n(b_n + c_n)\\ =&(a_1b_1 + a_2b_2 + \cdots + a_nb_n) + (a_1c_1 + a_2c_2 + \cdots + a_nc_n)\end{aligned}$$

より明らか．（iii）$(k\boldsymbol{a}, \boldsymbol{b}) = k(\boldsymbol{a}, \boldsymbol{b})$ は

$$(ka_1)b_1 + (ka_2)b_2 + \cdots + (ka_n)b_n = k(a_1b_1 + a_2b_2 + \cdots + a_nb_n)$$

より明らか．（iv）$(\boldsymbol{a}, \boldsymbol{a}) \geqq 0$，$(\boldsymbol{a}, \boldsymbol{a}) = 0 \Leftrightarrow \boldsymbol{a} = \boldsymbol{0}$ は

$$a_1^2 + a_2^2 + \cdots + a_n^2 \geqq 0, \qquad a_1^2 + a_2^2 + \cdots + a_n^2 = 0 \Leftrightarrow a_1, a_2, \cdots, a_n = 0$$

だから，成り立ちますね．

5.4.2.2　連続関数の内積

次の例は意外な，しかし，大学では決定的に重要なものです．§§5.1.3.3 連続関数の空間 で議論したように，区間 $[a, b]$ で連続な実関数全体の集合はベクトル空間になり，その要素の関数はベクトルです．そのベクトル空間を $C[a, b]$ で表すとき，$C[a, b]$ の任意のベクトル f, g に対して，

$$(f, g) = \int_a^b f(x)g(x)\,dx$$

と定義します．このとき，(f, g) は，4 条件（ i ）～（iv）を満たし，内積になることがわかります：（ i ）$(\boldsymbol{a}, \boldsymbol{b}) = (\boldsymbol{b}, \boldsymbol{a})$ は

$$\int_a^b f(x)g(x)\,dx = \int_a^b g(x)f(x)\,dx$$

より成り立ちます．（ii）$(\boldsymbol{a}, \boldsymbol{b}+\boldsymbol{c}) = (\boldsymbol{a}, \boldsymbol{b}) + (\boldsymbol{a}, \boldsymbol{c})$ は，$h \in C[a, b]$ として

$$\int_a^b f(x)(g(x) + h(x))\,dx = \int_a^b f(x)g(x)\,dx + \int_a^b f(x)h(x)\,dx$$

より成り立ちます．(iii) $(k\boldsymbol{a}, \boldsymbol{b}) = k(\boldsymbol{a}, \boldsymbol{b})$ は，k を実数として

$$\int_a^b (kf(x))g(x)\,dx = k\int_a^b f(x)g(x)\,dx$$

より成り立ちます．(iv) $(\boldsymbol{a}, \boldsymbol{a}) \geqq 0$，$(\boldsymbol{a}, \boldsymbol{a}) = 0 \Leftrightarrow \boldsymbol{a} = \boldsymbol{0}$ は，$a < b$ だから

$$\int_a^b f(x)^2\,dx \geqq 0, \qquad \int_a^b f(x)^2\,dx = 0 \Leftrightarrow f(x) = 0$$

より成り立ちます．この事実は関数の積の定積分さえも内積と見なせることを意味し，ベクトル空間 $C[a, b]$ は内積空間になります．

このとき，ベクトル f のノルム $\|f\| = \sqrt{(f, f)}$ は

$$\|f\| = \left(\int_a^b f(x)^2\,dx\right)^{\frac{1}{2}}$$

で与えられます．

5.4.2.3　3角関数の内積と正規直交系

特に，内積空間 $C[a, b]$ を $C[-\pi, \pi]$ にとり，そのベクトル

$$\cos nx, \quad \sin mx \qquad (m,\ n \text{ は整数}, n \geqq 0,\ m \geqq 1)$$

の内積を考えます．そのとき，§§1.4.3 で得られた3角関数の積和公式を用いるとよいでしょう．例えば，

$$\sin\alpha\cos\beta = \frac{1}{2}\{\sin(\alpha+\beta) + \sin(\alpha-\beta)\}$$

より，$\dfrac{d\cos ax}{dx} = -a\sin ax$ だから

$$\begin{aligned}
(\sin mx,\ \cos nx) &= \int_{-\pi}^{\pi} \sin mx \cos nx\,dx \\
&= \int_{-\pi}^{\pi} \frac{1}{2}\{\sin(m+n)x + \sin(m-n)x\}\,dx \\
&= \frac{1}{2}\left[-\frac{1}{m+n}\cos(m+n)x - \frac{1}{m-n}\cos(m-n)x\right]_{-\pi}^{\pi} \\
&= 0
\end{aligned}$$

が得られます（$m - n = 0$ のときは積分実行の前に $\sin(m-n)x = 0$）．これは $\sin mx$ と $\cos nx$ が‘直交する’ことを意味します．

同様にして，

$$(\sin mx,\ \sin nx) = \int_{-\pi}^{\pi} \sin mx \sin nx\,dx = \begin{cases} \pi & (m = n) \\ 0 & (m \neq n) \end{cases},$$

$$(\cos mx,\ \cos nx) = \int_{-\pi}^{\pi} \cos mx \cos nx\,dx = \begin{cases} \pi & (m = n \neq 0) \\ 2\pi & (m = n = 0) \\ 0 & (m \neq n) \end{cases}$$

が得られます．$\cos 0x = 1$ に注意しましょう．

これらは練習問題としますが，$(\sin mx,\ \sin nx)$ の場合の略解をつけておきます．$m \neq n$ のとき，$\sin\alpha\sin\beta = -\frac{1}{2}\{\cos(\alpha+\beta) - \cos(\alpha-\beta)\}$ より，

$$\begin{aligned}(\sin mx,\ \sin nx) &= \int_{-\pi}^{\pi} \frac{1}{2}\{-\cos(m+n)x + \cos(m-n)x\}\,dx \\ &= \frac{1}{2}\left[-\frac{1}{m+n}\sin(m+n)x + \frac{1}{m-n}\sin(m-n)x\right]_{-\pi}^{\pi} \\ &= 0.\end{aligned}$$

$m = n\,(\neq 0)$ のとき，半角公式 $\sin^2 mx = \frac{1-\cos 2mx}{2}$ より，

$$\begin{aligned}(\sin mx,\ \sin mx) &= \int_{-\pi}^{\pi} \frac{1}{2}(1-\cos 2mx)\,dx \\ &= \frac{1}{2}\left[x - \frac{1}{2m}\sin 2mx\right]_{-\pi}^{\pi} \\ &= \pi.\end{aligned}$$

一般に，内積空間 V のベクトル $\boldsymbol{a}_k$ $(k = 1, 2, 3, \cdots)$ について，それらの長さ（ノルム）がどれも 1 で，かつ，異なるどの 2 つも直交する，つまり

$$(\boldsymbol{a}_k,\ \boldsymbol{a}_l) = \begin{cases} 1 & (k = l) \\ 0 & (k \neq l) \end{cases} \quad (=\delta_{kl} \text{ と表そう})$$

であるとき，$\{\boldsymbol{a}_1, \boldsymbol{a}_2, \boldsymbol{a}_3, \cdots\}$ は **正規直交系** であるといいます．したがって，先の内積の計算結果より，内積空間 $C[-\pi, \pi]$ のベクトル

$$\frac{1}{\sqrt{2\pi}},\quad \frac{1}{\sqrt{\pi}}\cos kx,\quad \frac{1}{\sqrt{\pi}}\sin kx \qquad (k = 1, 2, 3, \cdots)$$

は正規直交系をなしますね（確かめておこう）．

5.4.3 フーリエ級数

正規直交系とベクトル空間の基底との間には，すでに気がついた人も少なくないと思いますが，深い関係がありそうです．また，上の3角関数の正規直交系は波動方程式の解である固有関数と関係が深そうです．

5.4.3.1 正規直交系と正規直交基底

n 次元の内積空間 V^n に正規直交系をなす n 個のベクトル $\boldsymbol{a}_1, \boldsymbol{a}_2, \cdots, \boldsymbol{a}_n$ がある場合を考えましょう．

まず，正規直交系をなす，つまり $(\boldsymbol{a}_k, \boldsymbol{a}_l) = \delta_{kl}$ が成り立つので，それらは V^n の線形独立なベクトルになります．その証明は簡単で，$\boldsymbol{a}_k$ $(k = 1, 2, \cdots, n)$ の線形結合を $\boldsymbol{0}$ とおいた式

$$x_1\boldsymbol{a}_1 + x_2\boldsymbol{a}_2 + \cdots + x_n\boldsymbol{a}_n = \boldsymbol{0}$$

を考え，両辺に $\boldsymbol{a}_l$ $(l = 1, 2, \cdots, n)$ を内積しましょう．すると，§§5.4.1 の内積の条件（ii）と（iii）より，

$$x_l(\boldsymbol{a}_l, \boldsymbol{a}_l) = 0 \quad \text{よって} \quad x_l = 0 \qquad (l = 1, 2, \cdots, n)$$

が成り立ち，$\boldsymbol{a}_1, \boldsymbol{a}_2, \cdots, \boldsymbol{a}_n$ は線形独立です．

また，このとき，$\boldsymbol{a}_1, \boldsymbol{a}_2, \cdots, \boldsymbol{a}_n$ の個数 n が V^n の次元に等しいので，それらは V^n の基底になります．その証明も簡単です．$\boldsymbol{a}_k$ $(k = 1, 2, \cdots, n)$ と V^n の任意のベクトル $\boldsymbol{x}$ の線形結合を考えると，それは，$n+1$ 個のベクトルの線形結合なので，線形独立ではありません．つまり，$\boldsymbol{x}$ は $\boldsymbol{a}_1, \boldsymbol{a}_2, \cdots, \boldsymbol{a}_n$ の線形結合の形 $\boldsymbol{x} = x_1\boldsymbol{a}_1 + x_2\boldsymbol{a}_2 + \cdots + x_n\boldsymbol{a}_n$ で表されます．したがって，$\boldsymbol{a}_1, \boldsymbol{a}_2, \cdots, \boldsymbol{a}_n$ は V^n の基底となり，V^n の任意のベクトルを表すことができます．

5.4.3.2 フーリエ級数

前の§§で議論した内積空間 $C[-\pi, \pi]$ の正規直交系

$$\frac{1}{\sqrt{2\pi}}, \quad \frac{1}{\sqrt{\pi}}\cos kx, \quad \frac{1}{\sqrt{\pi}}\sin kx \qquad (k = 1, 2, 3, \cdots)$$

は無限個の関数からなる直交関数系です．‘この直交系の線形結合はどのような関数を表すのでしょうか’．それを調べるために，区間 $[-\pi, \pi]$ が定義域のある関数 $f(x)$ が上の直交系の無限級数で表されるとして議論しましょう：

$$f(x) = \frac{a_0}{2} + \sum_{k=1}^{\infty} (a_k \cos kx + b_k \sin kx) \tag{F}$$

が成り立つと仮定します．（係数 a_0 は，計算の都合上，2 で割ってあります）．

まず，3 角関数の直交性を利用して，内積 $(f, 1)$ を計算すると

$$\int_{-\pi}^{\pi} f(x) \cdot 1\, dx = \int_{-\pi}^{\pi} \frac{a_0}{2}\, dx = a_0 \pi.$$

同様にして，

$$\int_{-\pi}^{\pi} f(x) \cos kx\, dx = a_k \pi, \qquad \int_{-\pi}^{\pi} f(x) \sin kx\, dx = b_k \pi$$

から，全ての係数 a_k, b_k が定まります．このように係数を定めた上の級数 (F)（の右辺）を関数 $f(x)$ の **フーリエ級数** といいます（フーリエ：Jean Baptiste Joseph Fourier，1768～1830，フランス）．

さて，フーリエ級数は無限級数ですから，収束の問題があります．さらに，係数を求める際に，無限級数の「項別積分」（$\int \sum_1^\infty (\cdots)\, dx = \sum_1^\infty \int (\cdots)\, dx$）を行っています．これは，『+α』の§14.7 でも示したように，一般には正当化できない操作です．したがって，関数 $f(x)$ のフーリエ級数 (F) が $f(x)$ に収束する保証はありません．収束問題をきちんと議論することは，残念ながら，このテキストの守備範囲をはるかに超えます．したがって，ここでは 1 つの定理を紹介して，無限級数 (F) を正当化しましょう：

> 関数 $f(x)$ は区間 $[-\pi, \pi]$ で連続であり，かつ，その導関数 $f'(x)$ は高々有限個の点を除いて連続で，条件 $f(-\pi) = f(\pi)$ を満たすならば，$f(x)$ のフーリエ級数 (F) は $f(x)$ に収束する[8]．

$f(x)$ が連続の条件は我々にとっては自然でしょう．$f'(x)$ が有限個の点を除いて連続は $f(x)$ が折れ線的でもよいことを述べています．$f(-\pi) = f(\pi)$ はフーリエ級数 (F) の 3 角関数の周期性 $\cos k(x + 2\pi) = \cos kx$，$\sin k(x + 2\pi) = \sin kx$ に由来します．よって，$f(x)$ の定義域を $[-\pi, \pi]$ としないで，周期 2π の周期関数としても構いません．これで，波動方程式の変数分離法による解法が正当化されそうです．

---

[8] 高木貞治 著「解析概論（改訂第 3 版）」（岩波書店）§75 定理 65.

上の定理を満たす関数 $f(x)$ の集合 $C_F[-\pi, \pi]$（$C[-\pi, \pi]$ の部分集合ですね）を考えましょう．そんな関数の和や定数倍は明らかに同じ性質をもちます．したがって，$C_F[-\pi, \pi]$ はベクトル空間（関数空間）であり，その任意の要素はフーリエ級数 (F) つまり線形独立な無限個のベクトル（直交関数系）の線形結合によって表されます．したがって，$\{1, \cos kx, \sin kx\}$ ($k = 1, 2, \cdots$) はベクトル空間 $C_F[-\pi, \pi]$ の基底であり，その空間は無限次元です．

5.4.3.3 波動方程式の解空間

我々は§§5.3.1.2 で弦の振動方程式 $\dfrac{\partial^2 u(x, t)}{\partial t^2} = v^2 \dfrac{\partial^2 u(x, t)}{\partial x^2}$ を導きました．それに変数分離 $u(x, t) = X(x)T(t)$ をして，境界条件 $X(0) = X(l) = 0$ を付加し，波動方程式の線形性から解の重ね合わせの原理が成り立ち，無限級数解

$$u(x, t) = \sum_{k=1}^{\infty} (a_k \cos \omega_k t + b_k \sin \omega_k t) \sin \frac{k\pi}{l} x \qquad \left(\omega_k = \frac{k\pi v}{l}\right) \qquad \text{(波)}$$

を得ました．以下で見るように，これはフーリエ級数です．

まず，$u(x, t)$ の x についての定義域を考えましょう．元々は $[0, l]$ ですが，解には $\sin \frac{k\pi}{l} x = \sin \frac{2k\pi}{2l} x$ が現れるので，$u(x, t)$ を x について奇関数，つまり $u(-x, t) = -u(x, t)$ と考えることができ，定義域を $[-l, l]$ に拡張できます．すると，3 角関数の直交性が容易に確かめられます：

$$\int_{-l}^{l} \sin \frac{k\pi x}{l} \sin \frac{k'\pi x}{l} \, dx = l\delta_{kk'}.$$

したがって，解の各項つまり固有関数は互いに直交し，固有関数全体は直交関数系をなします．

次に，上の無限級数解（波）の係数 a_k, b_k を定めましょう．それらは，変数分離の 2 階微分方程式 $T''(t) + \omega_k^2 T(t) = 0$ を解く際に現れた，2 個の積分定数です．それらは弦の始めの状態に応じて定まります．つまり，弦の始めの形状 $u(x, 0) = u_0(x)$，および 弦の各点における初速度 $\left.\dfrac{\partial}{\partial t} u(x, t)\right|_{t=0} = v_0(x)$ を与える「初期条件」から定まります．級数解（波）で $t = 0$ とおくと

$$u_0(x) = \sum_{k'=1}^{\infty} a_{k'} \sin \frac{k'\pi}{l} x$$

が得られ，部分積分が可能とすると

$$\int_{-l}^{l} u_0(x) \sin \frac{k\pi x}{l}\, dx = a_k l$$

と a_k $(k = 1, 2, \cdots)$ が決まります（確かめよう）．また，級数解（波）を t で偏微分して $t = 0$ とおくと

$$v_0(x) = \sum_{k'=1}^{\infty} b_{k'} \omega_{k'} \sin \frac{k'\pi x}{l}$$

が得られ，同様にして，

$$\int_{-l}^{l} v_0(x) \sin \frac{k\pi x}{l}\, dx = b_k l \omega_k$$

と b_k $(k = 1, 2, \cdots)$ が決まります（確かめよう）．このようにして得られた無限級数（波）は区間 $[-l, l]$ で定義されたフーリエ級数と見なされます．

弦の振動の変位 $u(x, t)$ を各時刻 t で考えると，変位は $[-l, l]$ で連続であり，また，その形状はなめらかな曲線か，弾くなどしたときに折れ線的だから，その x 偏導関数は高々有限個の点を除いて連続です．また，境界条件 $X(0) = X(l) = 0$，および奇関数として定義域を $[-l, l]$ に拡張したから，$u(-l, t) = u(l, t)$ $(= 0)$ が成り立ちます．したがって，このフーリエ級数（波）は 227 ページの定理を定義域を変更した形で満たし，したがって，その級数（波）は弦の変位 $u(x, t)$（弦の本当の振動）に正しく収束します．

以上，弦の振動方程式（波動方程式）の解を議論しました．解は（変数分離方程式の微分演算子の）互いに直交する固有関数を項とするフーリエ級数（波）の形で表されました．各固有関数は波動方程式の解ですが，方程式が線形なので，固有関数の線形結合（フーリエ級数）も解となり，したがって，解全体はベクトル空間をなします．しかも，固有関数の線形結合は（定められた境界条件・初期条件の）波動方程式のどんな解でも表します．

この波動方程式の解全体の集合（ベクトル空間）を解集合 $W_{波}$ としましょう．各固有関数は解（ベクトル）なのでそれらは $W_{波}$ の要素です．固有関数の線形結合はまた解であり，異なる固有関数は直交し，また固有関数は無数にあるので，$W_{波}$ は無限次元ベクトル空間（関数空間）になります．さらに，無限個の固有関数全体は，その線形結合がどんな解でも表し，かつ，それらは線形独立なので，$W_{波}$ の基底になります（基底をなすベクトルが無限個あるときは，基底 の代わりに，特に「完全系」といいます）．

この章では，ベクトルを公理的に定義する話に始まって，3元1次方程式(線形方程式)，線形微分方程式と進んで，解の重ね合わせの原理と方程式の線形性が同じことであるのを理解し，また，波動方程式の変数分離法では固有値・固有関数が現れて，境界条件付きの波動方程式を完全に解くことができました．例を用いた大雑把(おおざっぱ)な解説でしたが，上で述べた事柄が線形代数学のエッセンスそのものであると言ってよいでしょう．そのために，数学は，抽象的なベクトルの概念を用意して関数までもベクトルの範疇(はんちゅう)に取り込み，また，初等関数の概念を極限まで一般化して写像に発展させたのでした．

線形代数の行き着く先には，極微の世界を究明する，量子力学が待っています．その力学の基礎方程式であるシュレーディンガー方程式

$$i\hbar\frac{\partial}{\partial t}\psi(\boldsymbol{r},t) = \mathscr{H}(\hat{\boldsymbol{p}},\boldsymbol{r})\psi(\boldsymbol{r},t)$$

は見ての通り線形微分方程式です．ハミルトン演算子 $\mathscr{H}$ が時間に依存しないときには，変数分離 $\psi(\boldsymbol{r},t) = e^{-iEt/\hbar}\varphi(\boldsymbol{r})$ が可能となり，固有値方程式

$$\mathscr{H}\varphi = E\varphi$$

を解くことができれば，エネルギー E がどんな値をとり，対応する固有関数 φ がどんな状態を表すかが原理的には全てわかります．

以上の事柄を念頭において，我々は，次の第6章へと駒(こま)を進め，線形代数の雛形である行列を詳しく学びましょう．我々は行列を n 次元ベクトル空間 $\mathbb{R}^n$ から $\mathbb{R}^m$ への写像 f の「表現」として理解します．次の章では，行列が関係する種々の詳細事項を学び，固有値問題の詳しい議論は第7章で行いましょう．

第6章　行列と線形変換

未知数 3 個の 3 元連立 1 次方程式を解いたことがあるでしょう．手こずりませんでしたか．2 元や 3 元の連立 1 次方程式は古代バビロニアや中国・インドの文書に見られます．多元連立 1 次方程式を最も合理的に解く方法を求めて，17 世紀に「行列式」(determinant) が生まれ，やがて「行列」(matrix) の理論に発展しました．

2 元連立 1 次方程式

$$\begin{cases} ax + by = p \\ cx + dy = q \end{cases}$$

の解は

$$x = \frac{pd - qb}{ad - bc}, \quad y = \frac{aq - cp}{ad - bc}$$

ですが，2 次の行列式を

$$\begin{vmatrix} a & b \\ c & d \end{vmatrix} = ad - bc$$

と定めると，解は

$$x = \begin{vmatrix} p & b \\ q & d \end{vmatrix} \Bigg/ \begin{vmatrix} a & b \\ c & d \end{vmatrix}, \qquad y = \begin{vmatrix} a & p \\ c & q \end{vmatrix} \Bigg/ \begin{vmatrix} a & b \\ c & d \end{vmatrix}$$

のように表されます．

日本の数学者 関孝和（1642 頃～1708）の 1683 年の手稿によると，彼は 3～5 次の行列式をドイツの指導的数学者ライプニッツ（Gottfried Wilhelm Leibniz, 1646～1716）に先駆けて見いだしたようです．

n 元連立 1 次方程式の解に対応するには，上の 2 次の行列式を，n 個の未知数および方程式に対する $n \times n$ 個の係数から作られる「n 次の行列式」に一般化すればよいわけです．そんな行列式を用いた解は 1750 年に定式化され，発見者にちなんで，「クラメルの公式」として知られています．

行列式の理論的道具立ては，しかしながら，未知数の個数 n が方程式の個数 m に一致しない，n 元 m 連立 1 次方程式においては十分ではありません．そのような方程式は，例えば§§5.2.5.2 で議論した 3 元 2 連立 1 次方程式のように無数の解をもったり，まったく解をもたない場合（$m > n$ の場合など）もあります．このような連立方程式の研究に行列は大いに役立ちます．イギリスのケーリー（Arthur Cayley，1821〜1895）は，1855 年と 1858 年の論文で，友人のシルベスターが案出した「行列」という用語を用い，行列の理論を構築しました．先ほどの 2 元 (2) 連立 1 次方程式 $ax + by = p$，$cx + dy = q$ では，いったんベクトル方程式に直すと，自然に 2 行 2 列の行列が現れます：

$$\begin{cases} ax + by = p \\ cx + dy = q \end{cases} \Leftrightarrow \begin{pmatrix} ax + by \\ cx + dy \end{pmatrix} = \begin{pmatrix} p \\ q \end{pmatrix} \Leftrightarrow \begin{pmatrix} a & b \\ c & d \end{pmatrix}\begin{pmatrix} x \\ y \end{pmatrix} = \begin{pmatrix} p \\ q \end{pmatrix}.$$

$\begin{pmatrix} a & b \\ c & d \end{pmatrix}$ がその行列ですね．

上の第 3 の表式の左辺 $\begin{pmatrix} a & b \\ c & d \end{pmatrix}\begin{pmatrix} x \\ y \end{pmatrix}$ は，現在では，それに対応する線形変換 $f\begin{pmatrix} x \\ y \end{pmatrix}$ の表現として広く知られています：

$$f\begin{pmatrix} x \\ y \end{pmatrix} = \begin{pmatrix} ax + by \\ cx + dy \end{pmatrix} = \begin{pmatrix} a & b \\ c & d \end{pmatrix}\begin{pmatrix} x \\ y \end{pmatrix}.$$

しかしながら，高い評価を受けている数学史の名著[1]によると，行列と抽象ベクトル空間の線形変換との基本的な関係が明確に理解されたのはかなり遅く，1940 年代になってからとのことです．

固有値問題が最初に出てきたのはダランベールの 1743〜1758 年にかけての研究でした．彼は，いくつかの重りをバネで結んだときの運動に当たる，定数係数線形連立方程式

$$\frac{d^2 y_i}{dt^2} + \sum_{k=1}^{n} a_{ik} y_k = 0 \qquad (i = 1, 2, \cdots, n)$$

を研究し，それらの微分方程式をうまく組み合わせると，もとの微分方程式系は単一の微分方程式 $\frac{d^2}{dt^2} u = \lambda u$ に帰着されることを見いだしました．これは§§5.3.2.1 の変数分離法で得られた微分方程式に同じです．

---

1) ヴィクター J. カッツ 著『カッツ 数学の歴史』（共立出版，2005）

217 ページ脚注の固有値方程式 $T\boldsymbol{x} = \lambda\boldsymbol{x}$ における線形変換 T が行列で表される場合に，固有値問題を最初に解いたのはコーシー（Augustin Louis Cauchy, 1789～1857，フランス）でした．（原点を中心とする）2 次曲線を与える方程式は 2 次式 f が 2 変数関数で一定の場合：

$$f(x, y) = ax^2 + 2bxy + dy^2 = (x \quad y)\begin{pmatrix} a & b \\ b & d \end{pmatrix}\begin{pmatrix} x \\ y \end{pmatrix} = c$$

です．これらの曲線を分類するには，『+α』の§9.3 で行ったように，固有値方程式 $\begin{pmatrix} a & b \\ b & d \end{pmatrix}\begin{pmatrix} x \\ y \end{pmatrix} = \lambda\begin{pmatrix} x \\ y \end{pmatrix}$ を利用して，行列 $\begin{pmatrix} a & b \\ b & d \end{pmatrix}$ を対角化するような線形変換を見いだすことが必要です．コーシーは，2 次曲面を表す 3 変数の 2 次方程式 $f(x, y, z) = c$ の分類を，さらには，n 変数の 2 次方程式が表す超曲面の分類を，2 変数の場合と同様に，求められた固有値から対角化する変換を見いだし，1829 年の論文で発表しました．

この章では数ベクトル空間における写像を行列で表現し，行列の性質を詳しく議論します．また，連立方程式に関係して行列式も議論します．行列の固有値問題への応用は，大量のため，第 7 章に回しましょう．

§6.1　線形変換と行列

平面ベクトルや空間ベクトル，そして一般の n 次元数ベクトルを考えましょう．それらのベクトルの集合はベクトル空間であり（☞§§5.1.3），それぞれ $\mathbb{R}^2, \mathbb{R}^3, \mathbb{R}^n$ で表されましたね．$\mathbb{R}^n$ から $\mathbb{R}^m$ への写像 $f : \mathbb{R}^n \to \mathbb{R}^m$ のうち，$m = n$ の場合の写像 f を特に $\mathbb{R}^n$ 上の変換 f といいます．$\mathbb{R}^n$ 上の変換 f が，$\boldsymbol{x}, \boldsymbol{y} \in \mathbb{R}^n$，$k, l \in \mathbb{R}$ として，特に，性質

$$\begin{cases} f(\boldsymbol{x} + \boldsymbol{y}) = f(\boldsymbol{x}) + f(\boldsymbol{y}) \\ f(k\boldsymbol{x}) = kf(\boldsymbol{x}) \end{cases} \Leftrightarrow \quad f(k\boldsymbol{x} + l\boldsymbol{y}) = kf(\boldsymbol{x}) + lf(\boldsymbol{y})$$

を満たすとき，f は $\mathbb{R}^n$ 上の **線形変換**（**1 次変換**）と呼ばれます．この§で議論する変換は全てこの性質をもちます．

簡単のため，この§で考えるベクトルは平面ベクトル，行列は 2 行 2 列の行列に限定しましょう．行列の一般化は次の§で行います．

6.1.1　線形変換の例

6.1.1.1　対称移動

xy 平面上の点 $\mathrm{P}(x, y)$ を点 $\mathrm{P}'(x', y')$ に移動する変換 f を考えましょう．この変換 f を

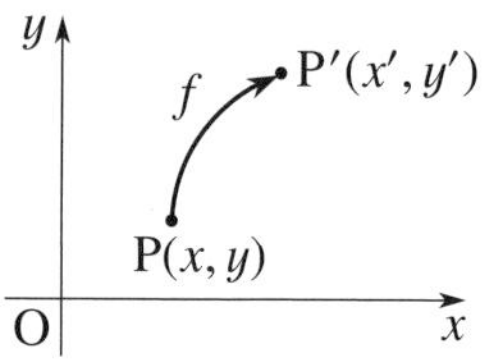

$$\mathrm{P}' = f(\mathrm{P}),$$

または，位置ベクトル $\overrightarrow{\mathrm{OP}} = \binom{x}{y}$，$\overrightarrow{\mathrm{OP'}} = \binom{x'}{y'}$ を用いて

$$\begin{pmatrix} x' \\ y' \end{pmatrix} = f\begin{pmatrix} x \\ y \end{pmatrix}$$

と表しましょう．このとき f は，点 P に点 P′ を対応させる，またはベクトル $\binom{x}{y}$ にベクトル $\binom{x'}{y'}$ を対応させる働きがあるので，'一般化された関数' すなわち写像（正確には $\mathbb{R}^2$ 上の変換）ですね．

例えば，$\mathrm{P}'(x', y')$ が点 $\mathrm{P}(x, y)$ を x 軸に関して折り返した点であるとき，$x' = x$，$y' = -y$ なので

$$\begin{pmatrix} x' \\ y' \end{pmatrix} = f\begin{pmatrix} x \\ y \end{pmatrix} = \begin{pmatrix} x \\ -y \end{pmatrix}$$

と表されます．また，P′ が点 P に原点対称な点であるときは

$$\begin{pmatrix} x' \\ y' \end{pmatrix} = f\begin{pmatrix} x \\ y \end{pmatrix} = \begin{pmatrix} -x \\ -y \end{pmatrix}$$

ですね．

では，練習問題です．P′ が点 P を直線 $y = x$ に関して折り返した点のとき，$f\binom{x}{y}$ を求めなさい．答は，x, y 座標が入れ替わるので，$f\binom{x}{y} = \binom{y}{x}$ ですね．

6.1.1.2　回転

点を原点の周りに角 θ だけ回転する変換 f を特に f_θ とし，$\binom{x'}{y'} = f_\theta\binom{x}{y}$ を求めましょう．点 $\mathrm{P}(x, y)$ と原点 O の距離を r，半直線 OP と x 軸とのなす角を α として，3 角関数の知識を使うのが簡明です．すると

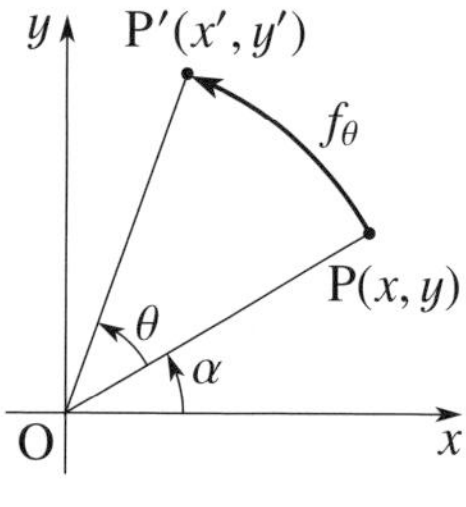

$$\begin{pmatrix} x \\ y \end{pmatrix} = r\begin{pmatrix} \cos\alpha \\ \sin\alpha \end{pmatrix}, \quad \begin{pmatrix} x' \\ y' \end{pmatrix} = r\begin{pmatrix} \cos(\alpha+\theta) \\ \sin(\alpha+\theta) \end{pmatrix}$$

と表されますね．ここで，加法定理を用いると

$$r\begin{pmatrix}\cos(\alpha+\theta)\\ \sin(\alpha+\theta)\end{pmatrix} = r\begin{pmatrix}\cos\alpha\cos\theta - \sin\alpha\sin\theta\\ \sin\alpha\cos\theta + \cos\alpha\sin\theta\end{pmatrix}$$
$$= \begin{pmatrix}r\cos\alpha\cos\theta - r\sin\alpha\sin\theta\\ r\sin\alpha\cos\theta + r\cos\alpha\sin\theta\end{pmatrix}$$
$$= \begin{pmatrix}x\cos\theta - y\sin\theta\\ y\cos\theta + x\sin\theta\end{pmatrix}$$

となるので，

$$\begin{pmatrix}x'\\ y'\end{pmatrix} = f_\theta\begin{pmatrix}x\\ y\end{pmatrix} = \begin{pmatrix}x\cos\theta - y\sin\theta\\ x\sin\theta + y\cos\theta\end{pmatrix}$$

であることがわかります．なお，この表式は $\binom{x}{y}$ が任意のベクトルのときも成立します．

6.1.2　線形変換と表現行列

6.1.2.1　線形変換の基本法則

前の§§の変換 f の特徴を調べましょう．$f\binom{x}{y}$ には，x, y の‘1 次の項のみ’が現れ，定数項や 2 次以上の項は現れませんね．このような変換は，一般に

$$f\begin{pmatrix}x\\ y\end{pmatrix} = \begin{pmatrix}ax+by\\ cx+dy\end{pmatrix} \qquad (a,\ b,\ c,\ d \text{ は定数}) \qquad (\text{線形表現})$$

の形のベクトルで表現されます．実は，この変換 f がこの§の始め（233 ページ）で述べた **線形変換** なのです．したがって，f は，平面ベクトルを平面ベクトルに変換し，$\vec{x}$，$\vec{y}$ を任意の平面ベクトルとするとき，2 つの性質 $f(\vec{x}+\vec{y}) = f(\vec{x}) + f(\vec{y})$，$f(k\vec{x}) = kf(\vec{x})$（$k$ は実数）を満たします．

上の（線形表現）の f が線形変換であることを証明しておきましょう．

$\vec{x} = \binom{x_1}{x_2}$，$\vec{y} = \binom{y_1}{y_2}$ とすると，（線形表現）より

$$f\left(\begin{pmatrix}x_1\\ x_2\end{pmatrix} + \begin{pmatrix}y_1\\ y_2\end{pmatrix}\right) = f\begin{pmatrix}x_1+y_1\\ x_2+y_2\end{pmatrix} = \begin{pmatrix}a(x_1+y_1)+b(x_2+y_2)\\ c(x_1+y_1)+d(x_2+y_2)\end{pmatrix}$$
$$= \begin{pmatrix}ax_1+bx_2\\ cx_1+dx_2\end{pmatrix} + \begin{pmatrix}ay_1+by_2\\ cy_1+dy_2\end{pmatrix} = f\begin{pmatrix}x_1\\ x_2\end{pmatrix} + f\begin{pmatrix}y_1\\ y_2\end{pmatrix}$$

が成り立ちます．

また，

$$f\left(k\begin{pmatrix}x_1\\x_2\end{pmatrix}\right)=f\begin{pmatrix}kx_1\\kx_2\end{pmatrix}=\begin{pmatrix}akx_1+bkx_2\\ckx_1+dkx_2\end{pmatrix}=k\begin{pmatrix}ax_1+bx_2\\cx_1+dx_2\end{pmatrix}=kf\begin{pmatrix}x_1\\x_2\end{pmatrix}$$

も成り立ちます．

逆に，$f(\overrightarrow{x}+\overrightarrow{y})=f(\overrightarrow{x})+f(\overrightarrow{y})$，$f(k\overrightarrow{x})=kf(\overrightarrow{x})$ から（線形表現）を導くことも必要です．$\binom{x}{y}=x\binom{1}{0}+y\binom{0}{1}$ に注意し，（線形表現）の a, b, c, d の記法に従って $f\binom{1}{0}=\binom{a}{c}$，$f\binom{0}{1}=\binom{b}{d}$ と定めます．すると，

$$\begin{aligned}f\begin{pmatrix}x\\y\end{pmatrix}&=f\left(x\begin{pmatrix}1\\0\end{pmatrix}+y\begin{pmatrix}0\\1\end{pmatrix}\right)=xf\begin{pmatrix}1\\0\end{pmatrix}+yf\begin{pmatrix}0\\1\end{pmatrix}\\&=x\begin{pmatrix}a\\c\end{pmatrix}+y\begin{pmatrix}b\\d\end{pmatrix}=\begin{pmatrix}ax+by\\cx+dy\end{pmatrix}\end{aligned}$$

が成り立ちます．これで証明されましたね．

6.1.2.2　線形変換の表現行列

線形変換 $f\binom{x}{y}=\binom{ax+by}{cx+dy}$ の表現をもっとスッキリした‘積の形’で表現することが考案されました：

$$f\begin{pmatrix}x\\y\end{pmatrix}=\begin{pmatrix}ax+by\\cx+dy\end{pmatrix}=\begin{pmatrix}a&b\\c&d\end{pmatrix}\begin{pmatrix}x\\y\end{pmatrix}.\qquad\text{（変換の行列表現）}$$

つまり，行と列の並び $\begin{pmatrix}a&b\\c&d\end{pmatrix}$ とベクトル $\binom{x}{y}$ の積が $\binom{ax+by}{cx+dy}$ であるように定義します[2)]．この式を眺めると，$\begin{pmatrix}a&b\\c&d\end{pmatrix}$ は，変換 f を表すように見えることから，f の **表現行列** と呼ばれます．そのことは $f:\begin{pmatrix}a&b\\c&d\end{pmatrix}$ と表されますが，表現行列の意味を正しく理解するには，$\binom{x}{y}$ が任意のベクトルという前提で

$$f\begin{pmatrix}x\\y\end{pmatrix}=\begin{pmatrix}a&b\\c&d\end{pmatrix}\begin{pmatrix}x\\y\end{pmatrix}\Leftrightarrow f:\begin{pmatrix}a&b\\c&d\end{pmatrix}$$

であることを忘れてはいけません．

---

2) 積 $\begin{pmatrix}a&b\\c&d\end{pmatrix}\binom{x}{y}$ の計算法のコツは，$\begin{pmatrix}a&b\\c&d\end{pmatrix}$ を行ベクトル $(a\ \ b)$ と $(c\ \ d)$ を並べた $\begin{pmatrix}(a&b)\\(c&d)\end{pmatrix}$ と見て，積 $(a\ \ b)\binom{x}{y}$ が $ax+by$ になり，積 $(c\ \ d)\binom{x}{y}$ が $cx+dy$ になると考えて

$$\begin{pmatrix}(a&b)\\(c&d)\end{pmatrix}\begin{pmatrix}x\\y\end{pmatrix}=\begin{pmatrix}(a&b)\binom{x}{y}\\(c&d)\binom{x}{y}\end{pmatrix}$$

と見るのがよいでしょう．このような見方は行列の積の一般化の基本になるものです．

この表現行列は「2 行 2 列の行列」または **2 × 2 行列**，または正方形の形をしているので「2 次の正方行列」といわれます．行列の各文字を行列の **成分** といい，例えば a は第 1 行第 1 列の成分なので (1, 1) 成分，c は第 2 行第 1 列の成分なので (2, 1) 成分などといいます．

前の§§で議論した，点やベクトルを角 θ だけ回転する変換 f_θ については，

$$\begin{pmatrix} x' \\ y' \end{pmatrix} = f_\theta \begin{pmatrix} x \\ y \end{pmatrix} = \begin{pmatrix} x\cos\theta - y\sin\theta \\ x\sin\theta + y\cos\theta \end{pmatrix} = \begin{pmatrix} \cos\theta & -\sin\theta \\ \sin\theta & \cos\theta \end{pmatrix}\begin{pmatrix} x \\ y \end{pmatrix}$$

となるので，f_θ の表現行列は $\begin{pmatrix} \cos\theta & -\sin\theta \\ \sin\theta & \cos\theta \end{pmatrix}$ です．この回転を表す線形変換 f_θ はしばしば利用されるので，その表現行列を R_θ と略記しましょう：

$$f_\theta : R_\theta = \begin{pmatrix} \cos\theta & -\sin\theta \\ \sin\theta & \cos\theta \end{pmatrix}.$$

2 つの線形変換 $f : \begin{pmatrix} a & b \\ c & d \end{pmatrix}$ と $g : \begin{pmatrix} e & f \\ g & h \end{pmatrix}$ が同じになるは，当然のことながら，それらの表現行列の各成分が一致する場合ですね：

$$\begin{pmatrix} a & b \\ c & d \end{pmatrix} = \begin{pmatrix} e & f \\ g & h \end{pmatrix} \Leftrightarrow a = e,\ b = f,\ c = g,\ d = h.$$

ここで練習問題．恒等変換 $f\begin{pmatrix} x \\ y \end{pmatrix} = \begin{pmatrix} x \\ y \end{pmatrix}$ の表現行列を求めなさい．答：$\begin{pmatrix} 1 & 0 \\ 0 & 1 \end{pmatrix}$.

6.1.3 行列の演算

行列は実数に似たところもあります．行列の実数倍・和・積・商などの演算の性質を調べましょう．

6.1.3.1 行列の実数倍

任意の実数 k に対して

$$k\begin{pmatrix} a & b \\ c & d \end{pmatrix}\begin{pmatrix} x \\ y \end{pmatrix} = k\begin{pmatrix} ax + by \\ cx + dy \end{pmatrix} = \begin{pmatrix} kax + kby \\ kcx + kdy \end{pmatrix}$$
$$= \begin{pmatrix} ka & kb \\ kc & kd \end{pmatrix}\begin{pmatrix} x \\ y \end{pmatrix}$$

が成立しますね．このときベクトル $\begin{pmatrix} x \\ y \end{pmatrix}$ は任意なので，次ページの脚注の議論からわかるように，$\begin{pmatrix} x \\ y \end{pmatrix}$ をとり除くことができ

$$k\begin{pmatrix} a & b \\ c & d \end{pmatrix} = \begin{pmatrix} ka & kb \\ kc & kd \end{pmatrix}$$

と表すことができます[3]．行列の実数倍は，ベクトルの実数倍と同様に，各成文を実数倍したものと同じです．

行列の実数倍の演算法則がベクトルの場合と同様に成り立ちます．行列を表す簡略記号 A などを用いると，任意の実数 p, q に対して

$$p(qA) = (pq)A$$

です．これは A を $\begin{pmatrix} a & b \\ c & d \end{pmatrix}$ などと成分で表してみるとほぼ明らかでしょう．

6.1.3.2 行列の和

線形変換を $f : \begin{pmatrix} a+e & b+f \\ c+g & d+h \end{pmatrix}$ とすると

$$\begin{pmatrix} a+e & b+f \\ c+g & d+h \end{pmatrix}\begin{pmatrix} x \\ y \end{pmatrix} = \begin{pmatrix} (a+e)x + (b+f)y \\ (c+g)x + (d+h)y \end{pmatrix} = \begin{pmatrix} ax+by \\ cx+dy \end{pmatrix} + \begin{pmatrix} ex+fy \\ gx+hy \end{pmatrix}$$
$$= \begin{pmatrix} a & b \\ c & d \end{pmatrix}\begin{pmatrix} x \\ y \end{pmatrix} + \begin{pmatrix} e & f \\ g & h \end{pmatrix}\begin{pmatrix} x \\ y \end{pmatrix}$$

が成り立ちます．これもベクトルを省略して

$$\begin{pmatrix} a & b \\ c & d \end{pmatrix} + \begin{pmatrix} e & f \\ g & h \end{pmatrix} = \begin{pmatrix} a+e & b+f \\ c+g & d+h \end{pmatrix}$$

と表すと，行列の和は各成分の和として定義できることがわかります．

成分が全て 0 の行列 $\begin{pmatrix} 0 & 0 \\ 0 & 0 \end{pmatrix}$ は O で表し，2 次の **零行列** または **ゼロ行列** と呼ばれます．O は任意の 2×2 行列 A に対して

$$A + O = O + A = A$$

となりますね．

---

3) $\begin{pmatrix} x \\ y \end{pmatrix}$ が任意のベクトルのとき

$$\begin{pmatrix} a & b \\ c & d \end{pmatrix}\begin{pmatrix} x \\ y \end{pmatrix} = \begin{pmatrix} e & f \\ g & h \end{pmatrix}\begin{pmatrix} x \\ y \end{pmatrix} \Leftrightarrow \begin{pmatrix} ax+by \\ cx+dy \end{pmatrix} = \begin{pmatrix} ex+fy \\ gx+hy \end{pmatrix} \Leftrightarrow \begin{cases} ax+by = ex+fy \\ cx+dy = gx+hy \end{cases}$$

において，x, y は任意なので，$y = 0$ とか $x = 0$ などとして係数比較をすると

$$\begin{pmatrix} a & b \\ c & d \end{pmatrix} = \begin{pmatrix} e & f \\ g & h \end{pmatrix}$$

が導かれ，ベクトル $\begin{pmatrix} x \\ y \end{pmatrix}$ をとり除いてもよいことがわかります．

ベクトルの場合と同様に，行列の和の演算法則が成り立ちます．行列を表す簡略記号 A, B, C などを用いると

$$A+B=B+A, \qquad \text{（交換法則）}$$

$$(A+B)+C=A+(B+C) \qquad \text{（結合法則）}$$

です．行列の成分を考えると，これらを示すのは簡単な練習問題でしょう．

行列の実数倍と組み合わせると分配法則が成り立ちます．任意の行列 A, B と実数 p, q に対して

$$(p+q)A=pA+qA, \qquad p(A+B)=pA+pB$$

です．これも練習問題にしましょう．

6.1.3.3 行列の積

§§1.3.4 で合成関数 $f\circ g(x)=f(g(x))$ を学びましたね．ここでは変数がベクトルになった場合を学びましょう．2 つの線形変換 $f: A=\begin{pmatrix} a & b \\ c & d \end{pmatrix}$, $g: B=\begin{pmatrix} p & r \\ q & s \end{pmatrix}$ を g, f の順に行った合成変換

$$f\circ g\begin{pmatrix} x \\ y \end{pmatrix}=f\left(g\begin{pmatrix} x \\ y \end{pmatrix}\right)=A\left(B\begin{pmatrix} x \\ y \end{pmatrix}\right)$$

を考えます．

$$B\begin{pmatrix} x \\ y \end{pmatrix}=\begin{pmatrix} p & r \\ q & s \end{pmatrix}\left(x\begin{pmatrix} 1 \\ 0 \end{pmatrix}+y\begin{pmatrix} 0 \\ 1 \end{pmatrix}\right)=x\begin{pmatrix} p \\ q \end{pmatrix}+y\begin{pmatrix} r \\ s \end{pmatrix}$$

より

$$\begin{aligned}
A\left(B\begin{pmatrix} x \\ y \end{pmatrix}\right)&=\begin{pmatrix} a & b \\ c & d \end{pmatrix}\left(\begin{pmatrix} p & r \\ q & s \end{pmatrix}\begin{pmatrix} x \\ y \end{pmatrix}\right)=\begin{pmatrix} a & b \\ c & d \end{pmatrix}\left(x\begin{pmatrix} p \\ q \end{pmatrix}+y\begin{pmatrix} r \\ s \end{pmatrix}\right)\\
&=x\begin{pmatrix} ap+bq \\ cp+dq \end{pmatrix}+y\begin{pmatrix} ar+bs \\ cr+ds \end{pmatrix}=\begin{pmatrix} (ap+bq)\,x+(ar+bs)\,y \\ (cp+dq)\,x+(cr+ds)\,y \end{pmatrix}\\
&=\begin{pmatrix} ap+bq & ar+bs \\ cp+dq & cr+ds \end{pmatrix}\begin{pmatrix} x \\ y \end{pmatrix}
\end{aligned}$$

が成り立ちます．最後の行列 $\begin{pmatrix} ap+bq & ar+bs \\ cp+dq & cr+ds \end{pmatrix}$ は複雑です．そこで，それを

$$\begin{pmatrix} ap+bq & ar+bs \\ cp+dq & cr+ds \end{pmatrix}=\begin{pmatrix} a & b \\ c & d \end{pmatrix}\begin{pmatrix} p & r \\ q & s \end{pmatrix}=AB$$

のように表し，行列の積であると考えてみましょう[4)]．つまり，これが行列の積の定義であるとするわけです．

このように積を定義すると

$$A\left(B\begin{pmatrix}x\\y\end{pmatrix}\right)=(AB)\begin{pmatrix}x\\y\end{pmatrix} \qquad (*)$$

が成り立ちます．

この等式から行列の積についての基本性質

$$A(BC)=(AB)C \qquad \text{（結合法則）}$$

が導かれます：$\begin{pmatrix}x\\y\end{pmatrix}$ は任意のベクトルなので，それに行列 C を掛けたベクトル $C\begin{pmatrix}x\\y\end{pmatrix}$ で置き換えても等式は成立します：

$$A\left(B\left(C\begin{pmatrix}x\\y\end{pmatrix}\right)\right)=(AB)\left(C\begin{pmatrix}x\\y\end{pmatrix}\right).$$

上の $(*)$ より，上式の左辺は $A\left((BC)\begin{pmatrix}x\\y\end{pmatrix}\right)=(A(BC))\begin{pmatrix}x\\y\end{pmatrix}$，右辺は $((AB)C)\begin{pmatrix}x\\y\end{pmatrix}$ となるので

$$(A(BC))\begin{pmatrix}x\\y\end{pmatrix}=((AB)C)\begin{pmatrix}x\\y\end{pmatrix}$$

が成立します．$\begin{pmatrix}x\\y\end{pmatrix}$ は任意なので，それを除くと結合法則が得られます．

行列の積に関する他の演算法則

$$(A+B)C=AC+BC,\quad A(B+C)=AB+AC, \qquad \text{（分配法則）}$$

$$(pA)B=A(pB)=p(AB) \qquad (p\text{ は実数})$$

を示すには，行列の成分表示を用いて積を計算するほうが簡単でしょう．

---

4) 行列の積 $\begin{pmatrix}a&b\\c&d\end{pmatrix}\begin{pmatrix}p&r\\q&s\end{pmatrix}$ の計算は，左側の $\begin{pmatrix}a&b\\c&d\end{pmatrix}$ を行ベクトルを並べた $\begin{pmatrix}(a\ \ b)\\(c\ \ d)\end{pmatrix}$，右側の $\begin{pmatrix}p&r\\q&s\end{pmatrix}$ を列ベクトルを並べた $\left(\begin{pmatrix}p\\q\end{pmatrix}\ \begin{pmatrix}r\\s\end{pmatrix}\right)$ と見て，$(a\ \ b)\begin{pmatrix}p\\q\end{pmatrix}=ap+bq$，$(c\ \ d)\begin{pmatrix}p\\q\end{pmatrix}=cp+dq$ などに注意し，

$$\begin{pmatrix}(a\ \ b)\\(c\ \ d)\end{pmatrix}\left(\begin{pmatrix}p\\q\end{pmatrix}\begin{pmatrix}r\\s\end{pmatrix}\right)=\begin{pmatrix}(a\ \ b)\begin{pmatrix}p\\q\end{pmatrix} & (a\ \ b)\begin{pmatrix}r\\s\end{pmatrix}\\(c\ \ d)\begin{pmatrix}p\\q\end{pmatrix} & (c\ \ d)\begin{pmatrix}r\\s\end{pmatrix}\end{pmatrix}$$

と見るとよいでしょう．さらに，

$$\begin{pmatrix}a&b\\c&d\end{pmatrix}\begin{pmatrix}p&r\\q&s\end{pmatrix}=\left(\begin{pmatrix}a&b\\c&d\end{pmatrix}\begin{pmatrix}p\\q\end{pmatrix}\ \begin{pmatrix}a&b\\c&d\end{pmatrix}\begin{pmatrix}r\\s\end{pmatrix}\right)$$

と見なすこともできることに注意しましょう．

なお，等式 $A(B\begin{pmatrix}x\\y\end{pmatrix}) = (AB)\begin{pmatrix}x\\y\end{pmatrix}$ は，線形変換の合成はまた線形変換であること，また線形変換 $f:A$，$g:B$ の合成変換 $f\circ g$ の表現行列は AB であることを示しています．合成変換を $f\circ g$ と積の形のように表した理由が納得できるでしょう．

ところで，$A = \begin{pmatrix}1 & -1\\-2 & 1\end{pmatrix}$，$B = \begin{pmatrix}2 & 1\\1 & 3\end{pmatrix}$ のとき，容易に確かめられるように，$AB = \begin{pmatrix}1 & -2\\-3 & 1\end{pmatrix}$，$BA = \begin{pmatrix}0 & -1\\-5 & 2\end{pmatrix}$ となるので，

$$AB \neq BA$$

であり，行列の積については，一般に，交換法則は成り立ちません．このことを，行列の積は一般に“**非可換**である”といいます．

では，ここで問題．任意の行列 A と交換する（可換な）行列 $C = \begin{pmatrix}k & l\\m & n\end{pmatrix}$ はあるかな．あるとすれば，どんな形の行列かな．ヒント：$A = \begin{pmatrix}a & b\\c & d\end{pmatrix}$ などと成分表示して，任意の実数 a, b, c, d に対して $AC = CA$ を（各成分で）満たす C を探すことになります．まず，$A = \begin{pmatrix}a & 0\\0 & 0\end{pmatrix}$ などとしておいて，k, l, m, n に条件をつけておくとよいでしょう．
答：k を任意の実数として，$C = k\begin{pmatrix}1 & 0\\0 & 1\end{pmatrix}$ です．特に $k = 0$ のとき C は 2 次の零行列 $O = \begin{pmatrix}0 & 0\\0 & 0\end{pmatrix}$ になりますね．

$\begin{pmatrix}1 & 0\\0 & 1\end{pmatrix}$ を 2 次の **単位行列** といい，I（または，E）で表します．I と O の積に関する性質をまとめると，任意の 2×2 行列 A に対して

$$AI = IA = A,\quad 特に\quad I^2 = I,$$

$$AO = OA = O,\quad 特に\quad O^2 = O$$

です．ただし，行列 A について，AA を A^2，A^2A を A^3，$\cdots$ のように表します．O, I は実数でいえば 0, 1 に当たる行列ですね．

行列の和や積の演算法則を見ると，行列は実数に似たところもあり，積の交換法則が成り立たないなど，違う点もありますね．決定的に違う点を示す例を挙げてみましょう．$A = \begin{pmatrix}0 & 1\\0 & 0\end{pmatrix}$ のとき，$A^2 = \begin{pmatrix}0 & 1\\0 & 0\end{pmatrix}^2$ を計算すると零行列 O になりますね．また $\begin{pmatrix}0 & 0\\1 & 0\end{pmatrix}\begin{pmatrix}0 & 0\\0 & 1\end{pmatrix} = O$ ですね．このように，行列にはそれ自身は O でなくとも積が O になる場合があります．$A \neq O$，$B \neq O$ で $AB = O$ のとき，A, B を **零因子**（ゼロ因子）といいます．行列 $\begin{pmatrix}0 & 1\\0 & 0\end{pmatrix}$ と $\begin{pmatrix}0 & 0\\1 & 0\end{pmatrix}$ が示す特殊な性質

$$\begin{pmatrix}0&1\\0&0\end{pmatrix}\begin{pmatrix}a&b\\c&d\end{pmatrix}=\begin{pmatrix}c&d\\0&0\end{pmatrix},\quad \text{よって}\quad \begin{pmatrix}0&1\\0&0\end{pmatrix}\begin{pmatrix}a&b\\0&0\end{pmatrix}=O,$$

$$\begin{pmatrix}0&0\\1&0\end{pmatrix}\begin{pmatrix}a&b\\c&d\end{pmatrix}=\begin{pmatrix}0&0\\a&b\end{pmatrix},\quad \text{よって}\quad \begin{pmatrix}0&0\\1&0\end{pmatrix}\begin{pmatrix}0&0\\c&d\end{pmatrix}=O$$

は興味深く，しかも，次の§§で例解するように，意外な応用があります．

6.1.3.4　非可換な行列と零因子の恐るべき応用例

本題から脱線して楽しみましょう．コマの回転や地球の自転，フィギュアスケート選手のスピンなどのように自転するものは回転による運動量をもち，これを「角運動量」といいます．特に荷電物体が回転すると「磁気モーメント」という磁石の強さを表す量が生じて，荷電物体は磁石になります．君たちが子供の頃に遊んだ，棒磁石や U 字型磁石は，実は，その中の小さな小さな，しかし莫大な数の電子がそろって右回りか左回りに自転した状態と考えられています（本当はそう単純ではありません．この問題に興味ある人は相対論的電子論の基礎となる「ディラック方程式」を勉強しましょう）．電子の自転と見なされる角運動量は「スピン角運動量」と呼ばれます．

さて，電子のような極微な世界で有効な物理学は量子力学ですが，その力学理論では物理量は対応する「演算子」として扱われます（例えば，演算子 F を状態ベクトル ψ_A, ψ_B で内積 $(\psi_A, F\psi_B)$ をとると測定される物理量 F_{AB} が計算されます（☞186 ページ）．量子力学の演算子は，しかしながら，**非可換**であり，例えば，スピン角運動量 $\boldsymbol{S}=(s_x,\ s_y,\ s_z)^T$ は，$\hbar$（エィチスラッシュ）をある物理定数，i を虚数単位として，

$$\begin{cases} s_xs_y - s_ys_x = i\hbar s_z \\ s_ys_z - s_zs_y = i\hbar s_x \\ s_zs_x - s_xs_z = i\hbar s_y \end{cases} \qquad \text{（交換関係）}$$

を満たすことが知られています．

こんな奇妙なものは，したがって，行列のような非可換なもので表現するしかありません（いったんある表現がなされると，その表現を用いて理論が正しく展開されます）．上の交換関係を満たす 1 つの表現行列は次のものです：

$$s_x=\frac{\hbar}{2}\begin{pmatrix}0&1\\1&0\end{pmatrix},\qquad s_y=\frac{\hbar}{2}\begin{pmatrix}0&-i\\i&0\end{pmatrix},\qquad s_z=\frac{\hbar}{2}\begin{pmatrix}1&0\\0&-1\end{pmatrix}.$$

まず，これらが（交換関係）を満たすのを確かめておきましょう．

さて，$s_z = \frac{\hbar}{2}\begin{pmatrix}1 & 0\\ 0 & -1\end{pmatrix}$ は特別な役割を担うように定められています．217 ページの脚注で固有値・固有ベクトル[5] に触れましたが，ベクトル $\begin{pmatrix}1\\0\end{pmatrix}$, $\begin{pmatrix}0\\1\end{pmatrix}$ が s_z の固有ベクトルになるように，つまり，電子の自転軸が z 軸方向のとき，$\begin{pmatrix}1\\0\end{pmatrix}$ は右回り状態を，$\begin{pmatrix}0\\1\end{pmatrix}$ は左回り状態を表すように定めてあります：

$$s_z\begin{pmatrix}1\\0\end{pmatrix} = +\frac{\hbar}{2}\begin{pmatrix}1\\0\end{pmatrix}, \qquad s_z\begin{pmatrix}0\\1\end{pmatrix} = -\frac{\hbar}{2}\begin{pmatrix}0\\1\end{pmatrix}.$$

s_z の固有値が $\pm\frac{\hbar}{2}$ であることは暗算で確かめられますね．

上の議論を線形代数の言葉で整理しましょう．上の固有ベクトルからわかるように，電子のスピン角運動量の状態を表す空間は，ベクトルの成分数より 2 次元で，s_y との積によって複素ベクトルを含むから，複素 2 次元空間（$\mathbb{C}_S^2$ と表そう）ですね．よって，スピン角運動量演算子は $\mathbb{C}_S^2$ 上の変換ということになります．固有ベクトル $\begin{pmatrix}1\\0\end{pmatrix}$, $\begin{pmatrix}0\\1\end{pmatrix}$ は，線形独立で，その線形結合は $\mathbb{C}_S^2$ の任意のベクトルを表せるので，$\mathbb{C}_S^2$ の基底です（これを示すのは後の練習問題で）．したがって，$\begin{pmatrix}1\\0\end{pmatrix}$, $\begin{pmatrix}0\\1\end{pmatrix}$ 以外に s_z の固有ベクトルはなく（☞ 練習問題），固有値は $\pm\frac{\hbar}{2}$ の 2 つのみです．したがって，電子が自転していない状態やより高速で回転している状態はありません．

ここで，2 つの行列

$$s_x \pm i s_y = \hbar\begin{pmatrix}0 & 1\\ 0 & 0\end{pmatrix}, \quad \hbar\begin{pmatrix}0 & 0\\ 1 & 0\end{pmatrix}$$

を考えます．これらは，係数を除けば，先の§§6.1.3.3 に出てきた零因子ですね．したがって，$\begin{pmatrix}0 & 1\\ 0 & 0\end{pmatrix}\begin{pmatrix}0\\1\end{pmatrix} = \begin{pmatrix}1\\0\end{pmatrix}$, $\begin{pmatrix}0 & 0\\ 1 & 0\end{pmatrix}\begin{pmatrix}1\\0\end{pmatrix} = \begin{pmatrix}0\\1\end{pmatrix}$ となるので，$\begin{pmatrix}0 & 1\\ 0 & 0\end{pmatrix}$ は固有値が $-\frac{\hbar}{2}$ の状態から $+\frac{\hbar}{2}$ の状態に $\hbar$ だけ上げ，また $\begin{pmatrix}0 & 0\\ 1 & 0\end{pmatrix}$ は同様に固有値を $\hbar$ だけ下げます．そこで，さらに $\begin{pmatrix}0 & 1\\ 0 & 0\end{pmatrix}$ を $\begin{pmatrix}1\\0\end{pmatrix}$ に適用すれば固有値 $+\frac{3\hbar}{2}$ の状態が得られるのでしょうか．もしそうなら固有状態は 2 つだけという条件に反します．実際には暗算で

$$\begin{pmatrix}0 & 1\\ 0 & 0\end{pmatrix}\begin{pmatrix}1\\0\end{pmatrix} = \begin{pmatrix}0\\0\end{pmatrix}$$

---

[5] 線形変換 $f : A$ に対して，方程式 $A\vec{x} = \lambda\vec{x}$ を満たす定数 λ を A の固有値といい，$\vec{x}(\neq \vec{0})$ を固有値 λ の固有ベクトルといいます．

がわかり，結果の $\binom{0}{0}$ から固有値 $+\frac{3\hbar}{2}$ の状態は存在しないことが確かめられますね．同様に $\begin{pmatrix}0&0\\1&0\end{pmatrix}\binom{0}{1}=\binom{0}{0}$ から $-\frac{3\hbar}{2}$ の状態がないことも確かめられます．

予告した練習問題です．

問（1）：$\binom{1}{0}$, $\binom{0}{1}$ は $\mathbb{C}_S^2$ の基底であることを示しなさい．

ヒント：§§5.1.3.2 で基底の定義を確認しよう．

解答：(ｉ) $\mathbb{C}_S^2$ の任意のベクトル $\binom{\alpha}{\beta}$ (α, β は複素数）は

$$\begin{pmatrix}\alpha\\\beta\end{pmatrix}=\alpha\begin{pmatrix}1\\0\end{pmatrix}+\beta\begin{pmatrix}0\\1\end{pmatrix}$$

と $\binom{1}{0}$, $\binom{0}{1}$ の線形結合で表されます．また，(ii) 方程式

$$\alpha\begin{pmatrix}1\\0\end{pmatrix}+\beta\begin{pmatrix}0\\1\end{pmatrix}=0$$

において，$\binom{1}{0}$ と $\binom{0}{1}$ は直交するから，両辺に $\binom{0}{1}$ を内積して，$\beta(0\ 1)\binom{0}{1}=\beta=0$ が得られます．同様に，$\binom{1}{0}$ を内積して，$\alpha(1\ 0)\binom{1}{0}=\alpha=0$ を得ます．したがって，$\binom{1}{0}$ と $\binom{0}{1}$ は線形独立です．以上，(ｉ), (ii) の議論より，$\binom{1}{0}$, $\binom{0}{1}$ は $\mathbb{C}_S^2$ の基底です．

問（2）：(1) が成り立つとき，$\mathbb{C}_S^2$ のベクトル $\binom{\alpha}{\beta}$（$\binom{1}{0}$, $\binom{0}{1}$ に比例しないように，$\alpha\neq 0, \beta\neq 0$）は s_z の固有ベクトルにはなり得ないことを示しなさい．

ヒント：$\binom{\alpha}{\beta}=\alpha\binom{1}{0}+\beta\binom{0}{1}$ と表されますね（固有ベクトルの線形結合！）．

解答：両辺に s_z を掛けると，

$$\begin{aligned}s_z\begin{pmatrix}\alpha\\\beta\end{pmatrix}&=\alpha\,s_z\begin{pmatrix}1\\0\end{pmatrix}+\beta\,s_z\begin{pmatrix}0\\1\end{pmatrix}\\&=\alpha\frac{\hbar}{2}\begin{pmatrix}1\\0\end{pmatrix}-\beta\frac{\hbar}{2}\begin{pmatrix}0\\1\end{pmatrix}\\&=\frac{\hbar}{2}\begin{pmatrix}\alpha\\-\beta\end{pmatrix}\not\propto\begin{pmatrix}\alpha\\\beta\end{pmatrix}\qquad(\alpha\neq 0,\ \beta\neq 0)\end{aligned}$$

だから，$\binom{\alpha}{\beta}$ は s_z の固有ベクトルにはなりません．これは，（正しくは，異なる固有値をもつ）固有ベクトルの線形結合は固有ベクトルではないことを意味します．その対偶を考えると，異なる固有値をもつ固有ベクトルは線形独立であることがわかります．

6.1.3.5 行列の累乗とケーリー・ハミルトンの定理

任意の行列 $A = \begin{pmatrix} a & b \\ c & d \end{pmatrix}$ に対して，その‘2 次の’多項式

$$f(A) = A^2 - (a + d)A + (ad - bc)I$$

を計算してみましょう．$f(A) = (A - aI)(A - dI) - bcI$ と変形しておくと少し簡単になるでしょう．なんと，零行列 O になりましたね：

$$f(A) = A^2 - (a + d)A + (ad - bc)I = O.$$

この事実は **ケーリー・ハミルトンの定理** として知られています．

ケーリー・ハミルトンの定理は，任意の 2×2 行列 A に対して，

$$A^2 = (a + d)A - (ad - bc)I$$

が成り立つ，つまり A の‘2 次の’項 A^2 は A の 1 次式で表されることを意味します．同様に，上の等式をくり返して用いると，A^n $(n = 3, 4, \cdots)$ もやはり A の 1 次式で表されますね．したがって，‘行列の多項式には次数の概念が基本的にない’のです．

次数をもち込むためには，例えば上の多項式に対して，始めに実数 x の 2 次の多項式

$$f(x) = x^2 - (a + d)x + (ad - bc)$$

を用意しておいて，その x を行列 A で置き換え，定数項に単位行列 I をつけた

$$f(A) = A^2 - (a + d)A + (ad - bc)I$$

を A の 2 次の多項式 $f(A)$ と定義します．一般の行列の多項式を定義するときも，同様に，実数の多項式から出発します．

$f(x)$ については

$$\begin{aligned} f(x) &= x^2 - (a + d)x + (ad - bc) \\ &= (x - a)(x - d) - bc = (a - x)(d - x) - bc \\ &= \begin{vmatrix} a - x & b \\ c & d - x \end{vmatrix} \end{aligned}$$

のように 2 次の行列式で表され，さらに $A = \begin{pmatrix} a & b \\ c & d \end{pmatrix}$ だから

$$f(x) = \begin{vmatrix} a-x & b \\ c & d-x \end{vmatrix} = \left| \begin{pmatrix} a & b \\ c & d \end{pmatrix} - x\begin{pmatrix} 1 & 0 \\ 0 & 1 \end{pmatrix} \right|$$
$$= |A - xI|$$

と表されることに注意しておきましょう．

n 次の正方行列 A に対しても，n 次の行列式を用いて，$f(x) = |A - xI|$ が定義でき，その行列式を展開して定理 $f(A) = O$ が得られます．それらは行列の理論において重要な役割を演じます．

さて，任意の高次の行列の多項式 $F(A)$ を A の 1 次以下の式で表す簡単な方法を示しましょう．行列の多項式 $F(A)$ に対応する x の多項式 $F(x)$ を 2 次の多項式 $f(x) = x^2 - (a+d)x + (ad-bc)$ で割り，その商を $Q(x)$，余りを $R(x)$ としましょう：

$$F(x) = f(x)Q(x) + R(x).$$

ここで x を A で置き換えると，ケーリー・ハミルトンの定理より $f(A) = O$ だから

$$F(A) = R(A)$$

が成立します．$f(x)$ は 2 次なので $R(x)$ は 1 次以下，よって $R(A)$ も A の 1 次以下の式になります．

問題をやるとよくわかります．問：$A = \begin{pmatrix} 1 & 2 \\ 2 & 1 \end{pmatrix}$ のとき A^6 を求めなさい．

ヒント：$f(x) = x^2 - 2x - 3 = (x+1)(x-3)$ と $f(x)$ が因数分解されることを利用します．

解答：$F(x) = x^6$ とおいて，$F(x)$ を $f(x)$ で割り，商を $Q(x)$，余りを $R(x) = px+q$ とすると

$$F(x) = x^6 = (x+1)(x-3)Q(x) + px + q.$$

したがって，$F(-1) = (-1)^6 = -p + q$，$F(3) = 3^6 = 3p + q$ より，$p = \dfrac{3^6 - 1}{4}$，$q = \dfrac{3^6 + 3}{4}$ が得られます．したがって，答は

$$A^6 = pA + qI = \frac{3^6-1}{4}\begin{pmatrix} 1 & 2 \\ 2 & 1 \end{pmatrix} + \frac{3^6+3}{4}\begin{pmatrix} 1 & 0 \\ 0 & 1 \end{pmatrix}$$
$$= \frac{1}{2}\begin{pmatrix} 3^6+1 & 3^6-1 \\ 3^6-1 & 3^6+1 \end{pmatrix}$$

ですね．

6.1.3.6　逆行列

実数 a の逆数 a^{-1} に当たるものは行列の演算でも考えることができます．積の交換則 $AB=BA$ が成立しないことに注意して，

$$AX=I \quad \text{かつ} \quad XA=I$$

を満たす X が存在するとき，それを行列 A の **逆行列** と定義し，A^{-1} で表しましょう．したがって，

$$AA^{-1}=A^{-1}A=I$$

が成り立つ行列 A^{-1} が A の逆行列です．

行列 $A=\begin{pmatrix} a & b \\ c & d \end{pmatrix}$ と成分表示して，その逆行列 A^{-1} を求めましょう．A^{-1} を $\begin{pmatrix} p & r \\ q & s \end{pmatrix}$ などと成分表示して条件 $AA^{-1}=A^{-1}A=I$ に代入し，成分を決めるのはかなり骨が折れます．そこで，逆行列 A^{-1} が存在するとして，それが満たす条件つまり必要条件から A^{-1} を求めて，それが十分条件を満たすかどうかを調べることにしましょう．

求める必要条件は線形変換 $f:A$ とその逆変換 $f^{-1}:A^{-1}$ を考えると得られます．

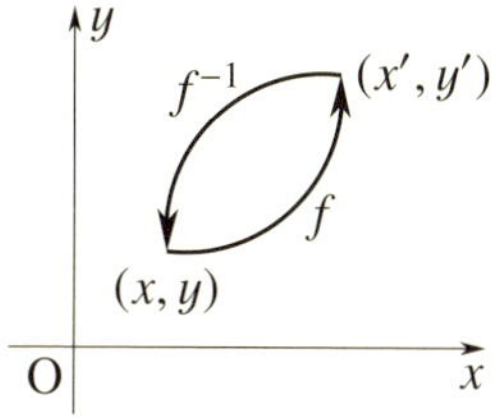

$$A\begin{pmatrix} x \\ y \end{pmatrix}=\begin{pmatrix} x' \\ y' \end{pmatrix}, \quad \begin{pmatrix} x \\ y \end{pmatrix}=A^{-1}\begin{pmatrix} x' \\ y' \end{pmatrix}$$

としましょう．そこで，A を成分表示しておいて，A から A^{-1} を導きましょう．$A=\begin{pmatrix} a & b \\ c & d \end{pmatrix}$ とすると

$$\begin{pmatrix} a & b \\ c & d \end{pmatrix}\begin{pmatrix} x \\ y \end{pmatrix}=\begin{pmatrix} x' \\ y' \end{pmatrix} \Leftrightarrow \begin{pmatrix} ax+by \\ cx+dy \end{pmatrix}=\begin{pmatrix} x' \\ y' \end{pmatrix} \Leftrightarrow \begin{cases} ax+by=x' \\ cx+dy=y' \end{cases}$$

だから，最後の連立方程式を x, y について解くと

$$x=\frac{x'd-y'b}{ad-bc}, \quad y=\frac{ay'-cx'}{ad-bc} \Leftrightarrow \begin{pmatrix} x \\ y \end{pmatrix}=\frac{1}{ad-bc}\begin{pmatrix} x'd-y'b \\ ay'-cx' \end{pmatrix}$$

$$\Leftrightarrow \begin{pmatrix} x \\ y \end{pmatrix}=\frac{1}{ad-bc}\begin{pmatrix} d & -b \\ -c & a \end{pmatrix}\begin{pmatrix} x' \\ y' \end{pmatrix}$$

が得られます．これを $\begin{pmatrix} x \\ y \end{pmatrix}=A^{-1}\begin{pmatrix} x' \\ y' \end{pmatrix}$ と比較すると

$$A=\begin{pmatrix} a & b \\ c & d \end{pmatrix} \quad \text{のとき} \quad A^{-1}=\frac{1}{ad-bc}\begin{pmatrix} d & -b \\ -c & a \end{pmatrix}$$

であることがわかります．

ここで，上の A^{-1} は必要条件から得られたので注意が必要です．まず，$ad-bc=0$ ならば 0 で割ることになるので，その場合には A の逆行列 A^{-1} は存在しません．$ad-bc$ は行列 $A=\begin{pmatrix} a & b \\ c & d \end{pmatrix}$ の **行列式** (determinant) と呼ばれ，$\det(A)$ や $|A|$ または $\begin{vmatrix} a & b \\ c & d \end{vmatrix}$ などで表されます．A の逆行列がないのは A が零行列 O である場合とは限らないので注意が必要です．なお，行列 A の逆行列 A^{-1} が存在するとき A は **正則** であるといいます．

次に，上で得られた A^{-1} が逆行列の定義 $AA^{-1}=A^{-1}A=I$ を満たすことを確かめなければなりません．練習問題として実際に計算してみましょう．確かに満たすことが確認できますね．よって，正しい逆行列 A^{-1} は，必要条件から得られたもののうち，$\det(A)\neq 0$ なものですね．

ここで，逆行列に関する 2 つの定理

$$(A^{-1})^{-1}=A, \qquad (AB)^{-1}=B^{-1}A^{-1}$$

を示すのを練習問題としましょう．証明方法は何通りもあります．
前者の意味は明らかですね．$A^{-1}A=AA^{-1}=I$ は ‘A^{-1} の逆行列は A である’ と読み取れますね．
後者は，線形変換 $f:A$, $g:B$ の合成変換 $f\circ g:AB$ によって，点 P が $\mathrm{P}\xrightarrow{g}\mathrm{Q}\xrightarrow{f}\mathrm{R}$ と移されたとしたら，その逆変換 $(f\circ g)^{-1}$ は $\mathrm{P}\xleftarrow{g^{-1}}\mathrm{Q}\xleftarrow{f^{-1}}\mathrm{R}$ と移す変換 $g^{-1}\circ f^{-1}$ であることを述べています：$(f\circ g)^{-1}=g^{-1}\circ f^{-1}$.

ついでに，行列式の積の定理

$$|AB|=|A||B|$$

も練習問題にしましょう．
ヒント：A, B を成分表示して計算するしか方法なし：$A=\begin{pmatrix} a & b \\ c & d \end{pmatrix}$, $B=\begin{pmatrix} p & r \\ q & s \end{pmatrix}$.
補助定理

$$\begin{vmatrix} a+a' & b \\ c+c' & d \end{vmatrix}=\begin{vmatrix} a & b \\ c & d \end{vmatrix}+\begin{vmatrix} a' & b \\ c' & d \end{vmatrix}, \qquad \begin{vmatrix} a & b+b' \\ c & d+d' \end{vmatrix}=\begin{vmatrix} a & b \\ c & d \end{vmatrix}+\begin{vmatrix} a & b' \\ c & d' \end{vmatrix},$$

および

$$\begin{vmatrix} b & a \\ d & c \end{vmatrix}=-\begin{vmatrix} a & b \\ c & d \end{vmatrix}, \qquad \begin{vmatrix} ap & b \\ cp & d \end{vmatrix}=p\begin{vmatrix} a & b \\ c & d \end{vmatrix}, \qquad \begin{vmatrix} a & br \\ c & dr \end{vmatrix}=r\begin{vmatrix} a & b \\ c & d \end{vmatrix}$$

を使うと少し楽（証明してから使おう）.

方針：$|AB|$ を $|A||B| = \begin{vmatrix} a & b \\ c & d \end{vmatrix}\begin{vmatrix} p & r \\ q & s \end{vmatrix}$ にもっていこう．

答：

$$|AB| = \left|\begin{pmatrix} a & b \\ c & d \end{pmatrix}\begin{pmatrix} p & r \\ q & s \end{pmatrix}\right| = \begin{vmatrix} ap+bq & ar+bs \\ cp+dq & cr+ds \end{vmatrix}$$

において補助定理を使うと，

$$\begin{aligned}
|AB| &= \begin{vmatrix} ap+bq & ar+bs \\ cp+dq & cr+ds \end{vmatrix} = \begin{vmatrix} ap & ar+bs \\ cp & cr+ds \end{vmatrix} + \begin{vmatrix} bq & ar+bs \\ dq & cr+ds \end{vmatrix} \\
&= \begin{vmatrix} ap & ar \\ cp & cr \end{vmatrix} + \begin{vmatrix} ap & bs \\ cp & ds \end{vmatrix} + \begin{vmatrix} bq & ar \\ dq & cr \end{vmatrix} + \begin{vmatrix} bq & bs \\ dq & ds \end{vmatrix} \\
&= \quad 0 \quad + ps\begin{vmatrix} a & b \\ c & d \end{vmatrix} + qr\begin{vmatrix} b & a \\ d & c \end{vmatrix} + \quad 0 \\
&= ps\begin{vmatrix} a & b \\ c & d \end{vmatrix} - qr\begin{vmatrix} a & b \\ c & d \end{vmatrix} = \begin{vmatrix} a & b \\ c & d \end{vmatrix}(ps-qr) = \begin{vmatrix} a & b \\ c & d \end{vmatrix}\begin{vmatrix} p & r \\ q & s \end{vmatrix} \\
&= |A||B|. \qquad \text{（証明終）}
\end{aligned}$$

以上の 3 つの定理 $(A^{-1})^{-1} = A$，$(AB)^{-1} = B^{-1}A^{-1}$，$|AB| = |A||B|$ は，2×2 行列で示しましたが，一般の n 次の正方行列でも成り立ちます．

6.1.4 平面の線形変換と図形

平面の線形変換によって図形はどのように変換されるのでしょうか．図形の方程式や線形変換の面積比などを議論しましょう．

6.1.4.1 逆行列と図形の線形変換

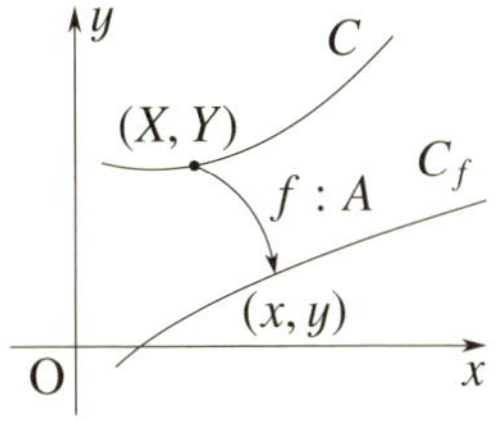

逆行列の応用として，平面図形の線形変換を議論しましょう（もちろん，逆変換がある場合です）．曲線 C の方程式が $F(x, y) = 0$ と表されるとき，位置ベクトル $\begin{pmatrix} x \\ y \end{pmatrix}$ を用いてそれを

$$C : F\left(\begin{pmatrix} x \\ y \end{pmatrix}\right) = 0$$

と表すことにしましょう．曲線 C が線形変換 $f : A$ によって曲線 C_f に移されたとします．f によって，点 (X, Y) が点 (x, y) に移ったとすると（このこ

とは $f:(X,Y)\mapsto(x,y)$ と表されます)，C の方程式は，$F\left(\begin{pmatrix}X\\Y\end{pmatrix}\right)=0$，または，$\begin{pmatrix}X\\Y\end{pmatrix}=A^{-1}\begin{pmatrix}x\\y\end{pmatrix}$ の関係によって，$F\left(A^{-1}\begin{pmatrix}x\\y\end{pmatrix}\right)=0$ で表されます．このとき，その $\begin{pmatrix}x\\y\end{pmatrix}$ は C_f 上の点 (x,y) に対応する位置ベクトルです．したがって，その方程式は曲線 C_f 上の点に対する方程式，つまり C_f を表す方程式になります：

$$C_f : F\left(A^{-1}\begin{pmatrix}x\\y\end{pmatrix}\right)=0.$$

よって，曲線 $C:F\left(\begin{pmatrix}x\\y\end{pmatrix}\right)=0$ を線形変換 $f:A$ によって移された曲線 C_f の方程式は，$F\left(\begin{pmatrix}x\\y\end{pmatrix}\right)=0$ の $\begin{pmatrix}x\\y\end{pmatrix}$ を単に $A^{-1}\begin{pmatrix}x\\y\end{pmatrix}$ で置き換えればよいことになります．このことを C の元の表現 $F(x,y)=0$ に戻していうと，$F(x,y)=0$ の変数 x, y を $A^{-1}\begin{pmatrix}x\\y\end{pmatrix}$ の x, y 成分でそれぞれ置き換えると，$f:A$ で変換された曲線 C_f の方程式が得られるというわけです．

手頃な演習問題をしておきましょう．問：放物線

$$C : y=\frac{\sqrt{2}}{2}x^2+\frac{\sqrt{2}}{4}\qquad\left(|x|\leqq\frac{1}{\sqrt{2}}\right)$$

を原点の周りに -45° 回転すると，曲線

$$C_f:\ \sqrt{x}+\sqrt{y}=1$$

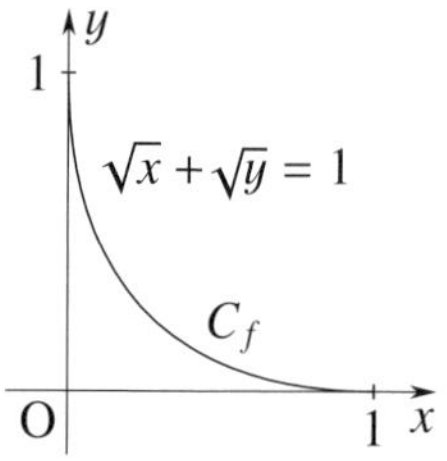

になることを示しなさい．この話題は『$+\alpha$』でもとりあげました．

ヒント：-45° 回転する変換は，§§6.1.1.2 で議論した，$f_{-45^\circ}:R_{-45^\circ}$ ですね．変換をした後で，式を整理するのに汗を流してもらいます．C の条件 $|x|\leqq\frac{1}{\sqrt{2}}$ に注意します．$f_{-45^\circ}:(X,Y)\mapsto(x,y)$ とすると，$f_{-45^\circ}^{-1}:R_{-45^\circ}^{-1}=R_{+45^\circ}$ で，先の C の方程式は $C:Y=\frac{\sqrt{2}}{2}X^2+\frac{\sqrt{2}}{4}$ $(|X|\leqq\frac{1}{\sqrt{2}})$ と表されます．このとき，$C_f:\ \sqrt{x}+\sqrt{y}=1$ は $\sqrt{x}$, $\sqrt{y}$ を含むので，$x\geqq0, y\geqq0$ を導く必要があります（試験に強くなる一寸(ちょっと)した小技です）．

解答：

$$R_{+45^\circ}=\begin{pmatrix}\cos45^\circ & -\sin45^\circ\\ \sin45^\circ & \cos45^\circ\end{pmatrix}=\frac{1}{\sqrt{2}}\begin{pmatrix}1 & -1\\ 1 & 1\end{pmatrix}$$

だから，

$$\begin{pmatrix}X\\Y\end{pmatrix}=R_{+45^\circ}\begin{pmatrix}x\\y\end{pmatrix}=\frac{1}{\sqrt{2}}\begin{pmatrix}x-y\\x+y\end{pmatrix}.$$

よって，$X = \frac{1}{\sqrt{2}}(x-y)$，$Y = \frac{1}{\sqrt{2}}(x+y)$ です．これを $C : Y = \frac{\sqrt{2}}{2}X^2 + \frac{\sqrt{2}}{4}$ $(|X| \leqq \frac{1}{\sqrt{2}})$ に代入して C_f の方程式を得ます．整理して，

$$C_f : 2(x+y) = (x-y)^2 + 1 \qquad (|x-y| \leqq 1)$$

となります．

$x \geqq 0, y \geqq 0$ はこの式から導出されます．$(x-y)^2+1$ を $(x-y+1)^2-2(x-y)$ とか $(x-y-1)^2+2(x-y)$ などと変形することに気づくと，

$$4x = (x-y+1)^2 \geqq 0, \qquad 4y = (x-y-1)^2 \geqq 0$$

が得られます．最後に，条件 $|x-y| \leqq 1$ に注意を払うと，上式より

$$\begin{aligned} 2(\sqrt{x} + \sqrt{y}) &= |x-y+1| + |x-y-1| \\ &= +(x-y+1) - (x-y-1) \\ &= 2. \end{aligned}$$

したがって，C_f の方程式 $\sqrt{x} + \sqrt{y} = 1$ が得られます．

なお，線形変換 $f : A$ の逆変換が存在しない場合についてコメントしておきましょう．$f : (X, Y) \mapsto (x, y)$，$\begin{pmatrix} x \\ y \end{pmatrix} = A\begin{pmatrix} X \\ Y \end{pmatrix}$，$A = \begin{pmatrix} a & b \\ c & d \end{pmatrix}$ で $ad-bc = 0$ とします．

(あ) $A = O$ のとき，$\begin{pmatrix} x \\ y \end{pmatrix} = \vec{0}$ だから，f は全ての点を原点 O に移します．これは原点にブラックホールを造るような変換ですね．

(い) $A \neq O$ のとき，A の成分のどれかは 0 でなく，$a \neq 0$ としても議論の一般性は失われません．$\begin{pmatrix} x \\ y \end{pmatrix} = \begin{pmatrix} aX + bY \\ cX + dY \end{pmatrix}$ より，

$$\begin{cases} cx = acX + bcY \\ ay = acX + adY \end{cases} \Rightarrow \ cx - ay = (bc-ad)Y = 0$$

だから，全ての点は原点を通る直線 $y = \frac{c}{a}x$ 上に移されます（つまり，ぺしゃんこに潰（つぶ）されるわけです）．

例として，$A = \begin{pmatrix} 1 & 0 \\ 1 & 0 \end{pmatrix}$ の場合に，先の練習問題の放物線 $C : Y = \frac{\sqrt{2}}{2}X^2 + \frac{\sqrt{2}}{4}$ $(|X| \leqq \frac{1}{\sqrt{2}})$ に適用してみましょう．$x = X$，$y = X$，$|x| \leqq \frac{1}{\sqrt{2}}$ となりますから，C 上の点 (X, Y) は，Y によらずに，点 (X, X) $(|X| \leqq \frac{1}{\sqrt{2}})$ に移されます．

6.1.4.2 行列式と線形変換の面積比

平面上の線形変換における 2 次の行列式の意味を考えます.

まず, 線形変換によって, 一般に, '平行な直線は平行な直線に移る' ことを示しましょう. 線形変換を $f:(X, Y) \mapsto (x, y)$ として, 変換行列を $f: A = \begin{pmatrix} a & b \\ c & d \end{pmatrix}$ とします. この変換によって, 方向ベクトル $\vec{\ell}$ の直線 $\begin{pmatrix} X \\ Y \end{pmatrix} = \vec{a} + t\vec{\ell}$ (☞§§3.3.3) は図形

$$\begin{pmatrix} x \\ y \end{pmatrix} = A\vec{a} + tA\vec{\ell}$$

に移ります. これは $A\vec{\ell}$ が $\vec{0}$ でない限り直線を表します. したがって, 方向ベクトルが同じ直線は一般に変換後も共通の方向ベクトルをもつ直線になります.

次に, 単位正方形 $0 \leqq x \leqq 1$, $0 \leqq y \leqq 1$ の 2 辺は単位ベクトル $\begin{pmatrix} 1 \\ 0 \end{pmatrix}, \begin{pmatrix} 0 \\ 1 \end{pmatrix}$ で表され, それは上の変換によって (つぶれない限りは) $A\begin{pmatrix} 1 \\ 0 \end{pmatrix} = \begin{pmatrix} a \\ c \end{pmatrix}, A\begin{pmatrix} 0 \\ 1 \end{pmatrix} = \begin{pmatrix} b \\ d \end{pmatrix}$ を 2 辺とする平行四辺形に移されます ($A = \left(\begin{pmatrix} a \\ c \end{pmatrix}\begin{pmatrix} b \\ d \end{pmatrix}\right)$ に注意). その面積は $|ad - bc| = |\det A|$ となります (計算は下の練習問題に残しておきます). したがって, '線形変換 $f: A$ によって, 面積は $|\det A|$ 倍される' ことになります. この結果は, 平面を小さな格子状に切り分けて考えるとわかるように, 一般の図形の面積も $|\det A|$ 倍されることを示しています.

練習問題. ベクトル $\begin{pmatrix} a \\ c \end{pmatrix}, \begin{pmatrix} b \\ d \end{pmatrix}$ が作る平行四辺形の面積 S を求めなさい.

ヒント：§§3.8.4 の点と直線の距離の公式を使うのがスマート. または, $\begin{pmatrix} a \\ c \end{pmatrix}, \begin{pmatrix} b \\ d \end{pmatrix}$ を空間ベクトル $\begin{pmatrix} a \\ c \\ 0 \end{pmatrix}, \begin{pmatrix} b \\ d \\ 0 \end{pmatrix}$ に昇格させると, §§4.3.4.4 の外積計算が使えます.

解法 1：点 (b, d) から直線 $y = \dfrac{c}{a}x$ (つまり, $cx - ay = 0$) に下ろした垂線の長さは $\dfrac{|cb - ad|}{\sqrt{c^2 + a^2}}$ だから,

$$S = \left|\begin{pmatrix} a \\ c \end{pmatrix}\right| \cdot \frac{|cb - ad|}{\sqrt{c^2 + a^2}} = |ad - bc|.$$

解法 2：ベクトル $\begin{pmatrix} a \\ c \\ 0 \end{pmatrix}, \begin{pmatrix} b \\ d \\ 0 \end{pmatrix}$ の外積の大きさはそれらが作る平行四辺形の面積 S に等しいから,

$$S = \left|\begin{pmatrix} a \\ c \\ 0 \end{pmatrix} \times \begin{pmatrix} b \\ d \\ 0 \end{pmatrix}\right| = \left|\begin{pmatrix} 0 \\ 0 \\ ad - bc \end{pmatrix}\right| = |ad - bc|.$$

Q1. 列ベクトル $\begin{pmatrix} a \\ b \end{pmatrix}$ を表すのに，行ベクトル $(a\ \ b)$ の右肩に記号 T をつけたもの $(a\ \ b)^T$ で表しました．T は行と列を入れ換える記号で「転置記号」といいます．行列についても，$A = \begin{pmatrix} a & b \\ c & d \end{pmatrix}$ として，

$$A^T = \begin{pmatrix} a & b \\ c & d \end{pmatrix}^T = \begin{pmatrix} a & c \\ b & d \end{pmatrix}$$

のように行と列を入れ換えてできる行列を A の **転置行列** といいます．$m \times n$ 行列においても同様に定義します．では問題です．

　2 次の正方行列 A, B で，定理

$$(AB)^T = B^T A^T$$

を示しなさい．ヒント：行列を成分表示します．この定理は，一般の行列 A, B に対しても，積 AB が定義できる場合には成り立ちます．

Q2. 直線 $x - \sqrt{3}y = 0$ を $+60°$ 回転して得られる直線の方程式を求めなさい．

A1. $A = \begin{pmatrix} a & b \\ c & d \end{pmatrix}$，$B = \begin{pmatrix} p & r \\ q & s \end{pmatrix}$ と成分表示すると，

$$AB = \begin{pmatrix} ap + bq & ar + bs \\ cp + dq & cr + ds \end{pmatrix}, \quad \text{よって} \quad (AB)^T = \begin{pmatrix} ap + bq & cp + dq \\ ar + bs & cr + ds \end{pmatrix}.$$

一方，

$$B^T A^T = \begin{pmatrix} p & q \\ r & s \end{pmatrix}\begin{pmatrix} a & c \\ b & d \end{pmatrix} = \begin{pmatrix} pa + qb & pc + qd \\ ra + sb & rc + sd \end{pmatrix} = (AB)^T.$$

これで示されましたね．

A2. §§6.1.4.1 で学んだとおりです．$R_{60°}^{-1}\begin{pmatrix} x \\ y \end{pmatrix}$ の x, y 成分を直線の方程式 $x - \sqrt{3}y = 0$ の x, y 成分にそれぞれ代入するだけです．

$$R_{60°}^{-1}\begin{pmatrix} x \\ y \end{pmatrix} = R_{-60°}\begin{pmatrix} x \\ y \end{pmatrix} = \frac{1}{2}\begin{pmatrix} 1 & \sqrt{3} \\ -\sqrt{3} & 1 \end{pmatrix}\begin{pmatrix} x \\ y \end{pmatrix} = \frac{1}{2}\begin{pmatrix} x + \sqrt{3}y \\ -\sqrt{3}x + y \end{pmatrix}$$

より，求める方程式は

$$\frac{x + \sqrt{3}y}{2} - \sqrt{3}\frac{-\sqrt{3}x + y}{2} = 0, \quad \text{よって} \quad x = 0$$

となりますね．(元の直線 $y = \dfrac{1}{\sqrt{3}}x$ は x 軸から $+30°$ 傾いています)．

§6.2　行列の一般化

行列の次数を2次から3次，$\cdots, n$ 次と一般化しましょう．その次数は対象としている問題の未知数や変数の個数を意味します．

6.2.1　連立1次方程式と行列

2元連立1次方程式 $ax + by = p$，$cx + dy = q$ は，この章の始めに述べたように（☞232ページ），性質 $\begin{pmatrix} a \\ c \end{pmatrix} = \begin{pmatrix} b \\ d \end{pmatrix} \Leftrightarrow a = b,\ c = d$ を活用して，行列とベクトルの積を含む形で表されました：

$$\begin{cases} ax + by = p \\ cx + dy = q \end{cases} \Leftrightarrow \begin{pmatrix} ax + by \\ cx + dy \end{pmatrix} = \begin{pmatrix} p \\ q \end{pmatrix} \Leftrightarrow \begin{pmatrix} a & b \\ c & d \end{pmatrix}\begin{pmatrix} x \\ y \end{pmatrix} = \begin{pmatrix} p \\ q \end{pmatrix}.$$

$A = \begin{pmatrix} a & b \\ c & d \end{pmatrix}$ を上の連立1次方程式の **係数行列** といい，その逆行列 A^{-1} があるときは，$A^{-1}A = I$ より

$$\begin{aligned} \begin{pmatrix} x \\ y \end{pmatrix} = \begin{pmatrix} a & b \\ c & d \end{pmatrix}^{-1}\begin{pmatrix} p \\ q \end{pmatrix} &= \frac{1}{ad - bc}\begin{pmatrix} d & -b \\ -c & a \end{pmatrix}\begin{pmatrix} p \\ q \end{pmatrix} \\ &= \frac{1}{ad - bc}\begin{pmatrix} pd - qb \\ aq - cp \end{pmatrix} \end{aligned}$$

と正しい解が得られます．このことは，x, y が単なる未知数であってもそれらを並べてベクトルとして扱うことができ，行列の演算方法に従って計算できることを意味します．

後々の一般的議論のために，A^{-1} が存在しないことと方程式の不能や不定との関係を調べておきましょう．連立方程式 $\begin{cases} ax + by = p \cdots ① \\ cx + dy = q \cdots ② \end{cases}$ の解を2直線①,②の交点（正しくは 共有点）と見なすのがわかりやすいでしょう．不能の場合は①,②が平行2直線になるから $a : c = b : d \Leftrightarrow ad - bc = 0$（$A^{-1}$ なし）であり，不定の場合は，①,②が一致するから，$a : c = b : d = p : q$ なので，$ad - bc = 0$ に加えて $\begin{pmatrix} pd - qb \\ aq - cp \end{pmatrix} = \vec{0}$ も成り立ちます．

上の行列演算や方程式の不能や不定を連立方程式の形で述べておきましょう．簡単のために，$a, b, c, d \neq 0$ として，① $\times\, d$ = ③, ② $\times\, b$ = ④，および

①×c = ⑤, ②×a = ⑥ を作ります．すると，③ − ④ = ⑦ と ⑥ − ⑤ = ⑧ で連立したことに当たります：

$$\begin{cases} ax+by=p & \cdots ① \\ cx+dy=q & \cdots ② \end{cases} \Leftrightarrow \begin{cases} \begin{cases} adx+bdy=pd & \cdots ③ \\ bcx+bdy=qb & \cdots ④ \end{cases} \\ \begin{cases} acx+bcy=cp & \cdots ⑤ \\ acx+ady=aq & \cdots ⑥ \end{cases} \end{cases}$$

$$\Rightarrow \begin{cases} (ad-bc)x+0y=pd-qb & \cdots ⑦ \\ 0x+(ad-bc)y=aq-cp & \cdots ⑧. \end{cases}$$

⑦と⑧から，$ad-bc \neq 0$ のときは行列計算の結果に一致し，$ad-bc=0$ のときは，右辺 $\neq 0$ に対応して不能 ($0x+0y \neq 0 \Leftarrow$ ①, ②が平行 2 直線)，また，右辺 $=0$ に対応して不定 ($0x+0y=0 \Leftarrow$ ①, ②が一致) になりますね．一般の高次連立 1 次方程式の解の有無については，我々はいずれ行列の「階数」（ランク）という概念を用いて議論することになります．

さて，同じ係数をもつ 2 組の連立方程式

$$\begin{cases} ax+by=p \\ cx+dy=q \end{cases} \quad \begin{cases} az+bw=r \\ cz+dw=s \end{cases} \quad \Leftrightarrow \quad \begin{pmatrix} a & b \\ c & d \end{pmatrix}\begin{pmatrix} x \\ y \end{pmatrix} = \begin{pmatrix} p \\ q \end{pmatrix}, \quad \begin{pmatrix} a & b \\ c & d \end{pmatrix}\begin{pmatrix} z \\ w \end{pmatrix} = \begin{pmatrix} r \\ s \end{pmatrix}$$

を考えます．前の§§で注意したように，行列と行列の積に関する特徴

$$\begin{pmatrix} a & b \\ c & d \end{pmatrix}\begin{pmatrix} x & z \\ y & w \end{pmatrix} = \left(\begin{pmatrix} a & b \\ c & d \end{pmatrix}\begin{pmatrix} x \\ y \end{pmatrix} \ \begin{pmatrix} a & b \\ c & d \end{pmatrix}\begin{pmatrix} z \\ w \end{pmatrix} \right)$$

を逆手にとると，この 2 組の連立方程式は 1 つの行列の方程式

$$\begin{pmatrix} a & b \\ c & d \end{pmatrix}\begin{pmatrix} x & z \\ y & w \end{pmatrix} = \begin{pmatrix} p & r \\ q & s \end{pmatrix}$$

にまとめることができ，係数行列の逆行列を左から掛けて正しい解が得られます．このことから，行列はベクトルを並べたものと解釈でき，また，‘ベクトルは行列の特別な場合’と見なすこともできます．

また，一般に不定な解をもつ 2 元 1 次方程式 $ax+by=p$ を

$$(a \ \ b)\begin{pmatrix} x \\ y \end{pmatrix} = p$$

と表したとき，ベクトル $\begin{pmatrix} x \\ y \end{pmatrix}$ を特別な行列と見なしたわけですから，行ベクトル $(a \ \ b)$ も行列と見なしましょう．

また，一般には不能な連立方程式

$$\begin{cases} ax+by=p \\ cx+dy=q \\ ex+fy=r \end{cases} \iff \begin{pmatrix} ax+by \\ cx+dy \\ ex+fy \end{pmatrix} = \begin{pmatrix} p \\ q \\ r \end{pmatrix} \quad \text{を} \quad \begin{pmatrix} a & b \\ c & d \\ e & f \end{pmatrix}\begin{pmatrix} x \\ y \end{pmatrix} = \begin{pmatrix} p \\ q \\ r \end{pmatrix} \quad \text{と表し，}$$

3 行 2 列の行列なども考えることができます．左辺の行列とベクトルの積の計算方法は明らかでしょう．

3 つの方程式を連立して一般に 1 組の解をもつ場合は 3 元の方程式

$$\begin{cases} ax+by+cz=p \\ dx+ey+fz=q \\ gx+hy+iz=r \end{cases} \iff \begin{pmatrix} ax+by+cz \\ dx+ey+fz \\ gx+hy+iz \end{pmatrix} = \begin{pmatrix} p \\ q \\ r \end{pmatrix} \iff \begin{pmatrix} a & b & c \\ d & e & f \\ g & h & i \end{pmatrix}\begin{pmatrix} x \\ y \\ z \end{pmatrix} = \begin{pmatrix} p \\ q \\ r \end{pmatrix}$$

ですね．今度は 3 行 3 列の行列が現れました．

6.2.2 一般の行列

6.2.2.1 *m* 行 *n* 列の行列

前の§§の議論から，一般の m 行 n 列の行列 $(m,\ n=1,2,3,\cdots)$ を考えることは意味がありそうです．行列の成分の数が多いときは，第 i 行，第 j 列にある $(i,\ j)$ 成分を a_{ij} などと 2 重の添字をつけて表すのが便利です．すると m 行 n 列の行列 A は

$$A = \begin{pmatrix} a_{11} & a_{12} & \cdots & a_{1n} \\ a_{21} & a_{22} & \cdots & a_{2n} \\ \vdots & \vdots & \ddots & \vdots \\ a_{m1} & a_{m2} & \cdots & a_{mn} \end{pmatrix}$$

のように表すことができます．ただし，いつでもこのように表すのは不便なので，$(i,\ j)$ 成分で代表させて，

$$A = \left(a_{ij}\right)$$

のように表したりします．

m 行 n 列の行列を簡単のために **$m \times n$ 行列** といい，特に行と列が等しい $n \times n$ 行列を **n 次の正方行列**（簡略して「n 次行列」）といいます．また，$m \times 1$ 行列は「m 次の列ベクトル」，$1 \times n$ 行列は「n 次の行ベクトル」といいます．

さて，2×2 行列で成立した演算を一般の行列に拡張して定義しましょう．

行列 $A=\left(a_{ij}\right)$ の全ての成分を p 倍して得られる行列を pA で表します：

$$A=\left(a_{ij}\right) \quad \text{のとき} \quad pA=\left(pa_{ij}\right).$$

2 つの行列 A, B が共に $m\times n$ 行列のとき，行列 A, B は **同じ型** であるといいます．同じ $m\times n$ 型の行列 $A=\left(a_{ij}\right)$，$B=\left(b_{ij}\right)$ の対応する成分が全て等しいとき，A, B は等しいといい，$A=B$ で表します：

$$A=B \Leftrightarrow a_{ij}=b_{ij} \quad (i=1,2,\cdots,m, \quad j=1,2,\cdots,n).$$

同じ型の 2 つの行列 A, B の対応する成分の和を成分とする行列を A と B の和といい，$A+B$ と書きます：

$$A=\left(a_{ij}\right),\ B=\left(b_{ij}\right) \quad \text{のとき} \quad A+B=\left(a_{ij}+b_{ij}\right).$$

なお，同じ型の行列 A, B の差 $A-B$ は和 $A+(-1)B$ で定めます．

6.2.2.2　行列の積

行列の積については，前の§§で見たように，同じ型の正方行列の積の場合でなくても定義できます．方程式 $a_1x_1+a_2x_2+\cdots+a_nx_n=p$ を

$$\begin{pmatrix} a_1 & a_2 & \cdots & a_n \end{pmatrix}\begin{pmatrix} x_1 \\ x_2 \\ \vdots \\ x_n \end{pmatrix}=p$$

と表して，行ベクトルと列ベクトルの積を導入しましょう．この積はベクトルの内積に当たります．この行ベクトル，列ベクトルはそれぞれ $1\times n$，$n\times 1$ 型の行列ですね．

行列 $A=\left(a_{ij}\right)$，$B=\left(b_{ij}\right)$ の積 AB は，A, B がそれぞれ $m\times n$ 型，$n\times l$ 型の行列のとき定義できます：積 AB が表す行列を $C=\left(c_{ij}\right)$ として

$$AB=\begin{pmatrix} a_{11} & a_{12} & \cdots & a_{1n} \\ a_{21} & a_{22} & \cdots & a_{2n} \\ \cdots & \cdots & \cdots & \cdots \\ a_{m1} & a_{m2} & \cdots & a_{mn} \end{pmatrix}\begin{pmatrix} b_{11} & b_{12} & \vdots & b_{1l} \\ b_{21} & b_{22} & \vdots & b_{2l} \\ \vdots & \vdots & \vdots & \vdots \\ b_{n1} & b_{n2} & \vdots & b_{nl} \end{pmatrix}=C=\left(c_{ij}\right),$$

$$c_{ij} = \begin{pmatrix} a_{i1} & a_{i2} & \cdots & a_{in} \end{pmatrix} \begin{pmatrix} b_{1j} \\ b_{2j} \\ \vdots \\ b_{nj} \end{pmatrix} = a_{i1}b_{1j} + a_{i2}b_{2j} + \cdots + a_{in}b_{nj}$$

のように定義しましょう．このとき $C = AB$ は $m \times l$ 型の行列になります．この行列の積の定義はこれまで議論してきたものをそのまま一般化したものになっていますね．

行列 A, B の積 $AB = C$ の $(i,\ j)$ 成分 c_{ij} は多くの項の和になっています．こんな場合には和を表す記号 Σ（シグマ）を用いるのが便利です[6]．この記号を用いると $m \times n$ 型の行列 A と $n \times l$ 型の行列 B の積は

$$AB = \left(a_{ij}\right)\left(b_{ij}\right) = \left(\sum_{k=1}^{n} a_{ik}b_{kj}\right)$$

のように表されます．

では，ここで練習です．次の積を求めなさい．

$$\text{(i)} \quad \begin{pmatrix} 2 & 0 & 1 \\ -2 & 1 & 3 \end{pmatrix}\begin{pmatrix} 2 & 0 \\ 0 & -1 \\ 1 & -2 \end{pmatrix}, \qquad \text{(ii)} \quad \begin{pmatrix} p \\ q \\ r \end{pmatrix}\begin{pmatrix} a & b & c \end{pmatrix}.$$

ヒント：(i) 2×3 行列と 3×2 行列の積ですから 2×2 行列になりますね．(ii) 列ベクトルは 3×1 行列，行ベクトルは 1×3 行列ですから，積は 3×3 行列ですね．

答：

$$\text{(i)} \quad \begin{pmatrix} 5 & -2 \\ -1 & -7 \end{pmatrix}, \qquad \text{(ii)} \quad \begin{pmatrix} pa & pb & pc \\ qa & qb & qc \\ ra & rb & rc \end{pmatrix}.$$

---

[6] Σ はギリシャ文字でローマ字の S に当たります．英語の Sum（和）の意味で Σ を使います．すでに断らずに使っていますが，この章では高級な使い方をしますので，きちっと定義しておきます．整数の変数 k に対して，k の式 $f(k)$（例えば，$f(k) = k^2$，または $f(k) = a_k$ など）が与えられたとき

$$\sum_{k=m}^{n} f(k) = \begin{cases} f(m) + f(m+1) + f(m+2) + \cdots + f(n) & (m < n) \\ f(m) & (m = n) \end{cases}$$

と定めます（$m > n$ のときは定義されません）．

6.2.2.3　行列の演算法則

行列の和・実数倍・積の定義から得られる演算法則をまとめて列挙します．

和について

$$A + B = B + A, \qquad (A + B) + C = A + (B + C).$$

実数倍について

$$(p + q)A = pA + qA, \qquad p(A + B) = pA + pB, \qquad p(qA) = (pq)A.$$

積について

$$(AB)C = A(BC), \qquad A(B + C) = AB + AC,$$

$$(A + B)C = AC + BC, \qquad p(AB) = (pA)B = A(pB).$$

このうち，積に関する結合法則 $(AB)C = A(BC)$ を除くと容易なので，それらの証明は君たちに任せます．$(AB)C = A(BC)$ を示すのに，A, B, C を成分表示しておいて，それらの積の行列を直接求めるのはいくら何でも無謀ですから，Σ をうまく活用しましょう．ただし，3 つの行列の積ですから 2 重の Σ が現れます．

証明に先立って，計算に必要な公式を導いておきましょう．

$$\sum_{k=1}^{n} x_k = x_1 + x_2 + \cdots + x_n, \qquad \sum_{l=1}^{n} x_l = x_1 + x_2 + \cdots + x_n.$$

$$\text{よって}\quad \sum_{k=1}^{n} x_k = \sum_{l=1}^{n} x_l.$$

つまり，Σ の変数は整数であれば何でもよいわけです．次に，

$$\begin{aligned}\sum_{k=1}^{n}(ax_k + by_k) &= (ax_1 + by_1) + (ax_2 + by_2) + \cdots + (ax_n + by_n) \\ &= (ax_1 + ax_2 + \cdots + ax_n) + (by_1 + by_2 + \cdots + by_n) = \sum_{k=1}^{n} ax_k + \sum_{k=1}^{n} by_k \\ &= a(x_1 + x_2 + \cdots + x_n) + b(y_1 + y_2 + \cdots + y_n) = a\sum_{k=1}^{n} x_k + b\sum_{k=1}^{n} y_k.\end{aligned}$$

$$\text{よって}\quad \sum_{k=1}^{n}(ax_k + by_k) = \sum_{k=1}^{n} ax_k + \sum_{k=1}^{n} by_k = a\sum_{k=1}^{n} x_k + b\sum_{k=1}^{n} y_k.$$

注意すべきは

$$\sum_{k=1}^{n}(x_k y_l + x_k y_m) = \sum_{k=1}^{n} x_k y_l + \sum_{k=1}^{n} x_k y_m = \Big(\sum_{k=1}^{n} x_k\Big) y_l + \Big(\sum_{k=1}^{n} x_k\Big) y_m$$

です．k と $l,\ m$ が無関係なので，$y_l,\ y_m$ は x_k に対して定数です．

では，$(AB)C = A(BC)$ を示しましょう．$A = (a_{ij})$，$B = (b_{ij})$，$C = (c_{ij})$ をそれぞれ $m \times p$，$p \times q$，$q \times n$ 行列としましょう．積の行列 AB，BC の $(i,\ j)$ 成分を表すのに記号 $(AB)_{ij}$，$(BC)_{ij}$ も用いましょう：

$$AB = \big((AB)_{ij}\big) = \Big(\sum_{k=1}^{p} a_{ik} b_{kj}\Big), \qquad BC = \big((BC)_{ij}\big) = \Big(\sum_{l=1}^{q} b_{il} c_{lj}\Big),$$

$$\text{また,} \qquad (AB)_{il} = \sum_{k=1}^{p} a_{ik} b_{kl}, \qquad (BC)_{kj} = \sum_{l=1}^{q} b_{kl} c_{lj}.$$

これで準備ができました．$A(BC)$ から $(AB)C$ を導きます．

$$\begin{aligned}
A(BC) &= \Big(\sum_{k=1}^{p} a_{ik}\,(BC)_{kj}\Big) = \Big(\sum_{k=1}^{p} a_{ik}\Big(\sum_{l=1}^{q} b_{kl} c_{lj}\Big)\Big) \\
&= \Big(\sum_{k=1}^{p} a_{ik}\,(b_{k1} c_{1j} + b_{k2} c_{2j} + \cdots + b_{kq} c_{qj})\Big) \\
&= \Big(\sum_{k=1}^{p} (a_{ik} b_{k1} c_{1j} + a_{ik} b_{k2} c_{2j} + \cdots + a_{ik} b_{kq} c_{qj})\Big) \\
&= \Big(\sum_{k=1}^{p} a_{ik} b_{k1} c_{1j} + \sum_{k=1}^{p} a_{ik} b_{k2} c_{2j} + \cdots + \sum_{k=1}^{p} a_{ik} b_{kq} c_{qj}\Big) \\
&= \Big(\Big(\sum_{k=1}^{p} a_{ik} b_{k1}\Big) c_{1j} + \Big(\sum_{k=1}^{p} a_{ik} b_{k2}\Big) c_{2j} + \cdots + \Big(\sum_{k=1}^{p} a_{ik} b_{kq}\Big) c_{qj}\Big) \\
&= \Big((AB)_{i1} c_{1j} + (AB)_{i2} c_{2j} + \cdots + (AB)_{iq} c_{qj}\Big) \\
&= \Big(\sum_{k=1}^{q} (AB)_{ik} c_{kj}\Big) = (AB)C.
\end{aligned}$$

これで，$(AB)C = A(BC)$ が示されましたね．

Q1. 合成写像と行列の積

(1) $\mathbb{R}^n$ から $\mathbb{R}^m$ への 2 つの線形写像 $f : A$, $g : B$ が一致することは，$\vec{x} \in \mathbb{R}^n$ として，

$$f(\vec{x}) = g(\vec{x}) \iff A\vec{x} = B\vec{x}$$

が成り立つことを意味します．このとき，$A = B$ であることを $m = n = 3$ の場合に示しなさい．ヒント：$A\vec{x} = B\vec{x}$ は任意の $\vec{x}$ について成り立つ恒等式です．$\vec{x} = \begin{pmatrix} x \\ y \\ z \end{pmatrix} = x\begin{pmatrix} 1 \\ 0 \\ 0 \end{pmatrix} + y\begin{pmatrix} 0 \\ 1 \\ 0 \end{pmatrix} + z\begin{pmatrix} 0 \\ 0 \\ 1 \end{pmatrix}$ とすると，手間が少し和(やわ)らぐでしょう．

(2_a) 2 つの線形写像 $f : \mathbb{R}^l \to \mathbb{R}^m$, $g : \mathbb{R}^n \to \mathbb{R}^{l'}$ があるとき，それらの合成写像 $f \circ g(\vec{x}) = f(g(\vec{x}))$ を定義したい．そのとき，l, m, n, l' に付与される条件は何かな．

(2_b) (2_a) で $f : A$, $g : B$ とします．このとき，$f \circ g : AB$, つまり合成写像 $f \circ g$ の表現行列は f, g の表現行列の積 AB で表されることを $l = m = n = 3$ の場合に示しなさい．ヒント：§§6.1.3.3 の議論を参考にしましょう．数式を簡潔に書きたいときは次のようにするとよいでしょう．列ベクトル $\boldsymbol{b}_j = \begin{pmatrix} b_{1j} \\ b_{2j} \\ b_{3j} \end{pmatrix}$ を用いると $B = (\boldsymbol{b}_1\ \boldsymbol{b}_2\ \boldsymbol{b}_3)$ と表されます．同様に，行ベクトル $\boldsymbol{a}_i = (a_{i1}\ a_{i2}\ a_{i3})$ を用いると $A = \begin{pmatrix} \boldsymbol{a}_1 \\ \boldsymbol{a}_2 \\ \boldsymbol{a}_3 \end{pmatrix}$ と表されます．

Q2. 興味ある行列

(1_a) 対角成分以外は 0 の正方行列を **対角行列** といいます．3 次の対角行列 $D = \begin{pmatrix} \lambda_1 & 0 & 0 \\ 0 & \lambda_2 & 0 \\ 0 & 0 & \lambda_3 \end{pmatrix}$ を 3 次の正方行列 $A = \left(a_{ij}\right)$ の左から掛けたもの DA と右から掛けたもの AD を求めなさい．(答だけでよい)．

(1_b) n 次の対角行列の積を議論するために **クロネッカーのデルタ** と呼ばれる便利な記号を導入しましょう：

$$\delta_{ij} = \begin{cases} 1 & (i = j) \\ 0 & (i \neq j). \end{cases}$$

この記号を用いると，(i, i) 成分が λ_i の対角行列を $D = \left(d_{ij}\right)$ と書くと，$d_{ij} = \lambda_i \delta_{ij}$ と表されます．D を n 次の対角行列とするとき，n 次行列 $A = \left(a_{ij}\right)$ との積 DA, AD はどんな行列になるかを述べなさい．

ヒント：$\left(a_{ij}\right)\left(b_{ij}\right) = \left(\sum_{k=1}^{n} a_{ik} b_{kj}\right)$, $\sum_{k=1}^{n} \delta_{ik} a_{kj} = a_{ij}$ ですね．

(2_a) 3 次の行列 $E_{32} = \begin{pmatrix} 0 & 0 & 0 \\ 0 & 0 & 0 \\ 0 & 1 & 0 \end{pmatrix}$ と 3 次行列 $A = \left(a_{ij}\right)$ との積 $E_{32}A$, AE_{32} を求めなさい．(答だけでよい)．

(2_b) $E_{ab} = \left(e_{ij}\right) = \left(\delta_{ia}\delta_{bj}\right)$ を n 次の正方行列とするとき，n 次行列 $A = \left(a_{ij}\right)$ との積 DA, AD はどんな行列になるかを述べなさい．

ヒント：E_{ab} は a 行 b 列成分のみが 1 で，残りは全て 0 の行列ですね．

A1.　(1) $A = \left(a_{ij}\right)$, $B = \left(b_{ij}\right)$ $(i,\ j = 1, 2, 3)$ とすると，$\left(a_{ij}\right)\begin{pmatrix} 1 \\ 0 \\ 0 \end{pmatrix} = \begin{pmatrix} a_{11} \\ a_{21} \\ a_{31} \end{pmatrix}$ などに注意して，

$$A\vec{x} = B\vec{x} \iff x\begin{pmatrix} a_{11} \\ a_{21} \\ a_{31} \end{pmatrix} + y\begin{pmatrix} a_{12} \\ a_{22} \\ a_{32} \end{pmatrix} + z\begin{pmatrix} a_{13} \\ a_{23} \\ a_{33} \end{pmatrix} = x\begin{pmatrix} b_{11} \\ b_{21} \\ b_{31} \end{pmatrix} + y\begin{pmatrix} b_{12} \\ b_{22} \\ b_{32} \end{pmatrix} + z\begin{pmatrix} b_{13} \\ b_{23} \\ b_{33} \end{pmatrix}$$

と表されます．x, y, z についての恒等式であることに注意すると，$y = z = 0$ とおいて $\begin{pmatrix} a_{12} \\ a_{22} \\ a_{32} \end{pmatrix} = \begin{pmatrix} b_{11} \\ b_{21} \\ b_{31} \end{pmatrix}$ が得られます．同様にして，$\begin{pmatrix} a_{12} \\ a_{22} \\ a_{32} \end{pmatrix} = \begin{pmatrix} b_{12} \\ b_{22} \\ b_{32} \end{pmatrix}$, $\begin{pmatrix} a_{13} \\ a_{23} \\ a_{33} \end{pmatrix} = \begin{pmatrix} b_{13} \\ b_{23} \\ b_{33} \end{pmatrix}$. したがって，$A$, B の全ての成分が一致するから，$A = B$ が成り立ちます．A, B が一般の $m \times n$ 行列の場合も同様です．

(2_a) 写像は $g : \mathbb{R}^n \to \mathbb{R}^{l'}$, $f : \mathbb{R}^l \to \mathbb{R}^m$ の順で行われるので，$l' = l$ が必要ですね．このとき，$f \circ g : \mathbb{R}^n \to \mathbb{R}^m$ です．

(2_b) $f \circ g(\vec{x}) = f(g(\vec{x})) = A(B\vec{x})$ において，

$$\begin{aligned} B\vec{x} &= \left(b_{ij}\right)\left(x\begin{pmatrix} 1 \\ 0 \\ 0 \end{pmatrix} + y\begin{pmatrix} 0 \\ 1 \\ 0 \end{pmatrix} + z\begin{pmatrix} 0 \\ 0 \\ 1 \end{pmatrix}\right) = x\begin{pmatrix} b_{11} \\ b_{21} \\ b_{31} \end{pmatrix} + y\begin{pmatrix} b_{12} \\ b_{22} \\ b_{32} \end{pmatrix} + z\begin{pmatrix} b_{13} \\ b_{23} \\ b_{33} \end{pmatrix} \\ &= x\boldsymbol{b}_1 + y\boldsymbol{b}_2 + z\boldsymbol{b}_3 \end{aligned}$$

だから，

$$\begin{aligned} A(B\vec{x}) &= \begin{pmatrix} \boldsymbol{a}_1 \\ \boldsymbol{a}_2 \\ \boldsymbol{a}_3 \end{pmatrix}(x\boldsymbol{b}_1 + y\boldsymbol{b}_2 + z\boldsymbol{b}_3) = \begin{pmatrix} \boldsymbol{a}_1\boldsymbol{b}_1 x + \boldsymbol{a}_1\boldsymbol{b}_2 y + \boldsymbol{a}_1\boldsymbol{b}_3 z \\ \boldsymbol{a}_2\boldsymbol{b}_1 x + \boldsymbol{a}_2\boldsymbol{b}_2 y + \boldsymbol{a}_2\boldsymbol{b}_3 z \\ \boldsymbol{a}_3\boldsymbol{b}_1 x + \boldsymbol{a}_3\boldsymbol{b}_2 y + \boldsymbol{a}_3\boldsymbol{b}_3 z \end{pmatrix} \\ &= \begin{pmatrix} \boldsymbol{a}_1\boldsymbol{b}_1 & \boldsymbol{a}_1\boldsymbol{b}_2 & \boldsymbol{a}_1\boldsymbol{b}_3 \\ \boldsymbol{a}_2\boldsymbol{b}_1 & \boldsymbol{a}_2\boldsymbol{b}_2 & \boldsymbol{a}_2\boldsymbol{b}_3 \\ \boldsymbol{a}_3\boldsymbol{b}_1 & \boldsymbol{a}_3\boldsymbol{b}_2 & \boldsymbol{a}_3\boldsymbol{b}_3 \end{pmatrix}\begin{pmatrix} x \\ y \\ z \end{pmatrix} = (AB)\vec{x}. \end{aligned}$$

したがって，'$f : A$, $g : B$ のとき $f \circ g(\vec{x}) = (AB)\vec{x}$ だから，$f \circ g : AB$' です．実は，行列の積はこのことが成り立つように**定義された**のです．一般の線形写像 $g : \mathbb{R}^n \to \mathbb{R}^l$, $f : \mathbb{R}^l \to \mathbb{R}^m$ の場合も同様に示されます．

A2.　(1$_a$)

$$DA = \begin{pmatrix} \lambda_1 & 0 & 0 \\ 0 & \lambda_2 & 0 \\ 0 & 0 & \lambda_3 \end{pmatrix} \begin{pmatrix} a_{11} & a_{12} & a_{13} \\ a_{21} & a_{22} & a_{23} \\ a_{31} & a_{32} & a_{33} \end{pmatrix} = \begin{pmatrix} \lambda_1 a_{11} & \lambda_1 a_{12} & \lambda_1 a_{13} \\ \lambda_2 a_{21} & \lambda_2 a_{22} & \lambda_2 a_{23} \\ \lambda_3 a_{31} & \lambda_3 a_{32} & \lambda_3 a_{33} \end{pmatrix}$$

$$AD = \begin{pmatrix} a_{11} & a_{12} & a_{13} \\ a_{21} & a_{22} & a_{23} \\ a_{31} & a_{32} & a_{33} \end{pmatrix} \begin{pmatrix} \lambda_1 & 0 & 0 \\ 0 & \lambda_2 & 0 \\ 0 & 0 & \lambda_3 \end{pmatrix} = \begin{pmatrix} \lambda_1 a_{11} & \lambda_2 a_{12} & \lambda_3 a_{13} \\ \lambda_1 a_{21} & \lambda_2 a_{22} & \lambda_3 a_{23} \\ \lambda_1 a_{31} & \lambda_2 a_{32} & \lambda_3 a_{33} \end{pmatrix}$$

(1$_b$)

$$DA = \left(d_{ij}\right)\left(a_{ij}\right) = \left(\sum_{k=1}^{n} d_{ik} a_{kj}\right) = \left(\sum_{k=1}^{n} \lambda_i \delta_{ik} a_{kj}\right) = \left(\lambda_i a_{ij}\right).$$

したがって，$A = \left(a_{ij}\right)$ が $\left(\lambda_i a_{ij}\right)$ になったわけですから，D を A の左から掛けると，A の i 行は λ_i 倍されます．

また，

$$AD = \left(a_{ij}\right)\left(d_{ij}\right) = \left(\sum_{k=1}^{n} a_{ik} d_{kj}\right) = \left(\sum_{k=1}^{n} a_{ik} \lambda_k \delta_{kj}\right) = \left(a_{ij} \lambda_j\right).$$

今度は $AD = \left(a_{ij}\lambda_j\right)$ だから，D を A の右から掛けると，A の j 行は λ_j 倍されます．

(2$_a$)

$$E_{32}A = \begin{pmatrix} 0 & 0 & 0 \\ 0 & 0 & 0 \\ 0 & 1 & 0 \end{pmatrix} \begin{pmatrix} a_{11} & a_{12} & a_{13} \\ a_{21} & a_{22} & a_{23} \\ a_{31} & a_{32} & a_{33} \end{pmatrix} = \begin{pmatrix} 0 & 0 & 0 \\ 0 & 0 & 0 \\ a_{21} & a_{22} & a_{23} \end{pmatrix}$$

$$AE_{32} = \begin{pmatrix} a_{11} & a_{12} & a_{13} \\ a_{21} & a_{22} & a_{23} \\ a_{31} & a_{32} & a_{33} \end{pmatrix} \begin{pmatrix} 0 & 0 & 0 \\ 0 & 0 & 0 \\ 0 & 1 & 0 \end{pmatrix} = \begin{pmatrix} 0 & a_{13} & 0 \\ 0 & a_{23} & 0 \\ 0 & a_{33} & 0 \end{pmatrix}$$

(2$_b$)

$$E_{ab}A = \left(\delta_{ia}\delta_{bj}\right)\left(a_{ij}\right) = \left(\sum_{k=1}^{n} \delta_{ia}\delta_{bk} a_{kj}\right) = \left(\delta_{ia} a_{bj}\right).$$

したがって，E_{ab} を A の左から掛けたものは，δ_{ia} より a 行のみが 0 でなく，a_{bj} よりその行に A の b 行の成分が並ぶ，つまり，A の b 行の成分が a 行に移され，元の成分は全て消されます．また，

$$AE_{ab} = \left(a_{ij}\right)\left(\delta_{ia}\delta_{bj}\right) = \left(\sum_{k=1}^{n} a_{ik}\delta_{ka}\delta_{bj}\right) = \left(a_{ia}\delta_{bj}\right)$$

より，AE_{ab} は b 列のみに A の a 列成分 a_{ia} が並ぶ，つまり，A の a 列成分が b 列に移されて，元の成分は全て消滅します．

§6.3　一般の連立 1 次方程式

6.3.1　3 元連立 1 次方程式と 3 次の行列式

この章の始めに 2 元連立 1 次方程式の解を 2 次の行列式を用いて表しました．この§§では 3 元連立 1 次方程式を解き，3 次の行列式を求めましょう．その際に直交するベクトルの内積は 0 であることを用います．まず，2 元連立方程式でその練習しましょう．

2 元連立 1 次方程式

$$\begin{cases} ax+by=p \\ cx+dy=q \end{cases} \Leftrightarrow \begin{pmatrix} ax+by \\ cx+dy \end{pmatrix} = \begin{pmatrix} p \\ q \end{pmatrix} \Leftrightarrow x\begin{pmatrix} a \\ c \end{pmatrix} + y\begin{pmatrix} b \\ d \end{pmatrix} = \begin{pmatrix} p \\ q \end{pmatrix}$$

を考えます．最後の表式に注目しましょう．x の解を求めるには，ベクトル $\begin{pmatrix} b \\ d \end{pmatrix}$ に直交するベクトル，例えば $\begin{pmatrix} d \\ -b \end{pmatrix}$ を両辺に内積して，y の項を消去すればよいですね：

$$x(d\ \ -b)\begin{pmatrix} a \\ c \end{pmatrix} + y(d\ \ -b)\begin{pmatrix} b \\ d \end{pmatrix} = (d\ \ -b)\begin{pmatrix} p \\ q \end{pmatrix} \Leftrightarrow (ad-bc)x = pd-qb$$

$$\Leftrightarrow \begin{vmatrix} a & b \\ c & d \end{vmatrix} x = \begin{vmatrix} p & b \\ q & d \end{vmatrix}.$$

ここで，$\begin{vmatrix} a & b \\ c & d \end{vmatrix} = ad-bc$ が 2 次の行列式です．y の解についても同様です．

3 元連立 1 次方程式[7] も同様に式変形していきます：

$$\begin{cases} a_{11}x+a_{12}y+a_{13}z=b_1 \\ a_{21}x+a_{22}y+a_{23}z=b_2 \\ a_{31}x+a_{32}y+a_{33}z=b_3 \end{cases} \Leftrightarrow \begin{pmatrix} a_{11}x+a_{12}y+a_{13}z \\ a_{21}x+a_{22}y+a_{23}z \\ a_{31}x+a_{32}y+a_{33}z \end{pmatrix} = \begin{pmatrix} b_1 \\ b_2 \\ b_3 \end{pmatrix}$$

$$\Leftrightarrow x\begin{pmatrix} a_{11} \\ a_{21} \\ a_{31} \end{pmatrix} + y\begin{pmatrix} a_{12} \\ a_{22} \\ a_{32} \end{pmatrix} + z\begin{pmatrix} a_{13} \\ a_{23} \\ a_{33} \end{pmatrix} = \begin{pmatrix} b_1 \\ b_2 \\ b_3 \end{pmatrix} \quad (\Leftrightarrow\ x\boldsymbol{a}_1 + y\boldsymbol{a}_2 + z\boldsymbol{a}_3 = \boldsymbol{b} \text{ とおく}).$$

---

[7] 各方程式は図形としては平面を表すので，3 元連立方程式の解は 3 つの平面の共有点になります．2 つの平面の共通部分が交線であるときは，交線と残りの平面との共有点（通常は交点）が解になります．交線と平面に共有点がない場合や交線すらできない場合は解がありません．2 つの平面が一致するときは残りの平面との共有点は直線か，無しか，平面全体ですね．

x の解を求めるには空間ベクトル $\boldsymbol{a}_2 = \begin{pmatrix} a_{12} \\ a_{22} \\ a_{32} \end{pmatrix}$, $\boldsymbol{a}_3 = \begin{pmatrix} a_{13} \\ a_{23} \\ a_{33} \end{pmatrix}$ の両方に直交するベクトルが必要です．そんなベクトルは，§§4.3.4.4 で学んだように，外積 $\boldsymbol{a}_2 \times \boldsymbol{a}_3$ です．よって，

$$\boldsymbol{a}_2 \times \boldsymbol{a}_3 = \begin{pmatrix} a_{12} \\ a_{22} \\ a_{32} \end{pmatrix} \times \begin{pmatrix} a_{13} \\ a_{23} \\ a_{33} \end{pmatrix} = \begin{pmatrix} a_{22}a_{33} - a_{32}a_{23} \\ a_{32}a_{13} - a_{12}a_{33} \\ a_{12}a_{23} - a_{22}a_{13} \end{pmatrix} = \left(\begin{vmatrix} a_{22} & a_{23} \\ a_{32} & a_{33} \end{vmatrix} \quad \begin{vmatrix} a_{32} & a_{33} \\ a_{12} & a_{13} \end{vmatrix} \quad \begin{vmatrix} a_{12} & a_{13} \\ a_{22} & a_{23} \end{vmatrix} \right)^T$$

を方程式の両辺に内積して

$$\begin{aligned} \boldsymbol{a}_1 \cdot (\boldsymbol{a}_2 \times \boldsymbol{a}_3) x &= \left(a_{11} \begin{vmatrix} a_{22} & a_{23} \\ a_{32} & a_{33} \end{vmatrix} + a_{21} \begin{vmatrix} a_{32} & a_{33} \\ a_{12} & a_{13} \end{vmatrix} + a_{31} \begin{vmatrix} a_{12} & a_{13} \\ a_{22} & a_{23} \end{vmatrix} \right) x \\ &= b_1 \begin{vmatrix} a_{22} & a_{23} \\ a_{32} & a_{33} \end{vmatrix} + b_2 \begin{vmatrix} a_{32} & a_{33} \\ a_{12} & a_{13} \end{vmatrix} + b_3 \begin{vmatrix} a_{12} & a_{13} \\ a_{22} & a_{23} \end{vmatrix} = \boldsymbol{b} \cdot (\boldsymbol{a}_2 \times \boldsymbol{a}_3) \end{aligned}$$

が得られます．

ここで，x の係数 $\boldsymbol{a}_1 \cdot (\boldsymbol{a}_2 \times \boldsymbol{a}_3) = a_{11} \begin{vmatrix} a_{22} & a_{23} \\ a_{32} & a_{33} \end{vmatrix} + a_{21} \begin{vmatrix} a_{32} & a_{33} \\ a_{12} & a_{13} \end{vmatrix} + a_{31} \begin{vmatrix} a_{12} & a_{13} \\ a_{22} & a_{23} \end{vmatrix}$ と方程式の係数がなす行列

$$A = \begin{pmatrix} a_{11} & a_{12} & a_{13} \\ a_{21} & a_{22} & a_{23} \\ a_{31} & a_{32} & a_{33} \end{pmatrix} = (\boldsymbol{a}_1 \ \ \boldsymbol{a}_2 \ \ \boldsymbol{a}_3)$$

を比較してみましょう．2 次の行列式 $\begin{vmatrix} a & b \\ c & d \end{vmatrix} = ad - bc$ は‘行や列を交換すると符号を変える’という性質

$$\begin{vmatrix} a & b \\ c & d \end{vmatrix} = - \begin{vmatrix} c & d \\ a & b \end{vmatrix} = - \begin{vmatrix} b & a \\ d & c \end{vmatrix}$$

に注意すると

$$\begin{aligned} \boldsymbol{a}_1 \cdot (\boldsymbol{a}_2 \times \boldsymbol{a}_3) &= a_{11} \begin{vmatrix} a_{22} & a_{23} \\ a_{32} & a_{33} \end{vmatrix} + a_{21} \begin{vmatrix} a_{32} & a_{33} \\ a_{12} & a_{13} \end{vmatrix} + a_{31} \begin{vmatrix} a_{12} & a_{13} \\ a_{22} & a_{23} \end{vmatrix} \\ &= a_{11} \begin{vmatrix} a_{22} & a_{23} \\ a_{32} & a_{33} \end{vmatrix} - a_{21} \begin{vmatrix} a_{12} & a_{13} \\ a_{32} & a_{33} \end{vmatrix} + a_{31} \begin{vmatrix} a_{12} & a_{13} \\ a_{22} & a_{23} \end{vmatrix} \\ &= (-1)^{1+1} a_{11} \begin{vmatrix} a_{22} & a_{23} \\ a_{32} & a_{33} \end{vmatrix} + (-1)^{2+1} a_{21} \begin{vmatrix} a_{12} & a_{13} \\ a_{32} & a_{33} \end{vmatrix} + (-1)^{3+1} a_{31} \begin{vmatrix} a_{12} & a_{13} \\ a_{22} & a_{23} \end{vmatrix} \end{aligned}$$

のように表すことができます．上式の 2 行目から，$a_{11} \begin{vmatrix} a_{22} & a_{23} \\ a_{32} & a_{33} \end{vmatrix}$ は a_{11} と，係数行列 A で a_{11} を含む行と列を除いてできる小行列 $\begin{pmatrix} a_{22} & a_{23} \\ a_{32} & a_{33} \end{pmatrix}$ の行列式 $\begin{vmatrix} a_{22} & a_{23} \\ a_{32} & a_{33} \end{vmatrix}$ と

の積と考えることができます．$a_{21}\begin{vmatrix} a_{12} & a_{13} \\ a_{32} & a_{33} \end{vmatrix}$，$a_{31}\begin{vmatrix} a_{12} & a_{13} \\ a_{22} & a_{23} \end{vmatrix}$ も同様に考えます．3 行目の符号因子 $(-1)^{i+j}$ は，見かけ上全ての項を和の形に表すためのもので，a_{11}，a_{21}，a_{31} が係数行列 A の $(1,1)$，$(2,1)$，$(3,1)$ 成分であることを利用しています．

上の $\boldsymbol{a}_1 \cdot (\boldsymbol{a}_2 \times \boldsymbol{a}_3)$ の表式はとても見通しがよいので，3 次の行列式を

$$\begin{vmatrix} a_{11} & a_{12} & a_{13} \\ a_{21} & a_{22} & a_{23} \\ a_{31} & a_{32} & a_{33} \end{vmatrix} = (-1)^{1+1}a_{11}\begin{vmatrix} a_{22} & a_{23} \\ a_{32} & a_{33} \end{vmatrix} + (-1)^{2+1}a_{21}\begin{vmatrix} a_{12} & a_{13} \\ a_{32} & a_{33} \end{vmatrix} + (-1)^{3+1}a_{31}\begin{vmatrix} a_{12} & a_{13} \\ a_{22} & a_{23} \end{vmatrix}$$
$$(\,= \boldsymbol{a}_1 \cdot (\boldsymbol{a}_2 \times \boldsymbol{a}_3))$$

によって定義しましょう．すると

$$\begin{aligned} \begin{vmatrix} a_{11} & a_{12} & a_{13} \\ a_{21} & a_{22} & a_{23} \\ a_{31} & a_{32} & a_{33} \end{vmatrix} x &= b_1\begin{vmatrix} a_{22} & a_{23} \\ a_{32} & a_{33} \end{vmatrix} + b_2\begin{vmatrix} a_{32} & a_{33} \\ a_{12} & a_{13} \end{vmatrix} + b_3\begin{vmatrix} a_{12} & a_{13} \\ a_{22} & a_{23} \end{vmatrix} \\ &= b_1\begin{vmatrix} a_{22} & a_{23} \\ a_{32} & a_{33} \end{vmatrix} - b_2\begin{vmatrix} a_{12} & a_{13} \\ a_{32} & a_{33} \end{vmatrix} + b_3\begin{vmatrix} a_{12} & a_{13} \\ a_{22} & a_{23} \end{vmatrix} \\ &= \begin{vmatrix} b_1 & a_{12} & a_{13} \\ b_2 & a_{22} & a_{23} \\ b_3 & a_{32} & a_{33} \end{vmatrix} (= \boldsymbol{b} \cdot (\boldsymbol{a}_2 \times \boldsymbol{a}_3)) \end{aligned}$$

となるので，x は 3 次の行列式を用いて表されます．

同様に，方程式 $x\begin{pmatrix} a_{11} \\ a_{21} \\ a_{31} \end{pmatrix} + y\begin{pmatrix} a_{12} \\ a_{22} \\ a_{32} \end{pmatrix} + z\begin{pmatrix} a_{13} \\ a_{23} \\ a_{33} \end{pmatrix} = \begin{pmatrix} b_1 \\ b_2 \\ b_3 \end{pmatrix}$ から，外積を用いて x, z の項を消すと y が，x, y の項を消すと z が得られます．

y を求める外積計算を練習問題にしましょう．方程式から x, z の項を消去した式を求めなさい（整理しなくてよい）．

答：

$$\boldsymbol{a}_3 \times \boldsymbol{a}_1 = \begin{pmatrix} a_{13} \\ a_{23} \\ a_{33} \end{pmatrix} \times \begin{pmatrix} a_{11} \\ a_{21} \\ a_{31} \end{pmatrix} = \left(\begin{vmatrix} a_{23} & a_{21} \\ a_{33} & a_{31} \end{vmatrix} \;\; \begin{vmatrix} a_{33} & a_{31} \\ a_{13} & a_{11} \end{vmatrix} \;\; \begin{vmatrix} a_{13} & a_{11} \\ a_{23} & a_{21} \end{vmatrix} \right)^T$$

を方程式に内積して，$\boldsymbol{a}_2 \cdot (\boldsymbol{a}_3 \times \boldsymbol{a}_1)y = \boldsymbol{b} \cdot (\boldsymbol{a}_3 \times \boldsymbol{a}_1)$，つまり

$$\left(a_{12}\begin{vmatrix} a_{23} & a_{21} \\ a_{33} & a_{31} \end{vmatrix} + a_{22}\begin{vmatrix} a_{33} & a_{31} \\ a_{13} & a_{11} \end{vmatrix} + a_{32}\begin{vmatrix} a_{13} & a_{11} \\ a_{23} & a_{21} \end{vmatrix} \right) y = b_1\begin{vmatrix} a_{23} & a_{21} \\ a_{33} & a_{31} \end{vmatrix} + b_2\begin{vmatrix} a_{33} & a_{31} \\ a_{13} & a_{11} \end{vmatrix} + b_3\begin{vmatrix} a_{13} & a_{11} \\ a_{23} & a_{21} \end{vmatrix}$$

が得られます．

この式を整理すると，y の解も 3 次の行列式を用いて表すことができます．$\begin{vmatrix} a_{33} & a_{31} \\ a_{13} & a_{11} \end{vmatrix} = -\begin{vmatrix} a_{13} & a_{11} \\ a_{33} & a_{31} \end{vmatrix}$ に注意すると

$$\left(a_{12}\begin{vmatrix} a_{23} & a_{21} \\ a_{33} & a_{31} \end{vmatrix} - a_{22}\begin{vmatrix} a_{13} & a_{11} \\ a_{33} & a_{31} \end{vmatrix} + a_{32}\begin{vmatrix} a_{13} & a_{11} \\ a_{23} & a_{21} \end{vmatrix}\right) y = b_1\begin{vmatrix} a_{23} & a_{21} \\ a_{33} & a_{31} \end{vmatrix} - b_2\begin{vmatrix} a_{13} & a_{11} \\ a_{33} & a_{31} \end{vmatrix} + b_3\begin{vmatrix} a_{13} & a_{11} \\ a_{23} & a_{21} \end{vmatrix}$$

より

$$\begin{vmatrix} a_{12} & a_{13} & a_{11} \\ a_{22} & a_{23} & a_{21} \\ a_{32} & a_{33} & a_{31} \end{vmatrix} y = \begin{vmatrix} b_1 & a_{13} & a_{11} \\ b_2 & a_{23} & a_{21} \\ b_3 & a_{33} & a_{31} \end{vmatrix}.$$

このとき，3 次の行列式を展開して整理し直すと，下の定理が得られます．

$$\begin{aligned}\begin{vmatrix} a_{11} & a_{12} & a_{13} \\ a_{21} & a_{22} & a_{23} \\ a_{31} & a_{32} & a_{33} \end{vmatrix} &= a_{11}a_{22}a_{33} + a_{12}a_{23}a_{31} + a_{13}a_{21}a_{32} \\ &\qquad - a_{12}a_{21}a_{33} - a_{11}a_{23}a_{32} - a_{13}a_{22}a_{31} \\ &= (-1)^{1+2}a_{12}\begin{vmatrix} a_{21} & a_{23} \\ a_{31} & a_{33} \end{vmatrix} + (-1)^{2+2}a_{22}\begin{vmatrix} a_{11} & a_{13} \\ a_{31} & a_{33} \end{vmatrix} + (-1)^{3+2}a_{32}\begin{vmatrix} a_{11} & a_{13} \\ a_{21} & a_{23} \end{vmatrix} \\ &= (-1)^{1+3}a_{13}\begin{vmatrix} a_{21} & a_{22} \\ a_{31} & a_{32} \end{vmatrix} + (-1)^{2+3}a_{23}\begin{vmatrix} a_{11} & a_{12} \\ a_{31} & a_{32} \end{vmatrix} + (-1)^{3+3}a_{33}\begin{vmatrix} a_{12} & a_{12} \\ a_{21} & a_{22} \end{vmatrix} \\ &= -\begin{vmatrix} a_{12} & a_{11} & a_{13} \\ a_{22} & a_{21} & a_{23} \\ a_{32} & a_{31} & a_{33} \end{vmatrix} = \begin{vmatrix} a_{13} & a_{11} & a_{12} \\ a_{23} & a_{21} & a_{22} \\ a_{33} & a_{31} & a_{32} \end{vmatrix}\end{aligned}$$

$$(\Leftrightarrow\ \boldsymbol{a}_1 \cdot (\boldsymbol{a}_2 \times \boldsymbol{a}_3) = -\boldsymbol{a}_2 \cdot (\boldsymbol{a}_1 \times \boldsymbol{a}_3) = \boldsymbol{a}_3 \cdot (\boldsymbol{a}_1 \times \boldsymbol{a}_2)).$$

この定理は‘行列式の列を交換すると符号が変わる’ことを示しています．これを導くのは練習問題にしましょう．この定理を用いると，y および z の解は，係数行列 A の行列式 $|A| = \boldsymbol{a}_1 \cdot (\boldsymbol{a}_2 \times \boldsymbol{a}_3)$ が 0 でないとき，

$$y = \begin{vmatrix} a_{11} & b_1 & a_{13} \\ a_{21} & b_2 & a_{23} \\ a_{31} & b_3 & a_{33} \end{vmatrix} \Bigg/ \begin{vmatrix} a_{11} & a_{12} & a_{13} \\ a_{21} & a_{22} & a_{23} \\ a_{31} & a_{32} & a_{33} \end{vmatrix}, \qquad z = \begin{vmatrix} a_{11} & a_{12} & b_1 \\ a_{21} & a_{22} & b_2 \\ a_{31} & a_{32} & b_3 \end{vmatrix} \Bigg/ \begin{vmatrix} a_{11} & a_{12} & a_{13} \\ a_{21} & a_{22} & a_{23} \\ a_{31} & a_{32} & a_{33} \end{vmatrix}$$

と表すことができます．x の解を求めるのは練習問題ですね．

200 年以上も前に，日本が誇る江戸時代の数学者関孝和はこれらの結果を独力で見いだしたのでした．残念なことに，当時の日本にはこのような高度な数学を必要とする産業がまだなく，彼の研究を発展させる素地はありませんでした．

6.3.2　3 次の逆行列と行列式

一般の n 次の正方行列の逆行列と行列式の議論への準備をしましょう．

前の§§で議論した 3 元連立 1 次方程式

$$\begin{cases} a_{11}x_1 + a_{12}x_2 + a_{13}x_3 = b_1 \\ a_{21}x_1 + a_{22}x_2 + a_{23}x_3 = b_2 \\ a_{31}x_1 + a_{32}x_2 + a_{33}x_3 = b_3 \end{cases} \Leftrightarrow \begin{pmatrix} a_{11} & a_{12} & a_{13} \\ a_{21} & a_{22} & a_{23} \\ a_{31} & a_{32} & a_{33} \end{pmatrix}\begin{pmatrix} x_1 \\ x_2 \\ x_3 \end{pmatrix} = \begin{pmatrix} b_1 \\ b_2 \\ b_3 \end{pmatrix} \quad (A\boldsymbol{x} = \boldsymbol{b} \text{ と略記})$$

において，係数行列 $A = \begin{pmatrix} a_{11} & a_{12} & a_{13} \\ a_{21} & a_{22} & a_{23} \\ a_{31} & a_{32} & a_{33} \end{pmatrix}$ の逆行列 A^{-1} があるときは，$\boldsymbol{x} = A^{-1}\boldsymbol{b}$ より，$\boldsymbol{x} = \begin{pmatrix} x_1 \\ x_2 \\ x_3 \end{pmatrix}$ が求まります．前の§§の議論より，x_1, x_2, x_3 が 3 次の行列式を用いて表されたので，それを利用して A^{-1} を求めましょう．x_1, x_2, x_3 は，

$$x_1 = \frac{1}{|A|}\begin{vmatrix} b_1 & a_{12} & a_{13} \\ b_2 & a_{22} & a_{23} \\ b_3 & a_{32} & a_{33} \end{vmatrix}, \quad x_2 = \frac{1}{|A|}\begin{vmatrix} a_{11} & b_1 & a_{13} \\ a_{21} & b_2 & a_{23} \\ a_{31} & b_3 & a_{33} \end{vmatrix}, \quad x_3 = \frac{1}{|A|}\begin{vmatrix} a_{11} & a_{12} & b_1 \\ a_{21} & a_{22} & b_2 \\ a_{31} & a_{32} & b_3 \end{vmatrix}$$

と A の行列式 $|A|\,(\neq 0)$ で割る形で表されます．したがって，逆行列 A^{-1} は

$$A^{-1} = \frac{1}{|A|}\widetilde{A} \qquad (\text{当面 } \widetilde{A} = \left(\widetilde{A}_{ij}\right) \text{ と成分表示します})$$

とおいて，$\widetilde{A}$ を求めるのがよいでしょう．$\widetilde{A}$ は A の **余因子行列** といわれます（$\widetilde{A}$ は A チルドと読みます）．すると，$|A|\boldsymbol{x} = \widetilde{A}\boldsymbol{b}$ と上の x_1 の解の式より，

$$\begin{aligned} |A|x_1 &= \widetilde{A}_{11}b_1 + \widetilde{A}_{12}b_2 + \widetilde{A}_{13}b_3 \\ &= b_1(-1)^{1+1}\begin{vmatrix} a_{22} & a_{23} \\ a_{32} & a_{33} \end{vmatrix} + b_2(-1)^{2+1}\begin{vmatrix} a_{12} & a_{13} \\ a_{32} & a_{33} \end{vmatrix} + b_3(-1)^{3+1}\begin{vmatrix} a_{12} & a_{13} \\ a_{22} & a_{23} \end{vmatrix} \end{aligned}$$

が得られます．この等式は各 b_i の勝手な値に対して成り立つので，b_i に関する恒等式です．したがって，係数を比較して

$$\widetilde{A}_{11} = (-1)^{1+1}\begin{vmatrix} a_{22} & a_{23} \\ a_{32} & a_{33} \end{vmatrix}, \quad \widetilde{A}_{12} = (-1)^{2+1}\begin{vmatrix} a_{12} & a_{13} \\ a_{32} & a_{33} \end{vmatrix}, \quad \widetilde{A}_{13} = (-1)^{3+1}\begin{vmatrix} a_{12} & a_{13} \\ a_{22} & a_{23} \end{vmatrix}$$

が得られます．

式が込み入ってきたので，簡略記号を導入しましょう．行列式 $|A|$ において，第 i 行と第 j 列をとり除いて得られる行列式 M_{ij} を $|A|$ の (i, j) **小行列式** といい，M_{ij} に符号 $(-1)^{i+j}$ をつけた

$$A_{ij} = (-1)^{i+j}M_{ij} \qquad (\text{余因子})$$

を行列 A の (i, j) **余因子** といいます．例えば，今の場合，$A_{21} = -\begin{vmatrix} a_{12} & a_{13} \\ a_{32} & a_{33} \end{vmatrix}$ ですね．この記号を使うと，x_1, x_2, x_3 は

$$x_1 = \frac{1}{|A|}(b_1A_{11} + b_2A_{21} + b_3A_{31}),$$

$$x_2 = \frac{1}{|A|}(b_1A_{12} + b_2A_{22} + b_3A_{32}),$$

$$x_3 = \frac{1}{|A|}(b_1A_{13} + b_2A_{23} + b_3A_{33}),$$

つまり　$$x_j = \frac{1}{|A|}(b_1A_{1j} + b_2A_{2j} + b_3A_{3j}) \qquad (|A| \neq 0)$$

と表されます．

このとき，先に求めた余因子行列の成分は，あれれ，行と列が入れ替わって

$$\widetilde{A}_{11} = A_{11}, \quad \widetilde{A}_{12} = A_{21}, \quad \widetilde{A}_{13} = A_{31}$$

ですね．練習問題としますが，$|A|\boldsymbol{x} = \widetilde{A}\boldsymbol{b}$ と x_2, x_3 の解の式より，

$$\widetilde{A}_{21} = A_{12}, \quad \widetilde{A}_{22} = A_{22}, \quad \widetilde{A}_{23} = A_{32}$$

$$\widetilde{A}_{31} = A_{13}, \quad \widetilde{A}_{32} = A_{23}, \quad \widetilde{A}_{33} = A_{33},$$

したがって，

$$(A^{-1}|A| =)\, \widetilde{A} = \left(\widetilde{A}_{ij}\right) = \left(A_{ji}\right) = \left(A_{ij}\right)^T$$

となります．

上で求めた $A^{-1} = \frac{1}{|A|}\widetilde{A}$ が正しく逆行列であることは，$A^{-1}A = AA^{-1} = I$，または $\widetilde{A}A = A\widetilde{A} = |A|I$ を確かめれば済みます（先の条件は逆行列であるための必要条件です）．成分でいえば，$\widetilde{A}_{ij} = A_{ji}$ に注意して，

$$\sum_{k=1}^{3} A_{ki}a_{kj} = \sum_{k=1}^{3} a_{ik}A_{jk} = |A|\delta_{ij}$$

が成り立つはずです．

$\sum_{k=1}^{3} A_{ki}a_{kj}$ については，例えば，$i = j = 2$ のとき，

$$\begin{aligned}\sum_{k=1}^{3} A_{k2}a_{k2} &= A_{12}a_{12} + A_{22}a_{22} + A_{32}a_{32} \\ &= (-1)^{1+2}\begin{vmatrix} a_{21} & a_{23} \\ a_{31} & a_{33} \end{vmatrix}a_{12} + (-1)^{2+2}\begin{vmatrix} a_{11} & a_{13} \\ a_{31} & a_{33} \end{vmatrix}a_{22} + (-1)^{3+2}\begin{vmatrix} a_{11} & a_{13} \\ a_{21} & a_{23} \end{vmatrix}a_{32} \\ &= |A|\end{aligned}$$

が確かめられます．同様にして，$i = j = 1, 3$ のときも $\sum_{k=1}^{3} A_{ki}a_{ki} = |A|$ です．

なお，

$$|A| = a_{1j}A_{1j} + a_{2j}A_{2j} + a_{3j}A_{3j}$$

の形に書くことを‘$|A|$ を第 j 列について展開する’といいます．

$i \neq j$ のときは，例えば，$i = 1,\ j = 2$ のとき，

$$\begin{aligned}\sum_{k=1}^{3} A_{k1}a_{k2} &= A_{11}a_{12} + A_{21}a_{22} + A_{31}a_{32}\\ &= (-1)^{1+1}\begin{vmatrix} a_{22} & a_{23} \\ a_{32} & a_{33}\end{vmatrix}a_{12} + (-1)^{2+1}\begin{vmatrix} a_{12} & a_{13} \\ a_{32} & a_{33}\end{vmatrix}a_{22} + (-1)^{3+1}\begin{vmatrix} a_{12} & a_{13} \\ a_{22} & a_{23}\end{vmatrix}a_{32}\\ &= \begin{vmatrix} a_{12} & a_{12} & a_{13} \\ a_{22} & a_{22} & a_{23} \\ a_{32} & a_{32} & a_{33}\end{vmatrix} = 0 \qquad \left(\begin{array}{l} A_{11}, A_{21}, A_{31}\text{だから} \\ (1,1), (2,1), (3,1)\text{ 要素を} \\ a_{12}, a_{22}, a_{32}\text{とする}\end{array}\right)\end{aligned}$$

のように，行列式の 1 列と 2 列が等しくなって消滅します．同様に，$i \neq j$ のとき，$\sum_{k=1}^{3} A_{ki}a_{kj}$ から得られる行列式は i 列と j 列が等しくなって消滅します．$i = 1,\ j = 3$ の場合にそれを示すのを練習問題にしましょう．

答：

$$\begin{aligned}\sum_{k=1}^{3} A_{k1}a_{k3} &= A_{11}a_{13} + A_{21}a_{23} + A_{31}a_{33}\\ &= +\begin{vmatrix} a_{22} & a_{23} \\ a_{32} & a_{33}\end{vmatrix}a_{13} - \begin{vmatrix} a_{12} & a_{13} \\ a_{32} & a_{33}\end{vmatrix}a_{23} + \begin{vmatrix} a_{12} & a_{13} \\ a_{22} & a_{23}\end{vmatrix}a_{33}\\ &= \begin{vmatrix} a_{13} & a_{12} & a_{13} \\ a_{23} & a_{22} & a_{23} \\ a_{33} & a_{32} & a_{33}\end{vmatrix} = 0.\end{aligned}$$

次に，$\sum_{k=1}^{3} a_{ik}A_{jk}$ については，例えば，$i = j = 1$ のとき，

$$\begin{aligned}\sum_{k=1}^{3} a_{1k}A_{1k} &= a_{11}(-1)^{1+1}\begin{vmatrix} a_{22} & a_{23} \\ a_{32} & a_{33}\end{vmatrix} + a_{12}(-1)^{1+2}\begin{vmatrix} a_{21} & a_{23} \\ a_{31} & a_{33}\end{vmatrix} + a_{13}(-1)^{1+3}\begin{vmatrix} a_{21} & a_{22} \\ a_{31} & a_{32}\end{vmatrix}\\ &= a_{11}a_{22}a_{33} + a_{12}a_{23}a_{31} + a_{13}a_{21}a_{32}\\ &\qquad - a_{12}a_{21}a_{33} - a_{11}a_{23}a_{32} - a_{13}a_{22}a_{31}\\ &= |A|\end{aligned}$$

が確かめられます．同様にして，$i = j = 2, 3$ のとき，

$$|A| = \sum_{k=1}^{3} a_{2k}A_{2k} = -a_{21}\begin{vmatrix} a_{12} & a_{13} \\ a_{32} & a_{33}\end{vmatrix} + a_{22}\begin{vmatrix} a_{11} & a_{13} \\ a_{31} & a_{33}\end{vmatrix} - a_{23}\begin{vmatrix} a_{11} & a_{12} \\ a_{31} & a_{32}\end{vmatrix},$$

$$|A| = \sum_{k=1}^{3} a_{3k}A_{3k} = +a_{31}\begin{vmatrix} a_{12} & a_{13} \\ a_{22} & a_{23} \end{vmatrix} - a_{32}\begin{vmatrix} a_{11} & a_{13} \\ a_{21} & a_{23} \end{vmatrix} + a_{33}\begin{vmatrix} a_{12} & a_{12} \\ a_{21} & a_{22} \end{vmatrix}$$

が成り立ちます．これらの等式は‘$|A|$ が行についても展開できる’ことを意味します．

また，$i = 1$，$j = 2$ のとき，

$$\begin{aligned} \sum_{k=1}^{3} a_{1k}A_{2k} &= a_{11}A_{21} + a_{12}A_{22} + a_{13}A_{23} \\ &= a_{11}\begin{vmatrix} a_{12} & a_{13} \\ a_{32} & a_{33} \end{vmatrix} - a_{12}\begin{vmatrix} a_{11} & a_{13} \\ a_{31} & a_{33} \end{vmatrix} + a_{13}\begin{vmatrix} a_{11} & a_{12} \\ a_{31} & a_{32} \end{vmatrix} \\ &= \begin{vmatrix} a_{11} & a_{12} & a_{13} \\ a_{11} & a_{12} & a_{13} \\ a_{31} & a_{32} & a_{33} \end{vmatrix} = 0 \end{aligned}$$

が成り立ちます．同様に，$i \neq j$ のとき，$\sum_{k=1}^{3} a_{ik}A_{jk}$ は，2 つの行が等しい行列式になり，0 になります．$\sum_{k=1}^{3} a_{2k}A_{3k}$ はどの行が等しい行列式になるかを練習問題としましょう．

答：$\sum_{k=1}^{3} a_{2k}A_{3k} = \begin{vmatrix} a_{11} & a_{12} & a_{13} \\ a_{21} & a_{22} & a_{23} \\ a_{21} & a_{22} & a_{23} \end{vmatrix}$ $(= 0)$ だから，2 行と 3 行が等しくなりますね．

以上の議論から，$\sum_{k=1}^{3} a_{ik}A_{jk} = \sum_{k=1}^{3} A_{ki}a_{kj} = |A|\delta_{ij}$ が成り立ち，$\frac{1}{|A|}\widetilde{A}$ が逆行列 A^{-1} であることが確かめられました．

練習問題です．

$$\begin{vmatrix} a_{11} & ca_{12} & a_{13} \\ a_{21} & ca_{22} & a_{23} \\ a_{31} & ca_{32} & a_{33} \end{vmatrix} = c\begin{vmatrix} a_{11} & a_{12} & a_{13} \\ a_{21} & a_{22} & a_{23} \\ a_{31} & a_{32} & a_{33} \end{vmatrix}, \quad \begin{vmatrix} a_{11} & a_{12} + a'_{12} & a_{13} \\ a_{21} & a_{22} + a'_{22} & a_{23} \\ a_{31} & a_{32} + a'_{32} & a_{33} \end{vmatrix} = \begin{vmatrix} a_{11} & a_{12} & a_{13} \\ a_{21} & a_{22} & a_{23} \\ a_{31} & a_{32} & a_{33} \end{vmatrix} + \begin{vmatrix} a_{11} & a'_{12} & a_{13} \\ a_{21} & a'_{22} & a_{23} \\ a_{31} & a'_{32} & a_{33} \end{vmatrix}$$

を示しなさい．ヒント：

$$\begin{vmatrix} a_{11} & ca_{12} & a_{13} \\ a_{21} & ca_{22} & a_{23} \\ a_{31} & ca_{32} & a_{33} \end{vmatrix} = ca_{12}A_{12} + ca_{22}A_{22} + ca_{32}A_{32} = c\left(a_{12}A_{12} + a_{22}A_{22} + a_{32}A_{32}\right),$$

$$\begin{vmatrix} a_{11} & a_{12} + a'_{12} & a_{13} \\ a_{21} & a_{22} + a'_{22} & a_{23} \\ a_{31} & a_{32} + a'_{32} & a_{33} \end{vmatrix} = (a_{12} + a'_{12})A_{12} + (a_{22} + a'_{22})A_{22} + (a_{32} + a'_{32})A_{32}.$$

他の列や行に対しても同様の定理が成り立ちます．

6.3.3　行列式の再定義と高次の行列式

6.3.3.1　行列式の再定義

前の§§6.3.2 で得られた多くの定理（外積を用いたものは除く）はそのまま一般の n 次の行列や行列式についても成り立ちます．それを示すには行列式を使いやすくする必要があり，ここで行列式を定義し直しましょう．

例として，3 次行列 $A = \begin{pmatrix} a_{11} & a_{12} & a_{13} \\ a_{21} & a_{22} & a_{23} \\ a_{31} & a_{32} & a_{33} \end{pmatrix}$ の行列式

$$|A| = \begin{vmatrix} a_{11} & a_{12} & a_{13} \\ a_{21} & a_{22} & a_{23} \\ a_{31} & a_{32} & a_{33} \end{vmatrix} = +a_{11}a_{22}a_{33} + a_{12}a_{23}a_{31} + a_{13}a_{21}a_{32} - a_{12}a_{21}a_{33} - a_{11}a_{23}a_{32} - a_{13}a_{22}a_{31}$$

で議論します．$|A|$ の展開式は，各項が $\pm a_{1p_1}a_{2p_2}a_{3p_3}$ または $\pm a_{q_1 1}a_{q_2 2}a_{q_3 3}$ の形に書けることからわかるように，$|A|$ の行および列が重複しない 3 個の成分 a_{ij} の積，およびその全ての組合せ，からできていますね．

問題は各項の符号です．我々は $\pm a_{1p_1}a_{2p_2}a_{3p_3}$ の表現を基にして考えましょう．p_1, p_2, p_3 は重複せずに 1, 2, 3 の値をとります．各項の符号は，$p_1, p_2, p_3 = 1, 2, 3$ のときは＋，$p_1, p_2, p_3 = 2, 1, 3$ のときは－，などと決まりますから，符号は 1, 2, 3 の並ぶ順によって定まることがわかります．

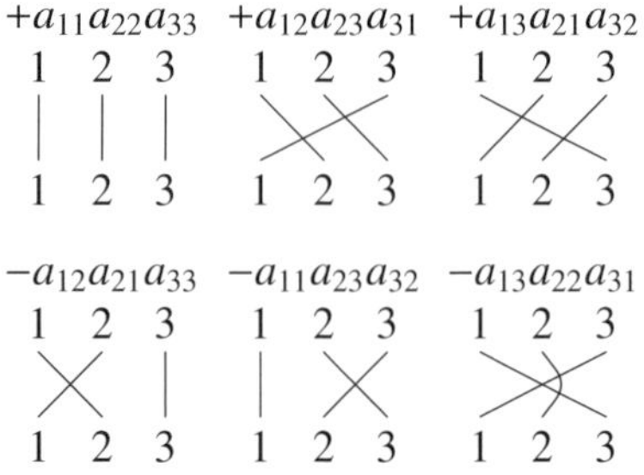

符号を決める規則を見いだすのは数学者にとっては難しいことではなかったようです．数字 1, 2, 3 を上下に書き，成分 $a_{1p_1}, a_{2p_2}, a_{3p_3}$ の添字の 2 数を線で結んでみましょう（3 つの線が 1 点で交わらないように引く）．そのとき，行列式の各項 $a_{1p_1}a_{2p_2}a_{3p_3}$ に対応する図の‘交差の数が偶数のものには＋の符号を奇数のものには－の符号’をつけてみましょう．どうです，$\pm a_{1p_1}a_{2p_2}a_{3p_3}$ の符号にぴったり一致しますね．これを一般的に正当化するのが§§1.7.2 置換 で学んだあみだくじの理論（☞§§1.7.2.3）であり，交差数の偶奇は置換の偶奇（☞§§1.7.2.6）もしくは順列の偶奇に一致します．

問：2 次の行列式 $\begin{vmatrix} a_{11} & a_{12} \\ a_{21} & a_{22} \end{vmatrix}$ でやってみよう．

答：$a_{11}a_{22}$ 項の線は交差しないから＋，$a_{12}a_{21}$ 項の線は交差するから－ですね．

§§1.7.2.6 で学んだように，置換 $\begin{pmatrix} 1 & 2 & \cdots & n \\ p_1 & p_2 & \cdots & p_n \end{pmatrix}$ または順列 $(p_1\ \ p_2\ \ \cdots\ \ p_n)$ を表す交差図の交差数 r の符号 $(-1)^r$ を $\varepsilon_{p_1 p_2 \cdots p_n}$ で表しましょう．例えば，$\varepsilon_{231} = (-1)^2 = +1$ ですね．この記号を用いて n 次の正方行列 $A = \left(a_{ij}\right)$ の行列式 $|A|\,(= \det A = |a_{ij}|)$ を定義します：

$$|a_{ij}| = \begin{vmatrix} a_{11} & a_{12} & \cdots & a_{1n} \\ a_{21} & a_{22} & \cdots & a_{2n} \\ \vdots & \vdots & \ddots & \vdots \\ a_{n1} & a_{n2} & \cdots & a_{nn} \end{vmatrix} = \sum_{(p_1,\cdots,p_n)} \varepsilon_{p_1 p_2 \cdots p_n} a_{1p_1} a_{2p_2} \cdots a_{np_n}.$$

ここで，和 $\sum_{(p_1,\cdots,p_n)}$ は $n!$ 個ある全ての順列 $(p_1\ \ p_2\ \ \cdots\ \ p_n)$ についてとります．$n = 3$ のとき，$3! = 6$ 個の項で表されましたね．右辺の和の式を行列式 $|a_{ij}|$ の「展開式」ということがあります．

6.3.3.2　行列式の性質

4 次以上の一般の行列式は，理論的には興味ある対象ですが，取り扱いが難しく，多元連立 1 次方程式を解く手段には向いていません．一般の行列式の基本的な性質を調べた後，我々は，n 次の正方行列 A の逆行列 A^{-1} が A の行列式 $|A|$ と余因子行列 $\widetilde{A}$ を用いて $A^{-1} = \dfrac{1}{|A|}\widetilde{A}$ と表されることを示して満足しましょう．以下，形式的な証明のため，面白くはありません．

【転置行列の行列式】行列式の値は行と列を入れ換えても変わらない：

$$|A^T| = |A|.$$

$A = \left(a_{ij}\right)$ のとき，$A^T = \left(a_{ji}\right)$ だから，$|A^T|$ の展開式は，$b_{ij} = a_{ji}$ とおくと，

$$\begin{aligned} |a_{ji}| &= \sum_{(p_1,\cdots,p_n)} \varepsilon_{p_1 p_2 \cdots p_n} b_{1p_1} b_{2p_2} \cdots b_{np_n} \\ &= \sum_{(p_1,\cdots,p_n)} \varepsilon_{p_1 p_2 \cdots p_n} a_{p_1 1} a_{p_2 2} \cdots a_{p_n n} \end{aligned}$$

と表されます．このとき，展開式の各項 $a_{p_1 1} a_{p_2 2} \cdots a_{p_n n}$ の因子を並べ換えると $a_{1q_1} a_{2q_2} \cdots a_{nq_n}$ と行の添字の順にできます：

$$a_{p_1 1} a_{p_2 2} \cdots a_{p_n n} = a_{1q_1} a_{2q_2} \cdots a_{nq_n}. \qquad (*)$$

（例えば，$a_{21}a_{42}a_{13}a_{34} = a_{13}a_{21}a_{34}a_{42}$ です）．

この操作は，添字に対する置換 $\begin{pmatrix} p_1 & p_2 & \cdots & p_n \\ 1 & 2 & \cdots & n \end{pmatrix}$ を行うことに同じです．（例えば，$a_{21}a_{42}a_{13}a_{34}$ は置換 $\begin{pmatrix} 2 & 4 & 1 & 3 \\ 1 & 2 & 3 & 4 \end{pmatrix}$ によって $a_{13}a_{21}a_{34}a_{42}$ になりますね）．また，この置換は，$(*)$ の右辺からわかるように，その列を交換して置換 $\begin{pmatrix} 1 & 2 & \cdots & n \\ q_1 & q_2 & \cdots & q_n \end{pmatrix}$ と書き直すことができます：

$$\begin{pmatrix} p_1 & p_2 & \cdots & p_n \\ 1 & 2 & \cdots & n \end{pmatrix} = \begin{pmatrix} 1 & 2 & \cdots & n \\ q_1 & q_2 & \cdots & q_n \end{pmatrix}.$$

$(a_{21}a_{42}a_{13}a_{34} = a_{13}a_{21}a_{34}a_{42}$ の例でいえば，$\begin{pmatrix} 2 & 4 & 1 & 3 \\ 1 & 2 & 3 & 4 \end{pmatrix} = \begin{pmatrix} 1 & 2 & 3 & 4 \\ 3 & 1 & 4 & 2 \end{pmatrix}$ です）．

以上の議論から，

$$|A^T| = \sum_{(p_1,\cdots,p_n)} \varepsilon_{p_1p_2\cdots p_n} a_{1q_1}a_{2q_2}\cdots a_{nq_n}$$

と書いたとき，符号について $\varepsilon_{p_1p_2\cdots p_n} = \varepsilon_{q_1q_2\cdots q_n}$ が成り立つと仮定すると，

$$|A^T| = \sum_{(q_1,\cdots,q_n)} \varepsilon_{q_1q_2\cdots q_n} a_{1q_1}a_{2q_2}\cdots a_{nq_n}$$

が成り立ち，したがって，$|A^T| = |A|$ が示されたことになります．上の置換の議論から，$\begin{pmatrix} 1 & 2 & \cdots & n \\ q_1 & q_2 & \cdots & q_n \end{pmatrix} = \begin{pmatrix} p_1 & p_2 & \cdots & p_n \\ 1 & 2 & \cdots & n \end{pmatrix} = \begin{pmatrix} 1 & 2 & \cdots & n \\ p_1 & p_2 & \cdots & p_n \end{pmatrix}^{-1}$ ですから，$\begin{pmatrix} 1 & 2 & \cdots & n \\ p_1 & p_2 & \cdots & p_n \end{pmatrix}$（$= \sigma$ と表す）の符号が $\varepsilon_{p_1p_2\cdots p_n}$ であることに注意すると，置換の交差図で σ と σ^{-1} の交差数の偶奇が同じであることを示せば上の仮定は正当化されます．σ と σ^{-1} の交差図は，右図の例からもわかるように，σ の図で上下を入れ換えたものを σ^{-1} の図にすることができます．したがって，両者の交差数は等しくでき，置換の偶奇は一致します：$\varepsilon_{p_1p_2\cdots p_n} = \varepsilon_{q_1q_2\cdots q_n}$．以上の議論から，$|A^T| = |A|$ が成り立ち，したがって，‘行列式の列で成り立つことは，全て，行でも成り立ちます’．

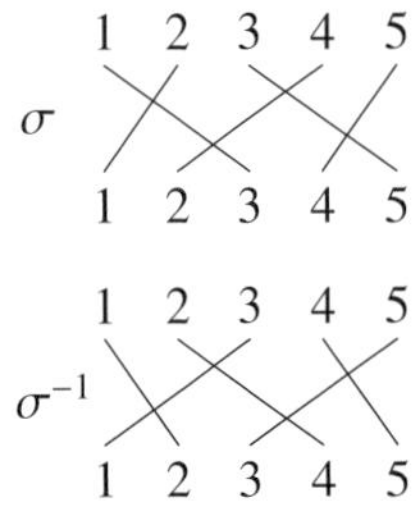

練習問題です．問：次の n 次の対角行列 D と上 3 角行列 ∇ の行列式を求めなさい．ただし，O はそれが対角成分より上に書かれているときは上の，下のときは下の成分が全て 0 であることを表します．

$$D = \begin{pmatrix} a_{11} & & O & \\ & a_{22} & & \\ & & \ddots & \\ O & & & a_{nn} \end{pmatrix}, \qquad \nabla = \begin{pmatrix} a_{11} & a_{12} & \cdots & a_{1n} \\ & a_{22} & & \vdots \\ & & \ddots & a_{n-1\,n} \\ O & & & a_{nn} \end{pmatrix}$$

答：D は対角成分以外は 0 だから，$|D| = \sum_{(p_1,\cdots,p_n)} \varepsilon_{p_1 p_2 \cdots p_n} a_{1p_1} a_{2p_2} \cdots a_{np_n}$ において，$p_j = j$ である成分のみが生き残ります．したがって，$\varepsilon_{12\cdots n} = +1$ より，$|D| = a_{11}a_{22}\cdots a_{nn}$.

$|\nabla| = \sum_{(p_1,\cdots,p_n)} \varepsilon_{p_1 p_2 \cdots p_n} a_{1p_1} a_{2p_2} \cdots a_{np_n}$ においては，$j \leqq p_j$ である成分のみが生き残ります．特に $j = n$ のときは $p_n = n$ 成分のみ残り，

$$|\nabla| = \sum_{(p_1,\cdots,p_{n-1})} \varepsilon_{p_1 p_2 \cdots p_{n-1} n} a_{1p_1} a_{2p_2} \cdots a_{n-1\, p_{n-1}} a_{nn}.$$

$(p_1 \ \ p_2 \ \ \cdots \ \ p_n)$ は $(1 \ \ 2 \ \ \cdots \ \ n)$ の順列だから，$p_n = n$ のときは $(p_1, \cdots, p_{n-1})$ は n を含みません．したがって，$n-1 \leqq p_{n-1} < n$ より，$p_{n-1} = n-1$．同様の議論を続けて，$p_{n-2} = n-2, \cdots, p_2 = 2, p_1 = 1$ と定まります．したがって，$|\nabla| = a_{11}a_{22}\cdots a_{nn}$.

【2 つの行 (列) の入れ換え】行列式 $|A|$ の任意の 2 つの行（または列）を入れ換えた行列式を $|A^{\leftrightarrow}|$ とすると $|A^{\leftrightarrow}| = -|A|$：

$$|A^{\leftrightarrow}| = \begin{matrix} \\ \\ i\text{ 行} \\ \\ k\text{ 行} \\ \\ \\ \end{matrix} \begin{vmatrix} a_{11} & a_{12} & \cdots & a_{1n} \\ \vdots & \vdots & & \\ a_{k1} & a_{k2} & \cdots & a_{kn} \\ \vdots & \vdots & & \\ a_{i1} & a_{i2} & \cdots & a_{in} \\ \vdots & \vdots & & \\ a_{n1} & a_{n2} & \cdots & a_{nn} \end{vmatrix} = - \begin{vmatrix} a_{11} & a_{12} & \cdots & a_{1n} \\ \vdots & \vdots & & \\ a_{i1} & a_{i2} & \cdots & a_{in} \\ \vdots & \vdots & & \\ a_{k1} & a_{k2} & \cdots & a_{kn} \\ \vdots & \vdots & & \\ a_{n1} & a_{n2} & \cdots & a_{nn} \end{vmatrix} = -|A|.$$

順列 $(p_1 \cdots p_i \cdots p_k \cdots p_n)$ の 2 数 p_i, p_k を交換すると，交差図の交差数が奇数だけ変わることに注意します（p_i, p_k は i, k 行の列を表す添字）．

$$\begin{aligned} |A^{\leftrightarrow}| &= \textstyle\sum_{(p_1,\cdots,p_n)} \varepsilon_{p_1 \cdots p_i \cdots p_k \cdots p_n} a_{1p_1} \cdots \overset{i\text{ 行}}{a_{kp_i}} \cdots \overset{k\text{ 行}}{a_{ip_k}} \cdots a_{np_n} \\ &= \textstyle\sum_{(p_1,\cdots,p_n)} \varepsilon_{p_1 \cdots p_i \cdots p_k \cdots p_n} a_{1p_1} \cdots a_{ip_k} \cdots a_{kp_i} \cdots a_{np_n} \\ &= -\textstyle\sum_{(p_1,\cdots,p_n)} \varepsilon_{p_1 \cdots p_k \cdots p_i \cdots p_n} a_{1p_1} \cdots a_{ip_k} \cdots a_{kp_i} \cdots a_{np_n} = -|A|. \end{aligned}$$

列の入れ換えについては $|A^T| = |A|$ を用いるか，その証明で得られた

$$|A| = \sum_{(p_1,\cdots,p_n)} \varepsilon_{p_1p_2\cdots p_n} a_{p_11}a_{p_22}\cdots a_{p_nn}$$

を用いるとよいでしょう．

【1 つの行 (列) の定数倍】行列式の 1 つの行（または列）を c 倍すれば，行列式も c 倍される：(列でやってみましょう)

$$\begin{vmatrix} a_{11} & \cdots & ca_{1j} & \cdots & a_{1n} \\ a_{21} & \cdots & ca_{2j} & \cdots & a_{2n} \\ \vdots & & \vdots & & \vdots \\ a_{n1} & \cdots & ca_{nj} & \cdots & a_{nn} \end{vmatrix} = c \begin{vmatrix} a_{11} & \cdots & a_{1j} & \cdots & a_{1n} \\ a_{21} & \cdots & a_{2j} & \cdots & a_{2n} \\ \vdots & & \vdots & & \vdots \\ a_{n1} & \cdots & a_{nj} & \cdots & a_{nn} \end{vmatrix}.$$

$$\begin{aligned} \text{左辺} &= \textstyle\sum_{(p_1,\cdots,p_n)} \varepsilon_{p_1\cdots p_j\cdots p_n} a_{p_11}\cdots(ca_{p_jj})\cdots a_{p_nn} \\ &= c\textstyle\sum_{(p_1,\cdots,p_n)} \varepsilon_{p_1\cdots p_j\cdots p_n} a_{p_11}\cdots a_{p_jj}\cdots a_{p_nn} = \text{右辺}. \end{aligned}$$

【2 つの行 (列) の一致】2 つの行（または列）の等しい行列式は 0 である：

$$\begin{vmatrix} a_{11} & \cdots & \overset{j\,\text{列}}{a_{1j}} & \cdots & \overset{k\,\text{列}}{a_{1j}} & \cdots & a_{1n} \\ a_{21} & \cdots & a_{2j} & \cdots & a_{2j} & \cdots & a_{2n} \\ \vdots & & \vdots & & \vdots & & \vdots \\ a_{n1} & \cdots & a_{nj} & \cdots & a_{nj} & \cdots & a_{nn} \end{vmatrix} = 0.$$

2 つの行（列）を入れ換えると行列式の符号が変わります．今の場合，入れ換えても同じものになります．そんなものは 0 だけですね．

行列式を c 倍することは 1 つの行（列）を c 倍することに同じで，このことを用いると，系：「2 つの行（または列）が比例する行列式は 0 である」が得られます．

【行 (列) の成分が 2 数の和】行列式の 1 つの行（または列）の各成分が 2 つの数の和であるとき，行列式は和の各項をその行（または列）とする 2 つの行列式の和に等しい：

$$\begin{vmatrix} a_{11} & \cdots & a_{1j}+a'_{1j} & \cdots & a_{1n} \\ a_{21} & \cdots & a_{2j}+a'_{2j} & \cdots & a_{2n} \\ \vdots & & \vdots & & \vdots \\ a_{n1} & \cdots & a_{nj}+a'_{nj} & \cdots & a_{nn} \end{vmatrix} = \begin{vmatrix} a_{11} & \cdots & a_{1j} & \cdots & a_{1n} \\ a_{21} & \cdots & a_{2j} & \cdots & a_{2n} \\ \vdots & & \vdots & & \vdots \\ a_{n1} & \cdots & a_{nj} & \cdots & a_{nn} \end{vmatrix} + \begin{vmatrix} a_{11} & \cdots & a'_{1j} & \cdots & a_{1n} \\ a_{21} & \cdots & a'_{2j} & \cdots & a_{2n} \\ \vdots & & \vdots & & \vdots \\ a_{n1} & \cdots & a'_{nj} & \cdots & a_{nn} \end{vmatrix}.$$

$$\begin{aligned} \text{左辺} &= \textstyle\sum_{(p_1,\cdots,p_n)} \varepsilon_{p_1\cdots p_j\cdots p_n} a_{p_1 1}\cdots(a_{p_j j}+a'_{p_j j})\cdots a_{p_n n} \\ &= \textstyle\sum_{(p_1,\cdots,p_n)} \varepsilon_{p_1\cdots p_j\cdots p_n} a_{p_1 1}\cdots a_{p_j j}\cdots a_{p_n n} \\ &\quad + \textstyle\sum_{(p_1,\cdots,p_n)} \varepsilon_{p_1\cdots p_j\cdots p_n} a_{p_1 1}\cdots a'_{p_j j}\cdots a_{p_n n} = \text{右辺}. \end{aligned}$$

行列式の定義式を用いると簡単ですね.

【行(列)の定数倍を他の行(列)に加える】行列式は 1 つの行（または列）を c 倍して他の行（または列）に加えても変わらない：

$$\begin{vmatrix} a_{11} & \cdots & \overset{j\,列}{a_{1j}} & \cdots & \overset{k\,列}{ca_{1j}+a_{1k}} & \cdots & a_{1n} \\ a_{21} & \cdots & a_{2j} & \cdots & ca_{2j}+a_{2k} & \cdots & a_{2n} \\ \vdots & & \vdots & & \vdots & & \vdots \\ a_{n1} & \cdots & a_{nj} & \cdots & ca_{nj}+a_{nk} & \cdots & a_{nn} \end{vmatrix} = \begin{vmatrix} a_{11} & \cdots & \overset{j\,列}{a_{1j}} & \cdots & \overset{k\,列}{a_{1k}} & \cdots & a_{1n} \\ a_{21} & \cdots & a_{2j} & \cdots & a_{2k} & \cdots & a_{2n} \\ \vdots & & \vdots & & \vdots & & \vdots \\ a_{n1} & \cdots & a_{nj} & \cdots & a_{nk} & \cdots & a_{nn} \end{vmatrix}.$$

証明は練習問題にしましょう．ヒント：2 つの行列式の和になり，片方が消えます．‘目’で計算しましょう．この定理は大いに役立ちます．

練習問題です．次の行列式の値を求めなさい．

$$\begin{vmatrix} 1 & 1 & 1 \\ 2 & -1 & -3 \\ 4 & 5 & 6 \end{vmatrix}$$

解答例：2 列と 3 列から 1 列を引き，次に，2 行から 1 行 ×2 および 3 行から 1 行 ×4 を引き，次に，3 行 ×3 を 2 行に加えます：

$$\begin{vmatrix} 1 & 1 & 1 \\ 2 & -1 & -3 \\ 4 & 5 & 6 \end{vmatrix} = \begin{vmatrix} 1 & 0 & 0 \\ 2 & -3 & -5 \\ 4 & 1 & 2 \end{vmatrix} = \begin{vmatrix} 1 & 0 & 0 \\ 0 & -3 & -5 \\ 0 & 1 & 2 \end{vmatrix} = \begin{vmatrix} 1 & 0 & 0 \\ 0 & 0 & 1 \\ 0 & 1 & 2 \end{vmatrix}.$$

最後に，2 列と 3 列を入れ換えると 3 角行列になって，対角成分の積 ×(−1) になります：

$$\text{与式} = -\begin{vmatrix} 1 & 0 & 0 \\ 0 & 1 & 0 \\ 0 & 2 & 1 \end{vmatrix} = -1\cdot 1\cdot 1 = -1.$$

コツがつかめましたね．0 となる成分を増やしていき，3 角行列にします．

もう1題.

$$\begin{vmatrix} 8 & 7 & 6 & 5 \\ 6 & 5 & 4 & 3 \\ 4 & 3 & 2 & 1 \\ 0 & -1 & -2 & -3 \end{vmatrix}$$

ヒント：数字の並び方に特徴がありますね．行または列の差を考えると，・・・．答は0.

6.3.3.3　高次行列の逆行列

n 元連立1次方程式

$$\begin{cases} a_{11}x_1 + a_{12}x_2 + \cdots a_{1n}x_n = b_1 \\ a_{21}x_1 + a_{22}x_2 + \cdots a_{2n}x_n = b_2 \\ \cdots \\ a_{n1}x_1 + a_{n2}x_2 + \cdots a_{nn}x_n = b_n \end{cases}$$

を考えます．次の列ベクトルや係数行列

$$\boldsymbol{a}_j = \begin{pmatrix} a_{1j} \\ a_{2j} \\ \vdots \\ a_{nj} \end{pmatrix} (j = 1, 2, \cdots, n), \quad \boldsymbol{x} = \begin{pmatrix} x_1 \\ x_2 \\ \vdots \\ x_n \end{pmatrix}, \quad \boldsymbol{b} = \begin{pmatrix} b_1 \\ b_2 \\ \vdots \\ b_n \end{pmatrix}, \quad A = (\boldsymbol{a}_1\ \boldsymbol{a}_2\ \cdots\ \boldsymbol{a}_n)$$

を導入すると，上の方程式は

$$A\boldsymbol{x} = \boldsymbol{b} \iff \sum_{j=1}^{n} x_j \boldsymbol{a}_j = \boldsymbol{b}$$

のように表すことができます．以下，§§6.3.2 で行ったのと類似の方法で逆行列 A^{-1} を求めます．

まず，$\sum_{j=1}^{n} x_j \boldsymbol{a}_j = \boldsymbol{b}$ を利用して，行列式の方程式

$$\left| \boldsymbol{a}_1\ \cdots\ \boldsymbol{a}_{j-1}\ \sum_{k=1}^{n} x_k \boldsymbol{a}_k\ \boldsymbol{a}_{j+1}\ \cdots\ \boldsymbol{a}_n \right| = \left| \boldsymbol{a}_1\ \cdots\ \boldsymbol{a}_{j-1}\ \boldsymbol{b}\ \boldsymbol{a}_{j+1}\ \cdots\ \boldsymbol{a}_n \right|$$

を考えます．直前の§§で学んだ行列式の性質から，

$$\text{左辺} = x_j \left| \boldsymbol{a}_1\ \cdots\ \boldsymbol{a}_{j-1}\ \boldsymbol{a}_j\ \boldsymbol{a}_{j+1}\ \cdots\ \boldsymbol{a}_n \right| = x_j |A|$$

だから，$|A| \neq 0$ として，あっさりと，方程式の解

$$x_j = \frac{1}{|A|} \left| \boldsymbol{a}_1\ \cdots\ \boldsymbol{a}_{j-1}\ \overset{j\,列}{\boldsymbol{b}}\ \boldsymbol{a}_{j+1}\ \cdots\ \boldsymbol{a}_n \right| \quad (j = 1, 2, \cdots, n)$$

が得られます．これは **クラメルの公式** と呼ばれています．

次に，$A\boldsymbol{x}=\boldsymbol{b} \Leftrightarrow \boldsymbol{x}=A^{-1}\boldsymbol{b}$ において，$A^{-1}=\dfrac{1}{|A|}\widetilde{A}$ $(|A|\neq 0)$ とおくと，

$$\boldsymbol{x}=\frac{1}{|A|}\widetilde{A}\boldsymbol{b} \Leftrightarrow x_j=\frac{1}{|A|}\sum_{k=1}^{n}\widetilde{A}_{jk}b_k \quad \left(\widetilde{A}=\left(\widetilde{A}_{ij}\right)\right)$$

が成り立ち，したがって，

$$(|A|x_j=)\sum_{k=1}^{n}\widetilde{A}_{jk}b_k=\left|\boldsymbol{a}_1 \ \cdots \ \boldsymbol{a}_{j-1} \ \overset{j\text{列}}{\boldsymbol{b}} \ \boldsymbol{a}_{j+1} \ \cdots \ \boldsymbol{a}_n\right|$$

が得られます．ここで，n 次の基本ベクトル $\boldsymbol{e}_1, \boldsymbol{e}_2, \cdots, \boldsymbol{e}_n$ を用いると，

$$\boldsymbol{b}=\begin{pmatrix} b_1 \\ b_2 \\ \vdots \\ b_n \end{pmatrix}=b_1\boldsymbol{e}_1+b_2\boldsymbol{e}_2+\cdots+b_n\boldsymbol{e}_n=\sum_{k=1}^{n}b_k\boldsymbol{e}_k$$

だから，

$$\left|\boldsymbol{a}_1 \ \cdots \ \boldsymbol{a}_{j-1} \ \overset{j\text{列}}{\boldsymbol{b}} \ \boldsymbol{a}_{j+1} \ \cdots \ \boldsymbol{a}_n\right|=\sum_{k=1}^{n}b_k\left|\boldsymbol{a}_1 \ \cdots \ \boldsymbol{a}_{j-1} \ \overset{j\text{列}}{\boldsymbol{e}_k} \ \boldsymbol{a}_{j+1} \ \cdots \ \boldsymbol{a}_n\right|$$

したがって，

$$\sum_{k=1}^{n}\widetilde{A}_{jk}b_k=\sum_{k=1}^{n}b_k\left|\boldsymbol{a}_1 \ \cdots \ \boldsymbol{a}_{j-1} \ \overset{j\text{列}}{\boldsymbol{e}_k} \ \boldsymbol{a}_{j+1} \ \cdots \ \boldsymbol{a}_n\right|$$

が得られます．ここで，b_k は，A^{-1} に無関係で，任意の値をとれるから，上式は各 b_k について恒等式と見なせます．したがって，$k=i$ の場合を考えると，

$$\widetilde{A}_{ji}=\left|\boldsymbol{a}_1 \ \cdots \ \boldsymbol{a}_{j-1} \ \overset{j\text{列}}{\boldsymbol{e}_i} \ \boldsymbol{a}_{j+1} \ \cdots \ \boldsymbol{a}_n\right| \ (=A_{ij}\text{ とおく})$$ 【余因子】

が成り立ちます．これは $A^{-1}=\dfrac{1}{|A|}\left(\widetilde{A}_{ij}\right)$ が満たすべき条件（必要条件）です．
$\widetilde{A}=\left(\widetilde{A}_{ij}\right)$ を A の **余因子行列**，$A_{ij}=\widetilde{A}_{ji}$ を A の $(\boldsymbol{i}, \boldsymbol{j})$ **余因子** といいましょう．

さて，上で与えられた余因子（行列）を用いて，$A^{-1}A=I$ および $AA^{-1}=I$ が成り立つかどうかが問題です．まず，

$$A^{-1}A=I \Leftrightarrow \widetilde{A}A=|A|I \Leftrightarrow \sum_{k=1}^{n}A_{ki}a_{kj}=|A|\delta_{ij}$$

を確かめましょう．$A_{ki}=\left|\boldsymbol{a}_1 \ \cdots \ \boldsymbol{a}_{i-1} \ \overset{i\text{列}}{\boldsymbol{e}_k} \ \boldsymbol{a}_{i+1} \ \cdots \ \boldsymbol{a}_n\right|$，$\sum_{k=1}^{n}a_{kj}\boldsymbol{e}_k=\boldsymbol{a}_j$ だから，

$$\sum_{k=1}^{n} A_{ki}a_{kj} = \left|\boldsymbol{a}_1 \ \cdots \ \boldsymbol{a}_{i-1} \ \overset{i\,列}{\boldsymbol{a}_j} \ \boldsymbol{a}_{i+1} \ \cdots \ \boldsymbol{a}_n\right| = |A|\delta_{ij}$$

が確かに成り立ちますね（$i \neq j$ のとき，i 列と j 列が一致して消滅します）．

$$|A| = \sum_{k=1}^{n} A_{kj}a_{kj} = A_{1j}a_{1j} + A_{2j}a_{2j} + \cdots + A_{nj}a_{nj}$$

を $|A|$ の第 j 列についての「余因子展開」といいます．

次に，$AA^{-1} = I \Leftrightarrow A\widetilde{A} = |A|I \Leftrightarrow \sum_{k=1}^{n} a_{ik}A_{jk} = |A|\delta_{ij}$ を確かめましょう[8]．そのために，余因子

$$A_{jk} = \left|\boldsymbol{a}_1 \ \cdots \ \boldsymbol{a}_{k-1} \ \overset{k\,列}{\boldsymbol{e}_j} \ \boldsymbol{a}_{k+1} \ \cdots \ \boldsymbol{a}_n\right|$$

に‘お呪（まじな）い’をかけます．k 列に a_{jl} を掛け，各 l 列 $(l \neq k)$ から引くと，j 行は k 列以外の成分が 0 になります．さらに，j 行に a_{mk} を掛け，各 m 行 $(m \neq j)$ に加えると，A_{jk} は $|A|$ で j 行を $\boldsymbol{e}_k^T$ で置き換えたものになります：

$$A_{jk} = j\,行\begin{vmatrix} a_{11} & \cdots & \overset{k\,列}{0} & \cdots & a_{1n} \\ \vdots & & \vdots & & \vdots \\ a_{j1} & \cdots & 1 & \cdots & a_{jn} \\ \vdots & & \vdots & & \vdots \\ a_{n1} & \cdots & 0 & \cdots & a_{nn} \end{vmatrix} = \begin{vmatrix} a_{11} & \cdots & \overset{k\,列}{0} & \cdots & a_{1n} \\ \vdots & & \vdots & & \vdots \\ 0 & \cdots & 1 & \cdots & 0 \\ \vdots & & \vdots & & \vdots \\ a_{n1} & \cdots & 0 & \cdots & a_{nn} \end{vmatrix} = \begin{vmatrix} a_{11} & \cdots & \overset{k\,列}{a_{1k}} & \cdots & a_{1n} \\ \vdots & & \vdots & & \vdots \\ 0 & \cdots & 1 & \cdots & 0 \\ \vdots & & \vdots & & \vdots \\ a_{n1} & \cdots & a_{nk} & \cdots & a_{nn} \end{vmatrix}.$$

ここで，簡略記号 $\boldsymbol{a}_i' = (a_{i1}\ a_{i2}\ \cdots\ a_{in}),\ \boldsymbol{e}_k' = \boldsymbol{e}_k^T$，および，$|\cdots\ \cdots|^{縦書} = \begin{vmatrix} \vdots \\ \vdots \end{vmatrix}$ を用いると，

$$A_{jk} = \left|\boldsymbol{a}_1' \ \cdots \ \boldsymbol{a}_{j-1}' \ \boldsymbol{e}_k' \ \boldsymbol{a}_{j+1}' \ \cdots \ \boldsymbol{a}_n'\right|^{縦書}$$

のように表されます．このとき，

$$\begin{aligned}\sum_{k=1}^{n} a_{ik}A_{jk} &= \left|\boldsymbol{a}_1' \ \cdots \ \boldsymbol{a}_{j-1}' \ \textstyle\sum_{k=1}^{n} a_{ik}\boldsymbol{e}_k' \ \boldsymbol{a}_{j+1}' \ \cdots \ \boldsymbol{a}_n'\right|^{縦書} \\ &= \left|\boldsymbol{a}_1' \ \cdots \ \boldsymbol{a}_{j-1}' \ \boldsymbol{a}_i' \ \boldsymbol{a}_{j+1}' \ \cdots \ \boldsymbol{a}_n'\right|^{縦書} \\ &= |A|\delta_{ij}\end{aligned}$$

8) A の逆行列 A^{-1} は $A^{-1}A = I$ かつ $AA^{-1} = I$ を満たすものとして定義されましたが，n 次の正則行列 A については，定理：$A^{-1}A = I \Leftrightarrow AA^{-1} = I$ が成り立ち，したがって片方の条件で十分です．以下，前ページの【余因子】を用いた議論から，その定理が吟味されます．

が成り立ちます．したがって，$AA^{-1}=I$ も確かめられました（$\widetilde{A}A=|A|I \Leftrightarrow A\widetilde{A}=|A|I$ の確認に当たります）．したがって，A の逆行列 A^{-1} が存在すれば，

$$A^{-1}=\frac{1}{|A|}\widetilde{A}=\frac{1}{|A|}\left(A_{ij}\right)^T \qquad (|A|\neq 0)$$

です．これも **クラメルの公式** と呼ばれます．なお，

$$|A|=\sum_{k=1}^{n}a_{ik}A_{ik}=a_{i1}A_{i1}+a_{i2}A_{i2}+\cdots+a_{in}A_{in}$$

を $|A|$ の第 i 行についての「余因子展開」といいます．

最後に，n 次行列 A の $(i,\ j)$ 余因子 $A_{ij}=\left|\boldsymbol{a}_1\ \cdots\ \boldsymbol{a}_{j-1}\ \overset{j\text{列}}{\boldsymbol{e}_i}\ \boldsymbol{a}_{j+1}\ \cdots\ \boldsymbol{a}_n\right|$ を，多くのテキストに載っているように，$n-1$ 次の行列式で表現しましょう．まず，j 列を左隣の列と順次交換していき，$\boldsymbol{e}_i$ を第 1 列に移します：

$$A_{ij}=(-1)^{j-1}\left|\boldsymbol{e}_i\ \boldsymbol{a}_1\ \cdots\ \boldsymbol{a}_{j-1}\ \boldsymbol{a}_{j+1}\ \cdots\ \boldsymbol{a}_n\right|.$$

このとき，A_{ij} の行を詳しく書けば，

$$A_{ij}=(-1)^{j-1}\begin{vmatrix} 0 & a_{11} & & a_{1\,j-1} & a_{1\,j+1} & & a_{1n} \\ \vdots & \vdots & \cdots & \vdots & \vdots & \cdots & \vdots \\ 0 & a_{i-1\,1} & & a_{i-1\,j-1} & a_{i-1\,j+1} & & a_{i-1\,n} \\ 1 & a_{i1} & & a_{i\,j-1} & a_{i\,j+1} & & a_{in} \\ 0 & a_{i+1\,1} & & a_{i+1\,j-1} & a_{i+1\,j+1} & & a_{i+1\,n} \\ \vdots & \vdots & \cdots & \vdots & \vdots & \cdots & \vdots \\ 0 & a_{n1} & & a_{n\,j-1} & a_{n\,j+1} & & a_{nn} \end{vmatrix}$$

ですね．さらに，第 i 行を，順次上の行と交換していって，第 1 行に移します：

$$A_{ij}=(-1)^{j-1}(-1)^{i-1}\begin{vmatrix} 1 & a_{i1} & & a_{i\,j-1} & a_{i\,j+1} & & a_{in} \\ 0 & a_{11} & & a_{1\,j-1} & a_{1\,j+1} & & a_{1n} \\ \vdots & \vdots & \cdots & \vdots & \vdots & \cdots & \vdots \\ 0 & a_{i-1\,1} & & a_{i-1\,j-1} & a_{i-1\,j+1} & & a_{i-1\,n} \\ 0 & a_{i+1\,1} & & a_{i+1\,j-1} & a_{i+1\,j+1} & & a_{i+1\,n} \\ \vdots & \vdots & \cdots & \vdots & \vdots & \cdots & \vdots \\ 0 & a_{n1} & & a_{n\,j-1} & a_{n\,j+1} & & a_{nn} \end{vmatrix}.$$

最後に，第 1 列についての余因子展開をすると，最終的に A の $(i,\ j)$ 余因子は次のようになります：

$$A_{ij} = (-1)^{i+j} \begin{vmatrix} a_{11} & & a_{1\,j-1} & a_{1\,j+1} & & a_{1n} \\ \vdots & \cdots & \vdots & \vdots & \cdots & \vdots \\ a_{i-1\,1} & & a_{i-1\,j-1} & a_{i-1\,j+1} & & a_{i-1\,n} \\ a_{i+1\,1} & & a_{i+1\,j-1} & a_{i+1\,j+1} & & a_{i+1\,n} \\ \vdots & \cdots & \vdots & \vdots & \cdots & \vdots \\ a_{n1} & & a_{n\,j-1} & a_{n\,j+1} & & a_{nn} \end{vmatrix} \ (= (-1)^{i+j} M_{ij} \text{ とおく}).$$

A_{ij} で符号 $(-1)^{i+j}$ を除いた部分は，$|A|$ から第 i 行と第 j 列を除いた $n-1$ 次の行列式 M_{ij} で，これを $|A|$ の $(\boldsymbol{i}, \boldsymbol{j})$ **小行列式** といいます．

Q1. 4 次の行列 $A = \left(a_{ij}\right)$ の行列式 $|A|$ について，$a_{14}a_{23}a_{32}a_{41}$ の項の符号を求めなさい．

ヒント：交差図 (☞§§6.3.3.1) を利用します．

Q2. 次の行列式を因数分解しなさい．ヒント：君のお手並みを拝見しよう．

$$\begin{vmatrix} x & a & b & c \\ a & x & b & c \\ a & b & x & c \\ a & b & c & x \end{vmatrix}$$

Q3. 次の行列の逆行列をクラメルの公式に従って求めなさい．

$$\begin{pmatrix} 2 & 1 & 4 \\ 1 & 3 & 0 \\ 1 & 0 & 3 \end{pmatrix}$$

Q4. n 次行列 $A = \left(a_{ij}\right)$，$B = \left(b_{ij}\right)$ について，

$$|AB| = |A||B|$$

であることを，$n = 3$ の場合に，示しなさい．

ヒント：やや難．積 AB を計算し，行列式の性質を駆使します．また，

$$\begin{vmatrix} a_{1k} & a_{1l} & a_{1m} \\ a_{2k} & a_{2l} & a_{2m} \\ a_{3k} & a_{3l} & a_{3m} \end{vmatrix} = \begin{cases} 0 & (k, l, m \text{ のどれかが等しい}) \\ \varepsilon_{klm}|A| & (k, l, m \text{ が } 1, 2, 3 \text{ の順列}). \end{cases}$$

例えば，$\varepsilon_{klm} = \varepsilon_{132} = -\varepsilon_{123} = -1$.

A1. 交差数が 6 で，偶数だから符号は + ですね．

A2.　$(x+a+b+c)(x-a)(x-b)(x-c)$.

A3.　答：

$$\frac{1}{3}\begin{pmatrix} 9 & -3 & -12 \\ -3 & 2 & 4 \\ -3 & 1 & 5 \end{pmatrix}$$

A4.　以下の解法は一般の n 次の場合にも適用できます．

$$|AB| = \left|\left(a_{ij}\right)\left(b_{ij}\right)\right| = \begin{vmatrix} \sum_k a_{1k}b_{k1} & \sum_l a_{1l}b_{l2} & \sum_m a_{1m}b_{m3} \\ \sum_k a_{2k}b_{k1} & \sum_l a_{2l}b_{l2} & \sum_m a_{2m}b_{m3} \\ \sum_k a_{3k}b_{k1} & \sum_l a_{3l}b_{l2} & \sum_m a_{3m}b_{m3} \end{vmatrix}$$

列が和の形なので，行列式は和の形で書けます．

$$|AB| = \sum_k \begin{vmatrix} a_{1k}b_{k1} & \sum_l a_{1l}b_{l2} & \sum_m a_{1m}b_{m3} \\ a_{2k}b_{k1} & \sum_l a_{2l}b_{l2} & \sum_m a_{2m}b_{m3} \\ a_{3k}b_{k1} & \sum_l a_{3l}b_{l2} & \sum_m a_{3m}b_{m3} \end{vmatrix}$$

$$= \sum_k \sum_l \sum_m \begin{vmatrix} a_{1k}b_{k1} & a_{1l}b_{l2} & a_{1m}b_{m3} \\ a_{2k}b_{k1} & a_{2l}b_{l2} & a_{2m}b_{m3} \\ a_{3k}b_{k1} & a_{3l}b_{l2} & a_{3m}b_{m3} \end{vmatrix}.$$

1, 2, 3 列はそれぞれ b_{k1}, b_{l2}, b_{m3} 倍されているから，それらは行列式の外に出せます：

$$|AB| = \sum_k \sum_l \sum_m \begin{vmatrix} a_{1k} & a_{1l} & a_{1m} \\ a_{2k} & a_{2l} & a_{2m} \\ a_{3k} & a_{3l} & a_{3m} \end{vmatrix} b_{k1}b_{l2}b_{m3}.$$

ここで，ヒントの式を用いると，

$$|AB| = \sum_k \sum_l \sum_m \varepsilon_{klm}|A|b_{k1}b_{l2}b_{m3}$$

$$= |A| \sum_k \sum_l \sum_m \varepsilon_{klm}b_{k1}b_{l2}b_{m3}.$$

最後に，行列式 $|B|$ の展開式を思い出し，ε_{klm} によって $\sum_k \sum_l \sum_m$ の k, l, m は 1, 2, 3 の順列に限られることに注意すると，

$$|AB| = |A||B|$$

が得られます．

§6.4　連立1次方程式と掃き出し法

一般の多元連立1次方程式を実際に解く場合，§§6.3.3.3で議論されたクラメルの公式は，計算が膨大になり，現実的ではありません．また，元（未知数）の数と方程式の数が一致しない場合には，行列式を用いて解の様子を調べることはできません．この§では，多元連立1次方程式を解く最も初等的な方法，**掃き出し法**（消去法）を議論しましょう．掃き出す（どんどん消去する）のは，コンピュータが最も得意とし，彼にとっては100元の問題など朝飯前です．理論的には，解の存在条件やどんな解があるかに興味があります．

6.4.1　掃き出し法と係数行列

簡単な具体例から始めましょう．2元連立1次方程式

$$\begin{cases} 2x+4y=4 \\ x-\ \ y=5 \end{cases} \Leftrightarrow \begin{pmatrix} 2 & 4 \\ 1 & -1 \end{pmatrix}\begin{pmatrix} x \\ y \end{pmatrix} = \begin{pmatrix} 4 \\ 5 \end{pmatrix}$$

を掃き出していきましょう．その際に，係数行列 $\begin{pmatrix} 2 & 4 \\ 1 & -1 \end{pmatrix}$ に右辺の定数ベクトル $\begin{pmatrix} 4 \\ 5 \end{pmatrix}$ を付け加えて作った**拡大係数行列** $\left(\begin{array}{cc|c} 2 & 4 & 4 \\ 1 & -1 & 5 \end{array}\right)$ を利用して手短に表しましょう．以下，連立方程式の**基本変形**と呼ばれる同値変形（記号 $\Longleftrightarrow$）を行います．

$$\begin{cases} 2x+4y=4 \\ x-\ \ y=5 \end{cases} \Leftrightarrow \left(\begin{array}{cc|c} 2 & 4 & 4 \\ 1 & -1 & 5 \end{array}\right)$$

$$\overset{1行\div 2}{\Longleftrightarrow} \begin{cases} x+2y=2 \\ x-\ \ y=5 \end{cases} \Leftrightarrow \left(\begin{array}{cc|c} 1 & 2 & 2 \\ 1 & -1 & 5 \end{array}\right)$$

$$\overset{2行-1行}{\Longleftrightarrow} \begin{cases} x+2y=2 \\ \quad -3y=3 \end{cases} \Leftrightarrow \left(\begin{array}{cc|c} 1 & 2 & 2 \\ 0 & -3 & 3 \end{array}\right)$$

$$\overset{2行\div(-3)}{\Longleftrightarrow} \begin{cases} x+2y=2 \\ \qquad y=-1 \end{cases} \Leftrightarrow \left(\begin{array}{cc|c} 1 & 2 & 2 \\ 0 & 1 & -1 \end{array}\right)$$

$$\overset{1行-2行\times 2}{\Longleftrightarrow} \begin{cases} x \qquad =4 \\ \qquad y=-1 \end{cases} \Leftrightarrow \left(\begin{array}{cc|c} 1 & 0 & 4 \\ 0 & 1 & -1 \end{array}\right)$$

基本変形は君たちが中学時代から知っている解法ですね．基本変形については，上で行った，（i）1 つの行（方程式の 1 つ）を定数倍すること，（ii）1 つの行を定数倍したものを他の行に加えることの外に，(iii) 2 つの行を入れ換えること（2 つの方程式の順序を入れ換えること）があります．（i）〜 (iii) は，行列でいえば行に関する基本変形なので，特に **行基本変形** といいます．

上の例で，拡大係数行列 $\left(\begin{array}{cc|c} 2 & 4 & 4 \\ 1 & -1 & 5 \end{array}\right)$ は $\left(\begin{array}{cc|c} 1 & 0 & 4 \\ 0 & 1 & -1 \end{array}\right)$ に変形されました．上の行基本変形は拡大係数行列に係数行列の逆行列を左から掛けても得られます．実際，$\begin{pmatrix} 2 & 4 \\ 1 & -1 \end{pmatrix}^{-1} = \frac{1}{6}\begin{pmatrix} 1 & 4 \\ 1 & -2 \end{pmatrix}$ を左から掛けてみると，$\frac{1}{6}\begin{pmatrix} 1 & 4 \\ 1 & -2 \end{pmatrix}\begin{pmatrix} 4 \\ 5 \end{pmatrix} = \begin{pmatrix} 4 \\ -1 \end{pmatrix}$ であり，

$$\begin{pmatrix} 2 & 4 \\ 1 & -1 \end{pmatrix}^{-1}\left(\begin{array}{cc|c} 2 & 4 & 4 \\ 1 & -1 & 5 \end{array}\right) = \left(\begin{pmatrix} 2 & 4 \\ 1 & -1 \end{pmatrix}^{-1}\begin{pmatrix} 2 & 4 \\ 1 & -1 \end{pmatrix} \middle| \begin{pmatrix} 2 & 4 \\ 1 & -1 \end{pmatrix}^{-1}\begin{pmatrix} 4 \\ 5 \end{pmatrix}\right) = \left(\begin{array}{cc|c} 1 & 0 & 4 \\ 0 & 1 & -1 \end{array}\right)$$

が成り立ちます．

上の考察は，また，行基本変形を利用して係数行列の逆行列が求められることを意味します．というのは，A の逆行列 A^{-1} があれば，それを A に左から掛けて，$A^{-1}A = I$ が成り立つからです．係数行列に単位行列を付け加えた拡大係数行列を用いて，上の例でやってみましょう：(第 i 行などの第を省略)

$$\left(\begin{array}{cc|cc} 2 & 4 & 1 & 0 \\ 1 & -1 & 0 & 1 \end{array}\right) \overset{1\,行\div 2}{\Longleftrightarrow} \left(\begin{array}{cc|cc} 1 & 2 & 1/2 & 0 \\ 1 & -1 & 0 & 1 \end{array}\right) \overset{2\,行-1\,行}{\Longleftrightarrow} \left(\begin{array}{cc|cc} 1 & 2 & 1/2 & 0 \\ 0 & -3 & -1/2 & 1 \end{array}\right)$$

$$\overset{2\,行\div(-3)}{\Longleftrightarrow} \left(\begin{array}{cc|cc} 1 & 2 & 1/2 & 0 \\ 0 & 1 & 1/6 & -1/3 \end{array}\right) \overset{1\,行-2\,行\times 2}{\Longleftrightarrow} \left(\begin{array}{cc|cc} 1 & 0 & 1/6 & 2/3 \\ 0 & 1 & 1/6 & -1/3 \end{array}\right).$$

確かに，行基本変形によって係数行列の逆行列が求まりましたね．

さらに，上の結果は，行基本変形（i）〜 (iii) の各々が行列によって表されることを示唆します．実際，

（i）i 行を c 倍する：$P_i(c)\times$
（ii）i 行に j 行の c 倍を加える：$P_{ij}(c)\times$　　　　（行基本変形）
（iii）i 行と j 行を入れ換える：$P_{ij}\times$

となる **基本行列** $P_i(c)$, $P_{ij}(c)$, P_{ij} を見つけることができます（記号 × は基本行列を左から掛けることを強調）．天下り式に書いてもよいのですが，これらの行列は重要な定理を証明するのに必要で，君たちにも慣れてほしいと思いま

す．そこで，2 次の場合に自分で見つける練習をしましょう．ヒントになる 4 つの積は

$$\mathrm{X}_1 : \begin{pmatrix} c & 0 \\ 0 & 0 \end{pmatrix}\begin{pmatrix} p & q \\ r & s \end{pmatrix} = \begin{pmatrix} cp & cq \\ 0 & 0 \end{pmatrix}, \qquad \mathrm{X}_2 : \begin{pmatrix} 0 & 0 \\ 0 & c \end{pmatrix}\begin{pmatrix} p & q \\ r & s \end{pmatrix} = \begin{pmatrix} 0 & 0 \\ cr & cs \end{pmatrix},$$

$$\mathrm{X}_3 : \begin{pmatrix} 0 & c \\ 0 & 0 \end{pmatrix}\begin{pmatrix} p & q \\ r & s \end{pmatrix} = \begin{pmatrix} cr & cs \\ 0 & 0 \end{pmatrix}, \qquad \mathrm{X}_4 : \begin{pmatrix} 0 & 0 \\ c & 0 \end{pmatrix}\begin{pmatrix} p & q \\ r & s \end{pmatrix} = \begin{pmatrix} 0 & 0 \\ cp & cq \end{pmatrix}$$

です．X_1, X_2 から，

$$P_1(c) = \begin{pmatrix} c & 0 \\ 0 & 1 \end{pmatrix}, \qquad P_2(c) = \begin{pmatrix} 1 & 0 \\ 0 & c \end{pmatrix}$$

に気がついたかな．また，X_3, X_4 から，

$$P_{12} = P_{21} = \begin{pmatrix} 0 & 1 \\ 0 & 0 \end{pmatrix} + \begin{pmatrix} 0 & 0 \\ 1 & 0 \end{pmatrix} = \begin{pmatrix} 0 & 1 \\ 1 & 0 \end{pmatrix}$$

ですね．$P_{12}(c)$, $P_{21}(c)$ はちょっと複雑ですが，単位行列 $\begin{pmatrix} 1 & 0 \\ 0 & 1 \end{pmatrix}$ を思い出すと，

$$P_{12}(c) = \begin{pmatrix} 1 & 0 \\ 0 & 1 \end{pmatrix} + \begin{pmatrix} 0 & c \\ 0 & 0 \end{pmatrix} = \begin{pmatrix} 1 & c \\ 0 & 1 \end{pmatrix}, \qquad P_{21}(c) = \begin{pmatrix} 1 & 0 \\ c & 1 \end{pmatrix}$$

であることがわかります．それを確かめるのは練習問題にしましょう．基本行列は‘左から掛けたときに行基本変形になる’でしたね．

もし，これらの基本行列を右から掛けたらどうなるでしょう．どうなるか，実際にやってみましょう．

$$\begin{pmatrix} p & q \\ r & s \end{pmatrix} P_1(c) = \begin{pmatrix} p & q \\ r & s \end{pmatrix}\begin{pmatrix} c & 0 \\ 0 & 1 \end{pmatrix} = \begin{pmatrix} cp & q \\ cr & s \end{pmatrix},$$

$$\begin{pmatrix} p & q \\ r & s \end{pmatrix} P_2(c) = \begin{pmatrix} p & q \\ r & s \end{pmatrix}\begin{pmatrix} 1 & 0 \\ 0 & c \end{pmatrix} = \begin{pmatrix} p & cq \\ r & cs \end{pmatrix},$$

$$\begin{pmatrix} p & q \\ r & s \end{pmatrix} P_{12}(c) = \begin{pmatrix} p & q \\ r & s \end{pmatrix}\begin{pmatrix} 1 & c \\ 0 & 1 \end{pmatrix} = \begin{pmatrix} p & q + cp \\ r & s + cr \end{pmatrix},$$

$$\begin{pmatrix} p & q \\ r & s \end{pmatrix} P_{21}(c) = \begin{pmatrix} p & q \\ r & s \end{pmatrix}\begin{pmatrix} 1 & 0 \\ c & 1 \end{pmatrix} = \begin{pmatrix} p + cq & q \\ r + cs & s \end{pmatrix},$$

$$\begin{pmatrix} p & q \\ r & s \end{pmatrix} P_{12} = \begin{pmatrix} p & q \\ r & s \end{pmatrix}\begin{pmatrix} 0 & 1 \\ 1 & 0 \end{pmatrix} = \begin{pmatrix} q & p \\ s & r \end{pmatrix}.$$

今度は列の変形になりましたね．整理すると次のようになります：

(i′) i 列を c 倍する：$\times P_i(c)$

(ii′) j 列に i 列の c 倍を加える：$\times P_{ij}(c)$ （列基本変形）

(iii′) i 列と j 列を入れ換える：$\times P_{ij}$

これらを **列基本変形** といいましょう（記号 $\times$ は右から掛けることを強調）.

また，基本行列は正則であり，逆行列は次のようになります：（練習問題にします）

$$P_i(c)^{-1} = P_i\left(\frac{1}{c}\right), \qquad P_{ij}(c)^{-1} = P_{ij}(-c), \qquad P_{ij}^{-1} = P_{ij}.$$

一般の基本行列を載せておきます．それらは 2 次の場合と同じ行基本変形（i）～（iii），列基本変形（i′）～（iii′）を満たし，上と同じ形の逆行列をもちます：

$$P_i(c) = \begin{pmatrix} 1 & & & & & & O \\ & \ddots & & & & & \\ & & 1 & & & & \\ & & & c & & & \\ & & & & 1 & & \\ & & & & & \ddots & \\ O & & & & & & 1 \end{pmatrix} \begin{matrix} \\ \\ \\ i\text{ 行} \\ \\ \\ \\ \end{matrix} \qquad (c \neq 0)$$

$$P_{ij}(c) = \begin{pmatrix} 1 & & & & & O \\ & \ddots & & & & \\ & & 1 & \cdots & c & \\ & & & \ddots & \vdots & \\ & & & & 1 & \\ & & & & & \ddots \\ O & & & & & & 1 \end{pmatrix} \begin{matrix} \\ \\ i\text{ 行} \\ \\ j\text{ 行} \\ \\ \\ \end{matrix}$$

$$P_{ij} = \begin{pmatrix} 1 & & & & & & & O \\ & \ddots & & & & & & \\ & & 1 & & & & & \\ & & & 0 & \cdots & 1 & & \\ & & & \vdots & 1 & \vdots & & \\ & & & & \ddots & & & \\ & & & & & 1 & & \\ & & & 1 & \cdots & 0 & & \\ & & & & & & \ddots & \\ O & & & & & & & 1 \end{pmatrix} \begin{matrix} \\ \\ \\ i\text{ 行} \\ \\ \\ \\ j\text{ 行} \\ \\ \\ \end{matrix}$$

ここで，確認のための練習問題です．3 次の $P_{32}(c)$, P_{32} を求めなさい．

答：

$$P_{32}(c) = \begin{pmatrix} 1 & 0 & 0 \\ 0 & 1 & 0 \\ 0 & c & 1 \end{pmatrix}, \qquad P_{32} = P_{23} = \begin{pmatrix} 1 & 0 & 0 \\ 0 & 0 & 1 \\ 0 & 1 & 0 \end{pmatrix}.$$

基本行列を（拡大）係数行列の右から掛ける場合もあるので，その意味を調べておきましょう．行列で書いた連立 1 次方程式 $A\boldsymbol{x} = \boldsymbol{b}$ において，係数行列 A にある基本行列 P を右から掛けたとき，それが実際に意味をもつのは方程式を同値変形する場合です．つまり，

$$A\boldsymbol{x} = \boldsymbol{b} \iff (AP)(P^{-1}\boldsymbol{x}) = \boldsymbol{b}.$$

A が 3 次行列で，

$$P_2(c) = \begin{pmatrix} 1 & 0 & 0 \\ 0 & c & 0 \\ 0 & 0 & 1 \end{pmatrix} \ (c \neq 0), \quad P_{12}(c) = \begin{pmatrix} 1 & c & 0 \\ 0 & 1 & 0 \\ 0 & 0 & 1 \end{pmatrix}, \quad P_{12} = \begin{pmatrix} 0 & 1 & 0 \\ 1 & 0 & 0 \\ 0 & 0 & 1 \end{pmatrix}$$

の場合を調べれば十分です．$P_2(c)^{-1} = P_2(1/c)$, $P_{12}(c)^{-1} = P_{12}(-c)$, $P_{12}^{-1} = P_{12}$ だから，$A = \left(a_{ij}\right)$, $\boldsymbol{x} = \begin{pmatrix} x \\ y \\ z \end{pmatrix}$ とすると，

$$(AP_2(c))\left(P_2(c)^{-1}\boldsymbol{x}\right) = \begin{pmatrix} a_{11} & ca_{12} & a_{13} \\ a_{21} & ca_{22} & a_{23} \\ a_{31} & ca_{32} & a_{33} \end{pmatrix}\begin{pmatrix} x \\ y/c \\ z \end{pmatrix},$$

$$(AP_{12}(c))\left(P_{12}(c)^{-1}\boldsymbol{x}\right) = \begin{pmatrix} a_{11} & a_{12} + ca_{11} & a_{13} \\ a_{21} & a_{22} + ca_{21} & a_{23} \\ a_{31} & a_{32} + ca_{31} & a_{33} \end{pmatrix}\begin{pmatrix} x - cy \\ y \\ z \end{pmatrix},$$

$$(AP_{12})\left(P_{12}^{-1}\boldsymbol{x}\right) = \begin{pmatrix} a_{12} & a_{11} & a_{13} \\ a_{22} & a_{21} & a_{23} \\ a_{32} & a_{31} & a_{33} \end{pmatrix}\begin{pmatrix} y \\ x \\ z \end{pmatrix}$$

ですね（確かめよう）．これは，変数変換をして問題を解くことに当たります．このようなことは「固有値問題」でも起こります．

最後に，3 元連立方程式の問題です．次の方程式の解，および係数行列の逆行列を求めなさい．

$$\begin{cases} 2x - \ \ y + z = 2 \\ \ \ x + \ \ y + z = 2 \\ 3x + 2y - z = 9 \end{cases}$$

ヒント：拡大係数行列に，さらに単位行列を加えたものを使うとよいでしょう．

解答例：

$$\left(\begin{array}{ccc|c|ccc} 2 & -1 & 1 & 2 & 1 & 0 & 0 \\ 1 & 1 & 1 & 2 & 0 & 1 & 0 \\ 3 & 2 & -1 & 9 & 0 & 0 & 1 \end{array}\right)$$

$$\overset{1\text{ 行}\leftrightarrow 2\text{ 行}}{\Longleftrightarrow} \left(\begin{array}{ccc|c|ccc} 1 & 1 & 1 & 2 & 0 & 1 & 0 \\ 2 & -1 & 1 & 2 & 1 & 0 & 0 \\ 3 & 2 & -1 & 9 & 0 & 0 & 1 \end{array}\right)$$

$$\overset{\substack{2\text{ 行}-1\text{ 行}\times 2 \\ 3\text{ 行}-1\text{ 行}\times 3}}{\Longleftrightarrow} \left(\begin{array}{ccc|c|ccc} 1 & 1 & 1 & 2 & 0 & 1 & 0 \\ 0 & -3 & -1 & -2 & 1 & -2 & 0 \\ 0 & -1 & -4 & 3 & 0 & -3 & 1 \end{array}\right)$$

$$\overset{2\text{ 行}\leftrightarrow 3\text{ 行}}{\Longleftrightarrow} \left(\begin{array}{ccc|c|ccc} 1 & 1 & 1 & 2 & 0 & 1 & 0 \\ 0 & -1 & -4 & 3 & 0 & -3 & 1 \\ 0 & -3 & -1 & -2 & 1 & -2 & 0 \end{array}\right)$$

$$\overset{2\text{ 行}\times(-1)}{\Longleftrightarrow} \left(\begin{array}{ccc|c|ccc} 1 & 1 & 1 & 2 & 0 & 1 & 0 \\ 0 & 1 & 4 & -3 & 0 & 3 & -1 \\ 0 & -3 & -1 & -2 & 1 & -2 & 0 \end{array}\right)$$

$$\overset{\substack{1\text{ 行}-2\text{ 行} \\ 3\text{ 行}+2\text{ 行}\times 3}}{\Longleftrightarrow} \left(\begin{array}{ccc|c|ccc} 1 & 0 & -3 & 5 & 0 & -2 & 1 \\ 0 & 1 & 4 & -3 & 0 & 3 & -1 \\ 0 & 0 & 11 & -11 & 1 & 7 & -3 \end{array}\right)$$

$$\overset{3\text{ 行}\div 11}{\Longleftrightarrow} \left(\begin{array}{ccc|c|ccc} 1 & 0 & -3 & 5 & 0 & -2 & 1 \\ 0 & 1 & 4 & -3 & 0 & 3 & -1 \\ 0 & 0 & 1 & -1 & 1/11 & 7/11 & -3/11 \end{array}\right)$$

$$\overset{\substack{1\text{ 行}+3\text{ 行}\times 3 \\ 2\text{ 行}-3\text{ 行}\times 4}}{\Longleftrightarrow} \left(\begin{array}{ccc|c|ccc} 1 & 0 & 0 & 2 & 3/11 & -1/11 & 2/11 \\ 0 & 1 & 0 & 1 & -4/11 & 5/11 & 1/11 \\ 0 & 0 & 1 & -1 & 1/11 & 7/11 & -3/11 \end{array}\right).$$

したがって，解は $x, y, z = 2, 1, -1$．係数行列の逆行列は $\frac{1}{11}\begin{pmatrix} 3 & -1 & 2 \\ -4 & 5 & 1 \\ 1 & 7 & -3 \end{pmatrix}$.

もう 1 題．2 元連立 1 次方程式 $\begin{cases} x + y = 3 \\ x + (c^2-8)y = c \end{cases}$ の解の有無を c の値によって分類しなさい．

解答：

$$\begin{cases} x + y = 3 \\ x + (c^2-8)y = c \end{cases} \overset{2\text{ 行}-1\text{ 行}}{\Longleftrightarrow} \begin{cases} x + y = 3 \\ (c^2-9)y = c-3 \end{cases}$$

において，$c^2-9=(c-3)(c+3)$．したがって，$c=3$ のとき，$x+y=3$ を満たす任意の解．$c=-3$ のとき，解なし．$c \neq \pm 3$ のとき，ただ 1 通りの解．

6.4.2　連立1次方程式の解の構造

n 元 m 連立1次方程式（方程式が m 個連立のとき 'm 連立' といおう）において，$m = n$ の場合には解を与えるクラメルの公式があり，解の様子がある程度わかります．しかしながら，この章の始めの議論や§5.2の議論にもあるように，一般には $m \neq n$ の場合の解の構造を議論しなければなりません．例えば，§5.2で議論された $x + y - z = 1$ や $\begin{cases} x+y-z=1 \\ x-y-z=1 \end{cases}$ は無数の解の組をもち，その構造は詳しく議論されました．また，次の2元3連立1次方程式

$$\begin{cases} x + y = 1 \\ x - 2y = 2 \\ 2x - y = 3 \end{cases}$$

は，2つの変数に対して方程式が3個ですから解がないように見えますが，第1, 2式の和が第3式であるために1組の解をもちます：

$$\begin{cases} x + y = 1 \\ x - 2y = 2 \\ 2x - y = 3 \end{cases} \Leftrightarrow \left(\begin{array}{cc|c} 1 & 1 & 1 \\ 1 & -2 & 2 \\ 2 & -1 & 3 \end{array}\right)$$

$$\overset{\substack{2\text{行}-1\text{行} \\ 3\text{行}-1\text{行}\times 2}}{\Longleftrightarrow} \begin{cases} x + y = 1 \\ -3y = 1 \\ -3y = 1 \end{cases} \Leftrightarrow \left(\begin{array}{cc|c} 1 & 1 & 1 \\ 0 & -3 & 1 \\ 0 & -3 & 1 \end{array}\right)$$

$$\overset{3\text{行}-2\text{行}}{\Longleftrightarrow} \begin{cases} x + y = 1 \\ -3y = 1 \\ 0 = 0 \end{cases} \Leftrightarrow \left(\begin{array}{cc|c} 1 & 1 & 1 \\ 0 & -3 & 1 \\ 0 & 0 & 0 \end{array}\right).$$

つまり，この連立方程式では，本当は2つの条件しかなく，第3式はないのと同じです．

以下，一般の n 元 m 連立1次方程式の解の構造を調べましょう．それは，その連立方程式の '独立な条件式の個数' に依存します．その個数は以下で議論する行列の**階数**（**ランク**）によって明らかになります．

行列のランクを定義するために，一般の $m \times n$ 行列 $A = \left(a_{ij}\right)$ を列ベクトル $\boldsymbol{a}_j = (a_{1j} \ \ a_{2j} \ \ \cdots a_{mj})^T$ および 行ベクトル $\boldsymbol{a}'_i = (a_{i1} \ \ a_{i2} \ \ \cdots a_{in})$ で表しておきましょう：

$$A = \begin{pmatrix} a_{11} & a_{12} & \cdots & a_{1n} \\ a_{21} & a_{22} & \cdots & a_{2n} \\ \vdots & \vdots & & \vdots \\ a_{m1} & a_{m2} & \cdots & a_{mn} \end{pmatrix} = (\boldsymbol{a}_1 \ \ \boldsymbol{a}_2 \ \ \cdots \boldsymbol{a}_n) = \begin{pmatrix} \boldsymbol{a}'_1 \\ \boldsymbol{a}'_2 \\ \vdots \\ \boldsymbol{a}'_m \end{pmatrix}.$$

このとき，‘独立な条件式の個数’を最も適切に表すように，行列 A のランクを「行ベクトル $\boldsymbol{a}'_1, \boldsymbol{a}'_2, \cdots, \boldsymbol{a}'_m$ の中で線形独立なものの最大個数」と定義しましょう．重要なことは，以下で示すように，行列 A のランクは「列ベクトル $\boldsymbol{a}_1, \boldsymbol{a}_2, \cdots, \boldsymbol{a}_n$ の中で線形独立なものの最大個数」に一致し，かつ，以下の（ア）～（エ）で示すように，行列のランクは行列の行基本変形や列基本変形によって変化しません．ここでは，上の行・列ベクトルに対しても，線形独立なものの最大個数を‘ベクトルのランク’といいましょう．

（ア）行変形に対する列ベクトルのランク：一連の行基本変形は，対応する基本行列の積 P を用いて，

$$PA = P(\boldsymbol{a}_1 \ \ \boldsymbol{a}_2 \ \ \cdots \boldsymbol{a}_n) = (P\boldsymbol{a}_1 \ \ P\boldsymbol{a}_2 \ \ \cdots P\boldsymbol{a}_n)$$

と表すことができます．$\boldsymbol{a}_1, \boldsymbol{a}_2, \cdots, \boldsymbol{a}_n$ のランクと $P\boldsymbol{a}_1, P\boldsymbol{a}_2, \cdots, P\boldsymbol{a}_n$ のランクが一致することをいうためには，$\boldsymbol{a}_1, \boldsymbol{a}_2, \cdots, \boldsymbol{a}_r$ と $P\boldsymbol{a}_1, P\boldsymbol{a}_2, \cdots, P\boldsymbol{a}_r$ $(r = 1, 2, \cdots, n)$ の線形独立（線形従属）が，任意の r に対して，一致することをいえば済みます．方程式

$$t_1\boldsymbol{a}_1 + t_2\boldsymbol{a}_2 + \cdots + t_r\boldsymbol{a}_r = \boldsymbol{0}$$

に対して，$\boldsymbol{a}_1, \boldsymbol{a}_2, \cdots, \boldsymbol{a}_n$ が線形独立ならば解は $t_1 = t_2 = \cdots = t_r = 0$ のみ，線形従属ならば解は $t_1 = t_2 = \cdots = t_r = 0$ 以外のものもあります．今の場合，各基本行列およびその積は正則だから P はその逆行列 P^{-1} をもち，したがって，方程式

$$t_1P\boldsymbol{a}_1 + t_2P\boldsymbol{a}_2 + \cdots + t_rP\boldsymbol{a}_r = \boldsymbol{0} \ \Leftrightarrow \ P(t_1\boldsymbol{a}_1 + t_2\boldsymbol{a}_2 + \cdots + t_r\boldsymbol{a}_r) = \boldsymbol{0}$$

は方程式 $t_1\boldsymbol{a}_1 + t_2\boldsymbol{a}_2 + \cdots + t_r\boldsymbol{a}_r = \boldsymbol{0}$ に一致します．つまり，$P\boldsymbol{a}_1, P\boldsymbol{a}_2, \cdots, P\boldsymbol{a}_r$ と $\boldsymbol{a}_1, \boldsymbol{a}_2, \cdots, \boldsymbol{a}_r$ の線形独立（線形従属）は一致します．したがって，行変形によって列ベクトルのランクは変わりません．

（イ）列変形に対する行ベクトルのランク：（ア）の場合と同様に，一連の列基本変形は，対応する基本行列の積 Q を用いて，

$$AQ = \begin{pmatrix} \boldsymbol{a}'_1 \\ \boldsymbol{a}'_2 \\ \vdots \\ \boldsymbol{a}'_m \end{pmatrix} Q = \begin{pmatrix} \boldsymbol{a}'_1 Q \\ \boldsymbol{a}'_2 Q \\ \vdots \\ \boldsymbol{a}'_m Q \end{pmatrix}$$

と表すことができます．（ア）の場合と同様に，$r = 1, 2, \cdots, m$ に対して

$$t_1\boldsymbol{a}'_1 Q + t_2\boldsymbol{a}'_2 Q + \cdots + t_r\boldsymbol{a}'_r Q = \boldsymbol{0} \iff t_1\boldsymbol{a}'_1 + t_2\boldsymbol{a}'_2 + \cdots + t_r\boldsymbol{a}'_r = \boldsymbol{0}$$

が成り立ち，列変形によって行ベクトルのランクは変わりません．

（ウ）列変形に対する列ベクトルのランク：一連の列基本変形によって，列ベクトル $\boldsymbol{a}_1, \boldsymbol{a}_2, \cdots, \boldsymbol{a}_n$（ランク r_a とする）が列ベクトル $\boldsymbol{b}_1, \boldsymbol{b}_2, \cdots, \boldsymbol{b}_n$（ランク r_b とする）になったとしましょう：$(\boldsymbol{a}_1\ \ \boldsymbol{a}_2\ \ \cdots \boldsymbol{a}_n)\,Q = (\boldsymbol{b}_1\ \ \boldsymbol{b}_2\ \ \cdots \boldsymbol{b}_n)$．列変形ですから，各 $\boldsymbol{b}_j$ は $\boldsymbol{a}_1, \boldsymbol{a}_2, \cdots, \boldsymbol{a}_n$ の線形結合で表されます：

$$\boldsymbol{b}_j = c_{j1}\boldsymbol{a}_1 + c_{j2}\boldsymbol{a}_2 + \cdots + c_{jn}\boldsymbol{a}_n \qquad (j = 1, 2, \cdots, n)$$

(例えば, 2 列の c 倍を 1 列に加える場合：$\boldsymbol{b}_1 = \boldsymbol{a}_1 + c\boldsymbol{a}_2$, $\boldsymbol{b}_2 = \boldsymbol{a}_2, \cdots, \boldsymbol{b}_n = \boldsymbol{a}_n$)．したがって，$\boldsymbol{b}_1, \boldsymbol{b}_2, \cdots, \boldsymbol{b}_n$ に含まれる線形独立なベクトルは高々 $\{\boldsymbol{a}_i\}$ のランク r_a だから $r_b \leqq r_a$ が成り立ちます．また，このとき Q^{-1} が存在し，$(\boldsymbol{a}_1\ \ \boldsymbol{a}_2\ \ \cdots \boldsymbol{a}_n) = (\boldsymbol{b}_1\ \ \boldsymbol{b}_2\ \ \cdots \boldsymbol{b}_n)\,Q^{-1}$ が成り立つから，$\boldsymbol{a}_1, \boldsymbol{a}_2, \cdots, \boldsymbol{a}_n$ は逆に $\boldsymbol{b}_1, \boldsymbol{b}_2, \cdots, \boldsymbol{b}_n$ の線形結合で表されます．よって，上と同様の議論によって，$r_a \leqq r_b$．したがって，$r_b = r_a$ が成り立ち，列変形は列ベクトルのランクを変えません（線形独立とランクの関係の厳密な議論：☞【6.6】(3)（366 ページ））．

（エ）行変形に対する行ベクトルのランク：一連の行基本変形によって行ベクトル $\boldsymbol{a}'_1, \boldsymbol{a}'_2, \cdots, \boldsymbol{a}'_m$ が行ベクトル $\boldsymbol{b}'_1, \boldsymbol{b}'_2, \cdots, \boldsymbol{b}'_m$ になったとします：$P(\boldsymbol{a}'_1\ \boldsymbol{a}'_2\ \cdots\ \boldsymbol{a}'_m)^T = (\boldsymbol{b}'_1\ \boldsymbol{b}'_2\ \cdots\ \boldsymbol{b}'_m)^T$．このとき，（ウ）と同様の議論が成り立ち，行変形は行ベクトルのランクを変えないことがわかります（これを示すのは練習問題にしましょう）．

以上の議論から，一連の行基本変形・列基本変形は行列 A の行ベクトル $\boldsymbol{a}'_1, \boldsymbol{a}'_2, \cdots, \boldsymbol{a}'_m$ や列ベクトル $\boldsymbol{a}_1, \boldsymbol{a}_2, \cdots, \boldsymbol{a}_n$ のランクを変えないことがわかりました．

次に，この結果から，それら両ベクトルのランクが一致することを示しましょう．$A = \left(a_{ij}\right)$ において，まず，(1,1) 成分が 0 にならないように必要なら行（列）の入れ換えを行い，(1,1) 成分が 1 となるように 1 行を割って得られる行列 $\left(b_{ij}\right)$ に変形しておいてから，次のように変形します：

$$A \longrightarrow \begin{pmatrix} 1 & b_{12} & \cdots & b_{1n} \\ b_{21} & b_{22} & \cdots & b_{2n} \\ \vdots & \vdots & & \vdots \\ b_{m1} & b_{m2} & \cdots & b_{mn} \end{pmatrix} \xrightarrow[\substack{l\text{ 列} - 1\text{ 列} \times b_{1l} \\ (l = 2, \cdots, n)}]{\substack{k\text{ 行} - 1\text{ 行} \times b_{k1} \\ (k = 2, \cdots, m)}} \begin{pmatrix} 1 & 0 & \cdots & 0 \\ 0 & c_{22} & \cdots & c_{2n} \\ \vdots & \vdots & & \vdots \\ 0 & c_{m2} & \cdots & c_{mn} \end{pmatrix}.$$

（変形に記号 ⟶ を用いたのは，列変形は連立 1 次方程式の同値変形に対応しないためです）．上の変形を‘(1,1) を要（かなめ）として 1 列と 1 行を掃き出す’といいましょう．次に，小行列

$$\begin{pmatrix} c_{22} & \cdots & c_{2n} \\ \vdots & & \vdots \\ c_{m2} & \cdots & c_{mn} \end{pmatrix}$$

に上と同様の変形をくり返します．これを続けていくと，最後に，

$$A \longrightarrow \cdots \longrightarrow \begin{pmatrix} 1 & & & & & \\ & \ddots & & & \boldsymbol{O} & \\ & & 1 & & & \\ & & & 0 & & \\ & \boldsymbol{O} & & & \ddots & \\ & & & & & 0 \end{pmatrix} (= R \text{ とおく})$$

の形に到達します．

上の基本変形で最後に得られる行列 R は「ランク標準形」といわれます．$R = \left(b_{ij}\right)$ として，その対角線上の 1 の個数を r としましょう．すると，R の列ベクトル $\boldsymbol{b}_j$ は列基本ベクトルかゼロベクトル：

$$\begin{cases} \boldsymbol{b}_j = \boldsymbol{e}_j & (j = 1, 2, \cdots, r) \\ \boldsymbol{b}_j = \boldsymbol{0} & (j = r+1, \cdots, n) \end{cases}$$

また，行ベクトル $\boldsymbol{b}'_i$ は行基本ベクトルかゼロベクトル：

$$\begin{cases} \boldsymbol{b}'_i = \boldsymbol{e}_i^T & (i = 1, 2, \cdots, r) \\ \boldsymbol{b}'_i = \boldsymbol{0}^T & (i = r+1, \cdots, m) \end{cases}$$

ですね．したがって，R の行ベクトル・列ベクトルのランクは共に r となって一致します．この r が元の行列 A のランクです．

掃き出し法によって連立 1 次方程式を解くには行変形を行います．n 元 m 連立 1 次方程式 $A\boldsymbol{x} = \boldsymbol{b}$ の場合，拡大係数行列 $(A\,|\,\boldsymbol{b})$ は一連の行基本変形によって

$$(A|\boldsymbol{b}) \iff \left(\begin{array}{ccccc|c} c_{11} & \cdots & \cdots & & & d_1 \\ & & c_{2j} & \cdots & & d_2 \\ & & & \cdots & \cdots & \vdots \\ & & & & c_{rk} \quad \cdots & d_r \\ & & & & & d_{r+1} \\ & & & & & \vdots \\ & O & & & & d_m \end{array}\right) \left(= \begin{pmatrix} \boldsymbol{c}'_1 \\ \vdots \\ \boldsymbol{c}'_r \\ \vdots \\ \boldsymbol{c}'_m \end{pmatrix} \text{とおく} \right)$$

のようないわゆる **階段行列** の形に変形できます $(c_{11}, c_{2j}, \cdots, c_{rk} \neq 0)$．階段行列は，下の行ほど，左側に 0 が可能な限り連続して並ぶように行変形した行列です．この階段行列は連立 1 次方程式

$$\begin{cases} c_{11}x_1 + \cdots \qquad\qquad \cdots + c_{1n}x_n = d_1 \\ \qquad c_{2j}x_j + \cdots \qquad \cdots + c_{2n}x_n = d_2 \\ \qquad\qquad \cdots\cdots \qquad\qquad\qquad \vdots \\ \qquad\qquad c_{rk}x_k + \cdots + c_{rn}x_n = d_r \\ \qquad\qquad\qquad\qquad\qquad 0 = d_{r+1} \\ \qquad\qquad\qquad\qquad\qquad \vdots \\ \qquad\qquad\qquad\qquad\qquad 0 = d_m \end{cases}$$

に同値ですから，条件

$$d_{r+1} = d_{r+2} = \cdots = d_m = 0$$

が導かれます．もしこの条件が満たされないときは n 元 m 連立 1 次方程式 $A\boldsymbol{x} = \boldsymbol{b}$ に解はありません．満たされるとき $(\boldsymbol{c}'_{r+1} = \cdots = \boldsymbol{c}'_m = \boldsymbol{0}^T)$ には，行ベクトル $\boldsymbol{c}'_1, \boldsymbol{c}'_2, \cdots, \boldsymbol{c}'_r$ が線形独立になる（☞ 下の練習問題），つまり，係数行列 A のランクと拡大係数行列 $(A\,|\,\boldsymbol{b})$ のランクが共に r になります．この条件の下で $A\boldsymbol{x} = \boldsymbol{b}$ は解をもち，それがただ 1 組の解となるのは未知数の個数 n と独立な条件式の数 r が一致する場合であり，$r < n$ のときは条件不足のために無数の組の解をもちます．（$r > n$ の場合はありません．どうしてかな？）．

練習問題：行ベクトル $\boldsymbol{c}'_1, \boldsymbol{c}'_2, \cdots, \boldsymbol{c}'_r$：

$$\boldsymbol{c}'_1 = (c_{11}\ c_{12}\ \cdots \qquad \cdots\ c_{1n}) \qquad (c_{11} \neq 0)$$
$$\boldsymbol{c}'_i = (0\ \cdots\ 0\ c_{ij_i}\ c_{i(j+1)_i}\ \cdots\ c_{in}) \qquad (c_{ij_i} \neq 0,\ j_{i-1} < j_i)$$
$$(i = 2, \cdots, r)$$

は線形独立であることを示しなさい.

解答：ベクトル方程式

$$t_1\boldsymbol{c}'_1 + t_2\boldsymbol{c}'_2 + \cdots + t_i\boldsymbol{c}'_i + \cdots + t_r\boldsymbol{c}'_r = \boldsymbol{0}^T$$

において，両辺の第 1 列を比較すると，$t_1c_{11} = 0$ で，$c_{11} \neq 0$ だから，$t_1 = 0$. このとき，$c_{2k} = 0\ (k < j_2)$, $c_{2j_2} \neq 0$, $j_1 = 1 < j_2$ より，第 j_2 列は $t_2c_{2j_2} = 0$. よって，$t_2 = 0$. 以下同様にして，すべての $t_i = 0\ (i = 1, 2, \cdots, r)$. したがって，$\boldsymbol{c}'_1, \boldsymbol{c}'_2, \cdots, \boldsymbol{c}'_r$ は線形独立ですね.

行列 A などのランクを記号 rank A などと書いて，以上の結果をまとめましょう：

> n 元 m 連立 1 次方程式 $A\boldsymbol{x} = \boldsymbol{b}$ について，
> 解がただ 1 組存在するための必要十分条件は，
> $$r = \operatorname{rank} A = \operatorname{rank}(A|\boldsymbol{b}) = n,$$
> 解が無数組存在するための必要十分条件は，
> $$r = \operatorname{rank} A = \operatorname{rank}(A|\boldsymbol{b}) < n.$$

上で，$r < n$ のときは独立した条件が足りないために，解は一般に $n - r$ 個の任意定数（パラメータ）を含み（☞§§5.2.5 の例），そのような解を $A\boldsymbol{x} = \boldsymbol{b}$ の **一般解** といいます．任意定数に特定の数を代入した解を **特解**（特殊解）といいます．例えば，3 元 1 次方程式

$$x + y + z = 1 \iff (1\ 1\ 1)\begin{pmatrix} x \\ y \\ z \end{pmatrix} = 1$$

は変数の数 $n = 3$, $r = \operatorname{rank}(1\ 1\ 1) = 1$ です．したがって，独立な条件は 1 つしかないから，$n - r = 2$ 個の変数，例えば y, z はパラメータ s, t とでき，$x = 1 - s - t$ から，一般解

$$\begin{pmatrix} x \\ y \\ z \end{pmatrix} = \begin{pmatrix} 1-s-t \\ s \\ t \end{pmatrix} = \begin{pmatrix} 1 \\ 0 \\ 0 \end{pmatrix} + s\begin{pmatrix} -1 \\ 1 \\ 0 \end{pmatrix} + t\begin{pmatrix} -1 \\ 0 \\ 1 \end{pmatrix}$$

が得られます．特解は，例えば $s = t = 0$ とおいて，$\begin{pmatrix} x \\ y \\ z \end{pmatrix} = \begin{pmatrix} 1 \\ 0 \\ 0 \end{pmatrix}$ を得ます．

$A\boldsymbol{x} = \boldsymbol{b}$ で，$\boldsymbol{b} = \boldsymbol{0}$ とおいた方程式

$$A\boldsymbol{x} = \boldsymbol{0}$$

を **同次連立 1 次方程式** といいます．これに対し，元の $A\boldsymbol{x} = \boldsymbol{b}$ は **非同次連立 1 次方程式** といいます．n 元 m 連立 1 次同次方程式 $A\boldsymbol{x} = \boldsymbol{0}$ は明らかに $\boldsymbol{x} = \boldsymbol{0}$ という解があり，それを **自明解** といいます．自明解だけをもつ必要十分条件は $r = \operatorname{rank} A = n$ で，$r = \operatorname{rank} A < n$ の場合は自明でない解，つまり $n - r$ 個の任意定数を含む解をもちます．$A\boldsymbol{x} = \boldsymbol{0}$ の非同次形 $A\boldsymbol{x} = \boldsymbol{b}$ の任意の 2 つの解 $\boldsymbol{x}, \boldsymbol{y}$ の差 $\boldsymbol{x} - \boldsymbol{y}$ は，$A(\boldsymbol{x} - \boldsymbol{y}) = A\boldsymbol{x} - A\boldsymbol{y} = \boldsymbol{b} - \boldsymbol{b} = \boldsymbol{0}$ より，同次形 $A\boldsymbol{x} = \boldsymbol{0}$ の解になります．このことは，非同次形 $A\boldsymbol{x} = \boldsymbol{b}$ の一般解 $\boldsymbol{x}$ はその 1 つの特解 $\boldsymbol{x}_0$ に同次形 $A\boldsymbol{x} = \boldsymbol{0}$ の一般解 $\boldsymbol{u}$（$\operatorname{rank} A = n$ のときは自明解）を付け加えて得られることを意味します：

$$\boldsymbol{x} = \boldsymbol{x}_0 + \boldsymbol{u} \qquad (A\boldsymbol{x}_0 = \boldsymbol{b},\ A\boldsymbol{u} = \boldsymbol{0}).$$

同次連立 1 次方程式 $A\boldsymbol{x} = \boldsymbol{0}$ の解全体の集合 W，つまり **解空間**（☞§§5.2.3）

$$W = \{\boldsymbol{x} \in \mathbb{R}^n \mid A\boldsymbol{x} = \boldsymbol{0}\}$$

を考えましょう．§§5.2.3 ですでに学んだように，$A\boldsymbol{x} = \boldsymbol{0}$ の解の線形結合はまた解になるから，つまり $\boldsymbol{x}, \boldsymbol{y} \in W$ のとき

$$A(k\boldsymbol{x} + l\boldsymbol{y}) = \boldsymbol{0} \quad (k, l \text{ は実数})$$

が成り立つので，$A\boldsymbol{x} = \boldsymbol{0}$ の解空間 W はベクトル空間になります．その一般解が $n - r$ 個の任意定数を含むとき $(r = \operatorname{rank} A)$，解は $n - r$ 個の線形独立なベクトルからなるので，解空間 W の次元は $n - r$ です：

$$\text{解空間 } W \text{ の次元} = n - \operatorname{rank} A.$$

例えば，上の 3 元 1 次方程式 $x + y + z = 1$ の同次形 $x + y + z = 0$ の一般解は，例えば，

$$\begin{pmatrix} x \\ y \\ z \end{pmatrix} = \begin{pmatrix} -s-t \\ s \\ t \end{pmatrix} = s\begin{pmatrix} -1 \\ 1 \\ 0 \end{pmatrix} + t\begin{pmatrix} -1 \\ 0 \\ 1 \end{pmatrix}$$

とできます．このとき，$\begin{pmatrix}-1\\1\\0\end{pmatrix}$ と $\begin{pmatrix}-1\\0\\1\end{pmatrix}$ は線形独立な解ベクトルであり，その線形結合はまた解であり，すべての解はその線形結合で表されるから解空間 W の基底（☞§§5.1.3.2）は $n-r=2$ 個の $\begin{pmatrix}-1\\1\\0\end{pmatrix}$ と $\begin{pmatrix}-1\\0\\1\end{pmatrix}$ とできます．

n 元 m 連立 1 次方程式 $A\boldsymbol{x}=\boldsymbol{b}$ の $m\times n$ 行列 A を $\mathbb{R}^n$ から $\mathbb{R}^m$ への線形写像 f の表現行列と考えることもできます：$f(\boldsymbol{x})=A\boldsymbol{x}$．このとき，$A\boldsymbol{x}$ の全体を A の像（イメージ，Image）と呼び，$\mathrm{Im}\,A$ で表します：

$$\mathrm{Im}\,A=\{A\boldsymbol{x}\in\mathbb{R}^m \mid \boldsymbol{x}\in\mathbb{R}^n\}.$$

$\mathrm{Im}\,A$ の次元 (dimension) を $\dim(\mathrm{Im}\,A)$ と表しましょう．それが A のランク（A の行ベクトル $\boldsymbol{a}'_1, \boldsymbol{a}'_2, \cdots, \boldsymbol{a}'_m$ の中で線形独立なものの最大個数）です[9]：

$$\dim(\mathrm{Im}\,A)=\mathrm{rank}\,A.$$

また，同次方程式 $A\boldsymbol{x}=\boldsymbol{0}$ の解空間 W を A の **核**（カーネル，Kernel）と呼び，$\mathrm{Ker}\,A$ と書きます：

$$\mathrm{Ker}\,A=\{\boldsymbol{x}\in\mathbb{R}^n \mid A\boldsymbol{x}=\boldsymbol{0}\}\ (=W).$$

すると，定理「解空間 W の次元 $=n-\mathrm{rank}\,A$」は

$$\dim(\mathrm{Ker}\,A)=n-\mathrm{rank}\,A$$

と書かれ，「次元定理」と呼ばれます．

Q1. 下の 4 つのベクトルの組は線形独立か従属か，調べなさい．

$$\begin{pmatrix}1\\2\\3\\2\end{pmatrix}, \begin{pmatrix}2\\-1\\-3\\0\end{pmatrix}, \begin{pmatrix}1\\-2\\3\\6\end{pmatrix}, \begin{pmatrix}-1\\3\\-5\\-9\end{pmatrix}$$

ヒント：4 ベクトルを列ベクトルとする行列のランクを調べるのが簡単．

Q2. 下の連立方程式を解きなさい．

$$\begin{cases} x-2y+z=3\\ -2x+y+2z=a\\ 3x-3y-z=6 \end{cases}$$

---

9) 演習問題【基底と次元】（☞180 ページ）で議論したように，次元を明確に定義するためには，‘次元は基底のとり方にはよらない’ことを証明する必要があります．準備が整ったので，一般的な証明をこの章の演習問題で行いましょう．

A1. 解答例.

$$\begin{pmatrix}1&2&1&-1\\2&-1&-2&3\\3&-3&3&-5\\2&0&6&-9\end{pmatrix}\overset{\substack{2\text{行}-1\text{行}\times 2\\3\text{行}-1\text{行}\times 3\\4\text{行}-1\text{行}\times 2}}{\Longleftrightarrow}\begin{pmatrix}1&2&1&-1\\0&-5&-4&5\\0&-9&0&-2\\0&-4&4&-7\end{pmatrix}$$

$$\overset{\substack{2\text{行}-4\text{行}\\3\text{行}-4\text{行}\times 2}}{\Longleftrightarrow}\begin{pmatrix}1&2&1&-1\\0&-1&-8&12\\0&-1&-8&12\\0&-4&4&-7\end{pmatrix}\overset{\substack{3\text{行}-2\text{行}\\4\text{行}-2\text{行}\times 4}}{\Longleftrightarrow}\begin{pmatrix}1&2&1&-1\\0&-1&-8&12\\0&0&0&0\\0&0&36&-55\end{pmatrix}$$

$$\overset{3\text{行}\leftrightarrow 2\text{行}}{\Longleftrightarrow}\begin{pmatrix}1&2&1&-1\\0&-1&-8&12\\0&0&36&-55\\0&0&0&0\end{pmatrix}$$

したがって，4 ベクトルのランクが $3(<4)$ より 4 ベクトルは線形従属.

A2. 解答例.

$$\text{予式}\Longleftrightarrow\left(\begin{array}{ccc|c}1&-2&1&3\\-2&1&2&a\\3&-3&-1&6\end{array}\right)\overset{\substack{2\text{行}+1\text{行}\times 2\\3\text{行}-1\text{行}\times 3}}{\Longleftrightarrow}\left(\begin{array}{ccc|c}1&-2&1&3\\0&-3&4&a+6\\0&3&-4&-3\end{array}\right)$$

$$\overset{2\text{行}+3\text{行}}{\Longleftrightarrow}\left(\begin{array}{ccc|c}1&-2&1&3\\0&0&0&a+3\\0&3&-4&-3\end{array}\right)\overset{2\text{行}\leftrightarrow 3\text{行}/3}{\Longleftrightarrow}\left(\begin{array}{ccc|c}1&-2&1&3\\0&1&-4/3&-1\\0&0&0&a+3\end{array}\right)$$

$$\overset{1\text{行}+2\text{行}\times 2}{\Longleftrightarrow}\left(\begin{array}{ccc|c}1&0&-5/3&1\\0&1&-4/3&-1\\0&0&0&a+3\end{array}\right)$$

したがって，$a\neq -3$ のとき，解なし．$a=-3$ のとき，$z=c$（任意定数）とすると，$y=\frac{4}{3}c-1,\ x=\frac{5}{3}c+1$.

章末問題

【6.1】 n 次の単位行列 I と行列 A, X, Y があり，関係

$$XA = I, \qquad AY = I$$

を満たします．次の問に答えなさい．

(1) A, X, Y は共に n 次の正方行列であることを示しなさい．

ヒント：単位行列 I は $n \times n$ 型なので，$XA = I$ より，X は $n \times ?$ 型，A は $? \times n$ 型ですね．

(2) A は正則行列であることを示しなさい．

ヒント：行列式の定理 $|AB| = |A||B|$ を用いる．

(3) $X = Y = A^{-1}$ であることを示しなさい．

【6.2】 A が n 次の正則行列のとき，

$$(kA)^{-1} = \frac{1}{k}A^{-1} \qquad (k \neq 0)$$

であることを示しなさい．

ヒント：逆行列の定義を用いるのが簡単かな．

【6.3】 行列 $I - X$ が正則のとき，

$$\begin{aligned} I + X + X^2 + \cdots + X^n &= (I - X)^{-1}(I - X^{n+1}) \\ &= (I - X^{n+1})(I - X)^{-1} \qquad (n \text{ は自然数}) \end{aligned}$$

が成り立つことを示しなさい．

ヒント：I と X は可換（交換可能）：$IX = XI$ ですね．

参考：この問題は来(きた)るべき‘行列のべき級数’を示唆しています．

【6.4】 A が n 次の正方行列で，c が定数のとき，等式 $\det(cA) = c \det A$ の誤りを正しなさい．

ヒント：cA を成分表示すると・・・．

【6.5】 座標平面上の 3 点 $\mathrm{A}(x_1, y_1)$, $\mathrm{B}(x_2, y_2)$, $\mathrm{C}(x_3, y_3)$ を頂点とする 3 角形の面積は

$$\frac{1}{2}\begin{vmatrix} x_1 & x_2 & x_3 \\ y_1 & y_2 & y_3 \\ 1 & 1 & 1 \end{vmatrix}$$

の絶対値で与えられることを示しなさい．

ヒント：3 角形の面積の公式（☞ §§3.8.2）と行列式の行についての展開式をうまく使おう．

【6.6】【ベクトル空間の次元は基底のとり方に依(よ)らないこと】

§§5.1.3.2 において，次元は基底を用いて定義されました：
ベクトル空間 V に n 個のベクトルの組 $\{\boldsymbol{a}_k\}$ $(k=1, 2, \cdots, n)$ があり，
（i）$\{\boldsymbol{a}_k\}$ の線形結合によって V の任意のベクトルを表すことができ，
（ii）（i）の表示はただ 1 通りである（$\{\boldsymbol{a}_k\}$ は線形独立である）.
このとき，$\{\boldsymbol{a}_k\}$ を V の **基底** といい，（V の他の基底を考えても，それは n 個のベクトルからなり）V は n 次元であるという.

もし，V の基底をなすベクトルの個数が一定でなかったら，次元そのものが定義できませんね．ここできちんと証明しましょう．

(1) ベクトル空間 V の 2 組の基底を $\{\boldsymbol{a}_k\}$ $(k=1, 2, \cdots, r_a)$，および $\{\boldsymbol{b}_k\}$ $(k=1, 2, \cdots, r_b)$ とします（基底ベクトルの個数は，ベクトルのランクの議論にも応用できるように，r_a, r_b とします）．このとき，V の任意のベクトルは $\{\boldsymbol{a}_k\}$ の線形結合によっても $\{\boldsymbol{b}_k\}$ の線形結合によっても表されます．よって，V のベクトル $\boldsymbol{a}_i$ は $\{\boldsymbol{b}_k\}$ の線形結合で表されます：

$$\boldsymbol{a}_i = \sum_{k=1}^{r_b} a_{ik}\boldsymbol{b}_k \qquad (i=1, 2, \cdots, r_a)$$

と表しましょう．同様に，$\boldsymbol{b}_k$ は $\{\boldsymbol{a}_j\}$ の線形結合で表されます：

$$\boldsymbol{b}_k = \sum_{j=1}^{r_a} b_{kj}\boldsymbol{a}_j \qquad (k=1, 2, \cdots, r_b).$$

さて，ここで問題です．行列 A, B を $A=\left(a_{ij}\right)$, $B=\left(b_{ij}\right)$ とするとき，A, B の型（行と列の数）を答えなさい．

(2) ここで，(1) の 2 つの式から $\boldsymbol{b}_k$ を消去すると，$\boldsymbol{a}_i$ は $\{\boldsymbol{a}_j\}$ の線形結合で表されます：

$$\boldsymbol{a}_i = \sum_{k=1}^{r_b} a_{ik}\sum_{j=1}^{r_a} b_{kj}\boldsymbol{a}_j = \sum_{j=1}^{r_a}\sum_{k=1}^{r_b} a_{ik}b_{kj}\boldsymbol{a}_j.$$

さて問題です．$\boldsymbol{a}_i$ は $\{\boldsymbol{a}_j\}$ の線形結合で表すと，‘（i）の表示はただ 1 通りである’ より，$\boldsymbol{a}_i = \sum_{k=1}^{r_a}\boldsymbol{a}_k\delta_{ki}\,(=\boldsymbol{a}_i)$ となります．これは $\sum_{k=1}^{r_b} a_{ik}b_{kj}$ にどんな条件を付加するでしょうか．また，行列の積 AB にどんな条件を付加するでしょうか.

(3) さて，本題の証明にとりかかりましょう．$r_a \times r_b$ 型の行列 $A = \left(a_{ij}\right)$ を左・右基本変形してランク標準形 R にします：

$$A \longrightarrow PAQ = R = \underbrace{\begin{pmatrix} 1 & & & & O \\ & \ddots & & & \\ & & 1 & & \\ & & & 0 & \\ & & & & \ddots \\ O & & & & \end{pmatrix}}_{r_b\text{列}} \Bigg\} r_a\text{行}.$$

このとき，$r_a = r_b$ が成り立たず，仮に $r_a > r_b$ だったとしましょう．すると，R の最後の行は 0 ばかりになります．そこで，r_a 次の行基本ベクトル $\boldsymbol{e}_{r_a}^T = (0 \ \cdots \ 0 \ 1)$ を用意すると，

$$\boldsymbol{e}_{r_a}^T PAQ = \boldsymbol{0}^T$$

が成り立ちますね．さて，問題です．P, Q は正則で，$AB = I_{r_a}$ に注意すると，矛盾する結果 $\boldsymbol{e}_{r_a}^T = \boldsymbol{0}^T$ が導かれ，したがって，仮定 $r_a > r_b$ が成り立たないことを示しなさい．

(4) (3) のランク標準形 R において，もし $r_a < r_b$ だったとすると，R の最後の列は 0 ばかりになり，r_b 次の基本ベクトル $\boldsymbol{e}_{r_b} = (0 \ \cdots \ 0 \ 1)^T$ を用いて

$$PAQ\boldsymbol{e}_{r_b} = \boldsymbol{0}$$

が成り立ちますね．(3) の問題を参考にして，$\boldsymbol{e}_{r_b} = \boldsymbol{0}$ を導き，したがって，それを招いた仮定 $r_a < r_b$ が否定されることを示しなさい．

以上，(3), (4) の議論から，仮定 $r_a > r_b$，$r_a < r_b$ が共に否定され，したがって $r_a = r_b$ となります．以上の結果から，ベクトル空間 V の基底をなすベクトルの数（ランク）は基底のとり方によらずに一定であることが証明されました．

第7章　固有値と固有ベクトル

ベクトルの公理的な議論に始まる第 5 章の様々な議論，特に波動方程式の議論は，君たち初学者にとっては，かなり高度なものだったと思います．その章のねらいは，高校でなぜにベクトルや行列を習い，それが大学でどのような数学と結びつき，そして‘その数学’が高度な技術に裏打ちされた豊かな文明社会の礎（いしずえ）になっていることを嗅ぎとってもらうことにあります．線形微分方程式・重ね合わせの原理・微分演算子・固有値・固有関数など，現在我々が学んでいる線形代数の‘ベクトル’（方向の意味）は間違いなくそちらを向いています．第 5 章の雰囲気を味わうことにより，この章の固有値や固有ベクトルを学ぶことの意味を理解し，モチベーションを高めてほしいと思います．

§7.1　2 次曲線と行列の対角化

固有値問題の導入部として何が相応（ふさわ）しいか迷いましたが，やはり『$+\alpha$』で行ったように 2 次曲線の標準化（いわゆる「主軸問題」）から入っていくのがわかりやすいようです．固有値問題の真髄は，第 5 章で例解したように，（連立）線形微分方程式にあり，それを視野に入れて学んでいくことになります．

7.1.1　楕円・双曲線の方程式

楕円や双曲線の方程式は『$+\alpha$』の§5.3 で学びました．ここではそれらを行列を用いて表しましょう．2 次曲線は，軸と呼ばれるある直線に関して線対称ですが，その軸が x 軸や y 軸であるものを標準形といいます．方程式が標準形であるか，そうでないかはその行列に反映されます．

7.1.1.1　標準形の方程式

楕円や双曲線の方程式の標準形は

$$\frac{x^2}{a^2}+\frac{y^2}{b^2}=1,\qquad \pm\frac{x^2}{a^2}\mp\frac{y^2}{b^2}=1\qquad (a,\,b>0)$$

のように表されます．我々の目的のために，これらをまとめて

$$C:\alpha x^2+\beta y^2=1$$

と表しましょう．これを行列を用いて書き換えると

$$C:\alpha x^2+\beta y^2=1\quad\Leftrightarrow\quad (x\ \ y)\begin{pmatrix}\alpha x\\ \beta y\end{pmatrix}=1\quad\Leftrightarrow\quad (x\ \ y)\begin{pmatrix}\alpha & 0\\ 0 & \beta\end{pmatrix}\begin{pmatrix}x\\ y\end{pmatrix}=1$$

のように表すことができますね．以下，これを分析しましょう．

ここに現れた行列

$$D=\begin{pmatrix}\alpha & 0\\ 0 & \beta\end{pmatrix}$$

は，例えば，$\alpha=\frac{1}{3^2}$，$\beta=\frac{1}{2^2}$ ならば C の方程式が「長軸」3×2，「短軸」2×2 の楕円[1]を表すことがわかるように，曲線 C を決定づける要素のほとんど全てを含む重要な行列です．D は，対角成分のみが 0 でないので，対角行列です．もし D が対角行列でなく，例えば $\begin{pmatrix}1 & 1\\ 1 & -1\end{pmatrix}$ だとしたら，C はどんな曲線かわかりませんね．

7.1.1.2　曲線の回転

標準形 $C:(x\ \ y)D\begin{pmatrix}x\\ y\end{pmatrix}=1$ に対して，その形や大きさを変えない線形変換，例えば §§6.1.1.2 で学び§§6.1.4.1 で例解した原点周りの回転を行い，変換後の曲線 C' の方程式がどうなるかを調べましょう．

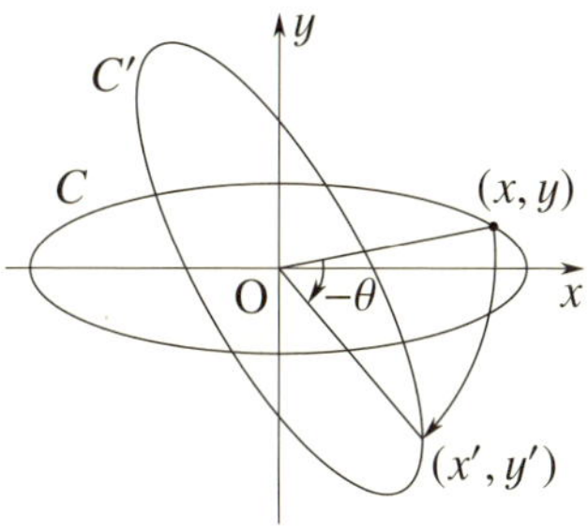

標準形 C を原点の周りに角 $-\theta$ だけ回転して得られる曲線を C' としましょう．このと

1) 楕円の軸は 2 つありますが，軸が楕円によって切り取られる線分のうち，長いほう（短いほう）を長軸（短軸）といいます．

き，C 上の点 (x, y) に対応する C' 上の点を (x', y') とすると

$$\begin{pmatrix} x' \\ y' \end{pmatrix} = f_{-\theta}\begin{pmatrix} x \\ y \end{pmatrix} = R_{-\theta}\begin{pmatrix} x \\ y \end{pmatrix},$$

$$R_{-\theta} = \begin{pmatrix} \cos\theta & \sin\theta \\ -\sin\theta & \cos\theta \end{pmatrix} \left(= \begin{pmatrix} c & s \\ -s & c \end{pmatrix} \text{と略記}\right)$$

ですね．(x, y) は C 上の点，(x', y') は C' 上の点ですから，C' の方程式は変数 x', y' を用いて表されます．それを得るには，C の方程式が変数 x, y で表されていることを利用して，

$$\begin{pmatrix} x \\ y \end{pmatrix} = R_{-\theta}^{-1}\begin{pmatrix} x' \\ y' \end{pmatrix} = R_{\theta}\begin{pmatrix} x' \\ y' \end{pmatrix}$$

を C の方程式に代入すればよいわけです（$R_{\alpha}^{-1} = R_{-\alpha}$ に注意）．

そのような代入には，$C : (x\ \ y)D\begin{pmatrix} x \\ y \end{pmatrix} = 1$ ですから，$(x\ \ y) = \begin{pmatrix} x \\ y \end{pmatrix}^T$ および定理 $(AB)^T = B^T A^T$ を $\begin{pmatrix} x \\ y \end{pmatrix} = R_{\theta}\begin{pmatrix} x' \\ y' \end{pmatrix}$ に適用して

$$\begin{aligned}(x\ \ y) = \begin{pmatrix} x \\ y \end{pmatrix}^T &= \left(R_{\theta}\begin{pmatrix} x' \\ y' \end{pmatrix}\right)^T = \begin{pmatrix} x' \\ y' \end{pmatrix}^T R_{\theta}^T \\ &= (x'\ \ y')R_{\theta}^T\end{aligned}$$

が得られます．

以上の結果を標準形 $C : (x\ \ y)D\begin{pmatrix} x \\ y \end{pmatrix} = 1$ に代入すると，変数 x', y' で表される方程式，つまり C' の方程式が得られます：

$$C' : (x'\ \ y')R_{\theta}^T D R_{\theta}\begin{pmatrix} x' \\ y' \end{pmatrix} = 1, \qquad \text{ただし}\quad D = \begin{pmatrix} \alpha & 0 \\ 0 & \beta \end{pmatrix},\quad R_{\theta} = \begin{pmatrix} c & -s \\ s & c \end{pmatrix}.$$

整理して

$$C' : (x'\ \ y')A\begin{pmatrix} x' \\ y' \end{pmatrix} = 1, \qquad \text{ただし}\quad A = R_{\theta}^T D R_{\theta} = \begin{pmatrix} c^2\alpha + s^2\beta & -cs(\alpha - \beta) \\ -cs(\alpha - \beta) & s^2\alpha + c^2\beta \end{pmatrix}$$

となります．行列 A には非対角成分があるので，ベクトルとの積を展開すると $x'y'$ 項が現れ，方程式だけを見ても C' がどんな曲線か判別がつかなくなりますね．しかしながら，以下で学ぶ数学理論は，その判別は可能であると豪語しています．

7.1.1.3　曲線の軸と基底の変換

曲線 C' に現れた非対角の行列 A が何であっても C' の正体を明らかにする方法を考えましょう．

まず，標準形 $C:(x\ \ y)D\begin{pmatrix}x\\y\end{pmatrix}=1$ に戻って考えてみましょう．楕円や双曲線の 標準形はその 2 つの軸が x 軸と y 軸ですね．このことは $\begin{pmatrix}x\\y\end{pmatrix}$ を

$$\begin{pmatrix}x\\y\end{pmatrix}=x\begin{pmatrix}1\\0\end{pmatrix}+y\begin{pmatrix}0\\1\end{pmatrix}=x\boldsymbol{e}_1+y\boldsymbol{e}_2$$

と表して，§§3.4.1 と 3.4.2 で議論したベクトルの線形結合の議論を思い出すと，確認できます．基本ベクトル $\boldsymbol{e}_1$ の係数が x，$\boldsymbol{e}_2$ の係数が y ですから，$\boldsymbol{e}_1$ 方向に x 軸，$\boldsymbol{e}_2$ 方向に y 軸をとっていますね．位置ベクトル $x\boldsymbol{e}_1+y\boldsymbol{e}_2$ は，もちろん，xy 座標系の点 (x,y) に対応します．正確にいうと，xy 座標系の座標が (x,y) である点に対応します．

さて，$C:(x\ \ y)D\begin{pmatrix}x\\y\end{pmatrix}=1$ を角 $-\theta$ だけ回転して，$C':(x'\ \ y')R_\theta^T DR_\theta\begin{pmatrix}x'\\y'\end{pmatrix}=1$ に変換するには，関係

$$\begin{pmatrix}x'\\y'\end{pmatrix}=R_{-\theta}\begin{pmatrix}x\\y\end{pmatrix}\Leftrightarrow\begin{pmatrix}x\\y\end{pmatrix}=R_{+\theta}\begin{pmatrix}x'\\y'\end{pmatrix}$$

を用いて，C の方程式 $(x\ \ y)D\begin{pmatrix}x\\y\end{pmatrix}=1$ の $\boldsymbol{x}$, $\boldsymbol{y}$ を $\boldsymbol{x}'$, $\boldsymbol{y}'$ で表すだけで済みました．ここが大事なところです．上の関係を基本ベクトルの観点から見直して，C' のもう 1 つの表し方を試みましょう．

$$\begin{pmatrix}x\\y\end{pmatrix}=R_\theta\begin{pmatrix}x'\\y'\end{pmatrix}=R_\theta\left(x'\begin{pmatrix}1\\0\end{pmatrix}+y'\begin{pmatrix}0\\1\end{pmatrix}\right)\quad\Leftrightarrow\quad x\boldsymbol{e}_1+y\boldsymbol{e}_2=x'R_\theta\boldsymbol{e}_1+y'R_\theta\boldsymbol{e}_2$$

より，$\begin{pmatrix}x\\y\end{pmatrix}=R_\theta\begin{pmatrix}x'\\y'\end{pmatrix}$ はベクトルの線形結合の形で表すことができますね．

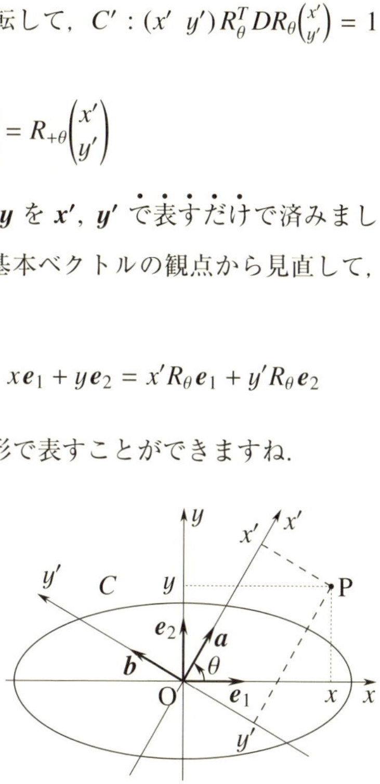

左辺はふつうの基本ベクトルの線形結合ですが，右辺は基本ベクトルを角 θ だけ回転したベクトル $\boldsymbol{a}=R_\theta\boldsymbol{e}_1$，$\boldsymbol{b}=R_\theta\boldsymbol{e}_2$ の線形結合です：

$$x\boldsymbol{e}_1+y\boldsymbol{e}_2=x'\boldsymbol{a}+y'\boldsymbol{b}.$$

右辺の線形結合は§§3.4.2 で議論したように，$\boldsymbol{a}$ の係数が x'，$\boldsymbol{b}$ の係数が y' です

から，ベクトル $\boldsymbol{a}$ 方向に x' 軸，$\boldsymbol{b}$ 方向に y' 軸をとったことになります．これを $x'y'$ 座標系ということにしましょう．この座標系は，$|\boldsymbol{a}| = 1$，$|\boldsymbol{b}| = 1$，$\boldsymbol{a} \perp \boldsymbol{b}$ なので，「正規直交座標系」といわれます．(「座標系」について，よりよく理解するには§§3.6.2 斜交座標系 を読み返すとよいでしょう)．

左辺の位置ベクトル $x\boldsymbol{e}_1 + y\boldsymbol{e}_2$ が xy 座標系の座標 (x, y) である点Pを表すとすると，上の等式によって，同じ点Pは $x'y'$ 座標系においては座標 (x', y') で表されます．

座標軸の向きを決める基本的なベクトルは§§5.1.3.2 で議論した 基底 であり，基底の線形結合によって平面上の任意のベクトルはただ1通りに表されます (☞§§3.6.2)．特にベクトル $\begin{pmatrix} x \\ y \end{pmatrix}$ の基底 $\boldsymbol{e}_1, \boldsymbol{e}_2$ は 標準基底 といわれます．$x'y'$ 座標系のベクトル $\begin{pmatrix} x' \\ y' \end{pmatrix}$ が基底 $\boldsymbol{a}, \boldsymbol{b}$ を用いていることを示すために，記号

$$\begin{pmatrix} x' \\ y' \end{pmatrix}_\theta = x'\boldsymbol{a} + y'\boldsymbol{b} \ \left(= R_\theta \begin{pmatrix} x' \\ y' \end{pmatrix} = \begin{pmatrix} x \\ y \end{pmatrix} \right)$$

を用いましょう．すると，$C' : (x' \ \ y') R_\theta^T D R_\theta \begin{pmatrix} x' \\ y' \end{pmatrix} = 1$ は

$$C' : (x' \ \ y')_\theta D \begin{pmatrix} x' \\ y' \end{pmatrix}_\theta = 1$$

と表されます．‘この結果は，元の方程式 $C : (x \ \ y) D \begin{pmatrix} x \\ y \end{pmatrix} = 1$ において，基底を標準基底 $\boldsymbol{e}_1, \boldsymbol{e}_2$ から基底 $\boldsymbol{a}, \boldsymbol{b}$ にとり替えただけで得られた’ことに注意しましょう．

以上の議論から

$$\text{座標の角} -\theta \text{ 回転} \begin{pmatrix} x' \\ y' \end{pmatrix} = R_{-\theta} \begin{pmatrix} x \\ y \end{pmatrix} \Leftrightarrow \text{基底の角} +\theta \text{ 回転 } x'\boldsymbol{a} + y'\boldsymbol{b} = x\boldsymbol{e}_1 + y\boldsymbol{e}_2$$

であることがわかります．つまり，‘回転した結果は 新しい基底の座標系で元の曲線を眺めることと同じである’ というわけです．実際，$x'y'$ 座標系で見ると標準形 C のグラフは角 $-\theta$ だけ回転した曲線 C' のグラフのように見えますね．また，基底の議論をすると曲線 C' で $x'y'$ 項をもたらす非対角行列 $A = R_\theta^T D R_\theta$ が現れた理由が明らかになります．xy 座標系の標準基底 $\boldsymbol{e}_1, \boldsymbol{e}_2$ の方向が標準形 C の軸と同じ方向であるのに対して，$x'y'$ 座標系の基底 $\boldsymbol{a}, \boldsymbol{b}$ の方向は C の軸の方向と異なるからですね．

今度は，標準基底を用いて表された曲線 C' の方程式 $(x' \;\; y')A\begin{pmatrix} x' \\ y' \end{pmatrix} = 1$（ただし $A = R_\theta^T D R_\theta$）に対して，（座標の回転を行う代わりに）基底の変換を行って標準形に戻してみましょう．曲線 C' の軸は座標軸と角 $-\theta$ だけずれています．そこで，標準基底を角 $-\theta$ だけ回転して得られる基底 $R_{-\theta}\boldsymbol{e}_1$，$R_{-\theta}\boldsymbol{e}_2$ を用いることにして，軸と基底の方向が同じになるようにしてみましょう．新たな座標系を uv 座標系とすると

$$\begin{pmatrix} x' \\ y' \end{pmatrix} = x'\boldsymbol{e}_1 + y'\boldsymbol{e}_2 = uR_{-\theta}\boldsymbol{e}_1 + vR_{-\theta}\boldsymbol{e}_2 \;\left(= \begin{pmatrix} u \\ v \end{pmatrix}_{-\theta} \text{と表す} \right)$$

と表されます（これは変換 $\begin{pmatrix} u \\ v \end{pmatrix} = R_\theta \begin{pmatrix} x' \\ y' \end{pmatrix}$ と同じです）．新たな基底を用いて得られる曲線を $C'_{-\theta}$ としましょう．まず，

$$\begin{pmatrix} x' \\ y' \end{pmatrix} = R_{-\theta}(u\boldsymbol{e}_1 + v\boldsymbol{e}_2) = R_{-\theta}\begin{pmatrix} u \\ v \end{pmatrix} = \begin{pmatrix} u \\ v \end{pmatrix}_{-\theta}$$

より，C' の $\begin{pmatrix} x' \\ y' \end{pmatrix}$ に $\begin{pmatrix} u \\ v \end{pmatrix}_{-\theta}$，$(x' \;\; y')$ に $(u \;\; v)_{-\theta}$ を代入すると，$R_\theta^T = R_\theta^{-1} = R_{-\theta}$ に注意して

$$C'_{-\theta} : (u \;\; v)_{-\theta} A \begin{pmatrix} u \\ v \end{pmatrix}_{-\theta} = 1 \quad \Leftrightarrow \quad (u \;\; v) R_{-\theta}^T A R_{-\theta} \begin{pmatrix} u \\ v \end{pmatrix} = 1,$$

$$\text{よって} \quad C'_{-\theta} : (u \;\; v) A' \begin{pmatrix} u \\ v \end{pmatrix} = 1,\ \text{ただし} \quad A' = R_\theta A R_{-\theta}$$

が得られます．この表式で現れた行列 A' は，$A = R_\theta^T D R_\theta$ より

$$\begin{aligned} A' &= R_\theta A R_{-\theta} = R_\theta (R_\theta^T D R_\theta) R_{-\theta} = (R_\theta R_\theta^T) D (R_\theta R_{-\theta}) \\ &= D = \begin{pmatrix} \alpha & 0 \\ 0 & \beta \end{pmatrix}. \end{aligned}$$

よって，A' が対角行列 D になるので，曲線 $C'_{-\theta}$ の方程式は $\alpha u^2 + \beta v^2 = 1$ となり，$C'_{-\theta}$ がどんな曲線であるか特定できるようになります．

以上の議論からわかるのは，‘**基底の方向を曲線の軸方向にとること**が曲線を特定するのに決定的である’ことです．基底の変換の方法は，曲線の方程式を意識することなく，（座標の変換を行ったつもりで）単に基底ベクトルをとり替えればよいだけです．したがって，これは非常に有力な方法です．

7.1.2　行列の対角化

基底の変換の方法を学びました．それを未知の曲線 $C_?$: $(x\ \ y)A\begin{pmatrix}x\\y\end{pmatrix}=1$ に適用し，その曲線がどんなものであるかを明らかにする一般的な方法を考えましょう．それは問題にしている行列を‘扱いやすい’対角行列に変換するもので，それが適用できる問題は「固有値問題」と呼ばれています．その方法は，真に一般的であり，我々が扱う問題より遙かに広い分野の問題に適用でき，科学・技術の最先端で応用されています．

7.1.2.1　固有値と固有ベクトル

基底をどのようにとるべきかを調べるために，まず，前の§§で議論した曲線

$$C'_{-\theta}:(u\ \ v)A'\begin{pmatrix}u\\v\end{pmatrix}=1\quad(A'=D)\quad\Leftrightarrow\quad(u\ \ v)_{-\theta}A\begin{pmatrix}u\\v\end{pmatrix}_{-\theta}=1\,,$$

$$\text{ただし}\quad\begin{pmatrix}u\\v\end{pmatrix}_{-\theta}=R_{-\theta}\begin{pmatrix}u\\v\end{pmatrix}=u\,R_{-\theta}\boldsymbol{e}_1+v\,R_{-\theta}\boldsymbol{e}_2,\quad A=R_\theta^T DR_\theta$$
$$=u\boldsymbol{a}+v\boldsymbol{b}$$

の行列 A' が対角行列 $D=\begin{pmatrix}\alpha&0\\0&\beta\end{pmatrix}$ になった理由を，基底 $\boldsymbol{a}=R_{-\theta}\boldsymbol{e}_1$，$\boldsymbol{b}=R_{-\theta}\boldsymbol{e}_2$ と行列 A の関連で調べましょう．

A を基底 $\boldsymbol{a},\boldsymbol{b}$ に掛けてみましょう．$R_\theta^T=R_\theta^{-1}=R_{-\theta}$ に注意して

$$A\boldsymbol{a}=(R_\theta^T DR_\theta)R_{-\theta}\,\boldsymbol{e}_1=R_\theta^T\begin{pmatrix}\alpha&0\\0&\beta\end{pmatrix}\begin{pmatrix}1\\0\end{pmatrix}=R_{-\theta}\begin{pmatrix}\alpha\\0\end{pmatrix}=\alpha R_{-\theta}\begin{pmatrix}1\\0\end{pmatrix}=\alpha\boldsymbol{a},$$

$$\text{よって}\quad A\boldsymbol{a}=\alpha\boldsymbol{a},$$

$$A\boldsymbol{b}=(R_\theta^T DR_\theta)R_{-\theta}\,\boldsymbol{e}_2=R_\theta^T\begin{pmatrix}\alpha&0\\0&\beta\end{pmatrix}\begin{pmatrix}0\\1\end{pmatrix}=R_{-\theta}\begin{pmatrix}0\\\beta\end{pmatrix}=\beta R_{-\theta}\begin{pmatrix}0\\1\end{pmatrix}=\beta\boldsymbol{b},$$

$$\text{よって}\quad A\boldsymbol{b}=\beta\boldsymbol{b}$$

となります．この結果は，$A\boldsymbol{a}\parallel\boldsymbol{a}$，$A\boldsymbol{b}\parallel\boldsymbol{b}$ で，かつ比例定数が曲線の基本的性質を表す α,β であることを意味します．

上で得られた結果は一般的な議論をする際にも重要であると考えられます．α,β は行列 A の **固有値** といわれ，$\boldsymbol{a},\boldsymbol{b}$ はそれぞれ固有値 α,β に対する A の **固有ベクトル** といわれます．

7.1.2.2　行列の対角化

今までの議論を活用して，未知の曲線（楕円か双曲線）

$$C_? : (x\ \ y)A\begin{pmatrix} x \\ y \end{pmatrix} = 1$$

の種別や形および軸を明らかにしましょう．A は非対角成分が 0 でない行列ですが，曲線 C' のときの議論で現れた非対角行列 $A = R_\theta^T DR_\theta$ の性質

$$A^T = (R_\theta^T DR_\theta)^T = R_\theta^T D^T (R_\theta^T)^T = R_\theta^T DR_\theta = A,$$

$$\text{よって}\quad A^T = A$$

を満たすとしましょう．この性質を満たす行列 A を **対称行列** といいます．この条件は一般の固有値問題については外（はず）され，一般には A は正方行列とされます．

以下，行列 A の固有値・固有ベクトルを調べて $\binom{x}{y}$ の基底を標準基底から固有ベクトルの基底に置き換えます．先の例では，回転を表す 1 次変換を用いて新しい基底 $\boldsymbol{a}, \boldsymbol{b}$ が得られましたね．ここでは，基底を変える変換に対して，回転行列の 1 性質 $R_\theta^T = R_\theta^{-1}$ については引き継ぐような線形変換 $f_P : P$ に一般化しましょう：

$$P^T = P^{-1} \quad \Leftrightarrow \quad P^T P = I.$$

この性質をもつ行列 P を **直交行列** といい，それを表現行列とする線形変換 f_P を **直交変換** といいます（一般の固有値問題ではこの条件も外されます）．

この変換によって任意のベクトル $\binom{x}{y}$ の長さが変わらないことは

$$\left| f_P\begin{pmatrix} x \\ y \end{pmatrix} \right|^2 = \left(P\begin{pmatrix} x \\ y \end{pmatrix} \right)^T P\begin{pmatrix} x \\ y \end{pmatrix} = (x\ \ y)P^T P\begin{pmatrix} x \\ y \end{pmatrix} = (x\ \ y)P^{-1} P\begin{pmatrix} x \\ y \end{pmatrix} = (x\ \ y)\begin{pmatrix} x \\ y \end{pmatrix} = \left| \begin{pmatrix} x \\ y \end{pmatrix} \right|^2,$$

$$\text{よって}\quad \left| f_P\begin{pmatrix} x \\ y \end{pmatrix} \right| = \left| \begin{pmatrix} x \\ y \end{pmatrix} \right|$$

が成り立つことによって保証されます．基底の長さももちろん変わりません．したがって，‘直交変換は曲線の形や大きさを変えません’．

ここで，行列 A の固有値や固有ベクトルを具体的に求める方法の詳細は後回しにして，議論の全体を眺めてみましょう．標準基底 $\boldsymbol{e}_1, \boldsymbol{e}_2$ が直交変換 $f_P : P$ によって新たな基底 $\boldsymbol{a}, \boldsymbol{b}$ になるとしましょう：

$$P\boldsymbol{e}_1 = \boldsymbol{a}, \quad P\boldsymbol{e}_2 = \boldsymbol{b} \qquad (|\boldsymbol{a}| = |\boldsymbol{b}| = 1).$$

このとき基底の直交性が保たれることは

$$\boldsymbol{a}^T\boldsymbol{b} = (1 \ \ 0)P^TP\begin{pmatrix}0\\1\end{pmatrix} = (1 \ \ 0)\begin{pmatrix}0\\1\end{pmatrix} = 0, \quad \text{よって} \quad \boldsymbol{a} \perp \boldsymbol{b} = 0$$

からわかります．よって，この基底は正規直交基底です．

この変換によって標準基底のベクトル $\begin{pmatrix}x\\y\end{pmatrix} = x\boldsymbol{e}_1 + y\boldsymbol{e}_2$ は新しいベクトルで表されます：

$$\begin{aligned}\begin{pmatrix}x\\y\end{pmatrix} &= u\boldsymbol{a} + v\boldsymbol{b} = uP\boldsymbol{e}_1 + vP\boldsymbol{e}_2 = P(u\boldsymbol{e}_1 + v\boldsymbol{e}_2)\\ &= P\begin{pmatrix}u\\v\end{pmatrix} \left(= \begin{pmatrix}u\\v\end{pmatrix}_P \text{とおく}\right).\end{aligned}$$

よって，未知の曲線 $C_? : (x \ \ y)A\begin{pmatrix}x\\y\end{pmatrix} = 1$ は曲線

$$C_P : (u \ \ v)_P A\begin{pmatrix}u\\v\end{pmatrix}_P = 1, \quad \begin{pmatrix}u\\v\end{pmatrix}_P = P\begin{pmatrix}u\\v\end{pmatrix} = u\boldsymbol{a} + v\boldsymbol{b}$$

に（形や大きさを変えずに）変換されます．

このとき，P をうまく選んで基底 $\boldsymbol{a}, \boldsymbol{b}$ が，行列 A の固有値 α, β に対応する，固有ベクトルになったとしましょう：

$$A\boldsymbol{a} = \alpha\boldsymbol{a}, \qquad A\boldsymbol{b} = \beta\boldsymbol{b}.$$

すると

$$\begin{aligned}A\begin{pmatrix}u\\v\end{pmatrix}_P &= A(u\boldsymbol{a} + v\boldsymbol{b}) = u\alpha\boldsymbol{a} + v\beta\boldsymbol{b} = u\alpha P\boldsymbol{e}_1 + v\beta P\boldsymbol{e}_2\\ &= P(u\alpha\boldsymbol{e}_1 + v\beta\boldsymbol{e}_2)\end{aligned}$$

となります．

ここで，$\alpha\begin{pmatrix}1\\0\end{pmatrix} = D\begin{pmatrix}1\\0\end{pmatrix}$，$\beta\begin{pmatrix}0\\1\end{pmatrix} = D\begin{pmatrix}0\\1\end{pmatrix}$ を満たす行列 D を求めましょう．直感的には $D = \begin{pmatrix}\alpha & 0\\0 & \beta\end{pmatrix}$ ですが，$D = \begin{pmatrix}p & r\\q & s\end{pmatrix}$ とおいて

$$D\begin{pmatrix}1\\0\end{pmatrix} = \begin{pmatrix}p & r\\q & s\end{pmatrix}\begin{pmatrix}1\\0\end{pmatrix} = \begin{pmatrix}p\\q\end{pmatrix} = \alpha\begin{pmatrix}1\\0\end{pmatrix}, \quad D\begin{pmatrix}0\\1\end{pmatrix} = \begin{pmatrix}p & r\\q & s\end{pmatrix}\begin{pmatrix}0\\1\end{pmatrix} = \begin{pmatrix}r\\s\end{pmatrix} = \beta\begin{pmatrix}0\\1\end{pmatrix},$$

$$\text{よって} \quad p = \alpha, \ q = r = 0, \ s = \beta$$

より確かめられます．よって

$$A\begin{pmatrix}u\\v\end{pmatrix}_P = P(u\,D\boldsymbol{e}_1 + v\,D\boldsymbol{e}_2) = PD\,(u\,\boldsymbol{e}_1 + v\,\boldsymbol{e}_2) = PD\begin{pmatrix}u\\v\end{pmatrix},$$

$$\text{よって}\quad A\begin{pmatrix}u\\v\end{pmatrix}_P = PD\begin{pmatrix}u\\v\end{pmatrix},\qquad D = \begin{pmatrix}\alpha & 0\\0 & \beta\end{pmatrix}$$

が得られます．

したがって，C_P の方程式は

$$C_P : (u\ \ v)_P A\begin{pmatrix}u\\v\end{pmatrix}_P = 1 \iff (u\ \ v)_P\left(A\begin{pmatrix}u\\v\end{pmatrix}_P\right) = 1 \iff (u\ \ v)P^T\left(PD\begin{pmatrix}u\\v\end{pmatrix}\right) = 1$$

$$\iff (u\ \ v)D\begin{pmatrix}u\\v\end{pmatrix} = 1 \iff \alpha u^2 + \beta v^2 = 1$$

と標準形になります．よって，未知の曲線 $C_?$ を特定するには，基底を行列 A の固有ベクトル $\boldsymbol{a}, \boldsymbol{b}$ にとればよいことがわかります．また $C_?$ の 2 つの軸の方向は固有ベクトル $\boldsymbol{a}, \boldsymbol{b}$ の方向であること，その 2 つの方向が直交することもわかりますね．

またこれらのことは，

$$A\begin{pmatrix}u\\v\end{pmatrix}_P = PD\begin{pmatrix}u\\v\end{pmatrix} \iff AP\begin{pmatrix}u\\v\end{pmatrix} = PD\begin{pmatrix}u\\v\end{pmatrix}$$

において $\begin{pmatrix}u\\v\end{pmatrix}$ は任意のベクトルなので省くことができ（☞238 ページの脚注），行列を用いて

$$AP = PD \iff D = P^{-1}AP$$

のように表すことができます．

7.1.2.3　固有値の決定

行列 A の固有値・固有ベクトルを決定しましょう．それらを決める 2 つの方程式

$$A\boldsymbol{a} = \alpha\boldsymbol{a} \quad (\boldsymbol{a} = P\boldsymbol{e}_1,\quad |\boldsymbol{a}| = 1),$$

$$A\boldsymbol{b} = \beta\boldsymbol{b} \quad (\boldsymbol{b} = P\boldsymbol{e}_2,\quad |\boldsymbol{b}| = 1)$$

をまとめて扱うように固有値を λ（ラムダ），対応する固有ベクトルを $\begin{pmatrix}p\\q\end{pmatrix}$ で表しましょう：

$$A\begin{pmatrix}p\\q\end{pmatrix} = \lambda\begin{pmatrix}p\\q\end{pmatrix},\qquad \text{ただし}\quad \left|\begin{pmatrix}p\\q\end{pmatrix}\right| = 1.$$

この方程式はときに（物理用語で）**固有値方程式** と呼ばれます．

この方程式を

$$(A-\lambda I)\begin{pmatrix}p\\q\end{pmatrix}=\mathbf{0}$$

と表すと解法が見えてきます．もし，行列 $A-\lambda I$ の逆行列 $(A-\lambda I)^{-1}$ が存在するとすれば，それを方程式の両辺に左から掛けると $\begin{pmatrix}p\\q\end{pmatrix}=\mathbf{0}$ となり，$\left|\begin{pmatrix}p\\q\end{pmatrix}\right|=1$ に矛盾します．よって逆行列は存在せず，$A-\lambda I$ の行列式は 0 になります：

$$\det(A-\lambda I)=|A-\lambda I|=0.$$

これは A の固有値を決定する方程式であり，A の **特性方程式（固有方程式）** といわれます．

行列 A を成分表示して固有値を求めましょう．A は対称行列 $(A=A^T)$ としていましたので，一般に $A=\begin{pmatrix}a&b\\b&d\end{pmatrix}$ の形です．よって，特性方程式は

$$\begin{vmatrix}a-\lambda & b\\ b & d-\lambda\end{vmatrix}=\lambda^2-(a+d)\lambda+ad-b^2=0$$

となります．λ の 2 次方程式を解いて固有値

$$\lambda=\frac{1}{2}\left(a+d\pm\sqrt{(a-d)^2+4b^2}\right)=\alpha,\ \beta$$

を得ます．我々が関心のあるのは曲線 $C_?$ に xy 項がある $b\neq 0$ のときで，その場合には異なる 2 実数解があります．対称行列の固有値は実数ですね．

固有値 $\lambda=\alpha,\beta$ に対応する固有ベクトル $\begin{pmatrix}p\\q\end{pmatrix}$ を求めるには，固有値方程式

$$(A-\lambda I)\begin{pmatrix}p\\q\end{pmatrix}=\mathbf{0}\quad\Leftrightarrow\quad\begin{pmatrix}a-\lambda & b\\ b & d-\lambda\end{pmatrix}\begin{pmatrix}p\\q\end{pmatrix}=\begin{pmatrix}0\\0\end{pmatrix}\quad\Leftrightarrow\quad\begin{cases}(a-\lambda)p+bq=0\\ bp+(d-\lambda)q=0\end{cases}$$

を p,q について解きます．このとき，$(A-\lambda I)^{-1}$ は存在しないので，方程式 $(a-\lambda)p+bq=0$ と $bp+(d-\lambda)q=0$ は同値です（つまり $\mathrm{rank}(A-\lambda I)=1$）．この場合は，片方の方程式から p と q の比のみが決まり，$p:q=b:(\lambda-a)$ $(=(\lambda-d):b)$ より

$$\begin{pmatrix}p\\q\end{pmatrix}=k_\lambda\begin{pmatrix}b\\ \lambda-a\end{pmatrix},\quad k_\lambda=\pm\frac{1}{\sqrt{b^2+(\lambda-a)^2}}$$

となります．比例定数 k_λ は $\left|\begin{pmatrix}p\\q\end{pmatrix}\right|=1$ を満たすために必要です．λ に α,β を代入して，対応する固有ベクトル $\boldsymbol{a},\boldsymbol{b}$ が

$$\boldsymbol{a} = k_\alpha \begin{pmatrix} b \\ \alpha - a \end{pmatrix}, \qquad \boldsymbol{b} = k_\beta \begin{pmatrix} b \\ \beta - a \end{pmatrix}$$

と表されます．

ここで練習問題です．行列 $A = \begin{pmatrix} 1 & 2 \\ 2 & -2 \end{pmatrix}$ の固有値 α, β $(\alpha > \beta)$ と対応する固有ベクトル $\boldsymbol{a}, \boldsymbol{b}$ を求めなさい．ノーヒントです．

答は $\alpha = 2$，$\beta = -3$，

$$\boldsymbol{a} = \pm\frac{1}{\sqrt{5}}\begin{pmatrix} 2 \\ 1 \end{pmatrix}, \quad \boldsymbol{b} = \pm\frac{1}{\sqrt{5}}\begin{pmatrix} 1 \\ -2 \end{pmatrix} \qquad \text{（複号同順とは限らない）}$$

です．$A\boldsymbol{a} = 2\boldsymbol{a}$，$A\boldsymbol{b} = -3\boldsymbol{b}$ を確かめましょう．また $\boldsymbol{a}$ と $\boldsymbol{b}$ が直交することも確かめましょう．

固有ベクトル $\boldsymbol{a}, \boldsymbol{b}$ は符号の不定性を除いて定まりました．今度は

$$\boldsymbol{a} = P\boldsymbol{e}_1, \quad \boldsymbol{b} = P\boldsymbol{e}_2, \quad P^T P = I$$

を用いて，基底を変換する行列 P を求めましょう．

$$P = \begin{pmatrix} p & r \\ q & s \end{pmatrix}$$

と成分表示して上式に代入すると

$$\boldsymbol{a} = \begin{pmatrix} p & r \\ q & s \end{pmatrix}\begin{pmatrix} 1 \\ 0 \end{pmatrix} = \begin{pmatrix} p \\ q \end{pmatrix}, \quad \boldsymbol{b} = \begin{pmatrix} p & r \\ q & s \end{pmatrix}\begin{pmatrix} 0 \\ 1 \end{pmatrix} = \begin{pmatrix} r \\ s \end{pmatrix}$$

となるので，P の第 1 列の成分は $\boldsymbol{a}$ の成分に一致し，第 2 列の成分は $\boldsymbol{b}$ の成分に一致しますね．よって，基底を変換する行列 P は固有ベクトル $\boldsymbol{a}, \boldsymbol{b}$ を並べて作られる行列であることがわかります．このことを

$$P = \begin{pmatrix} \boldsymbol{a} & \boldsymbol{b} \end{pmatrix}$$

と表しましょう．なお，このとき P が直交行列であるための条件 $P^T P = I$ は，$|\boldsymbol{a}| = 1$，$|\boldsymbol{b}| = 1$，$\boldsymbol{a} \perp \boldsymbol{b}$ より自動的に満たされています．固有ベクトルに符号の不定性があっても $P^T P = I$ が満たされるのを確かめましょう．

議論で抜けていた部分がこれで補われました．今までの議論を簡単にまとめてみましょう．未知の曲線 $C_?$: $(x \ \ y)A\begin{pmatrix} x \\ y \end{pmatrix} = 1$ を調べるために，ベクトル $\begin{pmatrix} x \\ y \end{pmatrix} = x\boldsymbol{e}_1 + y\boldsymbol{e}_2$ の基底を，標準基底 $\boldsymbol{e}_1$, $\boldsymbol{e}_2$ から，直交行列 P を用いて，行列 A の固有ベクトル $\boldsymbol{a} = P\boldsymbol{e}_1$，$\boldsymbol{b} = P\boldsymbol{e}_2$ で置き換えました：

$$\begin{pmatrix} x \\ y \end{pmatrix} = x\boldsymbol{e}_1 + y\boldsymbol{e}_2 = u\boldsymbol{a} + v\boldsymbol{b} = P\begin{pmatrix} u \\ v \end{pmatrix}.$$

固有値 $\lambda = \alpha, \beta$ は特性方程式 $|A - \lambda I| = 0$ から定まり，固有ベクトル $\boldsymbol{p} = \boldsymbol{a}, \boldsymbol{b}$ は固有値方程式 $(A - \lambda I)\boldsymbol{p} = \boldsymbol{0}$ によって定まります．また，このとき $P = (\boldsymbol{a} \ \ \boldsymbol{b})$ と定まります．

この変換によって，$C_?$ は

$$C_P : (u \ \ v)P^{-1}AP\begin{pmatrix} u \\ v \end{pmatrix} = 1$$

に変換され，C_P に現れる行列は

$$P^{-1}AP = D = \begin{pmatrix} \alpha & 0 \\ 0 & \beta \end{pmatrix}$$

と対角行列になるので，固有値から未知の曲線 $C_?$ の種類と形状が，固有ベクトルの方向から軸の方向がわかります．

Q1．2次の方程式で表される曲線

$$C_? : x^2 + 6\sqrt{3}xy - 5y^2 = 0$$

は何でしょう．ヒント：§§7.1.2.2 以下でやったことそのままです．

A1．記憶しやすい形で解説しながら，解答しましょう．まず，$C_?$ を行列で表します：

$$C_? : (x \ \ y)\begin{pmatrix} 1 & 3\sqrt{3} \\ 3\sqrt{3} & -5 \end{pmatrix}\begin{pmatrix} x \\ y \end{pmatrix} = 0.$$

（$A = \begin{pmatrix} 1 & 3\sqrt{3} \\ 3\sqrt{3} & -5 \end{pmatrix}$ は対称行列にします）．次に，$\begin{pmatrix} x \\ y \end{pmatrix} (= x\boldsymbol{e}_1 + y\boldsymbol{e}_2)$ の基底を標準基底から正規直交基底 $\boldsymbol{a} = P\boldsymbol{e}_1$，$\boldsymbol{b} = P\boldsymbol{e}_2$ にとり直します：

$$\begin{pmatrix} x \\ y \end{pmatrix} = u\boldsymbol{a} + v\boldsymbol{b} \ (= uP\begin{pmatrix} 1 \\ 0 \end{pmatrix} + vP\begin{pmatrix} 0 \\ 1 \end{pmatrix} = P\begin{pmatrix} u \\ v \end{pmatrix} = \begin{pmatrix} u \\ v \end{pmatrix}_P).$$

すると，$(\boldsymbol{a} \ \ \boldsymbol{b}) \ (= (P\boldsymbol{e}_1 \ \ P\boldsymbol{e}_2) = P(\boldsymbol{e}_1 \ \ \boldsymbol{e}_2) = PI) = P$ が成り立ち，P は直交行列です $(P^T = P^{-1})$．このとき，$C_?$ は uv 座標系の C_P に変換されます：

$$C_P : (u \ \ v)_P A\begin{pmatrix} u \\ v \end{pmatrix}_P = 0 \ \Leftrightarrow \ (u \ \ v)P^T AP\begin{pmatrix} u \\ v \end{pmatrix} = 0.$$

（$\left(\begin{pmatrix} u \\ v \end{pmatrix}_P\right)^T = \left(P\begin{pmatrix} u \\ v \end{pmatrix}\right)^T = (u \ \ v)P^T$ に注意）．

さて，$\boldsymbol{a}$, $\boldsymbol{b}$ が A の固有ベクトル ($A\boldsymbol{a} = \alpha\boldsymbol{a}$, $A\boldsymbol{b} = \beta\boldsymbol{b}$) のとき，

$$P^{-1}AP = \begin{pmatrix} \alpha & 0 \\ 0 & \beta \end{pmatrix} \ (= D \text{とおく})$$

が成り立ち，$A = \begin{pmatrix} 1 & 3\sqrt{3} \\ 3\sqrt{3} & -5 \end{pmatrix}$ は対角化されます．具体的には，固有値を λ，固有ベクトルを $\begin{pmatrix} p \\ q \end{pmatrix}$（長さ $= 1$）とすると，固有値方程式 $A\begin{pmatrix} p \\ q \end{pmatrix} = \lambda\begin{pmatrix} p \\ q \end{pmatrix}$ より

$$\begin{pmatrix} 1 & 3\sqrt{3} \\ 3\sqrt{3} & -5 \end{pmatrix}\begin{pmatrix} p \\ q \end{pmatrix} = \lambda\begin{pmatrix} p \\ q \end{pmatrix} \Leftrightarrow \begin{pmatrix} 1-\lambda & 3\sqrt{3} \\ 3\sqrt{3} & -5-\lambda \end{pmatrix}\begin{pmatrix} p \\ q \end{pmatrix} = \mathbf{0}$$

が成り立ちます．ここで，$\begin{pmatrix} p \\ q \end{pmatrix} \neq \mathbf{0}$ より，特性方程式

$$\begin{vmatrix} 1-\lambda & 3\sqrt{3} \\ 3\sqrt{3} & -5-\lambda \end{vmatrix} = 0 \Leftrightarrow \lambda^2 + 4\lambda - 32 = 0$$

が得られます．これを解いて，固有値 4, -8 ($= \alpha, \beta$) が得られます．また，固有ベクトルは，固有値方程式 $(A - \lambda I)\begin{pmatrix} p \\ q \end{pmatrix} = \mathbf{0}$ から得られる

$$(1-\lambda)p + 3\sqrt{3}q = 0 \quad \text{ただし} \quad \lambda = 4, -8$$

を解いて p, q の比が決まり，$\begin{pmatrix} p \\ q \end{pmatrix}$ の長さが 1 であることから，

$$\begin{cases} \lambda = 4 = \alpha \quad \text{のとき} \quad \begin{pmatrix} p \\ q \end{pmatrix} = \dfrac{1}{2}\begin{pmatrix} \sqrt{3} \\ 1 \end{pmatrix} = \boldsymbol{a} \\ \lambda = -8 = \beta \quad \text{のとき} \quad \begin{pmatrix} p \\ q \end{pmatrix} = \dfrac{1}{2}\begin{pmatrix} -1 \\ \sqrt{3} \end{pmatrix} = \boldsymbol{b} \end{cases}$$

とできます（p, q の相対的符号は好きに選べる）．したがって，

$$P = \begin{pmatrix} \boldsymbol{a} & \boldsymbol{b} \end{pmatrix} = \frac{1}{2}\begin{pmatrix} \sqrt{3} & -1 \\ 1 & \sqrt{3} \end{pmatrix}.$$

このとき，

$$D = P^{-1}AP = \begin{pmatrix} \alpha & 0 \\ 0 & \beta \end{pmatrix} = \begin{pmatrix} 4 & 0 \\ 0 & -8 \end{pmatrix}$$

が確かめられます．このとき，

$$C_P : (u \ \ v)\begin{pmatrix} 4 & 0 \\ 0 & -8 \end{pmatrix}\begin{pmatrix} u \\ v \end{pmatrix} = 0 \Leftrightarrow 4u^2 - 8v^2 = 0$$
$$\Leftrightarrow \quad u = \pm\sqrt{2}v$$

ですから，$C_?$ の正体は 2 直線（2 次曲線の仲間と見なす）でした．

§7.2 固有値・固有ベクトルの応用例

前の§では2次の実数の対称行列の固有値問題を調べました．しかしながら，固有値の問題はそのような行列に限定されません．この§では行列が複素になる場合や対称でない場合について例解しましょう．

7.2.1 スピン角運動量

7.2.1.1 エルミート行列・ユニタリ行列

実対称行列 $A = \begin{pmatrix} a & b \\ b & d \end{pmatrix}$ の固有値は，§§7.1.2.3 で見たように，実数でした．固有値が（楕円の長軸や短軸など）意味をもつのは実数の場合ですから，対称行列を考えたことは必然だったわけです．また，§§7.1.2.2 で議論したように，基底を変える変換として直交行列 P $(P^{-1} = P^T)$ を採用したことは，曲線の形や大きさを変えないために，必然なことでした．

§§6.1.3.4 で見たように，量子力学では複素数を使わずに理論を組み立てることは不可能であり，スピン角運動量の議論（☞§§6.1.3.4）では複素行列や複素ベクトルが現れます．このような場合に，対象となる行列にどんな制約を課せばよいかを議論してから，スピン角運動量の固有値問題を扱いましょう．

行・列ベクトルを含む $m \times n$ 複素行列 A の複素共役 $\overline{A}$ が現れるので，前もって定義しておきます：

$$A = \left(a_{ij}\right) \quad \text{のとき} \quad \overline{A} = \left(\overline{a_{ij}}\right).$$

このとき，明らかに $\overline{A}^T = \overline{A^T}$ ですね．

さて，簡単のために2次の複素ベクトル $z = \begin{pmatrix} z_1 \\ z_2 \end{pmatrix}$（$z_1, z_2$ は複素数）などで議論します（n 次でも同じ）．まず，ノルムの正値性の条件（☞§§5.4.1 の内積の条件（iv））

$$|z|^2 = (z, z) \geqq 0, \qquad |z| = 0 \Leftrightarrow z = 0$$

を満たすためには

$$(z, z) = \overline{\begin{pmatrix} z_1 \\ z_2 \end{pmatrix}}^T \begin{pmatrix} z_1 \\ z_2 \end{pmatrix} = (\overline{z_1} \ \ \overline{z_2}) \begin{pmatrix} z_1 \\ z_2 \end{pmatrix} = |z_1|^2 + |z_2|^2$$

などと定義する必要があります．よって，複素行列 A の **エルミート共役** $A^\dagger$（† は ダガー と読む）を

$$A^\dagger = \overline{A}^T$$

と定義すると，内積は，もう 1 つの複素ベクトル $\boldsymbol{w} = \binom{w_1}{w_2}$ を用意して，

$$(\boldsymbol{z}, \boldsymbol{z}) = \boldsymbol{z}^\dagger \boldsymbol{z}, \qquad (\boldsymbol{w}, \boldsymbol{z}) = \boldsymbol{w}^\dagger \boldsymbol{z} = \overline{w}_1 z_1 + \overline{w}_2 z_2$$

と定めるべきことがわかります．これは条件

$$(\boldsymbol{w}, \boldsymbol{z}) = \overline{(\boldsymbol{z}, \boldsymbol{w})}$$

と同じです．エルミート共役については，$(AB)^T = B^T A^T$ より，定理

$$(AB)^\dagger = B^\dagger A^\dagger$$

が成り立ちますね．

次に，基底を変える線形変換 $f_U : U$ に対して任意の複素ベクトル $\boldsymbol{z}$ のノルムが変わらないことを要請しましょう：

$$|f_U(\boldsymbol{z})|^2 = (f_U(\boldsymbol{z}), f_U(\boldsymbol{z})) = (U\boldsymbol{z})^\dagger U\boldsymbol{z} = \boldsymbol{z}^\dagger \left(U^\dagger U\right) \boldsymbol{z} = \boldsymbol{z}^\dagger \boldsymbol{z} = |\boldsymbol{z}|^2.$$

したがって，条件

$$U^\dagger U = I \ \Leftrightarrow \ U^\dagger = U^{-1}$$

が得られます．この性質を満たす行列 U を **ユニタリ行列** といいます．

次に，対角化の対象となる複素行列 H を考察しましょう．まず，実数の場合を思い出すと，その対象は対称行列 A $(= A^T)$ で，実数ベクトル $\boldsymbol{a}$, $\boldsymbol{b}$ に対して，

$$(\boldsymbol{b}, A\boldsymbol{a}) = \boldsymbol{b}^T A\boldsymbol{a} = \boldsymbol{b}^T A^T \boldsymbol{a} = (A\boldsymbol{b})^T \boldsymbol{a} = (A\boldsymbol{b}, \boldsymbol{a})$$

より，性質

$$(\boldsymbol{b}, A\boldsymbol{a}) = (A\boldsymbol{b}, \boldsymbol{a})$$

を満たしました．複素行列 H に対しても，これに対応する性質

$$(\boldsymbol{w}, H\boldsymbol{z}) = (H\boldsymbol{w}, \boldsymbol{z}) \ \Leftrightarrow \ \boldsymbol{w}^\dagger H\boldsymbol{z} = (H\boldsymbol{w})^\dagger \boldsymbol{z} \ (= \boldsymbol{w}^\dagger H^\dagger \boldsymbol{z})$$

を要請すると，H の満たすべき性質は

$$H^\dagger = H$$

であることがわかります．これを満たす H は **エルミート行列** と呼ばれます．

上の要請が正当なことを示すために，‘エルミート行列 H の固有値は実数’であることを示しましょう．H の固有値 λ に対応する固有ベクトルを $\boldsymbol{p}$ とします：$H\boldsymbol{p} = \lambda\boldsymbol{p}$ $(\boldsymbol{p} \neq \boldsymbol{0})$．エルミート行列の性質 $(\boldsymbol{p}, H\boldsymbol{p}) = (H\boldsymbol{p}, \boldsymbol{p})$ をうまく使います：$(cA)^\dagger = \overline{c}A^\dagger$（$c$ は複素数）に注意して，

$$(\boldsymbol{p}, H\boldsymbol{p}) = \boldsymbol{p}^\dagger H\boldsymbol{p} = \boldsymbol{p}^\dagger \lambda\boldsymbol{p} = \lambda(\boldsymbol{p}, \boldsymbol{p})$$
$$= (H\boldsymbol{p}, \boldsymbol{p}) = (H\boldsymbol{p})^\dagger \boldsymbol{p} = (\lambda\boldsymbol{p})^\dagger \boldsymbol{p} = \overline{\lambda}\boldsymbol{p}^\dagger \boldsymbol{p} = \overline{\lambda}(\boldsymbol{p}, \boldsymbol{p}).$$

よって，$\lambda(\boldsymbol{p}, \boldsymbol{p}) = \overline{\lambda}(\boldsymbol{p}, \boldsymbol{p})$．$\boldsymbol{p} \neq \boldsymbol{0}$ だから $(\boldsymbol{p}, \boldsymbol{p}) \neq 0$．したがって，$\lambda = \overline{\lambda}$ が成り立ち，固有値 λ は実数です．観測可能な量は実数ですから，量子力学を建設した天才たちが‘物理量はエルミート行列で表される’と洞察したのは当然なことでした（厳密には‘物理量はエルミート演算子で表される’）．

最後に，‘エルミート行列では，固有値の異なる固有ベクトルは直交する’ことを示しておきます（対称行列でも同じ）．エルミート行列 H の異なる固有値 λ, μ（ミュー）の固有ベクトル $\boldsymbol{p}$, $\boldsymbol{q}$ を考えます：$H\boldsymbol{p} = \lambda\boldsymbol{p}$, $H\boldsymbol{q} = \mu\boldsymbol{q}$ $(\lambda \neq \mu;\ \boldsymbol{p}, \boldsymbol{q} \neq \boldsymbol{0})$．上で行った実数固有値の議論を参考にすると，

$$(\boldsymbol{q}, H\boldsymbol{p}) = (H\boldsymbol{q}, \boldsymbol{p}) \Leftrightarrow \lambda(\boldsymbol{q}, \boldsymbol{p}) = \mu(\boldsymbol{q}, \boldsymbol{p}) \Leftrightarrow (\lambda - \mu)(\boldsymbol{q}, \boldsymbol{p}) = 0.$$

$\lambda - \mu \neq 0$ だから $(\boldsymbol{q}, \boldsymbol{p}) = 0$．したがって，$\boldsymbol{p} \perp \boldsymbol{q}$．$H$ が n 次でも同様です．

7.2.1.2 スピン行列

準備が整いました．本題に入りましょう．§§6.1.3.4 で議論した電子のスピン角運動量 $\boldsymbol{S} = (s_x, s_y, s_z)^T$：

$$s_x = \frac{\hbar}{2}\begin{pmatrix} 0 & 1 \\ 1 & 0 \end{pmatrix}, \qquad s_y = \frac{\hbar}{2}\begin{pmatrix} 0 & -i \\ i & 0 \end{pmatrix}, \qquad s_z = \frac{\hbar}{2}\begin{pmatrix} 1 & 0 \\ 0 & -1 \end{pmatrix}$$

の特徴を調べましょう．スピン行列 s_x, s_y, s_z はどれもエルミート行列であることにまず気づくでしょう：$s_x = s_x^\dagger$, $s_y = s_y^\dagger$, $s_z = s_z^\dagger$．したがって，それらの固有値は実験によって測定される量と見なされ，実際，

$$s_z\begin{pmatrix} 1 \\ 0 \end{pmatrix} = +\frac{\hbar}{2}\begin{pmatrix} 1 \\ 0 \end{pmatrix}, \qquad s_z\begin{pmatrix} 0 \\ 1 \end{pmatrix} = -\frac{\hbar}{2}\begin{pmatrix} 0 \\ 1 \end{pmatrix}$$

からわかるように，s_z の固有値は $\pm\frac{\hbar}{2}$ です．スピン角運動量の理論によると，s_x や s_y の固有値も $\pm\frac{\hbar}{2}$ です．そのことを s_y で確かめましょう．

s_y の固有値 λ, 固有ベクトル $\boldsymbol{p}(\neq \boldsymbol{0})$, および基底変換のユニタリ行列 U を求めましょう．固有値方程式 $s_y\boldsymbol{p} = \lambda\boldsymbol{p} \Leftrightarrow (s_y - \lambda I)\boldsymbol{p} = \boldsymbol{0}$ から出発します．まず，λ を求めるために特性方程式 $|s_y - \lambda I| = 0$ を解きます：

$$\begin{vmatrix} -\lambda & -i\hbar/2 \\ i\hbar/2 & -\lambda \end{vmatrix} = 0 \Leftrightarrow \lambda^2 - \hbar^2/4 = 0.$$

これから，固有値 $\lambda = \pm\dfrac{\hbar}{2}$ が確かめられますね．

固有ベクトル $\boldsymbol{p}$ は，$\boldsymbol{p} = \binom{p}{q} \neq \boldsymbol{0}$ として，固有値方程式 $(s_y - \lambda I)\boldsymbol{p} = 0$ を解きます：

$$-\lambda p - i\frac{\hbar}{2}q = 0 \quad \text{または} \quad i\frac{\hbar}{2}p - \lambda q = 0 \qquad \left(\lambda = \pm\frac{\hbar}{2}\right)$$

より，

$$\boldsymbol{p} = \begin{cases} \boldsymbol{p}_+ = c_+\begin{pmatrix}1\\i\end{pmatrix} & \left(s_y\boldsymbol{p}_+ = +\dfrac{\hbar}{2}\boldsymbol{p}_+\right) \\[2ex] \boldsymbol{p}_- = c_-\begin{pmatrix}1\\-i\end{pmatrix} & \left(s_y\boldsymbol{p}_- = -\dfrac{\hbar}{2}\boldsymbol{p}_-\right) \end{cases}$$

（$c_\pm$ は 0 でない複素定数）が得られます．

s_y を対角化するユニタリ行列 U：

$$U^{-1}s_yU = D = \frac{\hbar}{2}\begin{pmatrix}1 & 0\\0 & -1\end{pmatrix}$$

は固有ベクトル $\boldsymbol{p}_+$, $\boldsymbol{p}_-$ を並べた行列

$$U = (\boldsymbol{p}_+ \ \boldsymbol{p}_-) = \begin{pmatrix}c_+ & c_-\\ ic_+ & -ic_-\end{pmatrix}$$

で（対角行列 D との比較で，$\boldsymbol{p}_+$, $\boldsymbol{p}_-$ の順），ユニタリ条件 $UU^\dagger = U^\dagger U = I$ を満たします．この条件は，容易に確かめられるように，$|c_+|^2 = |c_-|^2 = \dfrac{1}{2}$ のとき満たされます．ここでは，$c_+ = \dfrac{1}{\sqrt{2}}$, $c_- = \dfrac{-i}{\sqrt{2}}$ のように選び，（格好(かっこ)つけて）U をエルミート行列にしましょう：

$$U = \frac{1}{\sqrt{2}}\begin{pmatrix}1 & -i\\ i & -1\end{pmatrix}.$$

$U^{-1}s_yU$ が正しい対角行列になるのを確かめるのは君に任せます．

7.2.2　連立漸化式・3 項間漸化式

漸化式の固有値問題を扱います．そこで現れる行列は対称行列ではなく，変換行列 P については多少変更を要します．また，固有値が重解になる場合も扱います．

7.2.2.1　対称行列でない場合の対角化

§§7.1.2.3 では，行列 A が対称行列のときに，その対角化を議論しました．もし A が対称行列でないなど，A の固有ベクトル $\boldsymbol{a}, \boldsymbol{b}$ が直交しない場合には変換行列 P は直交行列にできません．この§§では，しかしながら，$\boldsymbol{a}, \boldsymbol{b}$ が線形独立なときには対角化可能なことを示しましょう．以下の議論は A が n 次行列の場合にも容易に一般化できます．

行列 A が下の形で対角化できると仮定することから始めます：

$$P^{-1}AP = D, \qquad D = \begin{pmatrix} \alpha & 0 \\ 0 & \beta \end{pmatrix}.$$

以下，**対角化の必要十分条件は** A **の固有ベクトルが線形独立であること** が示されます．

まず，

$$P = \begin{pmatrix} p & q \\ r & s \end{pmatrix}$$

とおくと，P^{-1} は存在すると仮定したので $ps - qr \neq 0 \Leftrightarrow \binom{p}{r} \not\parallel \binom{q}{s}$. つまり，2 つのベクトル $\binom{p}{r}, \binom{q}{s}$ は線形独立です．また，$P^{-1}AP = D$ より $AP = PD$ なので

$$AP = A\begin{pmatrix} p & q \\ r & s \end{pmatrix} = \left(A\begin{pmatrix} p \\ r \end{pmatrix} \ A\begin{pmatrix} q \\ s \end{pmatrix} \right), \qquad PD = \begin{pmatrix} p & q \\ r & s \end{pmatrix}\begin{pmatrix} \alpha & 0 \\ 0 & \beta \end{pmatrix} = \left(\alpha\begin{pmatrix} p \\ r \end{pmatrix} \ \beta\begin{pmatrix} q \\ s \end{pmatrix} \right)$$

を比較して，

$$A\begin{pmatrix} p \\ r \end{pmatrix} = \alpha\begin{pmatrix} p \\ r \end{pmatrix}, \qquad A\begin{pmatrix} q \\ s \end{pmatrix} = \beta\begin{pmatrix} q \\ s \end{pmatrix}$$

が得られます．したがって，$\binom{p}{r}, \binom{q}{s}$ は A の固有ベクトルであり，またそれらは線形独立です．これが対角化に必要な条件，つまり必要条件です．

必要条件はまた十分条件でもあることを示しましょう. $\binom{p}{r}$, $\binom{q}{s}$ は A の線形独立な固有ベクトルで, その固有値を α, β とします. このとき, $P = \begin{pmatrix} p & q \\ r & s \end{pmatrix}$ とおくと,

$$AP = A\begin{pmatrix} p & q \\ r & s \end{pmatrix} = \left(A\begin{pmatrix} p \\ r \end{pmatrix} \ A\begin{pmatrix} q \\ s \end{pmatrix}\right) = \left(\alpha\begin{pmatrix} p \\ r \end{pmatrix} \ \beta\begin{pmatrix} q \\ s \end{pmatrix}\right),$$

$$PD = \begin{pmatrix} p & q \\ r & s \end{pmatrix}\begin{pmatrix} \alpha & 0 \\ 0 & \beta \end{pmatrix} = \left(\alpha\begin{pmatrix} p \\ r \end{pmatrix} \ \beta\begin{pmatrix} q \\ s \end{pmatrix}\right).$$

よって, $AP = PD$. また, 固有ベクトルは線形独立だから P^{-1} が存在し,

$$P^{-1}AP = D, \qquad D = \begin{pmatrix} \alpha & 0 \\ 0 & \beta \end{pmatrix}$$

が成り立ちます. したがって, A の対角化が可能です.

以上の議論においては, P は, もはや基底を変換する行列という意味づけを失い, '固有ベクトルを並べた行列' という側面だけが残りました.

なお, A が n 次行列の場合にも同様の議論ができます. 変換行列 P は列ベクトル $\boldsymbol{p}_i$ $(i = 1, 2, \cdots, n)$ を並べた $P = (\boldsymbol{p}_1 \ \boldsymbol{p}_2 \ \cdots \boldsymbol{p}_n)$ とします. 行列 A が

$$P^{-1}AP = D, \qquad D = \begin{pmatrix} \lambda_1 & & & O \\ & \lambda_2 & & \\ & & \ddots & \\ O & & & \lambda_n \end{pmatrix}$$

のように対角化できると仮定します. P^{-1} が存在すると仮定したので, P は正則, つまり n 個の列ベクトルの組 $\{\boldsymbol{p}_i\}$ は線形独立であることが必要です.
また,

$$AP = PD \iff (A\boldsymbol{p}_1 \ A\boldsymbol{p}_2 \ \cdots A\boldsymbol{p}_n) = (\lambda_1\boldsymbol{p}_1 \ \lambda_2\boldsymbol{p}_2 \ \cdots \lambda_n\boldsymbol{p}_n)$$

より, $\boldsymbol{p}_1, \boldsymbol{p}_2, \cdots, \boldsymbol{p}_n$ は固有ベクトルです. したがって, 対角化可能条件は固有ベクトル $\boldsymbol{p}_1, \boldsymbol{p}_2, \cdots, \boldsymbol{p}_n$ が線形独立であることです.

7.2.2.2 漸化式の練習問題

漸化式は『$+\alpha$』の§11.3 で議論されています. 定数係数の 2 項間連立漸化式

$$\begin{cases} p_{n+1} = ap_n + bq_n & (n = 1, 2, \cdots) \\ q_{n+1} = cp_n + dq_n & (p_1, q_1 \text{ は与えられた定数}) \end{cases}$$

を考えましょう.

$\boldsymbol{x}_n = \begin{pmatrix} p_n \\ q_n \end{pmatrix}$, $A = \begin{pmatrix} a & b \\ c & d \end{pmatrix}$ とおくと，この漸化式は

$$\boldsymbol{x}_{n+1} = A\boldsymbol{x}_n$$

のように表されます．したがって，解は，等比数列を解く要領で，

$$\boldsymbol{x}_n = A^{n-1}\boldsymbol{x}_1 \iff \begin{pmatrix} p_n \\ q_n \end{pmatrix} = \begin{pmatrix} a & b \\ c & d \end{pmatrix}^{n-1} \begin{pmatrix} p_1 \\ q_1 \end{pmatrix}$$

となりますね．したがって，A^{n-1} が計算できればこの解は完成します．

それについては，先の議論で示されたように，A の固有値 α, β およびその線形独立な固有ベクトル $\boldsymbol{a}, \boldsymbol{b}$ があれば，変換行列 $P = (\boldsymbol{a}\ \ \boldsymbol{b})$ を用いて A を対角行列 $D = P^{-1}AP = \begin{pmatrix} \alpha & 0 \\ 0 & \beta \end{pmatrix}$ に変換できます．すると，$A = PDP^{-1}$ より，

$$\begin{aligned} A^{n-1} &= (PDP^{-1})^{n-1} = (PDP^{-1})(PDP^{-1})\cdots(PDP^{-1}) \\ &= PD^{n-1}P^{-1} = P\begin{pmatrix} \alpha^{n-1} & 0 \\ 0 & \beta^{n-1} \end{pmatrix}P^{-1} \end{aligned}$$

のように計算されます．

それでは連立漸化式の練習問題です．問：次の定数係数2項間連立漸化式

$$\begin{cases} p_{n+1} = \ \ 2p_n - q_n \\ q_{n+1} = -3p_n + 4q_n \qquad (n = 1, 2, \cdots) \end{cases}$$

を解きなさい．ただし，p_1, q_1 は与えられた定数です．

解答：$\boldsymbol{x}_n = \begin{pmatrix} p_n \\ q_n \end{pmatrix}$, $A = \begin{pmatrix} 2 & -1 \\ -3 & 4 \end{pmatrix}$ とおくと，漸化式は $\boldsymbol{x}_{n+1} = A\boldsymbol{x}_n$ と表され，解は

$$\boldsymbol{x}_n = A^{n-1}\boldsymbol{x}_1 \iff \begin{pmatrix} p_n \\ q_n \end{pmatrix} = \begin{pmatrix} 2 & -1 \\ -3 & 4 \end{pmatrix}^{n-1} \begin{pmatrix} p_1 \\ q_1 \end{pmatrix}$$

の形です．A^{n-1} を計算するために，A の固有値 λ と固有ベクトル $\boldsymbol{p} = \begin{pmatrix} p \\ q \end{pmatrix} \neq \boldsymbol{0}$ を求めます．固有値方程式

$$A\boldsymbol{p} = \lambda\boldsymbol{p} \iff (A - \lambda I)\boldsymbol{p} = \boldsymbol{0} \iff \begin{pmatrix} 2-\lambda & -1 \\ -3 & 4-\lambda \end{pmatrix}\begin{pmatrix} p \\ q \end{pmatrix} = \boldsymbol{0}$$

より，特性方程式 $\det(A - \lambda I) = \begin{vmatrix} 2-\lambda & -1 \\ -3 & 4-\lambda \end{vmatrix} = 0$ が導かれます（なぜかな？）．よって，$\lambda^2 - 6\lambda + 5 = 0$ だから $\lambda = 5, 1$ です．$\lambda = 5$ のとき，固有値方程式

（の 1 行目）$(2-5)p-1q=0$ より，$\boldsymbol{p} \propto \begin{pmatrix} 1 \\ -3 \end{pmatrix}$. $\lambda=1$ のとき，$(2-1)p-1q=0$ より，$\boldsymbol{p} \propto \begin{pmatrix} 1 \\ 1 \end{pmatrix}$. したがって，$P=\begin{pmatrix} 1 & 1 \\ -3 & 1 \end{pmatrix}$ とおけて，$P^{-1}=\frac{1}{4}\begin{pmatrix} 1 & -1 \\ 3 & 1 \end{pmatrix}$ を得ます．これから $D=P^{-1}AP=\begin{pmatrix} 5 & 0 \\ 0 & 1 \end{pmatrix}$ が確かめられ，

$$A^{n-1}=(PDP^{-1})^{n-1}=PD^{n-1}P^{-1}=\frac{1}{4}\begin{pmatrix} 5^{n-1}+3 & -5^{n-1}+1 \\ -3\cdot 5^{n-1}+3 & 3\cdot 5^{n-1}+1 \end{pmatrix}$$

が得られます．これを $\begin{pmatrix} p_n \\ q_n \end{pmatrix}=A^{n-1}\begin{pmatrix} p_1 \\ q_1 \end{pmatrix}$ に代入して整理すると最終的な解（略）になります．

3 項間漸化式（☞『$+\alpha$』の§§11.3.3.4）についても同様の議論ができます．定数係数の隣接 3 項間漸化式 $p_{n+2}=ap_{n+1}+bp_n$ $(n=1,2,\cdots)$ を考えます．これを連立漸化式にするのは簡単で，単に恒等式 $p_{n+1}=p_{n+1}$ を付け加えるだけで済みます：$\boldsymbol{x}_n=\begin{pmatrix} p_{n+1} \\ p_n \end{pmatrix}$, $A=\begin{pmatrix} a & b \\ 1 & 0 \end{pmatrix}$ とおくと，

$$\begin{cases} p_{n+2}=ap_{n+1}+bp_n \\ p_{n+1}=p_{n+1} \end{cases} \Leftrightarrow \boldsymbol{x}_{n+1}=A\boldsymbol{x}_n$$

が得られるので，連立漸化式の形になりますね．

それでは練習問題です．問：漸化式 $p_{n+2}=3p_{n+1}+4p_n$ $(n=0,1,2,\cdots)$ を解きなさい．ただし，p_0, p_1 は与えられた定数とします．

略解：$\boldsymbol{x}_{n+1}=A\boldsymbol{x}_n$ ($\boldsymbol{x}_n=\begin{pmatrix} p_{n+1} \\ p_n \end{pmatrix}$, $A=\begin{pmatrix} 3 & 4 \\ 1 & 0 \end{pmatrix}$) としますと，$\boldsymbol{x}_n=A^n\boldsymbol{x}_0$ より，p_n $(n \geqq 2)$ は p_0, p_1 で表されます．特性方程式 $\begin{vmatrix} 3-\lambda & 4 \\ 1 & -\lambda \end{vmatrix}=0$ を解いて固有値 $\lambda=4,-1$ を得ます．したがって，$\lambda=4$ の固有ベクトル $\begin{pmatrix} p \\ q \end{pmatrix}$ は $(3-4)p+4q=0$ より，$\begin{pmatrix} p \\ q \end{pmatrix} \propto \begin{pmatrix} 4 \\ 1 \end{pmatrix}$. 同様に，$\lambda=-1$ の固有ベクトルは $(3+1)p+4q=0$ より，$\begin{pmatrix} p \\ q \end{pmatrix} \propto \begin{pmatrix} 1 \\ -1 \end{pmatrix}$. よって，$P=\begin{pmatrix} 4 & 1 \\ 1 & -1 \end{pmatrix}$ とすると，$P^{-1}AP=D=\begin{pmatrix} 4 & 0 \\ 0 & -1 \end{pmatrix}$. したがって，$A=PDP^{-1}$ より

$$A^n=PD^nP^{-1}=\frac{1}{5}\begin{pmatrix} 4^{n+1}+(-1)^n & 4^{n+1}-4(-1)^n \\ 4^n-(-1)^n & 4^n+4(-1)^n \end{pmatrix}.$$

したがって，$\begin{pmatrix} p_{n+1} \\ p_n \end{pmatrix}=A^n\begin{pmatrix} p_1 \\ p_0 \end{pmatrix}$ より，$p_n=\frac{1}{5}\{p_1(4^n-(-1)^n)+p_0(4^n+4(-1)^n)\}$. $(n=1,2$ などとして，検算しましょう).

7.2.2.3　固有値が重解の場合の 2 次行列の n 乗

例として，連立漸化式

$$\begin{cases} p_{n+1} = 4p_n - 2q_n & (n = 0,\ 1,\ 2,\ \cdots) \\ q_{n+1} = 2p_n & (p_0,\ q_0\ \text{は与えられた定数}) \end{cases}$$

を考えましょう．例によって，$\boldsymbol{x}_n = \begin{pmatrix} p_n \\ q_n \end{pmatrix}$, $A = \begin{pmatrix} 4 & -2 \\ 2 & 0 \end{pmatrix}$ とおくと，この漸化式は $\boldsymbol{x}_{n+1} = A\boldsymbol{x}_n$ と表され，解は $\boldsymbol{x}_n = A^n\boldsymbol{x}_0$ です．

固有値方程式は $(A - \lambda I)\boldsymbol{p} = \begin{pmatrix} 4-\lambda & -2 \\ 2 & -\lambda \end{pmatrix}\begin{pmatrix} p \\ q \end{pmatrix} = \boldsymbol{0}$ $\left(\boldsymbol{p} = \begin{pmatrix} p \\ q \end{pmatrix} \neq \boldsymbol{0}\right)$ で，それより得られる特性方程式 $\begin{vmatrix} 4-\lambda & -2 \\ 2 & -\lambda \end{vmatrix} = 0$ を解くと，重解の固有値 $\lambda = 2$ が得られます．このとき，固有ベクトル $\begin{pmatrix} p \\ q \end{pmatrix}$ については，固有値方程式より $(4-2)p - 2q = 0$ だから，$\begin{pmatrix} p \\ q \end{pmatrix} \propto \begin{pmatrix} 1 \\ 1 \end{pmatrix}$ のみです．したがって，固有ベクトルを並べて得られる変換行列 P は存在せず，A の対角化はできません．

解 $\boldsymbol{x}_n = A^n\boldsymbol{x}_0$ を求めるには A^n が計算できればよいので，対角化によらない方法を考えましょう．ここでは，特性方程式にケーリー・ハミルトンの定理（☞§§6.1.3.5）の応援を求める方法を紹介します（別な方法が§§6.1.3.5 に載っています）．

行列 $A = \begin{pmatrix} a & b \\ c & d \end{pmatrix}$ の固有値を $\lambda = \alpha, \beta$ としましょう．その特性方程式は

$$\det(A - \lambda I) = \begin{vmatrix} a-\lambda & b \\ c & d-\lambda \end{vmatrix} = \lambda^2 - (a+d)\lambda + (ad-bc) = 0$$

ですね．ところで，この方程式の λ を形式的に行列 A で置き換えたのがケーリー・ハミルトンの定理

$$A^2 - (a+d)A + (ad-bc)I = O$$

でしたね（定数項には I をつける）．さて，固有値 $\lambda = \alpha, \beta$ は特性方程式の解：$(\lambda-\alpha)(\lambda-\beta) = 0$ ですから，解と係数の関係によって，$a+d = \alpha+\beta$, $ad-bc = \alpha\beta$ が成り立ちます．したがって，ケーリー・ハミルトンの定理は，固有値を用いて，

$$A^2 - (\alpha+\beta)A + \alpha\beta I = O$$

と表すことができます．これは

$$A(A - \beta I) = \alpha(A - \beta I)$$
$$\Leftrightarrow\ A(A - \alpha I) = \beta(A - \alpha I)$$

のようにも表されます．すると，$(A-\beta I)$ は固有値 α の固有ベクトルのような性質をもち，また $(A-\alpha I)$ は固有値 β の固有ベクトルのような性質をもちますね．したがって，上の等式に A を何回も掛けていくと，

$$\begin{cases} A^k(A-\beta I)=\alpha^k(A-\beta I) \\ A^k(A-\alpha I)=\beta^k(A-\alpha I) \end{cases}$$

が得られます．$\alpha\neq\beta$ のときは，$k=n$ とおいて，辺々引き算をすると A^n を与える公式が得られます：

$$(\alpha-\beta)A^n=\alpha^n(A-\beta I)-\beta^n(A-\alpha I).$$

さて，$\alpha=\beta$ のときはどうでしょうか．$A^k(A-\beta I)=\alpha^k(A-\beta I)$ はその場合

$$A^{k+1}-\alpha A^k=\alpha^k A-\alpha^{k+1}I$$

ですが，$\alpha\neq 0$ として，両辺を α^{k+1} で割ると，

$$\left(\frac{A}{\alpha}\right)^{k+1}-\left(\frac{A}{\alpha}\right)^{k}=\left(\frac{A}{\alpha}\right)-I$$

が得られます．これは数列でいうと階差（☞『+α』の§§11.1.3.4）に当たり，

$$\sum_{k=1}^{n-1}\left(\left(\frac{A}{\alpha}\right)^{k+1}-\left(\frac{A}{\alpha}\right)^{k}\right)=\left(\frac{A}{\alpha}\right)^{n}-\frac{A}{\alpha}$$

に注意して，

$$\left(\frac{A}{\alpha}\right)^{n}-\frac{A}{\alpha}=(n-1)\left(\frac{A}{\alpha}-I\right),$$

したがって，$\alpha=\beta\neq 0$ のときの公式

$$A^n=n\alpha^{n-1}A-(n-1)\alpha^n I$$

が得られます．

この公式を問題となった連立漸化式の場合 $A=\begin{pmatrix}4&-2\\2&0\end{pmatrix}$ $(\alpha=\beta=2)$ に当てはめると，

$$A^n=\begin{pmatrix}(n+1)2^n & -n2^n\\ n2^n & -(n-1)2^n\end{pmatrix}$$

となります（$n=1$ として検算する）．これを $\begin{pmatrix}p_n\\q_n\end{pmatrix}=A^n\begin{pmatrix}p_0\\q_0\end{pmatrix}$ に代入すれば最終的な答が得られます．

A が 2 次の行列の場合は，固有値が重解ならば，A を対角化することはできません．しかしながら，3 次以上の場合には対角化が可能な場合もあります．後の§§7.2.3.2 でそのような例を学びましょう．

7.2.3 マルコフ過程

7.2.3.1 ビール業界のシェア争い

ビール業界の熾烈なシェア争いを例にとって解説しましょう．まず，簡単のために 2 社だけで考えます．A 社はある年（0 年とします）のシェア（市場占有率）$\mathbf{a}_0$ はわずか 10 %だったが，「スーパートロイ」を売り出したところ，これが大ヒットをかっ飛ばし，翌年以降からは自社の前年（k 年）のシェア $\mathbf{a}_k$ の 9 割を確保し，ライバルの K 社のシェア $\mathbf{k}_k$ の 2 割を奪うようになりました（もちろん架空の数字です）．これを式で表すと，0 年のシェアは $\mathbf{a}_0 = 10$ %，$\mathbf{k}_0 = 90$ %で，$k+1$ 年のシェアは k 年の両者のシェアを用いて

$$\begin{cases} \mathbf{a}_{k+1} = 0.9\,\mathbf{a}_k + 0.2\,\mathbf{k}_k \\ \mathbf{k}_{k+1} = 0.1\,\mathbf{a}_k + 0.8\,\mathbf{k}_k \end{cases}$$

と表されます．K 社の $k+1$ 年のシェアは $\mathbf{k}_{k+1} = (1-0.9)\,\mathbf{a}_k + (1-0.2)\,\mathbf{k}_k$ の意味です．例によって，この連立漸化式は

$$\boldsymbol{x}_{k+1} = A\boldsymbol{x}_k \quad \text{ただし} \quad \boldsymbol{x}_k = \begin{pmatrix} \mathbf{a}_k \\ \mathbf{k}_k \end{pmatrix}, \quad A = \begin{pmatrix} a_{ij} \end{pmatrix} = \begin{pmatrix} 0.9 & 0.2 \\ 0.1 & 0.8 \end{pmatrix}$$

のように行列を用いて表すことができます．

上の漸化式で，k 年のシェアを一般化して‘k 年の状態’ということにすれば，k 年より後の状態は k 年の状態によって全て決まり，状態間の遷移（せんい）（移り変わり）は行列 A の成分 a_{ij} で j 状態から i 状態への遷移確率 $(0 \leqq a_{ij} \leqq 1)$ として表されます．状態の変動をこのようにモデル化することを **マルコフ過程** といい，特に上の例のように時間が離散的である場合を「マルコフ連鎖」といいます．上のシェアのような連鎖変動は‘ブランドスイッチングモデル’と呼ばれ，マルコフ連鎖の代表例です．マルコフ過程は，計量経済学において市場予測や景気変動解析に用いられ，また，気象予測のモデルや農作物収穫予測などにも広く用いられています．

さて，漸化式 $\boldsymbol{x}_{k+1} = A\boldsymbol{x}_k$ の解は $\boldsymbol{x}_n = A^n\boldsymbol{x}_0$ で与えられるから，A を対角化して A^n を計算すれば済みます．それは練習問題にしましょう．

略解：特性方程式 $\begin{vmatrix} 0.9-\lambda & 0.2 \\ 0.1 & 0.8-\lambda \end{vmatrix} = 0$ を解いて，固有値 $\lambda = 1,\ 0.7$．それらに対応する固有ベクトルを並べた変換行列は $P = \begin{pmatrix} 2 & 1 \\ 1 & -1 \end{pmatrix}$ とできます．したがって，

$D = P^{-1}AP = \begin{pmatrix}1 & 0\\ 0 & 0.7\end{pmatrix}$ より，$A^n = (PDP^{-1})^n = PD^nP^{-1} = \frac{1}{3}\begin{pmatrix}2+0.7^n & 2-2\cdot 0.7^n\\ 1-0.7^n & 1+2\cdot 0.7^n\end{pmatrix}$.
したがって，

$$\begin{pmatrix}\mathbf{a}_n\\ \mathbf{k}_n\end{pmatrix} = A^n\begin{pmatrix}10\\ 90\end{pmatrix} = \frac{1}{3}\begin{pmatrix}200-170\cdot 0.7^n\\ 100+170\cdot 0.7^n\end{pmatrix}(\%).$$

ここまでが練習問題です．さて，答の特徴に注意しましょう．$n \to \infty$ のとき $0.7^n \to 0$ だから，始め 10 %に過ぎなかった A 社のシェアが何年かすると $200/3 \fallingdotseq 67$ %に近づく，つまり K 社の倍も売れることになります．A 社はこの予測を念頭において増産体制に入ることになります．

実は，ビール業界には S 社という大手がいます．今度は，この S 社を加えた 3 社のシェア争いを考えましょう．上で用いたのと同じ記号でシェア $\boldsymbol{x}_k$ や遷移行列 A を表します：

$$\boldsymbol{x}_{k+1} = \begin{pmatrix}\mathbf{a}_{k+1}\\ \mathbf{k}_{k+1}\\ \mathbf{s}_{k+1}\end{pmatrix} = A\boldsymbol{x}_k = \begin{pmatrix}0.8 & 0.2 & 0.2\\ 0.1 & 0.7 & 0.2\\ 0.1 & 0.1 & 0.6\end{pmatrix}\begin{pmatrix}\mathbf{a}_k\\ \mathbf{k}_k\\ \mathbf{s}_k\end{pmatrix}, \qquad \begin{pmatrix}\mathbf{a}_0\\ \mathbf{k}_0\\ \mathbf{s}_0\end{pmatrix} = \begin{pmatrix}10\\ 70\\ 20\end{pmatrix}(\%).$$

もちろん，上式の数値を現実の数値と思ってはいけません．
ここで確認の練習問題です．問：S 社のシェア $\mathbf{s}_{k+1}$ を前年の各社のシェアで表し，その変動を言葉で表しなさい．
答：$\mathbf{s}_{k+1} = 0.1\,\mathbf{a}_k + 0.1\,\mathbf{k}_k + 0.6\mathbf{s}_k$ ですね．したがって，S 社は，前年の A 社と K 社のシェアの 1 割を奪い，自社のシェアの 6 割を確保します．

解は $\boldsymbol{x}_n = A^n\boldsymbol{x}_0$ で与えられるので，3 次の行列 A を対角化すれば済むのは 2 次の場合と同じです．固有値方程式 $A\boldsymbol{p} = \lambda\boldsymbol{p} \Leftrightarrow (A-\lambda I)\boldsymbol{p} = \mathbf{0}$ $(\boldsymbol{p} \neq \mathbf{0})$ も同形だから，特性方程式も同じです：$|A-\lambda I| = 0$．A の具体形を代入して

$$\begin{vmatrix}0.8-\lambda & 0.2 & 0.2\\ 0.1 & 0.7-\lambda & 0.2\\ 0.1 & 0.1 & 0.6-\lambda\end{vmatrix} = 0 \Leftrightarrow \begin{vmatrix}8-10\lambda & 2 & 2\\ 1 & 7-10\lambda & 2\\ 1 & 1 & 6-10\lambda\end{vmatrix} = 0.$$

$x = 7-10\lambda$ とおいて展開すると，$x(x^2-1)-6x+6 = (x-1)(x-2)(x+3) = 0$ と，3 次方程式が解けて，$x = -3, 1, 2$ に対応して $\lambda = \dfrac{7-x}{10} = 1,\ 0.6,\ 0.5$ と定まります．

固有ベクトル $\boldsymbol{p} = (p\ \ q\ \ r)^T$ については，固有値方程式 $(A-\lambda I)\boldsymbol{p} = \mathbf{0}$ の（拡大）係数行列（☞§§6.4.1）を用いるのが便利です．それらは $\lambda = 1,\ 0.6,\ 0.5$ について，それぞれ，（10 倍した形で）

$$\left(\begin{array}{ccc|c} -2 & 2 & 2 & 0 \\ 1 & -3 & 2 & 0 \\ 1 & 1 & -4 & 0 \end{array}\right), \qquad \left(\begin{array}{ccc|c} 2 & 2 & 2 & 0 \\ 1 & 1 & 2 & 0 \\ 1 & 1 & 0 & 0 \end{array}\right), \qquad \left(\begin{array}{ccc|c} 3 & 2 & 2 & 0 \\ 1 & 2 & 2 & 0 \\ 1 & 1 & 1 & 0 \end{array}\right)$$

です．行変形を行うと，それぞれ

$$\left(\begin{array}{ccc|c} 1 & -1 & -1 & 0 \\ 0 & 2 & -3 & 0 \\ 0 & 0 & 0 & 0 \end{array}\right), \qquad \left(\begin{array}{ccc|c} 1 & 1 & 0 & 0 \\ 0 & 1 & 1 & 0 \\ 0 & 0 & 0 & 0 \end{array}\right), \qquad \left(\begin{array}{ccc|c} 1 & 0 & 0 & 0 \\ 0 & 1 & 1 & 0 \\ 0 & 0 & 0 & 0 \end{array}\right)$$

となりますね．よって，固有ベクトル $(p\ \ q\ \ r)^T$ の方程式は，それぞれ

$$\begin{cases} p-q-r=0 \\ 2q-3r=0 \end{cases}, \qquad \begin{cases} p+q=0 \\ r=0 \end{cases}, \qquad \begin{cases} p=0 \\ q+r=0 \end{cases}$$

に帰着します．したがって，固有ベクトル $\boldsymbol{p}$，および変換行列 P は

$$\boldsymbol{p} \propto \begin{pmatrix} 5 \\ 3 \\ 2 \end{pmatrix}, \quad \begin{pmatrix} 1 \\ -1 \\ 0 \end{pmatrix}, \quad \begin{pmatrix} 0 \\ 1 \\ -1 \end{pmatrix}, \qquad P = \begin{pmatrix} 5 & 1 & 0 \\ 3 & -1 & 1 \\ 2 & 0 & -1 \end{pmatrix}$$

とできますね（☞§§7.2.2.1）．固有ベクトルであることを確かめましょう．またこのとき，

$$P^{-1} = \frac{1}{10}\begin{pmatrix} 1 & 1 & 1 \\ 5 & -5 & -5 \\ 2 & 2 & -8 \end{pmatrix}, \qquad D = P^{-1}AD = \begin{pmatrix} 1 & 0 & 0 \\ 0 & 0.6 & 0 \\ 0 & 0 & 0.5 \end{pmatrix}$$

であることを確かめましょう．また，

$$A^n = PD^nP^{-1} = P\begin{pmatrix} 1^n & 0 & 0 \\ 0 & 0.6^n & 0 \\ 0 & 0 & 0.5^n \end{pmatrix}P^{-1}$$

に注意して，n が大きいとき，各社のシェア

$$\begin{pmatrix} \mathbf{a}_n \\ \mathbf{k}_n \\ \mathbf{s}_n \end{pmatrix} = A^n \begin{pmatrix} 10 \\ 70 \\ 20 \end{pmatrix}$$

は

$$\begin{pmatrix} 5 & 1 & 0 \\ 3 & -1 & 1 \\ 2 & 0 & -1 \end{pmatrix}\begin{pmatrix} 1 & 0 & 0 \\ 0 & 0 & 0 \\ 0 & 0 & 0 \end{pmatrix}\frac{1}{10}\begin{pmatrix} 1 & 1 & 1 \\ 5 & -5 & -5 \\ 2 & 2 & -8 \end{pmatrix}\begin{pmatrix} 10 \\ 70 \\ 20 \end{pmatrix} = \begin{pmatrix} 50 \\ 30 \\ 20 \end{pmatrix}(\%)$$

に近づきますね．A 社のシェアが 5 割を占める結果となりました．

7.2.3.2 固有値が重解の場合の対角化

A, K, S 3 社のシェア争いで，遷移行列 A を次のように変えてみましょう：

$$\boldsymbol{x}_{k+1} = \begin{pmatrix} \mathbf{a}_{k+1} \\ \mathbf{k}_{k+1} \\ \mathbf{s}_{k+1} \end{pmatrix} = A\boldsymbol{x}_k = \begin{pmatrix} 0.8 & 0.2 & 0.2 \\ 0.1 & 0.7 & 0.1 \\ 0.1 & 0.1 & 0.7 \end{pmatrix} \begin{pmatrix} \mathbf{a}_k \\ \mathbf{k}_k \\ \mathbf{s}_k \end{pmatrix}, \qquad \begin{pmatrix} \mathbf{a}_0 \\ \mathbf{k}_0 \\ \mathbf{s}_0 \end{pmatrix} = \begin{pmatrix} 10 \\ 70 \\ 20 \end{pmatrix} (\%).$$

特性方程式 $|A - \lambda I| = 0$ は

$$\begin{vmatrix} 0.8-\lambda & 0.2 & 0.2 \\ 0.1 & 0.7-\lambda & 0.1 \\ 0.1 & 0.1 & 0.7-\lambda \end{vmatrix} = 0 \iff \begin{vmatrix} 8-10\lambda & 2 & 2 \\ 1 & 7-10\lambda & 1 \\ 1 & 1 & 7-10\lambda \end{vmatrix} = 0$$

で，$x = 7 - 10\lambda$ とおくと，$x = 1$ のとき 2 行と 3 行が等しくなるので $x = 1$ は解です．したがって，方程式は $x^2(x+1) - 5x + 3 = (x-1)^2(x+3) = 0$ となって，$x = -3, 1$ に対応して $\lambda = \dfrac{7-x}{10} = 1, 0.6$ と定まります．0.6 は重解です．

固有ベクトル $\boldsymbol{p} = (p \ \ q \ \ r)^T \neq \mathbf{0}$ を求めましょう．固有値方程式 $(A - \lambda I)\boldsymbol{p} = \mathbf{0}$ の拡大係数行列は，$\lambda = 1, 0.6$ について，それぞれ，（10 倍した形で）

$$\left(\begin{array}{ccc|c} -2 & 2 & 2 & 0 \\ 1 & -3 & 1 & 0 \\ 1 & 1 & -3 & 0 \end{array}\right), \qquad \left(\begin{array}{ccc|c} 2 & 2 & 2 & 0 \\ 1 & 1 & 1 & 0 \\ 1 & 1 & 1 & 0 \end{array}\right)$$

です．$\lambda = 1$ のとき，行変形から $\boldsymbol{p} \propto (2 \ \ 1 \ \ 1)^T$ であるのは容易にわかります．

問題は重解 $\lambda = 0.6$ の場合です．行変形をすると，拡大係数行列は

$$\left(\begin{array}{ccc|c} 1 & 1 & 1 & 0 \\ 0 & 0 & 0 & 0 \\ 0 & 0 & 0 & 0 \end{array}\right)$$

となるので，固有値方程式は，固有ベクトルを $(p \ \ q \ \ r)^T$ として，

$$p + q + r = 0$$

となります．この条件のもとで，$(p \ \ q \ \ r)^T$ が固有値 0.6 の固有ベクトルであることは容易に確かめられます：

$$A\boldsymbol{p} = \frac{1}{10}\begin{pmatrix} 8 & 2 & 2 \\ 1 & 7 & 1 \\ 1 & 1 & 7 \end{pmatrix}\begin{pmatrix} p \\ q \\ r \end{pmatrix} = \frac{1}{10}\begin{pmatrix} 8p + 2q + 2r \\ p + 7q + r \\ p + q + 7r \end{pmatrix} = \frac{1}{10}\begin{pmatrix} 6p \\ 6q \\ 6r \end{pmatrix} = 0.6\begin{pmatrix} p \\ q \\ r \end{pmatrix}.$$

さて，条件 $p+q+r=0$ のもとで固有ベクトルを考えると，さらなる条件 $r=0$ を付け加えて $\boldsymbol{p} \propto \begin{pmatrix} 1 \\ -1 \\ 0 \end{pmatrix}$ としたり，また，$p=0$ として $\boldsymbol{p} \propto \begin{pmatrix} 0 \\ 1 \\ -1 \end{pmatrix}$ ともできます．対角化は固有ベクトルが線形独立であるかによっています．上の2ベクトルが線形独立であることを確認しましょう：

$$s\begin{pmatrix} 1 \\ -1 \\ 0 \end{pmatrix} + t\begin{pmatrix} 0 \\ 1 \\ -1 \end{pmatrix} = \mathbf{0} \;\Rightarrow\; \begin{pmatrix} s \\ t-s \\ -t \end{pmatrix} = \mathbf{0} \;\Rightarrow\; s=t=0.$$

このように固有値が重解であっても，線形独立な固有ベクトルを作ることが可能な場合もあります．

また，異なる固有値1と0.6に対応する3つの固有ベクトル $\begin{pmatrix} 2 \\ 1 \\ 1 \end{pmatrix}, \begin{pmatrix} 1 \\ -1 \\ 0 \end{pmatrix}, \begin{pmatrix} 0 \\ 1 \\ -1 \end{pmatrix}$ も線形独立でないと対角化はできません．方程式

$$s\begin{pmatrix} 2 \\ 1 \\ 1 \end{pmatrix} + t\begin{pmatrix} 1 \\ -1 \\ 0 \end{pmatrix} + u\begin{pmatrix} 0 \\ 1 \\ -1 \end{pmatrix} = \mathbf{0}$$

から $s=t=u=0$ を導くのに，一般化が容易な方法があるので，それを使いましょう．$(A-0.6I)$ を左から掛けると，固有ベクトルに掛ける特殊性から

$$s(1-0.6)\begin{pmatrix} 2 \\ 1 \\ 1 \end{pmatrix} + t(0.6-0.6)\begin{pmatrix} 1 \\ -1 \\ 0 \end{pmatrix} + u(0.6-0.6)\begin{pmatrix} 0 \\ 1 \\ -1 \end{pmatrix} = \mathbf{0}$$

となって，t, u 項が消えますね．よって，$s=0$ が得られ，また先の議論より $t=u=0$．よって，$\begin{pmatrix} 2 \\ 1 \\ 1 \end{pmatrix}, \begin{pmatrix} 1 \\ -1 \\ 0 \end{pmatrix}, \begin{pmatrix} 0 \\ 1 \\ -1 \end{pmatrix}$ は線形独立です．したがって，変換行列 P と P^{-1} は

$$P = \begin{pmatrix} 2 & 1 & 0 \\ 1 & -1 & 1 \\ 1 & 0 & -1 \end{pmatrix}, \qquad P^{-1} = \frac{1}{4}\begin{pmatrix} 1 & 1 & 1 \\ 2 & -2 & -2 \\ 1 & 1 & -3 \end{pmatrix}$$

のようにとれます．このとき，$D = P^{-1}AP = \begin{pmatrix} 1 & 0 & 0 \\ 0 & 0.6 & 0 \\ 0 & 0 & 0.6 \end{pmatrix}$ で，$A^n = PD^nP^{-1}$ です．n が大きいとき，各社のシェアは

$$\begin{pmatrix} \mathbf{a}_n \\ \mathbf{k}_n \\ \mathbf{s}_n \end{pmatrix} = A^n\begin{pmatrix} 10 \\ 70 \\ 20 \end{pmatrix} \;\to\; \begin{pmatrix} 50 \\ 25 \\ 25 \end{pmatrix}(\%)$$

に近づきますね．

最後に，A が一般の n 次行列で，その特性方程式 $|A-\lambda I|=0$ が重解をもつ場合の固有ベクトル全体について，線形独立なものの個数に関する議論をしておきましょう．A の異なる固有値を $\lambda=\lambda_1, \lambda_2, \cdots, \lambda_m$ $(m \leqq n)$，対応する固有ベクトルを $\boldsymbol{p}_1, \boldsymbol{p}_2, \cdots, \boldsymbol{p}_m$ とします．固有値が重解（多重解）の場合の固有ベクトルは一般に複数個あります．

A がエルミート行列（実数のときは対称行列）ならば，§§7.2.1.1 の終わりのところで示したように，異なる固有値の固有ベクトルは直交し，したがって，それらは線形独立です．

A が一般の行列のときはどうでしょう．方程式

$$t_1\boldsymbol{p}_1+t_2\boldsymbol{p}_2+\cdots+t_m\boldsymbol{p}_m=\boldsymbol{0} \qquad (A\boldsymbol{p}_i=\lambda_i\boldsymbol{p}_i,\ i\neq j \text{ のとき } \lambda_i\neq\lambda_j)$$

を考えます．ここで，$(A-\lambda_1 I)(A-\lambda_2 I)\cdots(A-\lambda_{m-1}I)$ を左から掛けます．すると，$(A-\lambda_i I)\boldsymbol{p}_i=(\lambda_i-\lambda_i)\boldsymbol{p}_i=\boldsymbol{0}$ だから，$t_m\boldsymbol{p}_m$ 項以外は消えます．固有ベクトルは $\boldsymbol{0}$ でないから，$t_m=0$．以下，同様の議論をくり返すと，$t_{m-1}=\cdots=t_1=0$ が得られ，異なる固有値の固有ベクトルは線形独立であることがわかります．

また，上の議論から，固有値 λ_i に対する固有値方程式 $(A-\lambda_i I)\boldsymbol{x}_i=\boldsymbol{0}$ の任意の解 $\boldsymbol{x}_i$ は λ_i**でない**固有値の固有ベクトルの線形結合では表されないことがわかります．例えば，

$$\boldsymbol{x}_1=t_2\boldsymbol{p}_2+t_3\boldsymbol{p}_3+\cdots+t_m\boldsymbol{p}_m$$

とすると，$(A-\lambda_2 I)(A-\lambda_3 I)\cdots(A-\lambda_m I)$ を掛けて，$\boldsymbol{x}_1=\boldsymbol{0}$ となります．これは矛盾ですね．他の場合も同様です．このことは，固有値 λ_i の固有ベクトル $\boldsymbol{p}_i$（λ_i が重解なら，一般に複数個ある）が表せる（基底となれる）のは固有値方程式 $(A-\lambda_i I)\boldsymbol{x}_i=\boldsymbol{0}$ の一般解（解空間（☞§§5.2.3））だけであることを意味します．例えば，先ほどの 3 社のシェア争いの問題で，重解 0.6 についての固有値方程式 $(A-0.6I)\begin{pmatrix}p\\q\\r\end{pmatrix}=\boldsymbol{0}$ は $p+q+r=0$ に帰着し，$r=0$ や $p=0$ とおいて，線形独立な固有ベクトル $\begin{pmatrix}1\\-1\\0\end{pmatrix}$ と $\begin{pmatrix}0\\1\\-1\end{pmatrix}$ が得られました．したがって，$p+q+r=0$ を満たす任意の解（一般解）は

$$\begin{pmatrix}p\\q\\r\end{pmatrix}=s\begin{pmatrix}1\\-1\\0\end{pmatrix}+t\begin{pmatrix}0\\1\\-1\end{pmatrix} \quad \left(\Leftrightarrow (1\ 1\ 1)\begin{pmatrix}p\\q\\r\end{pmatrix}=0 \ \Leftrightarrow p+q+r=0\right)$$

のように，2 つの任意定数 s, t を含む形で表され，$(A - 0.6I)\begin{pmatrix} p \\ q \\ r \end{pmatrix} = \mathbf{0}$ の解空間は固有値 0.6 の 2 つの固有ベクトルを基底とする 2 次元空間であることがわかります．0.6 は重解（多重度 2 の重解）ですから，解空間の次元（線形独立な固有ベクトルの個数）と特性方程式の重解の多重度が一致しましたね．一般に，A の固有値 λ_i の固有値方程式 $A\boldsymbol{p} = \lambda_i \boldsymbol{p}$ $(\Leftrightarrow (A - \lambda_i I)\boldsymbol{p} = \mathbf{0})$ の解空間は A の固有値 λ_i の **固有空間** といわれます．

さて，一般の n 次行列 A の特性方程式 $|A - \lambda I| = 0$ は変数 λ の n 次の方程式です．よって，代数学の基本定理（☞『$+\alpha$』の§§2.4.3 および§§10.3.3.3）によって，n 個の解をもちます（k 重解は k 個と数える）．したがって，もし重解がなければ，それぞれの固有値に対応して n 個の線形独立な固有ベクトルが存在し，A は対角化が可能です．

重解がある場合はどうでしょうか．いくつか重解がある場合，その各々に対応する線形独立な固有ベクトルが重解の多重度だけ存在すると仮定すれば，全体としては n 個の線形独立な固有ベクトルが存在して対角化可能になります．その仮定は，残念ながら，すでに 2 次の A の特性方程式が重解をもつ場合に否定されます．§§7.2.2.3 の場合の $A = \begin{pmatrix} 4 & -2 \\ 2 & 0 \end{pmatrix}$ で確認しましょう．この場合，重解の固有値 $\lambda = 2$ が得られました．このとき，その固有ベクトル $\begin{pmatrix} p \\ q \end{pmatrix}$ は，固有値方程式

$$\begin{pmatrix} 4-2 & -2 \\ 2 & 0-2 \end{pmatrix}\begin{pmatrix} p \\ q \end{pmatrix} = \begin{pmatrix} 0 \\ 0 \end{pmatrix} \Leftrightarrow \begin{cases} 2p - 2q = 0 \\ 2p - 2q = 0 \end{cases}$$

より，唯一の固有ベクトル $\begin{pmatrix} p \\ q \end{pmatrix} \propto \begin{pmatrix} 1 \\ 1 \end{pmatrix}$ しかなく，対角化は不可能でした．このように，特性方程式が重解の場合，一般に，対応する線形独立な固有ベクトルが重解の多重度だけ存在せず，したがって，対角化ができない場合もあります．先に議論したビールのシェア争いの重解 0.6 の場合に，対応する線形独立な固有ベクトルが 2 つあったのは単なる幸運に過ぎません．

A の対角化ができない場合，変換行列 P をうまくとると，$J = P^{-1}AP$ の形で対角成分には A の固有値が並ぶ上 3 角行列にできることが知られています（このテキストの守備範囲外です）．J は「ジョルダン標準形」と呼ばれます．J は割合容易に n 乗することができます．次の Q アンド A で，天下り式にその標準形の計算手続きを覚えましょう（理論的考察ではなく，雰囲気を味わい

ます).

Q1. $A = \begin{pmatrix} 0 & 2 \\ -2 & 4 \end{pmatrix}$ について，以下の問に答えなさい.

(1) A の固有値 λ を求めなさい. (重解です).

(2) 固有ベクトル $\boldsymbol{p}_1$ (一般解) を求めなさい.

(3) (1) で求めた固有値 λ に対して

$$(A - \lambda I)\boldsymbol{p}_2 = \boldsymbol{p}_1$$

を満たすベクトル $\boldsymbol{p}_2$ (一般解) を求めなさい.

(4) $P = (\boldsymbol{p}_1\ \ \boldsymbol{p}_2)$ とするとき，$\boldsymbol{p}_1$, $\boldsymbol{p}_2$ の任意定数によらずに,

$$J = P^{-1}AP = \begin{pmatrix} 2 & 1 \\ 0 & 2 \end{pmatrix} = \begin{pmatrix} \lambda & 1 \\ 0 & \lambda \end{pmatrix}$$

となることを示しなさい.

(5) $J^n = \begin{pmatrix} \lambda & 1 \\ 0 & \lambda \end{pmatrix}^n$ を求めなさい. 答だけでよいとします.

Q2. 3 次行列 $A = \begin{pmatrix} 4 & 2 & 0 \\ 0 & 3 & -2 \\ 1 & 2 & 0 \end{pmatrix}$ について，以下の問に答えなさい.

(1) A の固有値を求めなさい. 単根を λ_1, 重根を λ_2 とします.

(2) 固有値 λ_1, λ_2 の固有ベクトル $\boldsymbol{p}_1$, $\boldsymbol{p}_2$ を求めなさい.

(3) 重根 λ_2 の固有ベクトルがただ 1 つ $\boldsymbol{p}_2$ のとき，$\boldsymbol{p}_2$ に線形独立なベクトル $\boldsymbol{p}_3$ を方程式 $(A - \lambda_2 I)\boldsymbol{p}_3 = \boldsymbol{p}_2$ によって求めなさい (方程式を満たすものならば任意でよい).

(4) $P = (\boldsymbol{p}_1\ \ \boldsymbol{p}_2\ \ \boldsymbol{p}_3)$ として，$J = P^{-1}AP$ を求めなさい.

Q3. 3 次行列 $A = \begin{pmatrix} 3 & 1 & -1 \\ -1 & 1 & 2 \\ 0 & 0 & 2 \end{pmatrix}$ について，以下の問に答えなさい.

(1) A の固有値 λ を求めなさい. (3 重解です. それを λ_1 とします).

(2) 固有ベクトル $\boldsymbol{p}_1$ を求めなさい (任意定数は適当でよい). もし複数の線形独立な固有ベクトルが得られないときは，方程式 $(A - \lambda_1 I)\boldsymbol{p}_2 = \boldsymbol{p}_1$, $(A - \lambda_1 I)\boldsymbol{p}_3 = \boldsymbol{p}_2$ を満たすベクトル $\boldsymbol{p}_2$, $\boldsymbol{p}_3$ を求めなさい (方程式を満たすなら何でもよい).

(3) (2) の方程式を利用して，3 ベクトル $\boldsymbol{p}_1$, $\boldsymbol{p}_2$, $\boldsymbol{p}_3$ は線形独立であることを示しなさい.

(4) 変換行列 $P = (\boldsymbol{p}_1\ \ \boldsymbol{p}_2\ \ \boldsymbol{p}_3)$ を用いて A のジョルダン標準形 $J = P^{-1}AP$ を求めなさい.

A1. (1) 固有値方程式 $(A-\lambda I)\boldsymbol{p}=\boldsymbol{0}$ において，固有ベクトル $\boldsymbol{p}\neq\boldsymbol{0}$ だから，$(A-\lambda I)^{-1}$ は存在せず，よって，特性方程式 $|A-\lambda I|=\begin{vmatrix}-\lambda & 2\\ -2 & 4-\lambda\end{vmatrix}=0$ が得られます．したがって，固有値は重解 $\lambda=2$.

(2) 固有値 2 に対する固有値方程式は $\begin{pmatrix}-2 & 2\\ -2 & 4-2\end{pmatrix}\boldsymbol{p}_1=\boldsymbol{0}$. $\boldsymbol{p}_1=\begin{pmatrix}p\\ q\end{pmatrix}$ とおくと，$-2p+2q=0$. これから，固有ベクトル $\boldsymbol{p}_1=c\begin{pmatrix}1\\ 1\end{pmatrix}$ (c は任意定数).

(3) $\boldsymbol{p}_1=c\begin{pmatrix}1\\ 1\end{pmatrix}$, $\boldsymbol{p}_2=\begin{pmatrix}p\\ q\end{pmatrix}$ とします．すると，

$$(A-\lambda I)\boldsymbol{p}_2=\boldsymbol{p}_1 \Leftrightarrow \begin{pmatrix}-2 & 2\\ -2 & 2\end{pmatrix}\begin{pmatrix}p\\ q\end{pmatrix}=c\begin{pmatrix}1\\ 1\end{pmatrix} \Leftrightarrow -2p+2q=c.$$

ここで，$c=2s$ とおいても一般性を失わないから，$-p+q=s$. また，$p=t$ (任意定数) とおいても構わないから $q=s+t$. したがって，$\boldsymbol{p}_2=\begin{pmatrix}t\\ s+t\end{pmatrix}$ (ただし，$\boldsymbol{p}_1=2s\begin{pmatrix}1\\ 1\end{pmatrix}$ として).

(4) $P=(\boldsymbol{p}_1\ \boldsymbol{p}_2)=\begin{pmatrix}2s & t\\ 2s & s+t\end{pmatrix}$ より，$P^{-1}=\frac{1}{2s^2}\begin{pmatrix}s+t & -t\\ -2s & 2s\end{pmatrix}$. よって，

$$J=P^{-1}AP=\frac{1}{2s^2}\begin{pmatrix}s+t & -t\\ -2s & 2s\end{pmatrix}\begin{pmatrix}0 & 2\\ -2 & 4\end{pmatrix}\begin{pmatrix}2s & t\\ 2s & s+t\end{pmatrix}=\begin{pmatrix}2 & 1\\ 0 & 2\end{pmatrix}.$$

したがって，J は対角成分に固有値 2 が並び，非対角成分が 1 の上 3 角行列ですね．(P の任意定数が結果に影響しないことは重要です).

(5) $J^2=\begin{pmatrix}\lambda^2 & 2\lambda\\ 0 & \lambda^2\end{pmatrix}$, $J^3=\begin{pmatrix}\lambda^3 & 3\lambda^2\\ 0 & \lambda^3\end{pmatrix}$ などから，$J^n=\begin{pmatrix}\lambda^n & n\lambda^{n-1}\\ 0 & \lambda^n\end{pmatrix}$ が得られます．(証明が必要なときは数学的帰納法を用いる).

A2. (1) 特性方程式 $|A-\lambda I|=\begin{vmatrix}4-\lambda & 2 & 0\\ 0 & 3-\lambda & -2\\ 1 & 2 & -\lambda\end{vmatrix}=-(\lambda-3)(\lambda-2)^2=0$ より，$\lambda_1=3, \lambda_2=2$.

(2) $\lambda_1=3$ の固有値方程式は $\boldsymbol{p}_1=\begin{pmatrix}p\\ q\\ r\end{pmatrix}$ とすると，

$$(A-\lambda_1 I)\boldsymbol{p}_1=\begin{pmatrix}1 & 2 & 0\\ 0 & 0 & -2\\ 1 & 2 & -3\end{pmatrix}\begin{pmatrix}p\\ q\\ r\end{pmatrix}=\boldsymbol{0} \Leftrightarrow \begin{cases}p+2q=0\\ r=0\end{cases} \Leftrightarrow \boldsymbol{p}_1 \propto \begin{pmatrix}2\\ -1\\ 0\end{pmatrix}.$$

$\lambda_2=2$ の固有値方程式は $\boldsymbol{p}_2=\begin{pmatrix}p\\ q\\ r\end{pmatrix}$ として，

$$(A-\lambda_2 I)\boldsymbol{p}_2=\begin{pmatrix}2 & 2 & 0\\ 0 & 1 & -2\\ 1 & 2 & -2\end{pmatrix}\begin{pmatrix}p\\ q\\ r\end{pmatrix}=\boldsymbol{0} \Leftrightarrow \begin{cases}p+q=0\\ q-2r=0\end{cases} \Leftrightarrow \boldsymbol{p}_2 \propto \begin{pmatrix}2\\ -2\\ -1\end{pmatrix}.$$

(3) $\boldsymbol{p}_3 = \begin{pmatrix} p \\ q \\ r \end{pmatrix}$ とすると，

$$(A - \lambda_2 I)\boldsymbol{p}_3 = \boldsymbol{p}_2 \iff \begin{pmatrix} 2 & 2 & 0 \\ 0 & 1 & -2 \\ 1 & 2 & -2 \end{pmatrix}\begin{pmatrix} p \\ q \\ r \end{pmatrix} = c\begin{pmatrix} 2 \\ -2 \\ -1 \end{pmatrix} \iff \begin{cases} p + q = c \\ q - 2r = -2c. \end{cases}$$

したがって，例えば $c = 1$, $q = 0$ と選ぶと，$\boldsymbol{p}_3 = \begin{pmatrix} 1 \\ 0 \\ 1 \end{pmatrix}$ とすることができます（どう選んでも構わない）．$\boldsymbol{p}_2$ と $\boldsymbol{p}_3$ は線形独立であることに注意．

(4)

$$P = (\boldsymbol{p}_1\ \ \boldsymbol{p}_2\ \ \boldsymbol{p}_3) = \begin{pmatrix} 2 & 2 & 1 \\ -1 & -2 & 0 \\ 0 & -1 & 1 \end{pmatrix}, \quad \text{よって，} \quad P^{-1} = \begin{pmatrix} 2 & 3 & -2 \\ -1 & -2 & 1 \\ -1 & -2 & 2 \end{pmatrix}$$

と選ぶと，

$$J = P^{-1}AP = \begin{pmatrix} 3 & 0 & 0 \\ 0 & 2 & 1 \\ 0 & 0 & 2 \end{pmatrix} = \begin{pmatrix} \lambda_1 & 0 & 0 \\ 0 & \lambda_2 & 1 \\ 0 & 0 & \lambda_2 \end{pmatrix}.$$

参考：逆行列の計算が苦手な人のための華麗(カレー)な方法．ただし，列基本変形（☞§§6.4.1）に類似の知識を要します．

固有値 $\lambda_1 = 3$, $\lambda_2 = 2$ の固有値方程式は，固有ベクトルを $\boldsymbol{p}_1$, $\boldsymbol{p}_2$ として，

$$(A - \lambda_1 I)\boldsymbol{p}_1 = \boldsymbol{0}, \quad (A - \lambda_2 I)\boldsymbol{p}_2 = \boldsymbol{0}$$

でしたね．また，λ_2 が重解でも，その固有ベクトルが $\boldsymbol{p}_2$ のみだったので，方程式

$$(A - \lambda_2 I)\boldsymbol{p}_3 = \boldsymbol{p}_2$$

を課して，$\boldsymbol{p}_2$ に線形独立なベクトル $\boldsymbol{p}_3$ を用意しました．これらを，$A\boldsymbol{p}_i = \cdots$ の形に書き換えてみると，

$$A\boldsymbol{p}_1 = \lambda_1 \boldsymbol{p}_1$$

$$A\boldsymbol{p}_2 = \lambda_2 \boldsymbol{p}_2$$

$$A\boldsymbol{p}_3 = \boldsymbol{p}_2 + \lambda_2 \boldsymbol{p}_3$$

となります．さらに，これらをまとめると，変換行列 P に対する方程式の形に表すことができます:

$$\begin{aligned} AP &= A(\boldsymbol{p}_1\ \ \boldsymbol{p}_2\ \ \boldsymbol{p}_3) = (A\boldsymbol{p}_1\ \ A\boldsymbol{p}_2\ \ A\boldsymbol{p}_3) \\ &= (\lambda_1 \boldsymbol{p}_1\ \ \lambda_2 \boldsymbol{p}_2\ \ \boldsymbol{p}_2 + \lambda_2 \boldsymbol{p}_3). \end{aligned}$$

ここで，$P = (\boldsymbol{p}_1\ \ \boldsymbol{p}_2\ \ \boldsymbol{p}_3)$ と上式の最後の式を比較すると，最後の式の第1列は P の第1列を λ_1 倍したものであり，その第2列は P の第2列を λ_2 倍したもの，またその第3列は P の第2列と第3列の λ_2 倍を加えたものですね．

このような列変形は，§§6.4.1で学んだように，一連の基本行列（☞287ページ）を右から掛けて得られます．練習しているうちに慣れますが，例えば，第3列だけの列変形を見たいときは

$$(\boldsymbol{p}_1\ \ \boldsymbol{p}_2\ \ \boldsymbol{p}_3)\begin{pmatrix} 0 & 0 & p \\ 0 & 0 & q \\ 0 & 0 & r \end{pmatrix} = (\boldsymbol{0}\ \ \boldsymbol{0}\ \ p\boldsymbol{p}_1 + q\boldsymbol{p}_2 + r\boldsymbol{p}_3)$$

などを参考にすればよいでしょう．第1列だけ，第2列だけのときも同様です．これらのことから，

$$AP = (\lambda_1\boldsymbol{p}_1\ \ \lambda_2\boldsymbol{p}_2\ \ \boldsymbol{p}_2 + \lambda_2\boldsymbol{p}_3) = (\boldsymbol{p}_1\ \ \boldsymbol{p}_2\ \ \boldsymbol{p}_3)\begin{pmatrix} \lambda_1 & 0 & 0 \\ 0 & \lambda_2 & 1 \\ 0 & 0 & \lambda_2 \end{pmatrix}$$

と表されることがわかりますね．最後に，$P^{-1} = (\boldsymbol{p}_1\ \ \boldsymbol{p}_2\ \ \boldsymbol{p}_3)^{-1}$ を左から掛けて，ジョルダンの標準形

$$J = P^{-1}AP = \begin{pmatrix} \lambda_1 & 0 & 0 \\ 0 & \lambda_2 & 1 \\ 0 & 0 & \lambda_2 \end{pmatrix}$$

が得られます．

A3. (1) 特性方程式は

$$|A - \lambda I| = \begin{vmatrix} 3-\lambda & 1 & -1 \\ -1 & 1-\lambda & 2 \\ 0 & 0 & 2-\lambda \end{vmatrix} = (2-\lambda)\begin{vmatrix} 3-\lambda & 1 \\ -1 & 1-\lambda \end{vmatrix} = -(\lambda-2)^3 = 0$$

だから，3重解 $\lambda = 2 = \lambda_1$．

(2) 固有値 $\lambda_1 = 2$ の固有値方程式は，固有値ベクトルを $\boldsymbol{p}_1 = \begin{pmatrix} p \\ q \\ r \end{pmatrix}$ として，

$$(A - \lambda_1 I)\boldsymbol{p}_1 = \boldsymbol{0} \Leftrightarrow \begin{pmatrix} 1 & 1 & -1 \\ -1 & -1 & 2 \\ 0 & 0 & 0 \end{pmatrix}\begin{pmatrix} p \\ q \\ r \end{pmatrix} = \boldsymbol{0} \Leftrightarrow \begin{cases} p + q = 0 \\ \qquad r = 0. \end{cases}$$

よって，$p=c$ とおけば，$\boldsymbol{p}_1 = c\begin{pmatrix}1\\-1\\0\end{pmatrix}$（以下，$c=1$ と選ぶ）．任意定数は c の 1 個だけだから，これに線形独立な固有ベクトルはありません．したがって，方程式 $(A-\lambda_1 I)\boldsymbol{p}_2=\boldsymbol{p}_1$，$(A-\lambda_1 I)\boldsymbol{p}_3=\boldsymbol{p}_2$ を満たすベクトル $\boldsymbol{p}_2$, $\boldsymbol{p}_3$ を求めます．途中の計算は君に任せますが，$\boldsymbol{p}_2=\begin{pmatrix}p\\q\\r\end{pmatrix}$ とおくと，$p+q=1$, $r=0$. よって，$q=0$ と選ぶと，$\boldsymbol{p}_2=\begin{pmatrix}1\\0\\0\end{pmatrix}$. このとき，$\boldsymbol{p}_3$ も同様にして，$p+q=2$, $r=1$. したがって，$q=0$ と選ぶと，$\boldsymbol{p}_3=\begin{pmatrix}2\\0\\1\end{pmatrix}$.

(3) $\boldsymbol{p}_1$, $\boldsymbol{p}_2$, $\boldsymbol{p}_3$ の線形独立性を調べるために，方程式

$$s\boldsymbol{p}_1+t\boldsymbol{p}_2+u\boldsymbol{p}_3=\boldsymbol{0}$$

を考えます．$(A-\lambda_1 I)\boldsymbol{p}_1=\boldsymbol{0}$, $(A-\lambda_1 I)\boldsymbol{p}_2=\boldsymbol{p}_1$, $(A-\lambda_1 I)\boldsymbol{p}_3=\boldsymbol{p}_2$ を利用して，左から $(A-\lambda_1 I)$ を掛けると，

$$t\boldsymbol{p}_1+u\boldsymbol{p}_2=\boldsymbol{0}$$

が得られ，もう一度掛けると，

$$u\boldsymbol{p}_1=\boldsymbol{0}$$

が得られます．これらから，順次 $u=0$, $t=0$, $s=0$ となるので，$\boldsymbol{p}_1$, $\boldsymbol{p}_2$, $\boldsymbol{p}_3$ は線形独立です．上の証明法は固有ベクトルの具体形によらないことに注意しましょう．

(4) 変換行列は

$$P=(\boldsymbol{p}_1\ \ \boldsymbol{p}_2\ \ \boldsymbol{p}_3)=\begin{pmatrix}1&1&2\\-1&0&0\\0&0&1\end{pmatrix}.\quad よって\quad P^{-1}=\begin{pmatrix}0&-1&0\\1&1&-2\\0&0&1\end{pmatrix}$$

より，ジョルダンの標準形は

$$J=P^{-1}AP=\begin{pmatrix}2&1&0\\0&2&1\\0&0&2\end{pmatrix}=\begin{pmatrix}\lambda_1&1&0\\0&\lambda_1&1\\0&0&\lambda_1\end{pmatrix}.$$

参考：華麗な方法です．

$$\begin{aligned}AP&=A(\boldsymbol{p}_1\ \ \boldsymbol{p}_2\ \ \boldsymbol{p}_3)=(A\boldsymbol{p}_1\ \ A\boldsymbol{p}_2\ \ A\boldsymbol{p}_3)\\&=(\lambda_1\boldsymbol{p}_1\ \ \boldsymbol{p}_1+\lambda_1\boldsymbol{p}_2\ \ \boldsymbol{p}_2+\lambda_1\boldsymbol{p}_3)=(\boldsymbol{p}_1\ \ \boldsymbol{p}_2\ \ \boldsymbol{p}_3)\begin{pmatrix}\lambda_1&1&0\\0&\lambda_1&1\\0&0&\lambda_1\end{pmatrix}.\end{aligned}$$

§7.3　線形微分方程式と固有値

線形微分方程式を連立方程式にして解きます．したがって，行列の対角化に伴う固有値が現れます．始めに，バネで結んだ重りの運動を考えます（摩擦がある場合とない場合）．次に，それと形式的に同型の電気回路（LCR 回路）を扱います．このとき，オイラーの公式（☞§§2.4.3）で有名な純虚数指数の指数関数 e^{ix} が現れます．この指数関数は大学数学では非常に重要なので，かなり丁寧な説明を加えます．これらの話題では，強制振動を付加すると「共振」という現象が起こる場合があります．共振は，LC 回路で起これば，AM ラジオの選局（同調）に応用され，また，バネ振動で起これば，地震の破壊メカニズムの解明に役立ちます．最後に，固有値が重解になるときに共振が起こるようなバネ振動の地震モデルを議論します．

7.3.1　バネ振動

7.3.1.1　摩擦がないときのバネ振動

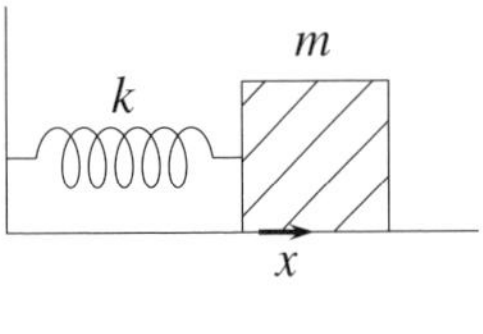

バネが伸縮する振動運動の様子を調べることから始めましょう．バネは，自然の長さ（自然長）から伸ばしたり縮めたりすると元の自然長に戻ろうとする力が働き，その力の大きさは，伸縮が小さいとき，その伸び・縮みの長さに比例することが知られています（フックの法則）．今，壁のある平らで摩擦のない床面に質量 m の重りをおき，バネは重りと壁に結ばれているとしましょう．バネが自然長になっているときの重りの位置を基準に考え，基準の位置からの重りの変位を x としましょう．バネが伸びているとき $x > 0$，縮んでいるとき $x < 0$ です．このとき，重りに働くバネの力 $F_{バネ}$ は，$x > 0$ のとき縮む力，$x < 0$ のとき伸びる力で

$$F_{バネ} = -kx \qquad (k > 0)$$

と表され，比例定数 k は「バネ定数」といいバネの強さを表します．

さて，ニュートンの運動方程式（☞§§5.3.1.1）は，今の場合，力が一方向に働くバネなので，$x = x(t)$ として

$$m\frac{d^2x}{dt^2} = -kx \iff \frac{d^2x}{dt^2} = -\omega_0^2 x \qquad \left(\omega_0 = \sqrt{\frac{k}{m}}\right)$$

となります．ω_0 は，運動方程式を解いたとき，振動の角振動数（☞§§1.4.4.3）になります．この微分方程式を解く[2)]わけですが，きっちりしたやり方は『+α』の§§14.9.3.1 を見てもらうことにして，ここでは§§5.3.2.1 の処方で行いましょう．2 回微分して自分と反対符号になる関数：$x''(t) = -x(t)$ は 3 角関数のみであることが知られています：

$$\begin{cases} \dfrac{d}{dt}\sin t = \cos t \\ \dfrac{d^2}{dt^2}\sin t = -\sin t, \end{cases} \qquad \begin{cases} \dfrac{d}{dt}\cos t = -\sin t \\ \dfrac{d^2}{dt^2}\cos t = -\cos t. \end{cases}$$

また，合成関数の微分公式（☞『+α』の§§12.5.1）

$$y = g(t) \text{ のとき } \quad \frac{d}{dt}f(g(t)) = \frac{df(y)}{dy}\frac{dy}{dt} \quad \left(\overset{\text{意味}}{=} \frac{df(g(t))}{dg(t)}\frac{dg(t)}{dt}\right)$$

より，

$$\frac{d\sin(\omega_0 t + \delta)}{dt} = \omega_0\cos(\omega_0 t + \delta), \qquad \frac{d\cos(\omega_0 t + \delta)}{dt} = -\omega_0\sin(\omega_0 t + \delta)$$

が得られます．したがって，$x''(t) = -\omega_0^2 x(t)$ を満たす一般解は，2 回積分するから 2 個の積分定数（任意定数）を含み，$x(t) = A\sin(\omega_0 t + \delta)$ とか，あるいは加法定理を用いて

$$x(t) = a\sin\omega_0 t + b\cos\omega_0 t$$

と表されます．任意定数 A, δ または a, b は（始めの位置 $x(0)$ や初速度 $x'(0)$ などを定める）初期条件によって決まります．例えば，$x(0) = x_0,\ x'(0) = v_0$ とすると，$x(t) = \dfrac{v_0}{\omega_0}\sin\omega_0 t + x_0\cos\omega_0 t$ ですね．

---

2) 変数 x の未知関数 $y = y(x)$ とその導関数 $y^{(k)} = \frac{d^k y}{dx^k}$ $(k = 1, 2, \cdots, n)$ の 1 次の項からなる定数係数の微分方程式

$$y^{(n)} + a_{n-1}y^{(n-1)} + \cdots + a_1 y' + a_0 y = b$$

を n 階の **定数係数線形微分方程式** といいます．定数項 b がないときはその同次形といいます．この微分方程式は n 個の任意定数（積分定数）を含む解をもち，それを **一般解** といいます．一般解の任意定数に特定の値を代入して得られる個々の解を **特解**（**特殊解**）といいます．我々のものは，未知の変位 $x(t)$（t は時刻）に対する 2 階の定数係数同次線形微分方程式です．

7.3.1.2　摩擦があるときのバネ振動

重りと床面との間には，実際には，摩擦があります．実験によると，摩擦は重りの速度 $v(t) = x'(t)$ に比例し反対向きなので，摩擦力 $F_{摩擦}$ は

$$F_{摩擦} = -bv \quad (b > 0)$$

の形で表すことができます．したがって，重りに働く力全体は $F_{バネ} + F_{摩擦}$ であり，ニュートンの運動方程式は

$$m\frac{d^2x}{dt^2} = -kx - bv \iff \frac{d^2x}{dt^2} = -\omega_0^2 x - 2\mu v \qquad \left(2\mu = \frac{b}{m}\right)$$

と表されます（ここでは μ を減衰係数といいましょう）．我々はこの微分方程式を解くのに，$\frac{dx}{dt} = v$，$\frac{d^2x}{dt^2} = \frac{dv}{dt}$ であることを用いて連立方程式の形になおし，対角化の方法を利用しましょう：

$$\begin{cases} \dfrac{d}{dt}x = v \\ \dfrac{d}{dt}v = -\omega_0^2 x - 2\mu v \end{cases} \iff \frac{d}{dt}\begin{pmatrix} x \\ v \end{pmatrix} = \begin{pmatrix} 0 & 1 \\ -\omega_0^2 & -2\mu \end{pmatrix}\begin{pmatrix} x \\ v \end{pmatrix}.$$

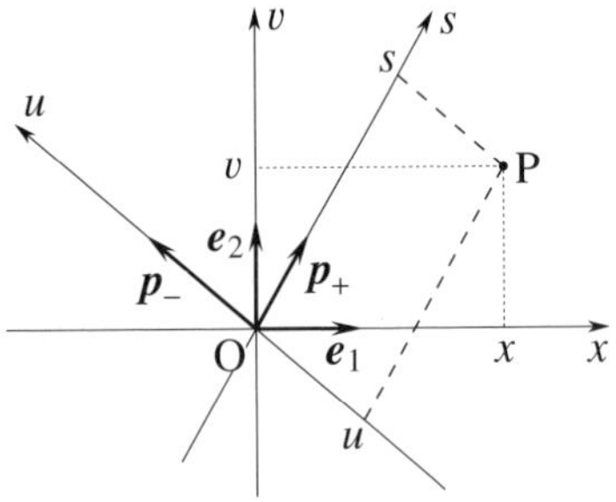

以下，定数行列 $A = \begin{pmatrix} 0 & 1 \\ -\omega_0^2 & -2\mu \end{pmatrix}$ の固有値と固有ベクトルを求め，A を対角化するわけですが，ベクトル $\begin{pmatrix} x \\ v \end{pmatrix}$ が絡んでくるので，対角化は $\begin{pmatrix} x \\ v \end{pmatrix}$ の基底を変換するという意味をもちます．そこで，復習を兼ねて，基底の変換から入りましょう．

$\begin{pmatrix} x \\ v \end{pmatrix}$ の基底は $\begin{pmatrix} x \\ v \end{pmatrix} = x\boldsymbol{e}_1 + v\boldsymbol{e}_2$ より標準基底 $\boldsymbol{e}_1$，$\boldsymbol{e}_2$ ですね．よって，$\begin{pmatrix} x \\ v \end{pmatrix}$ が位置ベクトル $\overrightarrow{\mathrm{OP}}$ を表すとすると

$$\overrightarrow{\mathrm{OP}} = \begin{pmatrix} x \\ v \end{pmatrix} = x\boldsymbol{e}_1 + v\boldsymbol{e}_2$$

です．このとき，標準基底から基底 $\boldsymbol{p}_+ = P\boldsymbol{e}_1$，$\boldsymbol{p}_- = P\boldsymbol{e}_2$ へ変換する，つまり

$$\overrightarrow{\mathrm{OP}} = s\boldsymbol{p}_+ + u\boldsymbol{p}_- = sP\boldsymbol{e}_1 + uP\boldsymbol{e}_2 = sP\begin{pmatrix} 1 \\ 0 \end{pmatrix} + uP\begin{pmatrix} 0 \\ 1 \end{pmatrix} = P\begin{pmatrix} s \\ u \end{pmatrix}$$

のように表すとき

$$\begin{pmatrix} x \\ v \end{pmatrix} = P\begin{pmatrix} s \\ u \end{pmatrix}$$

です．変換行列 P は

$$(\boldsymbol{p}_+\ \ \boldsymbol{p}_-) = (P\boldsymbol{e}_1\ \ P\boldsymbol{e}_2) = P(\boldsymbol{e}_1\ \ \boldsymbol{e}_2) = PI = P, \qquad \text{よって} \qquad P = (\boldsymbol{p}_+\ \ \boldsymbol{p}_-)$$

となり，基底を並べた行列になります．基底 $\boldsymbol{p}_+$, $\boldsymbol{p}_-$ は，いうまでもなく，A の固有ベクトル $A\boldsymbol{p}_+ = \lambda_+\boldsymbol{p}_+$, $A\boldsymbol{p}_- = \lambda_-\boldsymbol{p}_-$ にとります．ここで，$\lambda_\pm$ は固有値方程式 $A\boldsymbol{p} = \lambda\boldsymbol{p}$ ($\boldsymbol{p} \neq \boldsymbol{0}$) から得られる特性方程式 $|A - \lambda I| = 0$ の解です．

さて，特性方程式を解き，固有ベクトルを求めましょう．

$$|A - \lambda I| = \begin{vmatrix} -\lambda & 1 \\ -\omega_0^2 & -2\mu - \lambda \end{vmatrix} = 0 \iff \lambda^2 + 2\mu\lambda + \omega_0^2 = 0$$

より，固有値は

$$\lambda = -\mu \pm \sqrt{\mu^2 - \omega_0^2} \quad (= \lambda_\pm \text{ とおく})$$

と定まります．したがって，固有値 $\lambda_\pm$ の固有ベクトル $\boldsymbol{p}_\pm = \binom{p}{q} \neq \boldsymbol{0}$ は固有値方程式

$$(A - \lambda_\pm I)\boldsymbol{p}_\pm = \begin{pmatrix} -\lambda_\pm & 1 \\ -\omega_0^2 & -2\mu - \lambda_\pm \end{pmatrix}\begin{pmatrix} p \\ q \end{pmatrix} = \boldsymbol{0} \iff -\lambda_\pm p + q = 0$$

より，$\boldsymbol{p}_\pm = \binom{p}{q} \propto \binom{1}{\lambda_\pm}$．したがって，

$$P = (\boldsymbol{p}_+\ \ \boldsymbol{p}_-) = \begin{pmatrix} 1 & 1 \\ \lambda_+ & \lambda_- \end{pmatrix}, \qquad D = P^{-1}AP = \begin{pmatrix} \lambda_+ & 0 \\ 0 & \lambda_- \end{pmatrix}$$

が成り立ちます．

対角化すると微分方程式が簡単に解けることは，基底の変換式 $\binom{x}{v} = P\binom{s}{u}$ からわかります．P は定数行列で，$P = \begin{pmatrix} a & b \\ c & d \end{pmatrix}$ とすると，

$$\frac{d}{dt}\begin{pmatrix} a & b \\ c & d \end{pmatrix}\begin{pmatrix} s \\ u \end{pmatrix} = \frac{d}{dt}\begin{pmatrix} as + bu \\ cs + du \end{pmatrix} = \begin{pmatrix} as'(t) + bu'(t) \\ cs'(t) + du'(t) \end{pmatrix}$$

$$= \begin{pmatrix} a & b \\ c & d \end{pmatrix}\begin{pmatrix} s'(t) \\ u'(t) \end{pmatrix} = \begin{pmatrix} a & b \\ c & d \end{pmatrix}\frac{d}{dt}\begin{pmatrix} s \\ u \end{pmatrix}$$

したがって，

$$\frac{d}{dt}P\begin{pmatrix} s \\ u \end{pmatrix} = P\frac{d}{dt}\begin{pmatrix} s \\ u \end{pmatrix}$$

が成り立つので，$\binom{x}{v} = P\binom{s}{u}$ より

$$\frac{d}{dt}\begin{pmatrix} x \\ v \end{pmatrix} = A\begin{pmatrix} x \\ v \end{pmatrix} \Leftrightarrow P\frac{d}{dt}\begin{pmatrix} s \\ u \end{pmatrix} = AP\begin{pmatrix} s \\ u \end{pmatrix} \Leftrightarrow \frac{d}{dt}\begin{pmatrix} s \\ u \end{pmatrix} = P^{-1}AP\begin{pmatrix} s \\ u \end{pmatrix}$$
$$\Leftrightarrow \frac{d}{dt}\begin{pmatrix} s \\ u \end{pmatrix} = D\begin{pmatrix} s \\ u \end{pmatrix} \Leftrightarrow \frac{d}{dt}\begin{pmatrix} s \\ u \end{pmatrix} = \begin{pmatrix} \lambda_+ s \\ \lambda_- u \end{pmatrix}$$
$$\Leftrightarrow \begin{cases} \dfrac{d}{dt}s = \lambda_+ s \\ \dfrac{d}{dt}u = \lambda_- u. \end{cases}$$

上の議論から，対角化して得られる座標 s, u の微分方程式は個々の変数に分離され，また各々は‘微分すると自分に比例’しますね．そんな関数は指数関数だけであることが知られています．自然対数の底 e（☞§§2.4.3）を用いると，

$$\frac{d}{dt}a^t = a^t \log_e a, \qquad \frac{d}{dt}e^t = e^t, \qquad \frac{d}{dt}e^{\lambda t} = \lambda e^{\lambda t}$$

です．指数の底 a は，底の変換公式 $a = e^{\log_e a}$ によって，e にできるので，今後は底は e としましょう．したがって，$s'(t) = \lambda_+ s(t)$，$u'(t) = \lambda_- u(t)$ の解は

$$s(t) = ae^{\lambda_+ t}, \qquad u(t) = be^{\lambda_- t} \quad (a, b \text{ は任意定数})$$

と表されます．

ここでちょっと脱線して，特性方程式 $\begin{vmatrix} -\lambda & 1 \\ -\omega_0^2 & -2\mu-\lambda \end{vmatrix} = \lambda^2 + 2\mu\lambda + \omega_0^2 = 0$ と元の微分方程式を2階の定数係数微分方程式として表したもの

$$\frac{d^2x}{dt^2} + 2\mu\frac{dx}{dt} + \omega_0^2 x = 0$$

の関係を見てみましょう．この微分方程式が指数関数形の特解 $x = e^{\lambda t}$ をもつと仮定して代入してみると，

$$\frac{d^2e^{\lambda t}}{dt^2} + 2\mu\frac{de^{\lambda t}}{dt} + \omega_0^2 e^{\lambda t} = (\lambda^2 + 2\mu\lambda + \omega_0^2)e^{\lambda t} = 0$$

となって，特性方程式が得られ，$\lambda = \lambda_\pm$ のとき解になります．通常は，このような議論を経て，定数係数微分方程式の一般解が得られます．定数係数線形微分方程式の場合に得られた λ の方程式も「特性方程式」と呼ばれます．両方の

特性方程式が一致したのは，$v = \frac{dx}{dt}$ とおいて，x, v に対する 1 階の定数係数連立微分方程式に変換したためです[3)]．

さて，固有値で表された解に戻りましょう．今までの結果を代入して

$$\begin{pmatrix} x \\ v \end{pmatrix} = P\begin{pmatrix} s \\ u \end{pmatrix} = \begin{pmatrix} 1 & 1 \\ \lambda_+ & \lambda_- \end{pmatrix}\begin{pmatrix} a\,e^{\lambda_+ t} \\ b\,e^{\lambda_- t} \end{pmatrix} = \begin{pmatrix} a\,e^{\lambda_+ t} + b\,e^{\lambda_- t} \\ a\lambda_+ e^{\lambda_+ t} + b\lambda_- e^{\lambda_- t} \end{pmatrix}$$

が得られます．これが一般解です．この解は，記号 $\exp x = e^x$ を用いると

$$e^{\lambda_\pm t} = \exp\left(-\mu \pm \sqrt{\mu^2 - \omega_0^2}\right)t$$

ですから，バネの重りの変位 $x(t) = a\,e^{\lambda_+ t} + b\,e^{\lambda_- t}$ をみると，重りは摩擦によって，振動せずに減衰することを表しています．それは $\mu - \omega_0 > 0$ の場合，つまり摩擦がとても大きい場合です．そこが問題です．摩擦が小さくて $\mu - \omega_0 < 0$ の場合の解は表せないのでしょうか．その場合，形式的には $(0 >)\,\mu^2 - \omega_0^2 = -\omega^2$ とおいて，オイラーの公式（☞§§2.4.3）を用いると，

$$\begin{aligned} e^{\lambda_\pm t} &= e^{(-\mu \pm i\omega)t} = e^{-\mu t} e^{\pm i\omega t} \qquad \left(\omega = \sqrt{\omega_0^2 - \mu^2}\right) \\ &= e^{-\mu t}(\cos \omega t \pm i \sin \omega t) \end{aligned}$$

と表されます．このとき，重りの変位は

$$\begin{aligned} x(t) &= a\,e^{\lambda_+ t} + b\,e^{\lambda_- t} \\ &= e^{-\mu t}\{(a + b)\cos \omega t + i(a - b)\sin \omega t\} \end{aligned}$$

となって，この解は振動しながら減衰します．ただし，虚数部分があります．

---

3) 微分記号 $\frac{d}{dt}$ を微分演算子（☞§§5.3.2.2）と見なすと

$$\frac{d}{dt}\begin{pmatrix} x \\ v \end{pmatrix} = A\begin{pmatrix} x \\ v \end{pmatrix} \Leftrightarrow (A - \tfrac{d}{dt}I)\begin{pmatrix} x \\ v \end{pmatrix} = \begin{pmatrix} -\frac{d}{dt} & 1 \\ -\omega_0^2 & -2\mu - \frac{d}{dt} \end{pmatrix}\begin{pmatrix} x \\ v \end{pmatrix} = \mathbf{0}$$

が成り立ちます．ここで，特解 $x = e^{\lambda t}$ を代入すると，

$$\begin{pmatrix} -\lambda & 1 \\ -\omega_0^2 & -2\mu - \lambda \end{pmatrix}\begin{pmatrix} e^{\lambda t} \\ \lambda e^{\lambda t} \end{pmatrix} = \mathbf{0}$$

が成り立ち，$\begin{pmatrix} e^{\lambda t} \\ \lambda e^{\lambda t} \end{pmatrix} \neq \mathbf{0}$ より行列式の特性方程式が得られます．一般の $y = y(x)$ の n 階の定数係数同次線形微分方程式においても，$y_k = y^{(k)}(x)$ $(k = 1, 2, \cdots, n-1)$ とおくと，元の微分方程式を $y, y_1, y_2, \cdots, y_{n-1}$ についての 1 階の n 連立定数係数同次線形微分方程式に直すことができます．これをベクトル方程式にして，上のような変形を行い，特解 $y = e^{\lambda x}$ を代入すると，行列の特性方程式と元の n 階の微分方程式の特性方程式が一致します．

心配にはおよびません．ここで，$x(0) = x_0$, $v(0) = x'(0) = 0$ などの初期条件（他の初期条件でも構いません）を課して，任意定数 a, b を定めてみましょう．$v(0) = a\lambda_+ + b\lambda_-$，$\lambda_\pm = -\mu \pm i\omega$ より

$$\begin{cases} x(0) = x_0 = a + b \\ v(0) = 0 = -\mu(a+b) + i\omega(a-b) \end{cases}$$

のような条件がつき，それを解いて

$$a = \frac{x_0}{2} - i\frac{\mu x_0}{2\omega}, \quad b = \frac{x_0}{2} + i\frac{\mu x_0}{2\omega}$$

のように定まります．つまり，解に虚数が現れたときは，躊躇（ちゅうちょ）なく，任意定数（積分定数）を複素数に拡張すればよいわけです（微分・積分では，虚数単位 i は単なる定数扱いなので，実数と複素数の区別はありません）．ここに，実数を複素数に拡張したとき，そのご褒美として，物事を統一的に扱うことが許された数学の真髄が現れていると考えましょう．以上の議論から，最終的に，初期条件 $x(0) = x_0$, $v(0) = 0$ を満たす実数解

$$x(t) = x_0 e^{-\mu t}\{\cos\omega t + \frac{\mu}{\omega}\sin\omega t\}$$

が得られます．初期条件が正しく満たされていることを確認しよう．

7.3.2　電気回路

バネの振動問題と同等な微分方程式になる電気回路問題を議論しましょう．電池や交流電源が非同次項として現れます．

7.3.2.1　*LCR* 回路

電気回路を考えましょう．回路についての「キルヒホッフの第 2 法則」を正しく理解するために，「電位」の話から始めます．“水は高きから低きに流れる”わけですが，‘高き’とは重力の位置エネルギーが高い所という意味です．電流もやはり高きから低きに流れますが，その高さは電気的位置エネルギー，つまり，電位で表されます．起電力 V の電池は電位を V だけ高くし，それに抵抗 R の豆電球をつけて回路にする

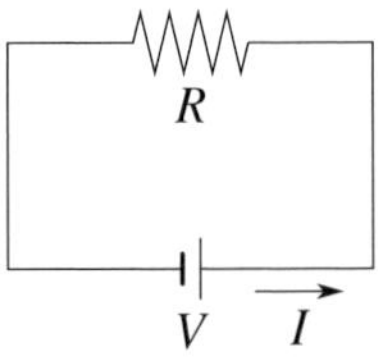

と，豆電球には V の大きさの電圧（＝電位差）がかかり，$I = V/R$ の電流が流れて豆電球が点灯し，その結果電位が $V = RI$ だけ下がります．つまり，電池の－極での電位を仮に 0 とすると，電池の＋極では電位は V に上がり，豆電球を過ぎるとまた電位は 0 に下がります．このように，‘回路を一周したあとは電位が元の電位に戻り，電位の変化は一周すると結局 0 になります’．これがキルヒホッフの第 2 法則です．式で表すと，上の豆電球回路については

$$V - RI = 0$$

となります．電圧（電位差）は，電位の変化量の大きさで定義されているので，正の量であることに注意しましょう．

プラスの電気とマイナスの電気は引き合うのを利用して，2 枚の電極版を向かい合わせにした構造の「コンデンサー」という部品があります．コンデンサーに溜(た)まる電荷 Q は加えられた電圧 V に比例し，比例定数を C とすると，$Q = CV$ です．C が大きいほど電気は多く蓄えられるので，C を「静電容量」といい，コンデンサーを表す記号に使われます．式 $Q = CV$ は，容量が C のコンデンサーに電荷が Q だけ蓄えられたとき，コンデンサーに加えられた電圧は $V = Q/C$ であることも表します．

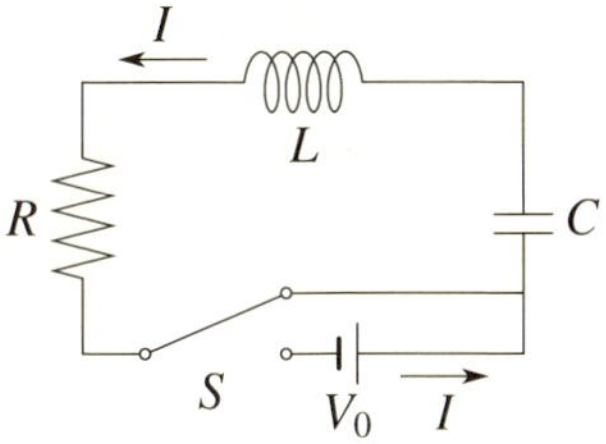

また，導線をぐるぐると螺旋(らせん)状に巻いたコイルには面白い性質があります．コイルに流れる電流 I が変化すると，コイルはその変化に逆らうような（正・負の）起電力 V を生じさせるのです．それを式で表すと，電流 I の変化は時間的変化率 $\dfrac{dI}{dt}$ で表され，比例定数の大きさを L とすると，$V = -L\dfrac{dI}{dt}$ のようになります．したがって，電流 I が増加（減少）するとコイルの起電力は負（正）となって，電流が変化しないように起電力が働きます．起電力の大きさに比例する定数 L は「インダクタンス」といわれます．

右上図のような，コイル L・抵抗 R・コンデンサー C が直列でつながっている回路を LCR 回路といいます．はじめスイッチ S が起電力 V_0 の電池につながっていたとして，キルヒホッフの第 2 法則を考えましょう．電位は，電池の－極では 0 として，＋極では V_0，コンデンサー C によって Q/C だけ下がり，コイル L によって $-L\dfrac{dI}{dt}$ だけ変化し，抵抗で RI だけ下がって電池の－極

まで一周し，0 に戻ります．したがって，電位の変化量は 0：

$$V_0 - \frac{Q}{C} - L\frac{dI}{dt} - RI = 0.$$

ここで，スイッチ S を電池から図のように切り換え，電流 I は電荷 Q の時間的変化率であること：$I = \frac{dQ}{dt}$（電荷の微小変化量 = $\Delta Q = I\Delta t$ = 微少電流量の両辺を Δt で割り，極限をとる）を用いると，Q についての 2 階の定数係数同次線形微分方程式

$$L\frac{d^2Q}{dt^2} + R\frac{dQ}{dt} + \frac{Q}{C} = 0$$

が得られます．両辺を L で割り，$2\mu = R/L$, $\omega_0^2 = 1/LC$ とおくと

$$\frac{d^2Q}{dt^2} + 2\mu\frac{dQ}{dt} + \omega_0^2 Q = 0$$

となり，これは前の§§7.3.1.2 のバネの変位 x の微分方程式に一致します．よって，解き方も同じで，$\mu < \omega_0$ のとき，初期条件 $Q(0) = Q_0$, $I(0) = 0$ のもとで解くのを宿題にしましょう．

答：記号を変えれば，答はすでに 344 ページに載っています．x を Q に書き換えて，

$$Q(t) = Q_0 e^{-\mu t}\{\cos\omega t + \frac{\mu}{\omega}\sin\omega t\}$$

$$\text{ただし}\quad \mu = \frac{R}{2L},\quad \omega = \sqrt{\omega_0^2 - \mu^2} = \frac{1}{L}\sqrt{\frac{1}{c^2} - \frac{R^2}{4}}.$$

7.3.2.2　*LC* 回路と共振

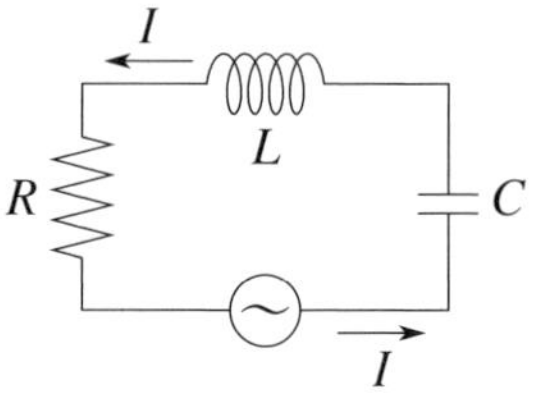

我々は，次に（ちょっと脱線して）交流電源付きの LCR 回路を議論しましょう．複素数を用いた取り扱いが便利です．右図の LCR 回路で，交流電源が $V_0\cos\omega_{交}t$ の電位変化を与えるとき，キルヒホッフの第 2 法則は

$$V_0\cos\omega_{交}t - \frac{Q}{C} - L\frac{dI}{dt} - RI = 0$$

$$\Leftrightarrow\quad \frac{d^2Q}{dt^2} + 2\mu\frac{dQ}{dt} + \omega_0^2 Q = v_0\cos\omega_{交}t$$

$$\text{ただし}\quad 2\mu = R/L,\ \omega_0^2 = 1/LC,\ v_0 = V_0/L$$

と表されます．これは $Q = Q(t)$ についての 2 階の定数係数非同次線形微分方程式ですね．この非同次形線形方程式の一般解は，§§5.2.4 で議論したように，非同次形の 1 つの特解に同次形の一般解を加えたものになります（非同次形の解が Q_1，Q_2 と 2 通りに表されて，それらは特解が異なるとします．Q_1，Q_2 の満たす微分方程式を書き下し，それらの差をとると非同次項は消えます．したがって，Q_1 と Q_2 の違いは同次形の解の違いだけなので，同次形の一般解を Q_1，Q_2 に付け加えると両者は共に非同次形の一般解になります）．

同次形の一般解は前の§§の議論で得られています:

$$Q_{\text{同}}(t) = a e^{\lambda_+ t} + b e^{\lambda_- t} \qquad (\lambda_\pm = -\mu \pm \sqrt{\mu^2 - \omega_0^2}).$$

よって，非同次形の特解を探しましょう．時間がたつと，$Q(t)$ は交流電源の角振動数 $\omega_{\text{交}}$ で振動することが期待されるので，特解は

$$Q_{\text{特}}(t) = a_1 \cos \omega_{\text{交}} t + b_1 \sin \omega_{\text{交}} t$$

の形と推測して，微分方程式に代入します．定数 a_1，b_1 が定まれば特解です．元の形の

$$L \frac{d^2 Q}{dt^2} + R \frac{dQ}{dt} + \frac{Q}{C} = V_0 \cos \omega_{\text{交}} t$$

に代入して，a_1，b_1 を定めるのは演習問題とします．計算力が必要かな．

特解を求める簡単な方法はないでしょうか．あります．$Q(t)$ を複素数 $Q_{\text{複}}(t)$ に拡張するのです：$Q_{\text{複}}(t) = Q(t) + iQ_{\text{虚}}(t)$．実部 $Q(t)$ は元の方程式を，$iQ_{\text{虚}}(t)$ は架空の方程式

$$L \frac{d^2 iQ_{\text{虚}}(t)}{dt^2} + R \frac{diQ_{\text{虚}}(t)}{dt} + \frac{iQ_{\text{虚}}(t)}{C} = V_0\, i \sin \omega_{\text{交}} t$$

を満たすとすると，$Q_{\text{複}}(t)$ は

$$L \frac{d^2 Q_{\text{複}}(t)}{dt^2} + R \frac{dQ_{\text{複}}(t)}{dt} + \frac{Q_{\text{複}}(t)}{C} = V_0 e^{i\omega_{\text{交}} t}$$

を満たしますね．この方程式の実部が $Q(t)$ です：$Q(t) = \mathrm{Re}\, Q_{\text{複}}(t)$．$Q_{\text{複}}(t)$ の特解を

$$Q_{\text{複}}(t) = c e^{i\omega_{\text{交}} t}$$

とできるのが自慢です．実際，微分方程式に代入すると，

$$\left(-L\omega_{交}^2+iR\omega_{交}+\frac{1}{C}\right)ce^{i\omega_{交}t}=V_0e^{i\omega_{交}t}\Leftrightarrow\ c=\frac{V_0}{-L\omega_{交}^2+iR\omega_{交}+\frac{1}{C}}$$

と c が定まり，よって，

$$Q_{複}(t)=ce^{i\omega_{交}t}=\frac{V_0e^{i\omega_{交}t}}{-L\omega_{交}^2+iR\omega_{交}+\frac{1}{C}}$$

となります．この式の実部をとると $Q(t)$ の特解 $Q_{特}(t)$ が得られますが，我々はそれを電流 $I=\frac{dQ}{dt}$ で行いましょう．

$$\begin{aligned}I_{複}(t)&=\frac{i\omega_{交}V_0e^{i\omega_{交}t}}{-L\omega_{交}^2+iR+\frac{1}{C}}=\frac{V_0e^{i\omega_{交}t}}{R+i\left(L\omega_{交}-\frac{1}{C\omega_{交}}\right)}\\&=\frac{V_0\left(R-i(L\omega_{交}-\frac{1}{C\omega_{交}})\right)}{R^2+\left(L\omega_{交}-\frac{1}{C\omega_{交}}\right)^2}(\cos\omega_{交}t+i\sin\omega_{交}t)\end{aligned}$$

の実部をとって，

$$I_{特}(t)=\frac{V_0}{R^2+\left(L\omega_{交}-\frac{1}{C\omega_{交}}\right)^2}(R\cos\omega_{交}t+(L\omega_{交}-\frac{1}{C\omega_{交}})\sin\omega_{交}t)$$

が得られます．ここで，

$$Z=R+i\left(L\omega_{交}-\frac{1}{C\omega_{交}}\right),\quad よって\quad |Z|=\sqrt{R^2+\left(L\omega_{交}-\frac{1}{C\omega_{交}}\right)^2}$$

とすると，

$$R=|Z|\cos\phi,\qquad L\omega_{交}-\frac{1}{C\omega_{交}}=|Z|\sin\phi$$

とおけるから（☞§§1.4.3 の 3 角関数の合成則），最終的に

$$\begin{aligned}I_{特}(t)&=\frac{V_0|Z|}{R^2+\left(L\omega_{交}-\frac{1}{C\omega_{交}}\right)^2}(\cos\phi\cos\omega_{交}t+\sin\phi\sin\omega_{交}t)\\&=\frac{V_0}{|Z|}\cos(\omega_{交}t-\phi)\end{aligned}$$

のように表されます．$|Z|$ は「インピーダンス」，Z は「複素インピーダンス」といわれ，交流回路理論において重要な役割を果たします．

さて，興味ある話題に移りましょう．それは AM ラジオの受信の仕組みです．交流電源の LCR 回路を議論してきて，交流の角振動数 $\omega_{交}$ に依存する電流 $I_{特}(t)$ が微分方程式の特解として得られました．$I_{特}(t)$ は $|Z| = \left|R + i\left(L\omega_{交} - \frac{1}{C\omega_{交}}\right)\right|$ に反比例しています．特に，抵抗 R が無視できるほど小さい LC 回路では

$$I_{特}(t) = \frac{V_0}{\left|L\omega_{交} - \frac{1}{C\omega_{交}}\right|}\cos(\omega_{交}t - \phi)$$

となります．このとき，もし $L\omega_{交} = \frac{1}{C\omega_{交}} \Leftrightarrow LC\omega_{交}^2 = 1$ ならば，$|I_{特}(t)|$ はきわめて大きくなりますね．このような現象は LC 回路の **共振**（**同調**）といわれます．この共振は‘子供の乗っているブランコをタイミングよく押して，最終的に大きく振らすのと同じ’ものです．

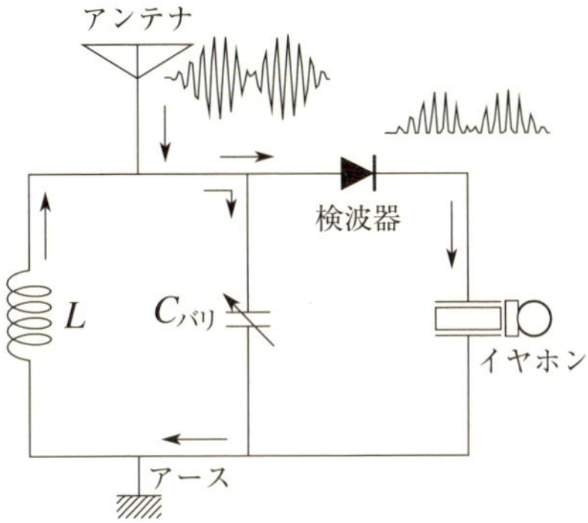

この LC 回路共振の原理が知られたのは，まもなく 20 世紀になる，1898 年のことでした．1906 年にはもう AM 放送が始まりました．AM 放送の仕組みは§§1.4.4.3 で議論しました．そこで述べられていた鉱石ラジオの受信同調回路をここでとりあげましょう．

右図のような LC 回路にアンテナをつけます．アンテナには各局からの変調波 $v_{変}(t) = (V_{送} + v_{音}(t))\cos\omega_{送}t$ が受信され（☞§§1.4.4.3），これが微弱な交流電源になります．一方，コンデンサーは，ダイアル（回転式のつまみ）で静電容量 $C_{バリ}$ が可変な，いわゆるバリコン (variable condenser) にしてあります．このとき，共振の条件は $LC_{バリ}\,\omega_{送}^2 = 1$ ですね．L を適当に固定すると，$C_{バリ}$ をうまく調節して，角周波数

$$\omega_{送} = \frac{1}{\sqrt{LC_{バリ}}}$$

に共振します．したがって，受信 LC 回路はその搬送波を送信した放送局に対応する変調波 $v_{変}$ だけを増幅します．これが選局です．増幅された電流は鉱石を利用した検波器で整流されてイヤホンに導かれ，圧電効果を利用して音信号に戻されます．不要な高周波はアースで流します．

7.3.3 地震の共振

バネの振動問題と同等な微分方程式になる電気回路問題を議論したところ，交流の LC 回路では共振が起こりました．ということは，バネの振動運動でも，摩擦が小さいとき，強制振動があれば共振が起こることを意味しますね．これを地震による建物振動の共振として議論しましょう．また，最後に，よりリアルな地震の共振モデルをとりあげましょう．そのモデルでは，共振は，固有値が重解になる結果として起こります．

7.3.3.1 バネ振動の共振

摩擦がないときのバネ振動（☞§§7.3.1.1）に強制振動 $F_0 \sin \omega_{強} t$ を加えます：

$$m\frac{d^2x}{dt^2} = -kx + F_0 \sin \omega_{強} t \;\Leftrightarrow\; \frac{d^2x}{dt^2} + \omega_0^2 x = f_0 \sin \omega_{強} t \qquad \left(f_0 = \frac{F_0}{m}\right).$$

この非同次線形微分方程式の一般解は，非同次形の特解に同次形 $\frac{d^2x}{dt^2} + \omega_0^2 x = 0$ の一般解：$x(t) = a \sin \omega_0 t + b \cos \omega_0 t$ を加えたものですね．

非同次形の特解を考えましょう．非同次項がサインなのでコサインに直して複素数化してもよいのですが，ここでは重りの変位 x を複素変数 $x_{複} = x_{実} + ix$ に拡張し，$x_{複}$ が

$$\frac{d^2x_{複}}{dt^2} + \omega_0^2 x_{複} = f_0 e^{i\omega_{強} t} = f_0(\cos \omega_{強} t + i \sin \omega_{強} t)$$

を満たすとしましょう．すると，元の変位 x は $x_{複}$ の虚部として得られますね．特解を $x_{複} = ce^{i\omega_{強} t}$ として微分方程式に代入すると，

$$(-\omega_{強}^2 + \omega_0^2)ce^{i\omega_{強} t} = f_0 e^{i\omega_{強} t} \;\Leftrightarrow\; c = \frac{f_0}{\omega_0^2 - \omega_{強}^2}$$

となるので，特解

$$x_{特} = \mathrm{Im}\, x_{複} = \frac{f_0 \sin \omega_{強} t}{\omega_0^2 - \omega_{強}^2}$$

が得られます．この特解は $\omega_0 = \omega_{強}$ のとき発散しますね．

$t = 0$ で強制振動が始まったとして，初期条件 $x(0) = 0$，$v(0) = x'(0) = 0$ のもとで変位 $x(t)$ を求めましょう．非同次方程式の一般解

$$x(t) = a\sin\omega_0 t + b\cos\omega_0 t + \frac{f_0 \sin\omega_{強} t}{\omega_0^2 - \omega_{強}^2}$$

に上の初期条件を課すと,

$$x(0) = b = 0, \qquad x'(0) = a\omega_0 + \frac{f_0\,\omega_{強}}{\omega_0^2 - \omega_{強}^2} = 0$$

より,

$$x(t) = \frac{-f_0\,\omega_{強}}{\omega_0^2 - \omega_{強}^2}\left(\frac{\sin\omega_0 t}{\omega_0} - \frac{\sin\omega_{強} t}{\omega_{強}}\right)$$

が得られます.

共振が起こる $\omega_0 = \omega_{強}$ の場合を調べるには, $x(t)$ がそのとき $\frac{0}{0}$ の形をしているので, $\omega_0 \to \omega_{強}$ の極限をとって調べます. そのとき, 『+α』の§§12.2.2の極限の基本定理を使います:

$\lim_{x\to a} f(x)$, $\lim_{x\to a} g(x)$ が有限な一定値になるとき

$$\lim_{x\to a} f(x)g(x) = \lim_{x\to a} f(x) \cdot \lim_{x\to a} g(x),$$

$$\lim_{x\to a} \frac{f(x)}{g(x)} = \frac{\lim_{x\to a} f(x)}{\lim_{x\to a} g(x)} \qquad (g(x) \neq 0,\ \lim_{x\to a} g(x) \neq 0).$$

よって, 変位 x を ω_0 の関数 $F(\omega_0)$ と見なすと,

$$\lim_{\omega_0\to\omega_{強}} x = \lim_{\omega_0\to\omega_{強}} F(\omega_0) = \frac{-f_0\,\omega_{強}}{\lim_{\omega_0\to\omega_{強}}(\omega_0 + \omega_{強})} \cdot \lim_{\omega_0\to\omega_{強}} \frac{\frac{\sin\omega_0 t}{\omega_0} - \frac{\sin\omega_{強} t}{\omega_{強}}}{\omega_0 - \omega_{強}}$$

となります. ここで, $g(\omega_0) = \frac{\sin\omega_0 t}{\omega_0}$ とおくと, $\omega_0 = \omega_{強} + h$ として,

$$\lim_{\omega_0\to\omega_{強}} \frac{g(\omega_0) - g(\omega_{強})}{\omega_0 - \omega_{強}} = \lim_{h\to 0} \frac{g(\omega_{強} + h) - g(\omega_{強})}{h} = g'(\omega_{強})$$

のように, 極限値が微分係数で表されます. $g'(\omega_{強})$ は, 商の導関数の公式 $\left\{\frac{f(x)}{g(x)}\right\}' = \frac{f'(x)g(x) - f(x)g'(x)}{g(x)^2}$ より,

$$g'(\omega_{強}) = \frac{t\,\omega_{強}\cos\omega_{強} t - \sin\omega_{強} t}{\omega_{強}^2}$$

となるので, $\omega_0 = \omega_{強}$ のとき, 最終的に

$$x(t) = \frac{-f_0\,\omega_{強}}{2\omega_{強}} \cdot \frac{t\,\omega_{強}\cos\omega_{強}t - \sin\omega_{強}t}{\omega_{強}^2} = \frac{f_0}{2\omega_{強}}\left(\frac{\sin\omega_{強}t}{\omega_{強}} - t\cos\omega_{強}t\right)$$

が得られます．この解は，$t\cos\omega_{強}t$ 項のために，時間と共に振動がだんだん大きくなります．これは，地震のときに揺れがどんどん大きくなって，建物が破壊されるメカニズムを表していると考えられます．

7.3.3.2　地震の共振モデル

建築物が変形を受けると（バネの場合と同様に）変位（と物体の剛性）に比例した復元力が働きます．粘性による摩擦力も働きますが，簡単のために，ここでは省略しましょう．構造力学の振動解析理論では，全体をいくつかの部分に分けてそれらを質点（＝質量がある点）と見なし，各質点に働く相互作用を考慮して全体の運動を調べる「連成振動モデル」がよく用いられます．右図の地震モデルは実質的に 2 質点連成バネ振動モデルです[4)]．

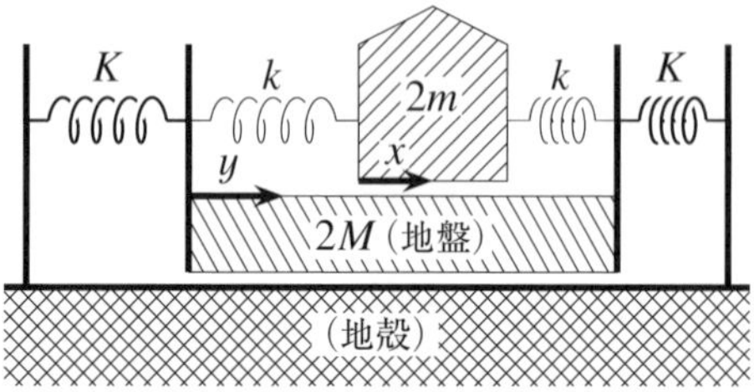

質量 $2m$ の建築物（またはその一部）が地震で（静止の位置からの）変位が x のとき，復元力 $f_{復元} = -kx$ を受けます．復元係数 k（といいましょう）は軟弱地盤のときは小さくて，建物はゆっくり揺れます．また，その係数は高層建築物の上階でも小さい値です．建物を地震で揺らせた地盤（地面）も静止している地殻（地球）からの変位 y があります．その復元力を $F_{復元} = -Ky$ とします．地盤の質量を $2M$ としておきます．復元力を表すのにバネを用い，それが上図のようにつながれているとして，運動方程式を考えましょう．建物に働く力は，その両側にあるバネの伸縮による復元力です．例えば，$x > y > 0$ の場合を考えて復元力の向きを判断すると，運動方程式は正しく表されます（その他の場合でも同じ結果になります）：

$$2m\frac{d^2x}{dt^2} = -k(x-y) - k(x-y) = -2k(x-y).$$

4) 共振を実感したい人は「連成振り子」で検索しましょう．このモデルをとりあげるきっかけになったテキスト：長谷川浩二 著「線型代数—Linear Algebra」（日本評論社）§4.4.

地盤については4つのバネが関係するので，その運動方程式は（例えば，$y > x > 0$ の場合を考えて）

$$2M\frac{d^2y}{dt^2} = -Ky - k(y-x) - k(y-x) - Ky = 2kx - 2(K+k)y$$

となります．これらは2階の定数係数同次連立線形微分方程式です：

$$\begin{cases} \dfrac{d^2x}{dt^2} = -\dfrac{k}{m}x + \dfrac{k}{m}y \\[2mm] \dfrac{d^2y}{dt^2} = \dfrac{k}{M}x - \dfrac{K+k}{M}y \end{cases} \quad \Leftrightarrow \quad \frac{d^2}{dt^2}\begin{pmatrix} x \\ y \end{pmatrix} = \begin{pmatrix} -\dfrac{k}{m} & \dfrac{k}{m} \\ \dfrac{k}{M} & -\dfrac{K+k}{M} \end{pmatrix}\begin{pmatrix} x \\ y \end{pmatrix}.$$

以上の議論のように，地震の強制振動を巨大物体の振動と見なすと，地震を同次連立線形微分方程式の形で表すことができ，固有値問題の対象として議論することができます．このとき，地盤の質量 $2M$ は建物の質量 $2m$ よりはるかに大きいので $\dfrac{m}{M} = 0$ の近似で考えることができます．すると，上式は，$\omega_0^2 = \dfrac{k}{m}$，$\omega_{震}^2 = \dfrac{K}{M}$，$\dfrac{k}{M} = \dfrac{k}{m}\dfrac{m}{M} = 0$ とおいて，

$$\begin{cases} \dfrac{d^2x}{dt^2} = -\omega_0^2 x + \omega_0^2 y \\[2mm] \dfrac{d^2y}{dt^2} = 0x - \omega_{震}^2 y \end{cases} \quad \Leftrightarrow \quad \frac{d^2}{dt^2}\begin{pmatrix} x \\ y \end{pmatrix} = \begin{pmatrix} -\omega_0^2 & \omega_0^2 \\ 0 & -\omega_{震}^2 \end{pmatrix}\begin{pmatrix} x \\ y \end{pmatrix}$$

のように表すことができます[5)]．行列で表した上の微分方程式を $\dfrac{d^2}{dt^2}\boldsymbol{x} = A\boldsymbol{x}$ と略記しておきましょう．

§§7.3.1.2 の議論を思い出して，固有値・固有ベクトルを定めましょう．A の特性方程式

$$|A - \lambda I| = \begin{vmatrix} -\omega_0^2 - \lambda & \omega_0^2 \\ 0 & -\omega_{震}^2 - \lambda \end{vmatrix} = \lambda^2 + (\omega_{震}^2 + \omega_0^2)\lambda + \omega_{震}^2\omega_0^2 = 0$$

---

5) $\dfrac{d^2y}{dt^2} = -\omega_{震}^2 y$ より，初期条件 $y(0) = 0$，$y'(0) = V_0$ のもとで，解 $y = \dfrac{V_0}{\omega_{震}}\sin\omega_{震}t$ を得ます．これより，

$$\frac{d^2x}{dt^2} = -\omega_0^2 x + \omega_0^2 y = -\omega_0^2 x + \frac{V_0\omega_0^2}{\omega_{震}}\sin\omega_{震}t$$

となるので，x については強制振動による非同次方程式になります．したがって，相互作用がある（初期条件付き）同次連立方程式において，相互作用を（反作用がない）一方的作用に変える近似を行うと外力が働く非同次方程式が得られます．

より，固有値 λ が

$$\lambda = \frac{1}{2}\left\{-(\omega_{震}^2 + \omega_0^2) \pm \sqrt{(\omega_{震}^2 + \omega_0^2)^2 - 4\omega_{震}^2\omega_0^2}\right\} = -\omega_0^2,\ -\omega_{震}^2$$

と定まります．固有値 $\lambda = -\omega_0^2,\ -\omega_{震}^2$ の固有ベクトル $\boldsymbol{p} = \binom{p}{q} = \boldsymbol{p}_0,\ \boldsymbol{p}_{震}$ は，固有値方程式

$$(A - \lambda I)\boldsymbol{p} = \begin{pmatrix} -\omega_0^2 - \lambda & \omega_0^2 \\ 0 & -\omega_{震}^2 - \lambda \end{pmatrix}\begin{pmatrix} p \\ q \end{pmatrix} = \boldsymbol{0}$$

において，先ほど行った近似の影響を受けない

$$(-\omega_0^2 - \lambda)p + \omega_0^2 q = 0$$

のほうを用いると[6]，

$$\boldsymbol{p}_0 \propto \begin{pmatrix} \omega_0^2 \\ 0 \end{pmatrix}, \quad \boldsymbol{p}_{震} \propto \begin{pmatrix} \omega_0^2 \\ \omega_0^2 - \omega_{震}^2 \end{pmatrix}$$

と定まります．

基底の変換行列 $P = (\boldsymbol{p}_0\ \boldsymbol{p}_{震})$ については，$\binom{x}{y} = P\binom{u}{v}$ とすると，$\frac{d^2}{dt^2}\binom{x}{y} = A\binom{x}{y}$，$P^{-1}AP = \begin{pmatrix} -\omega_0^2 & 0 \\ 0 & -\omega_{震}^2 \end{pmatrix}$ より，

$$\frac{d^2}{dt^2}\begin{pmatrix} u \\ v \end{pmatrix} = P^{-1}AP\begin{pmatrix} u \\ v \end{pmatrix} = \begin{pmatrix} -\omega_0^2 u \\ -\omega_{震}^2 v \end{pmatrix}$$

が得られます（導いてごらん）．$t = 0$ で揺れ始めたとすると，$x(0) = y(0) = 0$ より $u(0) = v(0) = 0$ だから（なぜかな），上の微分方程式を解いて

$$u(t) = a\sin\omega_0 t, \qquad v(t) = b\sin\omega_{震} t \qquad (a,\ b \text{ は任意定数})$$

が得られます．$P = (\boldsymbol{p}_0\ \boldsymbol{p}_{震}) = \begin{pmatrix} 1 & 1 \\ 0 & 1 - \omega_{震}^2/\omega_0^2 \end{pmatrix}$ ととると，

$$\begin{pmatrix} x \\ y \end{pmatrix} = P\begin{pmatrix} u \\ v \end{pmatrix} = \begin{pmatrix} 1 & 1 \\ 0 & 1 - \omega_{震}^2/\omega_0^2 \end{pmatrix}\begin{pmatrix} a\sin\omega_0 t \\ b\sin\omega_{震} t \end{pmatrix} = \begin{pmatrix} a\sin\omega_0 t + b\sin\omega_{震} t \\ (1 - \omega_{震}^2/\omega_0^2) b\sin\omega_{震} t \end{pmatrix}$$

となります．ここで，速度についての初期条件 $x'(0) = v_0$，$y'(0) = V_0$ を課す

[6] 式を簡単にするために，近似を行った後で固有ベクトルを定めました．順序を逆にして，固有ベクトルを定めた後で近似していれば問題はありません

と，$a\omega_0 + b\omega_{震} = v_0$，$(1 - \omega_{震}^2/\omega_0^2)b\omega_{震} = V_0$ より，

$$a = \frac{1}{\omega_0}\left(v_0 - \frac{V_0}{1 - \omega_{震}^2/\omega_0^2}\right), \qquad b = \frac{V_0}{\omega_{震}(1 - \omega_{震}^2/\omega_0^2)}$$

と定まり，したがって，

$$\begin{cases} x(t) = v_0 \dfrac{\sin \omega_0 t}{\omega_0} + \dfrac{V_0}{1 - \omega_{震}^2/\omega_0^2}\left(\dfrac{\sin \omega_{震} t}{\omega_{震}} - \dfrac{\sin \omega_0 t}{\omega_0}\right) \\ y(t) = V_0 \dfrac{\sin \omega_{震} t}{\omega_{震}} \end{cases}$$

となります．

ω_0 は建物に固有な角振動数で，通常は「固有周期」$T_0 = \dfrac{2\pi}{\omega_0}$ の用語で議論されます．例えば，頑丈な木造住宅の固有周期は $T_0 = 0.2$〜0.3 秒ですが，頑丈でない木造住宅では $T_0 = 0.5$〜0.7 秒です．また高層建築では上の階ほど固有周期が長く，T_0 はおおよそ階数の 10 分の 1 といわれています．したがって，30 階では $T_0 \fallingdotseq 3$ 秒ほどです．一方，地震波にはいろいろな周期の波が重なっていますが，伝わってきた地震波の中に地盤の固有周期の波が含まれていると，共振によって地盤は大きく揺れます．各種地盤の固有周期 $T_{震} = \dfrac{2\pi}{\omega_{震}}$ は，概略で，岩盤 0.1 秒，洪積層 0.2〜0.3 秒，沖積層 0.4〜1.0 秒，埋立地・沼地 1 秒以上，などです．また，地震は数秒〜数十秒という長周期の振動を含む場合もあります．強い共振が起こるのは建物の固有周期 T_0 と地盤の固有周期 $T_{震}$ が一致する場合，つまり $\omega_0 = \omega_{震}$ のときです．このとき $x(t)$ は第 2 項が $\dfrac{0}{0}$ の不定形です．前の§§で行ったように（☞351 ページ），$\omega_0 \to \omega_{震}$ の極限をとると，

$$x(t) = \left(v_0 + \frac{V_0}{2}\right)\frac{\sin \omega_{震} t}{\omega_{震}} - \frac{V_0}{2} t \cos \omega_{震} t$$

が得られ，時間 t と共に揺れが大きくなって遂には建物が破壊されます．上式の導出は演習問題にしましょう．

共振条件は $\omega_0 = \omega_{震}$ ですから，このモデルは，固有値 $\lambda = -\omega_0^2, -\omega_{震}^2$ が重解となる場合に共振が起こる興味深いものです．

章末問題解答

第 1 章

【1.1】

$$A = B \Leftrightarrow \begin{cases} A \text{ の全ての要素が } B \text{ の要素} \\ \text{かつ} \\ B \text{ の全ての要素が } A \text{ の要素} \end{cases}$$

$$\Leftrightarrow \quad A \subseteq B \text{ かつ } B \subseteq A$$

【1.2】(1) $(0, 2) \cup (1, 3) = (0, 3)$, $\qquad (0, 2) \cap (1, 3) = (1, 2)$

(2) $(0, 1) \cup (1, 2) = \{x \mid 0 < x < 2,\ x \neq 1\}$, $\qquad (0, 1) \cap (1, 2) = \emptyset$

【1.3】(1) $\overline{(0, 1)} = (-\infty, 0] \cup [1, \infty)$ または $\{x \mid -\infty < x \leqq 0,\ 1 \leqq x < \infty\}$

(2) 右のベン図を見ましょう．$\overline{A \cup B}$ は A または B が囲む領域の外側です．その外側領域は A の外側かつ B の外側の領域，つまり $\overline{A} \cap \overline{B}$ ですね．

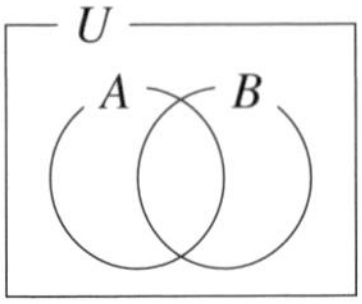

また，$\overline{A \cap B}$ は A と B の共通部分の外側の領域です．それは A の外側または B の外側の領域，つまり $\overline{A} \cup \overline{B}$ ですね．

【1.4】(1) $Q = \{x \mid a \leqq x \leqq b\}$ または $Q = [a, b]$.

(2) $p(x) : |x| \leqq 1$ を満たす全ての x が $q(x) : a \leqq x \leqq b$ を満たす条件だから，$a \leqq -1$ かつ $1 \leqq b$.

(3)「$p(x) \Rightarrow q(x)$」$\Leftrightarrow$「$|x| \leqq 1 \Rightarrow a \leqq x \leqq b$」$\Leftrightarrow$「$[-1, 1] \subseteq [a, b]$」$\Leftrightarrow$「$P \subseteq Q$」．よって，

$$「p(x) \Rightarrow q(x)」\Leftrightarrow「P \subseteq Q」.$$

(4)「$p(x) \Leftrightarrow q(x)$」は「$p(x) \Rightarrow q(x)$ かつ $p(x) \Leftarrow q(x)$」のことですね．これは「$P \subseteq Q$ かつ $P \supseteq Q$」つまり「$P = Q$」に同値です．したがって，

$$「p(x) \Leftrightarrow q(x)」\Leftrightarrow「P = Q」.$$

(5) $\overline{p(x)} \Leftrightarrow \overline{|x| \leqq 1} \Leftrightarrow |x| > 1$, $\overline{q(x)} \Leftrightarrow \overline{a \leqq x \leqq b} \Leftrightarrow x < a$ または $b < x$.

また，「$\overline{p(x)} \Leftarrow \overline{q(x)}$ が成立」$\Leftrightarrow$「$|x| > 1 \Leftarrow x < a$ または $b < x$ が成立」$\Leftrightarrow$「$a \leqq -1$ かつ $1 \leqq b$」.

(6) (2) より「$p(x) \Rightarrow q(x)$ が真」$\Leftrightarrow$「$a \leqq -1$ かつ $1 \leqq b$」．また，

(5) より「$\overline{p(x)} \Leftarrow \overline{q(x)}$ が真」⇔「$a \leqq -1$ かつ $1 \leqq b$」. したがって,「$p(x) \Rightarrow q(x)$ が真」⇔「$\overline{p(x)} \Leftarrow \overline{q(x)}$ が真」.

(7) 真のときはすでに (6) で示されています. 偽のときは, (6) より,「$p(x) \Rightarrow q(x)$ が偽」⇔「$\overline{a \leqq -1 \text{ かつ } 1 \leqq b}$」. また,「$\overline{p(x)} \Leftarrow \overline{q(x)}$ が偽」⇔「$\overline{a \leqq -1 \text{ かつ } 1 \leqq b}$」. したがって,

$$「p(x) \Rightarrow q(x) \text{ の真偽}」\Leftrightarrow「\overline{p(x)} \Leftarrow \overline{q(x)} \text{の真偽}」.$$

(3) の議論から, これを真理集合を用いて表すことができます: $p(x)$, $q(x)$ の真理集合 P, Q に対して,

$$「P \subseteq Q \text{ の真偽}」\Leftrightarrow「\overline{P} \supseteq \overline{Q} \text{の真偽}」.$$

【1.5】 (1) 対数関数 $\log_2(|x|+1)$ の底は $2\,(>1)$ だから, この関数は真数の増加と共に増加します. よって, その最小値は真数 $|x|+1$ が最小のときで, 最小値は $\log_2 1 = 0$. よって命題は真です.

(2) $\sin x$ は連続関数で, その値域は $[-1, 1]$ です. $0.1 \in [-1, 1]$ だから, $\sin x = 0.1$ を満たす x は存在し, したがって, 命題は真です.

(3) (i)「薄命でない美人は存在する」または「ある美人は薄命でない」.

(ii)「全ての学生は真面目に勉強する」.

(4) $\forall x \in \mathbb{R}\,(\sin^2 x - \sin x + \frac{1}{4} > 0)$ の否定 $\exists x \in \mathbb{R}\,(\sin^2 x - \sin x + \frac{1}{4} \leqq 0)$ を考えます. $X = \sin x$ とおくと, $|\sin x| \leqq 1$ より $|X| \leqq 1$. よって, 否定命題は $\exists X \in [-1, 1]\,(X^2 - X + \frac{1}{4} \leqq 0)$ に同値. $X^2 - X + \frac{1}{4} = (X - \frac{1}{2})^2$ だから, $X = \frac{1}{2}$ のとき否定命題を満たす x が存在します. これは元の命題 $\forall x \in \mathbb{R}\,(\sin^2 x - \sin x + \frac{1}{4} > 0)$ の反例が存在することを意味しますね. したがって, 命題は偽です.

(5) 命題 $\forall x \in \mathbb{R}\,(\exists y \in \mathbb{R}\,(xy = 1))$ は「全ての実数 x に対して, $xy = 1$ となる実数 y が存在する」ですね. その否定は「全ての実数 y に対して $xy = 1$ とはならない実数 x が存在する」または「ある実数 x が存在して, 全ての実数 y に対して $xy = 1$ でない」となり, 論理記号を用いると $\exists x \in \mathbb{R}\,(\forall y \in \mathbb{R}\,(xy \neq 1))$ と表されますね.

【1.6】 製品 A, B を 1 日当たりそれぞれ x, y 個製造するとします．すると，必要な原料 G_1 は $2x+3y$ (kg) で，これが 240 (kg) 以下の条件がつきます．同様に，原料 G_2 については $2x+1y$ (kg) 必要で，これは 150 (kg) 以下です．このときの利益は 1 日当たり $8x+5y$（千円）ですね．利益を z（千円）とすると $z=8x+5y$，つまり z は 2 変数 x, y の 1 次関数（定数項なし）になっていますね．x, y が負でないことに注意すると，

$$
\begin{aligned}
3\text{条件}\quad & 2x+3y \leqq 240,\\
& 2x+1y \leqq 150,\\
& x \geqq 0,\ y \geqq 0 \quad \text{の下で}\\
& z=8x+5y \quad \text{を最大にする}
\end{aligned}
$$

という問題になっています．

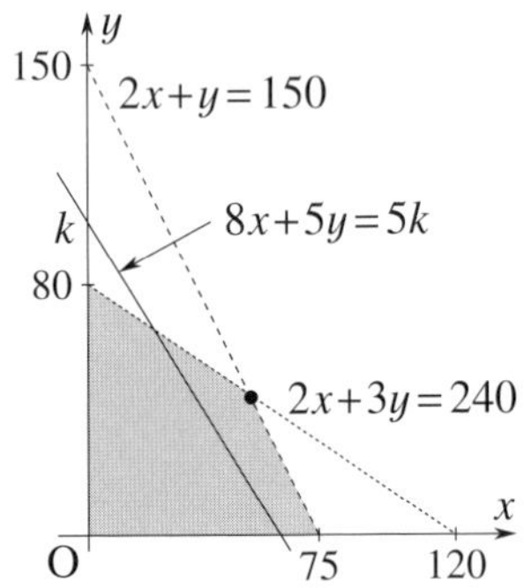

今の場合は x, y の 2 変数なのでグラフ解法がよいでしょう．3 条件の表す領域は図の灰色の領域です（正しくは，x, y が個数を表すので，その領域内の格子点の部分です）．その領域で $z=8x+5y$ を最大にする点 (x, y) を考えるには，いったん z に同じ値 k を与える点 (x, y) の集合 $\{(x, y) \mid 8x+5y=k\}$ を考えてみる，つまり直線 $8x+5y=k$ と灰色領域の共通部分を考えます．そして，k の値つまり直線の y 切片が最大になる点 (x, y) を探すと，直線 $8x+5y=k$ の傾きが $-\frac{8}{5}$ なので，図の黒丸の点 (53, 44)（2 直線 $2x+y=150$ と $2x+3y=240$ の交点に近い格子点）で最大値 $z=k=644$ が得られます．よって，会社の利益は 1 日当たり最大 644（千円）＝ 64.4（万円）．

この種の問題を与えるのは **線形計画法** と呼ばれる分野です．第二次世界大戦中，ある地域を空爆する場合，爆撃機に燃料を多く（少なく）搭載すると行動半径は広く（狭く）なるが，搭載できる爆弾の数は少なく（多く）なる．このような制約の中で、最大の戦果を得るには、どのような配分にすればよいかということからこの問題が発生したようです．

【1.7】不等式 $\cos x < \cos y$ を $f(x, y) = \cos x - \cos y < 0$ として，和積公式 $\cos A - \cos B = -2\sin\frac{A+B}{2}\sin\frac{A-B}{2}$ を用います．

$$f(x, y) = \cos x - \cos y = -2\sin\frac{x+y}{2}\sin\frac{x-y}{2} < 0$$

より，$f(x, y)$ の境界は $\sin\frac{x+y}{2} = 0$ と $\sin\frac{x-y}{2} = 0$ によって与えられます．$-2\pi < x < 2\pi$，$-2\pi < y < 2\pi$ だから，条件 $-2\pi < \frac{x+y}{2} < 2\pi$，$-2\pi < \frac{x-y}{2} < 2\pi$ が付加されます．よって，境界は

$$\begin{cases} \dfrac{x+y}{2} = 0,\ \pm\pi \\ \text{または} \\ \dfrac{x-y}{2} = 0,\ \pm\pi \end{cases} \Leftrightarrow \begin{cases} y = -x,\ -x \pm 2\pi \\ \text{または} \\ y = x,\ x \mp 2\pi \end{cases}$$

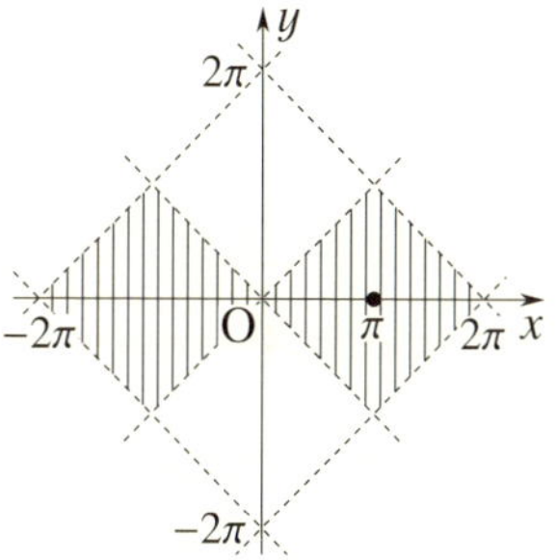

で与えられます．境界上にない点 $(\pi, 0)$ において，$\cos\pi - \cos 0 < 0$ だから，そこは負領域です．以上のことから，答は右図の斜線部分で，境界は除きます．

第 2 章

【2.1】2 つの複素数を α，β とすると題意より $\alpha\cdot\beta = 0$ が成り立ちます．0 の定義より，α，β の少なくとも片方が 0 のとき $\alpha\cdot\beta = 0$ は明らかに成り立ちます．どちらも 0 でないとするとき，

$$\alpha = a + ib \neq 0 \Leftrightarrow a^2 + b^2 = \alpha\cdot\overline{\alpha} \neq 0$$

に注意すると，0 の定義より

$$\alpha\cdot\beta = 0 \Rightarrow \beta = \frac{0}{\alpha} = 0\cdot\frac{\overline{\alpha}}{\alpha\overline{\alpha}} = 0$$

したがって，$\beta = 0$ となって矛盾するので，少なくともどちらかは 0 です．

【2.2】 複素数は $a + ib$ （a, b は実数）の形に表されてこそ複素数です．

$$\frac{1+i}{1-i} - \frac{1-i}{1+i} = \frac{(1+i)^2}{(1-i)(1+i)} - \frac{(1-i)^2}{(1+i)(1-i)} = \frac{(2)(2i)}{2} = 2i$$

【2.3】 ヒント：ド・モアブルの定理が使えるように $1 + i\sqrt{3}$ を極形式で表します．

$$\begin{aligned} 1 + i\sqrt{3} &= 2\left(\cos\left(\frac{\pi}{3} + 2k\pi\right) + i\sin\left(\frac{\pi}{3} + 2k\pi\right)\right) \\ &= 2\left(\cos\frac{\pi}{3} + i\sin\frac{\pi}{3}\right)(\cos 2k\pi + i\sin 2k\pi) \quad (k \text{ は整数}) \end{aligned}$$

だから，

$$\begin{aligned} \pm\sqrt{1 + i\sqrt{3}} &= \sqrt{2}\left(\cos\frac{\pi}{6} + i\sin\frac{\pi}{6}\right)(\cos k\pi + i\sin k\pi) \\ &= \pm\sqrt{2}\left(\frac{\sqrt{3}}{2} + i\frac{1}{2}\right) = \pm\frac{\sqrt{3}+i}{\sqrt{2}}. \end{aligned}$$

よって，紛れもない複素数ですね．

【2.4】 ヒント：虚数解を α として，$P_n(\alpha) = 0$ から $P_n(\overline{\alpha}) = 0$ を導きます．$\overline{P_n(\alpha)} = 0$ と複素共役に関する定理を駆使します．例えば，

$$\overline{cz + d} = \overline{cz} + \overline{d} = c\overline{z} + d, \qquad \overline{az^n} = a\overline{z^n} = a\overline{z}^n.$$

$P_n(\alpha) = 0$ の複素共役をとると，上の定理から

$$\begin{aligned} \overline{P_n(\alpha)} &= \overline{a\alpha^n + b\alpha^{n-1} + \cdots + c\alpha + d} = \overline{0} \\ \Leftrightarrow\ & a\overline{\alpha}^n + b\overline{\alpha}^{n-1} + \cdots + c\overline{\alpha} + d = 0. \end{aligned}$$

よって，$P_n(\overline{\alpha}) = 0$．したがって，$\alpha$ が実数係数方程式の虚数解のとき共役複素数 $\overline{\alpha}$ も解になります．

【2.5】 ヒント：複素平面上の領域問題は，慣れるまでは，実変数 x, y で表すのがよいでしょう．

$|z + 3| = 3|z - 1|$ で $z = x + iy$ を代入して 2 乗すると，

$$(x+3)^2 + y^2 = 9\left((x-1)^2 + y^2\right).$$

整理して,

$$\left(x-\frac{3}{2}\right)^2+y^2=\left(\frac{3}{2}\right)^2 \Leftrightarrow \left|z-\frac{3}{2}\right|=\frac{3}{2}.$$

よって,中心 $\frac{3}{2}$,半径 $\frac{3}{2}$ の円.

2 定点からの距離の比が一定である点の軌跡は「アポロニウスの円」ですね.与式は $|z-(-3)|:|z-1|=3:1$,つまり,2 点 -3 と 1 からの距離の比が $3:1$ ですから,軌跡は 2 点 -3,1 を結ぶ線分を $3:1$ に内外分する点 0 と 3 を直径とする円になります.

【2.6】不等式で $z=x+iy$ を代入すると,

$$|z-i| \leqq \operatorname{Im} z \Leftrightarrow |x+i(y-1)| \leqq y$$

となり,これは $y \geqq 0$ の条件で

$$x^2+(y-1)^2 \leqq y^2 \Leftrightarrow x^2+1 \leqq 2y.$$

よって,答は $y \geqq \frac{1}{2}(x^2+1)$.

第 4 章

【4.1】(1) $\overrightarrow{a_1}=\begin{pmatrix}1\\0\\0\end{pmatrix}$, $\overrightarrow{a_2}=\begin{pmatrix}1\\1\\0\end{pmatrix}$, $\overrightarrow{a_3}=\begin{pmatrix}1\\1\\1\end{pmatrix}$ ですね.まず,それらが線形独立なことを示しましょう.

$$s\overrightarrow{a_1}+t\overrightarrow{a_2}+u\overrightarrow{a_3}=\begin{pmatrix}s+t+u\\t+u\\u\end{pmatrix}=\vec{0}$$

とおくと,

$$s+t+u=0, \quad t+u=0, \quad u=0.$$

したがって,$s=t=u=0$ が得られて,$\overrightarrow{a_1}, \overrightarrow{a_2}, \overrightarrow{a_3}$ が線形独立なことがわかります.

次に,$\overrightarrow{a_1}, \overrightarrow{a_2}, \overrightarrow{a_3}$ の線形結合によって $\mathbb{R}^3$ の任意のベクトルが表されることを示します.$\mathbb{R}^3$ の任意のベクトルを $\vec{p}=\begin{pmatrix}x\\y\\z\end{pmatrix}$ としたとき,$\vec{p}=s\overrightarrow{a_1}+t\overrightarrow{a_2}+u\overrightarrow{a_3}$ と表される,つまり

$$\begin{pmatrix}x\\y\\z\end{pmatrix}=\begin{pmatrix}s+t+u\\t+u\\u\end{pmatrix} \Leftrightarrow \begin{cases}x=s+t+u\\y=t+u\\z=u\end{cases}$$

が成り立つことを示せばよいのです．今の場合，$s = x-y$, $t = y-z$, $u = z$ と求まり，$\mathbb{R}^3$ の任意のベクトルは $\overrightarrow{a_1}, \overrightarrow{a_2}, \overrightarrow{a_3}$ の線形結合として表されます．以上の議論から，3 ベクトル $\overrightarrow{a_1}, \overrightarrow{a_2}, \overrightarrow{a_3}$ は $\mathbb{R}^3$ の基底です．

(2) $\overrightarrow{e_1}, \overrightarrow{e_2}, \overrightarrow{e_3}$ は線形独立なので，それらのどれも $\overrightarrow{0}$ ではありません．よって，$\overrightarrow{e_1} = a\overrightarrow{a_1} + b\overrightarrow{a_2} \neq \overrightarrow{0}$ だから，a, b のどちらかは 0 でなく，$a \neq 0$ としても一般性は失われません．このとき，$\overrightarrow{a_1}$ を

$$\overrightarrow{a_1} = \frac{1}{a}\overrightarrow{e_1} - \frac{b}{a}\overrightarrow{a_2}$$

のように表すことができます．

(3) $\overrightarrow{e_1}, \overrightarrow{e_2}$ は線形独立なので，$(*_1)$ の $\overrightarrow{e_2} = c_1\overrightarrow{e_1} + d_1\overrightarrow{a_2}$ において d_1 が 0 となることはありません．$\overrightarrow{e_1}, \overrightarrow{e_2}, \overrightarrow{e_3}$ は線形独立ですが，$(*_2)$ はそのことに矛盾しています．この矛盾は 2 個のベクトル $\overrightarrow{a_1}, \overrightarrow{a_2}$ が $\mathbb{R}^3$ の基底であると仮定したためです．したがって，2 個のベクトルが $\mathbb{R}^3$ の基底となることはありませんね．同様に，1 個のベクトルが $\mathbb{R}^3$ の基底にはならないので，$\mathbb{R}^3$ の基底は 3 個以上のベクトルが必要です．

(4) $(*_3)$ の 3 ベクトル $\overrightarrow{a_1}, \overrightarrow{a_2}, \overrightarrow{a_3}$ は線形独立と仮定されているので，それらのどれも $\overrightarrow{0}$ ではありません．よって，$\overrightarrow{a_1} = a\overrightarrow{e_1} + b\overrightarrow{e_2} + c\overrightarrow{e_3} \neq \overrightarrow{0}$ だから，a, b, c のどれかは 0 でなく，$a \neq 0$ としても一般性は失われません．このとき，$\overrightarrow{e_1}$ を

$$\overrightarrow{e_1} = \frac{1}{a}\overrightarrow{a_1} - \frac{b}{a}\overrightarrow{e_2} - \frac{c}{a}\overrightarrow{e_3}$$

のように表すことができます．その結果を用いて $(*_3)$ から $\overrightarrow{e_1}$ を消去すると，$\overrightarrow{a_2}, \overrightarrow{a_3}, \overrightarrow{a_4}$ は

$$\begin{cases} \overrightarrow{a_2} = d_1\overrightarrow{a_1} + e_1\overrightarrow{e_2} + f_1\overrightarrow{e_3} \\ \overrightarrow{a_3} = g_1\overrightarrow{a_1} + h_1\overrightarrow{e_2} + i_1\overrightarrow{e_3} \\ \overrightarrow{a_4} = j_1\overrightarrow{a_1} + k_1\overrightarrow{e_2} + l_1\overrightarrow{e_3} \end{cases} \qquad (*_4)$$

の形に表されます．このとき，$\overrightarrow{a_1}, \overrightarrow{a_2}, \overrightarrow{a_3}$ の線形独立性から，$(*_4)$ の 1 行目で，e_1 と f_1 の両方が 0 となることはありません．そこで，$e_1 \neq 0$ とすると，$\overrightarrow{e_2}$ は $\overrightarrow{a_1}, \overrightarrow{a_2}, \overrightarrow{e_3}$ の線形結合で表されます．それを $(*_4)$ に代入

して，$\overrightarrow{a_3}, \overrightarrow{a_4}$ は

$$\begin{cases} \overrightarrow{a_3} = g_2\overrightarrow{a_1} + h_2\overrightarrow{a_2} + i_2\overrightarrow{e_3} \\ \overrightarrow{a_4} = j_2\overrightarrow{a_1} + k_2\overrightarrow{a_2} + l_2\overrightarrow{e_3} \end{cases} \qquad (*_5)$$

の形に表すことができます．このとき，$(*_5)$ の 1 行目で，$\overrightarrow{a_1}, \overrightarrow{a_2}, \overrightarrow{a_3}$ は線形独立だから，$i_2 \neq 0$．よって，$\overrightarrow{e_3}$ は $\overrightarrow{a_1}, \overrightarrow{a_2}, \overrightarrow{a_3}$ の線形結合で表され，それを 2 行目に代入すると，$\overrightarrow{a_4}$ は

$$\overrightarrow{a_4} = j_3\overrightarrow{a_1} + k_3\overrightarrow{a_2} + l_3\overrightarrow{a_3}$$

の形に表されます．よって，これら 4 ベクトルは線形独立にはなり得ません．つまり，基底が 3 個のベクトルからなるとき，4 個のベクトルが基底となることはありません．5 個以上のベクトルについても同様の議論ができます．したがって，空間ベクトルの空間 $\mathbb{R}^3$ の基底は必ず 3 個の線形独立なベクトルからなり，$\mathbb{R}^3$ の次元は 3 であることが確定しました．

一般のベクトル空間 V のある基底が n 個の線形独立なベクトルからなるときも，同様の議論によって，V が n 次元であることが示されます．

【4.2】 (1) $\begin{pmatrix} \cos\theta \\ \sin\theta \end{pmatrix}$ は基本ベクトル $\overrightarrow{e_1} = \begin{pmatrix} 1 \\ 0 \end{pmatrix}$ を原点の周りに角 θ だけ回転したものですね．よって，正規直交基底をなす残りのベクトルは，$\begin{pmatrix} \cos\theta \\ \sin\theta \end{pmatrix}$ に直交して長さが 1 のベクトルだから，

$$\begin{pmatrix} \cos(\theta \pm \frac{\pi}{2}) \\ \sin(\theta \pm \frac{\pi}{2}) \end{pmatrix} = \begin{pmatrix} \mp\sin\theta \\ \pm\cos\theta \end{pmatrix} = \pm\begin{pmatrix} -\sin\theta \\ \cos\theta \end{pmatrix}.$$

したがって，求める正規直交基底は $\begin{pmatrix} \cos\theta \\ \sin\theta \end{pmatrix}$ と上の $\pm\begin{pmatrix} -\sin\theta \\ \cos\theta \end{pmatrix}$ のどちらかを組み合わせたものです．

(2) まず，$\left|\vec{a}\right| = \left|\vec{b}\right| = 1$，また $\vec{a} \cdot \vec{b} = 0$ を確認しましょう．このとき，$\vec{a}, \vec{b}, \vec{c}$ が右手系をなす基底となるためには

$$\vec{c} = \vec{a} \times \vec{b} = \begin{pmatrix} \cos\theta \\ \sin\theta \\ 0 \end{pmatrix} \times \begin{pmatrix} -\sin\theta \\ \cos\theta \\ 0 \end{pmatrix} = \begin{pmatrix} 0 \\ 0 \\ 1 \end{pmatrix} = \overrightarrow{e_3}.$$

したがって，$\vec{c} = \overrightarrow{e_3}$．

【4.3】(1) OH $= r\sin\theta$ だから，P(x, y, z) において

$$\begin{cases} x = r\sin\theta\cos\phi \\ y = r\sin\theta\sin\phi \\ z = r\cos\theta. \end{cases}$$

(2) (2_a) 赤道は地表を回る大円です．よって，$r = 6380\,\mathrm{km}, \theta = 90°$.

(2_b) 北緯 34 度 38 分 46 秒は

$$90° - \theta = 34 \text{ 度 } 38 \text{ 分 } 46 \text{ 秒} = 34 + \frac{38}{60} + \frac{46}{60^2} \text{ 度} \fallingdotseq 34.646°$$

のことですから，$\theta \fallingdotseq 55.354°$．したがって，天文科学館は

$$(r, \theta, \phi) = (6380\,\mathrm{km}, 55.354°, 135°).$$

第 6 章

【6.1】(1) 単位行列 I は $n \times n$ 型．$XA = I$ より，X は $n \times ?_1$ 型，A は $?_1 \times n$ 型．また，$AY = I$ より，A は $n \times ?_2$ 型，Y は $?_2 \times n$ 型．したがって，$?_1 = ?_2 = n$ と定まり，A, X, Y は共に $n \times n$ 型，つまり n 次の正方行列．

(2) $|XA| = |I|$ より $|X||A| = 1 \neq 0$．したがって，$|A| \neq 0$ だから，A は正則行列.

(3) (2) より，A^{-1} は存在します．よって，$XA = I$ より $X = IA^{-1} = A^{-1}$，また $AY = I$ より $Y = A^{-1}I = A^{-1}$.

【6.2】

$$\left(\frac{1}{k}A^{-1}\right)(kA) = A^{-1}A = I, \qquad (kA)\left(\frac{1}{k}A^{-1}\right) = AA^{-1} = I$$

だから，kA の逆行列は $\frac{1}{k}A^{-1}$.

【6.3】

$$\begin{aligned}(I - X)(I + X + X^2 + \cdots + X^n) &= I + X + X^2 + \cdots + X^n \\ &\quad - (X + X^2 + \cdots + X^n + X^{n+1}) \\ &= I - X^{n+1}\end{aligned}$$

よって，$I + X + X^2 + \cdots + X^n = (I - X)^{-1}(I - X^{n+1})$．同様に，

$$(I + X + X^2 + \cdots + X^n)(I - X) = I - X^{n+1}$$

より，$I + X + X^2 + \cdots + X^n = (I - X^{n+1})(I - X)^{-1}$.

【6.4】 $A = \left(a_{ij}\right)$ とすると，$cA = \left(c\,a_{ij}\right)$. つまり，$cA$ は A の全ての行（列）を c 倍したもの．したがって，

$$\det(cA) = c^n \det A$$

が正しいですね．

【6.5】 2 ベクトル $\begin{pmatrix} a \\ c \end{pmatrix}$, $\begin{pmatrix} b \\ d \end{pmatrix}$ を 2 辺とする 3 角形の面積は

$$\frac{1}{2}|ad - bc| = \left| \frac{1}{2} \begin{vmatrix} a & b \\ c & d \end{vmatrix} \right|$$

で表されるから，$\overrightarrow{\mathrm{AB}}$, $\overrightarrow{\mathrm{AC}}$ を 2 辺とする 3 角形の面積は

$$\triangle = \frac{1}{2} \begin{vmatrix} x_2 - x_1 & x_3 - x_1 \\ y_2 - y_1 & y_3 - y_1 \end{vmatrix}$$

の絶対値で表されます．行列式の性質より，容易に

$$2\triangle = \begin{vmatrix} x_2 & x_3 \\ y_2 & y_3 \end{vmatrix} - \begin{vmatrix} x_1 & x_3 \\ y_1 & y_3 \end{vmatrix} + \begin{vmatrix} x_1 & x_2 \\ y_1 & y_2 \end{vmatrix}$$

が得られ，3 次の行列式の 3 行についての展開式を思い出すと，

$$\triangle = \frac{1}{2} \begin{vmatrix} x_1 & x_2 & x_3 \\ y_1 & y_2 & y_3 \\ 1 & 1 & 1 \end{vmatrix}$$

となりますね．

【6.6】 【ベクトル空間の次元は基底のとり方に依(よ)らないこと】

（1） $\boldsymbol{a}_i$ は $i = 1, 2, \cdots, r_a$ だから，$A = \left(a_{ij}\right)$ は $r_a \times r_b$ 型ですね．$\boldsymbol{b}_k$ は $k = 1, 2, \cdots, r_b$ だから，$B = \left(b_{ij}\right)$ は $r_b \times r_a$ 型．

（2） $\sum_{j=1}^{r_a} \sum_{k=1}^{r_b} a_{ik} b_{kj} \boldsymbol{a}_j = \boldsymbol{a}_i$ となるのだから，

$$\sum_{k=1}^{r_b} a_{ik} b_{kj} = \delta_{ij}$$

ですね．これを行列 A, B を用いて表すと，AB は $r_a \times r_a$ 型だから I_{r_a} を r_a 次の単位行列として，

$$AB = I_{r_a}$$

となります．同様に，

$$\boldsymbol{b}_i = \sum_{k=1}^{r_a} b_{ik}\boldsymbol{a}_k = \sum_{k=1}^{r_a} b_{ik}\sum_{j=1}^{r_b} a_{kj}\boldsymbol{b}_j = \sum_{j=1}^{r_b}\sum_{k=1}^{r_a} b_{ik}a_{kj}\boldsymbol{b}_j$$

より，

$$\sum_{k=1}^{r_a} b_{ik}a_{kj} = \delta_{ij} \;\Leftrightarrow\; BA = I_{r_b}$$

が成り立ちます．

(3) $\boldsymbol{e}_{r_a}^T PAQ = \boldsymbol{0}^T$ の右から，Q^{-1} さらに B を掛けると，

$$\boldsymbol{e}_{r_a}^T PAB = \boldsymbol{0}^T$$

が成り立ちます（明示されていない $\boldsymbol{0}^T$ の次数の変化に注意）．ここで，$AB = I_{r_a}$ だから，$\boldsymbol{e}_{r_a}^T P = \boldsymbol{0}^T$ が成り立ち，また，P は正則だから，最終的に $\boldsymbol{e}_{r_a}^T = \boldsymbol{0}^T$ が導かれますね．これは $\boldsymbol{e}_{r_a}^T = (0 \ \cdots \ 0\ 1) \neq \boldsymbol{0}^T$ に矛盾するから，この結果を招いた仮定 $r_a > r_b$ が否定されます．したがって，$r_a \leqq r_b$ です．ランク標準形に基本変形した行列 $A = \left(a_{ij}\right)$ の起源は基底ベクトル $\boldsymbol{a}_i$ を別の基底 $\{\boldsymbol{b}_k\}$ の線形結合で表すこと：

$$\boldsymbol{a}_i = \sum_{k=1}^{r_b} a_{ik}\boldsymbol{b}_k \qquad (i = 1, 2, \cdots, r_a)$$

にあったことを思い出しましょう（ただし，各 $\boldsymbol{b}_i$ も $\{\boldsymbol{a}_k\}$ の線形結合で表されるという条件付きであることに注意）．すると，上で得られた結果 $r_a \leqq r_b$ は，上の条件の下で，‘ランク r_b のベクトルの線形結合で表されたベクトルのランク r_a は r_b 以下である’ことを示しています（これは 292 ページの（ウ）の議論を厳密に正当化しています）．

(4) $PAQ\boldsymbol{e}_{r_b} = \boldsymbol{0}$ の左から，P^{-1} さらに B を掛けると，

$$BAQ\boldsymbol{e}_{r_b} = \boldsymbol{0}.$$

$BA = I_{r_b}$ だから，$Q\boldsymbol{e}_{r_b} = \boldsymbol{0}$．$Q$ は正則だから Q^{-1} があり，矛盾する結果 $\boldsymbol{e}_{r_b} = \boldsymbol{0}$ が導かれます．したがって，仮定 $r_a < r_b$ も否定されます．

索引

行列式	248	指数	31
極形式	83	指数法則	32
極限値	35	始線	17
極座標	183	自然対数の底	92
虚軸	81	実軸	81
虚数	70, 78	実部	79
虚部	79	始点	110
		自明解	296
■く		斜交座標	135
空間ベクトル	148	斜交座標系	135
空集合	60	写像	43
クラメルの公式	278, 281	終域	43
クロネッカーのデルタ	261	周期	19
群	56	集合	6
		重心	129
■け		収束	35
係数行列	254	終点	110
計量ベクトル空間	220	自由度	161
結合法則	46	十分条件	61
ケーリー・ハミルトンの定理	245	純虚数	78
元	6	小行列式	268, 282
原像	11, 44	条件命題	61
		真数	39
■こ		振動数	26
合成関数	15	振幅	25
合成写像	45	真部分集合	60
交線	170	真理集合	61
恒等写像	45		
恒等置換	47	■す	
公理	66	数直線	4, 66
公理系	152, 186	数ベクトル	116
互換	47	数列	35
弧度法	18	スカラー	139, 151
固有関数	217	図形の方程式	6
固有空間	332		
固有値	217, 308	■せ	
固有値方程式	217, 311	正規直交基底	182
固有ベクトル	308	正規直交系	225
固有方程式	312	斉次	196
		整式	73
■さ		正射影ベクトル	138
座標	5	生成する	191
座標軸	5	正則	248
座標平面	5	正方行列	256
作用素	214	積集合	60
3 角関数の合成則	23	積和公式	22
3 角行列	274	絶対値	82
		線形空間	188
■し		線形計画法	62, 358
次元	180	線形結合	124

〈著者紹介〉

宮腰　忠（みやこし　ただし）

1945年　北海道に生まれる

1977年　北海道大学大学院理学研究科博士課程修了

理学博士

大学院生・研究生時代，長らく大学の非常勤講師を務める

（北大工学部，旭川医科大学，室蘭工業大学，その他私大等）

1987～93年　代々木ゼミナール札幌校講師（数学担当）

1993～00年　新宿 SEG（科学的教育グループ）講師（数学担当）

現　在　フリー

高校数学＋α
なっとくの線形代数

High-school Mathematics and More
Understandable Linear Algebra

2007 年 7 月 15 日　初版 1 刷発行
2021 年 9 月 1 日　初版 4 刷発行

検印廃止
NDC 411.3

ISBN 978-4-320-01840-2

著　者　宮腰　忠　ⓒ2007

発行者　南條光章

発行所　**共立出版株式会社**
郵便番号 112-0006
東京都文京区小日向 4 丁目 6 番 19 号
電話 (03) 3947-2511（代表）
振替口座 00110-2-57035 番
URL www.kyoritsu-pub.co.jp

印　刷　加藤文明社

製　本　協栄製本

一般社団法人
自然科学書協会
会員

Printed in Japan